普通高等教育“十一五”国家级规划教材
高职高专公共基础课系列教材

工程应用数学

第2版

主　编　万金保
副主编　舒　虹　王文智　雷田礼　康晓红
　　　　郑　红
参　编　秦好泉　刘中瑞　齐松茹　贺　萍
　　　　董铸荣　周旭光　魏东平　刘志勇

机 械 工 业 出 版 社

本书是高等教育“十一五”国家级规划教材及教育部“21世纪高职高专教育机械基础课程教学内容体系改革与实践”和广东省高教厅“高职高专教育机电类专业教学内容体系改革与实践”研究项目的试点教材之一，是通过教学实践探索及国内外高职高专教育教学内容体系研究基础上完成的。

本书以高等数学和理论力学为主线，适当介绍了线性代数、矢量代数、微分方程及振动理论等相关内容，形成了以培养综合工程技术应用能力为目标的理论教学内容体系，适应了当前教学改革的需要。在本书的修订过程中，对部分较难的章节及习题进行了简化或删除，还适当增加了电学内容及MATLAB数学软件知识的介绍。全书共3篇，第1篇数学与力学基础，包括矩阵与线性方程组、矢量代数、静力学分析、函数与极限等内容；第2篇微积分与运动学，包括导数与微分、点的平面运动学、刚体的平面运动学、一元函数积分等内容；第3篇高等微积分与动力学，包括多元函数微积分、动力学基础、常微分方程及单自由度线性系统等内容。

本书可作为高职高专及成人高校机电类专业数学和工程力学相关内容的教学用书，也可作为有关工程技术人员的参考用书。

为方便教学，本书配备电子课件等教学资源。凡选用本书作为教材的教师均可登录机械工业出版社教材服务网 www. cmpedu. com 免费下载。如有问题请致信 cmpgaozhi@ sina. com，或致电 010-88379375 联系营销人员。

图书在版编目(CIP)数据

工程应用数学/万金保主编. —2版. —北京：机械工业出版社，2009. 5（2024. 8重印）

普通高等教育“十一五”国家级规划教材. 高职高专公共基础课系列教材

ISBN 978-7-111-26440-8

Ⅰ. 工…　Ⅱ. 万…　Ⅲ. 工程数学—高等学校：技术学校—教材　Ⅳ. TB11

中国版本图书馆CIP数据核字(2009)第027221号

机械工业出版社(北京市百万庄大街22号　邮政编码100037)

策划编辑：李大国　责任编辑：刘子峰　责任校对：刘志文

封面设计：赵颖喆　责任印制：单爱军

北京虎彩文化传播有限公司印刷

2024年8月第2版第15次印刷

184mm×260mm · 22. 75印张 · 565千字

标准书号：ISBN 978-7-111-26440-8

定价：54. 80元

电话服务

客服电话：010-88361066
010-88379833
010-68326294

网络服务

机　工　官　网：www. cmpbook. com
机　工　官　博：weibo. com/cmp1952
金　　书　　网：www. golden-book. com
机工教育服务网：www. cmpedu. com

第2版前言

本书是在第1版的基础上，结合近年的教学改革实践经验修订完成的.

原书在作者几年的教学实践使用中，发现如下三个主要问题：一是由于高职院校数学课程的学时普遍较少，尽管原书在数学与力学内容进行了一定的整合，多数教材使用者实际授课内容仍局限于数学部分，改革目标没有很好实现；二是部分内容数学难点和专业难点集中，使得教材难度有所增加；三是部分数学内容和习题相对于目前的学生实际情况偏难，学生对计算知识的掌握情况不理想. 因此，第2版在保持了第1版在整合基础上的关联应用体系结构外，更加注重学生的学习兴趣和应用能力培养，将理论知识、实际应用与软件工具结合起来，主要做了如下修改：

1. 突出了数学思想的传授及应用. 全书贯彻以"思想传授为主，计算和证明为辅，突出强调应用"的理念，旨在使学生真正理解和掌握数学思想，提高分析及解决实际问题的能力. 例如，在微积分部分突出了极限、变化率（导数）和微元累积（积分）的思想，并将这些思想与后续专业内容对应起来，以培养学生在解决实际问题中的数学思维习惯及应用能力.

2. 引入了先进的数学软件，使数学计算手段更现代化. 传统的数学教学中，有大量的时间被用于数学演练和计算技巧的教学，但由于工程计算的复杂性及高职高专学生的实际情况，学生的实际计算能力却不如人意. 针对这种情况，本书第2版在保证体系完整性和科学性的基础上，弱化了部分数学证明和计算技巧的介绍，并根据相应的内容增加了MATLAB数学软件知识（书后还配备了MATLAB命令集及工具箱），旨在延伸学生的计算手段，提升学生的实际计算能力.

3. 部分章节增加了与工程相关的知识，并对章节顺序进行了调整. 如在积分部分，增加了与电学相关的知识，如复数、级数、傅里叶变换、拉普拉斯变换、积分求均值等内容，结合专业应用强调数学思想的讲解；导数部分增加了工程技术问题中常用的研究曲线弯曲程度的曲率知识. 为了降低难度，第2版还缩减了部分专业内容，如删除第1版中液体流体力学基础部分的内容，合并原第3、4章内容，同时在向量代数和微分方程部分也进行了部分内容的合并及局部顺序调整.

4. 根据开放教育的特点，为方便读者，第2版还增加了部分习题答案，为教学提供帮助.

本书由万金保任主编，舒虹、王文智、雷田礼、康晓红、郑红任副主编，参与编写的老师还有秦好泉、刘中瑞、齐松茹、贺萍、董铸荣、周旭光、魏东平、刘志勇.

由于时间仓促，编写中存在问题和不足之处在所难免，诚请广大专家、同行和读者批评指正.

编　者

第1版前言

本书是作者在承担教育部“21世纪高职高专教育机械基础课程教学内容体系改革与实践”和广东省高教厅“高职高专教育机电类专业教学内容体系改革与实践”项目研究基础上，结合多年从事教学、科研开发与生产实践的经验编写的.

高职高专专业设置岗位针对性强，要求有较强的实践能力和解决生产、建设、管理、服务一线问题的综合能力. 这种特点使得高等职业技术教育的理论课时大为减少，导致目前高职院校的学生不是基础理论学得太少，就是基础理论学的“夹生”，甚至成为公式、定理的记忆机器，难以在解决实际问题中发挥作用. 如何在基本理论“适度、够用”的原则下，重构课程内容体系，是高职教育面临的重大课题.

《机械基础》课程涉及内容较广，且无明确的界定. 但是在实践中，涉及机械基础的理论、概念、方法却是广泛的. 为了满足高职教育特点、适合机电类不同专业的需要，本项目的“机械基础课程教学内容体系”已超越了传统的《机械基础》课程的基本内容体系，由本教材和《实用机械设计基础》、《机械应用基础》教材来实现.《工程应用数学》主要以高等数学和理论力学为基本内容，同时还包括了线性代数、矢量代数、常微分方程、振动理论及流体力学等内容，形成了相关理论内容的关联应用体系，以增加学生的学习兴趣和理论内容的灵活掌握.《实用机械设计基础》以机械设计、材料力学为基本内容，包括机械系统涉及的材料、液压与电动机驱动、动力平衡等，形成了对机械系统进行分析、构建与应用的综合应用体系，以增强学生对机械系统的分析与构建的实践应用能力.《机械应用基础》则以机械基础为基本内容，包括常用机械(构)的原理、结构、使用、维护中所涉及的机构、零件、材料、公差配合、驱动、平衡及效率等内容，形成对机械系统进行使用与维护的综合应用体系，以增强学生对机械系统认识、使用与维护的实际综合应用能力.

《工程应用数学》将高等数学和理论力学有机地结合在一起，将高等数学、理论力学、机械设计相关内容进行合理编排，让学生在相对较少的学时内学到的更多、学得更好、用得更活是编者的心愿.

《工程应用数学》是“机械基础课程教学内容体系”改革的一部分. 对高职高专机电类专业的学生，主要以上册内容为主，下册内容可根据专业进行选取.《工程应用数学》教学内容的选取，应根据专业要求，结合后续的《实用机械设计基础》或《机械应用基础》教学内容综合考虑. 以真正实现高职高专教育面向实际、面向岗位、面向应用的目的.

参加本书编写的有：刘中瑞(第1、2、9章)，贺萍(第3、4章)，舒虹(第5、6章)，万金保(第7、8章)，康晓红(第10章)，周旭光(第11章)，王文智(第12章)，董铸荣(第13章)，夏毓鹏(第14章). 全书由万金保主编.

由于编者水平有限，书中缺点、错误及不妥之处在所难免，恳请广大读者批评指正，并提出宝贵的意见和建议.

编　者

目　录

第 2 篇 微积分与运动学

第 3 篇　高等微积分与动力学

第 1 篇　数学与力学基础

第 1 章　矩阵与线性方程组

矩阵是一种重要的数学工具，在经济工作和工程问题中有着广泛的应用. 本章介绍矩阵的基本知识，包括矩阵的概念和运算，矩阵的初等变换，矩阵的逆矩阵以及以矩阵为工具求解线性方程组.

1.1　矩阵及其运算

1.1.1　矩阵的概念

1. 矩阵的定义

引例 1　设工厂生产 A、B、C 三种产品，需要甲、乙、丙、丁四种原材料，其用量见表 1-1.

表　1-1　　(单位:t)

	甲材料	乙材料	丙材料	丁材料
A 产品	1	2	3	4
B 产品	2	3	1	3
C 产品	3	2	4	1

如果取出表中的用量数据并保持原来的相对位置，则可以得到一个排列成长方形的数表

$$\begin{pmatrix} 1 & 2 & 3 & 4 \\ 2 & 3 & 1 & 3 \\ 3 & 2 & 4 & 1 \end{pmatrix}$$

引例 2　在 n 个未知数、m 个方程的线性方程组

$$\begin{cases} a_{11}x_1 + a_{12}x_2 + \cdots + a_{1n}x_n = b_1 \\ a_{21}x_1 + a_{22}x_2 + \cdots + a_{2n}x_n = b_2 \\ \quad\vdots \\ a_{m1}x_1 + a_{m2}x_2 + \cdots + a_{mn}x_n = b_m \end{cases} \tag{1-1}$$

中，如果把未知数 $x_1, x_2, \cdots, x_n$ 前的系数

$$a_{ij}(i = 1, 2, \cdots, m; j = 1, 2, \cdots, n)$$

和常数项

$$b_i(i=1,2,\cdots,m)$$

按原有的顺序写出，也得到一个 m 行 $n+1$ 列的长方形数表

$$\begin{pmatrix} a_{11} & a_{12} & \cdots & a_{1n} & b_1 \\ a_{21} & a_{22} & \cdots & a_{2n} & b_2 \\ \vdots & \vdots & & \vdots & \vdots \\ a_{m1} & a_{m2} & \cdots & a_{mn} & b_m \end{pmatrix}$$

由上面的两个引例可见，对于这一类的问题可以用不同的长方形数表来表示，数学上把这样的长方形数表称为**矩阵**. 由此看来，矩阵就是数字表格的抽象形式.

定义1-1　由 $m\times n$ 个数 $a_{ij}(i=1,2,\cdots,m;j=1,2,\cdots,n)$ 排成 m 行 n 列的长方形数表称为一个 $m\times n$ 矩阵. 通常用大写字母 $\boldsymbol{A}$、$\boldsymbol{B}$、$\boldsymbol{C}$、…等表示矩阵，记作

$$\boldsymbol{A}=\begin{pmatrix} a_{11} & a_{12} & \cdots & a_{1n} \\ a_{21} & a_{22} & \cdots & a_{2n} \\ \vdots & \vdots & & \vdots \\ a_{m1} & a_{m2} & \cdots & a_{mn} \end{pmatrix}$$

矩阵 $\boldsymbol{A}$ 中的横排称为矩阵的**行**，纵排称为矩阵的**列**. 数 a_{ij} 称为矩阵 $\boldsymbol{A}$ 中第 i 行第 j 列的**元素**. a_{ij} 的前一个下标 i 称为行标，后一个下标 j 称为列标，分别表示元素 a_{ij} 在矩阵 $\boldsymbol{A}$ 中所处的行列位置.

在需要标明矩阵 $\boldsymbol{A}$ 行数 m 和列数 n 时，可写成 $\boldsymbol{A}_{m\times n}$. 矩阵 $\boldsymbol{A}$ 有时也记作 (a_{ij})，或者 $(a_{ij})_{m\times n}$.

例如：$\begin{pmatrix} 1 & 0 & 3 & 5 \\ -9 & 6 & 4 & 3 \end{pmatrix}$ 是一个 2×4 矩阵；$(2\quad 3\quad 5\quad 9)$ 是一个 1×4 矩阵；(4) 是一个 1×1 矩阵.

2. 特殊矩阵

（1）**方阵**　若矩阵 $\boldsymbol{A}$ 的行数等于列数 n 时，称 $\boldsymbol{A}$ 为 $\boldsymbol{n}$ **阶方阵**.

例如：$\begin{pmatrix} 13 & 6 & 2 \\ 2 & 1 & 4 \\ 0 & -1 & 7 \end{pmatrix}$ 是一个3阶方阵；$\begin{pmatrix} 1 & 2 \\ 8 & 3 \end{pmatrix}$ 是一个2阶方阵.

特别地，规定一阶方阵就是一个数，即

$$\boldsymbol{A}=(a)=a$$

方阵 $\boldsymbol{A}$ 中从左上角到右下角由元素 $a_{11},a_{22},\cdots,a_{nn}$ 连成的直线称为方阵 $\boldsymbol{A}$ 的**主对角线**.

（2）**三角矩阵**　如果方阵 $\boldsymbol{A}$ 中主对角线左下方的元素均为0，则称 $\boldsymbol{A}$ 为**上三角矩阵**，即

$$\boldsymbol{A}=\begin{pmatrix} a_{11} & a_{12} & \cdots & a_{1n} \\ & a_{22} & \cdots & a_{2n} \\ & & \ddots & \vdots \\ & & & a_{nn} \end{pmatrix}$$

类似地，形如

$$\begin{pmatrix} a_{11} & & & \\ a_{21} & a_{22} & & \\ \vdots & \vdots & \ddots & \\ a_{n1} & a_{n2} & \cdots & a_{nn} \end{pmatrix}$$

的方阵称为**下三角矩阵**.

上、下三角矩阵统称为**三角矩阵**.

(3) **对角矩阵**　如果方阵 $\boldsymbol{A}$ 中除主对角线上的元素之外，其他的元素全为零，则称 $\boldsymbol{A}$ 为**对角矩阵**. 即

$$\boldsymbol{A}=\begin{pmatrix} a_{11} & & & \\ & a_{22} & & \\ & & \ddots & \\ & & & a_{nn} \end{pmatrix}$$

容易看出，方阵 $\boldsymbol{A}$ 是对角矩阵当且仅当 $\boldsymbol{A}$ 既是上三角矩阵又是下三角矩阵.

(4) **单位矩阵**　如果对角矩阵中的主对角线上的元素全为 1，则称为**单位矩阵**，记为 $\boldsymbol{E}$，即

$$\boldsymbol{E}=\begin{pmatrix} 1 & & & \\ & 1 & & \\ & & \ddots & \\ & & & 1 \end{pmatrix}$$

(5) **零矩阵**　所有元素均为零的矩阵称为**零矩阵**，用字母 $\boldsymbol{O}$ 表示.

注意：不同阶数的零矩阵是不相等的. 例如：$\begin{pmatrix} 0 & 0 & 0 \\ 0 & 0 & 0 \\ 0 & 0 & 0 \end{pmatrix} \neq \begin{pmatrix} 0 & 0 & 0 & 0 \end{pmatrix}$

(6) **行(列)矩阵**　只有一行元素的矩阵

$$\begin{pmatrix} a_1 & a_2 & \cdots & a_n \end{pmatrix}$$

称为**行矩阵**.

只有一列元素的矩阵

$$\begin{pmatrix} a_1 \\ a_2 \\ \vdots \\ a_m \end{pmatrix}$$

称为**列矩阵**.

1.1.2　矩阵的运算

1. 矩阵的相等

定义 1-2　设矩阵 $\boldsymbol{A}=(a_{ij})_{m\times n}$、$\boldsymbol{B}=(b_{ij})_{m\times n}$，则 $\boldsymbol{A}=\boldsymbol{B}$ 当且仅当 $a_{ij}=b_{ij}(i=1,2,\cdots,m; j=1,2,\cdots,n)$.

例1-1 设$\boldsymbol{A}=\begin{pmatrix}1&2&3\\3&1&2\end{pmatrix}$，$\boldsymbol{B}=\begin{pmatrix}1&x&3\\y&1&z\end{pmatrix}$，已知$\boldsymbol{A}=\boldsymbol{B}$，求$x$，$y$，$z$.

解 因为$\boldsymbol{A}=\boldsymbol{B}$，所以$x=2$，$y=3$，$z=2$.

2. 矩阵的加法和减法

定义1-3 设矩阵$\boldsymbol{A}=(a_{ij})_{m\times n}$、$\boldsymbol{B}=(b_{ij})_{m\times n}$，则矩阵$\boldsymbol{A}$与矩阵$\boldsymbol{B}$的和定义为：

$$\boldsymbol{A}+\boldsymbol{B}=(a_{ij}+b_{ij})_{m\times n}=\begin{pmatrix}a_{11}+b_{11}&a_{12}+b_{12}&\cdots&a_{1n}+b_{1n}\\a_{21}+b_{21}&a_{22}+b_{22}&\cdots&a_{2n}+b_{2n}\\\vdots&\vdots&&\vdots\\a_{m1}+b_{m1}&a_{m2}+b_{m2}&\cdots&a_{mn}+b_{mn}\end{pmatrix}$$

例1-2 设$\boldsymbol{A}=\begin{pmatrix}1&3&2\\2&1&3\end{pmatrix}$，$\boldsymbol{B}=\begin{pmatrix}1&4&1\\4&3&2\end{pmatrix}$，求$\boldsymbol{A}+\boldsymbol{B}$.

解 $$\boldsymbol{A}+\boldsymbol{B}=\begin{pmatrix}1&3&2\\2&1&3\end{pmatrix}+\begin{pmatrix}1&4&1\\4&3&2\end{pmatrix}=\begin{pmatrix}1+1&3+4&2+1\\2+4&1+3&3+2\end{pmatrix}=\begin{pmatrix}2&7&3\\6&4&5\end{pmatrix}$$

容易验证矩阵的加法具有以下性质（设$\boldsymbol{A}$、$\boldsymbol{B}$、$\boldsymbol{C}$都是$m\times n$矩阵）：

1）矩阵的加法满足交换律、结合律. 即

$$\boldsymbol{A}+\boldsymbol{B}=\boldsymbol{B}+\boldsymbol{A}$$
$$(\boldsymbol{A}+\boldsymbol{B})+\boldsymbol{C}=\boldsymbol{A}+(\boldsymbol{B}+\boldsymbol{C})$$

2）对于任意的矩阵$\boldsymbol{A}$，总有$\boldsymbol{A}+\boldsymbol{O}=\boldsymbol{A}$.

3）$-\boldsymbol{A}=\begin{pmatrix}-a_{11}&-a_{12}&\cdots&-a_{1n}\\-a_{21}&-a_{22}&\cdots&-a_{2n}\\\vdots&\vdots&&\vdots\\-a_{m1}&-a_{m2}&\cdots&-a_{mn}\end{pmatrix}=(-a_{ij})$称为矩阵$\boldsymbol{A}$的**负矩阵**，记作$-\boldsymbol{A}$.

利用负矩阵定义两个矩阵的**减法**为：

$$\boldsymbol{A}-\boldsymbol{B}=\boldsymbol{A}+(-\boldsymbol{B})\text{，特别地}\boldsymbol{A}+(-\boldsymbol{A})=\boldsymbol{O}$$

应该注意：只有当两个矩阵$\boldsymbol{A}$与$\boldsymbol{B}$的行数、列数都相同时，才能进行加法或减法的运算.

例1-3 设$\boldsymbol{A}=\begin{pmatrix}1&3\\2&4\end{pmatrix}$，$\boldsymbol{B}=\begin{pmatrix}4&2\\3&1\end{pmatrix}$，且$\boldsymbol{A}+\boldsymbol{X}=\boldsymbol{B}$，求$\boldsymbol{X}$.

解 $$\boldsymbol{X}=\boldsymbol{B}-\boldsymbol{A}=\begin{pmatrix}4&2\\3&1\end{pmatrix}-\begin{pmatrix}1&3\\2&4\end{pmatrix}=\begin{pmatrix}4-1&2-3\\3-2&1-4\end{pmatrix}=\begin{pmatrix}3&-1\\1&-3\end{pmatrix}$$

3. 常数与矩阵的乘法

定义 1-4　数 λ 与矩阵 $\boldsymbol{A}=(a_{ij})_{m\times n}$ 的乘积记作 $\boldsymbol{\lambda A}$ 或 $\boldsymbol{A\lambda}$，定义为

$$\lambda\boldsymbol{A}=\boldsymbol{A}\lambda=\lambda(a_{ij})_{m\times n}=(\lambda a_{ij})_{m\times n}=\begin{pmatrix}\lambda a_{11} & \lambda a_{12} & \cdots & \lambda a_{1n}\\ \lambda a_{21} & \lambda a_{22} & \cdots & \lambda a_{2n}\\ \vdots & \vdots & & \vdots\\ \lambda a_{m1} & \lambda a_{m2} & \cdots & \lambda a_{mn}\end{pmatrix}$$

例 1-4　设 $\boldsymbol{A}=\begin{pmatrix}1 & 2 & 3\\ 4 & 5 & 6\\ 7 & 8 & 9\end{pmatrix}$，求 $2\boldsymbol{A}$.

解　$2\boldsymbol{A}=2\begin{pmatrix}1 & 2 & 3\\ 4 & 5 & 6\\ 7 & 8 & 9\end{pmatrix}=\begin{pmatrix}2 & 4 & 6\\ 8 & 10 & 12\\ 14 & 16 & 18\end{pmatrix}$

容易验证数乘矩阵具有以下性质(设 $\boldsymbol{A}$、$\boldsymbol{B}$ 为 $m\times n$ 矩阵，λ、μ 为常数)：

1) $1\cdot\boldsymbol{A}=\boldsymbol{A}$；

2) $(\lambda\mu)\boldsymbol{A}=\lambda(\mu\boldsymbol{A})$；

3) $(\lambda+\mu)\boldsymbol{A}=\lambda\boldsymbol{A}+\mu\boldsymbol{A}$；

4) $\lambda(\boldsymbol{A}+\boldsymbol{B})=\lambda\boldsymbol{A}+\lambda\boldsymbol{B}$.

4. 矩阵与矩阵的乘法

定义 1-5　设有 $m\times s$ 矩阵 $\boldsymbol{A}=(a_{ik})_{m\times s}$ 和 $s\times n$ 矩阵 $\boldsymbol{B}=(b_{kj})_{s\times n}$，定义 $\boldsymbol{A}$ 与 $\boldsymbol{B}$ 的乘积是 $\boldsymbol{AB}=(c_{ij})_{m\times n}$，其中

$$c_{ij}=a_{i1}b_{1j}+a_{i2}b_{2j}+\cdots+a_{is}b_{sj}=\sum_{k=1}^{s}a_{ik}b_{kj}\,(i=1,2,\cdots,m;j=1,2,\cdots,n)$$

从定义 1-5 可见，乘积矩阵的第 i 行第 j 列的元素 c_{ij} 就是矩阵 $\boldsymbol{A}$ 的第 i 行的元素与矩阵 $\boldsymbol{B}$ 的第 j 列的对应元素的乘积之和.

但是，必须注意，只有当左边的矩阵 $\boldsymbol{A}$ 的列数等于右边的矩阵 $\boldsymbol{B}$ 的行数的时候，两个矩阵才能相乘，否则没有意义.

例 1-5　设 $\boldsymbol{A}=\begin{pmatrix}1 & 0 & 3\\ 2 & 1 & 0\end{pmatrix}$，$\boldsymbol{B}=\begin{pmatrix}4 & 1\\ -1 & 1\\ 2 & 0\end{pmatrix}$，试求 $\boldsymbol{AB}$ 和 $\boldsymbol{BA}$.

解　
$$\boldsymbol{AB}=\begin{pmatrix}1 & 0 & 3\\ 2 & 1 & 0\end{pmatrix}\begin{pmatrix}4 & 1\\ -1 & 1\\ 2 & 0\end{pmatrix}$$

$$=\begin{pmatrix}1\times4+0\times(-1)+3\times2 & 1\times1+0\times1+3\times0\\ 2\times4+1\times(-1)+0\times2 & 2\times1+1\times1+0\times0\end{pmatrix}$$

$$=\begin{pmatrix}10 & 1\\ 7 & 3\end{pmatrix}$$

$$\boldsymbol{BA}=\begin{pmatrix}4 & 1\\ -1 & 1\\ 2 & 0\end{pmatrix}\begin{pmatrix}1 & 0 & 3\\ 2 & 1 & 0\end{pmatrix}$$

$$=\begin{pmatrix} 4\times1+1\times2 & 4\times0+1\times1 & 4\times3+1\times0 \\ (-1)\times1+1\times2 & (-1)\times0+1\times1 & (-1)\times3+1\times0 \\ 2\times1+0\times2 & 2\times0+0\times1 & 2\times3+0\times0 \end{pmatrix}$$

$$=\begin{pmatrix} 6 & 1 & 12 \\ 1 & 1 & -3 \\ 2 & 0 & 6 \end{pmatrix}$$

从例1-5可以看出，$\boldsymbol{AB}\neq\boldsymbol{BA}$. 需要强调指出，一般来说矩阵的乘法不满足交换律.

按定义1-5，元素个数相同的行矩阵与列矩阵的乘积是一个一阶矩阵，也就是一个数. 例如

$$(1\quad 2\quad 3)\begin{pmatrix} 3 \\ 2 \\ 1 \end{pmatrix}=(1\times3+2\times2+3\times1)=(10)$$

例1-6 已知 $\boldsymbol{A}=\begin{pmatrix} 1 & 0 \\ 0 & 0 \end{pmatrix}$，$\boldsymbol{B}=\begin{pmatrix} 3 & 2 \\ 4 & 6 \end{pmatrix}$，$\boldsymbol{C}=\begin{pmatrix} 3 & 2 \\ 2 & -1 \end{pmatrix}$，求 $\boldsymbol{AB}$ 与 $\boldsymbol{AC}$.

解 $\boldsymbol{AB}=\begin{pmatrix} 1 & 0 \\ 0 & 0 \end{pmatrix}\begin{pmatrix} 3 & 2 \\ 4 & 6 \end{pmatrix}=\begin{pmatrix} 3 & 2 \\ 0 & 0 \end{pmatrix}$

$\boldsymbol{AC}=\begin{pmatrix} 1 & 0 \\ 0 & 0 \end{pmatrix}\begin{pmatrix} 3 & 2 \\ 2 & -1 \end{pmatrix}=\begin{pmatrix} 3 & 2 \\ 0 & 0 \end{pmatrix}$

从例1-6可以看出，虽然 $\boldsymbol{AB}=\boldsymbol{AC}$，但 $\boldsymbol{B}\neq\boldsymbol{C}$. 需要强调指出，一般来说矩阵的乘法不满足消去律.

矩阵乘法具有以下性质(假设运算是可施行的)：

1) $(\boldsymbol{AB})\boldsymbol{C}=\boldsymbol{A}(\boldsymbol{BC})$；

2) $(\boldsymbol{A}+\boldsymbol{B})\boldsymbol{C}=\boldsymbol{AC}+\boldsymbol{BC}$；

$\quad\boldsymbol{C}(\boldsymbol{A}+\boldsymbol{B})=\boldsymbol{CA}+\boldsymbol{CB}$；

3) $\lambda(\boldsymbol{AB})=(\lambda\boldsymbol{A})\boldsymbol{B}=\boldsymbol{A}(\lambda\boldsymbol{B})$ （λ 是一个常数）；

4) $\boldsymbol{AE}=\boldsymbol{A}$，$\boldsymbol{EA}=\boldsymbol{A}$ （$\boldsymbol{E}$ 是单位矩阵）.

当 $\boldsymbol{A}$ 为 n 阶方阵的时候，定义方阵的幂：

$$\boldsymbol{A}^2=\boldsymbol{AA},\ \boldsymbol{A}^3=\boldsymbol{AAA}=(\boldsymbol{AA})\boldsymbol{A},\ \cdots,\ \boldsymbol{A}^k=\overbrace{\boldsymbol{AA}\cdots\boldsymbol{A}}^{k个}$$

注意：由于矩阵的乘法不满足交换律，故一般 $(\boldsymbol{AB})^k\neq\boldsymbol{A}^k\boldsymbol{B}^k$.

下面考虑用矩阵运算表示方程组. 如简单的二元一次方程组

$$\begin{cases} 2x-y=1 \\ x+y=2 \end{cases}$$

中，把未知数前的系数按原有顺序写出，记为**系数矩阵** $\boldsymbol{A}=\begin{pmatrix} 2 & -1 \\ 1 & 1 \end{pmatrix}$；常数项按原有次序组成的列阵，记为**常数项矩阵** $\boldsymbol{b}=\begin{pmatrix} 1 \\ 2 \end{pmatrix}$；未知数组成的矩阵记为**未知数矩阵** $\boldsymbol{x}=\begin{pmatrix} x \\ y \end{pmatrix}$；未知数前系数及常数项按原有顺序组成矩阵，记为**增广矩阵** $(\boldsymbol{A}\mid\boldsymbol{b})=\begin{pmatrix} 2 & -1 & 1 \\ 1 & 1 & 2 \end{pmatrix}$. 计算 $\boldsymbol{Ax}$ 有

$$\boldsymbol{Ax}=\begin{pmatrix}2 & -1\\1 & 1\end{pmatrix}\begin{pmatrix}x\\y\end{pmatrix}=\begin{pmatrix}2x-y\\x+y\end{pmatrix};$$

由矩阵相等可得矩阵方程

$$\boldsymbol{Ax}=\boldsymbol{b}$$

在这里，再回过头再去考察引例2中的n个未知数m个方程的线性方程组

$$\begin{cases}a_{11}x_1+a_{12}x_2+\cdots+a_{1n}x_n=b_1\\a_{21}x_1+a_{22}x_2+\cdots+a_{2n}x_n=b_2\\\qquad\vdots\\a_{m1}x_1+a_{m2}x_2+\cdots+a_{mn}x_n=b_m\end{cases}\tag{1-2}$$

如果令系数矩阵、未知数矩阵、常数项矩阵分别如下

$$\boldsymbol{A}=\begin{pmatrix}a_{11} & a_{12} & \cdots & a_{1n}\\a_{21} & a_{22} & \cdots & a_{2n}\\\vdots & \vdots & & \vdots\\a_{m1} & a_{m2} & \cdots & a_{mn}\end{pmatrix},\ \boldsymbol{x}=\begin{pmatrix}x_1\\x_2\\\vdots\\x_n\end{pmatrix},\ \boldsymbol{b}=\begin{pmatrix}b_1\\b_2\\\vdots\\b_m\end{pmatrix}$$

则式(1-1)可以表示为矩阵方程

$$\boldsymbol{Ax}=\boldsymbol{b}\tag{1-3}$$

显然，在形式上式(1-2)比式(1-1)更简单.

5. 矩阵的转置

定义1-6　设有$m\times n$矩阵$\boldsymbol{A}$，如果$n\times m$矩阵$\boldsymbol{B}$的第j行的元素恰好是矩阵$\boldsymbol{A}$的第j列的对应元素$(j=1,2,\cdots,n)$则矩阵$\boldsymbol{B}$称为矩阵$\boldsymbol{A}$的**转置矩阵**. 记作$\boldsymbol{B}=\boldsymbol{A}^{\mathrm{T}}$.

例1-7　$\boldsymbol{A}=\begin{pmatrix}2 & 3\\1 & 4\\3 & 5\end{pmatrix}$，$\boldsymbol{B}=(18\quad 6)$，求$\boldsymbol{A}^{\mathrm{T}}$，$\boldsymbol{B}^{\mathrm{T}}$.

解　$\boldsymbol{A}^{\mathrm{T}}=\begin{pmatrix}2 & 1 & 3\\3 & 4 & 5\end{pmatrix}$，$\boldsymbol{B}^{\mathrm{T}}=\begin{pmatrix}18\\6\end{pmatrix}$

把矩阵的转置看成是一种运算，则矩阵的转置运算具有以下性质(假设运算是可行的)：

1) $(\boldsymbol{A}^{\mathrm{T}})^{\mathrm{T}}=\boldsymbol{A}$；

2) $(\boldsymbol{A}+\boldsymbol{B})^{\mathrm{T}}=\boldsymbol{A}^{\mathrm{T}}+\boldsymbol{B}^{\mathrm{T}}$；

3) $(\lambda\boldsymbol{A})^{\mathrm{T}}=\lambda\boldsymbol{A}^{\mathrm{T}}$；

4) $(\boldsymbol{AB})^{\mathrm{T}}=\boldsymbol{B}^{\mathrm{T}}\boldsymbol{A}^{\mathrm{T}}$.

设$\boldsymbol{A}$为n阶方阵，如果满足$\boldsymbol{A}^{\mathrm{T}}=\boldsymbol{A}$，即

$$a_{ij}=a_{ji}(i,j=1,2,\cdots,n)$$

则称$\boldsymbol{A}$为**对称矩阵**. 例如

$$\boldsymbol{A}=\begin{pmatrix}1 & 3 & 2\\3 & 2 & 4\\2 & 4 & -1\end{pmatrix}$$

由于$\boldsymbol{A}^{\mathrm{T}}=\boldsymbol{A}$，所以$\boldsymbol{A}$是对称矩阵.

设$\boldsymbol{B}$是n阶方阵，如果满足$\boldsymbol{B}^{\mathrm{T}}=-\boldsymbol{B}$，即

$$a_{ij}=-a_{ji}(i,j=1,2,\cdots,n)$$

则称 $\boldsymbol{B}$ 是**反对称矩阵**. 例如

$$\boldsymbol{B}=\begin{pmatrix}0 & 3 & 2\\ -3 & 0 & 4\\ -2 & -4 & 0\end{pmatrix}=-\begin{pmatrix}0 & -3 & -2\\ 3 & 0 & -4\\ 2 & 4 & 0\end{pmatrix}=-\boldsymbol{B}^{\mathrm{T}}$$

由于 $\boldsymbol{B}^{\mathrm{T}}=-\boldsymbol{B}$，所以 $\boldsymbol{B}$ 是反对称矩阵.

1.2 矩阵的初等变换与逆矩阵

1.2.1 矩阵的初等变换

定义 1-7 对矩阵 $\boldsymbol{A}$ 进行下列变换：

1）互换矩阵 $\boldsymbol{A}$ 任意两行的对应元素(对调 i,j 两行,记作 $r_i\leftrightarrow r_j$).

2）用一个非零常数乘以矩阵 $\boldsymbol{A}$ 的某一行中的所有元素(第 i 行乘 k,记作 $r_i\times k$).

3）用一个数乘矩阵 $\boldsymbol{A}$ 中的某一行的所有元素后再加到 $\boldsymbol{A}$ 的另一行对应的元素上去(第 j 行的 k 倍加到第 i 行上,记作 r_i+kr_j).

这三种变换称为矩阵 $\boldsymbol{A}$ 的**初等行变换**.

把定义 1-7 中的“行”换成“列”（所用记号“r”换成“c”），即得矩阵 $\boldsymbol{A}$ 的**初等列变换**的定义. 矩阵的初等行变换与初等列变换统称为矩阵的**初等变换**.

线性方程组的方程的变换与矩阵的初等变换的关系见表 1-2.

表 1-2

方程组中方程的变换	矩阵的初等变换
互换两个方程的位置	对调 i，j 两行，$r_i\leftrightarrow r_j$
用一个非零的数 k 乘一个方程	第 i 行乘 k，$r_i\times k$
用一个非零的数 k 乘一方程加到另一方程	第 j 行的 k 倍加到第 i 行上，r_i+kr_j

1.2.2 阶梯形矩阵

为了叙述方便，将矩阵中元素全部为 0 的行称为**零行**；元素不全为 0 的行称为**非零行**.

如果从矩阵 $\boldsymbol{A}$ 的第二行起，每一行第一个非零元素的列标都大于上一行第一个非零元素的列标，并且 $\boldsymbol{A}$ 中零行(如果存在的话)下面不再有非零行，则称矩阵 $\boldsymbol{A}$ 为**阶梯形矩阵**. 例如：

$$\begin{pmatrix}4 & 2 & 3\\ 0 & 0 & 1\end{pmatrix}\quad\begin{pmatrix}0 & 3 & 5\\ 0 & 0 & 3\\ 0 & 0 & 0\end{pmatrix}\quad\begin{pmatrix}4 & 2 & 5\\ 0 & 3 & 2\\ 0 & 0 & 3\end{pmatrix}\quad\begin{pmatrix}4 & 3 & 0 & 1 & 5\\ 0 & -1 & 1 & 2 & 7\\ 0 & 0 & 0 & 0 & 9\\ 0 & 0 & 0 & 0 & 0\end{pmatrix}$$

都是阶梯形矩阵.

若阶梯形矩阵 $\boldsymbol{A}$ 中，非零行的第一个不为 0 的元素是 1，并且非零行的第一个元素 1 所在列的其他元素都为 0，则称矩阵 $\boldsymbol{A}$ 为**行最简形矩阵**. 例如

$$\begin{pmatrix}1&0&2\\0&1&1\end{pmatrix}\quad\begin{pmatrix}1&1&0\\0&0&1\\0&0&0\end{pmatrix}\quad\begin{pmatrix}1&0&5\\0&1&2\\0&0&0\end{pmatrix}\quad\begin{pmatrix}1&0&2&0&5\\0&1&1&0&7\\0&0&0&1&9\\0&0&0&0&0\end{pmatrix}$$

都是行最简形矩阵 .

例 1-8　设 $A=\begin{pmatrix}1&-2&-1&0&2\\-2&4&2&6&-6\\2&-1&0&2&3\\3&3&3&3&4\end{pmatrix}$，对矩阵 A 施行初等变换，化为阶梯形矩阵 .

解　$A\xrightarrow[r_4-3r_1]{\substack{r_2+2r_1\\r_3-2r_1}}\begin{pmatrix}1&-2&-1&0&2\\0&0&0&6&-2\\0&3&2&2&-1\\0&9&6&3&-2\end{pmatrix}$

$\xrightarrow[r_3\leftrightarrow r_4]{r_2\leftrightarrow r_3}\begin{pmatrix}1&-2&-1&0&2\\0&3&2&2&-1\\0&9&6&3&-2\\0&0&0&6&-2\end{pmatrix}$

$\xrightarrow{r_3-3r_2}\begin{pmatrix}1&-2&-1&0&2\\0&3&2&2&-1\\0&0&0&-3&1\\0&0&0&6&-2\end{pmatrix}$

$$\xrightarrow{r_4+2r_3}\begin{pmatrix}1&-2&-1&0&2\\0&3&2&2&-1\\0&0&0&-3&1\\0&0&0&0&0\end{pmatrix}=J \tag{1-4}$$

对于任意一个 $m\times n$ 矩阵 A，类似于例 1-8 的作法，经过有限次初等行变换，可以把 A 变换成阶梯形矩阵(如(1-4)中的 J)，若进一步对阶梯矩阵进行初等变换，可以把它变换成行最简形矩阵. 由此可得以下定理.

定理 1-1　任意一个矩阵经过若干次的初等行变换可以化成阶梯形矩阵或行最简形矩阵.

【证略】

例 1-9　求矩阵 $A=\begin{pmatrix}1&2&3\\2&3&-5\\4&7&1\end{pmatrix}$的阶梯形矩阵.

解　$A=\begin{pmatrix}1&2&3\\2&3&-5\\4&7&1\end{pmatrix}\xrightarrow[r_2-2r_1]{r_3-4r_1}\begin{pmatrix}1&2&3\\0&-1&-11\\0&-1&-11\end{pmatrix}\xrightarrow{r_3-r_2}\begin{pmatrix}1&2&3\\0&-1&-11\\0&0&0\end{pmatrix}$

例 1-10　求矩阵 $A=\begin{pmatrix}1&3&-2&2\\0&2&-1&3\\-2&0&1&5\end{pmatrix}$的行最简形矩阵.

解 $A=\begin{pmatrix}1&3&-2&2\\0&2&-1&3\\-2&0&1&5\end{pmatrix}\xrightarrow[r_3+2r_1]{r_3-3r_2}\begin{pmatrix}1&3&-2&2\\0&2&-1&3\\0&0&0&0\end{pmatrix}\xrightarrow{r_2\times\frac{1}{2}}\begin{pmatrix}1&3&-2&2\\0&1&-1/2&3/2\\0&0&0&0\end{pmatrix}$

$\xrightarrow{r_1-3r_2}\begin{pmatrix}1&0&-1/2&-5/2\\0&1&-1/2&3/2\\0&0&0&0\end{pmatrix}$

1.2.3 矩阵的秩

一个矩阵的阶梯形矩阵不唯一，但是一个矩阵的阶梯形矩阵的非零行的行数却是唯一的，这一性质在解线性方程组中非常重要.

定理1-2 矩阵的秩等于该矩阵的阶梯形矩阵中非零行的行数. 矩阵 $\boldsymbol{A}$ 的秩记作 $R(\boldsymbol{A})$.

【证略】

例1-11 已知 $A=\begin{pmatrix}0&3&5\\0&0&3\\0&0&0\end{pmatrix}$，$B=\begin{pmatrix}4&2&5\\0&3&2\\0&0&3\end{pmatrix}$，$C=\begin{pmatrix}4&3&0&1&5\\0&-1&1&2&7\\0&0&0&0&9\\0&0&0&0&0\end{pmatrix}$，求 $R(\boldsymbol{A})$，$R(\boldsymbol{B})$，$R(\boldsymbol{C})$.

解 $R(\boldsymbol{A})=2$，$R(\boldsymbol{B})=3$，$R(\boldsymbol{C})=3$.

由定理1-2看出，在求一个矩阵的秩的时候，只需经过有限次的初等行变换，将其变换成一个阶梯形矩阵，算出该阶梯形矩阵的非零行的行数就可以了. 例如，在例1-8中，$R(\boldsymbol{A})=3$.

例1-12 已知方程组 $\begin{cases}x_1-3x_2-6x_3+5x_4=0\\2x_1+x_2+4x_3-2x_4=1\\5x_1-x_2+2x_3+x_4=7\end{cases}$，求增广矩阵 $\boldsymbol{B}=(\boldsymbol{A}\mid\boldsymbol{b})$ 及系数矩阵 $\boldsymbol{A}$ 的秩.

解 $B=\begin{pmatrix}1&-3&-6&5&0\\2&1&4&-2&1\\5&-1&2&1&7\end{pmatrix}$

$\xrightarrow[r_3-5r_1]{r_2-2r_1}\begin{pmatrix}1&-3&-6&5&0\\0&7&16&-12&1\\0&14&32&-24&7\end{pmatrix}$

$\xrightarrow{r_3-2r_2}\begin{pmatrix}1&-3&-6&5&0\\0&7&16&-12&1\\0&0&0&0&5\end{pmatrix}$

所以 $R(\boldsymbol{B})=3$，又因对系数矩阵进行初等行变换相当于对增广矩阵进行初等行变换中去掉常数列(即最后一列)，所以 $R(\boldsymbol{A})=2$.

1.2.4 逆矩阵

在代数方程 $ax=b$ 中，由于 $a^{-1}a=aa^{-1}=1$ 成立($a\neq0$)，所以有 $x=a^{-1}b$. 那么在矩阵

方程 $Ax=b$ 中，是否也有类似结论，即由 $A^{-1}A=AA^{-1}=E$，有 $x=A^{-1}b$ 成立？

定义 1-8　设 A 是 n 阶方阵，如果存在 n 阶方阵 B，使得

$$AB=BA=E$$

则称矩阵 A 是**可逆的**，矩阵 B 是矩阵 A 的**逆矩阵**，记 $B=A^{-1}$.

可以证明，n 阶方阵 A 如果有逆矩阵，则逆矩阵是唯一的. 可逆矩阵具有下列的性质（运算有意义的话）：

1）$(A^{-1})^{-1}=A$；

2）$(kA)^{-1}=\frac{1}{k}A^{-1}$　（k 为非零常数）；

3）$(AB)^{-1}=B^{-1}A^{-1}$；

4）$(A^{\mathrm{T}})^{-1}=(A^{-1})^{\mathrm{T}}$.

下面，介绍用初等变换来判断方阵 A 是否可逆和求 A^{-1} 的方法.

将 n 阶矩阵 A 与 n 阶单位矩阵 E 并列，构造成一个 $n\times 2n$ 矩阵 $(A\mid E)$，对矩阵 $(A\mid E)$ 施行初等行变换（相当于对 A 和 E 同时施行相同的初等行变换），当把左边的矩阵 A 变换成单位矩阵 E 时，右边的单位矩阵 E 随之就变换成 A^{-1} 了，即

$$(A\mid E)\xrightarrow{\text{初等行变换}}(E\mid A^{-1})$$

如果经过若干次初等行变换后，发现在左边的方阵中有某一行（列）的元素全变成零了，则可以断定 A 不可逆，此时 A^{-1} 不存在.

例 1-13　用初等变换的方法判别矩阵 $A=\begin{pmatrix}2&2&3\\1&-1&0\\-1&2&1\end{pmatrix}$ 和 $B=\begin{pmatrix}1&2&3\\4&5&6\\7&8&9\end{pmatrix}$ 是否可逆，如果可逆，求其逆矩阵.

解　因为 $(A\mid E)=\left(\begin{array}{ccc|ccc}2&2&3&1&0&0\\1&-1&0&0&1&0\\-1&2&1&0&0&1\end{array}\right)$

$$\xrightarrow{r_1\leftrightarrow r_2}\left(\begin{array}{ccc|ccc}1&-1&0&0&1&0\\2&2&3&1&0&0\\-1&2&1&0&0&1\end{array}\right)$$

$$\xrightarrow[r_3+r_1]{r_2-2r_1}\left(\begin{array}{ccc|ccc}1&-1&0&0&1&0\\0&4&3&1&-2&0\\0&1&1&0&1&1\end{array}\right)$$

$$\xrightarrow{r_2-3r_3}\left(\begin{array}{ccc|ccc}1&-1&0&0&1&0\\0&1&0&1&-5&-3\\0&1&1&0&1&1\end{array}\right)$$

$$\xrightarrow[r_3-r_2]{r_1+r_2}\left(\begin{array}{ccc|ccc}1&0&0&1&-4&-3\\0&1&0&1&-5&-3\\0&0&1&-1&6&4\end{array}\right)$$

所以 A 可逆，且 $A^{-1}=\begin{pmatrix}1&-4&-3\\1&-5&-3\\-1&6&4\end{pmatrix}$

又因为$(\boldsymbol{B}\mid\boldsymbol{E})=\left(\begin{array}{ccc|ccc}1&2&3&1&0&0\\4&5&6&0&1&0\\7&8&9&0&0&1\end{array}\right)$

$$\xrightarrow[r_3-7r_1]{r_2-4r_1}\left(\begin{array}{ccc|ccc}1&2&3&1&0&0\\0&-3&-6&-4&1&0\\0&-6&-12&-7&0&1\end{array}\right)$$

$$\xrightarrow{r_3-2r_2}\left(\begin{array}{ccc|ccc}1&2&3&1&0&0\\0&-3&-6&-4&1&0\\0&0&0&1&-2&1\end{array}\right),$$

至此，左边的方阵中最后一行的元素全为零，所以$\boldsymbol{B}$不可逆，即$\boldsymbol{B}^{-1}$不存在.

例 1-14 利用矩阵方程求解，解方程组$\begin{cases}2x-y=1\\x+y=2.\end{cases}$

解 设$\boldsymbol{A}=\begin{pmatrix}2&-1\\1&1\end{pmatrix}$，$\boldsymbol{x}=\begin{pmatrix}x\\y\end{pmatrix}$，$\boldsymbol{b}=\begin{pmatrix}1\\2\end{pmatrix}$，则已知方程组可写为$\boldsymbol{Ax}=\boldsymbol{b}$，用$\boldsymbol{A}^{-1}$左乘$\boldsymbol{Ax}=\boldsymbol{b}$的两端得

$$\boldsymbol{A}^{-1}(\boldsymbol{Ax})=\boldsymbol{A}^{-1}\boldsymbol{b}$$

根据逆矩阵的定义有$\boldsymbol{A}^{-1}\boldsymbol{A}=\boldsymbol{E}$，所以$\boldsymbol{x}=\boldsymbol{A}^{-1}\boldsymbol{b}$.

因为$(\boldsymbol{A}\mid\boldsymbol{E})=\left(\begin{array}{cc|cc}2&-1&1&0\\1&1&0&1\end{array}\right)$

$$\xrightarrow{r_1\leftrightarrow r_2}\left(\begin{array}{cc|cc}1&1&0&1\\2&-1&1&0\end{array}\right)$$

$$\xrightarrow{r_2-2r_1}\left(\begin{array}{cc|cc}1&1&0&1\\0&-3&1&-2\end{array}\right)$$

$$\xrightarrow{r_2\times\left(-\frac{1}{3}\right)}\left(\begin{array}{cc|cc}1&1&0&1\\0&1&-1/3&2/3\end{array}\right)$$

$$\xrightarrow{r_1-r_2}\left(\begin{array}{cc|cc}1&0&1/3&1/3\\0&1&-1/3&2/3\end{array}\right)$$

所以$\boldsymbol{A}$可逆，且$\boldsymbol{A}^{-1}=\begin{pmatrix}1/3&1/3\\-1/3&2/3\end{pmatrix}$

因为$\boldsymbol{x}=\boldsymbol{A}^{-1}\boldsymbol{b}=\begin{pmatrix}1/3&1/3\\-1/3&2/3\end{pmatrix}\begin{pmatrix}1\\2\end{pmatrix}=\begin{pmatrix}1\\1\end{pmatrix}$

所以$x=1$，$y=1$.

类似地，对于n个未知数n个方程的线性方程组

$$\begin{cases}a_{11}x_1+a_{12}x_2+\cdots+a_{1n}x_n=b_1\\a_{21}x_1+a_{22}x_2+\cdots+a_{2n}x_n=b_2\\\qquad\vdots\\a_{n1}x_1+a_{n2}x_2+\cdots+a_{nn}x_n=b_n\end{cases}\tag{1-5}$$

记 $A=\begin{pmatrix} a_{11} & a_{12} & \cdots & a_{1n} \\ a_{21} & a_{22} & \cdots & a_{2n} \\ \vdots & \vdots & & \vdots \\ a_{n1} & a_{n2} & \cdots & a_{nn} \end{pmatrix}$，称其为方程组的系数矩阵，又记

$$x=\begin{pmatrix} x_1 \\ x_2 \\ \vdots \\ x_n \end{pmatrix} \quad b=\begin{pmatrix} b_1 \\ b_2 \\ \vdots \\ b_n \end{pmatrix}$$

则(1-5)的矩阵形式为

$$Ax=b$$

当 A 为可逆矩阵时，矩阵方程有唯一解

$$x=A^{-1}b$$

即对于线性方程组(1-5)，当系数矩阵 A 为可逆矩阵时，该方程组有且仅有一组解.

1.3　线性方程组的求解

设有 n 个未知数 m 个方程的线性方程组

$$\begin{cases} a_{11}x_1+a_{12}x_2+\cdots+a_{1n}x_n=b_1 \\ a_{21}x_1+a_{22}x_2+\cdots+a_{2n}x_n=b_2 \\ \qquad\vdots \\ a_{m1}x_1+a_{m2}x_2+\cdots+a_{mn}x_n=b_m \end{cases} \tag{1-6}$$

记 $A=\begin{pmatrix} a_{11} & a_{12} & \cdots & a_{1n} \\ a_{21} & a_{22} & \cdots & a_{2n} \\ \vdots & \vdots & & \vdots \\ a_{m1} & a_{m2} & \cdots & a_{mn} \end{pmatrix}$，称其为方程组(1-6)的系数矩阵．称 $x=\begin{pmatrix} x_1 \\ x_2 \\ \vdots \\ x_n \end{pmatrix}$为未知数矩阵，

$b=\begin{pmatrix} b_1 \\ b_2 \\ \vdots \\ b_m \end{pmatrix}$为常数项矩阵.

则方程组(1-6)的矩阵形式为

$$Ax=b$$

$\overline{A}=(A\mid b)=\left(\begin{array}{cccc|c} a_{11} & a_{12} & \cdots & a_{1n} & b_1 \\ a_{21} & a_{22} & \cdots & a_{2n} & b_2 \\ \vdots & \vdots & & \vdots & \vdots \\ a_{m1} & a_{m2} & \cdots & a_{mn} & b_m \end{array}\right)$称为方程组(1-6)的**增广矩阵**.

对于线性方程组(1-6)，讨论以下三个问题：

1）方程组在什么条件下有解？

2）如果有解，究竟有多少解？

3）怎样求解？

例 1-15　用消元法解线性方程组

$$\begin{cases} x_1 + 2x_2 + 3x_3 = -7 \\ 2x_1 - x_2 + 2x_3 = -8 \\ x_1 + 3x_2 = 7 \end{cases} \tag{1-7}$$

解　把方程组(1-7)的消元过程与增广矩阵的初等行变换过程对照地列表如下.

表 1-3

方程组的消元过程	增广矩阵的初等行变换过程
$\begin{cases} x_1 + 2x_2 + 3x_3 = -7 \\ 2x_1 - x_2 + 2x_3 = -8 \\ x_1 + 3x_2 = 7 \end{cases}$	$\left(\begin{array}{ccc\|c} 1 & 2 & 3 & -7 \\ 2 & -1 & 2 & -8 \\ 1 & 3 & 0 & 7 \end{array}\right)$
$\xrightarrow[r_3 - r_1]{r_2 - 2r_1} \begin{cases} x_1 + 2x_2 + 3x_3 = -7 \\ -5x_2 - 4x_3 = 6 \\ x_2 - 3x_3 = 14 \end{cases}$	$\xrightarrow[r_3 - r_1]{r_2 - 2r_1} \left(\begin{array}{ccc\|c} 1 & 2 & 3 & -7 \\ 0 & -5 & -4 & 6 \\ 0 & 1 & -3 & 14 \end{array}\right)$
$\xrightarrow{r_2 \leftrightarrow r_3} \begin{cases} x_1 + 2x_2 + 3x_3 = -7 \\ x_2 - 3x_3 = 14 \\ -5x_2 - 4x_3 = 6 \end{cases}$	$\xrightarrow{r_2 \leftrightarrow r_3} \left(\begin{array}{ccc\|c} 1 & 2 & 3 & -7 \\ 0 & 1 & -3 & 14 \\ 0 & -5 & -4 & 6 \end{array}\right)$
$\xrightarrow{r_3 - 5r_2} \begin{cases} x_1 + 2x_2 + 3x_3 = -7 \\ x_2 - 3x_3 = 14 \\ -19x_3 = 76 \end{cases}$	$\xrightarrow{r_3 - 5r_2} \left(\begin{array}{ccc\|c} 1 & 2 & 3 & -7 \\ 0 & 1 & -3 & 14 \\ 0 & 0 & -19 & 76 \end{array}\right)$
$\xrightarrow{r_3 \times \left(-\frac{1}{19}\right)} \begin{cases} x_1 + 2x_2 + 3x_3 = -7 \\ x_2 - 3x_3 = 14 \\ x_3 = -4 \end{cases}$	$\xrightarrow{r_3 \times \left(-\frac{1}{19}\right)} \left(\begin{array}{ccc\|c} 1 & 2 & 3 & -7 \\ 0 & 1 & -3 & 14 \\ 0 & 0 & 1 & -4 \end{array}\right)$
$\xrightarrow[r_2 + 3r_3]{r_1 - 3r_3} \begin{cases} x_1 + 2x_2 = 5 \\ x_2 = 2 \\ x_3 = -4 \end{cases}$	$\xrightarrow[r_2 + 3r_3]{r_1 - 3r_3} \left(\begin{array}{ccc\|c} 1 & 2 & 0 & 5 \\ 0 & 1 & 0 & 2 \\ 0 & 0 & 1 & -4 \end{array}\right)$
$\xrightarrow{r_1 - 2r_2} \begin{cases} x_1 = 1 \\ x_2 = 2 \\ x_3 = -4 \end{cases}$	$\xrightarrow{r_1 - 2r_2} \left(\begin{array}{ccc\|c} 1 & 0 & 0 & 1 \\ 0 & 1 & 0 & 2 \\ 0 & 0 & 1 & -4 \end{array}\right)$

由此得到方程组的解为

$$\begin{cases} x_1 = 1 \\ x_2 = 2 \\ x_3 = -4 \end{cases}$$

从上表可以看出，方程组的消元过程与增广矩阵的初等行变换过程可以一一对应. 因此，用初等变换来求解线性方程组，在原理上与消元法是一致的，但描述上更简单.

定理 1-3　若将增广矩阵$(\boldsymbol{A} \mid \boldsymbol{b})$用初等行变换化为$(\boldsymbol{U} \mid \boldsymbol{v})$，则方程组 $\boldsymbol{Ax} = \boldsymbol{b}$ 与 $\boldsymbol{Ux} = \boldsymbol{v}$

是同解方程组.

【证略】

从例 1-15 中还可以看到，系数矩阵的秩与增广矩阵的秩相等，并都等于未知数的个数 3，即 $R(\boldsymbol{A})=R(\overline{\boldsymbol{A}})=3$，这时方程组有唯一的一组解.

例 1-16　用初等变换求解线性方程组

$$\begin{cases} x_1+\ \ x_2=2 \\ 2x_1+2x_2=5 \end{cases}$$

解　增广矩阵 $\overline{\boldsymbol{A}}=\left(\begin{array}{cc|c} 1 & 1 & 2 \\ 2 & 2 & 5 \end{array}\right)$

$$\xrightarrow{r_2-2r_1}\left(\begin{array}{cc|c} 1 & 1 & 2 \\ 0 & 0 & 1 \end{array}\right)$$

经过初等变换后同解方程组为 $\begin{cases} x_1+x_2=2 \\ 0=1 \end{cases}$，第二个方程明显是不成立的，所以原方程组无解.

可见，$R(\boldsymbol{A})=1$，$R(\overline{\boldsymbol{A}})=2$，即 $R(\boldsymbol{A})\neq R(\overline{\boldsymbol{A}})$ 时，方程组无解.

一般地，有下面的定理：

定理 1-4　线性方程组(1-6)有解的充分必要条件是系数矩阵的秩与增广矩阵的秩相等，即 $R(\boldsymbol{A})=R(\overline{\boldsymbol{A}})$.

【证略】

例 1-17　求解线性方程组

$$\begin{cases} x-y+z-w=1 \\ -x+y+z-w=1 \\ 2x-2y-z+w=-1 \end{cases}$$

解　$\overline{\boldsymbol{A}}=\left(\begin{array}{cccc|c} 1 & -1 & 1 & -1 & 1 \\ -1 & 1 & 1 & -1 & 1 \\ 2 & -2 & -1 & 1 & -1 \end{array}\right)$

$$\xrightarrow[r_3-2r_1]{r_2+r_1}\left(\begin{array}{cccc|c} 1 & -1 & 1 & -1 & 1 \\ 0 & 0 & 2 & -2 & 2 \\ 0 & 0 & -3 & 3 & -3 \end{array}\right)$$

$$\xrightarrow[r_3-3r_2]{r_2\times\frac{1}{2}}\left(\begin{array}{cccc|c} 1 & -1 & 1 & -1 & 1 \\ 0 & 0 & 1 & -1 & 1 \\ 0 & 0 & 0 & 0 & 0 \end{array}\right)$$

$$\xrightarrow{r_1-r_2}\left(\begin{array}{cccc|c} 1 & -1 & 0 & 0 & 0 \\ 0 & 0 & 1 & -1 & 1 \\ 0 & 0 & 0 & 0 & 0 \end{array}\right)=\boldsymbol{C}$$

由矩阵 $\boldsymbol{C}$ 知，$R(\boldsymbol{A})=R(\overline{\boldsymbol{A}})=2$，所以方程组有解. 写出矩阵 $\boldsymbol{B}$ 对应的方程组

$$\begin{cases} x-y=0 \\ z-w=1 \end{cases}$$

即

$$\begin{cases} x = y \\ z = 1 + w \end{cases}$$

其中 y，w 可以独立地取任意值(这样的变量称为**自由变量**)．如果令 $y = c_1$，$w = c_2$，则方程组的一般解(也称为**通解**)为

$$\begin{cases} x = c_1 \\ y = c_1 \\ z = 1 + c_2 \\ w = c_2 \end{cases} \quad (\text{其中 } c_1、c_2 \text{ 是任意常数})$$

由例1-15、例1-17可以看出增广矩阵的秩在方程组中实际上代表着有效方程的个数．当有效方程个数与未知数个数相同时，方程组只有唯一的一组解；当有效方程个数比未知数个数少时，方程组会有无穷多组解．于是，有以下定理成立．

定理1-5　在线性方程组(1-6)中，设系数矩阵的秩与增广矩阵的秩相等，即 $R(\boldsymbol{A}) = R(\overline{\boldsymbol{A}}) = r$，则

1）当 $r = n$(未知数的个数)时，方程组(1-6)有唯一的一组解；

2）当 $r < n$ 时，方程组(1-6)有无穷多组解．

【证略】

以上3个例子都是可写为 $\boldsymbol{Ax} = \boldsymbol{b}$，并且常数项矩阵 $\boldsymbol{b} \neq \boldsymbol{0}$，称这种方程组为**非齐次线性方程组**．以上的消元法的求解过程可以总结如下：

1）写出方程组的增广矩阵 $\overline{\boldsymbol{A}} = (\boldsymbol{A} \mid \boldsymbol{b})$；

2）对增广矩阵进行初等行变换；

3）化增广矩阵为阶梯形矩阵；

4）化阶梯形矩阵为行最简形矩阵，并写出解．

以上利用矩阵的初等行变换同样可求**齐次线性方程组** $\boldsymbol{Ax} = \boldsymbol{0}$ 的解，方法类似．

例1-18　求解齐次线性方程组

$$\begin{cases} -x - 2y + 4z = 0 \\ 2x + y + z = 0. \\ x + y - z = 0 \end{cases}$$

解　$$\overline{\boldsymbol{A}} = \left(\begin{array}{ccc|c} -1 & -2 & 4 & 0 \\ 2 & 1 & 1 & 0 \\ 1 & 1 & -1 & 0 \end{array}\right)$$

$$\xrightarrow[r_3 + r_1]{r_2 + 2r_1} \left(\begin{array}{ccc|c} -1 & -2 & 4 & 0 \\ 0 & -3 & 9 & 0 \\ 0 & -1 & 3 & 0 \end{array}\right)$$

$$\xrightarrow[r_3 + r_2]{r_2 \times \left(-\frac{1}{3}\right)} \left(\begin{array}{ccc|c} -1 & -2 & 4 & 0 \\ 0 & 1 & -3 & 0 \\ 0 & 0 & 0 & 0 \end{array}\right)$$

$$\xrightarrow[r_1 + 2r_2]{r_1 \times (-1)} \left(\begin{array}{ccc|c} 1 & 0 & 2 & 0 \\ 0 & 1 & -3 & 0 \\ 0 & 0 & 0 & 0 \end{array}\right) = \boldsymbol{C}$$

由矩阵 $\boldsymbol{C}$ 知，$R(\boldsymbol{A})=R(\overline{\boldsymbol{A}})=2$，且小于未知数的个数，所以方程组有无穷多组解，写出矩阵 $\boldsymbol{C}$ 对应的方程组

$$\begin{cases}x+2z=0\\y-3z=0\end{cases}$$

即

$$\begin{cases}x=-2z\\y=3z\end{cases}$$

其中 z 可以独立地取任意值．如果令 $z=c$，则方程组的通解为

$$\begin{cases}x=-2c\\y=3c\\z=c\end{cases}\qquad（其中 c 是任意常数）$$

由例 1-18 的求解过程可发现，在对齐次线性方程组求解时，对方程组的增广矩阵进行初等行变换与对系数矩阵进行初等行变换是等同的．因此，在求齐次线性方程组解时，只需对系数矩阵进行初等行变换．

在电路理论分析中，对于复杂电路的分析，其基本定律是基尔霍夫电流定律(KCL)和基尔霍夫电压定律(KVL)．

例 1-19　电路如图 1-1 所示，电动势 $E_1=2.15\text{V}$，$E_2=1.9\text{V}$，$R_1=0.1\Omega$，$R_2=0.2\Omega$，$R_3=2\Omega$．求通过负载电阻 R 及各电动势的电流是多少？

解　根据基尔霍夫电流定律，列出节点 A 的电流方程

$$I_3-I_1-I_2=0 \qquad ①$$

根据基尔霍夫电压定律，对回路 $ABCA$ 和 $ADBA$ 可分别列出电压方程

$$I_1R_1-I_2R_2-E_1+E_2=0 \qquad ②$$

$$I_2R_2+I_3R_3-E_2=0 \qquad ③$$

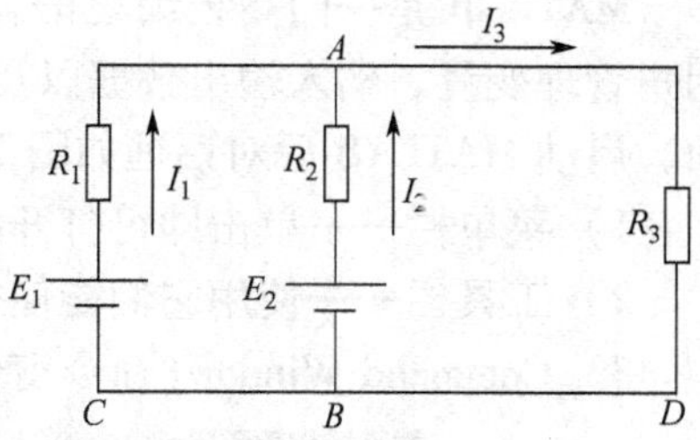

图 1-1

联立①、②、③，并代入数值得方程组

$$\begin{cases}I_1+I_2-I_3=0\\0.1I_1-0.2I_2=2.15-1.9\\0.2I_2+2I_3=1.9\end{cases}$$

$$\boldsymbol{A}=\left(\begin{array}{ccc|c}1&1&-1&0\\0.1&-0.2&0&2.15-1.9\\0&0.2&2&1.9\end{array}\right)$$

$$\longrightarrow\left(\begin{array}{ccc|c}1&0&0&1.5\\0&1&0&-0.5\\0&0&1&1\end{array}\right)$$

解得　$I_1=1.5\text{A}$，$I_2=-0.5\text{A}$，$I_3=1\text{A}$．

1.4　MATLAB 基础与矩阵运算

本节介绍 MATLAB 程序设计与应用的基础知识，包括 MATLAB 的操作界面、MAT-

LAB 语言的各种基本要素、矩阵的表示与基本运算以及在电路分析中解大型线性方程组的应用.

1.4.1 MATLAB 操作界面介绍

MATLAB 软件自 1984 年推向市场以来，历经二十多年的竞争和发展，现已成为国际认可的最优秀的科技应用软件之一. 与其他高级语言相比，MATLAB 提供了一个人机交互的数学系统环境，可以大大节省编程时间. MATLAB 语法规则简单、容易掌握、调试方便，具有高效、简明的特点，使用者只需输入一条命令而不用编制大量的程序即可解决许多数学问题. 正是由于 MATLAB 的强大功能，它已受到国内外专家学者的欢迎和重视，并成为工程计算的重要工具.

1. MATLAB 的安装与启动(Windows 操作平台)

1）将源光盘插入光驱.

2）在光盘的根目录下找到 MATLAB 的安装文件 setup. exe 及安装密码.

3）双击该文件后，按提示逐步安装.

4）安装完成后，在程序栏里便有了 MATLAB 选项，桌面上出现 MATLAB 的快捷方式.

5）双击桌面上 MATLAB 的快捷方式或程序栏里 MATLAB 选项即可启动 MATLAB.

2. MATLAB 环境

MATLAB 是一门高级编程语言，它提供了良好的编程环境. MATLAB 提供了很多方便用户管理变量、输入输出数据以及生成和管理 M 文件的工具. 首先简单介绍 MATLAB 的界面，启动 MATLAB 后对话框如图 1-2 所示，它大致包括以下几个部分：

1）菜单栏——单击即可打开相应的菜单.

2）工具栏——使用它们能使操作更快捷.

3）Command Window(命令窗口)——用来输入和显示计算结果，其中符号“ >> ”表示

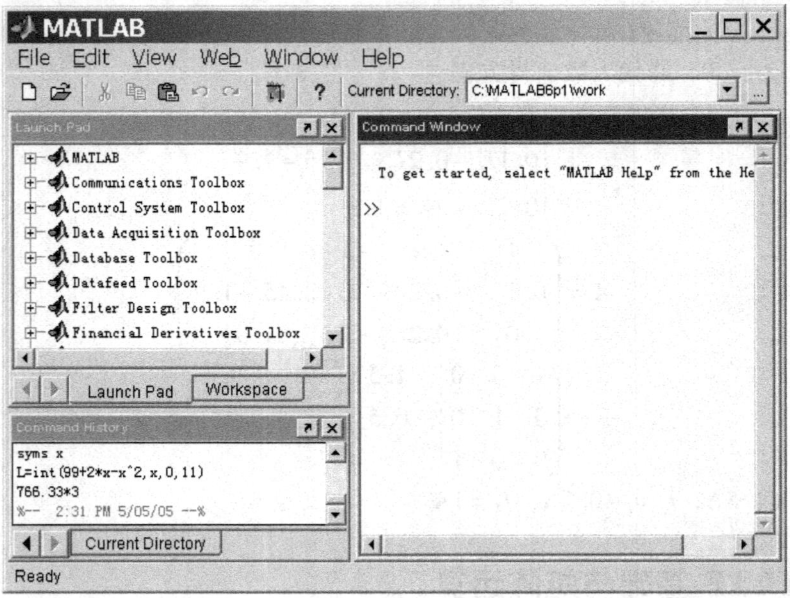

图 1-2

等待用户输入.

4）Launch Pad(分类帮助窗口).

5）Workspace(工作区窗口)——存储着命令窗口输入的命令和所有变量值.

6）Current Directory(当前目录选择窗口)——显示当前路径.

3. MATLAB 的帮助系统

MATLAB 的帮助系统提供帮助命令、帮助窗口等帮助方法.

（1）帮助命令 help　假如准确知道所要求助的主题词或指令名称，那么使用 help 命令是获得在线帮助的最简单有效的途径. 例如要获得关于函数 sin 的使用说明，可键入命令

```
>> help sin
```

将显示

```
SIN     Sine.
   SIN(X) is the sine of the elements of X.

Overloaded methods
   help sym/sin.m
```

（2）帮助窗口(图 1-3)　帮助窗口给出的信息按目录编排，比较系统，便于浏览与之相关的信息，其内容与帮助命令给出的一样. 进入帮助窗口的方法有：

1）由 Launch Pad(分类帮助窗口)进入帮助窗口.

2）选取帮助菜单里的“MATLAB Help”或键入命令“help win”.

3）双击菜单条上的问号按钮.

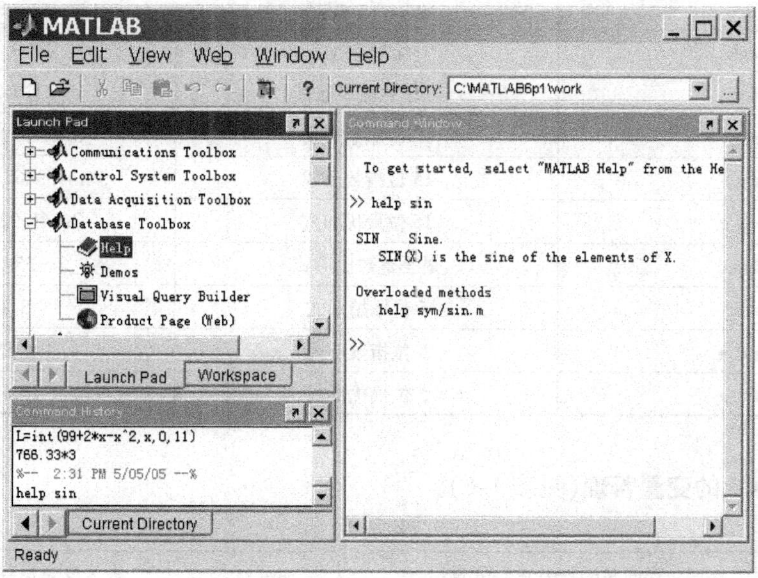

图　1-3

1.4.2　MATLAB 语言的基本要素

1. 变量名的命名规则

1）以字母开头，后面可跟字母、数字和下划线，但不能使用标点.

2）变量要区分大小写字母.

3）不超过 31 个字符.

例如“abc”、“abc12”都是变量名，数字“123”是常量不是变量.

2. MATLAB 的常量

MATLAB 语言本身也具有一些预定义的变量，这些特殊的变量称之为常量. 表 1-4 是 MATLAB 中常用的预定义的变量(常量).

表 1-4

ans	用于结果的缺省变量名	i 或 j	-1 的平方根 $=\sqrt{-1}$
pi	圆周率 π	realmin	最小可用正实数 $=2.2251\times10^{-308}$
eps	计算机的最小数 $=2.2204\times10^{-16}$	realmax	最大可用正实数 $=1.7977\times10^{308}$
inf	无穷大∞	2.2204e-16	2.2204×10^{-16}
NaN	不定值		

3. 数值

MATLAB 语言中数值有多种显示形式，在默认情况下，若数据为整数，则就以整数表示；若数据为实数，则以保留小数点后 4 位的精度近似表示. MATLAB 语言提供了 10 种数据显示格式，见表 1-5.

表 1-5

数据显示格式	说　明	范　例
+	+，-，空格	+
Bank	金融数据	3.14
Hex	十六进制数	123a23bcf
long	15 位原始形式	3.14159265358979
Long e	15 位指数形式	3.14159265358979e+00
Long g	15 位最优形式	3.14159265358979
rational	最小整数比形式	355/113
short	5 位原始形式	3.1415
Short e	5 位指数形式	3.1415e+00
Short g	5 位最优形式	3.1415

4. MATLAB 的变量管理(见表 1-6)

表 1-6

who	查询 MATLAB 内存变量	save sa X	将 X 变量保存为 sa.mat 文件
whos	查询全部变量详细情况	load sa X	调用 sa.mat 文件变量 X
clear	清除内存中的全部变量		

注：save 只对数据和变量保存，不能保存命令.

1.4.3 MATLAB 基本运算符

1. 算术运算符(见表1-7)

表 1-7

	数学表达式	MATLAB 运算符	MATLAB 表达式
加	a + b	+	a + b
减	a - b	-	a - b
乘	a × b	*	a * b
除	a ÷ b	/或\	a/b 或 b\a
幂	a^b	^	a^b

2. 关系运算符(见表1-8)

表 1-8

数学关系	MATLAB 运算符	数学关系	MATLAB 运算符
小于	<	大于	>
小于或等于	<=	大于或等于	>=
等于	==	不等于	~=

3. 逻辑运算符(表1-9)

表 1-9

逻辑关系	与	或	非
MATLAB 运算符	&	|	~

1.4.4 MATLAB 函数(见表1-10)

表 1-10

函数名	解释	MATLAB 命令	函数名	解释	MATLAB 命令
三角函数	sinx	sin(x)	反三角函数	arcsinx	asin(x)
	cosx	cos(x)		arccosx	acos(x)
	tanx	tan(x)		arctanx	atan(x)
	cotx	cot(x)		arccotx	acot(x)
	secx	sec(x)		arcsecx	asec(x)
	cscx	csc(x)		arccscx	acsc(x)
幂函数	x^a	x^a	对数函数	lnx	log(x)
	$\sqrt{x}$	sqrt(x)		$\log_2 x$	log2(x)
指数函数	a^x	a^x		$\log_{10} x$	log10(x)
	e^x	exp(x)	绝对值函数	$\|x\|$	abs(x)

1.4.5 命令行基础

1. 简单的运算

例1-20 求$[10+4\times(7-3)]\div4^2$.

解 用键盘在命令窗口输入以下内容

```
>> (10 + 4 * (7 - 3))/4^2
```

按"回车"键，该指令就被执行；命令窗口显示所得结果.

```
ans =
      1.6250
```

2. MATLAB表达式的输入

MATLAB中表达式的输入有两种常见的形式：

(1) 表达式　　(2) 变量 = 表达式

例1-21 求$[12+2\times(7-4)]\div3^2$.

解 输入：

```
>> y = (12 + 2 * (7 - 4))/3^2
```

按"回车"键，显示结果为：

```
y =
      2
```

3. 指令的续行输入

若一个表达式在一行写不下，可换行，但必须在行尾加上四个英文句号.

例1-22 求 $s=1-\frac{1}{2}+\frac{1}{3}-\frac{1}{4}+\frac{1}{5}-\frac{1}{6}+\frac{1}{7}-\frac{1}{8}$.

解 输入：

```
>> s = 1 - 1/2 + 1/3 - 1/4 + 1/5 - 1/6 + ....
      1/7 - 1/8
```

按"回车"键，显示结果为：

```
s =
      0.6345
```

1.4.6 矩阵

1. 矩阵的建立

MATLAB的强大功能之一体现在能直接处理向量或矩阵，当然首要任务是输入待处理的向量或矩阵.

不管是任何矩阵(向量)，可以直接按行方式输入每个元素：同一行中的元素用逗号(,)或者用空格符来分隔，且空格个数不限；不同的行用分号(;)分隔. 所有元素处于一方括号内；当矩阵是多维(三维以上)，且方括号内的元素是维数较低的矩阵时，可用多重的方括号. 如：

```
>> [11  12  1  2  3  4  5  6  7  8  9  10]
    ans =
```

```
11  12  1  2  3  4  5  6  7  8  9  10
>>[2  3;4  5]
  ans =
        2  3
        4  5
```

例 1-23　引例 1 的矩阵的建立.

$$\begin{pmatrix} 1 & 2 & 3 & 4 \\ 2 & 3 & 1 & 3 \\ 3 & 2 & 4 & 1 \end{pmatrix}$$

解　输入:

```
>>A=[1  2  3  4;2  3  1  3;3  2  4  1]
```

按"回车"键，显示结果为:

```
ans =
    1  2  3  4
    2  3  1  3
    3  2  4  1
```

2. 特殊矩阵的建立

用 MATLAB 建立特殊矩阵的命令见表 1-11.

表 1-11

函数名	说明	
[ ]	空矩阵	
eye	Y = eye(n) Y = eye(m,n)	%生成 $n\times n$ 单位阵 %生成 $m\times n$ 单位阵
ones	Y = ones(n) Y = ones(m,n)	%生成 $n\times n$ 全 1 阵 %生成 $m\times n$ 全 1 阵
rand	Y = rand(n) Y = rand(m,n)	%生成 $n\times n$ 随机矩阵，其元素在(0,1)内 %生成 $m\times n$ 随机矩阵，其元素在(0,1)内
randn	Y = randn(n) Y = randn(m,n)	%生成 $n\times n$ 正态分布随机矩阵 %生成 $m\times n$ 正态分布随机矩阵

3. 矩阵的基本运算(表 1-12)

表 1-12

运算	命令	格式	运算	命令	格式
加	+	A + B	转置	′	A′
减	-	A - B	行列式	det	det(A)
乘	*	A * B	迹	trace	trace(A)
数乘	*	K * B	秩	rank	rank(A)
求逆	inv	inv(A)	行最简形矩阵	rref	rref(A)
相除	\ (左除)　/(右除)	A \ B 或 A/B			

1.4.7 线性方程组的求解

1. 求解线性方程的数学方法

对于齐次线性方程组 $\boldsymbol{Ax}=\boldsymbol{0}$ 而言，可以通过求系数矩阵 $\boldsymbol{A}$ 的秩来判断解的情况：

1）如果系数矩阵的秩为 n(方程组中未知数的个数)，则方程组只有零解.

2）如果系数矩阵的秩小于 n，则方程组有无穷多解.

对于非齐次线性方程组 $\boldsymbol{Ax}=\boldsymbol{b}$ 而言，则可根据系数矩阵 $\boldsymbol{A}$ 的秩、增广矩阵 $\overline{\boldsymbol{A}}=(\boldsymbol{A}|\boldsymbol{b})$ 的秩和未知数个数 n 的关系，来判断方程组 $\boldsymbol{Ax}=\boldsymbol{b}$ 的解的情况：

1）如果系数矩阵的秩等于增广矩阵的秩等于 n，则方程组有唯一解.

2）如果系数矩阵的秩等于增广矩阵的秩小于 n，则方程组有无穷多解.

3）如果系数矩阵的秩小于增广矩阵的秩，则方程组无解.

2. 求解线性方程所需的 MATLAB 命令

1）求矩阵的秩命令为 rank，格式为：rank(A)

2）求增广矩阵的秩，格式为：rank([A,b])

3）矩阵的相除包括左除和右除：

① 左除命令为“\”，格式为：A\B，表示 $\boldsymbol{A}^{-1}\boldsymbol{B}$

② 右除命令为“/”，格式为：A/B，表示 $\boldsymbol{B}^{-1}\boldsymbol{A}$

4）矩阵的转置命令为“′”，格式为：A′

5）矩阵的行最简化命令为 rref，格式为：rref(A)

例 1-24 解方程组

$$\begin{cases} x_1+2x_2+3x_3=-7 \\ 2x_1-x_2+2x_3=-8. \\ x_1+3x_2=7 \end{cases}$$

解 输入：

```
>> clear
>> A = [1  2  3;2  -1  2;1  3  0];
>> b = [ -7  -8  7]';
>> X = A\b
```

按“回车”键，显示结果为：

```
X =

    1.0000
    2.0000
   -4.0000
```

例 1-25 解方程组

$$\begin{cases} x_1+2x_2+3x_3-x_4=2 \\ 3x_1+2x_2+x_3-x_4=4 \\ x_1-2x_2-5x_3+x_4=0 \\ 5x_1+2x_2-x_3-x_4=6 \end{cases}$$

解　输入：

```
>> clear
>> A = [1  2  3  -1;3  2  1  -1;1  -2  -5  1;5  2  -1  -1];
>> b = [2  4  0  6]';
>> C = [rank(A)  rank([A,b])]
```

按“回车”键，显示结果为：

```
C =

    2  2
```

表示秩(A) = 2，秩([A,b]) = 2，小于未知数的个数 4．再输入

```
>> rref([A  b])
```

按“回车”键，显示结果为：

```
ans =
        1  0  -1      0    1
        0  1   2  -0.5  0.5
        0  0   0      0    0
        0  0   0      0    0
```

表示行最简形矩阵，由此得通解

$$\begin{cases} x_1 = 1 + c_1 \\ x_2 = \dfrac{1}{2} - 2c_1 + \dfrac{1}{2}c_2 \\ x_3 = c_1 \\ x_4 = c_2 \end{cases}\quad （其中 c_1、c_2 是任意常数）$$

1.5　习题

1-1　设$\begin{pmatrix} 2 & x & y \\ 3 & z & 0 \end{pmatrix} = \begin{pmatrix} w & x^2 & x-y \\ 3 & x+w & 0 \end{pmatrix}$，求 x，y，z，w.

1-2　已知　$\boldsymbol{A} = \begin{pmatrix} 3 & 2 & 5 \\ 1 & 6 & 1 \\ 4 & 5 & 7 \end{pmatrix}$，$\boldsymbol{B} = \begin{pmatrix} 4 & 3 & 7 \\ 1 & 8 & 1 \\ 6 & 7 & 10 \end{pmatrix}$，求 $3\boldsymbol{A}+2\boldsymbol{B}$ 及 $3\boldsymbol{A}-2\boldsymbol{B}$，再用 MATLAB 求解验证.

1-3　已知　$\boldsymbol{A} = \begin{pmatrix} 4 & 3 & 7 \\ 6 & 1 & 5 \end{pmatrix}$，$\boldsymbol{B} = \begin{pmatrix} 4 & -1 & 5 \\ -2 & 9 & 7 \end{pmatrix}$，则

（1）求 $5\boldsymbol{A}+2\boldsymbol{B}$　（2）已知 $4\boldsymbol{A}-3\boldsymbol{X}=6\boldsymbol{B}$，求 $\boldsymbol{X}$.

1-4　已知　$\boldsymbol{A} = \begin{pmatrix} -2 & 0 & 3 \\ 2 & -1 & 5 \end{pmatrix}$，$\boldsymbol{B} = \begin{pmatrix} -2 & 2 & 1 \\ 0 & 1 & -1 \end{pmatrix}$，则

（1）求 $\boldsymbol{A}+5\boldsymbol{B}$　（2）已知 $\boldsymbol{A}+2\boldsymbol{X}=3\boldsymbol{B}$，求 $\boldsymbol{X}$.

1-5　已知 $\boldsymbol{A} = \begin{pmatrix} 3 & 6 & 2 \\ 2 & 4 & 7 \\ -1 & 2 & 5 \end{pmatrix}$，求 $\boldsymbol{A}+\boldsymbol{A}^{\mathrm{T}}$ 及 $\boldsymbol{A}-\boldsymbol{A}^{\mathrm{T}}$.

1-6　计算：

(1) $\begin{pmatrix}1&0\\0&1\end{pmatrix}\begin{pmatrix}3&2\\5&6\end{pmatrix}$　　(2) $(1\quad 0)\begin{pmatrix}0\\1\end{pmatrix}$

(3) $\begin{pmatrix}2\\2\\3\end{pmatrix}(1\quad 2)$　　(4) $\begin{pmatrix}9&-12\\-12&16\end{pmatrix}\begin{pmatrix}x\\y\end{pmatrix}$

1-7 设$\boldsymbol{A}=\begin{pmatrix}3&-2\\5&-4\end{pmatrix}$，$\boldsymbol{B}=\begin{pmatrix}3&4\\2&5\end{pmatrix}$，求$\boldsymbol{AB}$，$\boldsymbol{BA}$.

1-8 设$\boldsymbol{A}=\begin{pmatrix}-1&3&1\\0&4&2\end{pmatrix}$，$\boldsymbol{B}=\begin{pmatrix}4&1\\2&5\\3&4\end{pmatrix}$，求$(\boldsymbol{AB})^{\mathrm{T}}$，$\boldsymbol{B}^{\mathrm{T}}\boldsymbol{A}^{\mathrm{T}}$，再用MATLAB求解验证.

1-9 将下列矩阵化为阶梯形矩阵：

(1) $\begin{pmatrix}1&3&0&2\\-1&1&2&-1\\3&1&-4&4\end{pmatrix}$　　(2) $\begin{pmatrix}3&-1&2&0\\1&1&-4&2\\0&-2&3&1\end{pmatrix}$

1-10 求下列矩阵的秩，再用MATLAB求解验证.

(1) $\begin{pmatrix}2&-1&-1&-2&1\\-1&1&2&1&0\\1&-1&-2&2&0\end{pmatrix}$　　(2) $\begin{pmatrix}1&2&-3\\2&1&0\\-2&-1&3\\-1&4&-2\end{pmatrix}$

1-11 已知矩阵$\boldsymbol{A}=\begin{pmatrix}1&2&-1&3&4\\1&4&2&7&5\\2&6&1&10&k\end{pmatrix}$，若$R(\boldsymbol{A})=2$，求$k$的值.

1-12 求下列矩阵的逆矩阵，再用MATLAB求解验证.

(1) $\begin{pmatrix}2&5\\1&3\end{pmatrix}$　　(2) $\begin{pmatrix}1&-1&2\\0&1&-1\\2&1&0\end{pmatrix}$　　(3) $\begin{pmatrix}2&1&-1\\2&1&0\\1&-1&1\end{pmatrix}$

1-13 求解下列矩阵方程

(1) $\begin{pmatrix}-1&4\\1&6\end{pmatrix}\boldsymbol{X}=\begin{pmatrix}-7&2\\-2&1\end{pmatrix}$　　(2) $\begin{pmatrix}2&3\\1&1\end{pmatrix}\boldsymbol{X}+\begin{pmatrix}4&3\\1&7\end{pmatrix}=\begin{pmatrix}4&5\\6&3\end{pmatrix}$

1-14 用初等行变换求解下列线性方程组，再用MATLAB求解验证.

(1) $\begin{cases}x+3y+z=5\\x+y+5z=-7\\2x+3y-3z=14\end{cases}$　　(2) $\begin{cases}2x_1-x_2+3x_3=1\\4x_1+2x_2+5x_3=4\\2x_1\qquad\quad+2x_3=6\end{cases}$

(3) $\begin{cases}x_1+x_2+2x_3+x_4=5\\2x_1+3x_2-x_3-2x_4=2\\4x_1+5x_2+3x_3\qquad=7\end{cases}$　　(4) $\begin{cases}x_1-x_2+2x_3=0\\x_1-2x_2+3x_3=-1\\2x_1-x_2+3x_3=1\end{cases}$

(5) $\begin{cases}x-2y+z=-0\\x+y-2z=0\\-2x+y+z=0\end{cases}$　　(6) $\begin{cases}x_1+x_2+2x_3=1\\2x_1-x_2+2x_3=-4\\4x_1+x_2+6x_3=-1\end{cases}$

1-15 判断线性方程组$\begin{cases}x_1-2x_2+3x_3-x_4=1\\3x_1-x_2+5x_3-3x_4=2\\2x_1+x_2+2x_3-2x_4=1\end{cases}$是否有解，如果有解，求出它的解.

第 2 章　矢 量 代 数

在中学的学习中我们已经知道，通过建立平面直角坐标系，可以将平面上的点与一对有序数组对应起来，从而可以用代数的方法去研究平面上的几何问题. 工程中大量的问题可以表现为空间上的几何问题，因此有必要建立空间直角坐标系. 在本章中，将介绍空间直角坐标系和矢量代数的知识.

2.1　矢量及其线性性质

2.1.1　矢量的概念

通常，可以将量分为两类：一类是仅由其数值决定的量，如质量、温度、时间、面积等，称为**数量**或**标量**；另一类量不但有大小，而且还有方向，例如力、位移、速度等，这种既有大小也有方向的量称为**矢量**或**向量**.

根据矢量所描述的物理意义，可将其分为三类：必须表示出起始位置的矢量称为**固定矢量**；只需表示其所在直线，而无需表示起始位置的矢量称为**滑移矢量**；起始位置及其所在直线均无需表示出的矢量称为**自由矢量**. 矢量代数研究矢量的代数运算的共性问题，适合于全部三类矢量.

矢量常用一条带有箭头的有向线段来表示，此线段的长度表示该矢量的大小，而箭头的指向就表示矢量的方向. 用字母表示矢量时，常用粗斜体字母 $\boldsymbol{a}$、$\boldsymbol{b}$、$\boldsymbol{F}$、$\boldsymbol{R}$ 等表示. 对起点为 A、终点为 B 的有向线段所表示的矢量记为 $\boldsymbol{AB}$，有时为了避免混淆，也可记为 $\overrightarrow{AB}$，如图 2-1 所示.

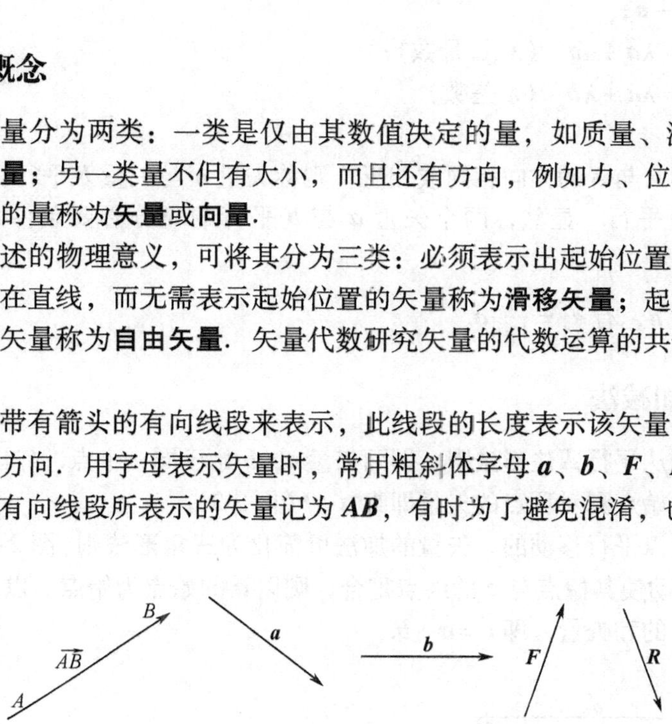

图　2-1

矢量 $\boldsymbol{a}$ 的大小(即有向线段的长度)称为矢量的**模**，记作 $|\boldsymbol{a}|$. 模为 0 的矢量称为**零矢量**，记为 $\mathbf{0}$，规定零矢量的方向是任意的. 模为 1 的矢量称为**单位矢量**. 与非零矢量 $\boldsymbol{a}$ 同方向的单位矢量记为 $\boldsymbol{e}_a$.

若两个矢量 $\boldsymbol{a}$、$\boldsymbol{b}$ 方向相同、模相等，则称这两个向量相等，记作 $\boldsymbol{a}=\boldsymbol{b}$. 由此可见，经平行移动(不改变方向)后可重合的矢量(有向线段)都是相等的，而与矢量的始点位置无关.

总之，矢量有两个要素：模和方向. 矢量之间不能比较大小，而它们的模是非负实数，可以比较大小.

2.1.2 数与矢量的乘法

设 λ 是一个数，$\boldsymbol{a}$ 是非零矢量，规定 λ 与 $\boldsymbol{a}$ 的乘积是一个矢量（简称为矢量的**数乘**），记作 $\lambda\boldsymbol{a}$，且满足下面的条件：

1）$|\lambda\boldsymbol{a}| = |\lambda||\boldsymbol{a}|$，即矢量 $\lambda\boldsymbol{a}$ 的长度为 $|\lambda||\boldsymbol{a}|$；

2）$\lambda\boldsymbol{a}$ 的方向为：$\begin{cases} 若\ \lambda>0，则\ \lambda\boldsymbol{a}\ 的方向与\ \boldsymbol{a}\ 相同 \\ 若\ \lambda<0，则\ \lambda\boldsymbol{a}\ 的方向与\ \boldsymbol{a}\ 相反 \\ 若\ \lambda=0，\lambda\boldsymbol{a}\ 为零矢量 \end{cases}$

如果 $\boldsymbol{a}$ 是零矢量，规定 $\lambda\boldsymbol{0}=\boldsymbol{0}$.

数与矢量的乘法具有以下性质：

1）$\lambda(\mu\boldsymbol{a}) = (\lambda\mu)\boldsymbol{a}$ （λ、μ 是数）；

2）$(-1)\boldsymbol{a} = -\boldsymbol{a}$；

3）$(\lambda+\mu)\boldsymbol{a} = \lambda\boldsymbol{a}+\mu\boldsymbol{a}$ （λ、μ 是数）；

4）$\lambda(\boldsymbol{a}+\boldsymbol{b}) = \lambda\boldsymbol{a}+\lambda\boldsymbol{b}$ （λ 是数）.

【证略】

如果两个矢量 $\boldsymbol{a}$ 与 $\boldsymbol{b}$ 的方向相同或相反，则称矢量 $\boldsymbol{a}$ 与矢量 $\boldsymbol{b}$ 平行，记作 $\boldsymbol{a}/\!/\boldsymbol{b}$. 规定零矢量与任何矢量平行. 显然，两个矢量 $\boldsymbol{a}$ 与 $\boldsymbol{b}$ 平行的充分必要条件是存在常数 λ，使 $\boldsymbol{a}=\lambda\boldsymbol{b}$.

对于非零矢量 $\boldsymbol{a}$，有 $\boldsymbol{e}_a = \dfrac{1}{|\boldsymbol{a}|}\boldsymbol{a}$.

2.1.3 矢量的加减法

矢量的加法服从**平行四边形法则**，即两矢量 $\boldsymbol{a}$，$\boldsymbol{b}$ 始于同一个点，作以 $\boldsymbol{a}$，$\boldsymbol{b}$ 为两邻边的平行四边形，则由始点到对顶点的矢量即为 $\boldsymbol{a}+\boldsymbol{b}$（图 2-2）.

由于矢量是可以平行移动的，矢量的加法可简化为**三角形法则**（图 2-3）：已知两矢量 $\boldsymbol{a}$ 和 $\boldsymbol{b}$，将 $\boldsymbol{b}$ 平行移动使其始点与 $\boldsymbol{a}$ 的终点重合，则以 $\boldsymbol{a}$ 的始点为始点，以 $\boldsymbol{b}$ 的终点为终点的矢量 $\boldsymbol{c}$ 就是 $\boldsymbol{a}$ 与 $\boldsymbol{b}$ 的和矢量，即 $\boldsymbol{c}=\boldsymbol{a}+\boldsymbol{b}$.

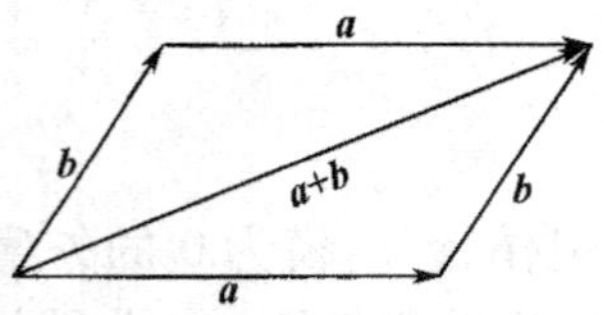

图 2-2

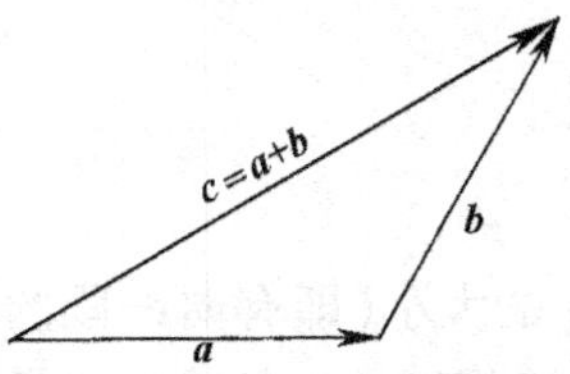

图 2-3

三角形法则可以推广到求空间中任意有限个矢量的和（图 2-4）：把这些矢量依次首尾相接，以第一个矢量的始点作为始点，最后一个矢量的终点作为终点的矢量就是这些矢量的和矢量.

矢量的加法具有以下性质：

1）$\boldsymbol{a}+\boldsymbol{b}=\boldsymbol{b}+\boldsymbol{a}$；

2）$\boldsymbol{a}+(\boldsymbol{b}+\boldsymbol{c})=(\boldsymbol{a}+\boldsymbol{b})+\boldsymbol{c}$；

3）对任意矢量 $\boldsymbol{a}$，$\boldsymbol{a}+\boldsymbol{0}=\boldsymbol{a}$；

4）对任意矢量 $\boldsymbol{a}$，存在唯一的矢量 $\boldsymbol{b}$，使 $\boldsymbol{a}+\boldsymbol{b}=\boldsymbol{0}$.

【证略】

使 $\boldsymbol{a}+\boldsymbol{b}=\boldsymbol{0}$ 的矢量 $\boldsymbol{b}$ 称为矢量 $\boldsymbol{a}$ 的**负矢量**，记为 $-\boldsymbol{a}$. 矢量 $-\boldsymbol{a}$ 与矢量 $\boldsymbol{a}$ 的模相等而方向相反. 这样，定义两矢量 $\boldsymbol{a}$ 与 $\boldsymbol{b}$ 的差(减法)为

$$\boldsymbol{a}-\boldsymbol{b}=\boldsymbol{a}+(-\boldsymbol{b})$$

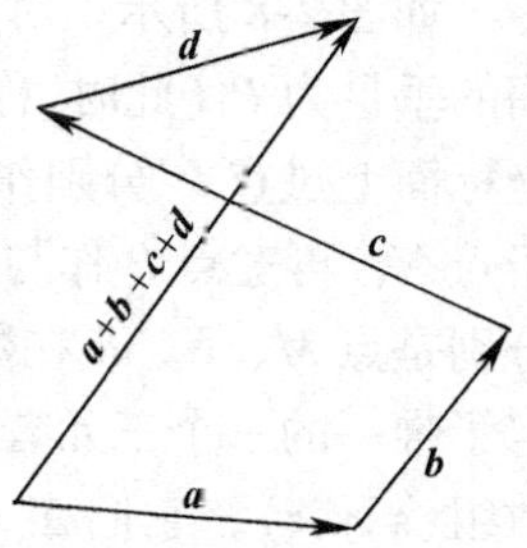

图 2-4

由矢量加法的三角形法则，可以这样得到两矢量的差：将矢量 $\boldsymbol{a}$ 与 $\boldsymbol{b}$ 的移至共同的始点，则以矢量 $\boldsymbol{b}$ 的终点作为始点，矢量 $\boldsymbol{a}$ 的终点作为终点的矢量就是 $\boldsymbol{a}-\boldsymbol{b}$(图 2-5).

矢量的加减法运算与数乘运算统称为矢量的**线性运算**.

例 2-1　试应用矢量特性证明：三角形的中位线平行于底边且等于底边的一半.

解　如图 2-6 所示，设 D、E 分别是△ABC 中 AB 边和 AC 边的中点，令 $\overrightarrow{AB}=\boldsymbol{a}$，$\overrightarrow{AC}=\boldsymbol{b}$，则 $\overrightarrow{BC}=\overrightarrow{AC}-\overrightarrow{AB}=\boldsymbol{b}-\boldsymbol{a}$，

又 $\overrightarrow{AD}=\frac{1}{2}\boldsymbol{a}$，$\overrightarrow{AE}=\frac{1}{2}\boldsymbol{b}$，

因此 $\overrightarrow{DE}=\overrightarrow{AE}-\overrightarrow{AD}=\frac{1}{2}\boldsymbol{b}-\frac{1}{2}\boldsymbol{a}=\frac{1}{2}(\boldsymbol{b}-\boldsymbol{a})=\frac{1}{2}\overrightarrow{BC}$，

所以 $\overrightarrow{DE}/\!/\overrightarrow{BC}$，$|\overrightarrow{DE}|=\left|\frac{1}{2}\overrightarrow{BC}\right|=\frac{1}{2}|\overrightarrow{BC}|$.

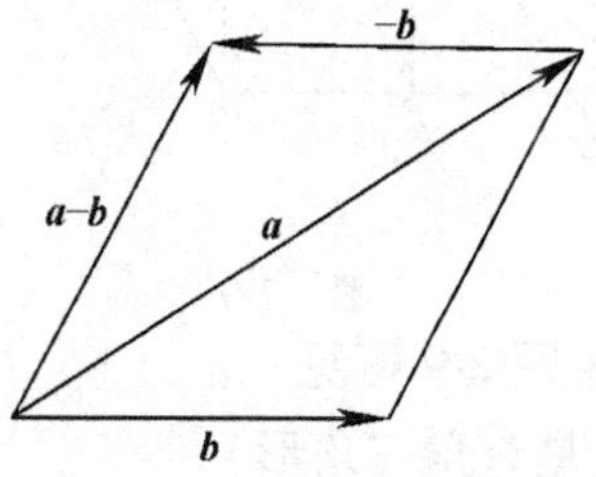

图 2-5

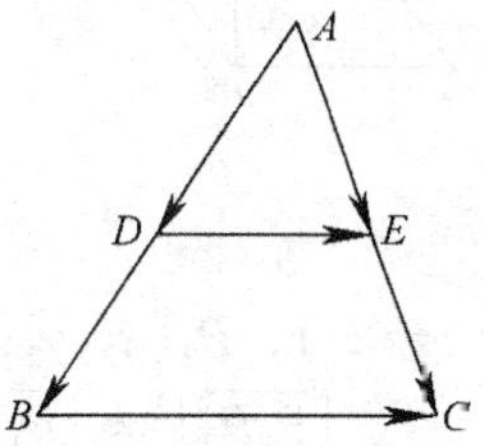

图 2-6

2.2　空间直角坐标系与矢量的表示

2.2.1　空间直角坐标系

我们已经知道，过平面上一点 O 作两条互相垂直且以点 O 为原点的数轴 Ox、Oy，就构成了平面直角坐标系. 如果过空间上某一定点 O，作三条两两相互垂直的数轴，它们都以点 O 为原点，就构成了一个**空间直角坐标系**. 这三条轴分别称为 x 轴(横轴)、y 轴(纵轴)、z 轴(立轴)，统称为**坐标轴**，定点 O 称为**坐标原点**. 如图 2-7 所示，习惯上，x 轴、y 轴放置在水平面上，而 z 轴是铅垂线，它们的正方向符合**右手定则**，即四指指向 x 轴方向，并且向 y 轴方向弯握，此时拇指的指向就是 z 轴的方向. 这样建立的坐标系称为**右手系**. 三坐标轴 x 轴、y 轴、z 轴两两决定互相垂直的三个平面 xy 平面、yz 平面和 zx 平面，统称为**坐标面**.

如图 2-8 所示，对于空间中的任意一点 P，过点 P 作 xy 坐标面的垂足为 P'（此时，称点 P' 为点 P 在 xy 坐标面上的**投影**），在 xy 坐标面上过点 P' 分别作 x 轴、y 轴的垂线，交 x 轴于点 M，交 y 轴于点 N，再过点 P 作与 z 轴相交的垂线，交 z 轴于点 R. 设 x、y、z 分别是点 M、N、R 在数轴上的坐标. 这样，空间上任一点 P 就确定了唯一的一个三元有序数组 (x,y,z)；反之，任给一个三元有序数组 (x,y,z)，它们在 x 轴、y 轴和 z 轴上对应的点为 M、N 和 R. 过点 M、N 和 R 分别作垂直于 x 轴、y 轴和 z 轴的平面，这三个平面交于点 P. 这样有序数组 (x,y,z) 就确定了空间内唯一的一个点 P. 由此可见，在空间直角坐标系中，空间中的点与三元有序数组之间是一一对应的. 称 (x,y,z) 为点 P 的**空间直角坐标**，记为 $P(x,y,z)$，数 x、y 和 z 依次称为点 P 的**横坐标**、**纵坐标**和**立坐标**. 特别地，原点 O 的坐标为 $(0,0,0)$，x 轴、y 轴、z 轴上点的坐标分别为 $(x,0,0)$、$(0,y,0)$、$(0,0,z)$，三个坐标面 xy 平面、yz 平面、zx 平面上点的坐标分别为 $(x,y,0)$、$(0,y,z)$、$(x,0,z)$.

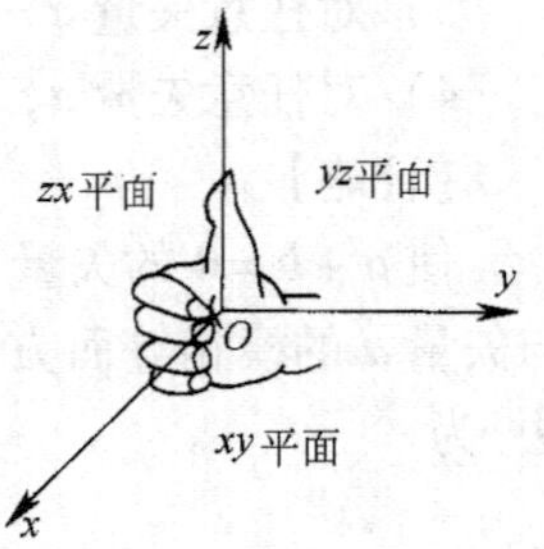

图 2-7

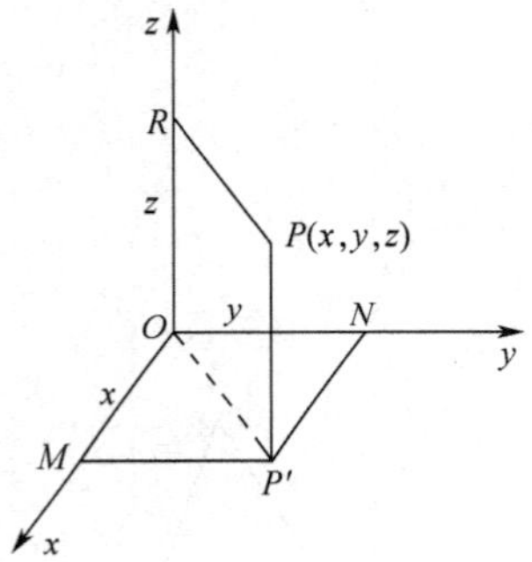

图 2-8

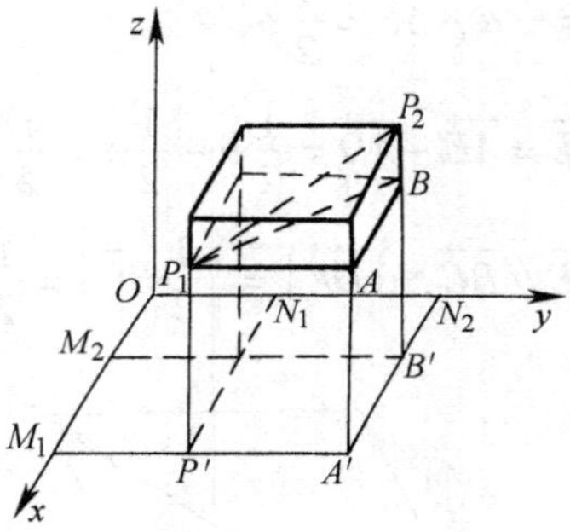

图 2-9

设 $P_1(x_1,y_1,z_1)$，$P_2(x_2,y_2,z_2)$ 为空间内的两个点，由图 2-9 可见

$$|\overrightarrow{P_1P_2}|^2 = |\overrightarrow{P_1B}|^2 + |\overrightarrow{BP_2}|^2 \quad (\triangle P_1BP_2 \text{ 是直角三角形}),$$

其中 $|\overrightarrow{P_1B}|^2 = |\overrightarrow{P_1A}|^2 + |\overrightarrow{AB}|^2$ （$\triangle P_1AB$ 是直角三角形）.

因为 $|\overrightarrow{P_1A}| = |\overrightarrow{P'A'}| = |\overrightarrow{N_1N_2}| = |y_1 - y_1|$，

$$|\overrightarrow{AB}| = |\overrightarrow{A'B'}| = |\overrightarrow{M_1M_2}| = |x_2 - x_1|,$$

$$|\overrightarrow{BP_2}| = |z_2 - z_1|,$$

所以，得到点 P_1 与 P_2 之间的距离公式为

$$|\overrightarrow{P_1P_2}| = \sqrt{(x_2-x_1)^2+(y_2-y_1)^2+(z_2-z_1)^2} \tag{2-1}$$

显然，这个空间直角坐标系中的**两点间的距离公式**是平面直角坐标系中两点间距离公式的直接推广.

例 2-2 求点 $P_1(1,-1,0)$ 与 $P_2(-1,2,3)$ 之间的距离.

解 $|\overrightarrow{P_1P_2}| = \sqrt{[(-1)-1]^2+[2-(-1)]^2+(3-0)^2} = \sqrt{22}$

2.2.2 矢量的表示

上一节所介绍的矢量的线性运算对于研究矢量和利用矢量解决实际问题都不是很方便.

在力学上，往往把一个力分解为几个不同方向上的分力以简化分析和解决问题. 为此，下面讨论矢量的表示方法.

1. 矢量的坐标表示与列矩阵表示

如果将矢量的始点放置在坐标原点，其终点对应于点 M；反之，给定空间中的一点 M，对应着一个始点在原点的矢量$\overrightarrow{OM}$. 这样，始点在原点的矢量与空间中的点就建立了一一对应的关系.

设用 $\boldsymbol{i}$、$\boldsymbol{j}$、$\boldsymbol{k}$ 分别表示与 x 轴、y 轴、z 轴同方向的单位矢量，称为**基本单位矢量**. 矢量$\overrightarrow{OM}$的始点在原点，终点 M 的坐标为(x,y,z)，如图 2-10 所示，利用矢量的加法有

$$\overrightarrow{OM}=\overrightarrow{OM_1}+\overrightarrow{M_1M}$$

在$\triangle OPM_1$ 中，$\overrightarrow{OM_1}=\overrightarrow{OP}+\overrightarrow{PM_1}$，而$\overrightarrow{PM_1}=\overrightarrow{OQ}$.

又$\overrightarrow{M_1M}=\overrightarrow{OR}$，所以得

$$\overrightarrow{OM}=\overrightarrow{OP}+\overrightarrow{OQ}+\overrightarrow{OR}$$

由矢量数乘的定义得　　$\overrightarrow{OP}=x\boldsymbol{i}$，$\overrightarrow{OQ}=y\boldsymbol{j}$，$\overrightarrow{OR}=z\boldsymbol{k}$.

所以$\overrightarrow{OM}$可用其在基本单位矢量 $\boldsymbol{i}$、$\boldsymbol{j}$、$\boldsymbol{k}$ 上的分量 x、y、z 表示为

$$\overrightarrow{OM}=x\boldsymbol{i}+y\boldsymbol{j}+z\boldsymbol{k} \tag{2-2}$$

这就是矢量$\overrightarrow{OM}$的坐标表示.

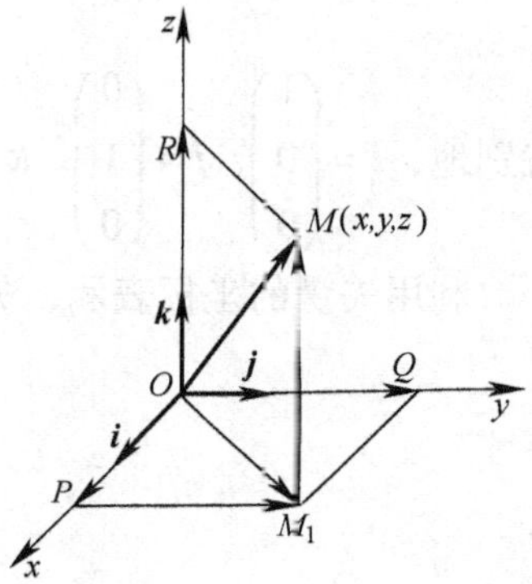

图　2-10

利用矢量在基本单位矢量上的坐标分量表示，可以用一列矩阵表示矢量$\overrightarrow{OM}$为

$$\overrightarrow{OM}=\begin{pmatrix}x\\y\\z\end{pmatrix} \tag{2-3}$$

如果矢量$\overrightarrow{M_1M_2}$的始点为 $M_1(x_1,y_1,z_1)$，终点为 $M_2(x_2,y_2,z_2)$，如图 2-11 所示，则有

$$\overrightarrow{OM_1}=\begin{pmatrix}x_1\\y_1\\z_1\end{pmatrix}=x_1\boldsymbol{i}+y_1\boldsymbol{j}+z_1\boldsymbol{k}$$

$$\overrightarrow{OM_2}=\begin{pmatrix}x_2\\y_2\\z_2\end{pmatrix}=x_2\boldsymbol{i}+y_2\boldsymbol{j}+z_2\boldsymbol{k}$$

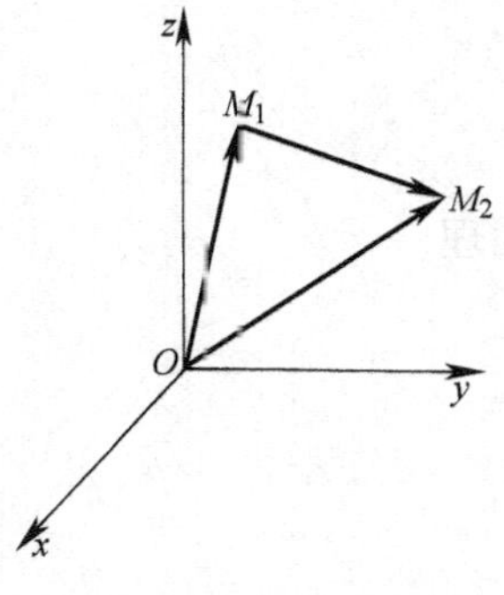

图　2-11

及

$$\begin{aligned}\overrightarrow{M_1M_2}&=\overrightarrow{OM_2}-\overrightarrow{OM_1}\\&=\begin{pmatrix}x_2\\y_2\\z_2\end{pmatrix}-\begin{pmatrix}x_1\\y_1\\z_1\end{pmatrix}\\&=(x_2\boldsymbol{i}+y_2\boldsymbol{j}+z_2\boldsymbol{k})-(x_1\boldsymbol{i}+y_1\boldsymbol{j}+z_1\boldsymbol{k})\\&=(x_2-x_1)\boldsymbol{i}+(y_2-y_1)\boldsymbol{j}+(z_2-z_1)\boldsymbol{k}\end{aligned} \tag{2-4}$$

或

$$\overrightarrow{M_1M_2}=\begin{pmatrix}x_2-x_1\\y_2-y_1\\z_2-z_1\end{pmatrix} \tag{2-5}$$

式(2-4)及式(2-5)称为$\overrightarrow{M_1M_2}$的**坐标表示式**. 其中$(x_2-x_1)\boldsymbol{i}$、$(y_2-y_1)\boldsymbol{j}$、$(z_2-z_1)\boldsymbol{k}$分别称为矢量$\overrightarrow{M_1M_2}$在x轴、y轴和z轴的**分矢量**，而x_2-x_1、y_2-y_1、z_2-z_1既称为矢量$\overrightarrow{M_1M_2}$在x轴、y轴和z轴上的坐标. 由此可见，**矢量的坐标等于其终点与始点对应坐标之差**. 当矢量的始点在原点时，该结论同样成立.

如果设$\boldsymbol{a}=\overrightarrow{M_1M_2}$，$a_x=x_2-x_1$，$a_y=y_2-y_1$，$a_z=z_2-z_1$，则有

$$\boldsymbol{a}=a_x\boldsymbol{i}+a_y\boldsymbol{j}+a_z\boldsymbol{k}$$

或

$$\boldsymbol{a}=\begin{pmatrix}a_x\\a_y\\a_z\end{pmatrix}\tag{2-6}$$

特别地，$\boldsymbol{i}=\begin{pmatrix}1\\0\\0\end{pmatrix}$，$\boldsymbol{j}=\begin{pmatrix}0\\1\\0\end{pmatrix}$，$\boldsymbol{k}=\begin{pmatrix}0\\0\\1\end{pmatrix}$.

利用矢量的坐标表示，矢量的线性运算就变得很简单了. 设

$$\boldsymbol{a}=\begin{pmatrix}a_x\\a_y\\a_z\end{pmatrix},\ \boldsymbol{b}=\begin{pmatrix}b_x\\b_y\\b_z\end{pmatrix}$$

则

$$\begin{aligned}\boldsymbol{a}+\boldsymbol{b}&=\begin{pmatrix}a_x\\a_y\\a_z\end{pmatrix}+\begin{pmatrix}b_x\\b_y\\b_z\end{pmatrix}\\&=(a_x\boldsymbol{i}+a_y\boldsymbol{j}+a_z\boldsymbol{k})+(b_x\boldsymbol{i}+b_y\boldsymbol{j}+b_z\boldsymbol{k})\\&=(a_x+b_x)\boldsymbol{i}+(a_y+b_y)\boldsymbol{j}+(a_z+b_z)\boldsymbol{k}\\&=\begin{pmatrix}a_x+b_x\\a_y+b_y\\a_z+b_z\end{pmatrix}\end{aligned}$$

同理

$$\boldsymbol{a}-\boldsymbol{b}=\begin{pmatrix}a_x-b_x\\a_y-b_y\\a_z-b_z\end{pmatrix}$$

$$\begin{aligned}\lambda\boldsymbol{a}&=\lambda\begin{pmatrix}a_x\\a_y\\a_z\end{pmatrix}=\lambda(a_x\boldsymbol{i}+a_y\boldsymbol{j}+a_z\boldsymbol{k})\\&=(\lambda a_x)\boldsymbol{i}+(\lambda a_y)\boldsymbol{j}+(\lambda a_z)\boldsymbol{k}=\begin{pmatrix}\lambda a_x\\\lambda a_y\\\lambda a_z\end{pmatrix}\quad(\lambda\text{ 是数})\end{aligned}$$

可以看出，矢量可以看成是一个列矩阵，矢量的线性运算与矩阵的加减及数乘运算是一致的. 矢量的列矩阵表示比矢量的坐标表示更为简便.

显然，$\boldsymbol{a}=\boldsymbol{b}$的充分必要条件为$a_x=b_x$，$a_y=b_y$，$a_z=b_z$；$\boldsymbol{a}/\!/\boldsymbol{b}$的充分必要条件是存在常数$\lambda$，使$\boldsymbol{a}=\lambda\boldsymbol{b}$，即

$$\frac{a_x}{b_x}=\frac{a_y}{b_y}=\frac{a_z}{b_z}=\lambda \tag{2-7}$$

在式(2-7)中，当分母为零时，规定分子也为零.

前面已经说明，矢量有两个要素，即模和方向. 下面讨论矢量的模和方向的计算.

任给矢量 $\boldsymbol{a}=\begin{pmatrix}a_x\\a_y\\a_z\end{pmatrix}$，如图2-12所示，可作始点在原点的矢量 $\overrightarrow{OM}=\boldsymbol{a}$，则矢量 $\boldsymbol{a}$ 的模就是点 $M(a_x,a_y,a_z)$ 到原点的距离，由两点间的距离公式知

$$|\boldsymbol{a}|=|\overrightarrow{OM}|=\sqrt{a_x^2+a_y^2+a_z^2} \tag{2-8}$$

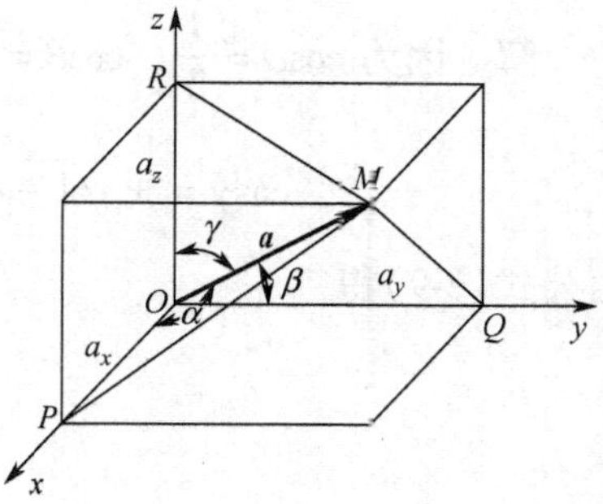

图 2-12

把矢量 $\boldsymbol{a}$ 与 x 轴、y 轴、z 轴的正向间的夹角 α、β、γ 称为矢量 $\boldsymbol{a}$ 的三个**方向角**，并规定 $0\leqslant\alpha$、β、$\gamma\leqslant\pi$. 方向角的余弦 $\cos\alpha$、$\cos\beta$、$\cos\gamma$ 称为矢量 $\boldsymbol{a}$ 的**方向余弦**. 由于 $\triangle OPM$、$\triangle OQM$、$\triangle ORM$ 都是直角三角形，可以得到

$$\begin{cases}\cos\alpha=\dfrac{a_x}{\sqrt{a_x^2+a_y^2+a_z^2}}=\dfrac{a_x}{|\boldsymbol{a}|}\\ \cos\beta=\dfrac{a_y}{\sqrt{a_x^2+a_y^2+a_z^2}}=\dfrac{a_y}{|\boldsymbol{a}|}\\ \cos\gamma=\dfrac{a_z}{\sqrt{a_x^2+a_y^2+a_z^2}}=\dfrac{a_z}{|\boldsymbol{a}|}\end{cases} \tag{2-9}$$

及

$$\cos^2\alpha+\cos^2\beta+\cos^2\gamma=1 \tag{2-10}$$

从而有

$$\boldsymbol{e}_a=\cos\alpha\boldsymbol{i}+\cos\beta\boldsymbol{j}+\cos\gamma\boldsymbol{k}=\begin{pmatrix}\cos\alpha\\ \cos\beta\\ \cos\gamma\end{pmatrix} \tag{2-11}$$

不难看出，一旦矢量 $\boldsymbol{a}$ 给定，则它与三个坐标轴间的夹角就确定了，反之由矢量 $\boldsymbol{a}$ 与三个坐标轴间的夹角可以确定矢量 $\boldsymbol{a}$ 的方向，这样，以后就用矢量的方向角或方向余弦来表示矢量的方向.

例2-3 已知 $M_1(1,-2,3)$、$M_2(4,2,-2)$，求矢量 $\overrightarrow{M_1M_2}$ 的模、方向余弦及与 $\overrightarrow{M_1M_2}$ 方向一致的单位矢量.

解 由公式(2-5)可得

$$\overrightarrow{M_1M_2}=\begin{pmatrix}4-1\\2-(-2)\\(-2)-3\end{pmatrix}=\begin{pmatrix}3\\4\\-5\end{pmatrix}$$

由公式(2-8)、(2-9)可得

$$|\overrightarrow{M_1M_2}|=\sqrt{3^2+4^2+(-5)^2}=5\sqrt{2}$$

$$\cos\alpha=\frac{3}{5\sqrt{2}},\ \cos\beta=\frac{4}{5\sqrt{2}},\ \cos\gamma=-\frac{1}{5\sqrt{2}}$$

设与 $\overrightarrow{M_1M_2}$ 方向一致的单位矢量 $\boldsymbol{e}_a$ 为，则由公式(2-11)有

$$e_a=\begin{pmatrix}\frac{3}{5\sqrt{2}}\\ \frac{4}{5\sqrt{2}}\\ -\frac{1}{5\sqrt{2}}\end{pmatrix}$$

例 2-4　设矢量 $\boldsymbol{a}$ 的两个方向余弦 $\cos\alpha=\frac{1}{3}$，$\cos\beta=\frac{2}{3}$，又 $|\boldsymbol{a}|=6$，求矢量 $\boldsymbol{a}$ 的坐标.

解　因为 $\cos\alpha=\frac{1}{3}$，$\cos\beta=\frac{2}{3}$，由公式(2-10)可得

$$\cos\gamma=\pm\sqrt{1-\cos^2\alpha-\cos^2\beta}=\pm\sqrt{1-\left(\frac{1}{3}\right)^2-\left(\frac{2}{3}\right)^2}=\pm\frac{2}{3}$$

由公式(2-9)得

$$a_x=|\boldsymbol{a}|\cos\alpha=6\times\frac{1}{3}=2$$

$$a_y=|\boldsymbol{a}|\cos\beta=6\times\frac{2}{3}=4$$

$$a_z=|\boldsymbol{a}|\cos\gamma=6\times\left(\pm\frac{2}{3}\right)=\pm4$$

所以

$$\boldsymbol{a}=\begin{pmatrix}2\\4\\4\end{pmatrix}\text{或}\boldsymbol{a}=\begin{pmatrix}2\\4\\-4\end{pmatrix}$$

例 2-5　已知作用在一质点上的三个力为 $\boldsymbol{F}_1=\boldsymbol{i}-3\boldsymbol{j}+\sqrt{2}\boldsymbol{k}$，$\boldsymbol{F}_2=3\boldsymbol{k}$，$\boldsymbol{F}_3=-2\boldsymbol{i}+4\boldsymbol{j}-3\boldsymbol{k}$，求其合力 $\boldsymbol{F}$ 的大小和方向角.

解　因为 $\boldsymbol{F}=\boldsymbol{F}_1+\boldsymbol{F}_2+\boldsymbol{F}_3=\begin{pmatrix}1\\-3\\\sqrt{2}\end{pmatrix}+\begin{pmatrix}0\\0\\3\end{pmatrix}+\begin{pmatrix}-2\\4\\-3\end{pmatrix}=\begin{pmatrix}-1\\1\\\sqrt{2}\end{pmatrix}$

则由公式(2-8)、(2-9)可得

$$|\boldsymbol{F}|=\sqrt{(-1)^2+1^2+(\sqrt{2})^2}=2$$

$$\cos\alpha=-\frac{1}{2},\ \cos\beta=\frac{1}{2},\ \cos\gamma=\frac{\sqrt{2}}{2}$$

即 $\boldsymbol{F}$ 的方向角为　$\alpha=\frac{2\pi}{3}$，$\beta=\frac{\pi}{3}$，$\gamma=\frac{\pi}{4}$

2. 矢量的反对称矩阵表示

有时候，为了运算的方便，矢量 $\boldsymbol{a}=\begin{pmatrix}a_x\\a_y\\a_z\end{pmatrix}$ 的坐标表示也可以写成

$$\boldsymbol{a}=\begin{pmatrix}0&-a_z&a_y\\a_z&0&-a_x\\-a_y&a_x&0\end{pmatrix}$$

称为**矢量的反对称矩阵表示**.

矢量用反对称矩阵表示，则矢量的线性运算与矩阵的加减及数乘也是一致的. 例如：

$$\boldsymbol{a}+\lambda\boldsymbol{b}=\begin{pmatrix}0 & -a_z & a_y\\ a_z & 0 & -a_x\\ -a_y & a_x & 0\end{pmatrix}+\lambda\begin{pmatrix}0 & -b_z & b_y\\ b_z & 0 & -b_x\\ -b_y & b_x & 0\end{pmatrix}$$
$$=\begin{pmatrix}0 & -(a_z+\lambda b_z) & a_y+\lambda b_y\\ a_z+\lambda b_z & 0 & -(a_x+\lambda b_x)\\ -(a_y+\lambda b_y) & a_x+\lambda b_x & 0\end{pmatrix}$$

3. 矢量不同表示方法的运用

矢量是由大小和方向确定的物理量，不会由于坐标系的选择不同而改变其大小和方向.

实际应用中，为了将矢量转换成数量，常在一选定的参考系下来描述矢量，即用坐标表示矢量. 这时，矢量将由沿坐标系三个坐标轴方向的单位矢量和矢量在这三个坐标轴上的投影分量(数量)来描述. 矢量的线性运算转化为对应分量的数量运算.

矢量的列矩阵表示，是矢量坐标表示的一种表现形式. 采用列矩阵表示矢量，免去了在坐标表示中矢量表示式带有三个坐标轴方向的单位矢量，而实际进行矢量运算时这三个单位矢量还需参与运算的麻烦. 同时，矢量的线性运算与矩阵的相应运算完全一致.

矢量的反对称矩阵表示是矢量矩阵表示的一种特殊形式，在进行矢量线性运算时，这种表示不具有优势，但在下面将讨论的矢量积运算时，它显得特别方便.

2.3　矢量的数量积与矢量积

2.3.1　两矢量的数量积

设有两个非零矢量 $\boldsymbol{a}$ 与 $\boldsymbol{b}$，如果把它们的始点都置于原点，则在这两个矢量所决定的平面内，把 $\boldsymbol{a}$、$\boldsymbol{b}$ 的正方向之间的夹角为**矢量 $\boldsymbol{a}$ 与 $\boldsymbol{b}$ 的夹角**，记为 $\langle\boldsymbol{a},\boldsymbol{b}\rangle$ 或 $\langle\boldsymbol{b},\boldsymbol{a}\rangle$，并且规定 $0\leqslant\langle\boldsymbol{a},\boldsymbol{b}\rangle\leqslant\pi$.

定义 2-1　对于给定的矢量 $\boldsymbol{a}$ 与 $\boldsymbol{b}$，数 $|\boldsymbol{a}||\boldsymbol{b}|\cos\langle\boldsymbol{a},\boldsymbol{b}\rangle$ 称为矢量 $\boldsymbol{a}$ 和 $\boldsymbol{b}$ 的**数量积**(又称**点乘或点积**)，记作 $\boldsymbol{a}\cdot\boldsymbol{b}$，即

$$\boldsymbol{a}\cdot\boldsymbol{b}=|\boldsymbol{a}||\boldsymbol{b}|\cos\langle\boldsymbol{a},\boldsymbol{b}\rangle \tag{2-12}$$

很明显，两垂直矢量的数量积为零，两平行矢量的数量积等于两矢量模的乘积.

规定零矢量与任何矢量垂直，则两个矢量相互垂直的充分必要条件是 $\boldsymbol{a}\cdot\boldsymbol{b}=0$.

对于三个基本单位矢量 $\boldsymbol{i}$、$\boldsymbol{j}$、$\boldsymbol{k}$，显然有

$$\boldsymbol{i}\cdot\boldsymbol{i}=\boldsymbol{j}\cdot\boldsymbol{j}=\boldsymbol{k}\cdot\boldsymbol{k}=1;\qquad \boldsymbol{i}\cdot\boldsymbol{j}=\boldsymbol{j}\cdot\boldsymbol{k}=\boldsymbol{k}\cdot\boldsymbol{i}=0$$

设矢量 $\boldsymbol{a}$ 与 $\boldsymbol{b}$ 的坐标表示式为

$$\boldsymbol{a}=a_x\boldsymbol{i}+a_y\boldsymbol{j}+a_z\boldsymbol{k}=\begin{pmatrix}a_x\\ a_y\\ a_z\end{pmatrix},\ \boldsymbol{b}=b_x\boldsymbol{i}+b_y\boldsymbol{j}+b_z\boldsymbol{k}=\begin{pmatrix}b_x\\ b_y\\ b_z\end{pmatrix}$$

则
$$\begin{aligned}\boldsymbol{a}\cdot\boldsymbol{b}&=(a_x\boldsymbol{i}+a_y\boldsymbol{j}+a_z\boldsymbol{k})\cdot(b_x\boldsymbol{i}+b_y\boldsymbol{j}+b_z\boldsymbol{k})\\&=a_xb_x(\boldsymbol{i}\cdot\boldsymbol{i})+a_xb_y(\boldsymbol{i}\cdot\boldsymbol{j})+a_xb_z(\boldsymbol{i}\cdot\boldsymbol{k})+a_yb_x(\boldsymbol{j}\cdot\boldsymbol{i})\\&\quad+a_yb_y(\boldsymbol{j}\cdot\boldsymbol{j})+a_yb_z(\boldsymbol{j}\cdot\boldsymbol{k})+a_zb_x(\boldsymbol{k}\cdot\boldsymbol{i})+a_zb_y(\boldsymbol{k}\cdot\boldsymbol{j})\\&\quad+a_zb_z(\boldsymbol{k}\cdot\boldsymbol{k})\end{aligned}$$

因此
$$\boldsymbol{a}\cdot\boldsymbol{b}=a_xb_x+a_yb_y+a_zb_z \tag{2-13}$$
这就是两矢量数量积的坐标表示式. 即是说，两矢量的数量积等于它们对应坐标乘积之和.

若将矢量用列矩阵表示，则矢量的数量积可以方便地由矩阵的运算得到
$$\boldsymbol{a}\cdot\boldsymbol{b}=\begin{pmatrix}a_x\\a_y\\a_z\end{pmatrix}^{\mathrm{T}}\begin{pmatrix}b_x\\b_y\\b_z\end{pmatrix}=(a_x\quad a_y\quad a_z)\begin{pmatrix}b_x\\b_y\\b_z\end{pmatrix}=\boldsymbol{a}^{\mathrm{T}}\boldsymbol{b} \tag{2-14}$$

特别地，
$$\boldsymbol{a}\cdot\boldsymbol{a}=(a_x\quad a_y\quad a_z)\begin{pmatrix}a_x\\a_y\\a_z\end{pmatrix}=a_x^2+a_y^2+a_z^2 \tag{2-15}$$

由定义2-1，当矢量 $\boldsymbol{a}$ 和 $\boldsymbol{b}$ 都是非零矢量时，
$$\cos\langle\boldsymbol{a},\boldsymbol{b}\rangle=\frac{\boldsymbol{a}\cdot\boldsymbol{b}}{|\boldsymbol{a}||\boldsymbol{b}|}=\frac{a_xb_x+a_yb_y+a_zb_z}{\sqrt{a_x^2+a_y^2+a_z^2}\sqrt{b_x^2+b_y^2+b_z^2}} \tag{2-16}$$
从而，$\boldsymbol{a}\perp\boldsymbol{b}$ 的充分必要条件为
$$a_xb_x+a_yb_y+a_zb_z=0 \tag{2-17}$$

矢量和数量积在实际问题中有广泛的应用. 例如：在求解常力做功的时候，设一物体在常力 $\boldsymbol{F}$ 作用下的位移为 $\boldsymbol{s}$，力 $\boldsymbol{F}$ 与位移 $\boldsymbol{s}$ 间的夹角为 $\langle\boldsymbol{F},\boldsymbol{s}\rangle$，则力 $\boldsymbol{F}$ 所做的功为
$$W=|\boldsymbol{F}||\boldsymbol{s}|\cos\langle\boldsymbol{F},\boldsymbol{s}\rangle=\boldsymbol{F}\cdot\boldsymbol{s}$$

定义2-2 数 $|\boldsymbol{a}|\cos\langle\boldsymbol{a},\boldsymbol{b}\rangle$ 称为矢量 $\boldsymbol{a}$ 在矢量 $\boldsymbol{b}$ 上的**投影**(图2-13). 记为 $\mathrm{Prj}_{\boldsymbol{b}}\boldsymbol{a}$，即
$$\mathrm{Prj}_{\boldsymbol{b}}\boldsymbol{a}=|\boldsymbol{a}|\cos\langle\boldsymbol{a},\boldsymbol{b}\rangle \tag{2-18}$$
类似地
$$\mathrm{Prj}_{\boldsymbol{a}}\boldsymbol{b}=|\boldsymbol{b}|\cos\langle\boldsymbol{b},\boldsymbol{a}\rangle$$

这样，两矢量的数量积也可以用投影来表示，即
$$\boldsymbol{a}\cdot\boldsymbol{b}=|\boldsymbol{a}|\mathrm{Prj}_{\boldsymbol{a}}\boldsymbol{b}=|\boldsymbol{b}|\mathrm{Prj}_{\boldsymbol{b}}\boldsymbol{a}$$

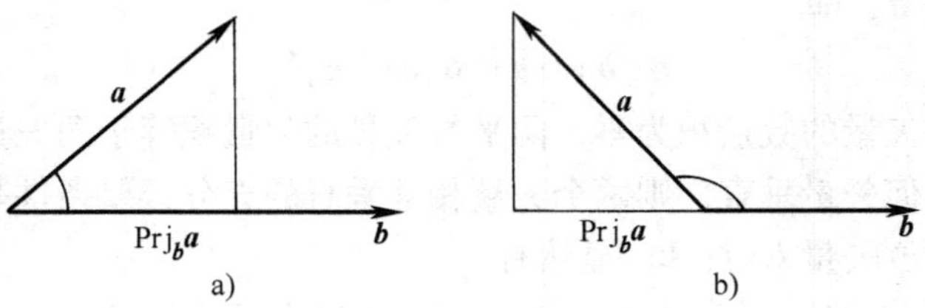

图 2-13

矢量的数量积具有以下性质：

1）$\boldsymbol{a}\cdot\boldsymbol{b}=\boldsymbol{b}\cdot\boldsymbol{a}$；

2）$\lambda(\boldsymbol{a}\cdot\boldsymbol{b})=(\lambda\boldsymbol{a})\cdot\boldsymbol{b}=\boldsymbol{a}\cdot(\lambda\boldsymbol{b})$；

3） $\boldsymbol{a}\cdot(\boldsymbol{b}+\boldsymbol{c})=\boldsymbol{a}\cdot\boldsymbol{b}+\boldsymbol{a}\cdot\boldsymbol{c}$；

4） $\boldsymbol{a}\cdot\boldsymbol{a}=|\boldsymbol{a}|^2$

【证略】

例 2-6 已知 $\boldsymbol{a}=\boldsymbol{i}+\boldsymbol{j}$，$\boldsymbol{b}=\boldsymbol{i}+\boldsymbol{k}$，求 $\boldsymbol{a}\cdot\boldsymbol{b}$、$\langle\boldsymbol{a},\boldsymbol{b}\rangle$ 及 $\mathrm{Prj}_{\boldsymbol{b}}\boldsymbol{a}$.

解 由公式(2-14)有

$$\boldsymbol{a}\cdot\boldsymbol{b}=(1\quad 1\quad 0)\begin{pmatrix}1\\0\\1\end{pmatrix}=1$$

由公式(2-16)有

$$\cos\langle\boldsymbol{a},\boldsymbol{b}\rangle=\frac{\boldsymbol{a}\cdot\boldsymbol{b}}{|\boldsymbol{a}||\boldsymbol{b}|}=\frac{1}{\sqrt{1^2+1^2+0^2}\sqrt{1^2+0^2+1^2}}=\frac{1}{2}$$

所以

$$\langle\boldsymbol{a},\boldsymbol{b}\rangle=\frac{\pi}{3}$$

由公式(2-18)有

$$\mathrm{Prj}_{\boldsymbol{b}}\boldsymbol{a}=|\boldsymbol{a}|\cos\langle\boldsymbol{a},\boldsymbol{b}\rangle=\sqrt{2}\cdot\frac{1}{2}=\frac{\sqrt{2}}{2}$$

例 2-7 设力 $\boldsymbol{F}_1=3\boldsymbol{i}+2\boldsymbol{j}$ 和 $\boldsymbol{F}_2=2\boldsymbol{j}+5\boldsymbol{k}$ 作用在同一质点上，该质点从 $A(4,2,3)$ 沿直线移动到 $B(1,6,-2)$，求合力 $\boldsymbol{F}$ 所做的功(力的单位为 N,位移的单位为 m).

解 合力为 $\boldsymbol{F}=\boldsymbol{F}_1+\boldsymbol{F}_2=\begin{pmatrix}3\\2\\0\end{pmatrix}+\begin{pmatrix}0\\2\\5\end{pmatrix}=\begin{pmatrix}3\\4\\5\end{pmatrix}$

位移为 $\boldsymbol{s}=\overrightarrow{AB}=\begin{pmatrix}1-4\\6-2\\(-2)-3\end{pmatrix}=\begin{pmatrix}-3\\4\\-5\end{pmatrix}$

则合力 $\boldsymbol{F}$ 所做的功为 $W=\boldsymbol{F}\cdot\boldsymbol{s}=(3\quad 4\quad 5)\begin{pmatrix}-3\\4\\-5\end{pmatrix}=-18$

例 2-8 设 $\boldsymbol{a}=a_x\boldsymbol{i}+a_y\boldsymbol{j}+a_z\boldsymbol{k}$，求 $\mathrm{Prj}_{\boldsymbol{i}}\boldsymbol{a}$、$\mathrm{Prj}_{\boldsymbol{j}}\boldsymbol{a}$ 和 $\mathrm{Prj}_{\boldsymbol{k}}\boldsymbol{a}$.

解 因为 $\boldsymbol{i}=\begin{pmatrix}1\\0\\0\end{pmatrix}$，$\boldsymbol{j}=\begin{pmatrix}0\\1\\0\end{pmatrix}$，$\boldsymbol{k}=\begin{pmatrix}0\\0\\1\end{pmatrix}$

所以

$$\mathrm{Prj}_{\boldsymbol{i}}\boldsymbol{a}=\frac{\boldsymbol{a}\cdot\boldsymbol{i}}{|\boldsymbol{i}|}=a_x,\ \mathrm{Prj}_{\boldsymbol{j}}\boldsymbol{a}=\frac{\boldsymbol{a}\cdot\boldsymbol{j}}{|\boldsymbol{j}|}=a_y,\ \mathrm{Prj}_{\boldsymbol{k}}\boldsymbol{a}=\frac{\boldsymbol{a}\cdot\boldsymbol{k}}{|\boldsymbol{k}|}=a_z$$

可见，矢量 $\boldsymbol{a}$ 的坐标 a_x、a_y、a_z 恰好是 $\boldsymbol{a}$ 在基本单位矢量 $\boldsymbol{i}$、$\boldsymbol{j}$、$\boldsymbol{k}$ 上的投影. 为此，称它们依次是在 x 轴、y 轴和 z 轴上的投影.

2.3.2 两矢量的矢量积

定义 2-3 设有两矢量 $\boldsymbol{a}$、$\boldsymbol{b}$，若矢量 $\boldsymbol{c}$ 满足：

1） $|\boldsymbol{c}|=|\boldsymbol{a}||\boldsymbol{b}|\sin\langle\boldsymbol{a},\boldsymbol{b}\rangle$；

2）$\boldsymbol{c}\perp\boldsymbol{a}$，$\boldsymbol{c}\perp\boldsymbol{b}$，且 $\boldsymbol{a}$、$\boldsymbol{b}$、$\boldsymbol{c}$ 三者的方向服从**右手螺旋定则**（如图 2-14 所示），即当 $\boldsymbol{a}$、$\boldsymbol{b}$、$\boldsymbol{c}$ 的始点置于同一点时，右手的四指指向 $\boldsymbol{a}$ 的方向，经过角度 $\theta=\langle\boldsymbol{a},\boldsymbol{b}\rangle$ 握拳到 $\boldsymbol{b}$ 的方向时，大拇指的指向为矢量 $\boldsymbol{c}$ 的方向. 称矢量 $\boldsymbol{c}$ 为 $\boldsymbol{a}$ 与 $\boldsymbol{b}$ 的**矢量积**（又称**叉积**或**叉乘**），记作 $\boldsymbol{a}\times\boldsymbol{b}$，即 $\boldsymbol{c}=\boldsymbol{a}\times\boldsymbol{b}$.

注意，根据定义 2-3 的规定，$\boldsymbol{a}\times\boldsymbol{b}=-\boldsymbol{b}\times\boldsymbol{a}$.

几何上，$|\boldsymbol{a}\times\boldsymbol{b}|$ 等于以矢量 $\boldsymbol{a}$ 与 $\boldsymbol{b}$ 为两邻边的平行四边形的面积，也等于以矢量 $\boldsymbol{a}$ 与 $\boldsymbol{b}$ 为其两条边的三角形面积的 2 倍（如图 2-15 所示）.

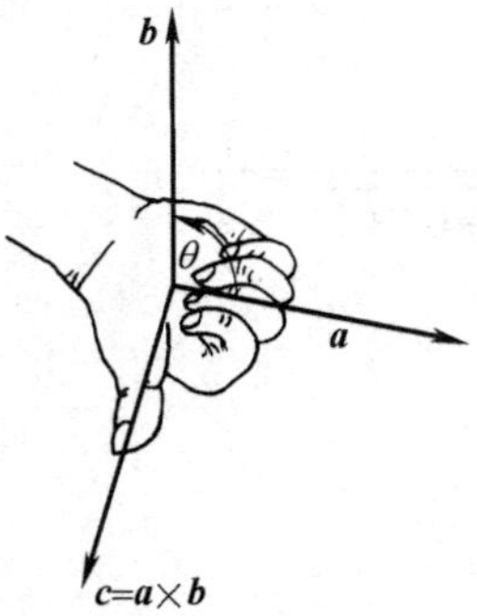

图 2-14

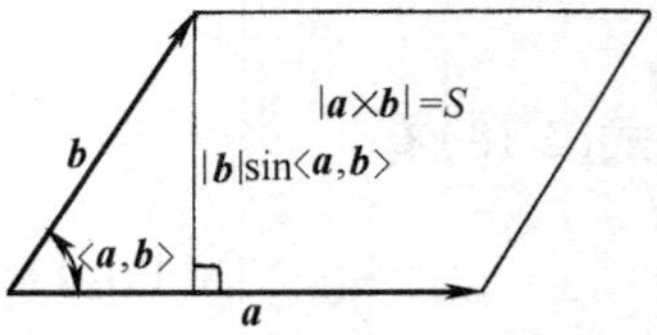

图 2-15

矢量的矢量积具有以下性质：

1）$\boldsymbol{a}\times\boldsymbol{b}=-\boldsymbol{b}\times\boldsymbol{a}$；

2）$\lambda(\boldsymbol{a}\times\boldsymbol{b})=(\lambda\boldsymbol{a})\times\boldsymbol{b}=\boldsymbol{a}\times(\lambda\boldsymbol{b})$；

3）$(\boldsymbol{a}+\boldsymbol{b})\times\boldsymbol{c}=\boldsymbol{a}\times\boldsymbol{c}+\boldsymbol{b}\times\boldsymbol{c}$；

4）$\boldsymbol{a}\times\boldsymbol{a}=\boldsymbol{0}$.

【证略】

设有矢量 $\boldsymbol{a}$ 与 $\boldsymbol{b}$，则 $\boldsymbol{a}/\!/\boldsymbol{b}$ 的充分必要条件是 $\boldsymbol{a}\times\boldsymbol{b}=\boldsymbol{0}$. 对于基本单位矢量 $\boldsymbol{i}$、$\boldsymbol{j}$、$\boldsymbol{k}$，显然有

$$\boldsymbol{i}\times\boldsymbol{i}=\boldsymbol{j}\times\boldsymbol{j}=\boldsymbol{k}\times\boldsymbol{k}=\boldsymbol{0}$$

$$\boldsymbol{i}\times\boldsymbol{j}=\boldsymbol{k},\ \boldsymbol{j}\times\boldsymbol{k}=\boldsymbol{i},\ \boldsymbol{k}\times\boldsymbol{i}=\boldsymbol{j}$$

$\boldsymbol{i}$、$\boldsymbol{j}$、$\boldsymbol{k}$ 互相作矢量积的结果，可用图 2-16 来帮助记忆. 图中，沿箭头方向的两矢量依次的矢量积，等于沿着箭头指向的第三个矢量. 反之，逆箭头方向的两矢量依次的矢量积，等于逆箭头指向的第三个矢量带一负号.

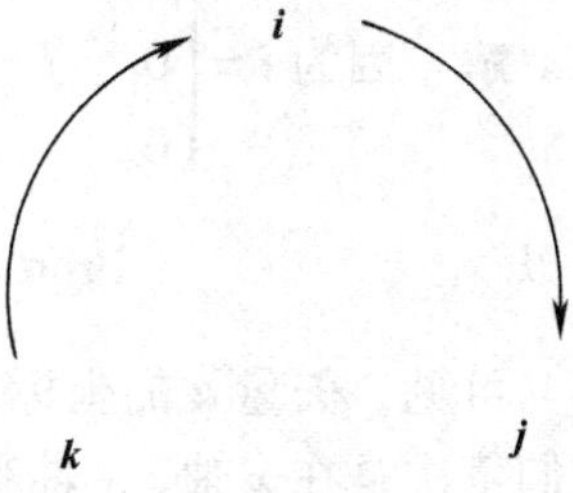

图 2-16

设矢量 $\boldsymbol{a}$ 与 $\boldsymbol{b}$ 的坐标表示式为

$$\boldsymbol{a}=a_x\boldsymbol{i}+a_y\boldsymbol{j}+a_z\boldsymbol{k}=\begin{pmatrix}a_x\\a_y\\a_z\end{pmatrix},\ \boldsymbol{b}=b_x\boldsymbol{i}+b_y\boldsymbol{j}+b_z\boldsymbol{k}=\begin{pmatrix}b_x\\b_y\\b_z\end{pmatrix}$$

则

$$\begin{aligned}\boldsymbol{a}\times\boldsymbol{b}&=(a_x\boldsymbol{i}+a_y\boldsymbol{j}+a_z\boldsymbol{k})\times(b_x\boldsymbol{i}+b_y\boldsymbol{j}+b_z\boldsymbol{k})\\&=a_xb_x(\boldsymbol{i}\times\boldsymbol{i})+a_xb_y(\boldsymbol{i}\times\boldsymbol{j})+a_xb_z(\boldsymbol{i}\times\boldsymbol{k})+a_yb_x(\boldsymbol{j}\times\boldsymbol{i})\\&\quad+a_yb_y(\boldsymbol{j}\times\boldsymbol{j})+a_yb_z(\boldsymbol{j}\times\boldsymbol{k})+a_zb_x(\boldsymbol{k}\times\boldsymbol{i})+a_zb_y(\boldsymbol{k}\times\boldsymbol{j})\\&\quad+a_zb_z(\boldsymbol{k}\times\boldsymbol{k})\\&=a_xb_y\boldsymbol{k}-a_xb_z\boldsymbol{j}-a_yb_x\boldsymbol{k}+a_yb_z\boldsymbol{i}+a_zb_x\boldsymbol{j}-a_zb_y\boldsymbol{i}\end{aligned}$$

因此
$$\boldsymbol{a}\times\boldsymbol{b}=(a_yb_z-a_zb_y)\boldsymbol{i}+(a_zb_x-a_xb_z)\boldsymbol{j}+(a_xb_y-a_yb_x)\boldsymbol{k}=\begin{pmatrix}a_yb_z-a_zb_y\\a_zb_x-a_xb_z\\a_xb_y-a_yb_x\end{pmatrix}\tag{2-19}$$

利用矢量的反对称矩阵表示，结合矩阵的运算，可以验证：
$$\boldsymbol{a}\times\boldsymbol{b}=\begin{pmatrix}0&-a_z&a_y\\a_z&0&-a_x\\-a_y&a_x&0\end{pmatrix}\begin{pmatrix}b_x\\b_y\\b_z\end{pmatrix}\tag{2-20}$$

即两矢量的矢量积等于第一个矢量的反对称矩阵与第二个矢量的列矩阵乘积.

矢量的矢量积在力学、物理等学科中有着广泛的应用. 例如在研究物体转动问题时，不但要考虑这物体所受的力，还要分析这些力所产生的力矩. 如图2-17所示，设O为一杠杆L的支点，有一个力$\boldsymbol{F}$作用于这杠杆上P点处，$\boldsymbol{F}$与$\overrightarrow{OP}$的夹角为θ. 由力学规定，力$\boldsymbol{F}$对支点O的力矩是一个矢量$\boldsymbol{M}$，大小为$|\boldsymbol{M}|=OQ\cdot|\boldsymbol{F}|=|\overrightarrow{OP}||\boldsymbol{F}|\sin\theta$，而$\boldsymbol{M}$的方向依$\overrightarrow{OP}$、$\boldsymbol{F}$、$\boldsymbol{M}$三者服从右手螺旋定则来决定，即$\boldsymbol{M}=\overrightarrow{OP}\times\boldsymbol{F}$.

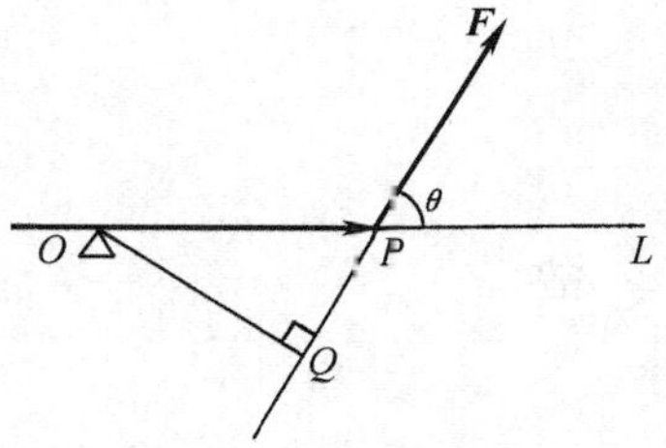

图 2-17

在电学中，运动电荷在磁场中受到洛伦兹力的作用. 如果一个运动的单位正电荷在磁场中所受的力为$\boldsymbol{F}$，设$\boldsymbol{v}$是带电粒子的速度，$\boldsymbol{B}$为磁场强度，则有$|\boldsymbol{F}|=|\boldsymbol{v}||\boldsymbol{B}|\sin\langle\boldsymbol{v},\boldsymbol{B}\rangle$，而$\boldsymbol{v}$、$\boldsymbol{B}$、$\boldsymbol{F}$三者的方向符合右手螺旋定则，即$\boldsymbol{F}=\boldsymbol{v}\times\boldsymbol{B}$，这个力$\boldsymbol{F}$就称为洛伦兹力.

例2-9　设矢量$\boldsymbol{a}=\boldsymbol{i}-2\boldsymbol{j}+\boldsymbol{k}$，$\boldsymbol{b}=-\boldsymbol{i}+\boldsymbol{j}-2\boldsymbol{k}$，求$\boldsymbol{a}\times\boldsymbol{b}$.

解　由公式(2-20)得
$$\boldsymbol{a}\times\boldsymbol{b}=\begin{pmatrix}0&-1&-2\\1&0&-1\\2&1&0\end{pmatrix}\begin{pmatrix}-1\\1\\-2\end{pmatrix}=\begin{pmatrix}-5\\1\\-1\end{pmatrix}=-5\boldsymbol{i}+\boldsymbol{j}-3\boldsymbol{k}$$

例2-10　已知三角形的顶点为$A(1,-2,3)$、$B(0,4,1)$和$C(-2,3,-1)$，求此三角形的面积.

解　$\overrightarrow{AB}=\begin{pmatrix}0-1\\4-(-2)\\1-3\end{pmatrix}=\begin{pmatrix}-1\\6\\-2\end{pmatrix}$，$\overrightarrow{AC}=\begin{pmatrix}(-2)-1\\3-(-2)\\(-1)-3\end{pmatrix}=\begin{pmatrix}-3\\5\\-4\end{pmatrix}$
$$\overrightarrow{AB}\times\overrightarrow{AC}=\begin{pmatrix}0&2&6\\-2&0&1\\-6&-1&0\end{pmatrix}\begin{pmatrix}-3\\5\\-4\end{pmatrix}=\begin{pmatrix}-14\\2\\13\end{pmatrix}$$

由矢量积的几何意义，$|\overrightarrow{AB}\times\overrightarrow{AC}|$为以矢量$\overrightarrow{AB}$与$\overrightarrow{AC}$为邻边的平行四边形的面积，

所以
$$S_{\triangle ABC}=\frac{1}{2}|\overrightarrow{AB}\times\overrightarrow{AC}|=\frac{1}{2}\sqrt{(-14)^2+2^2+13^2}=\frac{3}{2}\sqrt{41}$$

例2-11　设有矢量$\boldsymbol{a}=\begin{pmatrix}1\\1\\0\end{pmatrix}$，$\boldsymbol{b}=\begin{pmatrix}0\\0\\1\end{pmatrix}$，求单位矢量$\boldsymbol{e}_c$，使$\boldsymbol{e}_c\perp\boldsymbol{a}$，$\boldsymbol{e}_c\perp\boldsymbol{b}$.

解 1　设 $\boldsymbol{e}_c=\begin{pmatrix}x\\y\\z\end{pmatrix}$，要使 $\boldsymbol{e}_c\perp\boldsymbol{a}$，$\boldsymbol{e}_c\perp\boldsymbol{b}$，则应有 $\boldsymbol{e}_c\cdot\boldsymbol{a}=0$，$\boldsymbol{e}_c\cdot\boldsymbol{b}=0$，

故
$$(x\quad y\quad z)\begin{pmatrix}1\\1\\0\end{pmatrix}=x+y=0$$

$$(x\quad y\quad z)\begin{pmatrix}0\\0\\1\end{pmatrix}=z=0$$

又 $|\boldsymbol{e}_c|=1$，$x^2+y^2+z^2=1$

上述三个方程联立，解得 $\begin{cases}x=\dfrac{\sqrt{2}}{2}\\y=-\dfrac{\sqrt{2}}{2}\\z=0\end{cases}$ 或 $\begin{cases}x=-\dfrac{\sqrt{2}}{2}\\y=\dfrac{\sqrt{2}}{2}\\z=0\end{cases}$

故
$$\boldsymbol{e}_c=\begin{pmatrix}\dfrac{\sqrt{2}}{2}\\-\dfrac{\sqrt{2}}{2}\\0\end{pmatrix}\text{ 或 }\boldsymbol{e}_c=\begin{pmatrix}-\dfrac{\sqrt{2}}{2}\\\dfrac{\sqrt{2}}{2}\\0\end{pmatrix}$$

解 2　因为 $\boldsymbol{e}_c\perp\boldsymbol{a}$，$\boldsymbol{e}_c\perp\boldsymbol{b}$，故 $\boldsymbol{e}_c/\!/(\boldsymbol{a}\times\boldsymbol{b})$，而

$$\boldsymbol{a}\times\boldsymbol{b}=\begin{pmatrix}0&0&1\\0&0&-1\\-1&1&0\end{pmatrix}\begin{pmatrix}0\\0\\1\end{pmatrix}=\begin{pmatrix}1\\-1\\0\end{pmatrix}$$

所以
$$\boldsymbol{e}_c=\pm\frac{\boldsymbol{a}\times\boldsymbol{b}}{|\boldsymbol{a}\times\boldsymbol{b}|}=\pm\frac{\sqrt{2}}{2}\begin{pmatrix}1\\-1\\0\end{pmatrix}$$

例 2-12　对例 2-9 中的矢量 $\boldsymbol{a}$、$\boldsymbol{b}$，求 $(\boldsymbol{a}\times\boldsymbol{b}\times\boldsymbol{a})\cdot\boldsymbol{b}$.

解　由矢量积公式(2-20)可得

$$\boldsymbol{a}\times\boldsymbol{b}\times\boldsymbol{a}=\begin{pmatrix}0&-1&-2\\1&0&-1\\2&1&0\end{pmatrix}\begin{pmatrix}0&2&1\\-2&0&1\\-1&-1&0\end{pmatrix}\begin{pmatrix}1\\-2\\1\end{pmatrix}=\begin{pmatrix}0&-1&-2\\1&0&-1\\2&1&0\end{pmatrix}\begin{pmatrix}-3\\1\\1\end{pmatrix}=\begin{pmatrix}-3\\-4\\-5\end{pmatrix}$$

故
$$(\boldsymbol{a}\times\boldsymbol{b}\times\boldsymbol{a})\cdot\boldsymbol{b}=(-3\quad -4\quad -5)\begin{pmatrix}-1\\1\\-2\end{pmatrix}=9$$

2.4　习题

2-1　设 $\boldsymbol{a}=3\boldsymbol{i}+5\boldsymbol{j}-\boldsymbol{k}$，$\boldsymbol{b}=2\boldsymbol{i}+2\boldsymbol{j}+3\boldsymbol{k}$，$\boldsymbol{c}=4\boldsymbol{i}-\boldsymbol{j}-3\boldsymbol{k}$，求下列矢量.

(1) $2\boldsymbol{a}$　　(2) $\boldsymbol{a}+\boldsymbol{b}-\boldsymbol{c}$　　(3) $2\boldsymbol{a}-3\boldsymbol{b}+4\boldsymbol{c}$

2-2　设矢量$\boldsymbol{a}$与x轴、y轴夹角分别为$\alpha=\frac{\pi}{3}$，$\beta=\frac{2\pi}{3}$，求$\boldsymbol{a}$与z轴的夹角γ.

2-3　设$\boldsymbol{a}=\boldsymbol{i}+2\boldsymbol{j}-2\boldsymbol{k}$，求$|\boldsymbol{a}|$及$\boldsymbol{a}$的方向余弦.

2-4　设点$P_1(0,-1,2)$、点$P_2(-1,1,0)$，求$\overrightarrow{P_1P_2}$及其方向余弦.

2-5　设矢量$\boldsymbol{a}$的始点为$(2,0,-1)$，$|\boldsymbol{a}|=3$，方向余弦中$\cos\alpha=\frac{1}{2}$，$\cos\beta=\frac{1}{2}$，求矢量$\boldsymbol{a}$的坐标表示式及其终点.

2-6　计算下列各题，其中$|\boldsymbol{a}|=3$，$|\boldsymbol{b}|=4$，$\boldsymbol{a}$与$\boldsymbol{b}$的夹角为$\frac{2}{3}\pi$.

(1) $\boldsymbol{a}\cdot\boldsymbol{b}$　　(2) $\boldsymbol{a}\cdot\boldsymbol{a}$　　(3) $(3\boldsymbol{a}-2\boldsymbol{b})\cdot(\boldsymbol{a}+2\boldsymbol{b})$

2-7　设$\boldsymbol{a}=4\boldsymbol{i}+7\boldsymbol{j}+3\boldsymbol{k}$，$\boldsymbol{b}=3\boldsymbol{i}-5\boldsymbol{j}+\boldsymbol{k}$，试计算：$\boldsymbol{a}\cdot\boldsymbol{b}$、$\boldsymbol{a}\times\boldsymbol{b}$.

2-8　设$\boldsymbol{a}=2\boldsymbol{i}+5\boldsymbol{j}+\boldsymbol{k}$，$\boldsymbol{b}=3\boldsymbol{i}-2\boldsymbol{j}+4\boldsymbol{k}$，判断是否$\boldsymbol{a}\perp\boldsymbol{b}$.

2-9　设三角形三顶点$A(1,-1,2)$，$B(3,3,1)$和$C(3,1,3)$，求$\triangle ABC$的面积S.

2-10　求与$\boldsymbol{a}=3\boldsymbol{i}-5\boldsymbol{j}+2\boldsymbol{k}$和$y$轴都垂直的矢量.

2-11　证明三点$P_1(5,3,-2)$，$P_2(4,1,-1)$和$P_3(2,-3,1)$共线.

2-12　设矢量$\boldsymbol{a}$、$\boldsymbol{b}$、$\boldsymbol{c}$分别为$\boldsymbol{a}=4\boldsymbol{i}+7\boldsymbol{j}+3\boldsymbol{k}$，$\boldsymbol{b}=3\boldsymbol{i}-5\boldsymbol{j}+\boldsymbol{k}$，$\boldsymbol{c}=0\boldsymbol{i}+0\boldsymbol{j}+\boldsymbol{k}$，试计算：$\boldsymbol{a}\cdot(\boldsymbol{b}\times\boldsymbol{c})$，$\boldsymbol{c}\times(\boldsymbol{a}\times\boldsymbol{b})$.

第 3 章 静力学分析

静力学是研究物体在力系作用下平衡规律的科学，它研究的问题主要有：物体的受力分析、作用在刚体上力系的简化方法及刚体在力系作用下的平衡条件．静力学是研究物体机械运动和构件刚度等计算的基础．

3.1 静力学基本概念

3.1.1 力的概念

人们在长期生活和生产实践中逐步建立起来了力的概念：**力**是物体之间的相互机械作用，其结果使物体运动的状态发生变化，或使物体发生变形．故物体受力后产生的效应有两种：一种是机械运动状态的变化；另一种是变形．前者是力对物体的**外效应**，后者是力对物体的**内效应**．如从高空快速落到地面的鸡蛋，在受到地面力的作用下，速度最终为零，同时鸡蛋发生破裂．

实践表明，作用于物体上的力因大小、方向、作用位置的不同将产生不同的效应．因此，力的大小、方向和作用点是**力的三要素**．在这三个要素中，当任何一个改变时，力的作用效应就会改变．力的三要素表明力是一个矢量，因此，力可以通过一个有方向的线段来表示，如图 3-1 所示．线段的长度按一定的比例尺表示力的大小；线段的方位和指向表示力的方向；线段的起点或终点表示力的作用点．过力的作用点并沿力的方向的直线称为**力的作用线**．

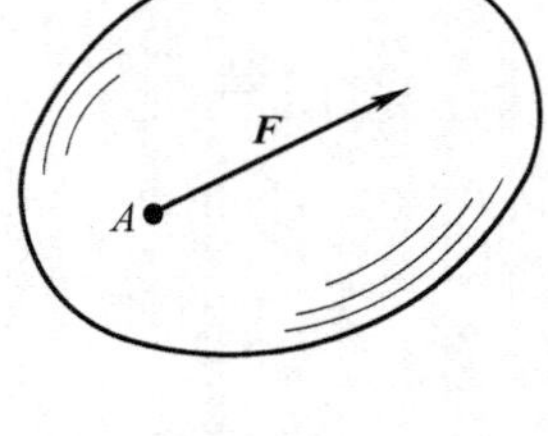

图 3-1

在国际单位制中，力的单位是牛顿，简称为牛(N)．

3.1.2 刚体的概念

刚体是指在力的作用下不发生变形的物体．在实际生活中，绝对的刚体是不存在的，任何物体在力的作用下都会产生不同程度的变形．在实际工程中，由于物体的变形往往很小，并且此变形对研究物体的平衡来说影响极小，所以可以略去不计，故可将物体视为刚体，从而使所研究的问题大大简化．

在静力学中，主要研究物体受力的平衡问题，通常不考虑物体的变形，所以将物体视为刚体．

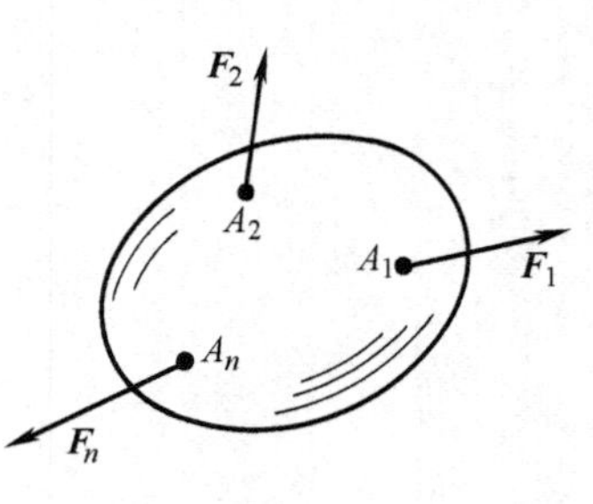

图 3-2

3.1.3 力系的概念

力系是作用在同一物体上的一群力(如图 3-2 所示)，一般记为$\{\boldsymbol{F}_1,\boldsymbol{F}_2,\cdots,\boldsymbol{F}_n\}$．作用于同一刚体而效应相同的力系相互称为**等效力系**．如果某力系与一个力等效，则此力称为该力系的**合力**，而该力系的各力称为此力的**分力**. 将一个力系的合力代替该力系的过程(如该力系存在合力)称为**力的合成**；将合力代换为几个分力的过程称为**力的分解**.

3.1.4　平衡的概念

在一力系作用下，如果物体相对于地球处于静止或作匀速直线运动，则称该物体处于平衡状态，作用于该物体上的力系称为**平衡力系**. 地面的道路、桥梁以及作匀速直线运动的火车等都处于平衡状态.

3.2　静力学公理

静力学公理是人类在长期生活中总结和归纳出来的关于力的最基本规律，已被人们所公认，也被实践所检验，它们是静力学的理论基础.

1. 公理一——力的平行四边形公理

作用在物体上同一点的两个力，可以合成为一个合力. 合力等于这两个力矢的矢量和，如图 3-3 所示，其数学公式表示为：$\boldsymbol{F}_R = \boldsymbol{F}_1 + \boldsymbol{F}_2$.

这个公理表明了最简单力系的简化规律，它是复杂力系简化的基础.

2. 公理二——二力平衡公理

作用在同一刚体上的两个力，使刚体保持平衡的充分且必要条件是，这两个力的大小相等、方向相反且作用在同一直线上，如图 3-4 所示，即 $\boldsymbol{F}_1 = -\boldsymbol{F}_2$.

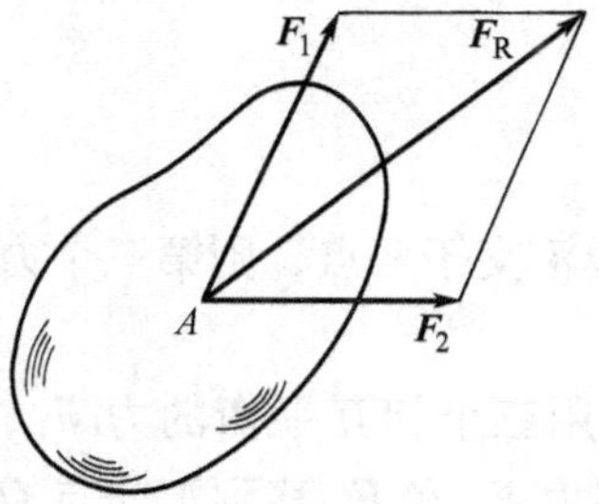

图　3-3

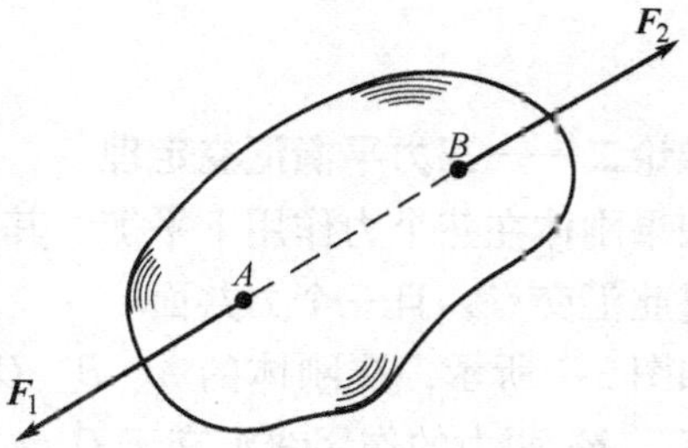

图　3-4

工程上常用到如图 3-5 所示的一类构件，其特点是：只受两个力的作用而处于平衡状态. 这类构件通常称为**二力构件**或**二力杆**. 根据二力平衡公理可知：二力构件所受两个力的

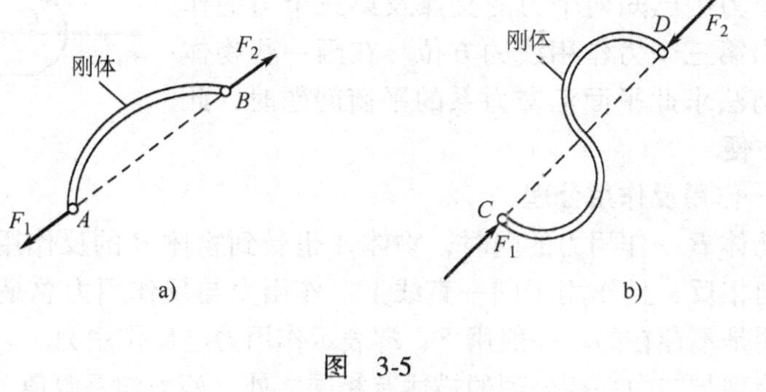

图　3-5

方向必定沿着两个力作用点的连线.

3. 公理三——加减平衡力系公理

在作用于刚体上的任意力系中加上或减去任意的平衡力系，并不改变原力系对刚体的作用.

推论一 ——力的可传性定理

作用于刚体上某点的力，可以沿着它的作用线移到刚体内任一点，而不改变该力对刚体的作用.

设有力 $\boldsymbol{F}$ 作用在刚体上的点 A，如图 3-6a 所示，根据加减平衡力系公理，在力的作用线上任取一点 B，并加上两个相互平衡的力 $\boldsymbol{F}_1$ 和 $\boldsymbol{F}_2$，且使三个力的大小相等，方向如图 3-6b所示，则图 3-6a、b 中两个力系等效. 由于力 $\boldsymbol{F}$ 与 $\boldsymbol{F}_1$ 也是一个平衡力系，减去此平衡力系，则图 3-6b、c 中两个力系等效，也即图 3-6a、c 中两个力等效. 因此，力 $\boldsymbol{F}$ 沿其作用线“传递”到了刚体内此力作用线上任意一点 B，两个力作用效果相同. 由此可知推论正确.

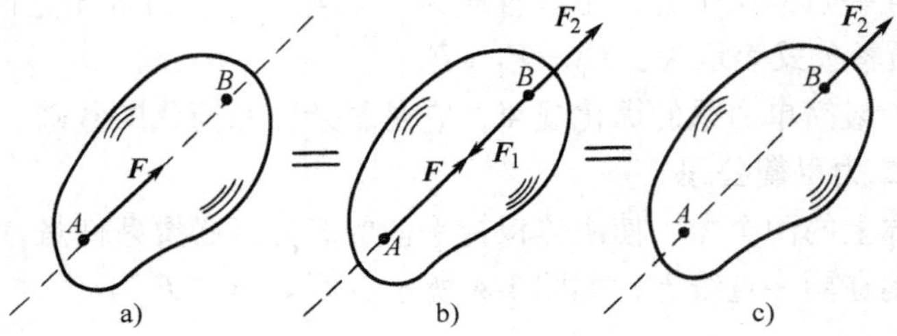

图 3-6

推论二——三力平衡汇交定理

如果刚体在三个力作用下平衡，其中两个力的作用线汇交于一点，则第三个力的作用线必通过此汇交点，且三个力共面.

如图 3-7 所示，在刚体的 A、B、C 三点上，分别作用三个相互平衡的力 $\boldsymbol{F}_1$、$\boldsymbol{F}_2$、$\boldsymbol{F}_3$，其中 $\boldsymbol{F}_1$、$\boldsymbol{F}_2$ 两力的作用线汇交于 O 点. 根据推论一，将力 $\boldsymbol{F}_1$ 和 $\boldsymbol{F}_2$ 移到汇交点 O，然后根据力的平行四边形公理，得合力 $\boldsymbol{F}_{12}$. 由二力平衡公理，力 $\boldsymbol{F}_3$ 与力 $\boldsymbol{F}_{12}$ 平衡，$\boldsymbol{F}_3$ 与 $\boldsymbol{F}_{12}$ 共线，力 $\boldsymbol{F}_3$ 必通过汇交点 O，且 $\boldsymbol{F}_3$ 必位于 $\boldsymbol{F}_1$ 与 $\boldsymbol{F}_2$ 两力所在的平面内，三力共面. 由此可知推论正确.

应用三力平衡汇交定理，当刚体受同平面三个力作用而平衡时，若三个力中已知两个力的交点及第三个力的作用点，即可判定出第三个力作用线的方位. 在画一些物体的受力图和用几何法求此平面汇交力系的平衡问题时，此定理会带来一些方便.

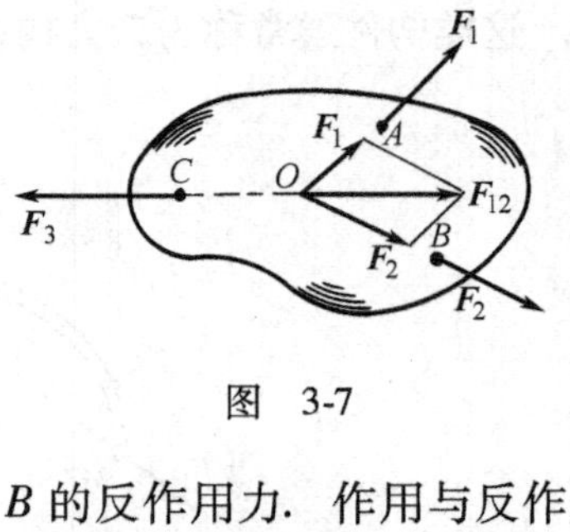

图 3-7

4. 公理四——作用反作用公理

当物体 A 给物体 B 一作用力的同时，物体 A 也受到物体 B 的反作用力. 作用与反作用力大小相等、方向相反，且作用于同一直线上. 作用力与反作用力总是同时出现，同时消失，单方面的作用是不存在的. 一般用 $\boldsymbol{F}$、$\boldsymbol{F}'$表示作用力与反作用力.

作用反作用公理与二力平衡公理的描述有相同之处，两力均是等值、反向、共线，但作用力、反作用力是作用在相互作用的两个物体上，二力平衡公理中的二力是作用于同一个物体上. 不能认为作用力与反作用力相互平衡.

作用反作用公理概括了任何两个物体间相互作用力之间的关系. 不论对刚体还是对变形体，不论对静止的物体还是对运动的物体，作用反作用公理都是适用的.

3.3　约束和约束力

工程和日常生活中的物体运动大多都受到一定的限制. 例如，钉子限制黑板的运动，地板限制课桌的运动，灯绳限制灯管的运动等等. 这些限制物体运动的一切装置称为**约束**.

物体受到的力通常有两类，一类是使物体产生运动的力，称为**主动力**，如重力、人作用于物体上的拉力、推力；另一类是约束对物体运动起限制作用产生的力，称为**约束力**、**反力**或**被动力**. 当然，约束存在并不一定有约束力，只有当物体沿约束所能限制的运动方向有运动趋势时，即物体对约束有作用力时，约束才给物体以反作用力，即约束力. 约束力的特点如下：

1）大小常常是未知的.

2）方向总是与约束限制的物体的运动方向相反.

3）作用点在物体与约束相接触的那一点.

3.3.1　光滑(面、线、点)接触约束

若接触处(面、线、点)的摩擦力可以忽略不计，则称为**光滑接触约束**. 光滑接触的约束力的作用线为接触处的公法线，作用点为接触处，约束力的方向为指向被约束物体. 光滑接触的约束力通常用 $\boldsymbol{F}_{\mathrm{N}}$ 表示.

如图 3-8、3-9 所示，地面上不同形状物体受到地面的约束力作用线均在公法线上，且作用在物体与地面接触处，指向物体. 对如图 3-10 所示齿轮啮合时的情况，视其中任一齿轮为约束，另一齿轮则为被约束物体，设接触处光滑，则约束力如图 3-10 所示.

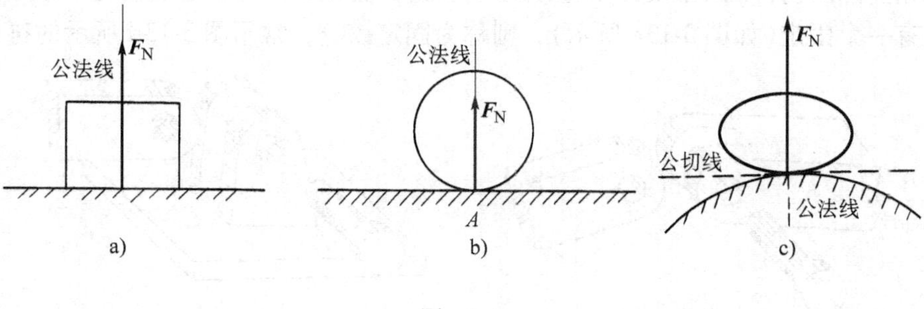

图　3-8

3.3.2　柔性体(绳索、皮带、链条等)约束

属于这类约束的有各种绳索、皮(胶)带、链条等柔性体构成的约束. 对柔性体本身来说，

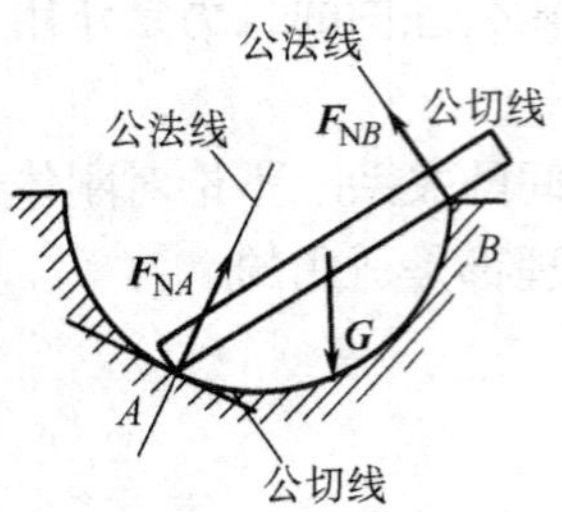

图 3-9

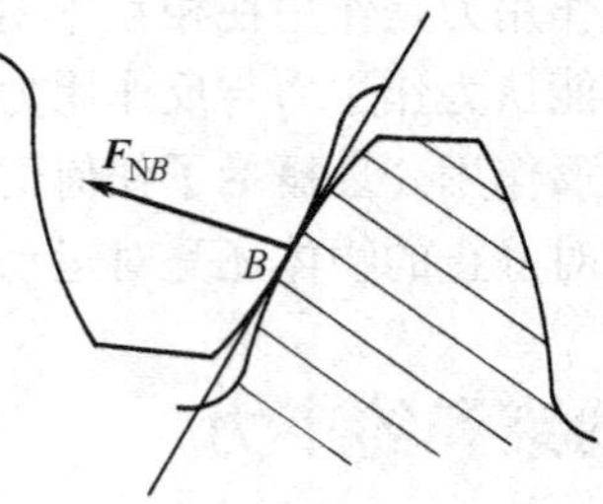

图 3-10

只能承受拉力而不能承受压力. 因此，柔性体约束的约束力只能是拉力，作用在连接点或假想截割处，沿着柔性体的轴线(切线)而背离被约束的物体，如图 3-11 所示. 柔性体约束的约束力通常用 $\boldsymbol{F}_T$ 来表示. 如图 3-12 所示的皮带轮(链条)传动，皮带或链条对两个轮的约束也为柔性体约束，对两个轮来说，约束力如图 3-12 所示.

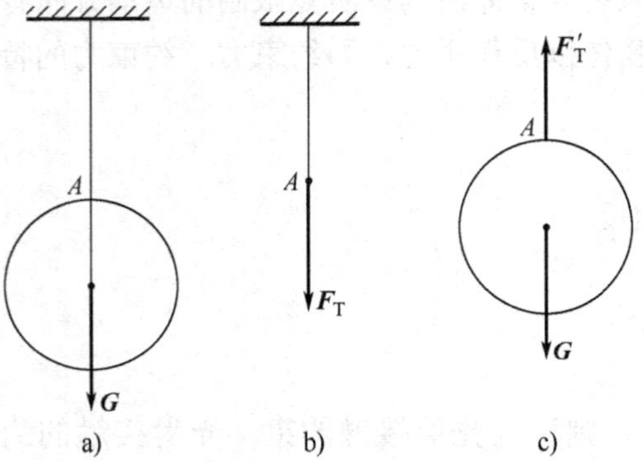

图 3-11

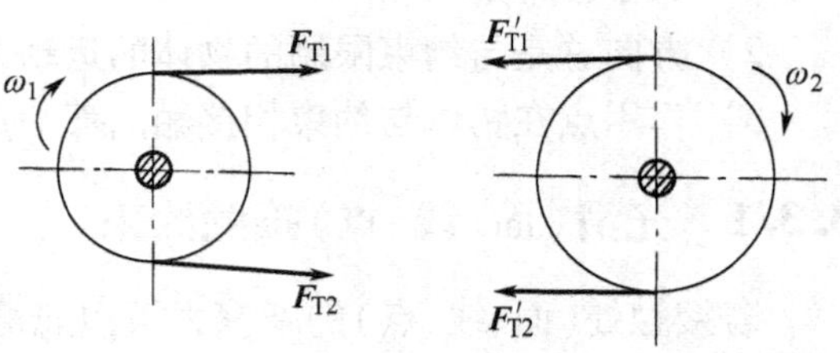

图 3-12

3.3.3 固定及中间铰链约束

工程中常用圆柱形销钉将两个或多个构件联接在一起(如图 3-13a 所示)，这种联接称为铰链. 若相连的两构件均不固定，则称为中间铰链，常用图 3-13b 所示的符号表示；若相联的两构件有一个固定(如图 3-13c 所示)，则称为固定铰链，常用图 3-13d 所示的符号表示.

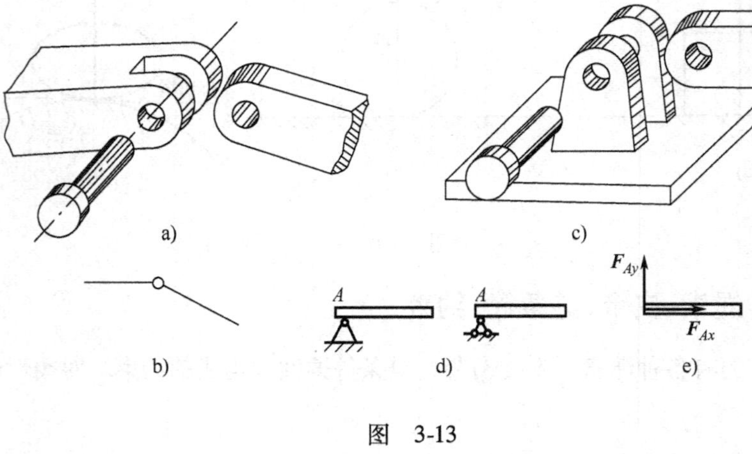

图 3-13

根据铰链的结构，固定铰链及中间铰链形成的约束只能限制被约束物体沿垂直于销钉轴线平面内任意方向的相对移动，但不能限制构件绕销钉的转动和沿其轴线方向的相对移动. 铰链约束的约束力作用在构件上的圆孔与销钉的接触点上，且垂直于销钉轴线并通过销钉中心. 在实际工程计算中，因为圆孔与销钉的接触点位置不能确定，约束力的方向需根据其他条件应用适当的定理来判别(常用的有二力平衡公理、三力平衡汇交定理). 当根据其他条件无法判别约束力方向时，可将约束力分解为两个正交分力 $\boldsymbol{F}_{Ax}$、$\boldsymbol{F}_{Ay}$，其指向一般根据主动力的作用初步假定(如图 3-13e 所示).

3.3.4　活动铰链约束

在固定铰链支座下面，装上一排滚子或类似滚子的物体，就构成了活动铰链约束，如图 3-14a 所示，简化如图 3-14b 所示. 活动铰链约束的约束力必垂直于支承面，通过销钉中心，如图 3-14c 所示.

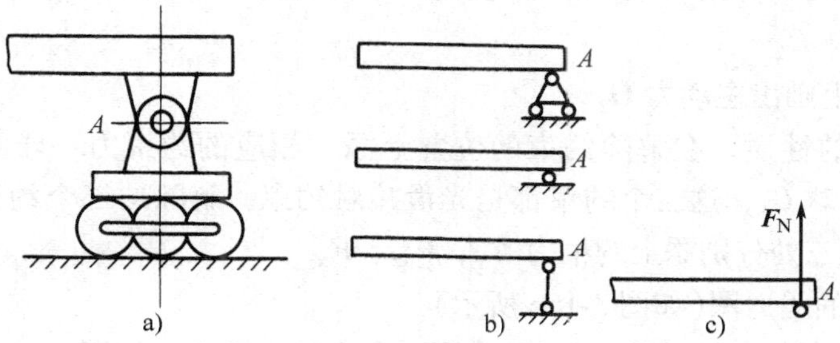

图　3-14

在桥梁、屋架等结构中，其一端常采用活动支座，以适应结构的热胀冷缩现象(另一端采用固定支座).

3.4　物体的受力分析和受力图

任何一个机械结构，总是通过物体相互连接(接触)构成的，因而物体之间存在约束力. 要弄清各物体的受力情况，只有首先定性地给出各物体的受力情况，然后才能给予定量的求解. 为此，分析物体的受力情况，确定物体受几个力、各力的作用点(线)及方位(向)是解决静(动)力学问题重要的一步. 这种分析过程称为物体的**受力分析**.

为了把某物体受力情况清晰地表示出来，首先需要把要研究的物体从相连接的物体中分离出来，这个步骤叫做**取研究对象**或**取分(隔)离体**. 然后把此物体所受的所有力(所有主动力和约束力)画出来，这种表示物体受力的简明图形称为物体的**受力图**. 画受力图的步骤如下：

1）确定要研究的对象，分析研究对象受到的主动力和约束力.

2）解除所研究对象上的所有约束，并且单独画出该研究对象，即取分离体(研究对象或分离体可以是一个单独的物体，也可以是一个物体系统).

3）在分离体上画主动力.

4）分析分离体接触的约束，根据约束的性质依次添上相应的约束力.

5）全面检查有没有遗漏力，有没有重复的力和实际不存在而臆想加上去的力.

例 3-1　分别画出图 3-15 中球 O_2、O_1、O_2O_1 的受力图.

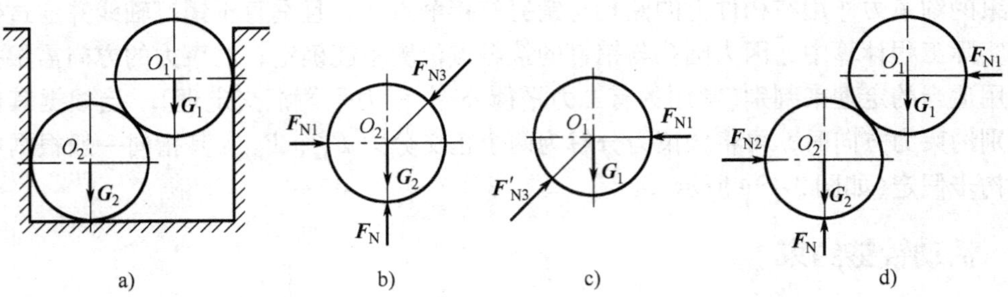

图　3-15

解　(1) 求球 O_2 的受力图(如图 3-15b 所示)

1）明确球 O_2 为研究的对象，球 O_2 受到一个主动力和三个约束力.

2）单独画出球 O_2.

3）在分离体上画出主动力 $\boldsymbol{G}_2$.

4）根据约束的性质，在解除约束的位置上添上相应的约束力. 球 O_2 受到三个约束：地面、左边的墙、球 O_1；这三个约束都是光滑接触约束，解除这三个约束后，根据光滑接触约束力的特点在三处分别添上约束力 $\boldsymbol{F}_{N}$、$\boldsymbol{F}_{N2}$、$\boldsymbol{F}_{N3}$.

(2) 求球 O_1 的受力图(如图 3-15c 所示)

1）明确球 O_1 为研究的对象，球 O_1 受到一个主动力和二个约束力.

2）单独画出球 O_1.

3）在分离体上画出主动力 $\boldsymbol{G}_1$.

4）根据约束的性质，在解除约束的位置上添上相应的约束力. 球 O_2 受到二个约束：右边的墙、球 O_2；这两个约束都是光滑接触约束，解除这二个约束后，根据光滑接触约束力的特点在二处分别添上约束力 $\boldsymbol{F}_{N1}$、$\boldsymbol{F}'_{N3}$.

需要注意的是：球 O_2 受到的约束力 $\boldsymbol{F}_{N3}$ 与球 O_1 受到的约束力 $\boldsymbol{F}'_{N3}$ 是作用力与反作用力，所以应把这两个力写成 $\boldsymbol{F}_{N3}$、$\boldsymbol{F}'_{N3}$.

(3) 求球 O_1 O_2 的受力图(如图 3-15d 所示)

1）明确球 O_1O_2 为研究的对象，球 O_1O_2 受到二个主动力和三个约束力.

2）单独画出球 O_1O_2.

3）在分离体上画出主动力 $\boldsymbol{G}_1$、$\boldsymbol{G}_2$.

4）根据约束的性质，在解除约束的位置上添上相应的约束力. 球 O_1O_2 受到三个约束：地面、左边的墙、右边的墙；这三个约束都是光滑接触约束，解除这三个约束后，根据光滑接触约束力的特点在三处分别添上约束力 $\boldsymbol{F}_{N}$、$\boldsymbol{F}_{N2}$、$\boldsymbol{F}_{N1}$.

思考：在以球 O_1 O_2 为研究对象时，球 O_1O_2 的约束力为什么不包括 $\boldsymbol{F}_{N3}$、$\boldsymbol{F}'_{N3}$？

例 3-2　如图 3-16a 所示，水平梁 AB 用斜杆 CD 支撑，A、C、D 三处均为固定铰链连接. 均质梁重，其上放置一重为 $\boldsymbol{G}_2$ 的电动机. 如不计杆 CD 的自重，试分别画出杆 CD 和梁 AB(包括电动机)的受力图.

解　1）先分析斜杆 CD 的受力情况. 由于斜杆的自重不计，因此斜杆 CD 只在杆的两

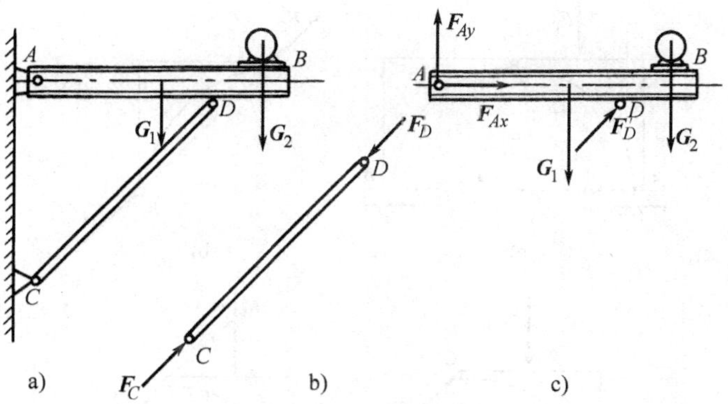

图 3-16

端分别受到固定铰链和中间铰链的约束力 F_C 和 F_D 的作用. 根据固定铰链及中间铰链约束的性质，这两个约束力必定分别通过铰链 C、D 的中心，方向暂时不能确定. 如果进一步考虑到杆 CD 只在 F_C 和 F_D 两个力作用下处于平衡，则根据二力平衡公理，这两个力必定沿同一直线，且等值、反向. 由此可确定 F_C 和 F_D 的作用线应沿 C 与 D 的连线(由经验判断,此处杆 CD 受压力. 但在一般情况下,力的指向不能定出,需根据平衡条件才能确定).

斜杆 CD 的受力图如图 3-16b 所示.

2) 取梁 AB(包括电动机)为研究对象. 它受 G_1、G_2 两个主动力的作用. 梁在铰链 D 处有受二力杆 CD 给它的约束力 F'_D 的作用. 根据作用和反作用公理，此二力应该反向. 梁在 A 处受固定铰链支座给它的约束力作用，由于方位未知，用两个大小未定的正交分力 F_{Ax} 和 F_{Ay} 表示.

梁 AB 的受力图如图 3-16c 所示.

例 3-3 如图 3-17a 所示的三铰拱桥，由左、右两拱铰接而成. 设各拱自重不计，在拱 AC 上作用有载荷 F_P. 试分别画出拱 AC 和 CB 的受力图.

解 1) 先分析拱 BC 的受力. 由于拱 BC 自重不计，且只在 B、C 两处受到铰链约束，因此，拱 BC 为二力构件. 在铰链中心 B、C 处分别受两力的作用，且 $F_B = -F_C$，BC 拱的受力图如图 3-17b 所示.

2) 取拱 AC 为研究对象. 由于自重不计，因此主动力只有载荷 F_P. 拱在铰链 C 处受到拱 BC 给它的约束力 F'_C 的作用，根据作用和反作用定律，$F'_C = -F_C$. 拱在 A 处受到固定铰链支座给它的约束力的作用，由于方向未定，可用两个大小未知的正交分力 F_{Ax}、F_{Ay} 代替. 拱 AC 的受力图如图 3-17c 所示.

再进一步分析可知，由于拱 AC 在 F_P、F'_C 和 F_A 三个力作用下平衡，故可根据三力平衡汇交定理，确定铰链 A 处约束力 F_A 的方位. 点 D 为力 F_P 和 F_C 作用线的交点，当拱 AC 平衡时，反力的作用线必通过点 D(图 3-17d)；至于 F_A 的指向，暂且假定如图，以后由平衡条件确定.

例 3-4 如图 3-18a 所示，梯子的两部分 AB 和 AC 在点 A 铰接，又在 D、E 两点用水平绳连接. 梯子放在光滑水平面上，若其自重不计，且在 AB 的中点 H 处作用一铅直载荷 F_P. 试分别画出绳子 DE 和梯子的 AB、AC 部分以及整个系统的受力图.

解 1) 绳子 DE 的受力分析. 绳子两端 D、E 分别受到梯子对它的拉力 F_D、F_E 的作用

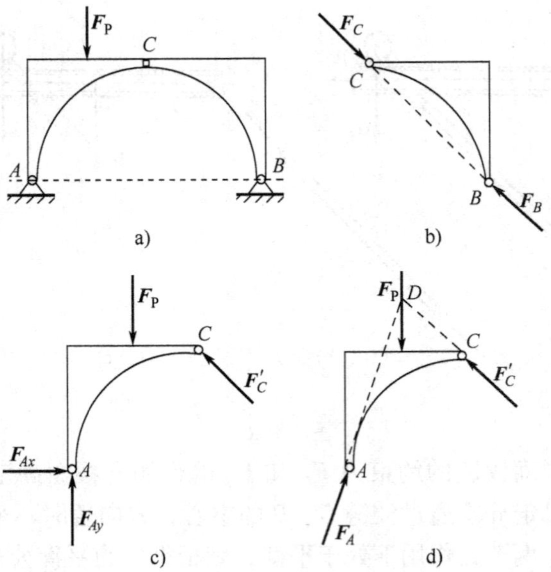

图 3-17

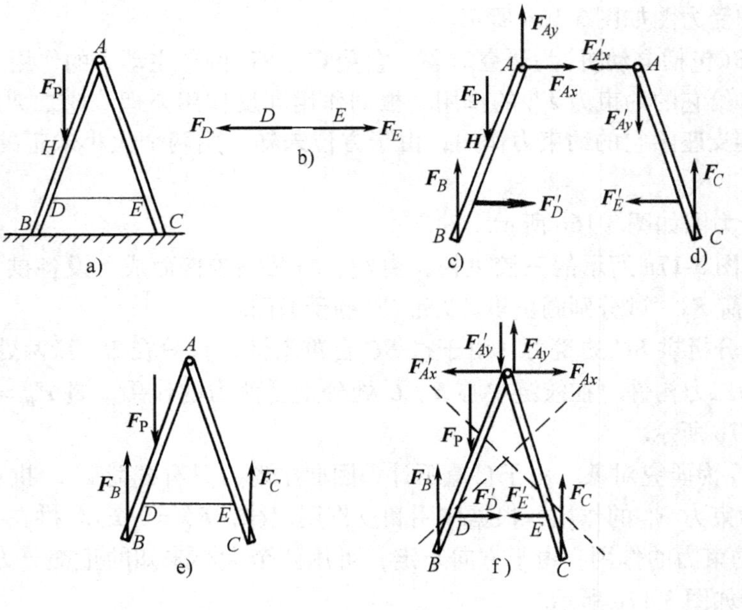

图 3-18

(图 3-18b).

2）梯子 AB 部分的受力分析. 它在 H 处受到载荷 $\boldsymbol{F}_P$ 的作用，在铰链 A 处受到 AC 部分给它的约束力 $\boldsymbol{F}_{Ax}$ 和 $\boldsymbol{F}_{Ay}$ 的作用. 在 D 点受到绳子对它的拉力 $\boldsymbol{F}'_D$（与 $\boldsymbol{F}_D$ 互为作用力和反作用力）的作用. 在点 B 受到光滑地面对它的法向约束力 $\boldsymbol{F}_B$ 的作用.

梯子 AB 部分的受力图如图 3-18c 所示.

3）梯子 AC 部分的受力分析. 在铰链 A 处受到 AB 部分对它的作用力 $\boldsymbol{F}'_{Ax}$ 和 $\boldsymbol{F}'_{Ay}$（分别与 $\boldsymbol{F}_{Ax}$ 和 $\boldsymbol{F}_{Ay}$ 互为作用力和反作用力）的作用. 在点 E 受到绳子对它的拉力 $\boldsymbol{F}'_E$（与 $\boldsymbol{F}_E$ 互为作用

力和反作用力)的作用. 在 C 处受到光滑地面对它的法向约束力 $\boldsymbol{F}_C$ 的作用.

梯子 AC 部分的受力图如图 3-18d 所示.

4）整个系统的受力分析. 在画整个系统的受力图时，杆 AB 与 AC 在 A 处相互有力作用，绳在 D 点与 E 点对杆 AB 与 AC 也有力作用，这些力是存在的，若画在整个系统受力图上，则如图 3-18f 所示. 物体与物体未分离(拆开)处相互作用的力称为**内力**，内力是存在的，若画在受力图上，将使得图形很乱，而且给后面的定量求解(投影、取矩)带来很大的不便. 因此，规定内力一律不画在受力图上，图 3-18f 的画法是绝对禁止的. 在受力图上只需画出系统以外的物体给系统的力，这种力称为**外力**. 对此题，载荷 $\boldsymbol{F}_P$ 和约束力 $\boldsymbol{F}_B$、$\boldsymbol{F}_C$ 是作用于整个系统上的外力. 整个系统的受力图如图 3-18e 所示.

应该指出，内力与外力的区分不是绝对的. 例如，当把梯子的 AC 部分作为研究对象时，$\boldsymbol{F}'_{Ax}$、$\boldsymbol{F}'_{Ay}$ 和 $\boldsymbol{F}'_E$ 均属于外力，但取整体为研究对象时，这些力又成为内力. 可见，内力与外力的区分，只有相对于某一确定的研究对象才有意义.

以后在做作业时，画受力图的分析过程不必像例题一样用文字写出，只需画出所要求的受力图即可. 有了正确的受力图，其受力情况便一目了然.

正确地画出物体的受力图，是分析、解决力学问题的基础. 画受力图时必须注意如下几点：

1）必须明确研究对象，画出分离体图. 根据求解需要，可以取单个物体为研究对象，也可以取由几个物体组成的系统为研究对象. 一般情况下，应单独画出该物体的轮廓简图，使之成为分离体，以便清楚地表示物体的受力情况.

2）不得漏画力，也不得多画力. 主动力、约束力均是物体受力，均应画在受力图上. 所取研究对象(分离体)和其他物体接触处，一般均存在约束力，要根据约束的特性来确定，不能主观臆测.

3）注意作用力、反作用力的画法(作用力的方向一经假定,图上的反作用力一定与之反向).

4）注意二力构件(杆)的判断. 当固定及中间铰链约束所连接的构件是二力杆时，其约束力的方位是确定的，故不能将其约束力用两个正交分力表示，而应按二力杆的约束力画出.

5）一定要分清内力与外力，画受力图时只画外力，而不画内力. 如果所取的分离体是由某几个物体组成的物体系统时，通常将系统外物体对物体系统的作用力称为外力，而系统内物体间相互作用的力称为内力. 内力总是以等值、共线、反向的形式存在，故物体系统内力的总和为零.

3.5 平面汇交力系

平面汇交力系是指平面各力作用线都汇交于一点的力系，是工程中常见的较为简单的力系. 本节用几何法与解析法讨论平面汇交力系的合成与平衡. **几何法**就是几何作图的方法(也称为图解法)，**解析法**就是用矢量代数方法解决问题的方法. **合成**是指多个平面力汇交于一点，能用一个合力来等效替换. **平衡**是讨论平面汇交力系平衡应满足的条件.

由于作用在刚体上的平面汇交力可以沿它们的作用线移到汇交点而并不影响其对刚体的

作用效果，所以平面汇交力系与作用于同一点的共点力系对刚体的作用效果是一样的. 因此，本节研究汇交力系的合成与平衡，均从共点力系开始.

3.5.1　平面汇交力系合成与平衡问题的几何法

1. 两个共点力(汇交力)的合成——力三角形规则

如图 3-19a 所示，设在刚体的点 A 上作用两个力 $\boldsymbol{F}_1$ 和 $\boldsymbol{F}_2$，根据平行四边形公理，这两个力可以合成为一个力 $\boldsymbol{F}_R$，它的作用线通过汇交点 A，其大小和方向由平行四边形的对角线确定.

实际上，此两力的合成可从任一点 O_1 或 O_2 画图(如图 3-19b、c 所示)而求出. 这两个由力构成的三角形均称为**力三角形**. 这两个三角形虽然有所不同，但若把力矢的起端称为首，箭头端称为尾(如图 3-19d)，这两个三角形各分力矢在顶点处均为首尾相接，而合力矢是从初始的力矢首与最后的力矢尾相连. 这种作图求合力的方法，称为**力三角形规则**.

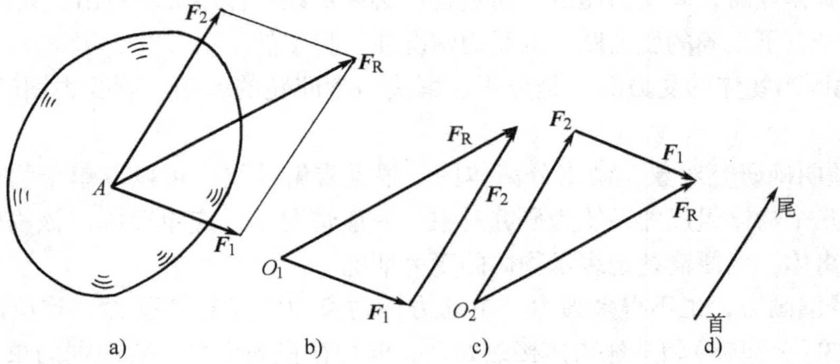

图　3-19

力有三要素，用力三角形规则求出的是合力的大小与方向，作用点仍在汇交点.

力三角形画法虽然简单，但它是多个汇交力合成的基础.

2. 多个共点力(汇交力)的合成——平面力多边形规则

如图 3-20a 所示，设在刚体的点 A 上，有 $\boldsymbol{F}_1$、$\boldsymbol{F}_2$、$\boldsymbol{F}_3$、$\boldsymbol{F}_4$ 作用，为求得此力系的合力，利用力三角形法则. 如图 3-20b 所示，任取一点 a，先作力三角形 abc 求出 $\boldsymbol{F}_1$ 与 $\boldsymbol{F}_2$ 的合力的大小与方向 $\boldsymbol{F}_{R1}$，再作力三角形 acd 求出 $\boldsymbol{F}_{R1}$ 与 $\boldsymbol{F}_3$ 的合力(即 $\boldsymbol{F}_1$、$\boldsymbol{F}_2$、$\boldsymbol{F}_3$ 的合力)大小和方向 $\boldsymbol{F}_{R2}$，再作力三角形 ade，则 $\boldsymbol{F}_R$ 表示了 $\boldsymbol{F}_1$、$\boldsymbol{F}_2$、$\boldsymbol{F}_3$、$\boldsymbol{F}_4$ 的合力的大小与方向. 由力矢组成的多边形 $abcde$ 称为**力多边形**.

对汇交于一点的 n 个力，此作图法仍然有效.

注意在画力多边形时，中间带虚线的力矢可以不画，并不影响最后的结果. 而且任意交换各分力矢的作图顺序，如图 3-20c 所示，可得形状不同的力多边形，也不影响最后的结果. 这说明力矢量相加满足矢量相加的交换律. 再注意到，图 3-20b、c 所示两个力多边形形状虽然不同，但各分力矢在端点处均为首尾相接，而合力矢是从初始的力矢首与最后的力矢尾相连. 这种作图求汇交力系合力的方法，称为**平面力多边形规则**.

平面力多边形规则确定出的是合力的大小与方向，其作用点仍在汇交点.

上述力多边形规则，以数学公式表示，为

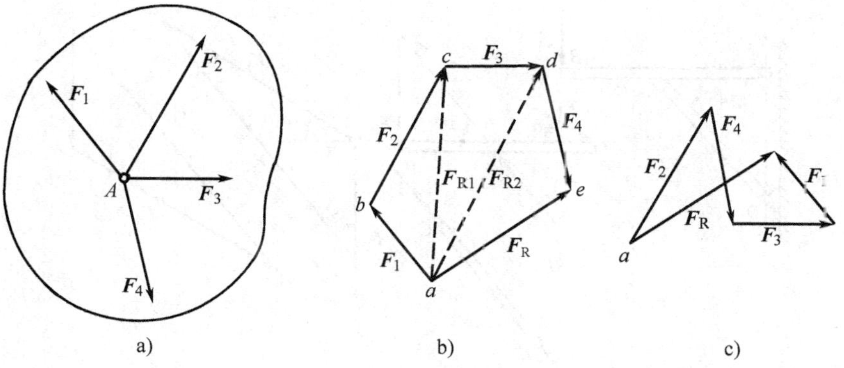

图　3-20

$$F_R = F_1 + F_2 + \cdots + F_n = \sum_{i=1}^{n} F_i = \sum F_i \qquad (3\text{-}1)$$

如力系中各力的作用线都沿同一直线，则称此力系为**共线力系**，它是汇交力系的特殊情况，它的力多边形在同一直线上. 若规定沿直线的某一指向为正，相反为负，则力系合力的大小与方向决定于各分力的代数和，即

$$F_R = \sum_{i=1}^{n} F_i = \sum F_i \qquad (3\text{-}2)$$

3. 平面汇交力系平衡问题的几何法

由于平面汇交力系可用其合力来代替，显然，平面汇交力系平衡的充分必要条件是：该力系的合力等于零. 用数学公式表示为

$$\sum F_i = 0 \qquad (3\text{-}3)$$

这反映在平面力多边形上为平面力多边形中最后一分力的尾与第一个分力首重合，此时的力多边形称为**平面力多边形自行封闭**. 于是，可得如下结论：平面汇交力系平衡的几何（必要和充分）条件是，该力系的力多边形自行封闭.

用几何法求平面汇交力系的合成和平衡，可用尺和量角器等绘图工具，按比例画出各已知量，然后在图上量得所要求的未知量. 也可根据图形的几何关系，用几何里的公式（特别是三角公式）计算出所要求的未知量. 实际求解采用后者较多.

例 3-5　支架的横梁 AB 与斜杆 CD 彼此以铰链 C 相连接，并各以铰链 A、D 连接于铅直墙上，如图 3-21a 所示. 已知 $AC = CB$；杆 DC 与水平成 45°角；载荷 $F_P = 10\text{kN}$，作用于 B 处. 设梁和杆的重量忽略不计，求铰链 A 的约束力和杆 DC 所受的力.

解　选横梁 AB 为研究对象. 横梁在 B 处受载荷 F_P 作用. DC 为二力杆，它对横梁 C 处的约束力 F_C' 的作用力必沿两铰链 D、C 中心的连线，如图 3-21b 所示. 铰链 A 的约束力 F_A 的作用线可根据三力平衡汇交定理确定，即通过另两力的交点 E，如图 3-21c 所示.

根据平面汇交力系平衡的几何条件，这三个力应组成一封闭的力三角形. 取比例如图所示，先画出已知力矢 $ab = F_P$，再由点 a 作直线平行于 AE，由点 b 作直线平行 CE，这两直线相交于点 d，如图 3-21d 所示. 由力三角形 abd 自行封闭，可知图 3-21c 中所画 F_A、F_C 的方向为正确方向.

在力三角形中，线段 bd 和 da 分别表示力 F_C 和 F_A 的大小，量出它们的长度，按比例换

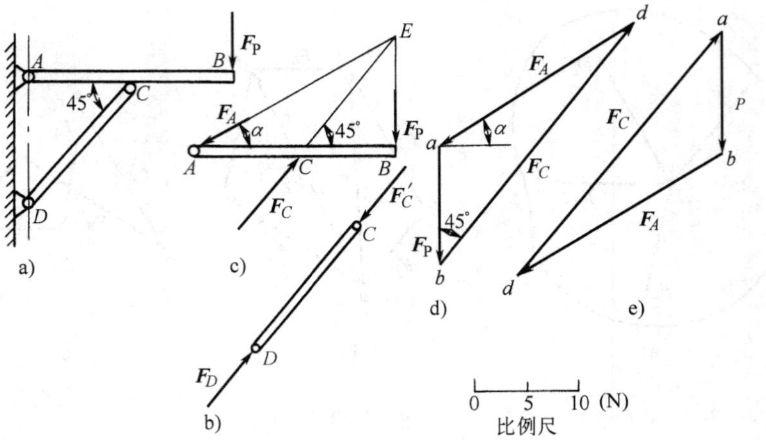

图 3-21

算得

$$F_C = 28.3\text{kN} \qquad F_A = 22.4\text{kN}$$

同样，也可以画出封闭力三角形如图3-21e所示，求得 $\boldsymbol{F}_C$ 与 $\boldsymbol{F}_A$ 的大小.

此结果也可由三角公式(正弦定理)计算而得，读者可以一试.

根据作用力和反作用力的关系，可知二力杆 DC 承受压力.

3.5.2 平面汇交力系合成与平衡问题的解析法

解析法是通过力矢在坐标轴上的投影来完成力系合成与平衡的方法. 力矢(矢量)在坐标轴上的投影是解析法计算的基础.

1. 力在平面直角坐标轴上的投影

如图3-22所示，若在直角坐标平面 Oxy 上的已知力 $\boldsymbol{F}$，它与 x 轴的夹角为 α，则力 $\boldsymbol{F}$ 在 x、y 轴上的投影为：

$$F_x = F\cos\alpha \qquad F_y = F\sin\alpha \tag{3-4}$$

力在平面直角坐标轴上的投影是代数量，其正负号由式(3-4)确定，即：若由力 $\boldsymbol{F}$ 始端的投影到其末端的投影的指向与坐标轴正向相同，则力在该轴上的投影为正；反之为负.

2. 平面汇交力系合成的解析法

由上节所讲，力多边形法则用数学公式可以表示为

$$\boldsymbol{F}_R = \sum \boldsymbol{F}_i$$

对平面汇交力系，取力系所在平面为 Oxy 平面. 从数学角度看，$\boldsymbol{F}_R$ 是合矢量，各 $\boldsymbol{F}_i$ 是分矢量. 从力学角度看，$\boldsymbol{F}_R$ 是合力矢量，各 $\boldsymbol{F}_i$ 是分力矢量. 将此式投影到直角坐标系 Oxy 的两个坐标轴上，有

$$\begin{aligned} F_{Rx} &= \sum F_{ix} = \sum F_x \\ F_{Ry} &= \sum F_{iy} = \sum F_y \end{aligned} \tag{3-5}$$

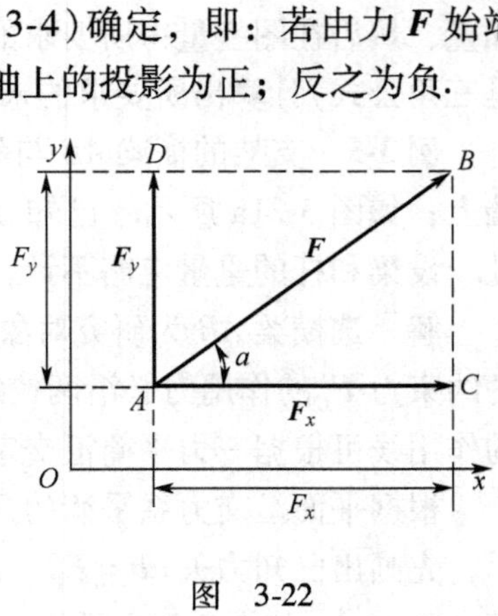

图 3-22

式中，F_{Rx}、F_{Ry}为合力 $\boldsymbol{F}_R$ 在 x、y 轴上的投影，F_{ix}、F_{iy}为各分力在 x、y 轴上的投影，为以后书写方便，记为 F_x、F_y.

式(3-5)表明，合力在某轴上的投影，等于各分力在同一轴上投影的代数和. 这个关系称为**合力投影定理**. 由此可得合力的大小和方向分别为

$$\left.\begin{aligned} F_{\mathrm{R}} &= \sqrt{\left(\sum F_x\right)^2 + \left(\sum F_y\right)^2} \\ \alpha &= \arctan\frac{|F_{\mathrm{R}y}|}{|F_{\mathrm{R}x}|} = \arctan\frac{\left|\sum F_y\right|}{\left|\sum F_x\right|} \end{aligned}\right\} \tag{3-6}$$

式中，α 为合力 $\boldsymbol{F}_{\mathrm{R}}$ 与 x 轴所夹的锐角. 合力 $\boldsymbol{F}_{\mathrm{R}}$ 的方向由 $\sum F_x$ 和 $\sum F_y$ 的正负号所确定的象限以及 α 角决定.

例 3-6　求图 3-23 所示平面共点力系的合力.

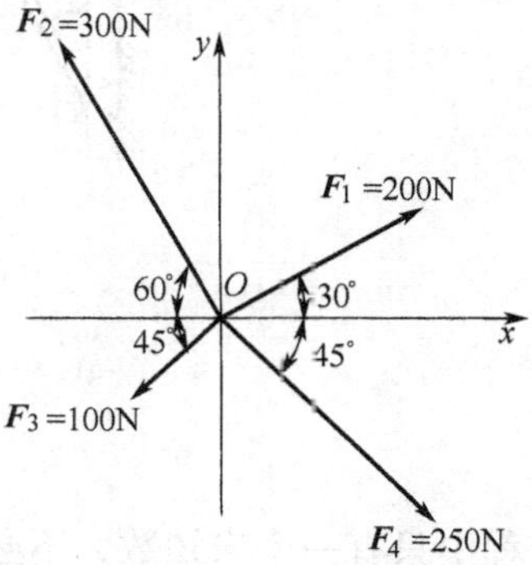

图　3-23

解　用式(3-4)计算

$$\begin{aligned} F_{\mathrm{R}x} &= \sum F_x = F_1\cos30° - F_2\cos60° - F_3\cos45° + F_4\cos45° \\ &= (200\cos30° - 300\cos60° - 100\cos45° + 250\cos45°)\,\mathrm{N} \\ &= 129.27\,\mathrm{N} \end{aligned}$$

$$\begin{aligned} F_{\mathrm{R}y} &= \sum F_y = F_1\cos60° + F_2\cos30° - F_3\cos45° - F_4\cos45° \\ &= (200\cos60° + 300\cos30° - 100\cos45° - 250\cos45°)\,\mathrm{N} \\ &= 112.32\,\mathrm{N} \end{aligned}$$

$$F_{\mathrm{R}} = \sqrt{F_{\mathrm{R}x}^2 + F_{\mathrm{R}y}^2} = \sqrt{(129.27)^2 + (112.32)^2}\,\mathrm{N} = 171.25\,\mathrm{N}$$

$$\alpha = \arctan\frac{|F_{\mathrm{R}y}|}{|F_{\mathrm{R}x}|} = 40.99°$$

3. 平面汇交力系作用下的平衡问题的解析法

对于平面汇交力系，取力系所在平面为 Oxy 平面. 与几何法相同，平面汇交力系可用其合力来代替. 显然平面汇交力系平衡的充分必要条件是：该力系的合力等于零. 即 $\boldsymbol{F}_{\mathrm{R}} = 0$，这反映在解析法上，由(3-5)式，有

$$\left.\begin{aligned} \sum F_x &= 0 \\ \sum F_y &= 0 \end{aligned}\right\} \tag{3-7}$$

于是可得结论，平面汇交力系平衡的解析条件为：该力系中所有各力在两个坐标轴上的投影的代数和分别等于零. 该条件以方程形式反映出来即为式(3-7)，一般也称为**平面汇交力系的平衡方程**.

下面举例说明解析法在解决平面汇交力系平衡问题中的应用.

例 3-7　如图 3-24a 所示，重物 $G = 20\mathrm{kN}$，用钢丝绳挂在支架的滑轮 B 上，钢丝绳的另一端缠绕在铰车 D 上. 杆 AB 与 BC 铰接，并以铰链 A、C 与墙连接. 如两杆和滑轮的自重不计，并忽略轴承摩擦和滑轮的大小，求平衡时杆 AB 和 BC 所受的力.

解　1）取研究对象. 由于 AB、BC 两杆都是二力杆，假设杆 AB 受拉力、杆 BC 受压力. 如图 3-24b 所示. 为了求出这两个未知力，可通过求两杆对滑轮的约束力来解决，因此选取滑轮 B 为研究对象.

2）画受力图. 滑轮受到钢丝绳的拉力 $\boldsymbol{F}_1$ 和 $\boldsymbol{F}_2$，杆 AB 和 BC 对滑轮的约束力 $\boldsymbol{F}_{BA}$ 和 $\boldsymbol{F}_{BC}$，如图 3-24c 所示. 由于滑轮的大小忽略不计，故这些力可看做是平面汇交力系.

3）列平衡方程. 选取坐标轴如图 3-24c 所示. 为使每个未知力只在一个轴上有投影，在另一轴上的投影为零，坐标轴应尽量取在与未知力作用线相垂直的方向. 这样在一个平衡

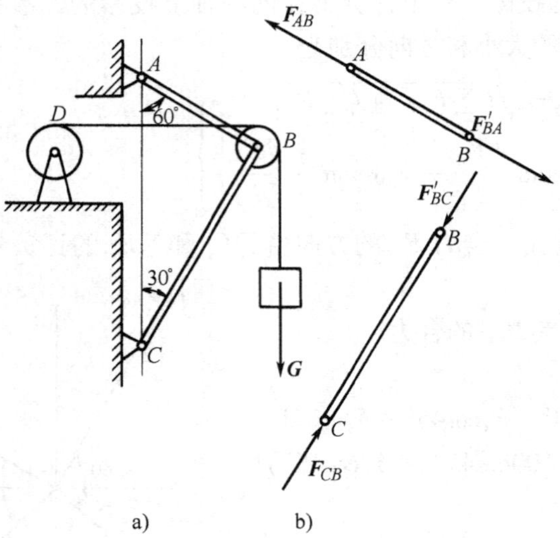

图 3-24

方程中只有一个未知数，不必解联立方程，即

$$\sum F_x = 0, \quad -F_{BA} + F_1\cos60° - F_2\cos30° = 0 \tag{1}$$

$$\sum F_y = 0, \quad F_{BC} - F_1\cos30° - F_2\cos60° = 0 \tag{2}$$

4）求解方程，得

$$F_{BA} = -0.366G = -7.32\text{kN}$$

$$F_{BC} = 1.366G = 27.32\text{kN}$$

由所求结果可知 $\boldsymbol{F}_{BC}$ 为正值，表示这力的假设方向与实际方向相同，即杆 BC 受压力. $\boldsymbol{F}_{BA}$ 为负值，表示这力的假设方向与实际方向相反，即杆 AB 也受压力.

例 3-8 图 3-25 所示的压榨机中，杆 AB 和 BC 的长度相等，自重忽略不计，零件 DB 的重量也忽略不计. A、B、C 处为铰链连接. 已知活塞 D 上受到油缸内的总压力为 $\boldsymbol{F}_{\mathrm{P}} = 3000\text{N}$，$h = 200\text{mm}$，$l = 1500\text{mm}$. 求压块 C 加在工件上的压力.

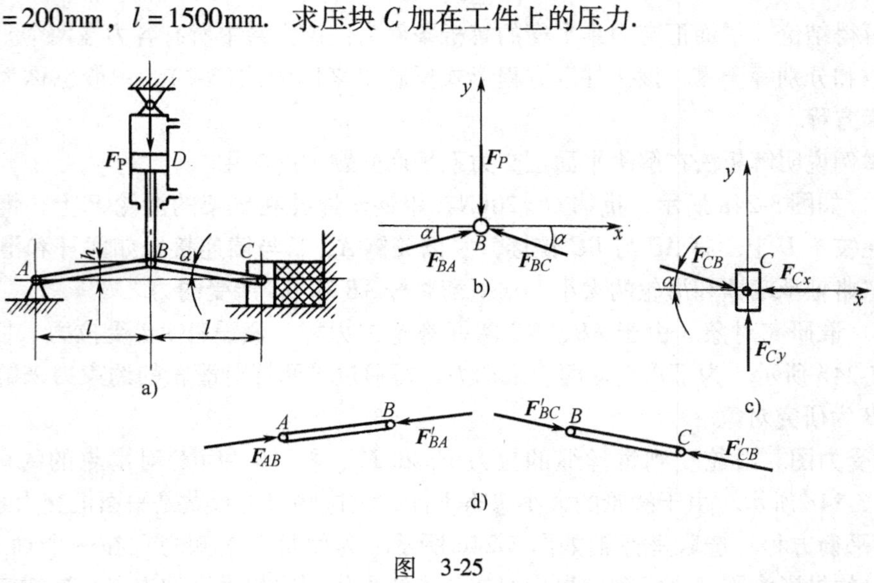

图 3-25

解 为求压块 C 加于工件的力，取压块为研究对象，受力图如图 3-25c 所示. 平面汇交力系有两个平衡方程，现在有三个未知数，所以不能求解. 考虑到 AB、BC 杆均为二力杆，力 $\boldsymbol{F}_P$ 可沿着活塞杆传递到 B 点，三个力在 B 点形成一个汇交力系，且力 $\boldsymbol{F}_P$ 已知，所以取销钉 B 为研究对象，其受力图如图 3-25b 所示，由

$$\sum F_x = 0,\ F_{BA}\cos\alpha - F_{BC}\cos\alpha = 0$$

$$\sum F_y = 0,\ F_{BA}\sin\alpha + F_{BC}\sin\alpha - F_P = 0$$

解得

$$F_{BC} = F_{BA} = \frac{F_P}{2\sin\alpha}$$

由于解得 F_{BC}、F_{BA} 均为正值，所以 BC、AB 两杆均承受压力，如图 3-25d 所示.
对图 3-25c 列平衡方程，有

$$\sum F_x = 0,\ F_{CB}\cos\alpha - F_{Cx} = 0 \quad 且\ F_{CB} = F_{BC}$$

解得

$$F_{Cx} = \frac{F_P}{2}\cot\alpha = \frac{F_P l}{2h}$$

由此式可知，压力 $\boldsymbol{F}_{Cx}$ 的大小与主动力 $\boldsymbol{F}_P$、几何尺寸 l 及 h 有关，若想增大此压力，可以考虑这些因素. 对此题目，代入已知数值得 $F_{Cx} = 11.25\text{kN}$. 压块对工件的压力就是力 $\boldsymbol{F}_{Cx}$ 的反作用力，大小也等于 11. 25kN.

若要求 $\boldsymbol{F}_{Cy}$，由 $\sum F_y = 0$，可得 $\boldsymbol{F}_{Cy}$.

通过以上例题，可总结出平面汇交力系平衡问题解题的主要步骤如下：

1）选取研究对象. 根据题意，选取适当的平衡物体作为研究对象，画出其简图.

2）分析受力，画受力图. 在研究对象上，画出它所受的全部已知力和未知力. 在画受力图时，注意二力构件的确定和三力平衡汇交定理的应用.

3）选择解题方法. 若用解析法，建立适当的坐标系，列平衡方程；若用几何法，画封闭力三角形或力多边形(一般先从已知力画起).

4）求出未知量. 解析法须通过平衡方程求出未知量；几何法可利用三角公式求出或用尺、量角器在图上量出未知量.

3.6 力矩和力偶

力对物体作用的外效应除了使物体产生移动外(用力的投影度量)，也可以使物体产生转动. 为了度量力对物体的转动效应，必须学习力矩和力偶这两个物理量.

3.6.1 力对点的矩

如图 3-26 所示，当用扳手拧紧螺母时，力 $\boldsymbol{F}$ 对螺母拧紧的转动效应不仅与力 $\boldsymbol{F}$ 的大小有关，而且还与转动中心 O 至力 $\boldsymbol{F}$ 的垂直距离 h 有关. 因此，可用两者的乘积 Fh 来度量力使物体绕点 O 的转动效应，称为力 $\boldsymbol{F}$ 对点 O 之矩，简称力矩，以符号 $M_O(\boldsymbol{F})$ 表示.

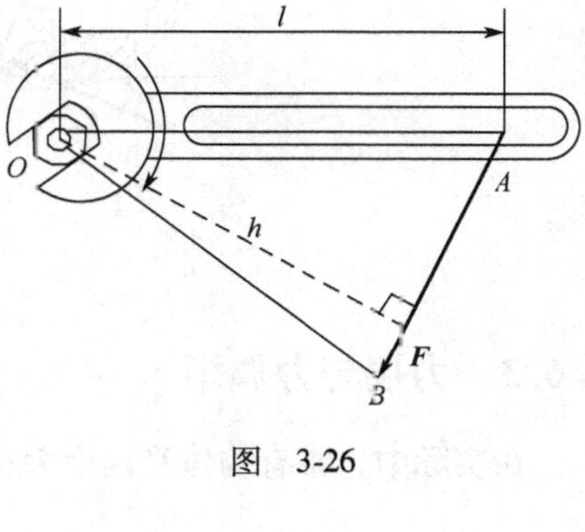

图 3-26

力矩是个矢量，但在平面问题中，可以作为数量来处理. 在平面问题中，力对点的矩是一个代数量，

它的绝对值等于力的大小与力臂的乘积，它的正负习惯按下法确定：力使物体绕矩心逆时针方向转动为正，反之为负.

平面问题中，力矩的计算公式为：

$$M_O(\boldsymbol{F}) = \pm Fh \tag{3-8}$$

显然，当力等于零或力臂为零(力的作用线通过矩心)时，力对点的矩为零. 力矩的常用单位是 N · m(牛 · 米)或 kN · m(千牛 · 米).

显然，由力矩的定义可知：

1）当力的作用线通过矩心时，则力矩为零($h=0$).

2）当力沿作用线移动时，不改变力对某点之矩.

3.6.2 合力矩定理

若平面汇交力系有合力，则其合力对平面任一点的矩，等于力系中各分力对同一点的矩的代数和. 这就是合力矩定理，即：

$$M_O(\boldsymbol{F}_R) = M_O(\boldsymbol{F}_1) + M_O(\boldsymbol{F}_2) + \cdots + M_O(\boldsymbol{F}_n) \tag{3-9}$$

合力矩定理常用来简化力矩的计算，如在计算力对某点之矩时，若力臂不容易求出，则可以将此力分解为相互垂直的分力，如果两分力对该点的力臂已知，即可求出两分力对该点的力矩的代数和，从而可以求出力对该点的力矩.

例 3-9 如图 3-27a 所示，圆柱齿轮受到啮合力 F_n 的作用，设 $F_n = 1400\text{N}$. 齿轮的压力角 $\alpha = 20°$，节圆半径 $R = 60\text{mm}$，试计算力 $\boldsymbol{F}_n$ 对轴心 O 的力矩.

解 (1) 直接解法(由力矩定义求解,如图 3-27a)

$$M_O(\boldsymbol{F}_n) = F_n h = F_n R\cos\alpha = 1400 \times 0.06 \times \cos20° \text{N} \cdot \text{m} = 78.9\text{N} \cdot \text{m}$$

(2) 合力矩定理求解(如图 3-27b)

将力 $\boldsymbol{F}_n$ 分解为切向力 $\boldsymbol{F}_\tau$ 和径向力 $\boldsymbol{F}_r$，即

$$\boldsymbol{F}_n = \boldsymbol{F}_\tau + \boldsymbol{F}_r$$

由合力矩定理得：

$$M_O(\boldsymbol{F}_n) = M_O(\boldsymbol{F}_\tau) + M_O(\boldsymbol{F}_r) = F_\tau R + 0 = F_n R\cos\alpha = 78.93\text{N} \cdot \text{m}$$

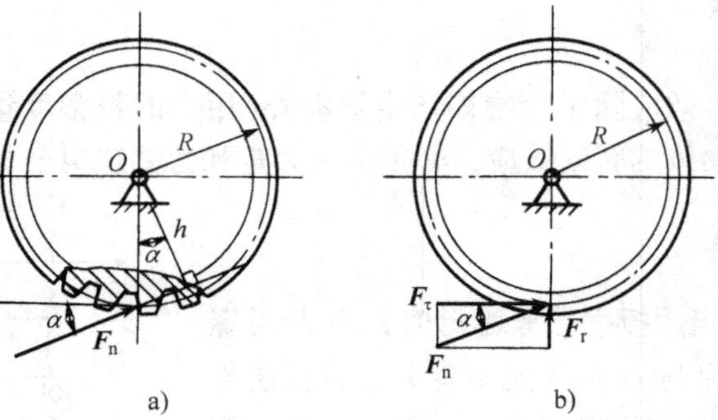

图 3-27

3.6.3 力偶与力偶矩

在实际中，常有物体受两个大小相等、方向相反、平行但不在一条直线上的力作用，例

如图 3-28 所示的拧水咀，转动转向盘、电动机的定子磁场对转子的电磁力作用等. 由两个大小相等、方向相反且不共线的平行力组成的力系，称为**力偶**，以图 3-29 所示图形表示，记作($\boldsymbol{F}$、$\boldsymbol{F}'$). 两条非重合平行线确定一个平面，由力偶(两个非重合平行力)所形成的平面称为**力偶的作用面**，力偶两力之间的距离 d 称为**力偶臂**.

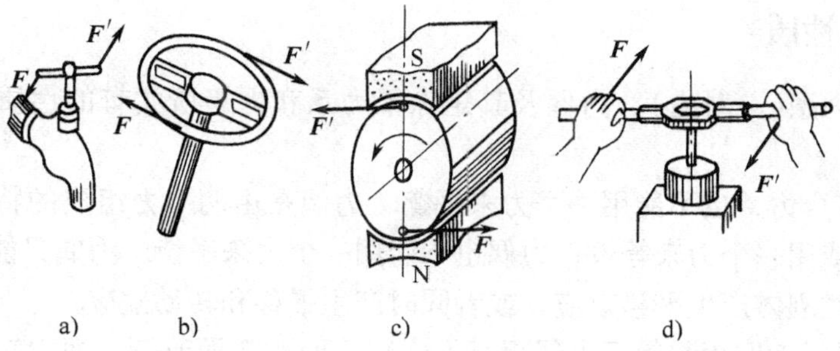

图 3-28

由力偶的定义可知，力偶中两力矢相加其和为零，但由于它们不共线，不满足二力平衡公理，因此力偶不是平衡力系. 事实上，由以上实例可知，只受一个力偶作用的物体，一定产生转动效果，而不可能处于平衡状态. 既然力偶不是一个平衡力系，它是否有不为零的合力呢? 这是不可能的. 因为，如果力偶有不为零的合力，就可以用此合力(一个力)来等效替换，则此合力在不与合力作用线垂直的任意轴上的投影不为零，但是，力偶是等值、反向、平行的两个力，其在任意轴上投影的代数和必然为零. 合力投影不为零，分力投影之和为零，这是不可能的. 因此，力偶没有合力，不能用一个力来等效替换，力偶也不能用一个力来平衡. 力偶和力一样，也是力学中的一个基本要素.

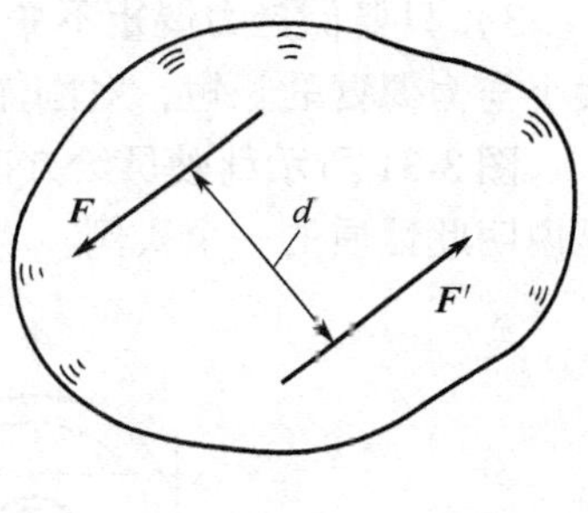

图 3-29

力偶对物体作用的效果是使物体的转动状态发生改变，那么，如何度量力偶对物体的转动效应呢? 如同力使物体产生转动引出力矩的概念一样，力偶使物体转动的效果可以用力偶矩来度量.

从实际经验知道，力偶矩即力偶使物体转动的效果也与三个要素有关:

1) 在力偶作用面内，力偶中力的大小与力偶臂的乘积，称为力偶矩的大小.

2) 在力偶作用面内，力偶使物体转动的方向，称为力偶的转向.

3) 力偶的作用面.

如图 3-30 所示，由矢量叉乘的定义，此三要素可用下式表示

$$\boldsymbol{M} = \boldsymbol{r}_{BA} \times \boldsymbol{F} \tag{3-10}$$

上式即力偶矩的矢积表达式，它是力矩的一种特例，也即力偶矩的定义为: **力偶矩**是一个矢量，大小与方向等于力偶中任一力作用线上一点到另一力作用线上一点的矢径与力的矢

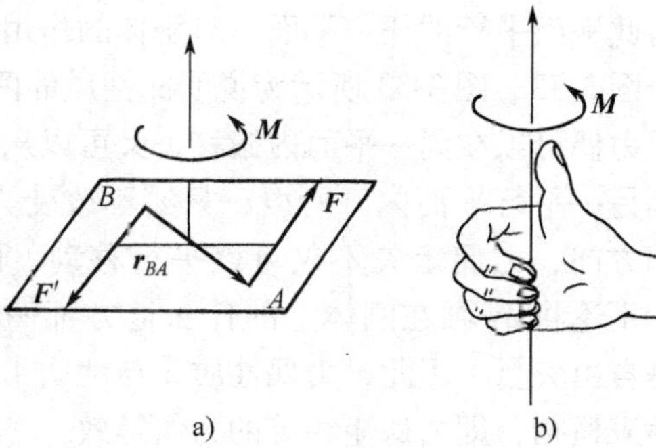

图 3-30

量积，其大小等于力偶的力与力偶臂的乘积，转向符合右手螺旋法则，力偶矩矢垂直于力偶作用面.

由此可知，力有三要素——大小、方向、作用点或作用线，力对点的矩有三要素——大小、转向、作用面，力偶矩也有三要素——大小、转向，作用面，三者均以矢量来表示.

3.6.4　力偶的性质

作为特殊的力系(一对力)，力偶及其矩除了力系和力矩所共有的性质外，还有一些特殊的性质：

1）力偶没有合力，也不能用一个力来平衡. 力偶是由两个力组成的特殊力系，力偶不能合成一个力，或用一个力来等效；力偶也不能用一个力来平衡. 力偶只能对刚体产生转动效应，而力可以对刚体产生平移效应，或者同时产生平移和转动效应.

2）力偶对任意点取矩都等于力偶矩，不因矩心的改变而改变. 而力矩则不同，力矩与矩心的位置有关，因此，力矩符号 $M_O(\boldsymbol{F})$ 中有一下标 O，而力偶矩符号 $\boldsymbol{M}$ 则无下标.

3）只要保持力偶矩不变，力偶可在其作用面内任意移转，且可以同时改变力偶中力的大小与力偶臂的长短，对刚体的作用效果不变.

图 3-31 所示驾驶员给方向盘的三种施力方式，图中 $|\boldsymbol{F}_1| = |\boldsymbol{F}_1'| = |\boldsymbol{F}_2| = |\boldsymbol{F}_2'|$，即是说明此性质的一个实例.

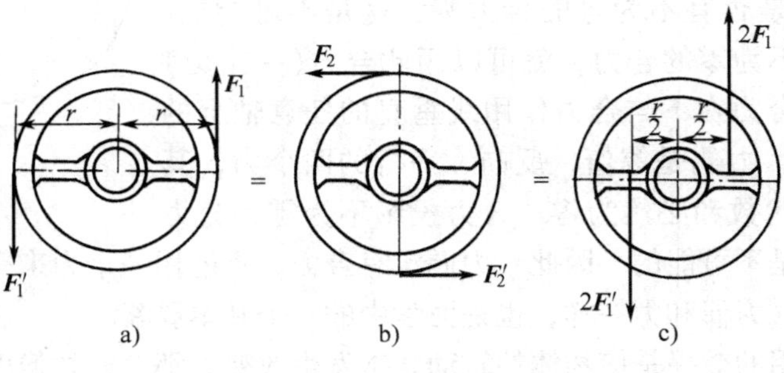

图　3-31

由于力偶可在其作用面内任意移转，所以力偶矩矢画在力偶作用面内任意一点均可，即力偶矩矢可在力偶作用面内平行移动.

4）只要保持力偶矩不变，力偶可从一平面移至另一与此平面平行的任一平面，对刚体的作用效果不变.

图 3-32、图 3-33 所示为说明此性质的两个实例.

力偶可以在同一平面内搬移，又可以从某一平面滑移到另一平行平面内，所以，只要不改变力偶矩 $\boldsymbol{M}$ 的模和方向，力偶矩矢不仅可以平行移动，而且可以滑动，不论将 $\boldsymbol{M}$ 画在刚体上的什么地方都一样，即力偶矩是自由矢量. 因此，力偶性质 3 与性质 4 也可以用一句话来概括，即力偶矩相等的力偶等效.

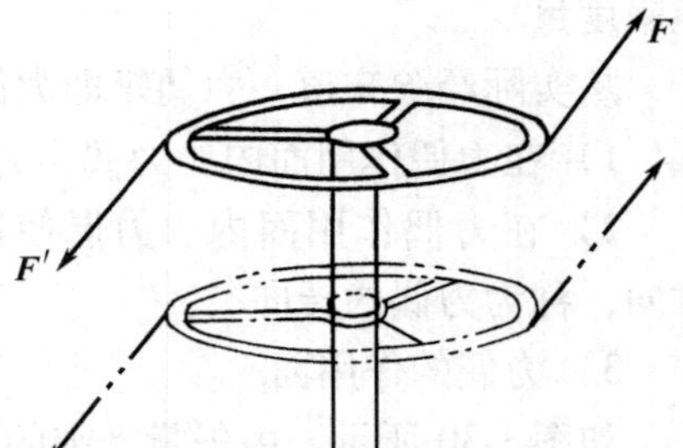

图　3-32

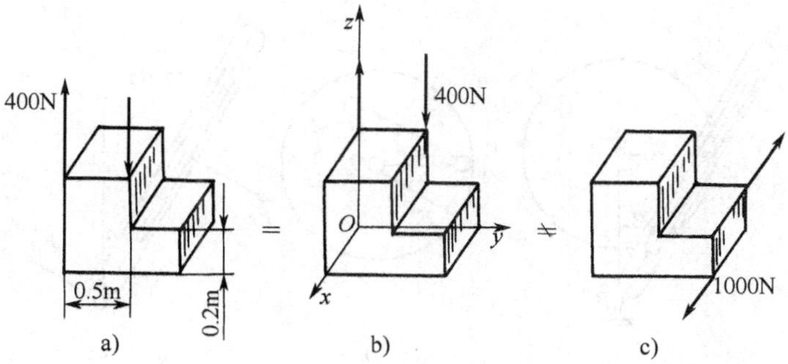

图　3-33

3.6.5　平面力偶系作用下的刚体平衡

均是由力偶组成的力系称为**力偶系**. 若各力偶的作用面均位于同一平面内，称为**平面力偶系**，否则称为**空间力偶系**. 本节讨论平面力偶系作用下的刚体平衡问题.

1. 平面力偶系的合成

对于平面力偶系，论力偶所在平面为 Oxy 平面，则各分力偶矩矢均垂直于此平面，有 $\sum M_{ix}=0$、$\sum M_{iy}=0$，则

$$M=\sum M_{iz}=\sum M_i \tag{3-11}$$

即平面力偶系合力偶矩矢的大小等于各分力偶矩的代数和，方向由右手螺旋法则确定，规定从 z 轴正向看去，逆时针转向为正，反之为负.

2. 平面力偶系作用下的刚体平衡方程

由于力偶系可以用一个合力偶来代替，因此，力偶系平衡的充分必要条件是：该力偶系的合力偶矩等于零，也就是各分力偶矩矢的矢量和等于零，即

$$\boldsymbol{M}=\sum \boldsymbol{M}_i=\boldsymbol{0} \tag{3-12}$$

对于平面力偶系，取力偶所在平面为 Oxy 平面，则方程 $\sum M_{ix}=0$、$\sum M_{iy}=0$ 已失去求解价值，则有

$$M=\sum M_{iz}=\sum M_i=0 \tag{3-13}$$

称此为**平面力偶系的平衡方程**，即平面力偶系中所有各分力偶矩的代数和等于零.

例 3-10　图 3-34a 所示机构的自重忽略不计，圆轮上的销子 A 放在摇杆 BC 上的光滑导槽内，圆轮上作用一力偶 M_1，其矩为 $M_1=2\text{kN}\cdot\text{m}$，$OA=r=0.5\text{m}$. 图示位置时 OA 与 OB 垂直，$\alpha=30°$，系统平衡. 求作用于摇杆 BC 上的力偶的矩 M_2 及铰链 O、B 处的约束力.

解　先取圆轮为研究对象，受力图如图 3-34b 所示，其中 $\boldsymbol{F}_A$ 为光滑导槽对销子 A 的作用力，由于力偶必须由力偶来平衡，因而 $\boldsymbol{F}_O$ 与 $\boldsymbol{F}_A$ 必组成一力偶，且为一平面力偶系. 由力偶平衡方程，有

$$\sum M_i=0\qquad M_1-F_O\cdot r\sin\alpha=0$$

解得

$$F_O=F_A=8\text{kN}$$

再取摇杆 BC 为研究对象，受力图如图 3-34c 所示，此也为一平面力偶系. 列平衡方程，有

$$\sum M_i=0\qquad F'_A\cdot\overline{AB}-M_2=0$$

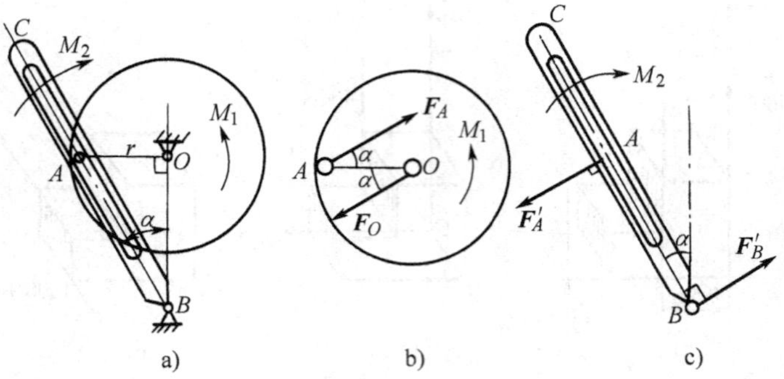

图 3-34

因 $$F'_A = F_A$$

解得 $$M_2 = 8\text{kN} \cdot \text{m}$$

且 $$F_B = F'_A = F_A = F_O = 8\text{kN}$$

3.7 平面一般力系

3.7.1 力的平移

力的平移就是将作用在刚体上的一力矢，从其原位置平行移到该刚体上另一位置. 如图3-35所示，设一力 $\boldsymbol{F}$ 作用在刚体的 A 点，现欲将其平移到刚体上任意一点 O，O 点到力 $\boldsymbol{F}$ 作用线的距离为 h. 根据加减平衡力系公理，在 O 点加上一对平衡力系 $\boldsymbol{F}'$和 $\boldsymbol{F}''$，使 $\boldsymbol{F} = \boldsymbol{F}' = -\boldsymbol{F}''$. 这样并不影响原力 $\boldsymbol{F}$ 对刚体的作用效应，而这三个力可看成作用于 O 点的一个力 $\boldsymbol{F}'$和一个力偶$(\boldsymbol{F},\boldsymbol{F}'')$. 因为 $\boldsymbol{F}'$的大小方向与原力相同，所以可以认为它是作用于 A 点的力 $\boldsymbol{F}$ 平移到了 O 点的力. 由此可见，原来作用于 A 点的力 $\boldsymbol{F}$ 可用它平移到 O 点的力 $\boldsymbol{F}'$和力偶$(\boldsymbol{F},\boldsymbol{F}'')$来等效代替. 此力偶称为附加力偶，其矩为

$$M = Fh = M_O(F) \tag{3-14}$$

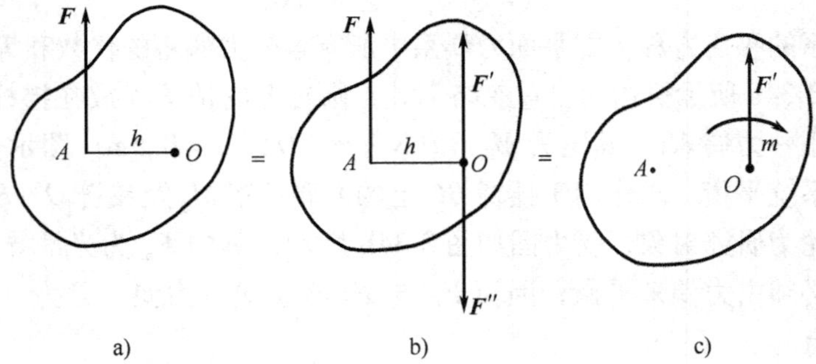

图 3-35

综上所述，可知：作用在刚体上某点的力，可以等效地平移到该刚体上任意一点，但必须同时附加一力偶，附加力偶的矩等于原力对新作用点的矩.

力的平移揭示了力对物体的移动和转动两方面的效应，并常常在实际工程中得到运用.

如用丝锥攻螺纹时，必须用两手操作(即相对于一个力偶)，而用单手操作时．其实际作用效果相当于丝锥上同时有一个作用在中心的力和一个附加力偶．作用在中心的力可能使丝锥弯曲并将螺纹损坏，同时丝锥可能弯曲折断．

3.7.2　平面一般力系的刚体平衡条件

平面一般力系是指作用在同一物体上的各个力的作用线在同一平面内，既不汇交于一点，又不互相平行的力系．图 3-36a 为一支架，其 *AE* 杆的受力如图 3-36b 所示，*AE* 杆受到的是平面一般力系．

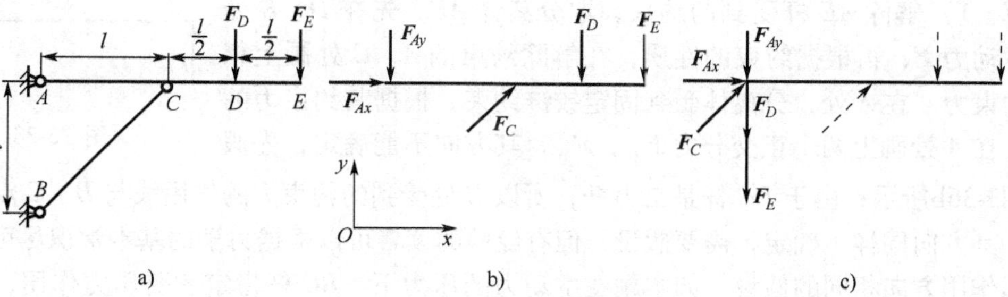

图　3-36

平面一般力系的刚体平衡条件可以通过平面汇交力系的平衡条件、力的平移和力偶系作用下的刚体平衡条件等来求解．图 3-36b 所示的 *AE* 杆所受平面力系作用时，可以通过力的平移将各个力等效地移到平面内任意一点(如 *A* 点)，从而得到一个平面汇交力系和一个附加平面力偶系，如图 3-36c 所示．很显然，如果在平面一般力系作用下 *AE* 杆处于平衡状态，则经等效平移后得到的平面汇交力系和力偶系仍然使物体处于平衡状态．因此，根据平面汇交力系作用下平衡方程和平面力偶系作用下的刚体平衡方程，可得平面一般力系作用下的刚体平衡方程为

$$\left.\begin{aligned}\sum F_x=0\\ \sum F_y=0\\ \sum M_O(\boldsymbol{F})=0\end{aligned}\right\}\tag{3-15}$$

式中，$\sum M_O(\boldsymbol{F})=0$ 表示刚体上各力对平面内任一点的力矩的代数和等于零．因此平面一般力系平衡的充分必要条件为：同一刚体上各力在两个直角坐标轴上投影的代数和都等于零；各力对平面内任意一点的力矩的代数和等于零．

在平面任意力系中，若各个力的作用线相互平行，则式(3-15)中必有一个投影方程自然满足．如图 3-37 中，力系中各力的作用线平行于 *y* 轴，则 $\sum F_x\equiv0$，所以其平衡方程式为

$$\left.\begin{aligned}\sum F_y=0\\ \sum M_O(\boldsymbol{F})=0\end{aligned}\right\}\tag{3-16}$$

如图 3-38，在求梁的支座反力时，常采用平面平行力系平衡方程的两力矩形式

$$\left.\begin{aligned}\sum M_A(\boldsymbol{F})=0\\ \sum M_B(\boldsymbol{F})=0\end{aligned}\right\}\tag{3-17}$$

式中，*A*、*B* 两点的连线不能与各力的作用线平行．

例 3-11　如图 3-36a 所示的支架，在 *D*、*E* 处受到大小相等的集中力的作用，支架各杆

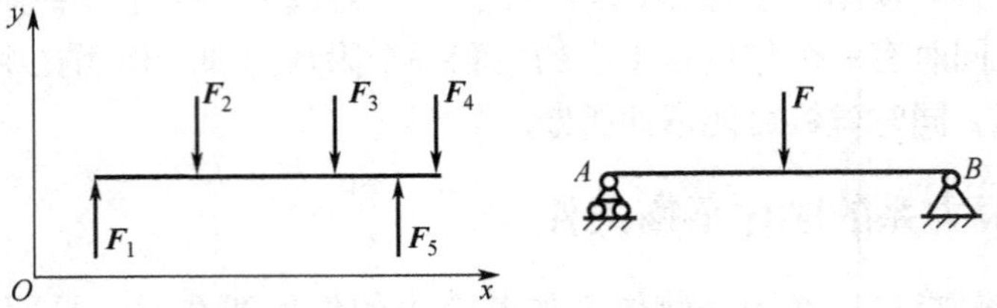

图 3-37

的重量忽略不计，求杆 AE 在 A 处受到的约束力.

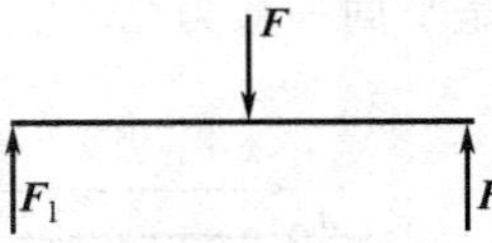

图 3-38

解 1）解除 AE 杆受到的约束，取分离体 AE，先在 D、E 处画上主动力 $\boldsymbol{F}$，再根据约束的性质，在解除约束的 A、C 处画上相应的约束力. 在 A 处，分离体受到固定铰链约束，根据其约束力的性质，在 A 处画上两个正交分力 $\boldsymbol{F}_{Ax}$，$\boldsymbol{F}_{Ay}$，其方向不能确定，先假设如图3-36b所示；由于 BC 杆是二力杆，所以 C 处受到的约束力的作用线与 B、C 点的连线重合，其方向同样不确定，需要假设，但有经验的读者可以根据力学的基本常识尽可能作出与实际作用方向相同的假设. 如本题在主动力的压力下，BC 杆肯定承受压力作用，根据作用力与反作用力原理，C 处受到 BC 杆给的约束力的方向是斜向上的.

2）根据平面一般力系的刚体平衡条件，列方程如下

$$\begin{cases} \sum F_x = 0 \\ \sum F_y = 0 \\ \sum M_C(\boldsymbol{F}) = 0 \end{cases} \quad 即 \begin{cases} F_{Ax} + F_C\cos 45° = 0 & ① \\ -F_{Ay} - 2F + 2F_C\sin 45° = 0 & ② \\ -F_{Ay} + \dfrac{1}{2} + F = 0 & ③ \end{cases}$$

由①~③可解得

$$\begin{cases} F_{Ax} = -3.5F \\ F_{Ay} = 1.5F \\ F_C = 4.95F \end{cases}$$

上式中 $\boldsymbol{F}_{Ax}$ 的值为负，这里的负号不是说明力是负值，而是说明力 $\boldsymbol{F}_{Ax}$ 的方向与实际假设的方向相反，即向左. 由此可见在画受力图时，对不确定的力的方向可以任意假设，这并不影响实际结果.

例 3-12 三铰门式刚架受到集中载荷 $\boldsymbol{F}_P$ 的作用，不计刚架的重量，求如图 3-39a 所示支架 A、B、C 处的约束力.（A、B、C 均为平面铰链约束）

解 分析 若以整个刚架 ABC 为研究对象，则刚架在 A、B 处分别受到两个大小未知的约束力，即有四个未知量，而平面一般力系的刚体平衡条件只能列三个方程，故不可求出全部约束力；若以 BC 为研究对象，同样有四个未知量，还是不能求出全部约束力. 仔细分析，AC 为二力杆，所以如图 3-39b、c，以 BC 杆为研究对象，C 点受到的约束力方向已知，只有一个未知量，B 处有两个大小未知的约束力，所以总共三个未知量. 根据平面一般力系的刚体平衡条件能列三个方程，所以可以求出全部约束力.

画受力图如图 3-39b、c 所示，以 BC 杆为研究对象，由平面一般力系的刚体平衡条件，列方程

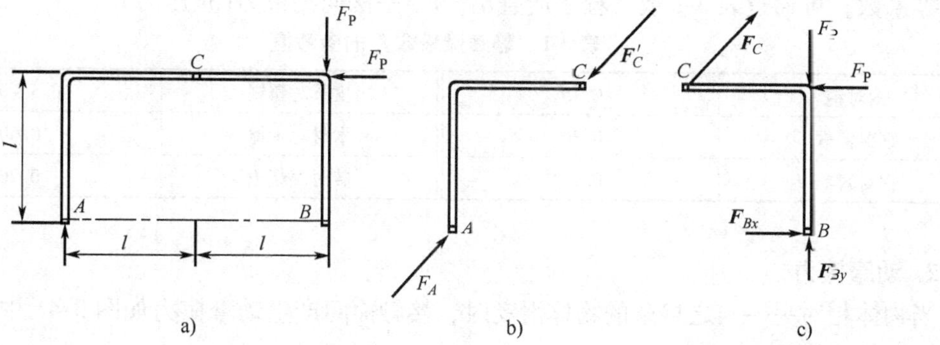

图 3-39

$$\begin{cases} \sum F_x = 0 \\ \sum F_y = 0 \\ \sum M_B(\boldsymbol{F}) = 0 \end{cases} \quad 即 \begin{cases} F_C\cos45° - F_P + F_{Bx} = 0 & ① \\ F_C\sin45° - F_P + F_{By} = 0 & ② \\ -\sqrt{2}lF_C + F_P l = 0 & ③ \end{cases}$$

由①~③，可解得

$$\begin{cases} F_{Bx} = 0.5F_P \\ F_{By} = 0.5F_P \\ F_C = 0.707F_P \end{cases}$$

思考：图 3-39c 中刚体 BC 只有三处受到力的作用，依三力平衡汇交定理可知 BC 杆受到的实际是汇交力系的作用，能否根据三力平衡汇交定理画出相应的受力图并用平面汇交力系的平衡条件求解？

3.8 考虑摩擦时的刚体平衡

两个相互接触的物体有相对滑动、滚动或滑动、滚动趋势时，彼此间存在阻碍运动的力或力偶，这种现象称为存在**摩擦**. 根据物体间相对运动形式的不同，把物体间有相对滑动或滑动趋势存在摩擦的问题称为**滑动摩擦**问题. 把物体间有相对滚动或滚动趋势存在摩擦的问题称为**滚动摩擦**问题.

3.8.1 滑动摩擦

1. 静摩擦力

当物体相对另一与之接触的物体有滑动趋势时，接触面间将产生摩擦力，称为**静摩擦力**，如图 3-40 中的力 $\boldsymbol{F}_s$. 静摩擦力的大小随着作用于物体上使其滑动的主动力的大小的变化而改变，但存在一最大值 F_{max}，即有

$$F_s = \begin{cases} F_H & (F_H < F_{max}) \\ F_{max} & (F_H \geqslant F_{max}) \end{cases} \tag{3-18}$$

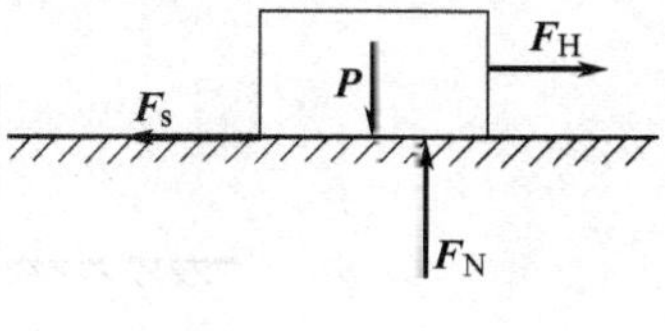

图 3-40

并由**摩擦定律**，有

$$F_{max} = f_s \cdot F_N \tag{3-19}$$

静摩擦力的方向与物体滑动的趋势相反. 式中，f_s 称为

静摩擦系数，可通过表 3-1 或工程手册查出，F_N 是法向约束力(正压力).

表 3-1 静摩擦系数 f_s 的参考值

钢对钢	0.15	皮革对铸铁	0.3～0.5
钢对铸铁	0.30	木材对木材	0.60
钢对青铜	0.15	砖对混凝土	0.76

2. 动摩擦力

当物体相对另一与之接触的物体滑动时，接触面间产生动摩擦力如图 3-41 中的 $\boldsymbol{F}_d$. 由实验可得动摩擦的基本定律

$$F_d = f_d \cdot F_N \tag{3-20}$$

式中，f_d 称为动摩擦系数，也可通过工程手册查出. 实验表明 f_d 不仅与接触面的材料、表面状态有关，而且与相对速度的大小有关. 在一些工程实际问题中，由于相同情况下 f_s 与 f_d 差别不大，常取 $f_d = f_s$. 动摩擦力的方向与物体间相对速度的方向相反，其大小等于最大静摩擦力.

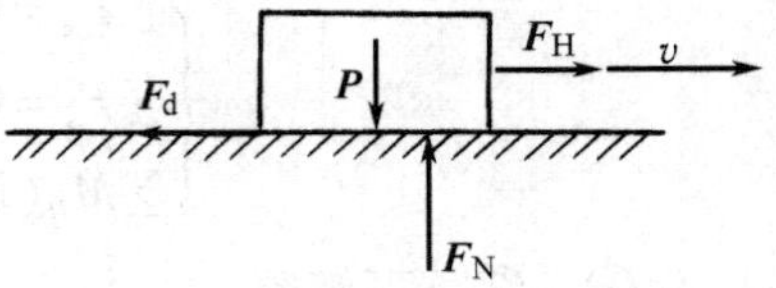

图 3-41

3.8.2 摩擦角与自锁现象

当考虑摩擦时，静止物体所受接触面的约束力包括法向约束力 $\boldsymbol{F}_N$ 和静摩擦力 $\boldsymbol{F}_s$. 设 $\boldsymbol{F}_R$ 是这两个力的合力(图 3-42a)，即

$$\boldsymbol{F}_R = \boldsymbol{F}_N + \boldsymbol{F}_s \tag{3-21}$$

$\boldsymbol{F}_R$ 称为接触面对物体的全约束力. 显然，全约束力大小为

$$F_R = \sqrt{F_N^2 + F_s^2} \tag{3-22}$$

其作用线与接触面法线的夹角 φ 为

$$\tan\varphi = \frac{F_s}{F_N}$$

在平衡的临界状态，有

$$\boldsymbol{F}_R = \boldsymbol{F}_N + \boldsymbol{F}_{max}$$

φ 角达到最大值 φ_m，称为**摩擦角**，如图 3-42b 所示. 显然

$$\tan\varphi_m = \frac{F_{max}}{F_N} = \frac{f_s F_N}{F_N} = f_s \tag{3-23}$$

式(3-23)表明摩擦角的正切等于静摩擦系数，摩擦角是全约束力 $\boldsymbol{F}_R$ 与接触面法线的最

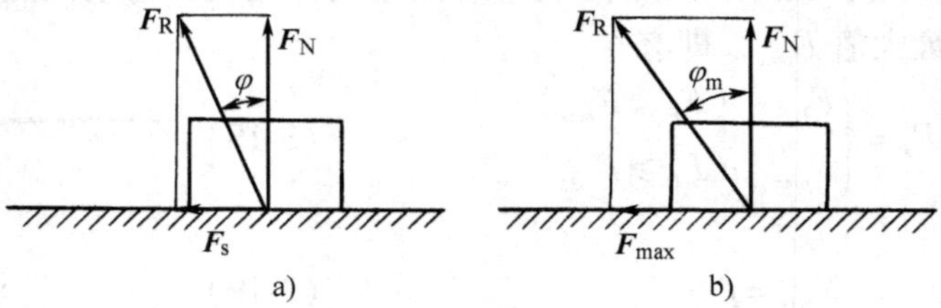

图 3-42

大夹角.

下面分析与摩擦角有关的力学现象，一个考虑摩擦的物体上所受的力如果按主动力和约束力来分类，则可认为其上作用有两个力：主动力系的合力 $\boldsymbol{F}_A$ 和全约束力 $\boldsymbol{F}_R$. 由于 $F_s \leqslant F_{max}$，所得全约束力 $\boldsymbol{F}_R$ 的作用线总保持在摩擦角内，最多到达摩擦角的边界上(图 3-43).

当主动力系的合力 $\boldsymbol{F}_A$ 的作用线与接触面法线的夹角 α 小于或等于摩擦角 φ_m 时，即 $\boldsymbol{F}_A$ 的作用线在摩擦角以内(包括边界)，不论其值 $\boldsymbol{F}_A$ 多大，必能产生与它等值、反向、共线的全约束力 $\boldsymbol{F}_R$ 使物体保持静止；当主动力系的合力 $\boldsymbol{F}_A$ 作用线在摩擦角之外，不论其值 $\boldsymbol{F}_A$ 多小，全约束力 $\boldsymbol{F}_R$ 不可能与之共线，因此物体不能保持静止. 主动力系的合力 $\boldsymbol{F}_A$ 的作用线在摩擦角内能使物体保持静止的现象称为**摩擦自锁**，$\alpha \leqslant \varphi_m$ 称为**自锁条件**.

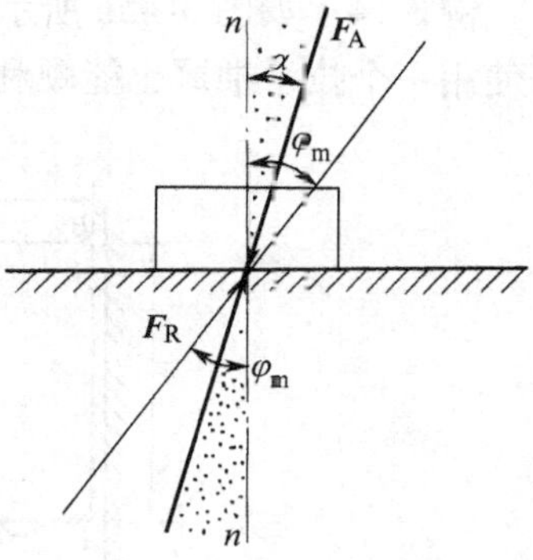

图　3-43

若物体沿接触面各个方向的静摩擦系数相等，则可以法线 n-n 为轴，φ_m 为半顶角画出一个圆锥，称为**摩擦锥**. 若主动力系合力 $\boldsymbol{F}_A$ 的作用线在锥内，则不论其值 $\boldsymbol{F}_A$ 多大，物体可保持静止.

摩擦自锁现象在日常生活及工程技术中都能见到. 例如，在木器上钉木楔、千斤顶、螺栓等是利用自锁，而一些运动机械则要避免出现自锁现象.

例 3-13　如图 3-44a 所示，半圆体重为 $\boldsymbol{G}$，重心 C 到圆心 O 的距离 $a=\dfrac{4R}{3\pi}$，其中 R 为圆柱体半径. 如半圆柱体和水平面之间的静摩擦系数为 f_s，试求半圆柱体被水平力 $\boldsymbol{F}_H$ 拉动时所偏过的角度 θ.

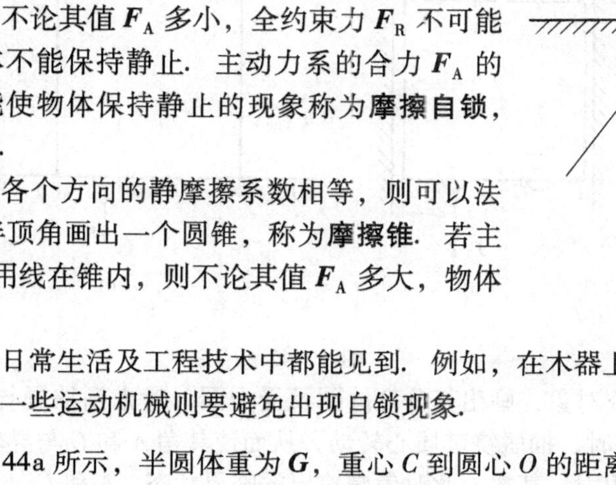

图　3-44

解　选半圆柱体为研究对象，画出其分离体图及受力图(图 3-44b). 此时已达平衡临界状态，B 点的静摩擦力 $\boldsymbol{F}$ 已达最大值 F_{max}. 列平衡方程

$$\begin{cases}\sum F_x=0\\ \sum F_y=0\\ \sum M_B(\boldsymbol{F})=0\end{cases}\quad 即 \begin{cases}F_H-F_{max}=0\\ F_N-\boldsymbol{G}=0\\ \boldsymbol{G}a\sin\theta-F_H R(1-\sin\theta)=0\end{cases}$$

三个方程中包含四个未知量：F_H、F_{max}、F_N 及 θ，再由摩擦定律作为补充方程

$$F_{max}=f_sF_N$$

则可解出四个未知量，解得

$$\sin\theta=\frac{3\pi f_s}{4+3\pi f_s},\ \theta=\arcsin\frac{3\pi f_s}{4+3\pi f_s}$$

例 3-14 如图 3-45a 所示抽屉 $ABCD$ 长为 b 宽为 d，与侧面导轨之间静摩擦系数均为 f_s. 若使用一个拉手抽屉也能顺利抽出，试问各尺寸应如何选择？抽屉重略去不计.

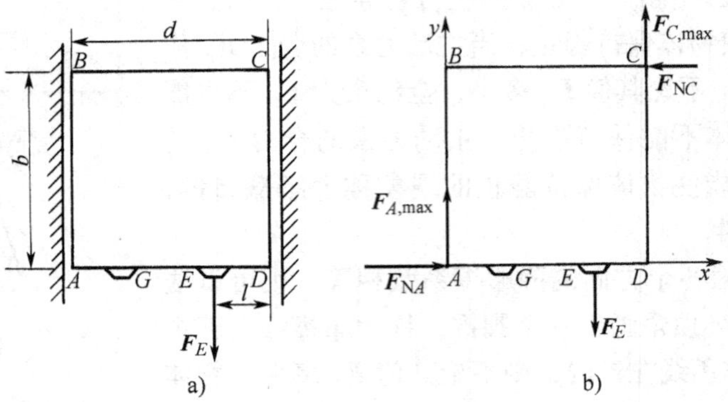

图 3-45

解 选抽屉为研究对象，画出其分离体图及受力图. 考虑到抽屉与导轨间有一定间隙，因此以力 $\boldsymbol{F}_E$ 拉动抽屉时，抽屉绕其质心转动，从而使其角 A 和 C 与导轨接触，而角 B 和 D 离开导轨，相互无作用力. 其次，此时考虑拉出的临界状态，A 和 C 处的静摩擦力均达到最大值. 画出抽屉的受力图如图 3-45b 所示. 列平衡方程

$$\begin{cases}\sum F_x=0\\ \sum F_y=0\\ \sum M_A(\boldsymbol{F})=0\end{cases}\quad 即\begin{cases}F_{NA}-F_{NC}=0\\ F_{A,max}+F_{C,max}-F_E=0\\ F_{NC}b+F_{C,max}d-F_E(d-l)=0\end{cases}$$

由此三方程可解得 $b=f_s(d-2l)$

当 b 小于此临界值时，将出现自锁现象，不论 $\boldsymbol{F}_E$ 为何值均不能拉动抽屉；当 b 大于此临界值时，可顺利拉出. 因此可得顺利拉出的尺寸选择为

$$b>f_s(d-2l)$$

可见抽屉的设计应比较长些为好.

3.8.3 滚动摩擦

人们都知道使物体滚动比滑动省力，下面将对此问题作出分析.

如图 3-46a 所示，地面上的圆轮，重为 $\boldsymbol{G}$，半径为 r. 在轮心 O 以水平力 $\boldsymbol{F}_H$ 拉圆轮，当 $\boldsymbol{F}_H$ 较小时轮保持静止，$\boldsymbol{F}_H$ 增大到一定值时，轮开始滚动. 画出圆轮的受力图 3-46b. 由图可看出，由于 $\sum M_A(\boldsymbol{F})\neq0$，即使 $\boldsymbol{F}_H$ 的值很小，圆轮也不能平衡. 这是因为在画受力图时，把圆轮和地面都看成为不变形的刚体，而事实上它们都会产生局部变形，接触处是一个面，当存在重力 $\boldsymbol{G}$ 和水平推力 $\boldsymbol{F}_H$ 时，接触面的约束力为分布力，可简化为图 3-46c 所示平面的分布力，这个分布约束力组成力系向 A 点简化，可得一力 $\boldsymbol{F}_R$ 和一力偶矩为 $\boldsymbol{M}_f$ 的力偶. $\boldsymbol{F}_R$ 可进一步分解为法向约束力 $\boldsymbol{F}_N$ 和滑动摩擦力 $\boldsymbol{F}_d$，力偶称为**滚动摩擦力偶**，$\boldsymbol{M}_f$ 称为**滚动**

摩擦力偶矩．与图3-46b的受力图相比，这里多了一个滚动摩擦力偶，正是这个力偶起了阻碍滚动的作用(图3-46d)．

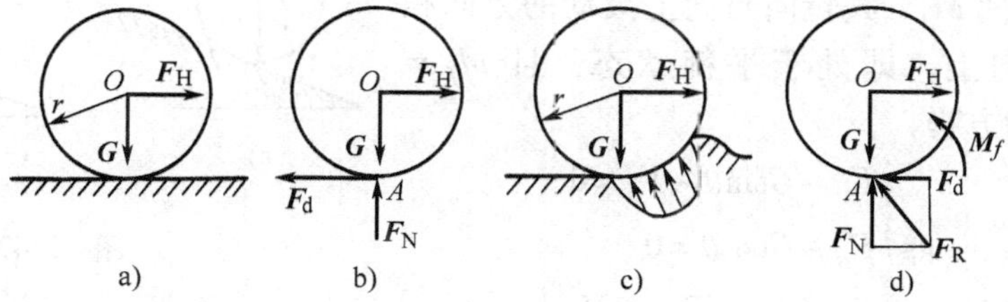

图 3-46

实验表明，滚动摩擦力偶矩的大小随主动力矩的大小而变化，但存在最大值$M_{f,max}$，即

$$0 \leqslant M_f \leqslant M_{f,max} \tag{3-24}$$

并且，$M_{f,max}$与法向约束力F_N成正比，即有

$$M_{f,max} = \delta F_N \tag{3-25}$$

式中，δ称为**滚动摩擦系数**，它具有长度量纲．δ一般与接触面材料的硬度、温度等有关，可在工程手册中查到，表3-2给出了几种材料的滚动摩擦系数．

表 3-2 几种材料的滚动摩擦系数

材　料	钢质车轮与钢轨	钢质车轮与木面	轮胎对路面	木材对木材
滚动摩擦系数δ/mm	0.5	1.5～2.5	2～10	0.5～0.8

滚动摩擦力偶的转向与滚动的趋势或滚动的角速度相反．

在前面的圆轮实例中，若要使圆轮滑动，拉力$\boldsymbol{F}_H$则要达到最大静摩擦力F_{max}的值，表示为

$$F_{Hs} = f_s F_N$$

但若要使圆轮滚动，则对A点的力矩$F_H r$须达到最大滚动摩擦力偶矩M_f的值，表示为

$$F_H r = \delta F_N$$

因此

$$\frac{F_{Hs}}{F_H} = \frac{f_s}{\dfrac{\delta}{r}}$$

一般$f_s >> \dfrac{\delta}{r}$，因此$F_{Hs} >> F_H$．例如取轮胎对路面的$\delta = 0.3\text{cm}$，轮半径为30cm，$f_s = 0.7$，则

$$\frac{F_{Hs}}{F_H} = 70$$

可见，使圆轮滚动比使圆轮滑动省力得多．在这种情况下用力$\boldsymbol{F}_H$拉圆轮，在未发生滑动前已开始滚动，这种滚动称为无滑动的滚动，或称**纯滚动**．当圆轮纯滚动时，其上滑动摩擦力$\boldsymbol{F}_d$显然未达到最大值F_{max}．

例 3-15 重为$\boldsymbol{G}$、半径是r的轮子，沿仰角为θ的斜面匀速向上滚动(图3-47a)，轮心上施加一平行于斜面的力$\boldsymbol{F}_H$．设轮子和斜面间的滚动摩擦系数为δ，试求力$\boldsymbol{F}_H$的大小．

解 选轮子为研究对象，画出其分离体及受力图(图3-47b)，考虑到存在滚动摩擦，因此图中画出了滚动摩擦力偶$\boldsymbol{M}_f$，其转向与向上滚动的方向相反. 轮子匀速向上，即处于平衡状态，且$M_f = M_{f,\max}$，列出平衡方程

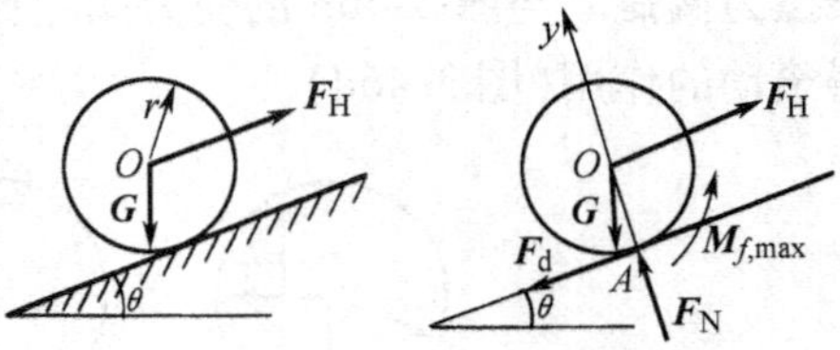

a)　b)

图 3-47

$$\begin{cases}\sum F_x = 0\\ \sum F_y = 0\\ \sum M_A(\boldsymbol{F}) = 0\end{cases} \quad \text{即} \begin{cases} F_H - G\sin\theta - F_d = 0\\ F_N - G\cos\theta = 0\\ Gr\ \sin\theta r - F_H r + M_{f,\max} = 0\end{cases}$$

补充滚动摩擦力偶矩的方程

$$M_{f,\max} = \delta F_N$$

四个方程可解四个未知量：F_H，F_d，F_N，$M_{f,\max}$，解得

$$F_H = G\left(\sin\theta + \frac{\delta}{r}\cos\theta\right)$$

3.9 空间力系与物体重心

若作用于物体上的力系中各力的作用线不在同一个平面内，则此力系称为空间力系. 空间力系是最一般的力系，平面力系是它的特殊情况.

3.9.1 力沿空间直角坐标轴的分解

如图3-48a所示，设已知一个空间力$\boldsymbol{F}$及直角坐标系$Oxyz$，力$\boldsymbol{F}$与x轴、y轴、z轴正向的夹角分别为α、β、γ，则力$\boldsymbol{F}$在三个坐标轴上的投影分别为

$$\left.\begin{aligned} F_x &= F\cos\alpha\\ F_y &= F\cos\beta\\ F_z &= F\cos\gamma\end{aligned}\right\} \tag{3-26}$$

在实际工程计算中，还可用另一种方法计算F在三个坐标轴上的投影. 如图3-48b所示，力$\boldsymbol{F}$与z轴的交角为γ，力$\boldsymbol{F}$在Oxy平面上的投影为$\boldsymbol{F}_{xy}$，与x轴的夹角为φ，则力$\boldsymbol{F}$在三个坐标轴上的投影为

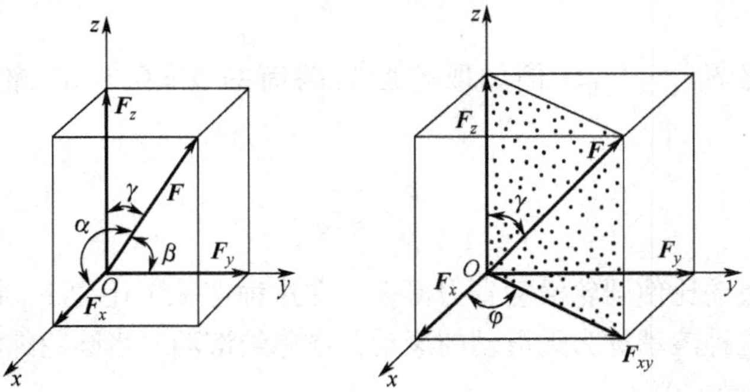

a)　b)

图 3-48

$$\left.\begin{aligned} F_x &= F\sin\gamma\cos\varphi \\ F_y &= F\sin\gamma\sin\varphi \\ F_z &= F\cos\gamma \end{aligned}\right\} \tag{3-27}$$

例 3-16　如图 3-49 所示，斜齿圆柱齿轮的轮齿上受到的法向力大小为 $F_n = 1410\text{N}$，$\boldsymbol{F}_n$ 在通过作用点 A 且与轮齿垂直的法向平面内，并与过 A 点的切向平面成 α 角(称为压力角)；轮齿与轴线的夹角为 β 角(称为螺旋角). 已知 $\alpha = 20°$，$\beta = 150°$，试将法向力 $\boldsymbol{F}_n$ 分解为圆周力 $\boldsymbol{F}_t$，径向力 $\boldsymbol{F}_r$ 和轴向力 $\boldsymbol{F}_x$，并计算这三个分力的大小.

解　如图 3-49 所示，过 A 点按斜齿轮轴线方向、圆周方向和半径方向建立直角坐标系 $Axyz$. 以 $\boldsymbol{F}_n$ 为对角线，作直角平行六面体. 首先在 $\boldsymbol{F}_n$ 所在的法向平面 $ABCD$ 内将它分解为沿 z 轴的径向分力 $\boldsymbol{F}_r$ 和在切向平面 $AEDH$ 内分力 $\boldsymbol{F}_{xy}$，然后在 $AEDH$ 平面内再将 $\boldsymbol{F}_{xy}$ 分解为沿 y 轴的法向分力 $\boldsymbol{F}_t$ 和沿 x 轴的轴向分力 $\boldsymbol{F}_x$.

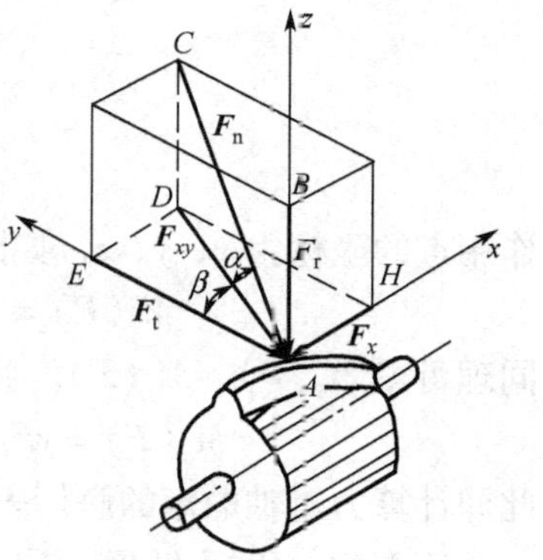

图　3-49

根据空间几何知识及螺旋角、压力角的相关定义，图 3-49 中 $\boldsymbol{F}_{xy}$ 和 $\boldsymbol{F}_t$ 之间的夹角为 β，$\boldsymbol{F}_n$ 与 $\boldsymbol{F}_{xy}$ 之间的夹角为 α，故三个分力的大小为：

$$F_r = F_n\sin\alpha = 1410\sin20°\text{N} = 482\text{N}$$

$$F_x = F_n\cos\alpha\sin\beta = 1410\cos20°\sin15°\text{N} = 343\text{N}$$

$$F_t = F_n\cos\alpha\cos\beta = 1410\cos20°\sin15°\text{N} = 1280\text{N}$$

3.9.2　空间力对轴的矩

如果一个物体可绕某一轴转动，则作用于该物体的力一般可使该物体的转动状态发生改变，为了度量这种改变，引进力对轴的矩的概念.

以门为例，如图 3-50 所示，当力 $\boldsymbol{F}$ 与门轴 z 平行、正交或斜交(分别如图 3-50a、b、c 所示)时，根据经验可知，这些力不会使门产生转动. 在图 3-50d 所示的情况下，把力 $\boldsymbol{F}$ 分解为平行于 z 轴的分力 $\boldsymbol{F}_z$ 与垂直于 z 轴的平面内的分力 $\boldsymbol{F}_{xy}$. 由经验知，只有分力 $\boldsymbol{F}_{xy}$ 才能使门绕 z 轴转动，且力使门转动的效果与平面问题中力对点的矩的转动效果相同. 将类似的现象加以概括和抽象，定义力对轴的矩的概念如下：力对轴的矩是力使刚体绕该轴转动效应的度量，它是一个可作为数量来处理的矢量，其大小等于该力在垂直于该轴的平面上的投影对于这个平面与该轴的交点的矩；正负号习惯规定为，从 z 轴正向来看，若力使物体绕该轴逆时针向转动，则取正号，反之取负号. 也可按右手螺旋规则来确定其正负号，如图 3-50(e)所示，拇指指向与 z 轴一致为正，反之为负.

用符号 $M_z(\boldsymbol{F})$ 表示力 $\boldsymbol{F}$ 对 z 轴的矩，有

$$M_z(\boldsymbol{F}) = M_O(\boldsymbol{F}_{xy}) = \pm F_{xy}d \tag{3-28}$$

上式中，d 表示分力 $\boldsymbol{F}_{xy}$ 所在的垂直于 z 轴的平面与 z 轴的交点 O 到力 $\boldsymbol{F}_{xy}$ 作用线的垂直距离.

显然，当力与轴相交或与轴平行时，力对该轴的矩等于零，或者说，当力与轴在同一平面内时，力对该轴的矩等于零.

力对轴的矩也可用解析式表示，设力 $\boldsymbol{F}$ 在三个坐标轴上的投影分别为 F_x、F_y、F_z，力

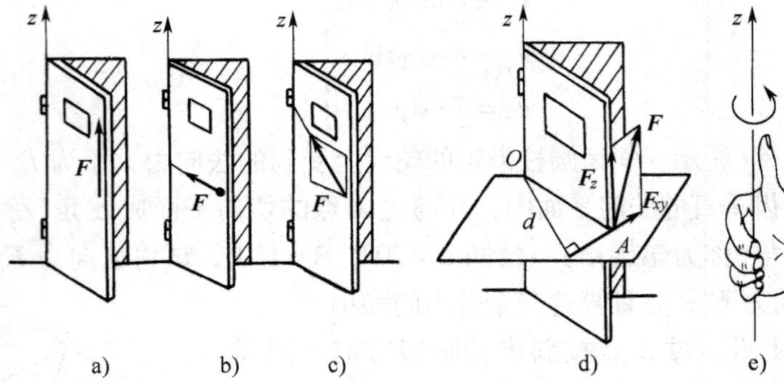

图 3-50

作用点的坐标为 x、y、z，如图 3-51 所示，根据合力矩定理得

$$M_z(\boldsymbol{F}) = M_O(\boldsymbol{F}_{xy}) = M_O(\boldsymbol{F}_x) + M_O(\boldsymbol{F}_y) = -F_x y + F_y x$$

同理可得 $M_x(\boldsymbol{F})$、$M_y(\boldsymbol{F})$. 将此三式合写，为

$$M_x(\boldsymbol{F}) = yF_z - zF_y \quad M_y(\boldsymbol{F}) = zF_x - xF_z \quad M_z(\boldsymbol{F}) = xF_y - yF_x \tag{3-29}$$

此即计算力对轴的矩的解析表达式.

例 3-17 手柄 $ABCE$ 在平面 Axy 内，在 D 处作用一个力 $\boldsymbol{F}$，如图 3-52 所示，它在垂直于 y 轴的平面内，偏离铅直线的角度为 α. 如果 $CD = a$，杆 BC 平行于 x 轴，杆 CE 平行于 y 轴，AB 和 BC 的长度都等于 l，求力 $\boldsymbol{F}$ 对 x、y 和 z 三轴的矩.

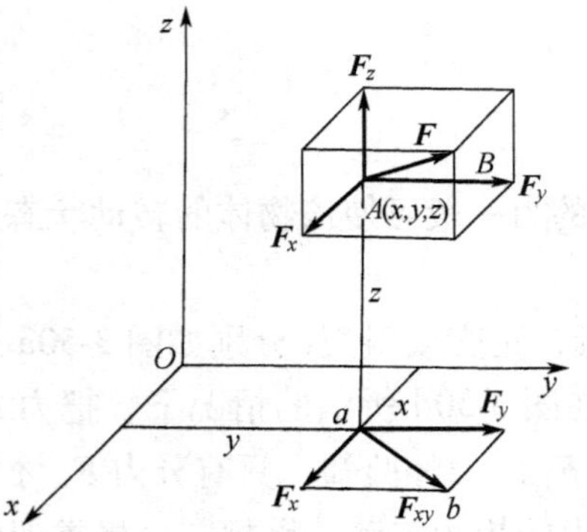

图 3-51

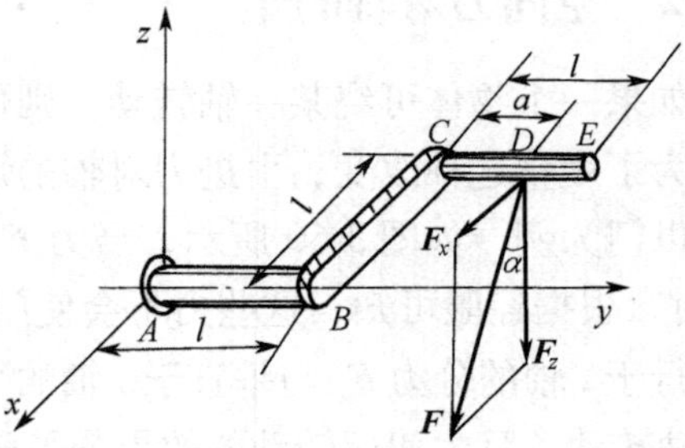

图 3-52

解 将力 $\boldsymbol{F}$ 沿坐标轴分解为 $\boldsymbol{F}_x$ 和 $\boldsymbol{F}_z$ 两个分力，其中 $F_x = F\sin\alpha$，$F_z = F\cos\alpha$. 根据合力矩定理，力 $\boldsymbol{F}$ 对轴的矩等于分力 $\boldsymbol{F}_x$ 和 $\boldsymbol{F}_z$ 对同一轴的矩的代数和. 注意到力对平行自身的轴的矩为零，于是有

$$M_x(\boldsymbol{F}) = M_x(\boldsymbol{F}_z) = -F_z(AB + CD) = -F(l + a)\cos\alpha$$

$$M_y(\boldsymbol{F}) = M_y(\boldsymbol{F}_z) = -F_z BC = -Fl\cos\alpha$$

$$M_z(\boldsymbol{F}) = M_z(\boldsymbol{F}_x) = -F_x(AB + CD) = -F(l + a)\sin\alpha$$

3.9.3 空间力系的平衡方程

同平面力系下的物体平衡一样，空间力系下的物体平衡时，物体必须既不发生转动也不发生移动. 与平面力系下物体的平衡类似，空间力系的平衡的充分必要条件是：力系中各力在

三个坐标轴上投影的代数和以及各力对三个坐标轴之矩的代数和分别等于零，其平衡方程为

$$\left.\begin{aligned}\sum F_x &= 0\\ \sum F_y &= 0\\ \sum F_z &= 0\\ \sum M_x(\boldsymbol{F}) &= 0\\ \sum M_y(\boldsymbol{F}) &= 0\\ \sum M_z(\boldsymbol{F}) &= 0\end{aligned}\right\} \tag{3-30}$$

若空间力系中各力的作用线互相平行，则该力系称为空间平行力系．如图 3-53 所示的一任意平行力系，选 z 轴与各力平行，则各力对 z 轴的矩必为零，且各力在 x、y 轴上的投影也必为零，即式(3-30)中，有

$$\left.\begin{aligned}\sum F_x &\equiv 0\\ \sum F_y &\equiv 0\\ \sum M_z(\boldsymbol{F}) &\equiv 0\end{aligned}\right\}$$

除去上述恒等式外，与 Z 轴平行的任意空间平行力系的平衡方程为

$$\left.\begin{aligned}\sum F_z &= 0\\ \sum M_x(\boldsymbol{F}) &= 0\\ \sum M_y(\boldsymbol{F}) &= 0\end{aligned}\right\} \tag{3-31}$$

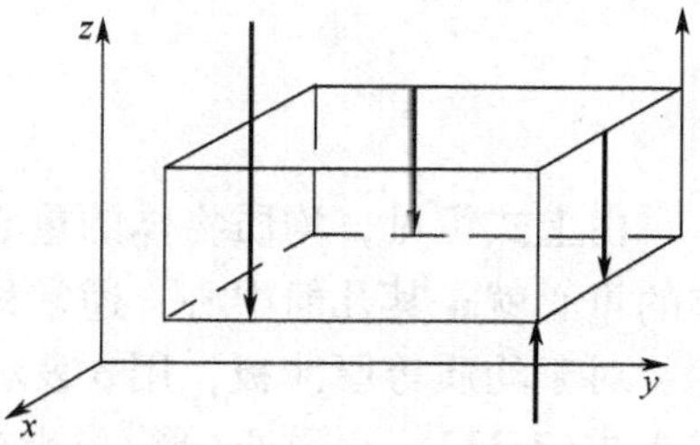

图 3-53

3.9.4 重心与形心

1. 重心与形心的坐标公式

重力是地球对物体的引力，如果将物体看成是由无数个微小的体积组成，则每个微小体积受到微重力的作用．由于物体的尺寸比地球小的多，所以通常将各个微重力看成空间平行力系．该力系的合力即为物体的重力，合力的作用点即为物体的重心．

重心相对于物体的位置是固定不变的，它在工程上有着重要的意义．如起重机不翻倒、高速转动物体的偏心问题都要计算重心的位置．

如图 3-54 所示，任取固定在物体上的一空间直角坐标系 $Oxyz$，将物体分为 n 个微小部分，各个微小部分的重力 $\Delta \boldsymbol{G}_i$ 的作用点为 $C_i(x_i, y_i, z_i)$．同平面力系中的合力矩定理类似，空间力系中各力对某轴的矩的代数和等于该力系的合力对同一轴的矩．因此，将各个微小部分的重力 $\Delta \boldsymbol{G}_i$ 和重力 $\boldsymbol{G}$ 对 y，x 轴取矩，可得

$$-Gx_C = -\sum \Delta G_i x_i$$
$$Gy_C = \sum \Delta G_i y_i$$

同理，将坐标系连同物体一起绕 x 轴旋转 90°，使 y 轴向上，这时重心位置不变．再用合力矩定理，对 x 轴取矩，可得

$$Gz_C = \sum \Delta G_i z_i$$

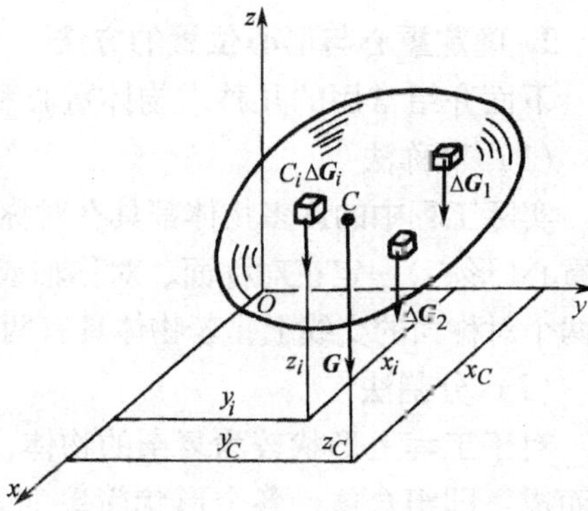

图 3-54

根据以上三个公式，可得到重心位置的坐标公式

$$\left.\begin{aligned} x_C &= \frac{\sum \Delta G_i x_i}{G} \\ y_C &= \frac{\sum \Delta G_i y_i}{G} \\ z_C &= \frac{\sum \Delta G_i z_i}{G} \end{aligned}\right\} \tag{3-32}$$

对于均质物体，设其单位体积的微重力为 γ，体积为 V，则 $G = V\gamma$，微体积为 V_i，微体积重 $\Delta G_i = \Delta V_i \gamma$，代入式(3-32)，消去 γ，得

$$\left.\begin{aligned} x_C &= \frac{\sum \Delta V_i x_i}{V} \\ y_C &= \frac{\sum \Delta V_i y_i}{V} \\ z_C &= \frac{\sum \Delta V_i z_i}{V} \end{aligned}\right\} \tag{3-33}$$

由上式可见，均质物体的重心与其重力无关，只取决于物体的几何形状. 所以，均质物体的重心就是其几何中心，通常称为形心.

对于均质等厚薄板，用 δ 表示其厚度，A_i 表示微体的面积，将微体积 $\Delta V_i = \delta A_i$ 及 $V = \delta A$ 代入式(3-33)，得重心(形心)坐标公式为

$$\left.\begin{aligned} x_C &= \frac{\sum \Delta A_i x_i}{A} \\ y_C &= \frac{\sum \Delta A_i y_i}{A} \\ z_C &= \frac{\sum \Delta A_i z_i}{A} \end{aligned}\right\} \tag{3-34}$$

同理可得均质等截面细杆重心(形心)坐标公式为

$$\left.\begin{aligned} x_C &= \frac{\sum \Delta L_i x_i}{L} \\ y_C &= \frac{\sum \Delta L_i y_i}{L} \\ z_C &= \frac{\sum \Delta L_i z_i}{L} \end{aligned}\right\} \tag{3-35}$$

2. 确定重心与形心位置的方法

下面介绍常用的几种求物体重心和形心位置的方法.

(1) 对称法

实际工程中的许多物体都具有对称性. 凡是具有对称面、对称轴或对称中心的均质物体，其重心(形心)一定在对称面、对称轴或对称中心上. 若均质物体具有两个对称面，则形心在此两个对称面的交线上；若物体具有两根对称轴，则形心就在两轴的交点上(如图3-55).

(2) 分割法

对于工程上形状较为复杂的物体，往往可以看成或近似看成由几个简单形状匀质物体组合而成，即组合体. 各个形状简单的匀质物体的重心(形心)位置通常是已知的(或容易求出)，这时可以利用公式(3-32)、(3-33)或(3-34)来求出整个物体的重心(形心). 表 3-3 列

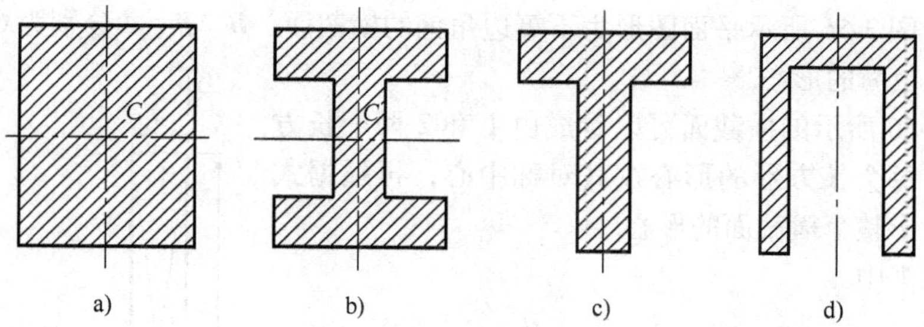

图 3-55

出了几种简单形状的重心位置，仅供读者参考.

表 3-3 简单图形的形心

图 形	形心位置	图 形	形心位置
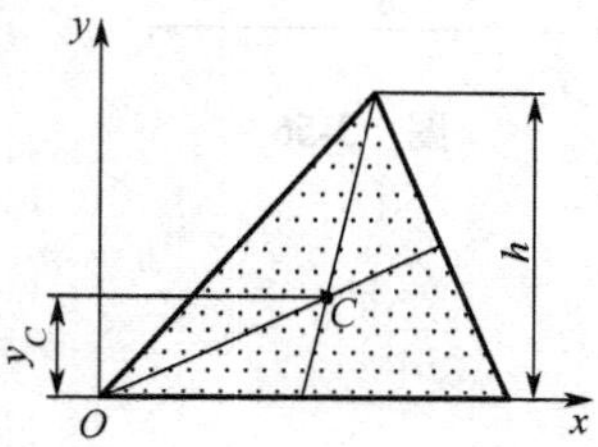	在中线的交点 $y_C = \dfrac{h}{3}$	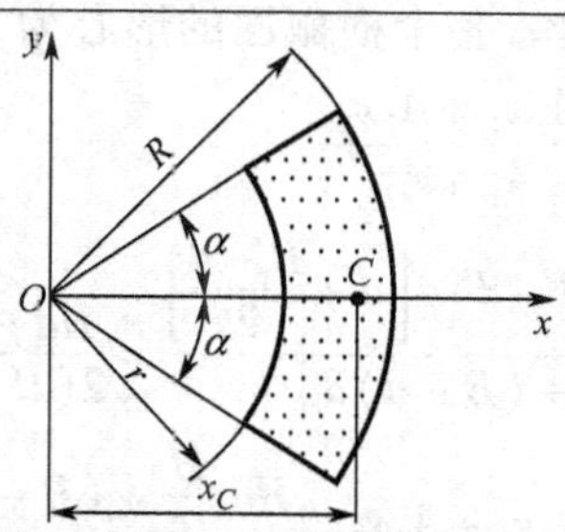	$x_C = \dfrac{2(R^3 - r^3)\sin\alpha}{3(R^2 - r^2)\alpha}$ （α 单位为弧度，下同）
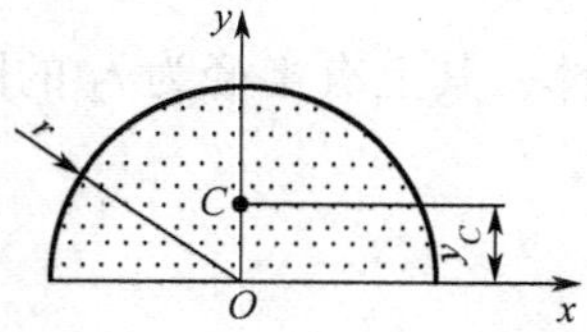	$y_C = \dfrac{4r}{3\pi}$	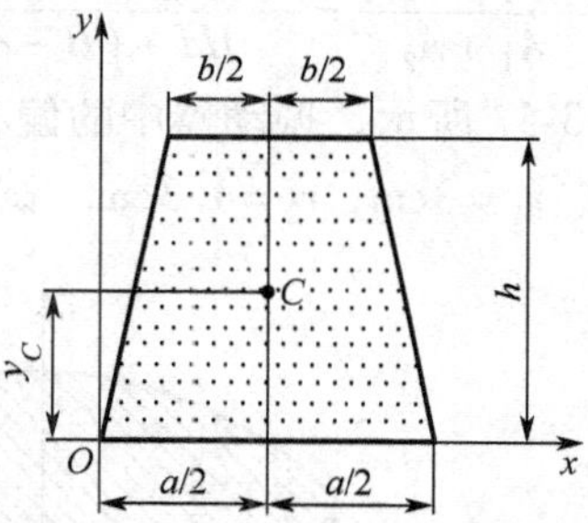	$y_C = \dfrac{h(a+2b)}{3(a+b)}$
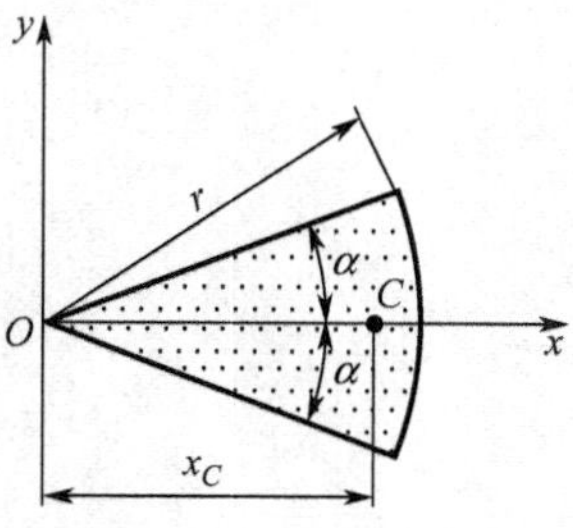	$x_C = \dfrac{2r\sin\alpha}{3\alpha}$	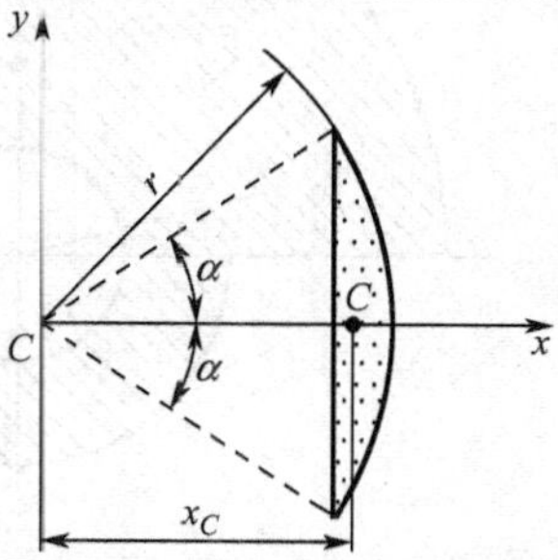	$x_C = \dfrac{2r^3\sin^3\alpha}{3A}$ 式中 A 为弓形面积 $A = \dfrac{r^2(2\alpha - \sin 2\alpha)}{2}$
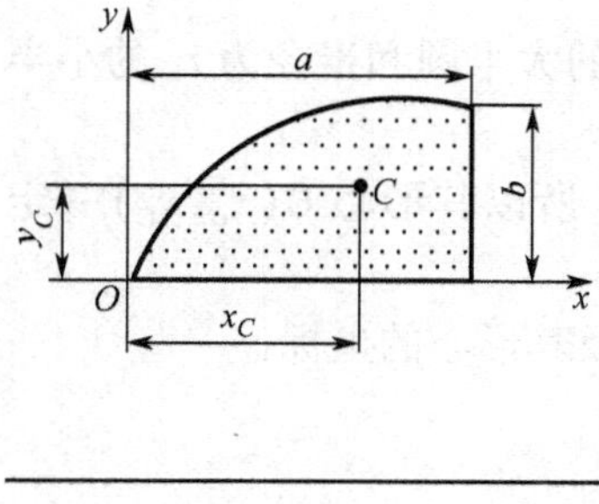	$x_C = \dfrac{3a}{5}$ $y_C = \dfrac{3b}{8}$	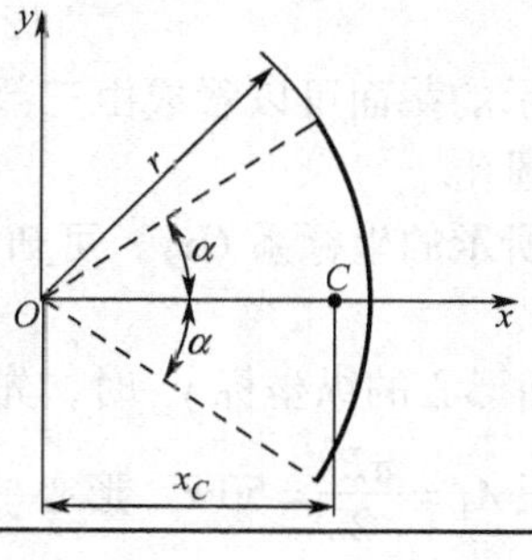	$x_C = \dfrac{r\sin\alpha}{\alpha}$ 当 $\alpha = \pi/2$ 时，$x_C = \dfrac{2r}{\pi}$

例 3-18 图 3-56 所示平面图形为不等边角钢的横截面，H、B、d 分别为 60mm、40mm、6mm，试求该截面的形心.

解 图 3-56 所示的横截面可以看成由 1 和 2 两个长方形面积组成. 每个长方形的形心在其对称中心，再根据式(3-34)可以求出整个横截面的形心.

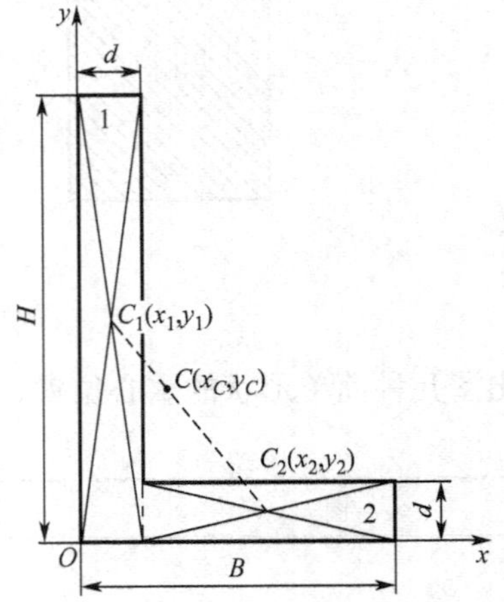

图 3-56

在长方形 1 中

$$A_1 = Hd,\ x_1 = \frac{d}{2},\ y_1 = \frac{H}{2}$$

在长方形 2 中

$$A_2 = (B-d)d,\ x_2 = d + \frac{B-d}{2},\ y_2 = \frac{d}{2}$$

根据公式(3-34)，整个横截面的形心为

$$x_C = \frac{\sum \Delta A_i x_i}{A} = \frac{A_1x_1 + A_2x_2}{A_1 + A_2}$$

$$= \frac{Hd\dfrac{d}{2} + (B-d)d\left[d + \dfrac{B-d}{2}\right]}{Hd + (B-d)d} = \frac{Hd - d^2 + B^2}{2(H+B-d)} = 10.1\text{mm}$$

$$y_C = \frac{\sum \Delta A_i y_i}{A} = \frac{A_1y_1 + A_2y_2}{A_1 + A_2} = \frac{Hd\dfrac{H}{2} + (B-d)d\dfrac{d}{2}}{Hd + (B-d)d} = \frac{H^2 - d^2 + Bd}{2(H+B-d)} = 20\text{mm}$$

例 3-19 如图 3-57 所示，振动器中的偏心块为等厚的匀质物体，其上有半径为 r_2 的圆孔. 图中 $R = 10\text{cm}$，$r_1 = 3\text{cm}$，$r_2 = 1.3\text{cm}$. 试求偏心块的形心位置.

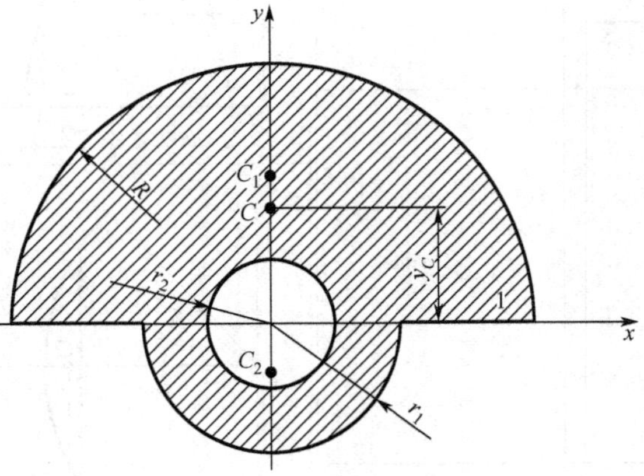

图 3-57

解 图 3-57 所示的截面可以看成由三部分组成：半径为 R 的大半圆和半径为 r_1 的小半圆减去半径为 r_2 的圆孔.

建立如图 3-57 所示的坐标系 Oxy，可知截面关于 y 轴对称，所以其形心 $C(x_C, y_C)$ 一定在 y 轴上(即 $x_C = 0$).

在求解整个截面形心的纵坐标 y_C 时，先确定三部分的面积及其形心的坐标：

对大半圆，面积 $A_1 = \dfrac{\pi R^2}{2} = 50\pi$ 形心 $y_1 = \dfrac{4R}{3\pi} = \dfrac{40}{3\pi}$

对小半园，面积 $A_2=\dfrac{\pi r_1^2}{2}=4.5\pi$　形心 $y_2=-\dfrac{4r_1}{3\pi}=-\dfrac{4}{\pi}$

对圆孔，面积 $A_3=-\pi r_2^2=-1.69\pi$　形心 $y_3=0$

因此由式(3-34)可求得形心的纵坐标 y_C 为：

$$y_C=\frac{\sum \Delta A_i y_i}{A}=\frac{A_1y_1+A_2y_2+A_3y_3}{A_1+A_2+A_3}=\frac{\left(\dfrac{40}{3\pi}\right)\times 50\pi+\left(-\dfrac{4}{\pi}\right)\times 4.5\pi+0\times(-1.69\pi)}{50\pi+4.5\pi-1.69\pi}\text{cm}=3.91\text{cm}$$

所以，偏心块的形心为(0,3.91)

3.10　超静定问题简介

在本章研究力系的平衡问题中，未知量的数目都不超过独立平衡方程数目，这类问题可以通过平衡方程求解来求出全部未知量，通常称为静定问题. 但如图 3-58a 所示的杆 AB 两端受到固定铰链约束，其约束力如图 3-58b 所示，其中 F_{Ax}、F_{Ay}、F_{Bx}、F_{By} 都是未知量，而根据平面一般力系的刚体平衡条件只能列三个独立的平衡方程，因而无法求出全部四个未知量，因此求解该杆的约束力是静不定问题.

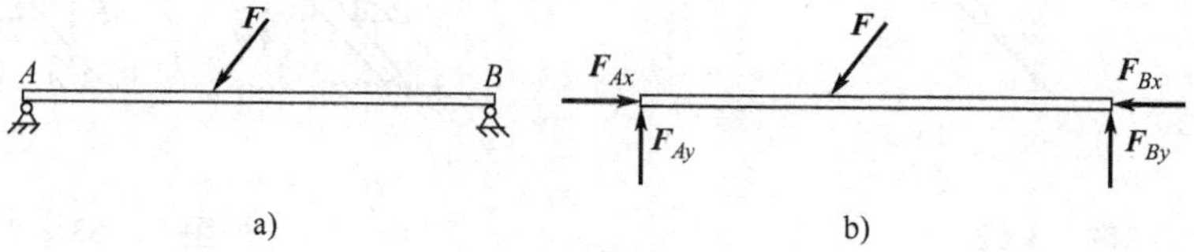

图　3-58

静不定问题需要借助研究对象的变形规律来解决，这些知识在材料力学中有介绍，有兴趣的读者可以查阅相关的书籍.

3.11　思考题

3-1　以下说法对吗？为什么？

1）处于平衡状态的物体就可视为刚体。

2）变形微小的物体就可视为刚体。

3）在研究物体机械运动问题时，物体的变形对所研究的问题没有影响，或影响甚微，比时物体可视为刚体。

3-2　试区别 $\boldsymbol{F}_R=\boldsymbol{F}_1+\boldsymbol{F}_2$ 和 $F_R=F_1+F_2$ 两个等式代表的意义。

3-3　二力平衡公理与作用和反作用公理都是说二力等值、反向、共线，二者有什么区别。

3-4　图 3-59 所示杆重不计，放于光滑水平面上. 对图 3-59a，能否在杆上 A、B 两点各加一个力，使杆处于平衡？对图 3-59b，能否在 B 点加一个力使杆平衡？为什么？

3-5　两不计自重长条斜块放置如图 3-60 所示，在两端受等值、反向、共线的两个力 $\boldsymbol{F}_1$、$\boldsymbol{F}_2$ 的作用，不计摩擦，它们是否处于平衡状态？$\boldsymbol{F}_1$、$\boldsymbol{F}_2$ 是否构成平衡力系？

3-6　均质轮重 $\boldsymbol{G}$，以绳系住 A 点，静止地放到光滑斜面上，如图 3-61a、b、c 所示，哪一种情况均质轮能处于平衡状态？为什么？

3-7　什么叫二力构件？二力构件与构件形状有无关系？凡两端用铰链连接的杆都是二力杆吗？凡不计

自重的刚性杆都是二力杆吗？

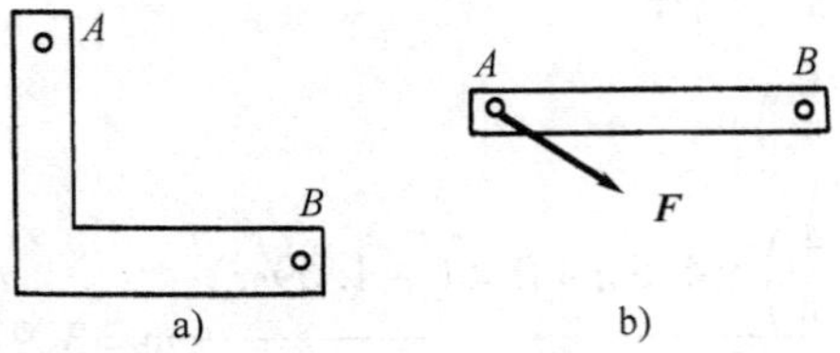

图　3-59

图　3-60

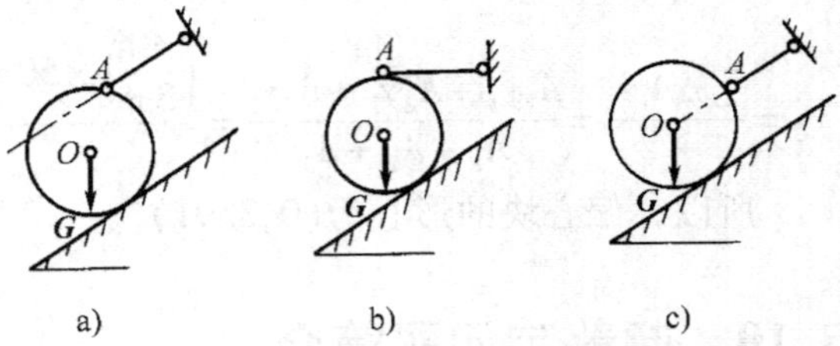

图　3-61

3-8　如图3-62～图3-65所示，各物体的受力图是否有错误？如何改正？

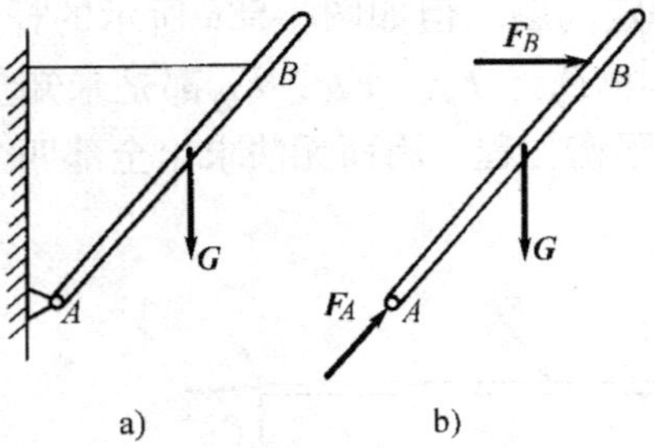

图　3-62

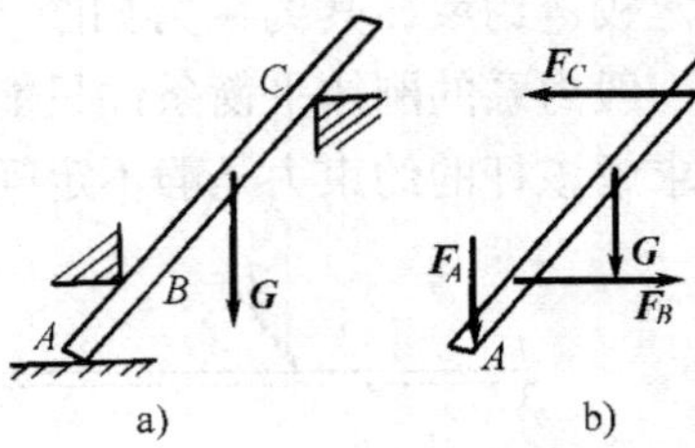

图　3-63

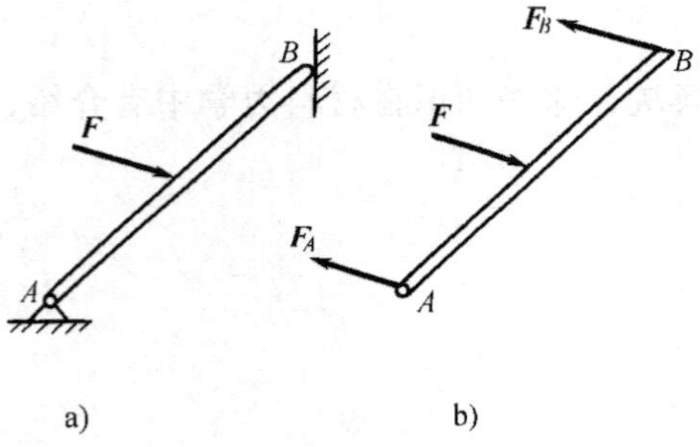

图　3-64

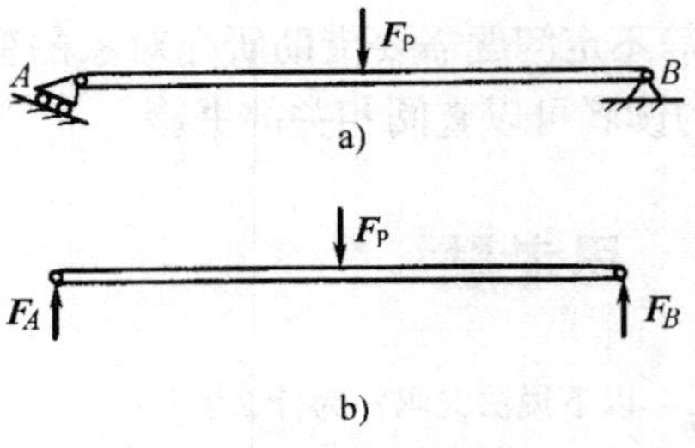

图　3-65

3-9　如图3-66所示两个力三角形中三个力的关系是否一样？

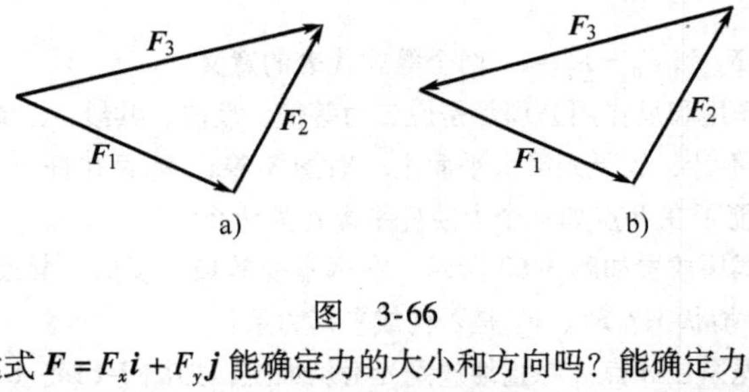

图　3-66

3-10　由力的解析表达式 $\boldsymbol{F}=F_x\boldsymbol{i}+F_y\boldsymbol{j}$ 能确定力的大小和方向吗？能确定力的作用线(点)位置吗？

3-11　用解析法求平面汇交力系的合力时，若取不同的直角坐标轴，所求得的合力是否相同？为什么？

3-12　某平面汇交力系满足方程 $\sum F_x=0$，问此力系合成后，可能是什么结果？

3-13 建立力对点的矩的概念时，是否考虑了加力时物体的运动状态？是否考虑了加力时物体上有无其他力作用？如图3-67所示圆轮上，于A点加一力$\boldsymbol{F}$。问在下面三种情况下，力$\boldsymbol{F}$对转轴O的矩是否相同？

1）加力时圆轮静止.

2）加力时圆轮以角速度ω转动.

3）加力时A点还受另外一力作用.

3-14 力矩和力偶矩有什么相同？又有什么区别？

3-15 刚体上A、B、C、D四点组成一个平行四边形，在其四个顶点作用有四个力，此四力沿四个边恰好组成封闭的力多边形，如图3-68所示，此刚体是否平衡？若$\boldsymbol{F}_2$、$\boldsymbol{F}_2'$都改变方向，此刚体是否平衡？

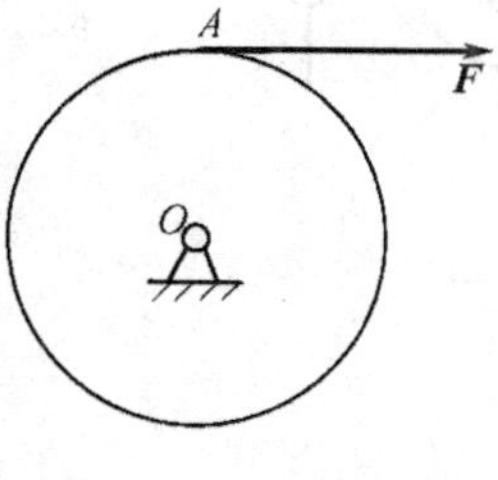

图 3-67

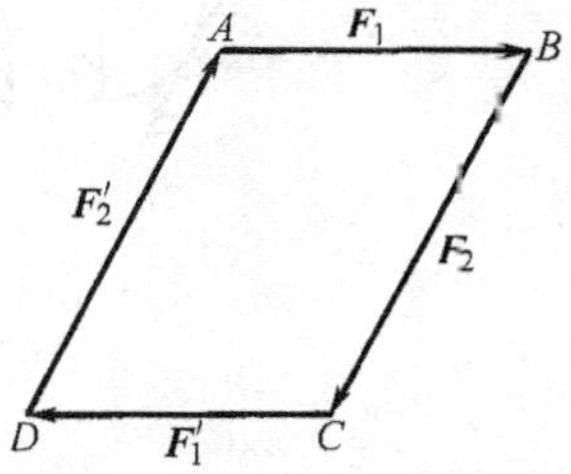

图 3-68

3-16 四连杆机构如图3-69所示，作用于曲柄O_1A的力偶矩为$\boldsymbol{M}_1$，作用于摇杆O_2B的力偶矩为$\boldsymbol{M}_2$，$\boldsymbol{M}_1=-\boldsymbol{M}_2$，此四连杆机构是否平衡？

3-17 如图3-70所示的力$\boldsymbol{F}$和力偶($\boldsymbol{F}'$,$\boldsymbol{F}''$)对轮的作用有何不同？设轮的半径均为r，且$F'=\dfrac{F}{2}$.

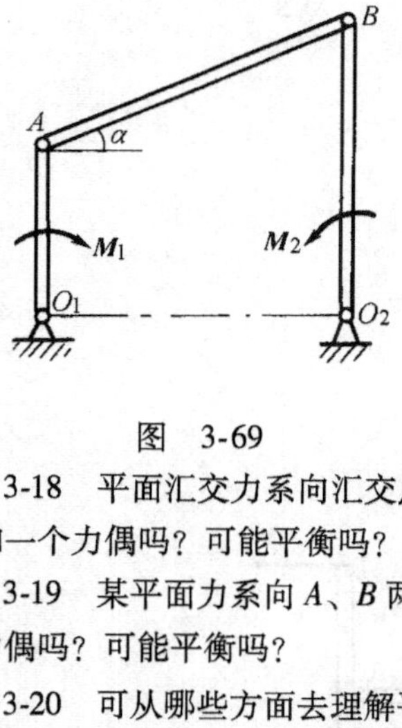

图 3-69

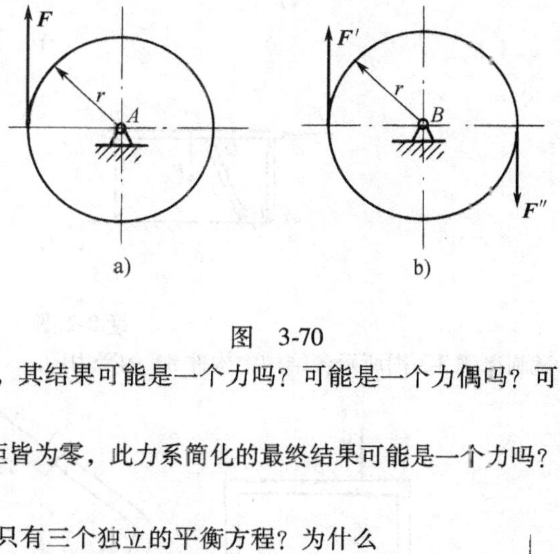

图 3-70

3-18 平面汇交力系向汇交点外一点简化，其结果可能是一个力吗？可能是一个力偶吗？可能是一个力和一个力偶吗？可能平衡吗？

3-19 某平面力系向A、B两点简化的主矩皆为零，此力系简化的最终结果可能是一个力吗？可能是一个力偶吗？可能平衡吗？

3-20 可从哪些方面去理解平面任意力系只有三个独立的平衡方程？为什么说任何第四个方程只是前三个方程的线性组合？能否把三个平衡方程都写成投影方程？

3-21 物体放在不光滑的水平面上是否一定受到摩擦力的作用？摩擦力是否一定是阻力？试分析汽车（自行车）主动轮与被动轮的摩擦力方向。汽车（自行车）一般为什么要以后轮做为主动轮？

3-22 能否说最大静滑动摩擦力总是与物体的重量G成正比，即$F_{\max}=f_sG$？已知静滑动摩擦系数f_s和法向约束力F_N，能否说静滑动摩擦力就等于f_sF_N？

3-23 如图3-71所示，用钢楔劈物，接触面间的摩擦角为α。劈入后欲使楔

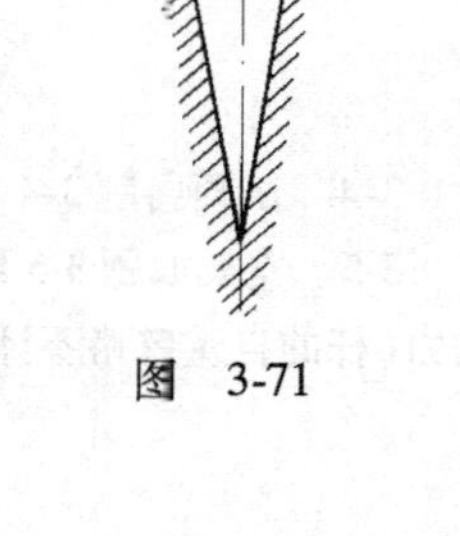

图 3-71

不滑出，问钢楔两个平面间的夹角应该多大？楔重不计。

3-24 拉车时，路面硬，轮胎气足，车轮半径大就能省力，试分析原因。

3.12 习题

3-1 试画出题 3-1 图所示各结构中圆盘或圆柱的受力图.

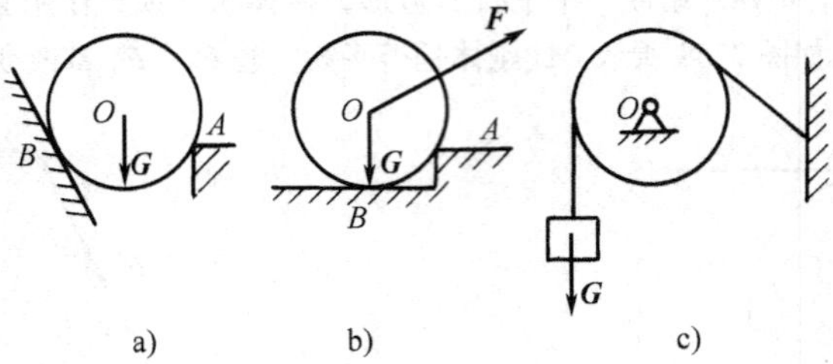

题 3-1 图

3-2 试画出题 3-2 图所示各结构中杆 AB 的受力图.

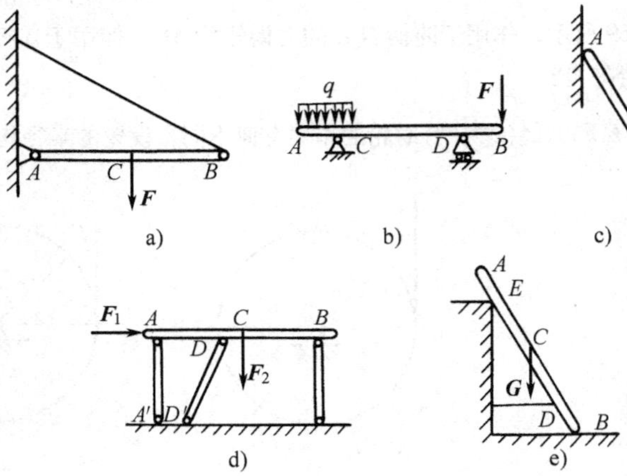

题 3-2 图

3-3 试画出题 3-3 图所示各结构中构件 AB 的受力图.

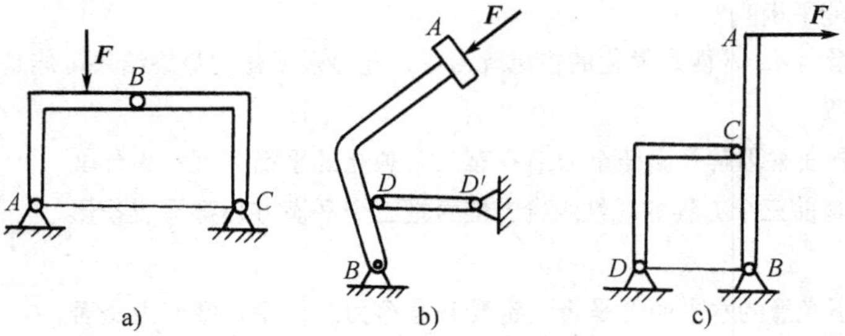

题 3-3 图

3-4 试画出题 3-4 图所示两结构中构件 $ABCD$ 的受力图.

3-5 支架如题 3-5 图所示，在 A 铰处悬一重 $G=10\text{kN}$ 的重物。在图示两种情况下，求杆 AB、AC 所受的力(杆的自重忽略不计).

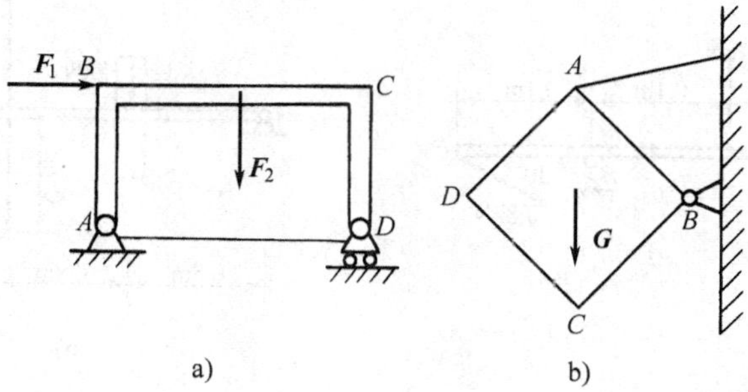

题 3-4 图

3-6　如题 3-6 图所示，水平力 $\boldsymbol{F}$ 作用在刚架的 B 点，不计刚架重量，试求 A 和 D 支座的约束力.

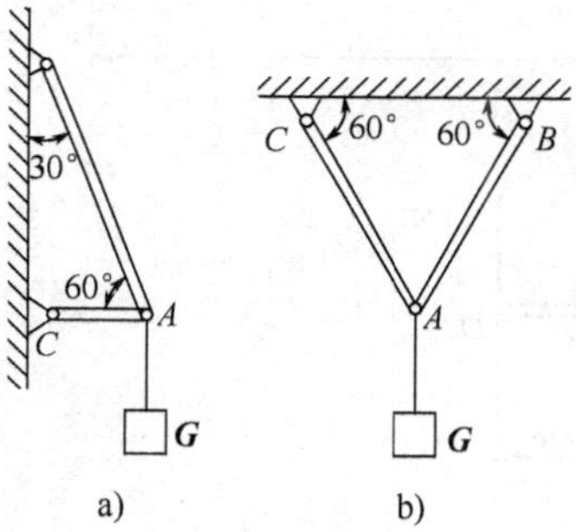

题 3-5 图

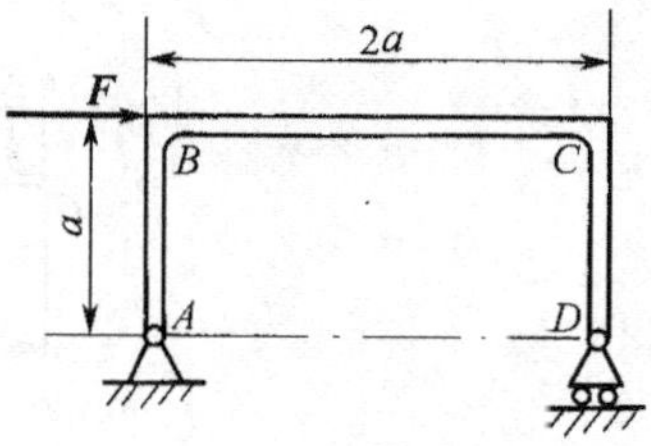

题 3-6 图

3-7　在题 3-7 图所示结构中，二曲杆重不计，曲杆 AB 上作用有主动力偶，其力偶矩为 $\boldsymbol{M}$. 试求 A 和 C 点处的约束力.

3-8　四连杆机构在题 3-8 图所示位置平衡，已知 $OA=60\text{cm}$，$BC=40\text{cm}$，作用在 BC 二力偶的力偶矩 $M_2=1\text{N}\cdot\text{m}$。试求作用在 OA 上力偶的力偶矩大小 M_1 和 AB 所受的力大小 F_{AB}. 各杆重量不计.

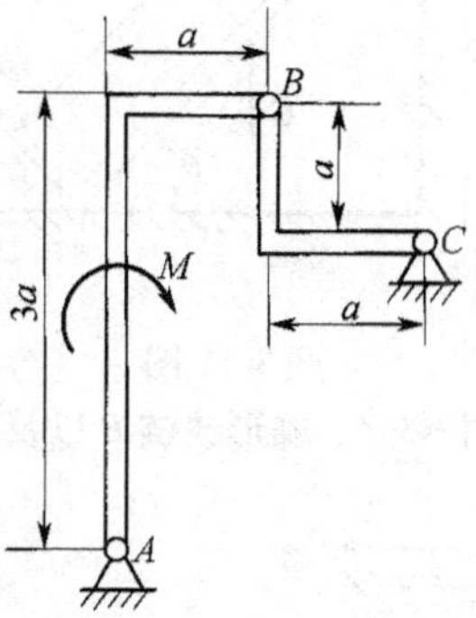

题 3-7 图

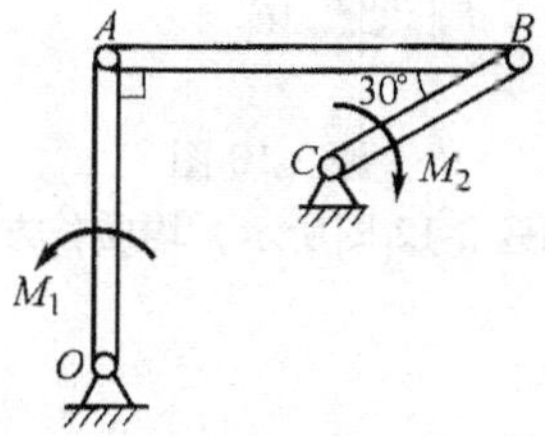

题 3-8 图

3-9　试求题 3-9 图所示各梁支座的约束力.

3-10　已知塔式起重机 $G=50\text{kN}$，最大起重量 $W=200\text{kN}$，尺寸如题 3-10 图所示. 求：

1）保证满载和空载时不致翻倒，平衡块 Q 的重量是多少？

2）当 $Q=30\text{kN}$ 时，求满载时轨道 A、B 给起重机轮子的约束力 F_A、F_B？

3-11　如题 3-11 图所示，匀值梯长为 l，重力为 $\boldsymbol{G}$，B 端靠在光滑的铅直墙上，已知梯子与地面的静摩擦系数为 f，求梯子平衡时的 θ 值.

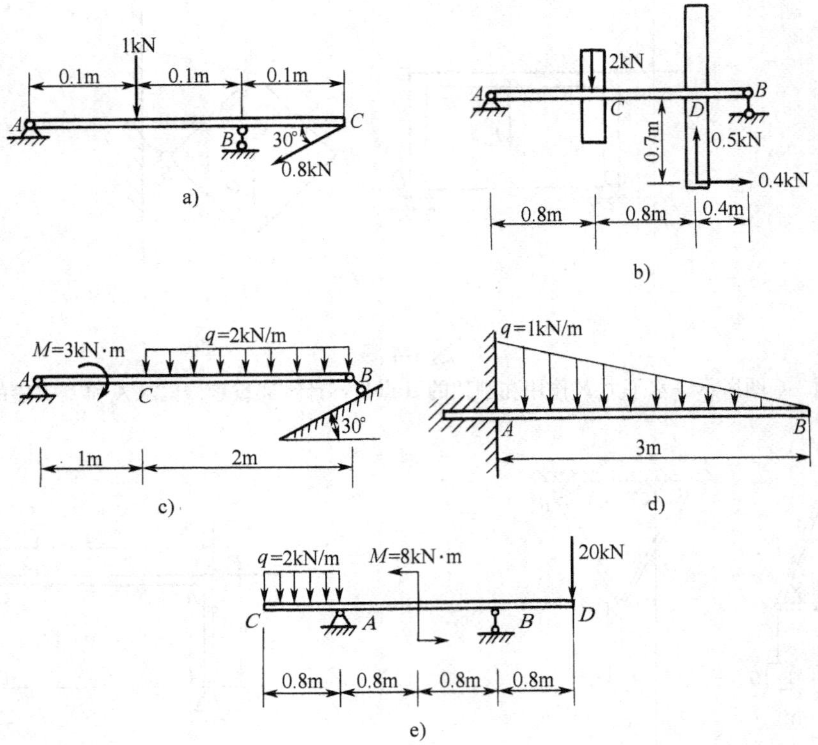

题3-9图

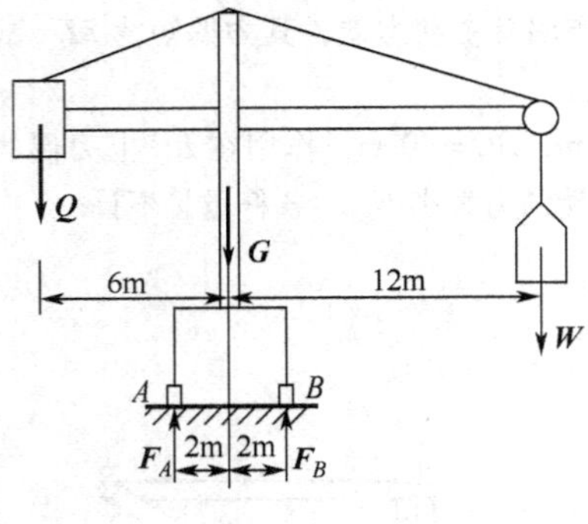

题3-10图

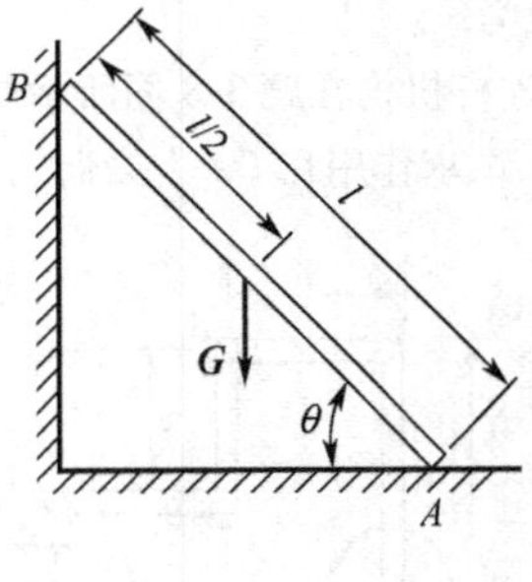

题3-11图

3-12　如题3-12图所示，均质长方形板重 $G=260\text{kN}$，通过球形铰链 A、蝶形铰链 B 以及可略去自重的

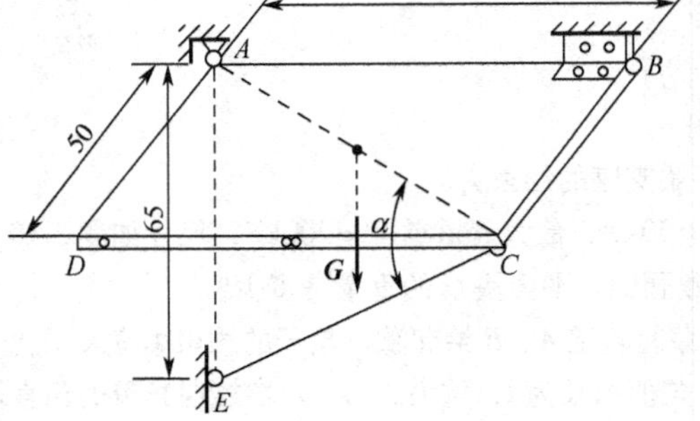

题3-12图

杆 CE 支持在水平位置上．试求 A、B、C 三处的约束力．(图中尺寸单位为 cm)．

3-13　试求题 3-13 图所示各图的形心坐标(单位 mm)．

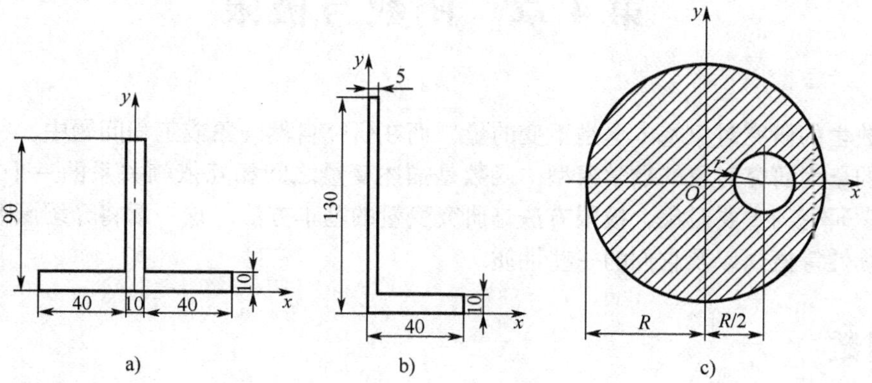

题 3-13 图

第 4 章　函数与极限

初等数学的研究对象基本上是不变的量，而在研究自然现象或工程问题中，往往会遇到以变化着的量为研究对象的数学模型. 函数是描述变量之间相互依赖关系的一个基本概念，是高等数学研究的主要对象，极限方法是研究变量的基本方法. 这一章将介绍函数、极限和函数的连续性等概念以及它们的一些性质.

4.1　函数

实数与数轴上的点具有一一对应的关系，即任给一个实数，总能在数轴上找到唯一的点与之对应；反之，数轴上的任何一点，也必有唯一的实数与之对应. 正是基于这样一一对应的关系，可以把一个实数 a 与数轴上与之对应的点 a 不加区别地看待.

在数学上常用数轴上的区间表示一个变量的变化范围. 设 a、b 是两个实数，且 $a<b$，则由满足 $a\leqslant x\leqslant b$ 的一切实数 x 构成的集合称为**闭区间**，记为 $[a,b]$. 由满足 $a<x<b$ 的一切实数 x 构成的集合称为**开区间**，记为 (a,b). 由满足 $a\leqslant x<b$ 的实数 x 的集合称为**左闭右开的区间**，记为 $[a,b)$；而满足 $a<x\leqslant b$ 的实数的集合称**左开右闭的区间**，记为 $(a,b]$. 左闭右开的区间与左开右闭的区间统称为**半开半闭的区间**. 实数 a 和 b 分别称为相应区间的**左端点**和**右端点**(统称为**端点**). 以上区间均为有限区间. 设有正数 δ，如图 4-1 所示，开区间 $(x_0-\delta,x_0+\delta)$ 称为**以点 x_0 为中心、δ 为半径的邻域**(简称邻域).

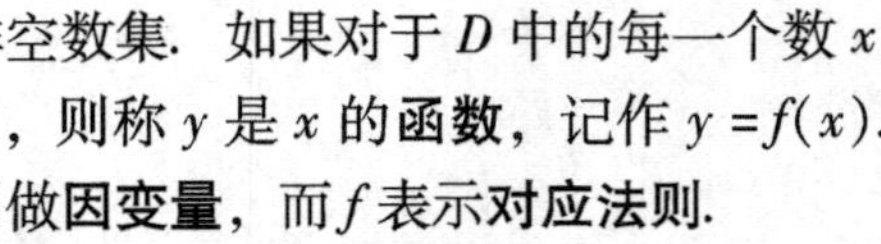

图　4-1

分别把满足 $x\leqslant b$、$x<b$、$x\geqslant a$、$x>a$ 的实数 x 的集合记为 $(-\infty,b]$、$(-\infty,b)$、$[a,+\infty)$、$(a,+\infty)$，全体实数构成的集合 $\mathbf{R}$ 也可记为 $(-\infty,\infty)$. 这些区间都称为**无穷区间**. 必须注意，这里的“∞”(读作“无穷大”)只是引用的记号，不能作为数对待，有时 $+\infty$ 和 $-\infty$ 统一记作 ∞.

定义 4-1　设 x 和 y 是两个变量，D 是一个给定的非空数集. 如果对于 D 中的每一个数 x，变量 y 依一定的对应法则总有唯一确定的数值与之对应，则称 y 是 x 的**函数**，记作 $y=f(x)$. 数集 D 被称为是这个函数的**定义域**，x 叫做**自变量**，y 叫做**因变量**，而 f 表示**对应法则**.

对于与自变量 x 的某个确定的值 x_0 所对应的因变量 y 的值 y_0 称为函数 $y=f(x)$ 在 x_0 处的**函数值**，记作 $f(x_0)$，即 $y_0=f(x_0)$. 当自变量 x 遍取数集 D 的所有值时，对应的函数值全体组成的数集 $\{y\mid y=f(x),x\in D\}$ 称为函数 $y=f(x)$ 的**值域**.

可以看出，函数是由定义域与对应法则所确定，因此，对于两个函数而言，当且仅当它们的定义域和对应法则都分别相同时，它们才表示同一个函数，而与自变量及因变量用什么字母表示无关. 例如，如果没有特别说明，函数 $s=t^2$ 和 $y=x^2$ 表示同一个函数，因为它们的定义域都是 $(-\infty,+\infty)$，而对应法则都表示“函数的因变量等于自变量的平方”.

在实际问题中，函数的定义域是由问题的实际意义来确定. 例如，设 x 表示正方形的边长，S 表示正方形的面积，则有 $S=x^2$. 显然，此时函数 $S=x^2$ 的定义域为 $[0,+\infty)$. 一般地，有时不考虑函数的实际意义，而抽象地研究用算式表达的函数，这时函数的定义域就是使算式有意义的自变量的取值范围. 例如，函数 $y=\dfrac{1}{\sqrt{1-x^2}}$ 的定义域为 $(-1,1)$.

对于同一个问题中的不同函数，应用不同的记号去表示，如 $f(x)$、$F(x)$、$\varphi(x)$ 等等.

例 4-1　求函数 $f(x)=\sqrt{3+2x-x^2}$ 的定义域.

解　要使函数有意义，必须使 $3+2x-x^2\geqslant 0$ 成立，

解此不等式组得 $-1\leqslant x\leqslant 3$，即 $x\in[-1,3]$.

故所求函数定义域为 $[-1,3]$.

例 4-2　旅客乘火车时，随身可免费携带的物品不超过 20kg，超过 20kg 而不超过 50kg 的部分，每千克收费 0.4 元，超过 50kg 的部分，每千克再加收 50% 的费用，设 x 为旅客随身携带物品的重量，y 为旅客为携带物品所要花的费用，试写出 y 用 x 表示的函数关系.

解　由实际意义知，该函数的定义域为 $[0,+\infty)$.

当 $0\leqslant x\leqslant 20$ 时，　$y=0$

当 $20<x\leqslant 50$ 时，　$y=0.4(x-20)$

当 $x>50$ 时，　$y=0.4(50-20)+0.4(x-50)(1+50\%)$

综合起来，这个函数关系可以用下式表示

$$y=\begin{cases}0 & 0\leqslant x\leqslant 20\\ 0.4x-8 & 20<x\leqslant 50\\ 0.6x-18 & x>50\end{cases}$$

例 4-3　某气象站用自动温度记录仪记下一昼夜气温变化(图 4-2). 由图可见，对于一昼夜内的每一时刻 t，都有唯一的温度 T 与之对应，因而这条曲线便确定了一昼夜 $[0,24]$ 内的函数关系 $T=f(t)$.

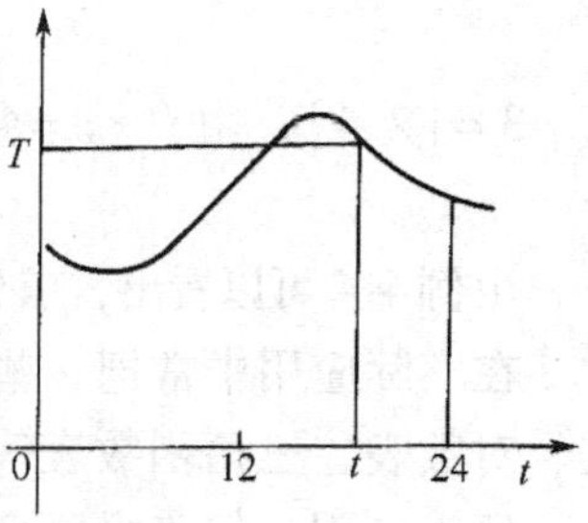

图　4-2

函数 $f(x)$ 的具体表达方式视实际问题而不同，通常有解析法(又称公式法)、图示法和表格法.

用数学式子表示因变量与自变量的函数关系的方法称为**解析法**，前面所列举的函数大都是用解析法表示的. 解析法是函数的精确描述，便于对函数进行理论分析和研究，但不够直观，而且有些实际问题中的函数关系是难以用解析法来表示的(如例 4-3).

值得注意的是，用解析法表示函数时，因变量与自变量的对应关系不一定总是用一个数学式来表示，而是在自变量的不同的取值范围，用不同的数学式来表示，如例 4-2 所说的函数. 像这样对应法则在自变量的不同取值范围内，用不同的数学式来表示的函数常称为**分段函数**. 分段函数应被认为是一个函数，而不是几个不同的函数. 把分段函数

$$y=\begin{cases}-1 & x<0\\ 0 & x=0\\ 1 & x>0\end{cases}$$

称为**符号函数**，记为 $y=\text{sgn}(x)$（图4-3）.

如例4-3那样，用某个坐标系下的一条曲线来表示函数 $y=f(x)$ 的方法称为**图示法**. 这是实际工作中常用的一种方法，其优点是直观、形象，函数的图形容易由实验数据得到，可以从图形中看到函数的变化状况. 但是，由图形往往得不到准确的函数值且不便于进行精确的理论分析.

例4-4　设函数 $f(x)=\begin{cases} x & -4\leqslant x<0 \\ 2 & 0\leqslant x<2 \\ 4-x & 2\leqslant x\leqslant 4 \end{cases}$，作出这个函数的图形，并求出 $f(-1)$，$f(0)$，$f(3)$.

解　函数 $f(x)$ 的定义域为 $[-4,4]$，其图形如图4-4所示.

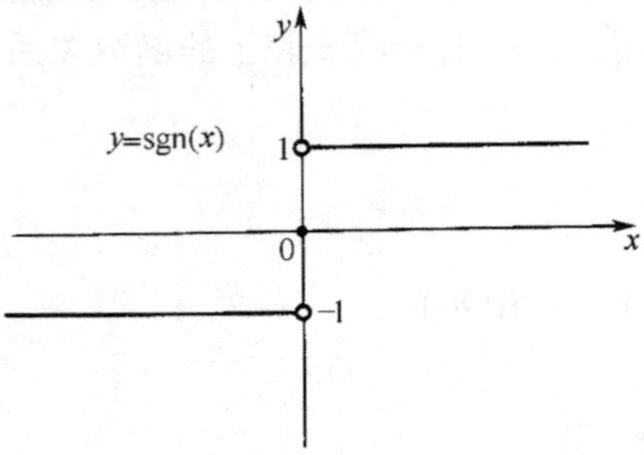

图　4-3

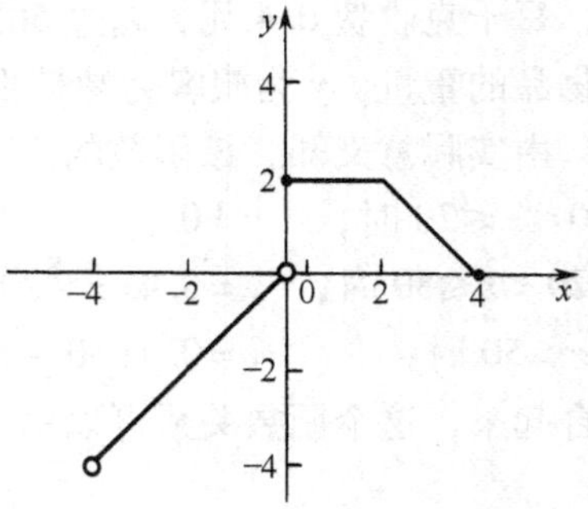

图　4-4

因为 $-1\in[-4,0)$，所以由 $f(x)=x$ 得

$$f(-1)=-1$$

同理，$0\in[0,2)$，由 $f(x)=2$ 得

$$f(0)=2$$

$3\in[2,4]$，由 $f(x)=4-x$ 得

$$f(3)=1$$

由例4-4可以看出，求分段函数的函数值时，必须把自变量的值代入相应的式子中去计算.

在实际应用中常把一些自变量的值及相对应的函数值列成表格形式，如平方表、平方根表、对数表、三角函数表等，这种表示函数对应法则的方法称为**表格法**. 这种方法简单明了，便于应用，但表中所列的数值不一定完全，一般不能完整地表示函数，也不够直观，不便于进行理论分析.

鉴于函数的不同表示法各有优缺点，具体应用时，常常根据实际需要，几种方法配合使用.

定义4-2　设函数 $y=f(x)$ 的定义域为 D，值域为 V. 如果对于 V 中的每一个数 y，在 D 中只能找到唯一的数 x，使 $f(x)=y$，这样也建立了一个以 y 为自变量，而以 x 为因变量的函数，记 $x=\varphi(y)$，称这个函数为函数 $y=f(x)$ 的**反函数**.

在几何上，函数 $y=f(x)$ 与它的反函数 $x=\varphi(y)$ 的图形是相同的. 但习惯上，自变量常用 x 表示，因变量用 y 表示. 因此，也可说函数 $y=\varphi(x)$ 是函数 $y=f(x)$ 的反函数，这时，二者的图形关于直线 $y=x$ 对称（图4-5）.

例 4-5 求函数 $y=3x-5$ 的反函数.

解 由 $y=3x-5$ 解出 x 得

$$x=\frac{1}{3}(y+5),$$

将 x、y 对换得 $y=\frac{1}{3}(x+5)$.

所以 $y=3x-5$ 的反函数为 $y=\frac{1}{3}(x+5)$.

还有许多反函数的例子. 如 $y=\log_a x$ 与 $y=a^x$ 互为反函数.

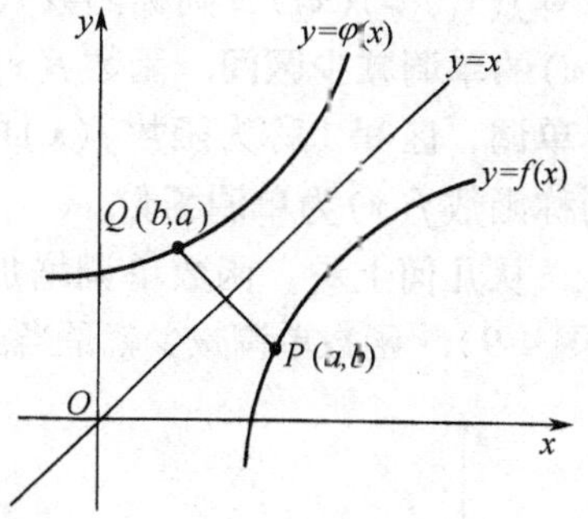

图 4-5

定义 4-3 设函数 $f(x)$ 的定义域关于原点对称，如果对定义域内的任何 x 值，总有 $f(-x)=f(x)$，则称函数 $f(x)$ 为**偶函数**；而对于定义域内的 x 值，总有 $f(-x)=-f(x)$，则称函数 $f(x)$ 为**奇函数**.

偶函数的图形关于 y 轴对称(图 4-6)，奇函数的图形关于原点对称(图 4-7).

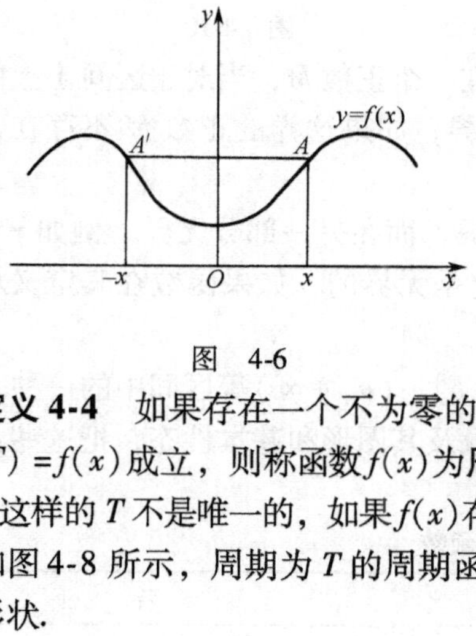

图 4-6

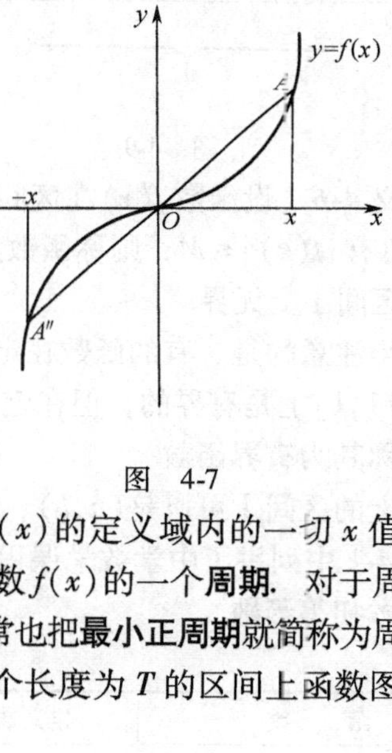

图 4-7

定义 4-4 如果存在一个不为零的常数 T，对于函数 $f(x)$ 的定义域内的一切 x 值，总有 $f(x+T)=f(x)$ 成立，则称函数 $f(x)$ 为**周期函数**，T 称为函数 $f(x)$ 的一个**周期**. 对于周期函数 $f(x)$，这样的 T 不是唯一的，如果 $f(x)$ 存在最小正周期，通常也把**最小正周期**就简称为周期.

如图 4-8 所示，周期为 T 的周期函数在定义域内的每个长度为 T 的区间上函数图形有相同的形状.

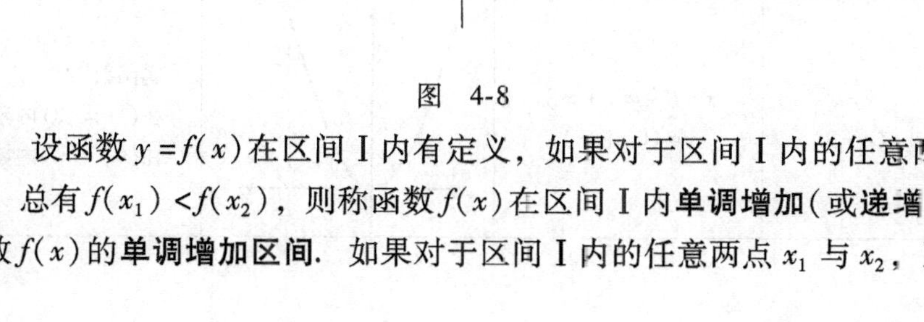

图 4-8

定义 4-5 设函数 $y=f(x)$ 在区间 I 内有定义，如果对于区间 I 内的任意两点 x_1 与 x_2，当 $x_1<x_2$ 时，总有 $f(x_1)<f(x_2)$，则称函数 $f(x)$ 在区间 I 内**单调增加**(或**递增**)，这时，区间 I 称为函数 $f(x)$ 的**单调增加区间**. 如果对于区间 I 内的任意两点 x_1 与 x_2，当 $x_1<x_2$ 时，

总有$f(x_1)>f(x_2)$，则称函数$f(x)$在区间Ⅰ内**单调减少**(或**递减**)，这时，区间Ⅰ称为函数$f(x)$的**单调减少区间**. 函数$f(x)$在区间Ⅰ上单调增加或单调减少，则称函数$f(x)$在区间Ⅰ上**单调**，区间Ⅰ称为函数$f(x)$的**单调区间**；如果这里所说的区间Ⅰ恰好是函数的定义域，则称函数$f(x)$为**单调函数**.

从几何上看，函数单调增加就是当自变量x从左向右变化时，函数图形是上升的曲线(图4-9). 函数单调减少就是当自变量x从左向右变化时，函数图形是下降的曲线(图4-10).

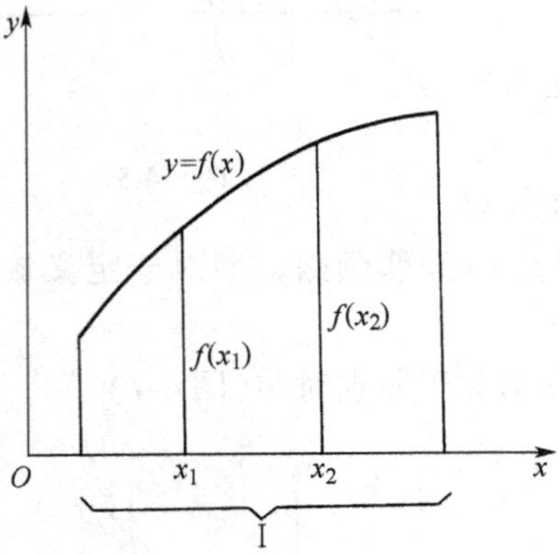

图 4-9

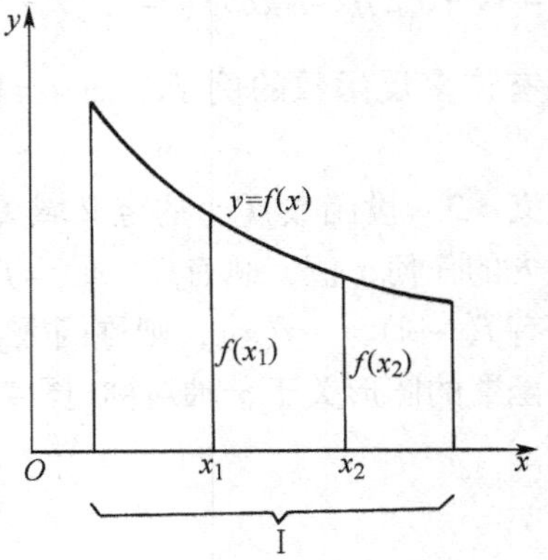

图 4-10

定义4-6 设函数$f(x)$在区间Ⅰ上有定义，若存在一个正数M，当对于区间Ⅰ上的任意x值，总有$|f(x)|\leqslant M$，则称**函数$f(x)$在区间Ⅰ上有界**；如果这样的正数M不存在，则称$f(x)$在区间Ⅰ上无界.

值得注意的是，有的函数在定义域的某一部分有界，而在另一部分无界. 例如$y=x^3$在区间$[-1,1]$上是有界的，但在定义域$(-\infty,+\infty)$上是无界的. 如果函数在其定义域上有界，则称其为**有界函数**.

以上的区间Ⅰ可以是(a,b)、$[a,b)$、$(a,b]$、$[a,b]$、$(a,+\infty)$等区间中的一种.

表4-1中列举了中学数学课程中所学到的一些函数及其图形和基本性态，把这些函数统称为**基本初等函数**.

表4-1 部分基本初等函数

函数		定义域与值域	图形	特性
幂函数 $y=x^\alpha$	$y=x$ ($\alpha=1$)	$x\in(-\infty,+\infty)$ $y\in(-\infty,+\infty)$	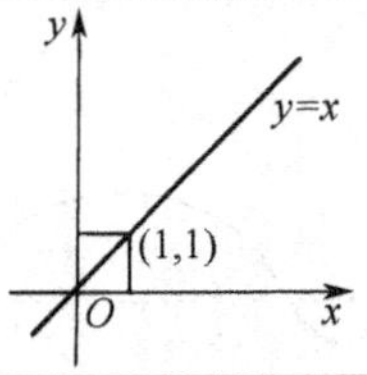	奇函数 单调增加
	$y=x^2$ ($\alpha=2$)	$x\in(-\infty,+\infty)$ $y\in(0,+\infty)$	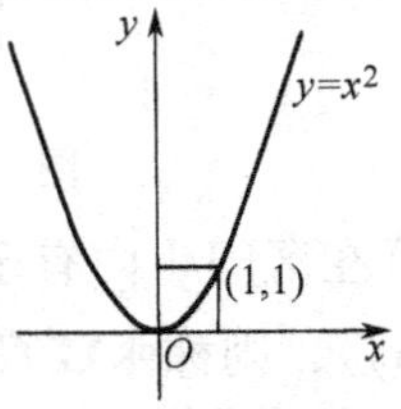	偶函数 在$(-\infty,0)$内单调减少 在$(0,+\infty)$内单调增加

（续）

函数		定义域与值域	图形	特性
幂函数 $y=x^{\alpha}$	$y=x^3$ $(\alpha=3)$	$x\in(-\infty,+\infty)$ $y\in(-\infty,+\infty)$	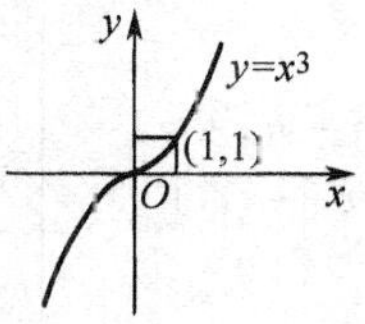	奇函数 单调增加
	$y=x^{-1}$ $(\alpha=-1)$	$x\in(-\infty,0)\cup(0,+\infty)$ $y\in(-\infty,0)\cup(0,+\infty)$	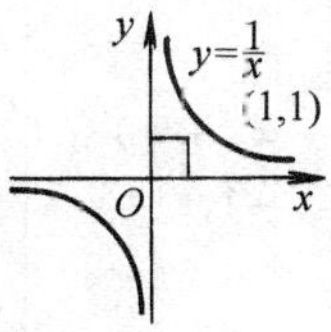	奇函数 单调减少
	$y=x^{\frac{1}{2}}$ $(\alpha=\frac{1}{2})$	$x\in[0,+\infty)$ $y\in[0,+\infty)$	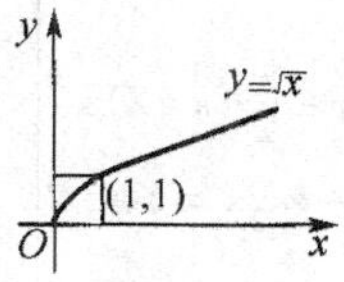	单调增加
指数函数 $y=a^x$ $(a>0,a\neq1)$		$x\in(-\infty,+\infty)$ $y\in(0,+\infty)$	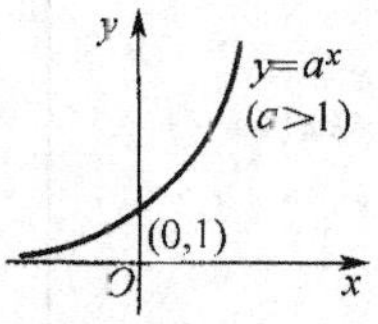	单调增加
			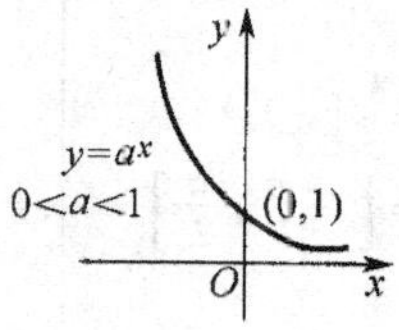	单调减少
对数函数 $y=\log_a x$ $(a>0,a\neq1)$		$x\in(0,+\infty)$ $y\in(-\infty,+\infty)$	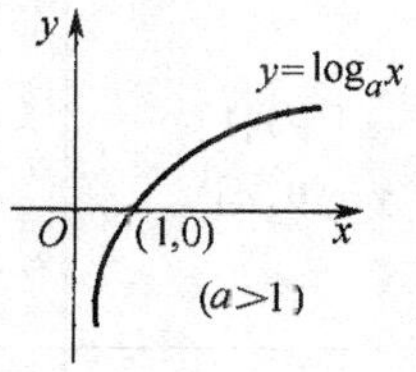	单调增加
			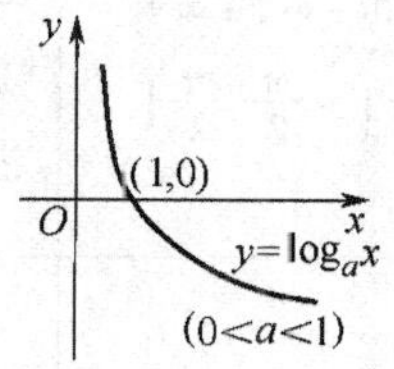	单调减少

（续）

函数		定义域与值域	图形	特性
三角函数	$y=\sin x$	$x\in(-\infty,+\infty)$ $y\in[-1,1]$	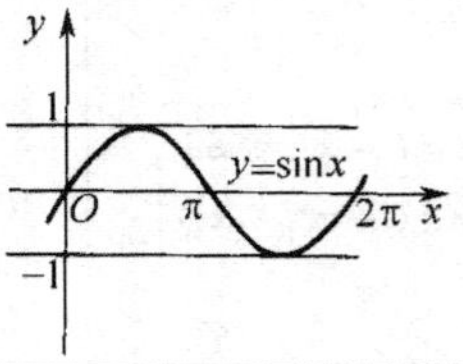	奇函数，周期 2π，有界；在 $\left(2k\pi-\frac{\pi}{2},2k\pi+\frac{\pi}{2}\right)$ 内单调增加，在 $\left(2k\pi+\frac{\pi}{2},2k\pi+\frac{3\pi}{2}\right)$ 内单调减少 $(k\in Z)$
	$y=\cos x$	$x\in(-\infty,+\infty)$ $y\in[-1,1]$	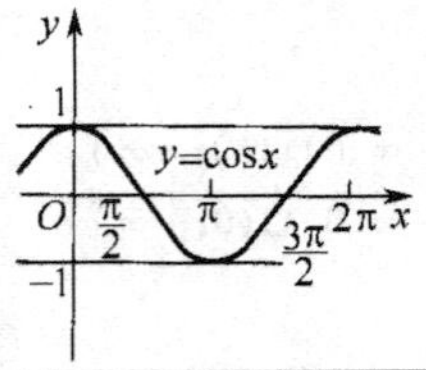	偶函数，周期 2π，有界；在 $(2k\pi,2k\pi+\pi)$ 内单调减少，在 $(2k\pi+\pi,2k\pi+2\pi)$ 内单调增加 $(k\in Z)$
	$y=\tan x$	$x\neq k\pi+\frac{\pi}{2}(k\in Z)$ $y(-\infty,+\infty)$	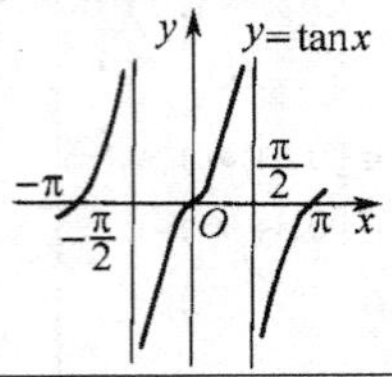	奇函数，周期 π，在 $\left(k\pi-\frac{\pi}{2},k\pi+\frac{\pi}{2}\right)$ 内单调增加 $(k\in Z)$
	$y=\cot x$	$x\neq k\pi(k\in Z)$ $y\in(-\infty,+\infty)$	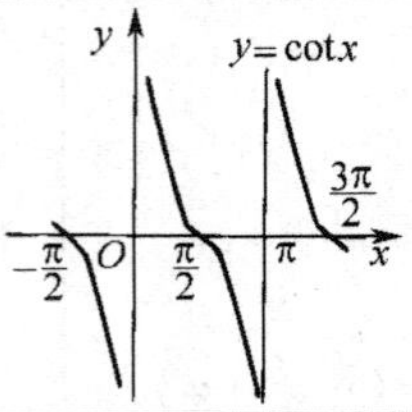	奇函数，周期 π，在 $(k\pi,k\pi+\pi)$ 内单调减少 $(k\in Z)$
反三角函数	$y=\arcsin x$	$x\in[-1,1]$ $y\in\left[-\frac{\pi}{2},\frac{\pi}{2}\right]$	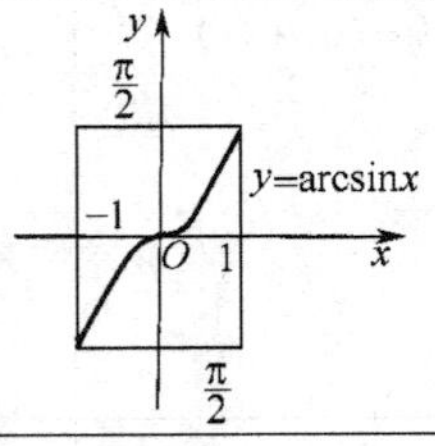	奇函数 单调增加 有界
	$y=\arccos x$	$x\in[-1,1]$ $y\in[0,\pi]$	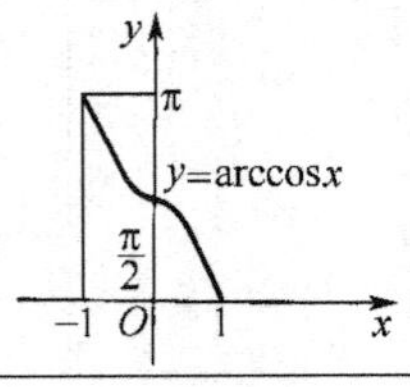	单调减少 有界
	$y=\arctan x$	$x\in(-\infty,+\infty)$ $y\in\left(-\frac{\pi}{2},\frac{\pi}{2}\right)$	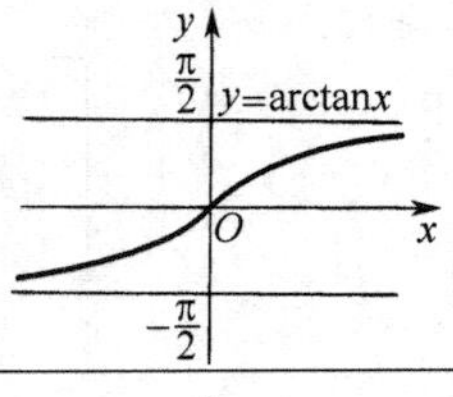	奇函数 单调增加 有界
	$y=\text{arccot}\, x$	$x\in(-\infty,+\infty)$ $y\in(0,\pi)$	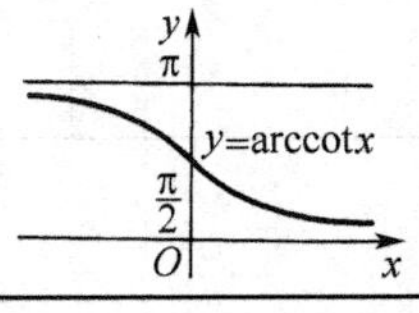	单调减少 有界

在实际问题中遇到的函数多数不是基本初等函数，而是由若干基本初等函数组合而成的. 例如，函数 $y=e^{x^2}$ 可以看成是指数函数 $y=e^u$ 和幂函数 $u=x^2$ 组合而成的函数.

定义 4-7　如果变量 y 是变量 u 的函数，即 $y=f(u)$，而 u 又是变量 x 的函数，即 $u=\varphi(x)$，且 $\varphi(x)$ 的函数值全部或部分地落在 $f(u)$ 的定义域内，那么 y 通过 u 的联系也是 x 的函数，称此函数是由函数 $y=f(u)$ 及 $u=\varphi(x)$ 复合而成的函数，简称**复合函数**. 记作

$$y=f[\varphi(x)] \tag{4-1}$$

式中，u 既作为函数 $y=f(u)$ 的自变量，又作为函数 $u=\varphi(x)$ 的因变量，称之为**中间变量**.

例 4-6　设 $f(x)=3^x$，$g(x)=x-1$，求复合函数 $f[g(x)]$.

解　$f[g(x)]=f(x-1)=3^{x-1}$.

复合函数的概念可以推广到多个中间变量的情形. 例如 $y=(\arctan\sqrt{x})^2$ 可以看成是由函数 $y=u^2$、$u=\arctan v$ 及 $v=\sqrt{x}$ 复合而成. 由此可以看出，利用复合函数的概念，可以将复杂的函数通过“拆分”而表示成若干个较简单的函数的合成. 这种“拆分”必须分清层次，由外到内，逐层分解. 正确地分析复合函数的构成至关重要，在很大程度上，它决定了以后能否熟练掌握微积分的基本方法和技巧. 另外需要指出，并不是任意两个函数都能构成复合函数. 例如，$y=f(u)=\arcsin u$ 和 $u=g(x)=2+x^2$ 便不能构成复合函数，这是因为对于任意实数 x，由于 $u=g(x)=2+x^2$，$u>1$，这时，$\arcsin u$ 无意义.

定义 4-8　由常数和基本初等函数经过有限次加、减、乘、除和有限次复合而构成的，并能用一个解析式表示的函数称为初等函数.

例如，函数 $y=\ln(x+\sqrt{x^2+1})$、$y=\arcsin\sqrt{1-x^2}$、$y=(x^2+3)^{\frac{2}{3}}+\tan x^2-a^{\sqrt{x}}$ 等都是初等函数.

运用数学方法解决实际问题时，通常是先要找出这个实际问题中的变量之间的函数关系，即列出函数关系式，然后再进行分析和计算. 在本节的最后举几个例子，说明建立函数关系的过程.

例 4-7　在一块边长为 a 的正方形铁板的四个角上各截去一个边长为 x 的小正方形，如图 4-11 所示. 然后把四边折起做成一个无盖的水箱，试把水箱的容积表示成 x 的函数，并求其定义域.

解　设水箱的容积为 V，由题意知，水箱底边长为 $a-2x$，高为 x，则容积为

$$V=(a-2x)^2x$$

由实际意义知，截去的小正方形边长 x 必须满足

$$0<x<\frac{a}{2}$$

所以，所求函数的定义域为 $\left(0,\ \frac{a}{2}\right)$.

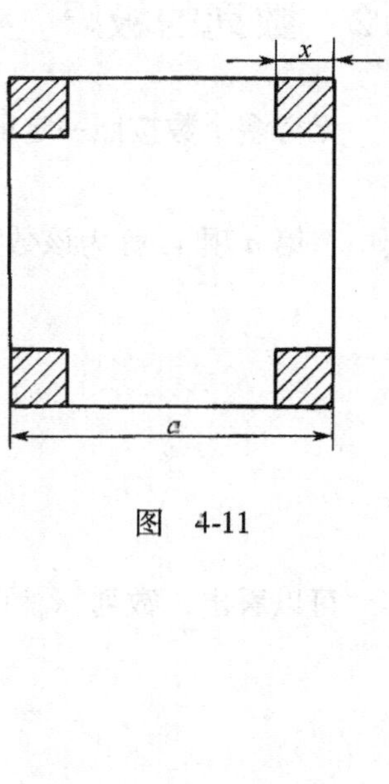

图　4-11

例 4-8　在机械学中，齿轮与齿条的运动相当于齿轮的节圆在齿条的节线上滚动. 若节圆的半径为 a，求节圆上一点 A 的运动轨迹的方程(图 4-12).

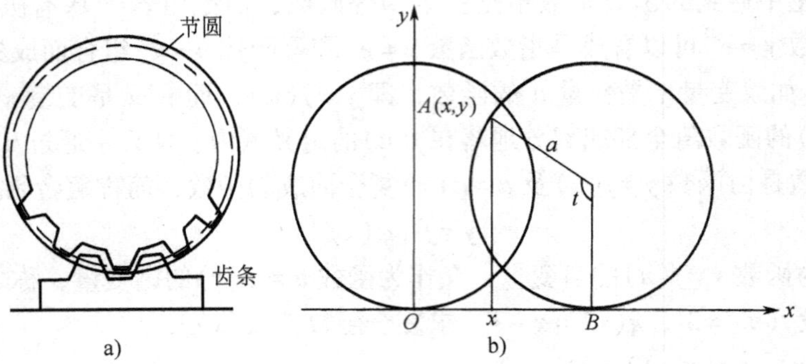

图 4-12

解 这个轨迹相当于一个半径为 a 的圆在一条直线上作无滑动的滚动，求圆上一定点 A 的轨迹方程(图 4-12b).

由图 4-12b 知，

$$\overline{OB}=\overset{\frown}{AB}=at$$

于是有

$$x=at-a\cos\left(t-\frac{\pi}{2}\right)=a(t-\sin t)$$

$$y=a+a\sin\left(t-\frac{\pi}{2}\right)=a(1-\cos t)$$

因此 A 点的运动轨迹的方程为

$$\begin{cases}x=a(t-\sin t)\\y=a(1-\cos t)\end{cases}\quad(t\geqslant 0)$$

这种曲线称为**摆线**. 这时变量 x 和变量 y 都是参数 t 的函数，也可以认为 y 是 x 的函数(这个函数是通过 t 建立的，t 作为中间变量)，把类似这样的函数称为由**参数方程给出的函数**.

4.2 数列的极限

无穷多个数按照一定的规律排成一列，就构成一个**数列**

$$x_1,x_2,x_3,\cdots,x_n,\cdots \tag{4-2}$$

其中，第 n 项 x_n 称为该数列的**通项**. 通常把数列(4-2)简记为$\{x_n\}$. 考察下面的数列：

$$\frac{1}{2},\frac{1}{4},\frac{1}{8},\cdots,\frac{1}{2^n},\cdots \tag{4-3}$$

$$\frac{1}{2},\frac{2}{3},\frac{3}{4},\cdots,\frac{n}{n+1},\cdots \tag{4-4}$$

$$1,-\frac{1}{2},\frac{1}{3},-\frac{1}{4},\cdots,(-1)^{n-1}\frac{1}{n},\cdots \tag{4-5}$$

可以看出，数列$\{x_n\}$可以看做是以自然数为自变量的函数，也称为整数函数，即

$$x_n=f(n),\ n=1,2,3\cdots$$

对于数列，往往要考察当数列的项数 n 无限增大时，数列的通项 $x_n=f(n)$ 的变化趋势.

容易看出，当项数 n 无限增大时，数列(4-3)中的通项无限趋近于常数 0，数列(4-4)中的通项无限趋近于常数 1，数列(4-5)中的通项无限趋近于常数 0. 从这三个数列中可以看出：当数列的项数 n 无限增大时，其通项能与一个确定的常数 A 无限接近.

定义 4-9　对于数列 $\{x_n\}$，当项数无限增大时，如果其通项 x_n 能与一个确定的常数 A 无限接近，则称该数列以 A 为极限，或者说常数 A 是该**数列的极限**，记作

$$\lim_{n\to\infty}x_n=A$$

或者

$$当\ n\to\infty\ 时，x_n\to A$$

有极限的数列也称为**收敛数列**.

可见，数列(4-3)、(4-4)、(4-5)都是收敛数列，数列(4-3)的极限为 0，可以写成 $\lim\limits_{n\to\infty}\frac{1}{2^n}=0$；数列(4-4)的极限为 1，可以写成 $\lim\limits_{n\to\infty}\frac{n}{n+1}=1$；数列(4-5)的极限为 0，可以写成 $\lim\limits_{n\to\infty}(-1)^{n-1}\frac{1}{n}=0$.

数列的极限定义强调的是当数列的项数 n 无限增大时，通项 x_n 无限趋近于一个确定的常数. 对于常数数列 $x_n=C$（C 为常数），当 n 无限增大时，x_n 总是等于常数 C，所以，常数数列的极限就是这个常数本身，即 $\lim\limits_{n\to\infty}C=C$.

值得注意的是，并不是任何数列都有极限. 如数列 $x_n=2^n$，当 n 无限增大时，x_n 也无限增大而不趋近于一个确定常数，所以，这个数列没有极限. 又如数列 $x_n=(-1)^n$，当 n 无限增大时，x_n 在 -1 和 1 两个数上来回跳动而不趋于一个确定的常数，所以，这个数列也没有极限. 没有极限的数列叫做**发散数列**.

收敛数列 $\{x_n\}$ 有如下的性质：

1）收敛数列的极限是唯一的.

2）收敛数列必是有界数列.

3）（数列极限的四则运算法则）假定 $\lim\limits_{n\to\infty}x_n$ 及 $\lim\limits_{n\to\infty}y_n$ 存在，则有

i）$\lim\limits_{n\to\infty}(x_n\pm y_n)=\lim\limits_{n\to\infty}x_n\pm\lim\limits_{n\to\infty}y_n$

ii）$\lim\limits_{n\to\infty}(x_ny_n)=\lim\limits_{n\to\infty}x_n\lim\limits_{n\to\infty}y_n$

$\lim\limits_{n\to\infty}(Cx_n)=C\lim\limits_{n\to\infty}x_n$（$C$ 为常数）；

iii）$\lim\limits_{n\to\infty}\frac{x_n}{y_n}=\frac{\lim\limits_{n\to\infty}x_n}{\lim\limits_{n\to\infty}y_n}$（其中 $\lim\limits_{n\to\infty}y_n\neq0$）

【证略】

例 4-9　求极限 $\lim\limits_{n\to\infty}\frac{5n^2-4n+6}{2n^2+n+1}$.

解　$$\lim_{n\to\infty}\frac{5n^2-4n+6}{2n^2+n+1}=\lim_{n\to\infty}\frac{5-\frac{4}{n}+\frac{6}{n^2}}{2+\frac{1}{n}+\frac{1}{n^2}}=\frac{5-0+0}{2+0+0}=\frac{5}{2}$$

例 4-10　求极限 $\lim\limits_{n\to\infty}\frac{3n^2}{n^3+n}$.

解 $\lim\limits_{n\to\infty}\dfrac{3n^2}{n^3+n}=\lim\limits_{n\to\infty}\dfrac{\dfrac{3n^2}{n^3}}{\dfrac{n^3+n}{n^3}}=\dfrac{0}{1+0}=0$

4.3 函数的极限

上一节中，讨论了当 $n\to\infty$ 时，数列 $x_n=f(n)$ 的极限，这一节将讨论一般函数 $y=f(x)$ 的极限. 下面分两种情形讨论函数极限的定义，然后介绍极限的四则运算法则及无穷小和无穷大的概念.

4.3.1 当 $x\to\infty$ 时，函数 $y=f(x)$ 的极限

定义 4-10 如果 x 的绝对值无限增大，即当 $x\to\infty$ 时，函数 $f(x)$ 与一个确定的常数 A 无限接近，那么就称 A 为函数 $f(x)$ 当 $x\to\infty$ 时的极限（也称当 $x\to\infty$ 时，$f(x)$ 收敛于 A），记为

$$\lim_{x\to\infty}f(x)=A \quad 或者 \quad 当\ x\to\infty\ 时\ f(x)\to A$$

例 4-11 讨论函数 $f(x)=\dfrac{1}{x}$ 在 $x\to\infty$ 时的极限.

解 如图 4-13 所示，当 $x\to\infty$（包括 $x\to+\infty$ 和 $x\to-\infty$ 两种情形）时，$\dfrac{1}{x}$ 无限趋近于常数 0，所以 $\lim\limits_{x\to\infty}\dfrac{1}{x}=0$.

定义 4-10 中 x 的绝对值无限增大，即 $x\to\infty$ 是指 $x\to+\infty$，同时 $x\to-\infty$. 有时只需要考查 $x\to+\infty$（或 $x\to-\infty$）时的极限，记为

$$\lim_{\substack{x\to+\infty\\(或x\to-\infty)}}f(x)=A \quad 或 \quad 当\ x\to+\infty\ (或\ x\to-\infty)\ 时，f(x)\to A$$

例如，如图 4-14 所示，有 $\lim\limits_{x\to+\infty}\arctan x=\dfrac{\pi}{2}$，$\lim\limits_{x\to-\infty}\arctan x=-\dfrac{\pi}{2}$，而当 $x\to\infty$ 时，$\arctan x$ 不趋于一个确定的常数，所以 $\lim\limits_{x\to\infty}\arctan x$ 不存在.

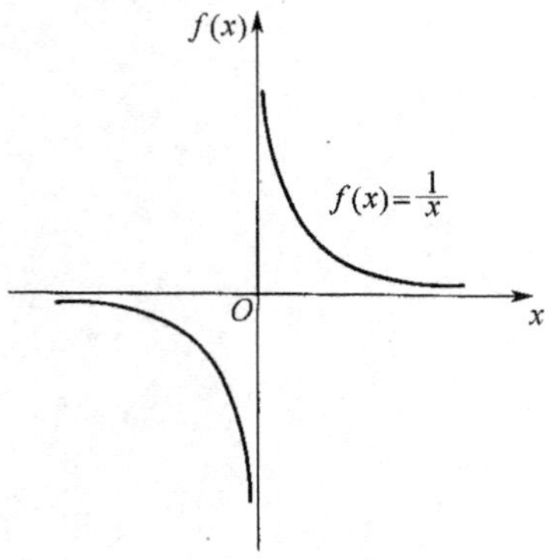

图 4-13

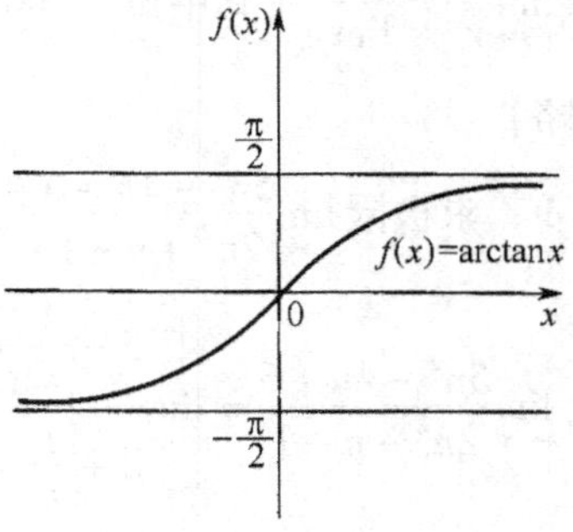

图 4-14

一般地，$\lim\limits_{x\to\infty}f(x)=A$ 的充分必要条件是

$$\lim_{x\to+\infty}f(x)=\lim_{x\to-\infty}f(x)=A$$

4.3.2　当 $x\to x_0$ 时，函数 $f(x)$ 的极限

定义 4-11　如果当 x 与定值 x_0 无限接近，即 $x\to x_0$（x 不等于 x_0）时，函数 $f(x)$ 无限接近于一个确定的常数 A，那么就称 A 为函数 $f(x)$ 当 $x\to x_0$ 时的极限．记为

$$\lim_{x\to x_0}f(x)=A \quad 或 \quad 当 x\to x_0 时，f(x)\to A$$

例 4-12　讨论函数 $f(x)=\dfrac{x^2-1}{x-1}$ 在 $x\to1$ 时的极限．

解　当 $x=1$ 时，$f(x)$ 没有定义，但当 $x\to1$（$x\neq1$）时有

$$f(x)=\frac{x^2-1}{x-1}=\frac{(x+1)(x-1)}{x-1}=x+1$$

如图 4-15 所示，当 $x\to1$ 时，$f(x)\to2$，所以

$$\lim_{x\to1}\frac{x^2-1}{x-1}=\lim_{x\to1}(x+1)=2$$

由此例可知，当 $x\to x_0$ 时，$f(x)$ 是否有极限与 $f(x)$ 在 x_0 处有无定义没有关系，即当 $x\to x_0$ 时，函数 $f(x)$ 的极限与 $f(x)$ 在 $x=x_0$ 处的函数值并不是一回事，两者不能混淆．

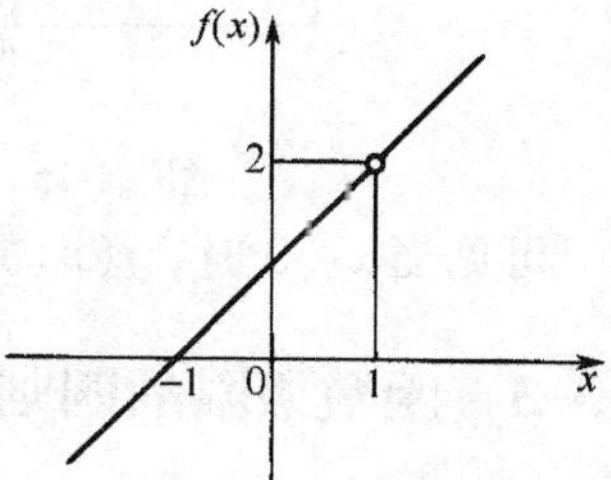

图　4-15

上面讨论的当 $x\to x_0$ 时 $f(x)$ 的极限，包括 x 从 x_0 的左侧无限接近 x_0（记为 $x\to x_0^-$）和 x 从 x_0 的右侧无限接近 x_0（记为 $x\to x_0^+$）两种情形．下面给出这两种情形的函数极限的定义．

定义 4-12　如果当 $x\to x_0^-$ 时，函数 $f(x)$ 无限接近于一个确定的常数 A，那么就称 A 为函数 $f(x)$ 当 $x\to x_0$ 时的**左极限**．记为

$$\lim_{x\to x_0^-}f(x)=A$$

如果当 $x\to x_0^+$ 时，函数 $f(x)$ 无限趋近于一个确定的常数 A，那么就称 A 为函数 $f(x)$ 当 $x\to x_0$ 时的**右极限**．记为

$$\lim_{x\to x_0^+}f(x)=A$$

由定义 4-11 及定义 4-12，有 $\lim\limits_{x\to x_0}f(x)=A$ 的充分必要条件是

$$\lim_{x\to x_0^+}f(x)=\lim_{x\to x_0^-}f(x)=A$$

这就是说，当 $\lim\limits_{x\to x_0^+}f(x)$ 与 $\lim\limits_{x\to x_0^-}f(x)$ 中有一个不存在或虽然它们都存在但不相等时，$\lim\limits_{x\to x_0}f(x)$ 一定不存在．

例 4-13　求函数 $f(x)=\begin{cases}2x & 0\leqslant x<2\\ 8-2x & 2\leqslant x\leqslant4\end{cases}$ 当 $x\to2$ 时，$f(x)$ 的左、右极限，并说明当 $x\to2$ 时，$f(x)$ 的左、右极限是否存在．

解　由图 4-16 可以看出，当 $x\to2$ 时，有

左极限
$$\lim_{x\to2^-}f(x)=\lim_{x\to2^-}(2x)=4$$

右极限
$$\lim_{x\to2^+}f(x)=\lim_{x\to2^+}(8-2x)=4$$
由于当 $x\to2$ 时，函数 $f(x)$ 的左、右极限存在且相等，所以当 $x\to2$ 时，函数 $f(x)$ 的极限存在，且有 $\lim\limits_{x\to2}f(x)=4$

例 4-14　讨论函数 $f(x)=\begin{cases}x^2+1 & x<0\\ x-1 & x\geqslant0\end{cases}$ 当 $x\to0$ 时的极限.

解　如图 4-17 所示，可以看出
$$\lim_{x\to0^-}=\lim_{x\to0^-}(x^2+1)=1$$
$$\lim_{x\to0^+}=\lim_{x\to0^+}(x-1)=-1.$$

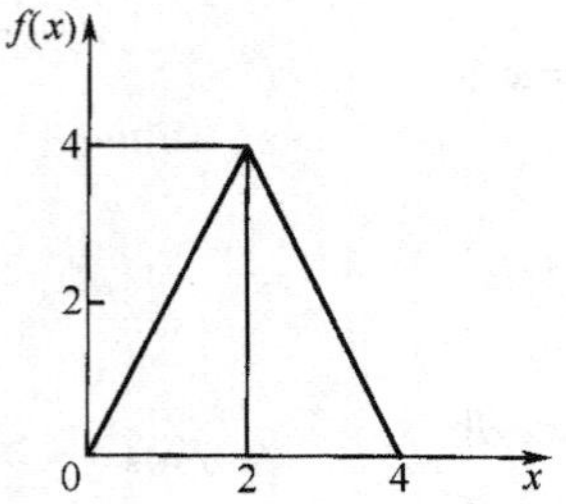

图　4-16

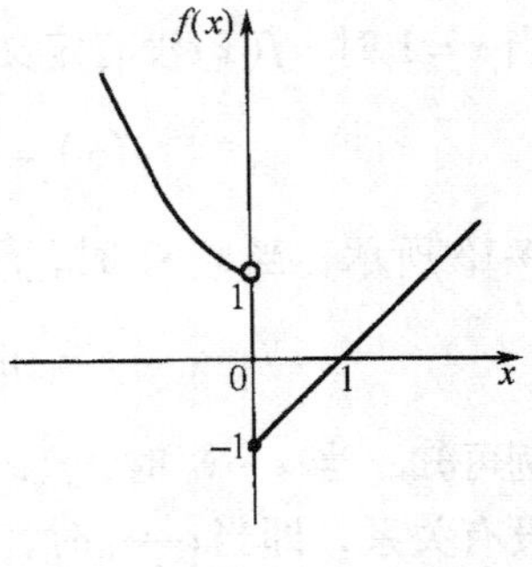

图　4-17

可见当 $x\to0$ 时，$f(x)$ 的左、右极限都存在，但不相等，所以 $\lim\limits_{x\to0}f(x)$ 不存在.

4.3.3　函数极限的四则运算

与数列的极限类似，有以下的函数极限的四则运算法则.

定理 4-1　在自变量 x 的同一变化趋势下（$x\to\infty$、$x\to x_0$ 等），设 $\lim f(x)=A$，$\lim g(x)=B$（A、B 为常数），则

1）$\lim[f(x)\pm g(x)]=\lim f(x)\pm\lim g(x)=A\pm B$；

2）$\lim[Cf(x)]=C\lim f(x)=CA$　（C 是常数）；

3）$\lim[f(x)g(x)]=\lim f(x)\lim g(x)=AB$；

4）$\lim\dfrac{f(x)}{g(x)}=\dfrac{\lim f(x)}{\lim g(x)}=\dfrac{A}{B}(B\neq0)$.

【证略】

其中，法则 1）和法则 3）可以推广到有限个函数的情形.

定理中记号 lim 是 $\lim\limits_{x\to x_0}$ 或 $\lim\limits_{x\to\infty}$ 等的略写，前后极限同属一个极限过程.

例 4-15　求极限 $\lim\limits_{x\to2}(x^2-3x+7)$.

解　$\lim\limits_{x\to2}(x^2-3x+7)=(\lim\limits_{x\to2}x)^2-3\lim\limits_{x\to2}x+\lim\limits_{x\to2}7=4-6+7=5.$

从例 4-15 可以看出，若函数 $f(x)$ 为多项式函数，则有 $\lim\limits_{x\to x_0}f(x)=f(x_0)$，即多项式函数当 $x\to x_0$ 时的极限等于此多项式函数在 x_0 点的函数值.

例 4-16　求极限 $\lim\limits_{x\to1}\dfrac{x^2-2x+5}{x^2+7}$.

解　因为在分式中分母的极限为

$$\lim_{x\to1}(x^2+7)=(\lim_{x\to1}x)^2+\lim_{x\to1}7=8\neq0$$

分子的极限为

$$\lim_{x\to1}(x^2-2x+5)=(\lim_{x\to1}x)^2-2\lim_{x\to1}x+\lim_{x\to1}5=1-2+5=4$$

所以，由法则 4)得

$$\lim_{x\to1}\frac{x^2-2x+5}{x^2+7}=\frac{\lim\limits_{x\to1}(x^2-2x+5)}{\lim\limits_{x\to1}(x^2+7)}=\frac{4}{8}=\frac{1}{2}$$

例 4-17　求极限$\lim\limits_{x\to3}\frac{x^2-9}{x-3}$.

解　当 $x\to3$ 时，分母的极限为 0，不能直接用法则 4)；但在 $x\to3$ 的过程中，$x\neq3$，即 $x-3\neq0$，因此，在分式中可以约去不为零的公因子，有

$$\lim_{x\to3}\frac{x^2-9}{x-3}=\lim_{x\to3}\frac{(x-3)(x+3)}{x-3}=\lim_{x\to3}(x+3)=6$$

从例 4-17 可见，在求有理函数的极限时，可先把分子、分母因式分解，然后消去极限为零的公共因子，再运用极限的运算法则进行计算.

4.3.4　无穷小与无穷大

定义 4-13　如果在自变量的某一变化趋势下($x\to x_0$、$x\to\infty$ 等)，函数 $f(x)$ 的极限为零，即

$$\lim f(x)=0$$

则称 $f(x)$ 是自变量 x 在该变化趋势下的**无穷小**.

例如，由于$\lim\limits_{x\to2}(x-2)=0$，因此 $x-2$ 是当 $x\to2$ 时的无穷小；而当 $x\to3$ 时，$x-2$ 就不是无穷小. 又如，从考察函数 $y=\frac{1}{x}$ 的图形(表 4-1)知$\lim\limits_{x\to\infty}\frac{1}{x}=0$，即当 $x\to\infty$ 时，$\frac{1}{x}$是无穷小；而当 $x\to1$ 时，$\lim\limits_{x\to1}\frac{1}{x}=1$，这时$\frac{1}{x}$就不是无穷小. 所以指出一个函数 $f(x)$ 是无穷小时，必须指明自变量 x 的变化趋势.

应当指出，数 0 是唯一的常量无穷小，而任何绝对值很小的数都不是无穷小.

无穷小具有以下运算性质：

性质 1　有限个无穷小的代数和仍是无穷小.

性质 2　有界变量(当然包括常数)与无穷小的乘积仍是无穷小.

性质 3　有限个无穷小的乘积仍是无穷小.

【证略】

例 4-18　求极限$\lim\limits_{x\to\infty}\frac{\sin x}{x}$.

解　由于$\lim\limits_{x\to\infty}\frac{1}{x}=0$，即当 $x\to\infty$ 时，$\frac{1}{x}$是无穷小，而$|\sin x|\leqslant1$ 恒成立.

由性质 2 得$\frac{\sin x}{x}$是 $x\to\infty$ 时的无穷小，即$\lim\limits_{x\to\infty}\frac{\sin x}{x}=0$.

定义 4-14　如果在自变量的某一变化趋势下（$x\to x_0$ 或 $x\to\infty$ 时），函数 $f(x)$ 的绝对值无限增大，那么称函数 $f(x)$ 为自变量在该变化趋势下的**无穷大量**（简称为**无穷大**），记为

$$\lim f(x)=\infty$$

把总取正值的无穷大叫做**正无穷大**，把总取负值的无穷大叫做**负无穷大**，分别记为

$$\lim f(x)=+\infty,\ \lim f(x)=-\infty$$

例如，从观察对数函数 $y=\ln x$（表 4-1）的图形可得到

$$\lim_{x\to+\infty}\ln x=+\infty,\ \lim_{x\to 0^+}\ln x=-\infty$$

应该指出，绝对值很大的常数不是无穷大，并且说一个函数是无穷大时，必须指明自变量的变化趋势. 例如从观察函数 $y=2^x$ 的图形知 $\lim\limits_{x\to+\infty}2^x=+\infty$，即当 $x\to+\infty$ 时，2^x 是无穷大，但由于 $\lim\limits_{x\to-\infty}2^x=0$，知当 $x\to-\infty$ 时，2^x 是无穷小，而不是无穷大.

对无穷小和无穷大，有下面的定理.

定理 4-2　如果 $\lim f(x)=\infty$，则 $\lim\dfrac{1}{f(x)}=0$；反之，如果 $\lim f(x)=0$，且 $f(x)$ 恒不为零，则 $\lim\dfrac{1}{f(x)}=\infty$.

例 4-19　求极限 $\lim\limits_{x\to\infty}\dfrac{1}{x^2+2}$.

解　因为当 $x\to\infty$ 时，$x^2+2x\to\infty$，所以 x^2+2 为 $x\to\infty$ 时的无穷大，由定理 4-2 知

$$\lim_{x\to\infty}\frac{1}{x^2+2}=0$$

例 4-20　求极限 $\lim\limits_{x\to\infty}\dfrac{2x^2+x}{3x^2+2x-1}$.

解　因为当 $x\to\infty$ 时，分子、分母都是无穷大，因此不能直接应用定理 4-1. 先用 x^2 同时去除分子、分母，得

$$\frac{2x^2+x}{3x^2+2x-1}=\frac{2+\dfrac{1}{x}}{3+\dfrac{2}{x}-\dfrac{1}{x^2}}$$

当 $x\to\infty$ 时，$\dfrac{1}{x}$、$\dfrac{2}{x}$、$\dfrac{1}{x^2}$ 都是无穷小，即它们的极限都为 0，可见上式右端的分子和分母极限都存在，且分母的极限不为零，应用定理 4-1 得

$$\lim_{x\to\infty}\frac{2x^2+x}{3x^2+2x-1}=\lim_{x\to\infty}\frac{2+\dfrac{1}{x}}{3+\dfrac{2}{x}-\dfrac{1}{x^2}}=\frac{2}{3}$$

上例所采用的方法叫做无穷小分出法，一般都用分母中自变量的最高次幂除分子、分母，以分出无穷小，然后再求极限. 它只适用于当 $x\to\infty$ 时的情形，当 $x\to x_0$ 时，不能用此方法.

例 4-21　求极限 $\lim\limits_{x\to\infty}\dfrac{2x^2-3x+5}{x^3+x^2-2}$.

解　先用 x^3 除分子和分母，然后求极限得

$$\lim_{x\to\infty}\frac{2x^2-3x+5}{x^3+x^2-2}=\lim_{x\to\infty}\frac{\frac{2}{x}-\frac{3}{x^2}+\frac{5}{x^3}}{1+\frac{1}{x}-\frac{2}{x^3}}=0$$

例 4-22　求极限 $\lim\limits_{x\to\infty}\frac{x^3-2x^2+5}{x^2+2}$.

解　分子、分母同时除以 x^2，得

$$\lim_{x\to\infty}\frac{x^3-2x^2+5}{x^2+2}=\lim_{x\to\infty}\frac{x-2+\frac{5}{x^2}}{1-\frac{1}{x^2}}=\infty$$

从例 4-20 ~ 例 4-22 可以看出，当 $a_0\neq0$，$b_0\neq0$ 时，有

$$\lim_{x\to\infty}\frac{a_0x^m+a_1x^{m-1}+\cdots+a_m}{b_0x^n+b_1x^{n-1}+\cdots+b_n}=\begin{cases}0 & m<n\\ \frac{a_0}{b_0} & m=n\\ \infty & m>n\end{cases}\tag{4-6}$$

其中 m，n 为正整数.

4.4　两个重要极限

4.4.1　夹逼定理与重要极限 $\lim\limits_{x\to0}\frac{\sin x}{x}=1$

定理 4-3（夹逼定理）　如果函数 $f(x)$、$g(x)$ 和 $h(x)$ 在点 x_0 的某一个去心邻域内有

$$g(x)\leqslant f(x)\leqslant h(x)$$

并且

$$\lim_{x\to x_0}g(x)=\lim_{x\to x_0}h(x)=A(A\text{ 是常数})$$

则

$$\lim_{x\to x_0}f(x)=A$$

【证略】

需要指出，定理 4-3 对于"$x\to\infty$"的情形也成立.

下面利用夹逼定理，来得到重要极限

$$\lim_{x\to0}\frac{\sin x}{x}=1\tag{4-7}$$

当 $x\to0$ 时，$\frac{\sin x}{x}$的分母趋于 0，所以不能应用极限运算的法则 4)，并且在 $x\to0$ 的过程中，x 与 $\sin x$ 始终保持同号，因而这个分式的符号恒为正，所以只需讨论 x 由正值趋向于零时分式$\frac{\sin x}{x}$的极限.

如图 4-18 所示，设圆 O 的半径为 1，圆心角 $x=\angle BOA\left(0<x<\frac{\pi}{2}\right)$，点 A 处的切线为 AD，则

$$\overline{BC}=\sin x,\ \widehat{AB}=x,\ \overline{AD}=\tan x$$

因为 $$S_{\triangle BOA}<S_{扇形BOA}<S_{\triangle DOA}$$

所以 $$\frac{1}{2}\sin x<\frac{1}{2}x<\frac{1}{2}\tan x$$

即 $$\sin x<x<\tan x$$

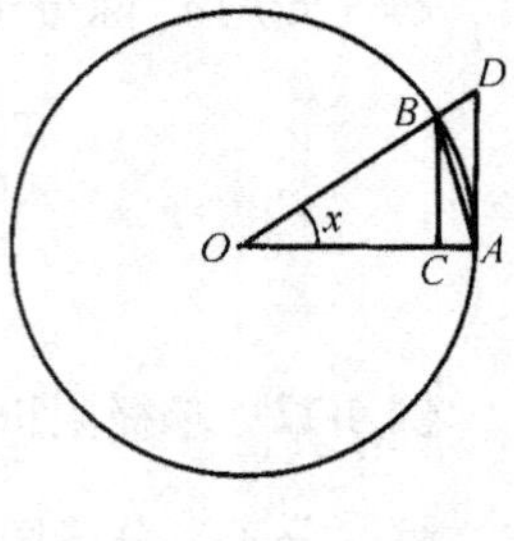

图 4-18

由于 $0<x<\frac{\pi}{2}$，从而 $\sin x>0$，因此，上式同时除以 $\sin x$ 就有

$$1<\frac{x}{\sin x}<\frac{1}{\cos x}$$

或 $$\cos x<\frac{\sin x}{x}<1$$

因为 $$\lim_{x\to0^+}\cos x=1,\ \lim_{x\to0^+}1=1$$

由夹逼定理知 $$\lim_{x\to0^+}\frac{\sin x}{x}=1$$

同理可得 $$\lim_{x\to0^-}\frac{\sin x}{x}=1$$

所以 $$\lim_{x\to0}\frac{\sin x}{x}=1$$

利用公式(4-7)，可以求一些含有三角函数、反三角函数的极限.

例 4-23 求极限 $\lim\limits_{x\to0}\frac{\sin3x}{x}$.

解 $$\lim_{x\to0}\frac{\sin3x}{x}=\lim_{x\to0}\left(3\times\frac{\sin3x}{3x}\right)=3\lim_{x\to0}\frac{\sin3x}{3x}=3$$

例 4-24 求极限 $\lim\limits_{x\to0}\frac{\tan x}{x}$.

解 $$\lim_{x\to0}\frac{\tan x}{x}=\lim_{x\to0}\left(\frac{\sin x}{x}\frac{1}{\cos x}\right)=\lim_{x\to0}\frac{\sin x}{x}\lim_{x\to0}\frac{1}{\cos x}=1\times1=1$$

例 4-25 求极限 $\lim\limits_{x\to0}\frac{1-\cos x}{x^2}$.

解 $$\lim_{x\to0}\frac{1-\cos x}{x^2}=\lim_{x\to0}\frac{2\sin^2\frac{x}{2}}{x^2}=\frac{1}{2}\lim_{x\to0}\left(\frac{\sin\frac{x}{2}}{\frac{x}{2}}\right)^2=\frac{1}{2}\left(\lim_{x\to0}\frac{\sin\frac{x}{2}}{\frac{x}{2}}\right)^2=\frac{1}{2}.$$

例 4-26 求极限 $\lim\limits_{x\to0}\frac{\arctan x}{x}$.

解 令 $\arctan x=t$，则 $x=\tan t$. 当 $x\to0$ 时，有 $t\to0$

于是 $$\lim_{x\to0}\frac{\arctan x}{x}=\lim_{t\to0}\frac{t}{\tan t}=\lim_{t\to0}\left(\frac{t}{\sin t}\cos t\right)=1$$

在计算极限时，可以通过变量代换的方法把不熟悉的极限转化成熟悉的或简单的极限. 在公式(4-7)中，变量 x 可以是自变量，也可以是其他形式的无穷小，即有 $\lim\limits_{\varphi(x)\to0}\frac{\sin\varphi(x)}{\varphi(x)}=1$.

例 4-27　求极限 $\lim\limits_{x\to 0}\dfrac{\sin\left(\dfrac{\pi}{2}x\right)}{x}$.

解
$$\lim_{x\to 0}\frac{\sin\left(\frac{\pi}{2}x\right)}{x}=\lim_{x\to 0}\left(\frac{\pi}{2}\frac{\sin\left(\frac{\pi}{2}x\right)}{\frac{\pi}{2}x}\right)=\frac{\pi}{2}$$

4.4.2　重要极限 $\lim\limits_{x\to\infty}\left(1+\dfrac{1}{x}\right)^x=\mathrm{e}$

由表 4-2 可以看出，当 $|x|$ 增大时，函数 $\left(1+\dfrac{1}{x}\right)^x$ 的值就趋近于无理数 e(e = 2.7182818…)，即

$$\lim_{x\to\infty}\left(1+\frac{1}{x}\right)^x=\mathrm{e} \tag{4-8}$$

表 4-2

x	10^2	10^3	10^4	10^5	10^6	$\cdots\to+\infty$
$\left(1+\frac{1}{x}\right)^x$	2.70481	2.71692	2.71815	2.71827	2.71828	$\cdots\to+\mathrm{e}$
x	-10^2	-10^3	-10^4	-10^5	-10^6	$\cdots\to+\infty$
$\left(1+\frac{1}{x}\right)^x$	2.73200	2.71964	2.71841	2.71830	2.71828	$\cdots\to+\mathrm{e}$

如果在上式中，令 $\dfrac{1}{x}=z$，则 $x\to\infty$ 时，$z\to 0$，于是有

$$\lim_{x\to\infty}\left(1+\frac{1}{x}\right)^x=\lim_{z\to 0}(1+z)^{\frac{1}{z}}=\mathrm{e}$$

即
$$\lim_{x\to 0}(1+x)^{\frac{1}{x}}=\mathrm{e} \tag{4-9}$$

形如 $f(x)^{g(x)}$ 的函数称为幂指函数. 显然，函数 $\left(1+\dfrac{1}{x}\right)^x$、$(1+x)^{\frac{1}{x}}$ 都是幂指函数.

当 $x\to\infty$ 时，$\left(1+\dfrac{1}{x}\right)^x$ 呈"1^∞"的形式；当 $x\to 0$ 时，$(1+x)^{\frac{1}{x}}$ 也呈"1^∞"的形式. 这样，重要极限(4-8)、(4-9)常用于求"1^∞"型的幂指函数的极限.

例 4-28　求极限 $\lim\limits_{x\to\infty}\left(1+\dfrac{2}{x}\right)^x$.

解　先将 $\lim\limits_{x\to\infty}\left(1+\dfrac{2}{x}\right)^x$ 改写形式，得

$$\lim_{x\to\infty}\left(1+\frac{2}{x}\right)^x=\lim_{x\to\infty}\left(1+\frac{1}{\frac{x}{2}}\right)^{\frac{x}{2}\times 2}=\lim_{x\to\infty}\left[\left(1+\frac{1}{\frac{x}{2}}\right)^{\frac{x}{2}}\right]^2$$

再令 $t=\dfrac{x}{2}$，由于当 $x\to\infty$ 时，$t\to\infty$，从而

$$\lim_{x\to\infty}\left(1+\frac{2}{x}\right)^x=\lim_{t\to\infty}\left[\left(1+\frac{1}{t}\right)^t\right]^2=\left[\lim_{t\to\infty}\left(1+\frac{1}{t}\right)^t\right]^2=e^2$$

例 4-29　求极限$\lim\limits_{x\to\infty}\left(1-\frac{1}{x}\right)^x$.

解　令$t=-x$，则$x=-t$，当$x\to\infty$时，$t\to\infty$，从而得

$$\lim_{x\to\infty}\left(1-\frac{1}{x}\right)^x=\lim_{t\to\infty}\left(1+\frac{1}{t}\right)^{-t}=\lim_{t\to\infty}\left[\left(1+\frac{1}{t}\right)^t\right]^{-1}=e^{-1}=\frac{1}{e}$$

例 4-30　求$\lim\limits_{x\to\infty}\left(\frac{2x-1}{2x+1}\right)^{x+\frac{5}{2}}$.

解　先将$\frac{2x-1}{2x+1}$改写成$1-\frac{2}{2x+1}$，然后令$t=-\frac{2}{2x+1}$，则$x=-\frac{1}{t}-\frac{1}{2}$

由于当$x\to\infty$时，$t\to0$，从而

$$\lim_{x\to\infty}\left(\frac{2x-1}{2x+1}\right)^{x+\frac{5}{2}}=\lim_{t\to0}(1+t)^{2-\frac{1}{t}}=\lim_{t\to0}\left[(1+t)^2(1+t)^{-\frac{1}{t}}\right]=\frac{\lim\limits_{t\to0}(1+t)^2}{\lim\limits_{t\to0}(1+t)^{\frac{1}{t}}}=\frac{1}{e}$$

4.5　无穷小的比较

前面已经介绍过，两个无穷小的和、差、积仍为无穷小，那么两个无穷小的商还会是无穷小吗？

考察表4-3可以看出，当$x\to0$时，x，$2x$，x^2都是无穷小，但它们趋于零的快慢程度却有不同. 其中，x^2比x和$2x$趋于零的速度快，x与$2x$趋于零的速度相近，而且有$\lim\limits_{x\to0}\frac{x^2}{x}=0$，$\lim\limits_{x\to0}\frac{2x}{x}=2$，$\lim\limits_{x\to0}\frac{x}{x^2}=\infty$. 这说明，可以用两个无穷小的比的极限来刻画无穷小趋于零的速度快慢.

表　4-3

x	10^{-2}	10^{-4}	10^{-6}	10^{-8}	$\cdots\to0$
$2x$	2×10^{-2}	2×10^{-4}	2×10^{-6}	2×10^{-8}	$\cdots\to0$
x^2	10^{-4}	10^{-8}	10^{-12}	10^{-16}	$\cdots\to0$

定义 4-15　设α和β是同一变化趋势下的两个无穷小，则

1）如果$\lim\frac{\beta}{\alpha}=0$，则称$\beta$是较$\alpha$**高阶的无穷小**，记作$\beta=o(\alpha)$；

2）如果$\lim\frac{\beta}{\alpha}=\infty$，则称$\beta$是较$\alpha$**低阶的无穷小**；

3）如果$\lim\frac{\beta}{\alpha}=C\neq0$（$C$是常数），则称$\beta$与$\alpha$是**同阶无穷小**，记作$\beta=O(\alpha)$或$\alpha=O(\beta)$. 特别地，当$C=1$时，称$\beta$与$\alpha$是**等价无穷小**，记为$\alpha\sim\beta$.

根据定义可知，当$x\to0$时，x^2是比x高阶的无穷小，$2x$与x是同阶无穷小，x是比x^2

低阶的无穷小. 又如，当 $x \to 0$ 时，$\sin x$ 与 x 都是无穷小，由重要极限(4-7)有 $\sin x \sim x$.

例 4-31　当 $x \to -2$ 时，比较 $x+2$ 与 x^2+x-2 的阶的高低.

解　由于 $\lim\limits_{x \to -2}(x+2)=0$，$\lim\limits_{x \to -2}(x^2+x-2)=0$

且
$$\lim_{x \to -2}\frac{x+2}{x^2+x-2}=\lim_{x \to -2}\frac{1}{x-1}=-\frac{1}{3}$$

所以，当 $x \to -2$ 时，$x+2$ 与 x^2+x-2 是同阶无穷小，即当 $x \to -2$ 时，$x+2=O(x^2+x-2)$.

关于等价无穷小，有如下重要性质.

定理 4-4　设 $\alpha \sim \alpha'$，$\beta \sim \beta'$，且 $\lim \dfrac{\alpha'}{\beta'}$ 存在，则 $\lim \dfrac{\alpha}{\beta}=\lim \dfrac{\alpha'}{\beta'}$.

证　$\lim \dfrac{\alpha}{\beta}=\lim\left(\dfrac{\alpha}{\alpha'}\dfrac{\alpha'}{\beta'}\dfrac{\beta'}{\beta}\right)=\lim \dfrac{\alpha}{\alpha'}\lim \dfrac{\alpha'}{\beta'}\lim \dfrac{\beta'}{\beta}=\lim \dfrac{\alpha'}{\beta'}$

在求极限时，利用定理 4-4，分子分母的无穷小因子可用其等价无穷小替换，使计算简化，这种方法称为**等价无穷小替换法**.

例 4-32　求极限 $\lim\limits_{x \to 0}\dfrac{\sin 5x}{\sin 2x}$.

解　因为当 $x \to 0$，$\sin 5x \sim 5x$，$\sin 2x \sim 2x$，

所以
$$\lim_{x \to 0}\frac{\sin 5x}{\sin 2x}=\lim_{x \to 0}\frac{5x}{2x}=\frac{5}{2}$$

例 4-33　求极限 $\lim\limits_{x \to 0}\dfrac{\tan x-\sin x}{x\sin^2 x}$.

解
$$\lim_{x \to 0}\frac{\tan x-\sin x}{x\sin^2 x}=\lim_{x \to 0}\frac{\sin x(1-\cos x)}{x\sin^2 x\cos x}=\lim_{x \to 0}\frac{2\sin^2\frac{x}{2}}{x\sin x\cos x}$$

因为当 $x \to 0$ 时，$\sin x \sim x$，$\sin\dfrac{x}{2} \sim \dfrac{x}{2}$，所以
$$\lim_{x \to 0}\frac{\tan x-\sin x}{x\sin^2 x}=\lim_{x \to 0}\frac{2\left(\frac{x}{2}\right)^2}{x^2\cos x}=\lim_{x \to 0}\frac{1}{2\cos x}=\frac{1}{2}$$

4.6　函数的连续性

4.6.1　连续性的概念

在自然界中有许多现象，如气温的变化、空气和水的流动以及植物的生长等，都是随时间变化而变化的，其共同特点就是当时间的变化很微小时，这些量的变化也很微小. 这些现象在数学中的反映，就是函数的连续性.

定义 4-16　如果函数 $f(x)$ 在点 x_0 处同时满足下面的三个条件：

1）$f(x)$ 在 x_0 处有定义，即 $f(x_0)$ 有意义；

2）$f(x)$ 在 x_0 处有极限，即 $\lim\limits_{x \to x_0}f(x)$ 存在；

3）在 x_0 处的极限值等于函数值，即 $\lim\limits_{x \to x_0}f(x)=f(x_0)$；

则称函数$f(x)$在点x_0处是**连续**的，否则称函数$f(x)$在点x_0处**不连续**(又称**间断**).

例 4-34 讨论函数$f(x)=\begin{cases}x^2-1 & -1\leqslant x<0\\ x & 0\leqslant x<1\\ 2-x & 1\leqslant x\leqslant 2\end{cases}$在点$x=0$、$x=1$处的连续性.

解 如图4-19所示，在$x=0$处，$f(0)=0$，

因为
$$\lim_{x\to 0^-}f(x)=\lim_{x\to 0^-}(x^2-1)=-1$$
$$\lim_{x\to 0^+}f(x)=\lim_{x\to 0^+}x=0$$
$$\lim_{x\to 0^-}f(x)\neq\lim_{x\to 0^+}f(x)$$

于是有$\lim\limits_{x\to 0}f(x)$不存在，即$f(x)$在$x=0$处间断.

在$x=1$处，$f(1)=1$.

又$\lim\limits_{x\to 1^-}f(x)=\lim\limits_{x\to 1^-}x=1$，$\lim\limits_{x\to 1^+}f(x)=\lim\limits_{x\to 1^+}(2-x)=1$

从而$\lim\limits_{x\to 1}f(x)=1=f(1)$

所以，函数$f(x)$在点$x=1$处连续.

从图4-19可以看出，如果函数$f(x)$在点x_0处连续，则曲线$y=f(x)$经过点$(x_0,f(x_0))$，否则会在$x=x_0$处"间断".

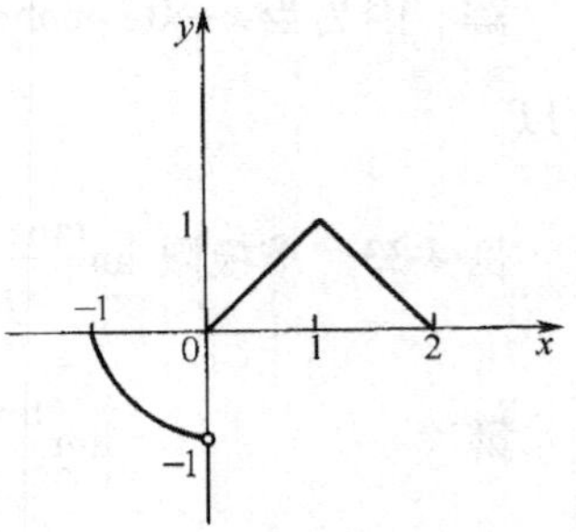

图 4-19

如果函数$f(x)$在开区间(a,b)内各点连续，则称函数$f(x)$**在开区间(a,b)内连续**. 若$\lim\limits_{x\to x_0^-}f(x)=f(x_0)$(或$\lim\limits_{x\to x_0^+}f(x)=f(x_0)$)，则称函数$f(x)$在点$x_0$**处左**(或右)**连续**，显然，函数$f(x)$在点$x_0$处连续的充分必要条件是函数$f(x)$在点$x_0$处既左连续又右连续. 如果函数$f(x)$在开区间$(a,b)$内连续，而且在区间的左端点$x=a$处右连续，右端点$x=b$处左连续，则称函数$f(x)$**在闭区间$[a,b]$上连续**.

观察表4-1中的函数图形，可以看出(理论上可以严格证明)：**基本初等函数在其定义域上是连续的**.

以下引入增量的概念.

定义 4-17 设函数$f(x)$在点x_0的某个邻域内有定义，当自变量x由值x_0变到值x_1时，差x_1-x_0称为**自变量x在x_0处的增量**(或改变量)，记为Δx，即
$$\Delta x=x_1-x_0\quad 或\quad x_1=x_0+\Delta x$$
相应地，$f(x)$由函数值$f(x_0)$变到函数值$f(x_1)$，差$f(x_1)-f(x_0)$称为**函数$f(x)$在x_0处的增量**(或改变量)，并记为Δy，即
$$\Delta y=f(x_1)-f(x_0)\quad 或\quad \Delta y=f(x_0+\Delta x)-f(x_0)$$

例 4-35 求函数$y=f(x)=2x^2-3$在下列条件下自变量的增量Δx与函数的增量Δy.

1) 当x由1变到1.2；2)当x由1变到0.5；3)当x由x_0变到x_1.

解 1) $\Delta x=1.2-1=0.2$

$\Delta y=f(1.2)-f(1)=(2\times 1.2^2-3)-(2\times 1^2-3)=0.88$

2) $\Delta x=0.5-1=-0.5$

$\Delta y=f(0.5)-f(1)=(2\times 0.5^2-3)-(2\times 1^2-3)=-1.5$

3) $\Delta x = x_1 - x_0$

$$\begin{aligned}\Delta y &= f(x_1) - f(x_0) = f(x_0 + \Delta x) - f(x_0) \\ &= [2(x_0 + \Delta x)^2 - 3] - (2x_0^2 - 3) \\ &= 4x_0\Delta x + 2(\Delta x)^2.\end{aligned}$$

有了增量的概念，就有下面的说法.

定理 4-5　函数 $f(x)$ 在点 x_0 处连续的充分必要条件是在点 x_0 处，当自变量的增量 Δx 无限趋于零时，函数的增量 Δy 也无限趋于零. 即

$$\lim_{\Delta x \to 0} \Delta y = \lim_{\Delta x \to 0} [f(x_0 + \Delta x) - f(x_0)] = 0$$

【证略】

例 4-36　证明函数 $y = 2x^2 - 3$ 在点 $x = 1$ 处连续.

证明　设自变量在点 $x = 1$ 处有增量 Δx，则函数相应增量为

$$\Delta y = [2(1 + \Delta x)^2 - 3] - (2 \times 1^2 - 3) = 4\Delta x + 2(\Delta x)^2$$

由于　$\lim\limits_{\Delta x \to 0} \Delta y = \lim\limits_{\Delta x \to 0} [4\Delta x + 2(\Delta x)^2] = 0$

因此，函数 $y = 2x^2 - 3$ 在点 $x = 1$ 处连续.

4.6.2　间断点的分类

根据定义 4-15 可知，函数 $f(x)$ 在点 x_0 处不连续(间断)，表示至少发生以下三种情形中的一种：

1) 函数 $f(x)$ 在点 x_0 处没有定义；

2) $\lim\limits_{x \to x_0} f(x)$ 不存在；

3) $\lim\limits_{x \to x_0} f(x) \neq f(x_0)$.

如果函数 $f(x)$ 在点 x_0 处不连续，则把点 x_0 称为函数 $f(x)$ 的**不连续点或间断点**.

间断点通常分为两类：设 x_0 是函数 $f(x)$ 的间断点，如果函数 $f(x)$ 在 x_0 处的左、右极限都存在，则称 x_0 是函数 $f(x)$ 的**第一类间断点**. 特别地，如果极限 $\lim\limits_{x \to x_0} f(x)$ 存在，称 x_0 是函数 $f(x)$ 的**可去间断点**. 不是第一类间断点的间断点都称为**第二类间断点**.

例如，对于函数 $f(x) = \dfrac{x^2 - 1}{x - 1}$(例 4-12)，$x = 1$ 是 $f(x)$ 的第一类间断点，而且是可去间断点(图 4-15). 在例 4-34 中(图 4-19) $x = 0$ 是函数 $f(x)$ 的第一类间断点，但不是可去间断点(这样的间断点也叫做**跳跃间断点**). 而对于函数 $g(x) = \begin{cases} \dfrac{1}{x} & x \neq 0 \\ 0 & x = 0 \end{cases}$，由于在 $x = 0$ 处函数 $g(x)$ 的左、右极限均为无穷大量，可见 $x = 0$ 是 $g(x)$ 的第二类间断点(这样的间断点有时又称为**无穷间断点**(图 4-20). 对于函数 $h(x) = \sin \dfrac{1}{x}$(图 4-21)，由于在 $x = 0$ 处函数 $h(x)$ 的左、右极限均不存在，故 $x = 0$ 是 $h(x)$ 的第二类间断点(这样的间断点称为**振荡间断点**).

4.6.3　初等函数的连续性

前面指出了基本初等函数在其定义域内都是连续的，由极限的运算性质，可以得到以下

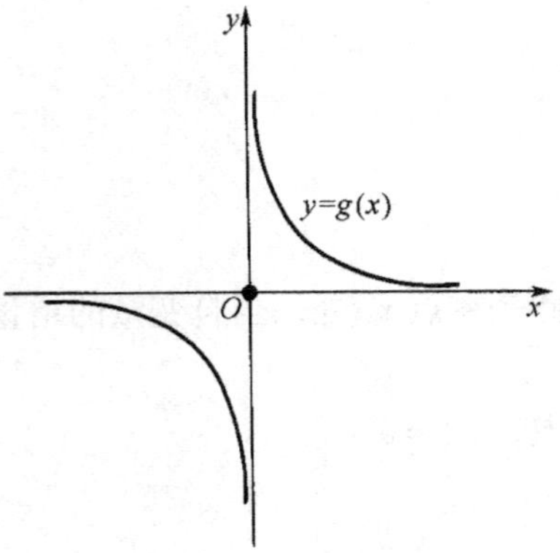

图 4-20

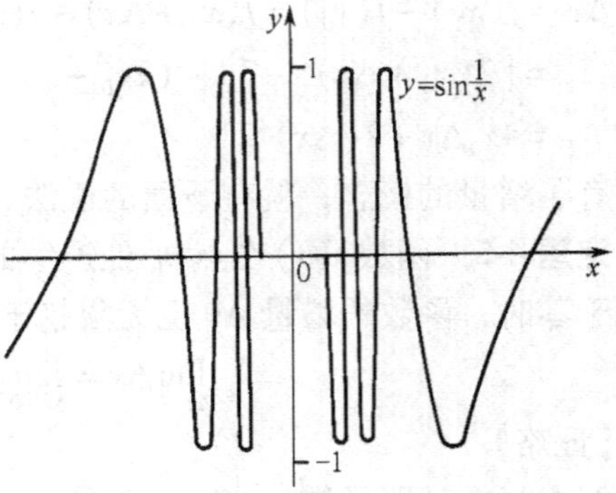

图 4-21

关于连续函数的运算性质.

定理 4-6 如果函数 $f(x)$ 和 $g(x)$ 都在点 x_0 处连续，那么

1）$f(x) \pm g(x)$、$f(x)g(x)$ 都在点 x_0 处连续；

2）如果 $g(x_0) \neq 0$，则 $\dfrac{f(x)}{g(x)}$ 也在点 x_0 处连续.

【证略】

定理 4-7 设函数 $y=f(u)$ 在点 u_0 处连续，函数 $u=\varphi(x)$ 在点 x_0 处连续，且 $u_0=\varphi(x_0)$，则复合函数 $f[\varphi(x)]$ 在点 x_0 处连续.

【证略】

定理 4-8 如果函数 $y=f(x)$ 在某区间上单调增加(减少)且连续，则其反函数 $x=\varphi(y)$ 在对应的区间上连续且单调增加(减少).

【证略】

在基本初等函数的连续性的基础上，利用定理 4-6、定理 4-7 和定理 4-8，可以得到：**初等函数在其有定义的区间上是连续的.**

由此，在求初等函数在其定义区间内某一点的极限时，只要把该点的函数值求出即可. 即

$$\lim_{x \to x_0} f(x) = f(x_0)$$

例 4-37 求下列极限.

(1) $\lim\limits_{x \to \frac{\pi}{2}} \sin x$ (2) $\lim\limits_{x \to 0} \sqrt{1-x^2}$ (3) $\lim\limits_{x \to 0} \dfrac{\sqrt{1+x}-1}{x}$ (4) $\lim\limits_{x \to \frac{\pi}{4}} \dfrac{\sin x - \cos x}{\cos 2x}$

解 (1) $\lim\limits_{x \to \frac{\pi}{2}} \sin x = \sin \dfrac{\pi}{2} = 1$

(2) $\lim\limits_{x \to 0} \sqrt{1-x^2} = \sqrt{1-0^2} = 1$

(3) $\lim\limits_{x \to 0} \dfrac{\sqrt{1+x}-1}{x} = \lim\limits_{x \to 0} \dfrac{(\sqrt{1+x}-1)(\sqrt{1+x}+1)}{x(\sqrt{1+x}+1)} = \lim\limits_{x \to 0} \dfrac{1}{\sqrt{1+x}+1} = \dfrac{1}{2}$

(4) $\lim\limits_{x \to \frac{\pi}{4}} \dfrac{\sin x - \cos x}{\cos 2x} = \lim\limits_{x \to \frac{\pi}{4}} \dfrac{\sin x - \cos x}{\cos^2 x - \sin^2 x} = \lim\limits_{x \to \frac{\pi}{4}} \dfrac{-1}{\cos x + \sin x}$

$$= \frac{-1}{\cos\frac{\pi}{4}+\sin\frac{\pi}{4}} = -\frac{\sqrt{2}}{2}$$

4.6.4　闭区间上连续函数的性质

定义 4-18　设函数 $f(x)$ 在区间 I 上有定义，x_0 是区间 I 上的某一点，如果对于区间 I 上的任一点 x，总有 $f(x_0) \geqslant f(x)$（或 $f(x_0) \leqslant f(x)$）成立，则称 $f(x_0)$ 为函数 $f(x)$ 在区间 I 上的**最大**（或**最小**）**值**. 最大值和最小值可分别记作 M 和 m.

定理 4-9（最大值与最小值定理）　如果函数 $f(x)$ 在闭区间 $[a,b]$ 上连续，那么 $f(x)$ 在 $[a,b]$ 上必有最大值和最小值.

【证略】

如图 4-22 所示，函数 $y=f(x)$ 在闭区间 $[a,b]$ 上连续，显然，在 $x=x$ 处取得最大值 $f(x_1)=M$，在 $x=x_2$ 处取得最小值 $f(x_2)=m$.

注意：如果函数在开区间内连续，或者在闭区间上有间断点，那么函数在该区间上就不一定取得最大值与最小值.

例如，函数 $y=x^2$ 在开区间 $(0,1)$ 内连续，而它在 $(0,1)$ 内既无最大值，也无最小值. 又函数 $y=\frac{1}{x}$ 在闭区间 $[-1,1]$ 上有一个间断点 $x=0$，该函数在 $[-1,1]$ 上既无最大值，也无最小值.

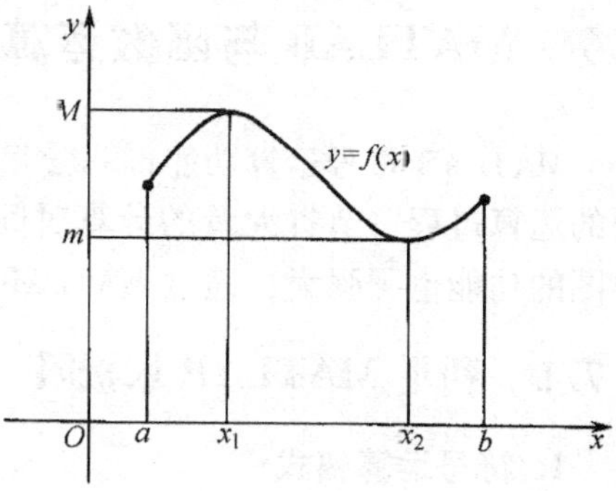

图　4-22

由最大值与最小值定理可以知道，如果函数 $f(x)$ 在闭区间 $[a,b]$ 上连续，则 $f(x)$ 在闭区间 $[a,b]$ 上有界.

定理 4-10　（介值定理）如果函数 $f(x)$ 在闭区间 $[a,b]$ 上连续，M 和 m 分别是 $f(x)$ 的最大值和最小值，则对于满足条件 $m \leqslant \mu \leqslant M$ 的任何实数 μ，在闭区间 $[a,b]$ 上至少有一点 ξ，使 $f(\xi)=\mu$.

【证略】

这个定理的几何意义如图 4-23 所示. 它表明闭区间上连续函数可以取到最大值和最小值之间的任何值. 由介值定理，容易得到下面一个有用的推论.

推论　（根的存在定理）如果 $f(x)$ 在闭区间 $[a,b]$ 上连续，且 $f(a)$ 与 $f(b)$ 异号，则在 (a,b) 内至少存在一点 ξ，使 $f(\xi)=0$，即方程 $f(x)=0$ 在 (a,b) 内至少存在一个实根 ξ.

其几何意义如图 4-24 所示，如果 $f(a)$ 与 $f(b)$ 异号，即 $(a,f(a))$ 与 $(b,f(b))$ 分别在 x 轴上下两侧，则连续曲线 $y=f(x)$ 至少与 x 轴有一个交点.

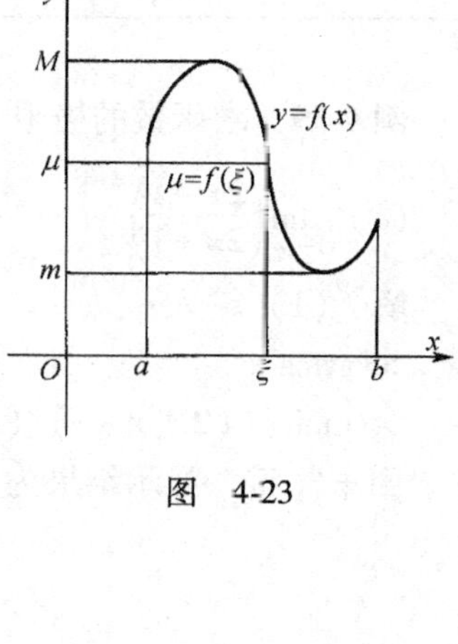

图　4-23

例 4-38　证明方程 $x^3+2x^2-1=0$ 在区间 $(0,1)$ 内至少有一个实根.

证明　设 $f(x)=x^3+2x^2-1$，因为 $f(x)$ 是初等函数，它

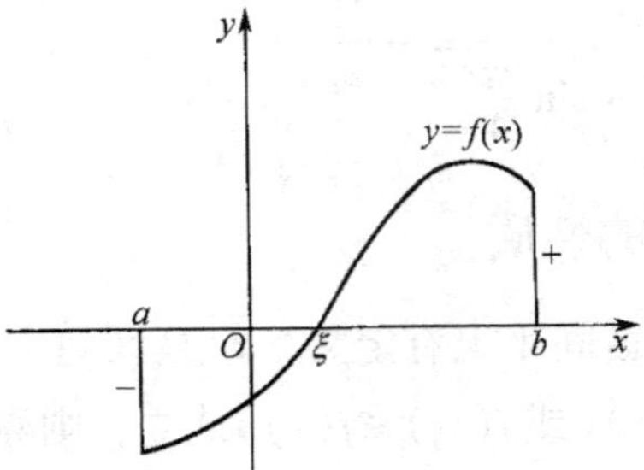

图　4-24

在[0,1]上连续，且$f(0)=-1<0$，$f(1)=2>0$. 由根的存在定理知，在(0,1)内至少有一点ξ，使得$f(\xi)=0$，即$\xi^3+2\xi^2-1=0(0<\xi<1)$，也就是方程$x^3+2x^2-1=0$在区间(0,1)内至少有一个实根.

4.7　MATLAB与函数运算

MATLAB符号运算功能也非常强大，利用MATLAB计算极限可以大大简化复杂函数极限的运算过程，节省大量的计算时间，同时也更利于深入研究专业的问题. MATLAB函数作图的功能也很强大，通过MATLAB可以快速作出精确且优美的函数图形.

4.7.1　利用MATLAB求极限

1. 符号运算格式

≫syms　x　y　　　（生成符号变量x,y）

≫关系式

≫命令

2. 极限命令（表4-4）

表　4-4

MATLAB求极限命令	数学运算解释
limit(F,x,a)	$\lim\limits_{x\to a}F$
limit(F,x,a,'right')	$\lim\limits_{x\to a^+}F$
limit(F,x,a,'left')	$\lim\limits_{x\to a^-}F$

例4-39　求函数的极限.

(1) $\lim\limits_{x\to\infty}\left(\dfrac{2x-1}{2x+1}\right)^{x+\frac{5}{2}}$　　(2) $\lim\limits_{x\to 0}\dfrac{\arctan x}{x}$　　(3) $\lim\limits_{x\to 0}\dfrac{1-\cos x}{x^2}$

解　(1) 输入：

```
≫syms x
≫limit(((2*x-1)/(2*x+1))^(x+5/2),x,inf)
```

按“回车”键，显示结果为：

ans =

exp(-1)

所以
$$\lim_{x\to\infty}\left(\frac{2x-1}{2x+1}\right)^{x+\frac{5}{2}}=e^{-1}$$

(2) 输入:

```
>> clear
>> syms x
>> limit(atan(x)/x,x,0)
```

按“回车”键，显示结果为:

ans =

1

所以
$$\lim_{x\to 0}\frac{\arctan x}{x}=1$$

(3) 输入:

```
>> clear
>> syms x
>> limit((1-cos(x))/x^2,x,0)
```

按“回车”键，显示结果为:

ans =

1/2

所以
$$\lim_{x\to 0}\frac{1-\cos x}{x^2}=\frac{1}{2}$$

例 4-40　求 $\lim\limits_{x\to 0^+}\left(\frac{1}{x}\right)^{\tan x}$.

解　输入:

```
>> clear
>> syms x
>> limit((1/x)^tan(x),x,0,'right')
```

按“回车”键，显示结果为:

ans =

1

所以
$$\lim_{x\to 0^+}\left(\frac{1}{x}\right)^{\tan x}=1$$

例 4-41　用圆内接正多边形的周长逼近圆的周长.

解　设圆内接正 n 边形边长为 a，圆的半径为 R，则每边所对圆心角 $a=\frac{2\pi}{n}$，边长 $a=2R\sin\frac{\alpha}{2}=2R\sin\frac{\pi}{n}$，圆内接正 n 边形周长 $S_n=na=2nR\sin\frac{\pi}{n}$. 可见，当 $n\to\infty$ 时，$S_n\to$圆的周长.

在 MATLAB 命令窗口中输入:

```
>> clear
>> syms R n
>> limit(2 * n * R * sin(pi/n),n,inf)
```

显示结果为：

```
ans =

        2 * pi * R
```

即半径为 R 的圆的周长为 $2\pi R$.

4.7.2　利用 MATLAB 函数作图与连续的判断

绘图命令“fplot”专门用于绘制一元函数曲线．格式如下：

fplot('fun',[a,b])

功能：绘制区间[a,b]上函数 y = fun 的图形．

例 4-42　绘出函数(1) $y=x+\sin x$;(2) $y=x^2\mathrm{e}^{-x^2}$ 图形，说明其奇偶性，并根据图形判断这些函数在[-2,2]上是否连续.

解　(1) 输入：

```
>> fplot('x + sin(x)',[ -5,5])
```

按“回车”键，出现如图 4-25 所示窗口.

(2) 输入：

```
>> fplot('x^2 * exp( - x^2)',[ -6,6])
```

按“回车”键，出现如图 4-26 所示窗口.

从以上两图形可知，$y=x+\sin x$ 是奇函数，$y=x^2\mathrm{e}^{-x^2}$ 是偶函数，且在区间[-2,2]上都是连续的.

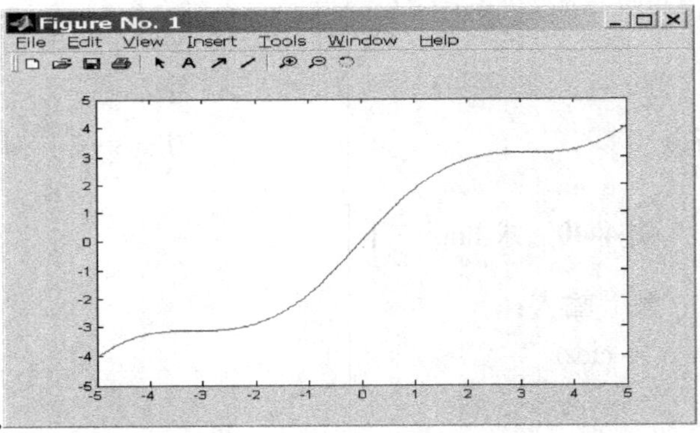

图　4-25

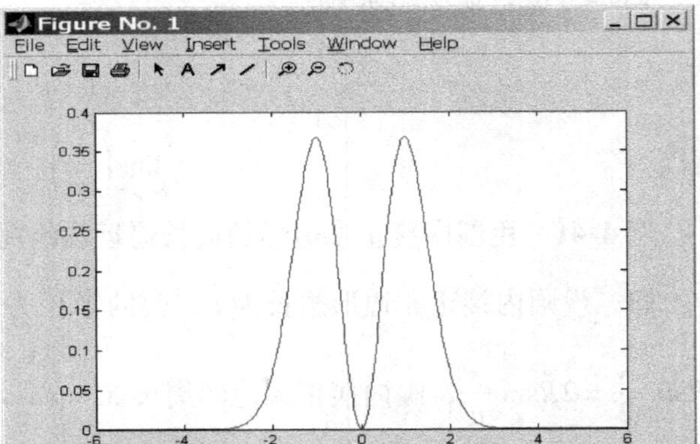

图　4-26

例 4-43　判断函数 $y=2x^2-3$ 在点 $x=1$ 处的连续性.

解　方法一，作图法判断．输入：

```
>> fplot('2 * x^2 - 3',[0,2])
```

按“回车”键，出现如图 4-27 所示窗口.

观察图 4-27 可知，函数在点 $x=1$ 点是连续的.

方法二，定义法．输入：

```
>> limit(2 * x^2 - 3,x,1)
ans =
   -1
>>2 * 1^2 - 3
```

显示结果为：

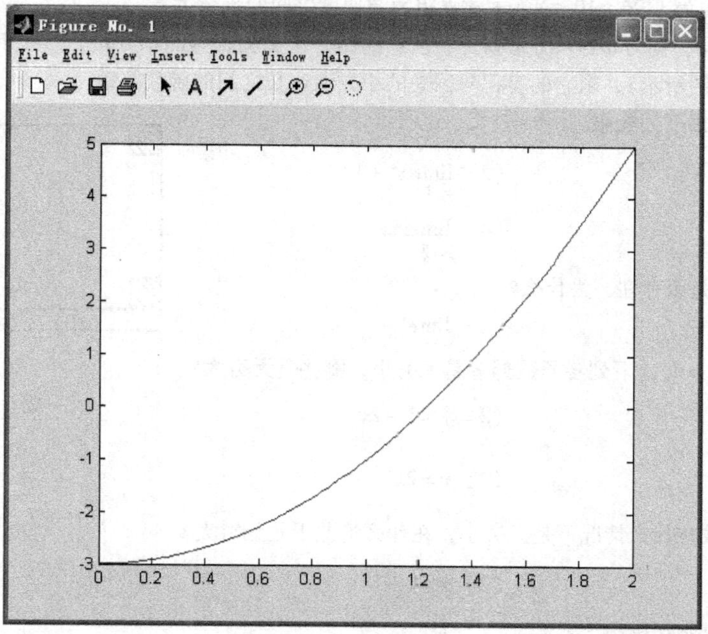

图　4-27

ans =

　　-1

通过计算可知，$\lim\limits_{x\to 1}(2x^2-3)=-1=f(1)$，所以函数在点 $x=1$ 是连续的.

4.8　习题

4-1　下列函数中，哪些是奇函数，哪些是偶函数，哪些是非奇非偶函数?

(1) $y=x^3-x$　　　　(2) $y=2^x+x^2$

(3) $y=\frac{1}{2}(e^x+e^{-x})$　　　　(4) $y=\ln(x+\sqrt{x^2-1})$

4-2　指出下列函数中，哪些是周期函数，并求出周期函数的周期.

(1) $y=x^2+2x-5$　　　　(2) $y=\cos\frac{2}{3}x$

(3) $y=\tan(2x)$　　　　(4) $y=\sin^2 x$

4-3　指出下列各函数的复合过程.

(1) $y=(1-x)^3$　　　　(2) $y=e^{\sin x}$

(3) $y=\sqrt{\ln\tan x}$

4-4　求下列函数的定义域.

(1) $y=\frac{\sqrt{4-x^2}}{x^2-1}$　　　　(2) $y=\ln(3-x)$

4-5　作函数 $f(x)=\begin{cases}x^2 & x\leqslant 0\\ 2-x & x>0\end{cases}$ 的图形(尝试用 MATLAB 画出)，并求 $f(-1)$，$f(0)$，$f(2)$.

4-6　一物体作直线运动，已知阻力 $\boldsymbol{F}$ 的大小与物体运动的速度 v 成正比，但方向相反. 当物体以 2m/s

的速度运动时，阻力为 1.96×10^{-2}N，试建立阻力与速度之间的函数关系.

4-7　有一长为 a、宽为 b 的长方形铁片，从它的四个角截去相等的小方块，然后折起四边做成一个无盖的盒子(如题 4-7 图所示)，求它的容积与截去的小方块边长之间的函数关系.

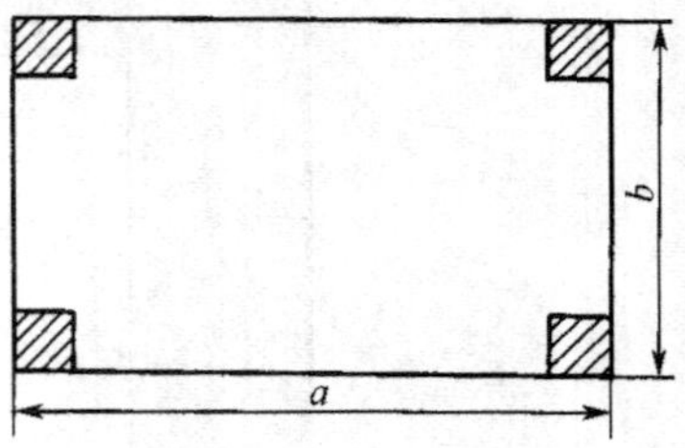

题　4-7 图

4-8　观察并写出下列极限.

(1) $\lim\limits_{x\to\infty}\frac{1}{x^2}$　　(2) $\lim\limits_{x\to1}(x^2+1)$

(3) $\lim\limits_{x\to1}\ln x$　　(4) $\lim\limits_{x\to\frac{\pi}{2}}\sin x$

4-9　下列极限是否存在，为什么？

(1) $\lim\limits_{x\to\infty}\cos x$　　(2) $\lim\limits_{x\to\infty}e^x$

4-10　当 $x\to+\infty$ 时，下列各函数哪些是无穷小，哪些是无穷大？

(1) $y=\frac{1}{2^x}$　　(2) $y=1-2x$

(3) $y=\frac{1}{x^2}$　　(4) $y=2x^2$

4-11　以下函数在什么情况下是无穷小，在什么情况下是无穷大？

(1) $y=\frac{1}{x-1}$　　(2) $y=x-1$

4-12　求下列各函数极限.

(1) $\lim\limits_{x\to1}\frac{x^2+5}{3-x}$　　(2) $\lim\limits_{x\to2}\frac{x^2-4}{x-5}$

(3) $\lim\limits_{x\to2}\frac{x-2}{x^2-x-2}$　　(4) $\lim\limits_{x\to0}\frac{x^2}{1-\sqrt{1+x^2}}$

(5) $\lim\limits_{x\to\infty}\frac{3x^3+x}{x^4+x^2-1}$　　(6) $\lim\limits_{x\to0}\frac{x+4}{\sqrt{1+\cos x}}$

4-13　设 $f(x)=\frac{x^2-4}{2-x}$，求 $\lim\limits_{x\to0}f(x)$，$\lim\limits_{x\to2}f(x)$，$\lim\limits_{x\to\infty}f(x)$.

4-14　求下列各极限并用 MATLAB 验证计算结果.

(1) $\lim\limits_{x\to0}\frac{\tan5x}{x}$　　(2) $\lim\limits_{x\to0}\frac{\sin7x}{\sin9x}$

(3) $\lim\limits_{x\to\infty}x\sin\frac{1}{x}$　　(4) $\lim\limits_{x\to0}\frac{\sin2x}{3x}$

(5) $\lim\limits_{x\to a}\frac{\sin(x-a)}{x-a}$　　(6) $\lim\limits_{x\to\infty}\left(1-\frac{1}{x}\right)^x$

(7) $\lim\limits_{x\to0}(1-2x)^{\frac{3}{x}}$　　(8) $\lim\limits_{x\to\infty}\left(1+\frac{1}{x}\right)^{x+5}$

4-15　讨论函数 $f(x)=\begin{cases}x^2-1 & 0\leqslant x\leqslant1\\ x+3 & x>1\end{cases}$ 在点 $x=1$ 处的连续性，并尝试采用 MATLAB 进行验证.

4-16　用 MATLAB 计算下列各极限.

(1) $\lim\limits_{x\to2}\frac{x^2-4}{\sqrt{x-1}-1}$　　(2) $\lim\limits_{\Delta x\to0}\frac{\sqrt{x+\Delta x}-\sqrt{x}}{\Delta x}$

(3) $\lim\limits_{x\to1}\frac{x+\ln(2-x)}{4x}$　　(4) $\lim\limits_{x\to0}\frac{x}{\ln(2+x)}$

(5) $\lim\limits_{x\to1}\frac{\sin(1-x)}{1-x^2}$　　(6) $\lim\limits_{x\to\frac{\pi}{2}}(1+\cos x)^{5\sec x}$

(7) $\lim\limits_{x\to\infty}\left(\frac{x}{1+x}\right)^x$　　(8) $\lim\limits_{x\to\infty}\left(\frac{x+3}{x-1}\right)^{x+2}$

第 2 篇　微积分与运动学

第 5 章　导数与微分

导数和微分是微积分中的两个重要概念，导数反映了函数相对于自变量的变化速度(函数的变化率)，而微分则指明自变量有微小变化时，函数相应变化的情况．本章将通过对实际问题的分析，建立导数与微分的概念，然后再进一步介绍它们的运算及其应用．

5.1　导数的概念

5.1.1　引例

引例 1　变速直线运动的速度

由物理学可知，物体自由下落的运动方程是

$$s=\frac{1}{2}gt^2$$

现在来求物体在某一给定时刻 t_0 的瞬时速度．

设物体从 O 点开始下落(如图 5-1 所示)经过时间 t_0 落到 M_0 点，这时物体经过的路程为

$$s_0=\frac{1}{2}gt_0^2 \tag{5-1}$$

当时间由 t_0 变到 $t_0+\Delta t$ 时，物体由 M_0 点落到 M 点，这时物体经过的路程为

$$s=s_0+\Delta s=\frac{1}{2}g(t_0+\Delta t)^2 \tag{5-2}$$

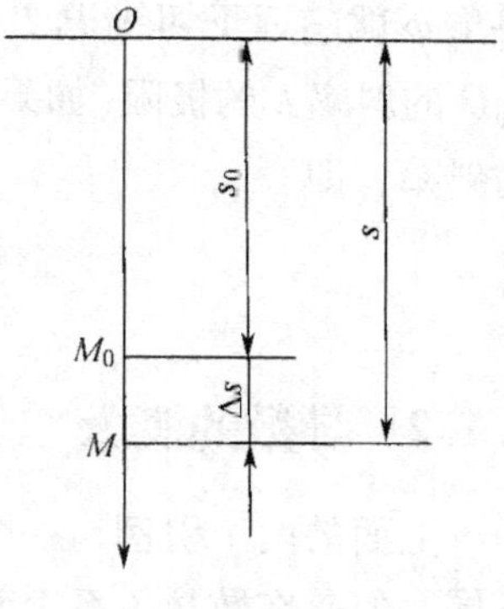

图　5-1

式(5-2)减去式(5-1)，可得物体从 t_0 到 $t_0+\Delta t$ 这段时间内下落的距离为

$$\Delta s=\frac{1}{2}g(t_0+\Delta t)^2-\frac{1}{2}gt_0^2=gt_0\Delta t+\frac{1}{2}g(\Delta t)^2$$

则平均速度为

$$\bar{v}=\frac{\Delta s}{\Delta t}=gt_0+\frac{1}{2}g\Delta t$$

通过实验可以知道，平均速度 $\bar{v}$ 是随着 Δt 变化而变化的．当 $|\Delta t|$ 很小时，$\bar{v}$ 可以作为物体在 t_0 时刻的速度的近似值．可以想象，$|\Delta t|$ 越小，这种描述的精确度就越高，当 $\Delta t\to 0$ 时，$\bar{v}$ 的极限就是物体在 t_0 时刻的速度(即物体在 t_0 时刻的瞬时速度)，从而有

$$v\big|_{t=t_0}=\lim_{\Delta t\to 0}\frac{\Delta s}{\Delta t}=\lim_{\Delta t\to 0}\left(gt_0+\frac{1}{2}g\Delta t\right)=gt_0$$

一般地，设变速直线运动的方程为 $s=s(t)$，在时刻 t_0 有增量 Δt，求得 Δt 在这段时间内路程的增量为

$$\Delta s=s(t_0+\Delta t)-s(t_0)$$

在 Δt 这段时间内的平均速度为

$$\bar{v}=\frac{\Delta s}{\Delta t}=\frac{s(t_0+\Delta t)-s(t_0)}{\Delta t}$$

令 $\Delta t\to 0$，求平均速度的极限，便得到物体在给定时刻 t_0 时的瞬时速度为

$$v\big|_{t=t_0}=\lim_{\Delta t\to 0}\frac{\Delta s}{\Delta t}=\lim_{\Delta t\to 0}\frac{s(t_0+\Delta t)-s(t_0)}{\Delta t}$$

引例 2　切线问题

在初等数学里，圆的切线定义为“与圆只有一个交点的直线”，但是这一定义对于一般曲线是不合适的. 例如，x 轴、y 轴都与抛物线 $y=x^2$ 只相交于一点，但显然，y 轴不是抛物线的切线. 下面给出一般曲线在某一点处切线的定义.

定义 5-1　设曲线 L 上有一个定点 P_0 及一个动点 Q，作割线 P_0Q，当 Q 点沿曲线 L 移动并无限趋近于点 P_0 时，如果这条割线的极限位置存在，那么处于极限位置的直线 P_0T 就叫做曲线 L 在点 P_0 处的切线，定点 P_0 叫做切点(图 5-2).

下面讨论切线斜率的求法.

设曲线 L 的方程为 $y=f(x)$(图 5-3a)，求曲线在点 $P_0(x_0, f(x_0))$处的切线的斜率.

设 Q 点的坐标为$(x_0+\Delta x, f(x_0+\Delta x))$，割线 P_0Q 的倾斜角为 φ，于是割线 P_0Q 的斜率为

$$\bar{k}=\tan\varphi=\frac{\Delta y}{\Delta x}=\frac{f(x_0+\Delta x)-f(x_0)}{\Delta x}$$

当 $\Delta x\to 0$ 时，点 Q 沿曲线 L 趋近于点 P_0，割线 P_0Q 的倾斜角 φ 就趋近于切线 P_0T 的倾斜角 α(图 5-3b). 于是，割线 P_0Q 的斜率 $\bar{k}$ 的极限(如果存在)就是曲线 L 在点 P_0 处的切线的斜率，即

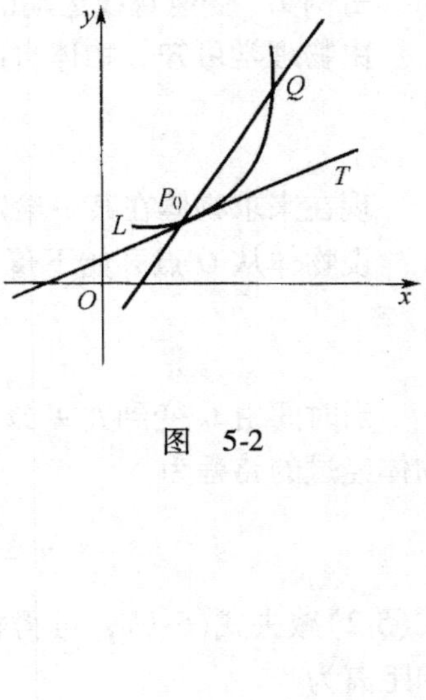

图　5-2

$$k_t=\tan\alpha=\lim_{\Delta x\to 0}\frac{f(x_0+\Delta x)-f(x_0)}{\Delta x}$$

5.1.2　导数的概念

上面的两个引例，一个是物理问题，一个是几何问题. 尽管二者所讨论的实际意义有所不同，但是在数量关系上都可以归结为同一个数学结构，即求当自变量的增量趋近于零时，函数的增量与自变量增量之比的极限. 这种类型的极限在自然科学和工程技术的许多问题中都会遇到，如果抛开这些问题的实际意义，只考虑它们的数量关系方面的共同性质，就抽象出如下的导数定义.

定义 5-2　设函数 $y=f(x)$在点 x_0 的某一邻域内有定义，则当自变量 x 在 x_0 处有增量 Δx

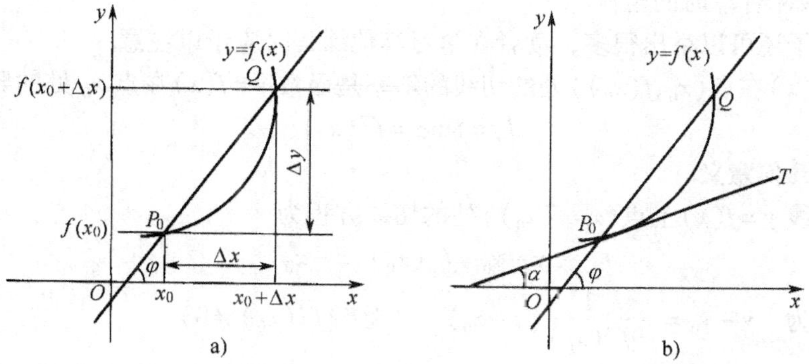

图　5-3

时，函数有相应的增量

$$\Delta y = f(x_0 + \Delta x) - f(x_0)$$

如果当 $\Delta x \to 0$ 时，$\dfrac{\Delta y}{\Delta x}$的极限存在，则称函数$f(x)$在点 x_0 处**导数存在**或函数$f(x)$在点 x_0 **可导**，并称这个极限为函数 $y=f(x)$ 在点 x_0 处的**导数**，记为 $y'\big|_{x=x_0}$，即

$$y'\big|_{x=x_0} = \lim_{\Delta x \to 0}\frac{\Delta y}{\Delta x} = \lim_{\Delta x \to 0}\frac{f(x_0+\Delta x)-f(x_0)}{\Delta x} \tag{5-3}$$

也可以记为 $f'(x_0)$，$\dfrac{\mathrm{d}y}{\mathrm{d}x}\bigg|_{x=x_0}$ 或 $\dfrac{\mathrm{d}}{\mathrm{d}x}f(x)\bigg|_{x=x_0}$.

如果式(5-3)的极限不存在，则称函数$f(x)$在点 x_0 处的**导数不存在**或称函数$f(x)$在点 x_0 处**不可导**.

如果函数 $y=f(x)$在区间(a,b)内的每一点都可导，则称函数 $y=f(x)$ 在区间(a,b)内可导. 这时，对于(a,b)内每一个确定的 x 都有唯一的导数值$f'(x)$与之对应. 所以，$f'(x)$也是 x 的函数，称它为函数 $y=f(x)$的导函数，记为 y'，$f'(x)$，$\dfrac{\mathrm{d}y}{\mathrm{d}x}$或$\dfrac{\mathrm{d}}{\mathrm{d}x}f(x)$.

区间(a,b)称为函数 $y=f(x)$ 的可导区间，于是导函数的定义为

$$f'(x) = \lim_{\Delta x \to 0}\frac{f(x+\Delta x)-f(x)}{\Delta x}$$

显然，函数 $y=f(x)$ 在点 x_0 处的导数$f'(x_0)$就是导函数$f'(x)$在点 x_0 处的函数值，即

$$f'(x_0) = f'(x)\big|_{x=x_0}$$

以后，在不引起混淆的情况下，导函数也简称导数.

有了导数的定义之后，前面所讨论的两个实例就可以叙述为：变速直线运动的物体在时刻 t_0 的瞬时速度是路程函数 $s(t)$ 在时刻 t_0 的导数，即

$$v(t_0) = s'(t_0) = \frac{\mathrm{d}s}{\mathrm{d}t}\bigg|_{t=t_0}$$

这就是导数的**物理意义**.

事实上，导数针对不同的物理量有着不同的物理意义. 例如，设 $Q(t)$ 是通过导体某截面的电量，它是时间 t 的函数，那么 $Q(t)$ 对时间 t 的导数，就是电流，即 $Q'(t_0) = I(t_0)$.

其中 $I(t_0)$ 表示时刻 t_0 时的电流.

这样的例子还可以举出很多，读者在学习其他课程时应予以注意.

曲线 $y=f(x)$ 在点 $(x_0,f(x_0))$ 处的切线的斜率是函数 $y=f(x)$ 在点 x_0 处的导数，即

$$k_t=\tan\alpha=f'(x_0)$$

这就是导数的**几何意义**.

于是，曲线 $y=f(x)$ 上点 $(x_0,f(x_0))$ 处的切线方程为

$$y-y_0=f'(x_0)(x-x_0) \tag{5-4}$$

法线方程为 $y-y_0=-\dfrac{1}{f'(x_0)}(x-x_0)$ （此时 $f'(x_0)\neq 0$）　(5-5)

在实际问题中，需要讨论各种变量变化“快慢”的问题，在数学上就是所谓函数的变化率问题. 导数概念就是函数变化率这一概念的精确描述.

下面利用导数的定义来求一些函数的导数.

根据导数的定义，求函数 $y=f(x)$ 的导数可分为以下三个步骤：

(1) 求函数的增量　$\Delta y=f(x+\Delta x)-f(x)$.

(2) 计算比值　$\dfrac{\Delta y}{\Delta x}=\dfrac{f(x+\Delta x)-f(x)}{\Delta x}$.

(3) 取极限　得 $y'=f'(x)=\lim\limits_{\Delta x\to 0}\dfrac{f(x+\Delta x)-f(x)}{\Delta x}$.

例 5-1　求函数 $y=C$（C 为常数）的导数.

解　(1) 求增量　因为 $y=C$，即不论 x 取何值，y 的值总等于 C，所以

$$\Delta y=f(x+\Delta x)-f(x)=C-C=0$$

(2) 计算比值　$\dfrac{\Delta y}{\Delta x}=0$

(3) 取极限　$y'=\lim\limits_{\Delta x\to 0}\dfrac{\Delta y}{\Delta x}=\lim\limits_{\Delta x\to 0}0=0$

这就是说，常数的导数等于零，即 $(C)'=0$（C 为常数）.

例 5-2　求函数 $y=x$ 的导数.

解　(1) $\Delta y=f(x+\Delta x)-f(x)=x+\Delta x-x=\Delta x$

(2) $\dfrac{\Delta y}{\Delta x}=\dfrac{\Delta x}{\Delta x}=1$

(3) $y'=\lim\limits_{\Delta x\to 0}\dfrac{\Delta y}{\Delta x}=\lim\limits_{\Delta x\to 0}1=1$

即　$(x)'=1$

例 5-3　已知函数 $f(x)=x^3$，求 $f'(x)$，$f'(-2)$.

解　设 $y=f(x)=x^3$，则

(1) $\Delta y=f(x+\Delta x)-f(x)$
$=(x+\Delta x)^3-x^3$
$=3x^2\Delta x+3x(\Delta x)^2+(\Delta x)^3$

(2) $\dfrac{\Delta y}{\Delta x}=3x^2+3x(\Delta x)+(\Delta x)^2$

(3) $f'(x)=\lim\limits_{\Delta x\to 0}\dfrac{\Delta y}{\Delta x}=\lim\limits_{\Delta x\to 0}[3x^2+3x(\Delta x)+(\Delta x)^2]=3x^2$

即　$(x^3)'=3x^2$

于是　$f'(-2)=3x^2\big|_{x=-2}=3\times(-2)^2=12$

例 5-4　求函数 $f(t)=\sqrt{t}$ 的导数.

解　(1) $f(t+\Delta t)-f(t)=\sqrt{t+\Delta t}-\sqrt{t}$

$$=\frac{\Delta t}{\sqrt{t+\Delta t}+\sqrt{t}}$$

(2) $\dfrac{f(t+\Delta t)-f(t)}{\Delta t}=\dfrac{1}{\sqrt{t+\Delta t}+\sqrt{t}}$

(3) $f'(t)=\lim\limits_{\Delta t\to 0}\dfrac{f(t+\Delta t)-f(t)}{\Delta t}$

$$=\lim_{\Delta t\to 0}\frac{1}{\sqrt{t+\Delta t}+\sqrt{t}}=\frac{1}{2\sqrt{t}}$$

即　$(t^{\frac{1}{2}})'=\dfrac{1}{2}t^{-\frac{1}{2}}$

从上面几个幂函数的求导例子，可以看出它们的共同特点，即把原来函数的幂指数降低一次，并且乘以原来的幂指数，就得到原来函数的导数. 这个规律适用于一般的幂函数，即幂函数 $y=x^{\alpha}$(α 为任何实数)的导数公式为

$$(x^{\alpha})'=\alpha x^{\alpha-1} \tag{5-6}$$

利用导数定义，还可以类似推得以下部分求导公式，推导过程在此不再赘述.

$$(\sin x)'=\cos x,\ (\cos x)'=-\sin x$$

$$(a^x)'=a^x\ln a,\ (\mathrm{e}^x)'=\mathrm{e}^x$$

$$(\log_a x)'=\frac{1}{x\ln a},\ (\ln x)'=\frac{1}{x}$$

例 5-5　求曲线 $y=x^{\frac{3}{2}}$ 在点(4,8)处的切线方程和法线方程.

解　根据导数的几何意义，曲线 $y=x^{\frac{3}{2}}$ 在任意一点(x,y)处的切线斜率为 $k=y'$，则由公式(5-6)有

$$k=y'=\left(x^{\frac{3}{2}}\right)'=\frac{3}{2}x^{\frac{1}{2}}=\frac{3}{2}\sqrt{x}$$

故曲线 $y=x^{\frac{3}{2}}$ 在点(4,8)处切线的斜率为

$$k=y'\big|_{x=4}=\frac{3}{2}\sqrt{x}\,\Big|_{x=4}=3$$

所以曲线 $y=x^{\frac{3}{2}}$ 在点(4,8)处的切线方程为

$$y-8=3(x-4)$$

而法线方程为

$$x+3y-28=0$$

5.1.3　可导与连续的关系

定理 5-1　如果函数 $y=f(x)$ 在点 $x=x_0$ 处可导，那么函数在点 x_0 处一定连续.

证 因为 $y=f(x)$ 在点 $x=x_0$ 处可导，则有

$$\lim_{\Delta x\to 0}\frac{\Delta y}{\Delta x}=f'(x_0)$$

于是 $\lim\limits_{\Delta x\to 0}\Delta y=\lim\limits_{\Delta x\to 0}\frac{\Delta y}{\Delta x}\Delta x=\lim\limits_{\Delta x\to 0}\frac{\Delta y}{\Delta x}\lim\limits_{\Delta x\to 0}\Delta x=f'(x_0)\times 0=0$

由定理 4-5 可知，函数 $y=f(x)$ 在点 x_0 处连续.

应当指出，函数在某点连续只是函数在该点可导的必要条件，而不是充分条件.

例 5-6 讨论函数 $y=|x|$ 在 $x=0$ 处的连续性和可导性.

解 因为 $\Delta y=|0+\Delta x|-|0|=|\Delta x|$

故 $\lim\limits_{\Delta x\to 0}\Delta y=\lim\limits_{\Delta x\to 0}|\Delta x|=0$

即 $y=|x|$ 在 $x=0$ 处连续.

而
$$\frac{\Delta y}{\Delta x}=\frac{|\Delta x|}{\Delta x}=\begin{cases}1 & \Delta x>0\\ -1 & \Delta x<0\end{cases}$$

$$\lim_{\Delta x\to 0^+}\frac{\Delta y}{\Delta x}=\lim_{\Delta x\to 0^+}\frac{|\Delta x|}{\Delta x}=1$$

$$\lim_{\Delta x\to 0^-}\frac{\Delta y}{\Delta x}=\lim_{\Delta x\to 0^-}\frac{|\Delta x|}{\Delta x}=-1$$

故 $\lim\limits_{\Delta x\to 0}\frac{\Delta y}{\Delta x}$ 不存在，即 $y=|x|$ 在 $x=0$ 处不可导.

从几何意义上看(如图 5-4 所示)，当点沿曲线 $y=|x|$ 的右支趋于原点时，割线的极限位置是直线 $y=x$；而当点沿曲线 $y=|x|$ 的左支趋于原点时，割线的极限位置却是直线 $y=-x$. 因此，曲线 $y=|x|$ 在原点的割线没有确定的极限位置，即其在原点处的切线不存在.

从例 5-6 还可以看出，如果把 $\lim\limits_{\Delta x\to 0^+}\frac{\Delta y}{\Delta x}$ 称为函数 $y=f(x)$ 在点 x_0 处的右导数，记为 $f'_+(x_0)$；把 $\lim\limits_{\Delta x\to 0^-}\frac{\Delta y}{\Delta x}$ 称为函数 $y=f(x)$ 在点 x_0 处的左导数，记为 $f'_-(x_0)$；则函数 $f(x)$ 在某一点处可导的充分必要条件是函数 $f(x)$ 在该点的左、右导数都存在且相等.

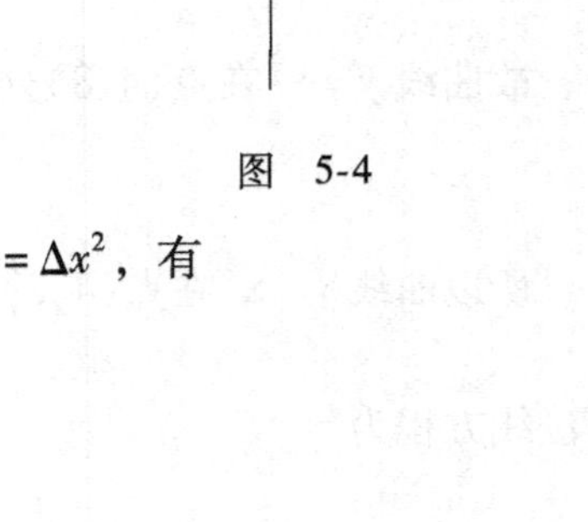

图 5-4

例 5-7 已知 $f(x)=\begin{cases}x^2 & x\geqslant 0\\ -x & x<0\end{cases}$，求 $f'_+(0)$ 及 $f'_-(0)$，并判断 $f'(0)$ 是否存在？

解 当 $\Delta x>0$ 时，$\Delta y=f(0+\Delta x)-f(0)=(0+\Delta x)^2-0^2=\Delta x^2$，有

$$f'_+(0)=\lim_{\Delta x\to 0^+}\frac{\Delta y}{\Delta x}=\lim_{\Delta x\to 0^+}\Delta x=0$$

又当 $\Delta x<0$ 时，$\Delta y=f(0+\Delta x)-f(0)=-\Delta x$ 有

$$f'_-(0)=\lim_{\Delta x\to 0^-}\frac{\Delta y}{\Delta x}=\lim_{\Delta x\to 0^-}\frac{-\Delta x}{\Delta x}=-1$$

显然 $f'_+(0)\neq f'_-(0)$，所以 $f'(0)$ 不存在.

对于矢量函数 $x(t)=\begin{pmatrix}x_1(t)\\x_2(t)\\x_3(t)\end{pmatrix}$，如果 $x_1(t)$、$x_2(t)$、$x_3(t)$ 可导，则可以定义

$$\frac{\mathrm{d}x(t)}{\mathrm{d}t}=\begin{pmatrix}\dfrac{\mathrm{d}x_1(t)}{\mathrm{d}t}\\ \dfrac{\mathrm{d}x_2(t)}{\mathrm{d}t}\\ \dfrac{\mathrm{d}x_3(t)}{\mathrm{d}t}\end{pmatrix} \tag{5-7}$$

注意，矢量函数的导函数仍是矢量函数.

5.2　导数的运算

上一节根据导数的定义求出了常数、正弦函数、余弦函数、幂函数、指数函数等的导数公式，但是对于比较复杂的函数，根据定义来求它们的导数往往比较复杂. 在本节中，将给出一系列导数运算的公式和法则，借助这些公式和法则可以方便地求出许多函数的导数，特别是初等函数的导数.

5.2.1　函数四则运算的求导法则

定理 5-2　如果函数 $u=u(x)$ 和 $v=v(x)$ 都在点 x 处可导，则有

1） $u\pm v$ 在点 x 处可导，且 $(u\pm v)'=u'\pm v'$；

2） uv 在点 x 处可导，且 $(uv)'=u'v+uv'$；特别地，$(Cu)'=Cu'$；（C 为常数）；

3） $\left(\dfrac{u}{v}\right)'=\dfrac{u'v-uv'}{v^2}$　（其中 $v\neq0$）.

证　以上公式的证明思路是相似的，下面仅给出 2）的证明.

设 $y=uv$，则

（1） $\Delta y=u(x+\Delta x)v(x+\Delta x)-u(x)v(x)$

$=[u(x)+\Delta u][v(x)+\Delta v]-u(x)v(x)$

$=v(x)\Delta u+u(x)\Delta v+\Delta u\Delta v$

（2） $\dfrac{\Delta y}{\Delta x}=v\dfrac{\Delta u}{\Delta x}+u\dfrac{\Delta v}{\Delta x}+\Delta u\dfrac{\Delta v}{\Delta x}$

（3） 由已知条件 $\lim\limits_{\Delta x\to0}\dfrac{\Delta u}{\Delta x}=u'$，$\lim\limits_{\Delta x\to0}\dfrac{\Delta v}{\Delta x}=v'$ 及极限的运算法则得

$$y'=\lim_{\Delta x\to0}\frac{\Delta y}{\Delta x}=v\lim_{\Delta x\to0}\frac{\Delta u}{\Delta x}+u\lim_{\Delta x\to0}\frac{\Delta v}{\Delta x}+\lim_{\Delta x\to0}\Delta u\lim_{\Delta x\to0}\frac{\Delta v}{\Delta x}$$

因为函数 $u(x)$ 在点 x 处可导，所以它在该点连续. 因此，当 $\Delta x\to0$ 时，$\Delta u\to0$. 于是有

$$y'=u'v+uv'+0\times v'=u'v+uv'$$

即

$$(uv)'=u'v+uv'$$

例 5-8　求函数 $y=x^5+4\sin x-\cos x+7$ 的导数.

解　$y'=(x^5)'+(4\sin x)'-(\cos x)'+(7)'$

$=5x^4+4(\sin x)'+\sin x+0$

$=5x^4+4\cos x+\sin x$

例 5-9 求函数 $y=(1-2x^2)\sin x$ 的导数.

解 $y'=[(1-2x^2)\sin x]'$

$=(1-2x^2)'\sin x+(1-2x^2)(\sin x)'$

$=-4x\sin x+(1-2x^2)\cos x$

$=(1-2x^2)\cos x-4x\sin x$

例 5-10 求函数 $y=\dfrac{3x}{2+5x^2}$ 的导数.

解 $y'=\dfrac{(3x)'(2+5x^2)-3x(2+5x^2)'}{(2+5x^2)^2}$

$=\dfrac{3(2+5x^2)-3x\cdot 10x}{(2+5x^2)^2}$

$=\dfrac{6-15x^2}{(2+5x^2)^2}$

例 5-11 求正切函数 $y=\tan x$ 和正割函数 $y=\sec x$ 的导数.

解 因为 $\tan x=\dfrac{\sin x}{\cos x}$，所以

$$(\tan x)'=\left(\frac{\sin x}{\cos x}\right)'$$

$$=\frac{(\sin x)'\cos x-\sin x(\cos x)'}{(\cos x)^2}$$

$$=\frac{\cos^2 x+\sin^2 x}{\cos^2 x}$$

$$=\frac{1}{\cos^2 x}=\sec^2 x$$

即

$$(\tan x)'=\sec^2 x$$

因为 $\sec x=\dfrac{1}{\cos x}$，所以

$$(\sec x)'=\left(\frac{1}{\cos x}\right)'$$

$$=\frac{-(\cos x)'}{(\cos x)^2}$$

$$=\frac{\sin x}{\cos^2 x}=\sec x\tan x$$

即

$$(\sec x)'=\sec x\tan x$$

同理可证 $(\cot x)'=-\csc^2 x$，$(\csc x)'=-\csc x\cot x$

为了应用方便，表 5-1 中列出了基本初等函数的导数公式.

表　5-1

$(C)'=0$ $(x^{\alpha})'=\alpha x^{\alpha-1}$ $(a^x)'=a^x\ln a$，$(e^x)'=e^x$ $(\log_a x)'=\dfrac{1}{x\ln a}$，$(\ln x)'=\dfrac{1}{x}$	$(\sin x)'=\cos x$ $(\cos x)'=-\sin x$ $(\tan x)'=\sec^2 x$	$(\cot x)'=-\csc^2 x$ $(\sec x)'=\sec x\tan x$ $(\csc x)'=-\csc x\cot x$ $(\arcsin x)'=\dfrac{1}{\sqrt{1-x^2}}$	$(\arccos x)'=-\dfrac{1}{\sqrt{1-x^2}}$ $(\arctan x)'=\dfrac{1}{1+x^2}$ $(\text{arccot} x)'=-\dfrac{1}{1+x^2}$

5.2.2　复合函数的求导法则

复合函数的求导是函数求导中经常遇到的问题. 例如，要求函数 $y=\sin 2x$ 的导数，是否能用导数公式 $(\sin x)'=\cos x$ 得出 $(\sin 2x)'=\cos 2x$ 呢？事实上，用乘法的求导法则算出它的导数为

$$\begin{aligned} y' &= (\sin 2x)' \\ &= (2\sin x\cos x)' \\ &= 2(\sin x)'\cos x-2\sin x(\cos x)' \\ &= 2(\cos^2 x-\sin^2 x) \\ &= 2\cos 2x \end{aligned}$$

显然 $(\sin 2x)'\neq\cos 2x$，原因在于函数 $y=\sin 2x$ 不是关于 x 的基本初等函数，而是一个复合函数. 因此，需要建立复合函数的求导法则.

定理 5-3　如果函数 $u=\varphi(x)$ 在点 x 处可导，而函数 $y=f(u)$ 在对应的点 u 处也可导，那么复合函数 $y=f[\varphi(x)]$ 也在点 x 处可导，且有

$$\frac{dy}{dx}=\frac{dy}{du}\frac{du}{dx}$$

【证略】

定理 5-3 表明，复合函数的导数等于函数对中间变量的导数乘以中间变量对自变量的导数.

复合函数的求导公式通常也可以写成

$$y'_x=y'_u u'_x \quad 或 \quad y'(x)=\{f[\varphi(x)]\}'=f'(u)\varphi'(x)$$

其中，$u=\varphi(x)$；记号 y'_x 表示函数 $y(x)=f[\varphi(x)]$ 对 x 的导数，其下标 x 可以省略不写；记号 y'_u 表示函数 $y=f(u)$ 对 u 的导数；记号 u'_x 表示 $u=\varphi(x)$ 对 x 的导数.

例 5-12　求函数 $y=(x^2+1)^3$ 的导数.

解　函数 $y=(x^2+1)^3$ 可以看成是由 $y=u^3$，$u=x^2+1$ 复合而成的，因此

$$\begin{aligned} \frac{dy}{dx}=\frac{dy}{du}\frac{du}{dx} &= (u^3)'_u(x^2+1)'_x \\ &= 3u^2\cdot 2x=3(x^2+1)^2\cdot 2x=6x(x^2+1)^2 \end{aligned}$$

注意：复合函数求导后，需要把引进的中间变量代换成原来自变量的表达式.

例 5-13　求函数 $y=\sin 3x^2$ 的导数.

解　$y=\sin 3x^2$ 可以看成是由 $y=\sin u$，$u=3x^2$ 复合而成的，因此

$$y'_x=y'_u u'_x=(\sin u)'_u(3x^2)'=6x\cos 3x^2$$

例5-14 求函数 $y=\cos^3(2x+1)$ 的导数.

解 $y=\cos^3(2x+1)$ 可以看成是由 $y=u^3$，$u=\cos v$ 及 $v=2x+1$ 复合而成的，因此

$$y'_x=y'_u u'_v v'_x=3u^2(-\sin v)2=-6\cos^2(2x+1)\sin(2x+1)$$
$$=-3\cos(2x+1)\sin(4x+2)$$

通过上面的例子可以知道，运用复合函数求导法则的关键在于把复合函数分解成基本初等函数或多项式的形式，然后运用复合函数求导法则和适当的公式进行计算. 当对复合函数的分解比较熟练之后，就不必再写出中间变量，只要把中间变量的式子默记在心，直接由外往里，逐层求导便可.

例5-15 求函数 $y=\sqrt[3]{1-3x^2}$ 的导数.

解 $y'=(\sqrt[3]{1-3x^2})'=[(1-3x^2)^{\frac{1}{3}}]'=\frac{1}{3}(1-3x^2)^{-\frac{2}{3}}(1-3x^2)'=-\frac{2x}{\sqrt[3]{(1-3x^2)^2}}$

例5-16 求函数 $y=e^{\sin\frac{1}{x}}$ 的导数.

解 $y'=(e^{\sin\frac{1}{x}})'=e^{\sin\frac{1}{x}}\left(\sin\frac{1}{x}\right)'=e^{\sin\frac{1}{x}}\left(\cos\frac{1}{x}\right)\left(\frac{1}{x}\right)'=-\frac{1}{x^2}e^{\sin\frac{1}{x}}\cos\frac{1}{x}$

例5-17 求函数 $y=\frac{x}{\sqrt{1+x^2}}$ 的导数.

解 先用商的求导法则，遇到复合函数时，再用复合函数的求导法则

$$y'=\frac{(x)'\sqrt{1+x^2}-(\sqrt{1+x^2})'x}{(\sqrt{1+x^2})^2}$$
$$=\frac{\sqrt{1+x^2}-\frac{1}{2}\frac{2x}{\sqrt{1+x^2}}\cdot x}{1+x^2}$$
$$=\frac{(1+x^2)-x^2}{\sqrt{1+x^2}(1+x^2)}=\frac{1}{(1+x^2)^{\frac{3}{2}}}$$

例5-18 求函数 $y=\log_2(x^3+x+1)$ 的导数.

解 根据对数函数的导数公式和复合函数的求导法则，可得

$$y'=\frac{1}{(x^3+x+1)\ln 2}\cdot(x^3+x+1)'=\frac{3x^2+1}{(x^3+x+1)\ln 2}$$

5.2.3 隐函数的求导法

前面研究的函数，诸如 $y=x^2+2x+3$，$y=\ln x+3\sin x-5$ 等，因变量 y 可以用含有自变量 x 的解析式 $y=f(x)$ 来表示，这种函数可以称为**显函数**. 但是，在实际问题中，有时会遇到另一类函数，例如由方程 $x^3-4y^5-2xy=0$，$xy^3-3e^y-xy=0$ 所确定的函数等. 这时，因变量 y 与自变量 x 的关系是由一个未解出 y 的方程 $F(x,y)=0$ 所确定，这种由含变量 x 和 y 的方程 $F(x,y)=0$ 所确定的函数称为**隐函数**.

显函数和隐函数是函数的不同形式，显函数能够转化为隐函数的形式，但不是所有的隐函数都能转化为显函数的形式. 例如隐函数 $e^{x+y}=xy$ 就不能转化为显函数的形式. 下面通过实例来介绍隐函数的求导方法.

例 5-19　求由方程 $x^3+y^3=4xy$ 所确定的隐函数 $y=y(x)$ 的导数.

解　方程的两边同时对 x 求导，并注意到 y 是 x 的函数，此时 y^3 就是关于 x 的复合函数，按复合函数的求导法则，有

$$(x^3)'+(y^3)'=(4xy)'$$

即
$$3x^2+3y^2y_x'=4y+4xy_x'$$

解出 y_x'，得
$$y_x'=\frac{4y-3x^2}{3y^2-4x}$$

例 5-20　已知函数 $y=y(x)$ 是由方程 $y+x-e^{xy}=0$ 所确定的，求 $\left.\frac{dy}{dx}\right|_{x=0}$.

解　方程的两边同时对 x 求导得

$$\frac{dy}{dx}+1-e^{xy}\left(y+x\frac{dy}{dx}\right)=0$$

即
$$\frac{dy}{dx}=\frac{ye^{xy}-1}{1-xe^{xy}}$$

将 $x=0$ 代入方程，得 $y|_{x=0}=1$，所以

$$\left.\frac{dy}{dx}\right|_{x=0}=0$$

例 5-21　求椭圆 $\frac{x^2}{16}+\frac{y^2}{9}=1$ 在点 $\left(2,\frac{3\sqrt{3}}{2}\right)$ 处的切线方程.

解　方程两边同时对 x 求导，得

$$\frac{2x}{16}+\frac{2y}{9}y'=0$$

于是　$y'=-\frac{9x}{16y}$，$y'\Big|_{\left(2,\frac{3\sqrt{3}}{2}\right)}=-\frac{9\times 2}{16\times\frac{3\sqrt{3}}{2}}=-\frac{\sqrt{3}}{4}$

故所求的切线方程为　$y-\frac{3\sqrt{3}}{2}=-\frac{\sqrt{3}}{4}(x-2)$

5.2.4　由参数方程所确定的函数的导数

在实际问题中，会遇到需要计算由参数方程 $\begin{cases}x=\varphi(t)\\y=\phi(t)\end{cases}$ 所确定的函数 $y=y(x)$ 的导数的情况. 有时，由参数方程消去参数 t 而得到函数的显函数形式是较困难的，为此，有必要直接由参数方程来计算 y 对 x 的导数.

在此直接给出由参数方程 $\begin{cases}x=\varphi(t)\\y=\phi(t)\end{cases}$ 所确定的函数 $y=y(x)$ 的导数公式. 设 $x=\varphi(t)$ 和 $y=\phi(t)$ 分别有导数 $\varphi'(t)$、$\phi'(t)$，且 $\varphi'(t)\neq 0$，则有公式

$$y_x'=\frac{dy}{dx}=\frac{\phi'(t)}{\varphi'(t)}=\frac{\frac{dy}{dt}}{\frac{dx}{dt}} \tag{5-8}$$

【证略】

例 5-22 求摆线$\begin{cases}x=a(t-\sin t)\\y=a(1-\cos t)\end{cases}$在$t=\dfrac{\pi}{3}$处的切线方程.

解 由参数方程的求导公式(5-8)，得

$$\frac{\mathrm{d}y}{\mathrm{d}x}=\frac{\dfrac{\mathrm{d}y}{\mathrm{d}t}}{\dfrac{\mathrm{d}x}{\mathrm{d}t}}=\frac{a\sin t}{a(1-\cos t)}=\frac{\sin t}{1-\cos t}$$

则摆线在$t=\dfrac{\pi}{3}$处的切线斜率为$\left.\dfrac{\mathrm{d}y}{\mathrm{d}x}\right|_{t=\frac{\pi}{3}}=\dfrac{\sin\dfrac{\pi}{3}}{1-\cos\dfrac{\pi}{3}}=\sqrt{3}$

又当$t=\dfrac{\pi}{3}$时，摆线上相应点的坐标为

$$x_0=a\left(\frac{\pi}{3}-\sin\frac{\pi}{3}\right)=a\left(\frac{\pi}{3}-\frac{\sqrt{3}}{2}\right),\ y_0=a\left(1-\cos\frac{\pi}{3}\right)=\frac{a}{2}$$

所以，摆线在$t=\dfrac{\pi}{3}$处的切线方程为

$$y-\frac{a}{2}=\sqrt{3}\left[x-a\left(\frac{\pi}{3}-\frac{\sqrt{3}}{2}\right)\right]$$

例 5-23 以初速度为v_0、发射角为α发射炮弹(如图 5-5 所示)，其运动方程为

$$\begin{cases}x=(v_0\cos\alpha)t\\y=(v_0\sin\alpha)t-\dfrac{1}{2}gt^2\end{cases}$$

求炮弹在任何时刻运动速度的大小和方向.

解 先求沿x轴、y轴方向的分速度v_x和v_y，有

$$v_x=\frac{\mathrm{d}x}{\mathrm{d}t}=v_0\cos\alpha$$

$$v_y=\frac{\mathrm{d}y}{\mathrm{d}t}=v_0\sin\alpha-gt$$

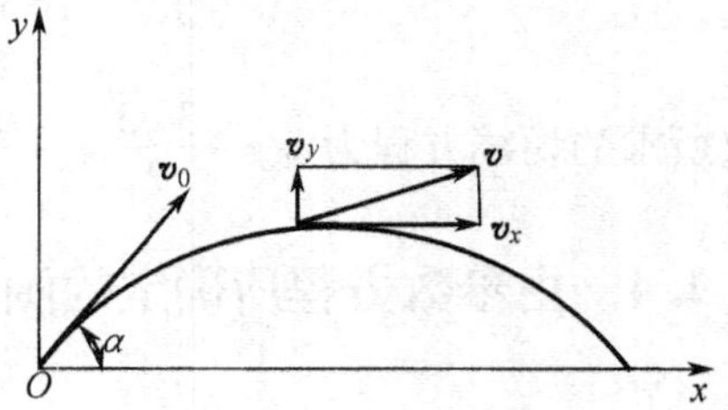

图 5-5

则炮弹运动的速度(即合速度)的大小为

$$\begin{aligned}v&=\sqrt{v_x^2+v_y^2}\\&=\sqrt{(v_0\cos\alpha)^2+(v_0\sin\alpha-gt)^2}\\&=\sqrt{v_0^2-2(v_0\sin\alpha)gt+(gt)^2}\end{aligned}$$

炮弹运动速度的方向即为弹道切线的方向. 设θ为切线的倾斜角，则由导数的几何意义可知

$$\tan\theta=\frac{\dfrac{\mathrm{d}y}{\mathrm{d}t}}{\dfrac{\mathrm{d}x}{\mathrm{d}t}}=\frac{v_0\sin\alpha-gt}{v_0\cos\alpha}$$

5.3　高阶导数

一般情况下，函数 $y=f(x)$ 的导数 $y'=f'(x)$ 仍然是 x 的函数，那么对于 $f'(x)$，就可以对 x 再进行求导.

定义 5-3　若函数 $y=f(x)$ 的导数 $y'=f'(x)$ 仍然可导，则 $f'(x)$ 的导数叫做 $y=f(x)$ 的**二阶导数**，记为 y''，$f''(x)$ 或 $\frac{d^2y}{dx^2}$，即

$$y''=(y')',\ f''(x)=[f'(x)]',\ \frac{d^2y}{dx^2}=\frac{d}{dx}\left(\frac{dy}{dx}\right)$$

相应地，可以把 $y=f(x)$ 的导数 $y'=f'(x)$ 叫做函数 $y=f(x)$ 的**一阶导数**.

例 5-24　求下列函数的二阶导数.

(1) $y=ax+b$　　(2) $y=x^{10}+3x^5+\sqrt{2}x^3+\sqrt[5]{11}$

(3) $y=x\ln x+3^x$　　(4) $s=e^{-t}\cos t$

解　(1) $y'=a$，$y''=0$

(2) $y'=10x^9+15x^4+3\sqrt{2}x^2$

$y''=90x^8+60x^3+6\sqrt{2}x$

(3) $y'=\ln x+1+3^x\ln 3$

$y''=\frac{1}{x}+3^x\cdot\ln 3\cdot\ln 3$

$=\frac{1}{x}+(\ln 3)^2\cdot 3^x$

(4) $s'=-e^{-t}\cos t-e^{-t}\sin t$

$=-e^{-t}(\cos t+\sin t)$

$s''=e^{-t}(\cos t+\sin t)-e^{-t}(-\sin t+\cos t)$

$=2e^{-t}\sin t$

由导数的物理意义可知，若物体作变速直线运动，其运动方程为 $s=s(t)$，则它在时刻 t 的瞬时速度为 $v=s'(t)$. 此时，速度 v 仍是时间 t 的函数，因而，可以求速度 v 对时间 t 的导数

$$v'(t)=[s'(t)]'=s''(t)$$

这个导数是速度 v 对时间 t 的变化率，它反映了速度变化的快慢程度. 在力学中把它叫做运动物体在给定时刻 t 的**加速度**. 因此，物体作直线运动的加速度 a 就是路程 s 对时间 t 的二阶导数，即

$$a=v'(t)=s''(t)$$

这就是二阶导数的物理意义.

例 5-25　已知作直线运动的物体的运动方程为 $s=A\cos(\omega t+\varphi)$（$A$、$\omega$、$\varphi$ 为常数），求物体在 $t=\frac{2\pi}{\omega}$ 时的速度和加速度.

解　因为 $s=A\cos(\omega t+\varphi)$，所以

$$v=s'=-\omega A\sin(\omega t+\varphi)$$

$$a = s'' = -\omega^2 A\cos(\omega t + \varphi)$$

则物体在 $t = \dfrac{2\pi}{\omega}$ 时速度和加速度分别为

$$v\Big|_{t=\frac{2\pi}{\omega}} = -\omega A\sin\left(\omega\frac{2\pi}{\omega} + \varphi\right) = -\omega A\sin\varphi$$

$$a\Big|_{t=\frac{2\pi}{\omega}} = -\omega^2 A\cos\left(\omega\frac{2\pi}{\omega} + \varphi\right) = -\omega^2 A\cos\varphi$$

类似地，函数 $y=f(x)$ 的二阶导数的导数叫做 $y=f(x)$ 的**三阶导数**，三阶导数的导数叫做四阶导数……一般地，$y=f(x)$ 的 $(n-1)$ 阶导数的导数叫做 $y=f(x)$ 的 ***n* 阶导数**，它们分别记为

$$y''',\ y^{(4)},\ \cdots,\ y^{(n)}$$

或

$$f'''(x),\ f^{(4)}(x),\ \cdots,\ f^{(n)}(x)$$

或

$$\frac{d^3y}{dx^3},\ \frac{d^4y}{dx^4},\ \cdots,\ \frac{d^ny}{dx^n}$$

二阶及二阶以上的导数统称为**高阶导数**.

可以知道，求高阶导数只是作多次通常的求导运算.

5.4 函数的微分

在许多实际问题中，需要计算当自变量有微小变化时函数的变化量. 然而，计算函数的变化量往往比较复杂，这促使人们寻找计算函数变化量的近似值的方法，使它既能方便计算又有一定的精确度，这就产生了微分的概念. 在本节中，将介绍微分的概念及其运算.

5.4.1 微分的概念

下面先分析一个具体问题. 一块正方形金属薄片，受温度变化的影响，其边长由 x_0 变到 $x_0+\Delta x$，问此时薄片的面积改变了多少？

若用 A 表示面积，x 表示边长，则 $A=x^2$. 正方形薄片受冷热影响所改变的面积，可以看成是当自变量 x 在 x_0 有增量 Δx 时，函数 $A=x^2$ 相应的增量 ΔA

$$\begin{aligned}\Delta A &= (x_0+\Delta x)^2 - x_0^2\\ &= 2x_0\Delta x + (\Delta x)^2\end{aligned}$$

从上式可以看出 ΔA 由两项组成. 当 $\Delta x\to 0$ 时，第一项 $2x_0\Delta x$ 与 Δx 是同阶无穷小，第二项 $(\Delta x)^2$ 是比 Δx 高阶的无穷小，则得到 ΔA 的近似表达式

$$\Delta A \approx 2x_0\Delta x$$

此时，所产生的误差为 $(\Delta x)^2$，它仅是一个当 $\Delta x\to 0$ 时比 Δx 高阶的无穷小，显然 $|\Delta x|$ 越小，$2x_0\Delta x$ 与 ΔA 的近似程度就越好. 如图 5-6 所示，面积的增量 ΔA 本来是图中阴影部分的面积，现在用带有斜线的两块矩形面积 $2x_0\Delta x$ 来代替面积的增量 ΔA，所略去的仅仅是一块较小的正方形面积 $(\Delta x)^2$. $2x_0\Delta x$ 的计算既简单又有一定精确度，称之为 $A=x^2$ 在 x_0 处的微分.

定义 5-4 设函数 $y=f(x)$ 在点 x_0 的某个邻域内有定义，如果函数的增量

$$\Delta y = f(x_0+\Delta x) - f(x_0)$$

可以表示为

$$\Delta y = A\Delta x + o(\Delta x)$$

其中，A 与 Δx 无关，$o(\Delta x)$ 是当 $\Delta x \to 0$ 时比 Δx 高阶的无穷小，那么称函数 $y=f(x)$ 在点 x_0 处是可微的，而 $A\Delta x$ 叫做函数 $y=f(x)$ 在点 x_0 处相应于 Δx 的**微分**，记作 dy，即

$$dy = A\Delta x$$

这时，也称函数 $y=f(x)$ 在点 x_0 处**可微**.

当 $|\Delta x|$ 很小时，$\Delta y \approx dy = A\Delta x$.

下面的定理说明了函数的微分与导数之间的关系.

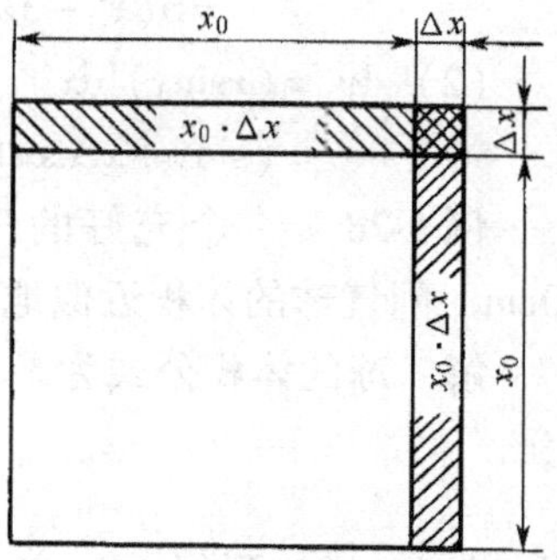

图 5-6

定理 5-4 函数 $y=f(x)$ 在点 x_0 处可微的充分必要条件是函数 $f(x)$ 在点 x_0 处可导，且

$$dy = y'|_{x=x_0} \cdot \Delta x = f'(x_0)\Delta x \quad (\text{即 } A = f'(x_0))$$

【证略】

因此，在函数的增量 Δy 中，起着主要作用的是 $f'(x_0)\Delta x$，它与 Δy 仅相差一个 Δx 的高阶无穷小. 所以可以说，$f'(x_0)\Delta x$ 是 Δy 的主要部分，又由于 $f'(x_0)\Delta x$ 是 Δx 的线性函数，所以通常把 $f'(x_0)\Delta x$ 叫做 Δy 的**线性主部**.

当 $|\Delta x|$ 很小时，可用函数增量的线性主部来近似代替函数的增量，即

$$\Delta y \approx f'(x_0)\Delta x$$

由于函数 $y=x$ 的微分 $dy = dx = (x)'\Delta x = \Delta x$，所以有

$$dx = \Delta x$$

这说明自变量的微分 dx 等于自变量的增量 Δx，因此函数 $y=f(x)$ 的微分又可写成

$$dy = f'(x)dx$$

例 5-26 求函数 $y=x^2$ 在 $x=3$，$\Delta x=0.01$ 处的微分和增量.

解 先求函数在任意点 x 处的微分，有

$$dy = (x^2)'\Delta x = 2x\Delta x$$

则函数在 $x=3$，$\Delta x=0.01$ 处的微分为

$$dy\Big|_{\substack{x=3\\ \Delta x=0.01}} = 2\times3\times0.01 = 0.06$$

增量
$$\Delta y\Big|_{\substack{x=3\\ \Delta x=0.01}} = (x+\Delta x)^2 - x^2 = 2x\Delta x + (\Delta x)^2$$
$$= 2\times3\times0.01 + (0.01)^2 = 0.0601$$

由上例及前面的讨论可知，当 $|\Delta x|$ 很小时，函数 $y=f(x)$ 在点 x_0 处的增量 Δy 可用函数的微分 dy 来代替，即

$$\Delta y = f(x_0+\Delta x) - f(x_0) \approx f'(x_0)\Delta x \tag{5-9}$$

由上式得

$$f(x_0+\Delta x) \approx f(x_0) + f'(x_0)\Delta x \tag{5-10}$$

在实际应用中，常用公式(5-9)来计算函数增量的近似值，用公式(5-10)来计算函数 $y=f(x)$ 在点 x_0 附近的函数值的近似值.

例 5-27 求下列各函数的微分.

(1) $y=(x^3-3x+1)^2$　　(2) $y=x\sin x$

解 (1) $dy = [(x^3-3x+1)^2]'dx$

$$= 2(x^3-3x+1)(3x^2-3)dx$$

$$=6(x^3-3x+1)(x^2-1)\mathrm{d}x$$

(2) $\mathrm{d}y=(x\sin x)'\mathrm{d}x$

$$=(\sin x+x\cos x)\mathrm{d}x$$

例 5-28 一个充好的气球，半径为 4m. 升空后，因外部气压降低气球半径增大了 10cm. 问气球的体积近似地增加了多少?

解 球的体积公式为

$$V=\frac{4}{3}\pi r^3$$

当 r 由 4m 增加到 $(4+0.1)$m 时，体积 V 的增量为 ΔV,

$$\Delta V\approx \mathrm{d}V$$

而 $\mathrm{d}V=4\pi r^2\mathrm{d}r$，即 $\Delta V\approx 4\pi r^2\mathrm{d}r$. 此处 $\mathrm{d}r=0.1$，$r=4$，代入上式得

$$\Delta V\approx 4\times 3.14\times 4^2\times 0.1\mathrm{m}^3\approx 20\mathrm{m}^3$$

*例 5-29 计算 $\sqrt{4.2}$ 的近似值.

解 设 $f(x)=\sqrt{x}$，$f'(x)=\dfrac{1}{2\sqrt{x}}$，此时 $x_0=4$，$\Delta x=0.2$

$f(4)=2$，$f'(4)=\dfrac{1}{4}$，代入公式

$$f(x_0+\Delta x)\approx f(x_0)+f'(x_0)\Delta x$$

得 $\sqrt{4.2}\approx 2+\dfrac{1}{4}\times 0.2=2.05$

5.4.2 微分的几何意义

函数 $y=f(x)$ 的图形如图 5-7 所示，过曲线上点 $M(x,y)$ 处的切线为 MT，它的倾斜角为 φ，则由导数的几何意义可知，切线的斜率 $\tan\varphi=f'(x)$.

当自变量 x 有一微小增量 $\Delta x=\mathrm{d}x=NN'$ 时，相应地，曲线上点的纵坐标就有一增量 $\Delta y=QM'$，此时曲线 $y=f(x)$ 在 M 点的切线 MT 的纵坐标也得到相应的增量 QP，且

$$QP=\tan\varphi MQ=f'(x)NN'=f'(x)\mathrm{d}x=\mathrm{d}y$$

由此可知，函数的微分 $\mathrm{d}y$ 就是曲线在点 $M(x,y)$ 处的切线的纵坐标对应于 $\mathrm{d}x$ 的增量，这就是微分的几何意义.

函数的微分，可能小于函数的增量(图 5-7)，也可能大于函数的增量(图 5-8).

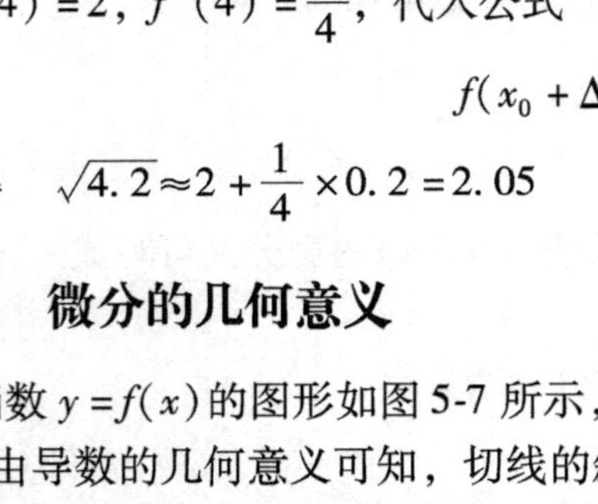

图 5-7

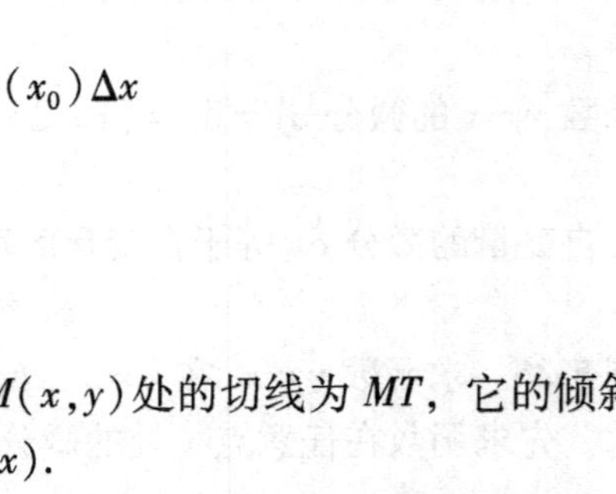

图 5-8

5.4.3　微分公式与微分运算法则

由公式 $dy=f'(x)dx$，从导数的基本公式和法则就可以直接推出微分的基本公式和法则（表 5-2）.

表　5-2

导数基本公式	微分基本公式
$(C)'=0$（C 为常数）	$d(C)=0$（C 为常数）
$(x^\alpha)'=\alpha x^{\alpha-1}$	$d(x^\alpha)=\alpha x^{\alpha-1}dx$
$(a^x)'=a^x\ln a$，$(e^x)'=e^x$	$d(a^x)=a^x\ln a dx$，$d(e^x)=e^x dx$
$(\log_a x)'=\frac{1}{x\ln a}$，$(\ln x)'=\frac{1}{x}$	$d(\log_a x)=\frac{1}{x\ln a}dx$，$d(\ln x)=\frac{1}{x}dx$
$(\sin x)'=\cos x$	$d(\sin x)=\cos x dx$
$(\cos x)'=-\sin x$	$d(\cos x)=-\sin x dx$
$(\tan x)'=\sec^2 x$	$d(\tan x)=\sec^2 x dx$
$(\cot x)'=-\csc^2 x$	$d(\cot x)=-\csc^2 x dx$
$(\sec x)'=\sec x\tan x$	$d(\sec x)=\sec x\tan x dx$
$(\csc x)'=-\csc x\cot x$	$d(\csc x)=-\csc x\cot x dx$
$(\arcsin x)'=\frac{1}{\sqrt{1-x^2}}$	$d(\arcsin x)=\frac{1}{\sqrt{1-x^2}}dx$
$(\arccos x)'=-\frac{1}{\sqrt{1-x^2}}$	$d(\arccos x)=-\frac{1}{\sqrt{1-x^2}}dx$
$(\arctan x)'=\frac{1}{1+x^2}$	$d(\arctan x)=\frac{1}{1+x^2}dx$
$(\text{arccot} x)'=-\frac{1}{1+x^2}$	$d(\text{arccot} x)=-\frac{1}{1+x^2}dx$
函数和、差、积、商的求导法则	**函数和、差、积、商的微分法则**
$(u\pm v)'=u'\pm v'$	$d(u\pm v)=du\pm dv$
$(uv)'=u'v+uv'$	$d(uv)=udv+vdu$
$(Cu)'=Cu'$（C 为常数）	$d(Cu)=Cdu$（C 为常数）
$\left(\frac{u}{v}\right)'=\frac{vu'-uv'}{v^2}$	$d\left(\frac{u}{v}\right)=\frac{vdu-udv}{v^2}$

设 $y=f(u)$，$u=\varphi(x)$，则复合函数 $y=f[\varphi(x)]$ 的微分为

$$dy=y_x'dx=y_u'u_x'dx=f'(u)\varphi'(x)dx$$

由于 $\varphi'(x)dx=du$，所以复合函数 $y=f[\varphi(x)]$ 的微分又可以写成

$$dy=f'(u)du \tag{5-11}$$

无论 u 是自变量还是中间变量，$y=f(u)$ 的微分 dy 总是可以写成(5-11)的形式，这个性质称为**微分形式的不变性**. 利用微分形式的不变性求复合函数的微分非常方便.

例 5-30　求下列函数的微分.

（1）$y=\sin(3x^2+2)$　　（2）$y=e^x\cos 2x$

（3）$y=\sin^2 x+\ln(3x+1)$

解 根据微分形式不变性，有

(1) $dy=\cos(3x^2+2)d(3x^2+2)$

$=6x\cos(3x^2+2)dx$

(2) $dy=d(e^x\cos2x)$

$=\cos2x d(e^x)+e^x d(\cos2x)$

$=e^x\cos2x dx-2e^x\sin2x dx$

$=e^x(\cos2x-2\sin2x)dx$

(3) $dy=d(\sin^2x)+d[\ln(3x+1)]$

$=2\sin x d(\sin x)+\frac{1}{3x+1}d(3x+1)$

$=2\sin x\cos x dx+\frac{3}{3x+1}dx$

$=\left(\sin2x+\frac{3}{3x+1}\right)dx$

5.5 导数的应用

本节中，一是利用导数给出一种求未定式的极限的方法；二是利用导数来研究函数的性态，包括函数的单调性、极值、最大值与最小值、凹凸性等，并应用这些知识解决一些实际问题.

5.5.1 罗必塔法则

两个无穷小之比或两个无穷大之比的极限可能存在，也可能不存在. 通常把这一类的极限叫做**未定式极限**. 无穷小之比简记为“$\frac{0}{0}$”型，无穷大之比简记为“$\frac{\infty}{\infty}$”型$\left(\text{注意,这里的}\frac{0}{0}\text{和}\frac{\infty}{\infty}\text{只是记号,没有运算意义}\right)$. 显然求解这一类极限问题用极限的四则运算法则是行不通的，罗必塔法则为此提供了一种重要而简便的方法.

定理 5-5$\left(\text{罗必塔法则,}\frac{0}{0}\text{型}\right)$ 设函数$f(x)$、$g(x)$满足条件：

1) $\lim f(x)=\lim g(x)=0$;

2) $f'(x)$、$g'(x)$存在，且$g'(x)\neq0$;

3) $\lim\frac{f'(x)}{g'(x)}=A$(或$\infty$),

则 $\lim\frac{f(x)}{g(x)}=\lim\frac{f'(x)}{g'(x)}=A$(或$\infty$)

【证略】

例 5-31 求极限$\lim\limits_{x\to0}\frac{(1+x)^\alpha-1}{x}$($\alpha$为任意实数).

解 $\lim\limits_{x\to0}\frac{(1+x)^\alpha-1}{x}\overset{\left(\frac{0}{0}\right)}{=\!=\!=}\lim\limits_{x\to0}\frac{\alpha(1+x)^{\alpha-1}}{1}=\alpha$

例 5-32　求极限$\lim\limits_{x\to 0}\dfrac{1-\cos x}{x^2}$.

解　$\lim\limits_{x\to 0}\dfrac{1-\cos x}{x^2}\xlongequal{\left(\frac{0}{0}\right)}\lim\limits_{x\to 0}\dfrac{\sin x}{2x}=\dfrac{1}{2}\lim\limits_{x\to 0}\dfrac{\sin x}{x}=\dfrac{1}{2}$

例 5-33　求极限$\lim\limits_{x\to 0}\dfrac{\ln(1+x)}{x^2}$.

解　$\lim\limits_{x\to 0}\dfrac{\ln(1+x)}{x^2}\xlongequal{\left(\frac{0}{0}\right)}\lim\limits_{x\to 0}\dfrac{\frac{1}{1+x}}{2x}=\lim\limits_{x\to 0}\dfrac{1}{2x(1+x)}=\infty$

如果在自变量 x 的某一变化趋势下，$\dfrac{f'(x)}{g'(x)}$仍是$\dfrac{0}{0}$型，且$f'(x)$、$g'(x)$仍能满足罗必塔法则的条件，则可继续使用法则进行计算，即

$$\lim\frac{f(x)}{g(x)}=\lim\frac{f'(x)}{g'(x)}=\lim\frac{f''(x)}{g''(x)}$$

但应注意，如果所求的极限已不是未定式，则不能再应用法则，否则将导致错误的结果.

例 5-34　求极限$\lim\limits_{x\to 1}\dfrac{x^3-3x+2}{x^3-x^2-x+1}$.

解　$\lim\limits_{x\to 1}\dfrac{x^3-3x+2}{x^3-x^2-x+1}\xlongequal{\left(\frac{0}{0}\right)}\lim\limits_{x\to 1}\dfrac{3x^2-3}{3x^2-2x-1}$

$\xlongequal{\left(\frac{0}{0}\right)}\lim\limits_{x\to 1}\dfrac{6x}{6x-2}=\dfrac{6}{4}=\dfrac{3}{2}$

定理 5-6$\left(罗必塔法则,\dfrac{\infty}{\infty}型\right)$　设函数$f(x)$、$g(x)$满足下列条件：

1）$\lim f(x)=\lim g(x)=\infty$；

2）$f'(x)$、$g'(x)$存在，且$g'(x)\neq 0$；

3）$\lim\dfrac{f'(x)}{g'(x)}=A(或\infty)$，

则　$\lim\dfrac{f(x)}{g(x)}=\lim\dfrac{f'(x)}{g'(x)}=A(或\infty)$

【证略】

例 5-35　求极限$\lim\limits_{x\to +\infty}\dfrac{\ln x}{x^3}$.

解　$\lim\limits_{x\to +\infty}\dfrac{\ln x}{x^3}\xlongequal{\left(\frac{\infty}{\infty}\right)}\lim\limits_{x\to +\infty}\dfrac{\frac{1}{x}}{3x^2}=\lim\limits_{x\to +\infty}\dfrac{1}{3x^3}=0.$

例 5-36　求极限$\lim\limits_{x\to +\infty}\dfrac{x^n}{e^x}$　$(n\in\mathbf{N})$.

解　$\lim\limits_{x\to +\infty}\dfrac{x^n}{e^x}\xlongequal{\left(\frac{\infty}{\infty}\right)}\lim\limits_{x\to +\infty}\dfrac{nx^{n-1}}{e^x}\xlongequal{\left(\frac{\infty}{\infty}\right)}\lim\limits_{x\to +\infty}\dfrac{n(n-1)x^{n-2}}{e^x}$

$=\cdots=\lim\limits_{x\to +\infty}\dfrac{n!}{e^x}=0.$

未定式除$\dfrac{0}{0}$型与$\dfrac{\infty}{\infty}$型外，还有$0\cdot\infty$、$\infty-\infty$、0^0、1^∞、∞^0等类型，它们可以适当地

变化为未定式$\frac{0}{0}$型或$\frac{\infty}{\infty}$型，然后运用罗必塔法则进行计算.

最后指出，在使用罗必塔法则求未定式极限时，必须注意两点：

1）罗必塔法则只能对$\frac{0}{0}$型或$\frac{\infty}{\infty}$型才能直接使用，其他未定式必须先化成这两种类型之一，然后才能运用罗必塔法则.

2）罗必塔法则只说明当$\lim\frac{f'(x)}{g'(x)}=A$（或$\infty$）时，有$\lim\frac{f(x)}{g(x)}=A$（或$\infty$），但当$\lim\frac{f'(x)}{g'(x)}$不存在时，并不能断定$\lim\frac{f(x)}{g(x)}$也不存在. 此时不能利用罗必塔法则，而必须用其他方法讨论$\lim\frac{f(x)}{g(x)}$.

例 5-37 求极限$\lim\limits_{x\to\infty}\frac{x+\sin x}{x}$.

解 如果用罗必塔法则，有$\lim\limits_{x\to\infty}\frac{x+\sin x}{x}\xlongequal{\left(\frac{\infty}{\infty}\right)}\lim\limits_{x\to\infty}\frac{1+\cos x}{1}$

这个极限不存在，但事实上，有

$$\lim_{x\to\infty}\frac{x+\sin x}{x}=\lim_{x\to\infty}\left(1+\frac{\sin x}{x}\right)=1+\lim_{x\to\infty}\frac{\sin x}{x}=1$$

可以看出，在某些情况下求未定式$\frac{0}{0}$或$\frac{\infty}{\infty}$的极限时，罗必塔法则也会失效，这时候要另找方法去求极限.

5.5.2 函数单调性的判定

在第4章中，已经介绍过函数在区间上单调增加（或减少）的概念，现在利用导数来研究函数的单调性.

由图5-9可见，函数$y=f(x)$在区间$[a,b]$上单调增加，其图形是一条沿着x轴正向上升的曲线. 此时，曲线上各点切线的倾斜角都是锐角，因此各点处切线的斜率$f'(x)$都是正的，即$f'(x)>0$. 而由图5-10可见，函数$y=f(x)$在区间$[a,b]$上单调减少，其图形是一条沿着x轴正向下降的曲线. 此时曲线上各点切线的倾斜角都是钝角，因此各点处切线的斜率$f'(x)$都是负的，即$f'(x)<0$.

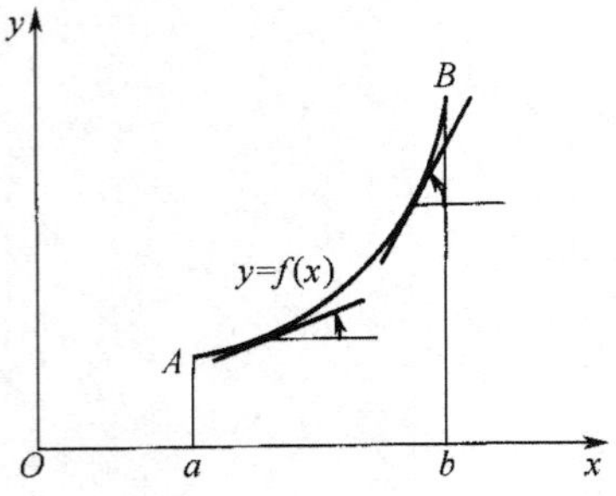

图 5-9

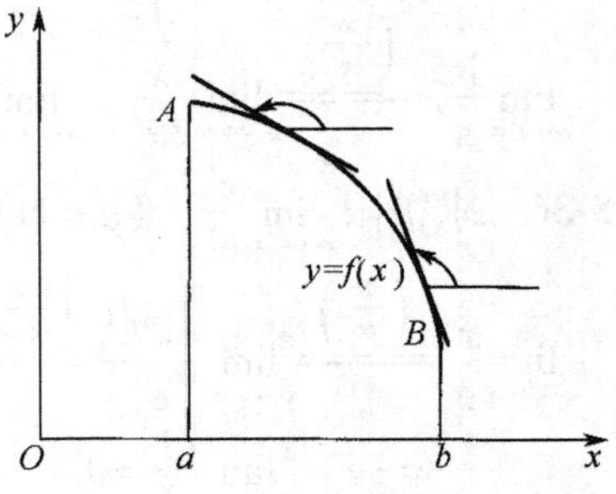

图 5-10

由此可见，函数的单调性与其导数的符号有密切的关系.

定理 5-7　设函数 $f(x)$ 在 $[a,b]$ 上连续，在 (a,b) 内可导，如果在 (a,b) 内总有

$$f'(x)>0 \quad (\text{或} f'(x)<0)$$

则 $f(x)$ 在 $[a,b]$ 上单调增加（或单调减少）.

【证略】

定理 5-7 中的闭区间 $[a,b]$ 若改为开区间 (a,b) 或无限区间，结论也同样成立.

例 5-38　判定函数 $f(x)=x^3-4$ 的单调性.

解　函数 $f(x)=x^3-4$ 的定义域为 $(-\infty,+\infty)$，其导数 $f'(x)=3x^2$，对于任意不等于零的 x，总有 $f'(x)>0$. 所以，根据定理 5-7 可知，$f(x)$ 在 $(-\infty,0)$ 和 $(0,+\infty)$ 内是单调增加的，即在 $(-\infty,+\infty)$ 上 $f(x)$ 是单调增加的.

为了简明扼要，可把上述讨论的结果列表（表 5-3）描述，表中“↗”表示单调增加，“↘”表示单调减少.

在这个例子中，注意到函数 $f(x)=x^3-4$ 在定义域 $(-\infty,+\infty)$ 上是单调增加的，但是在个别点处（如 $x=0$ 处）导数会等于零. 一般地，如果 $f'(x)$ 在某区间内的个别点处为零，而在其余点处保持一定的符号（恒为正或恒为负）时，函数 $f(x)$ 在该区间上是单调增加（或减少）的.

例 5-39　判定函数 $f(x)=e^x-x-1$ 的单调性.

解　函数 $f(x)=e^x-x-1$ 的定义域为 $(-\infty,-\infty)$，它的导数为 $f'(x)=e^x-1$.

从表 5-4 可见，函数 $f(x)=e^x-x-1$ 在 $(-\infty,0)$ 内单调减少，在 $(0,+\infty)$ 内单调增加，点 $x=0$ 是单调减少区间与单调增加区间的分界点.

表　5-3

x	$(-\infty,0)$	$(0,+\infty)$
$f'(x)$	+	+
$f(x)$	↗	↗

表　5-4

x	$(-\infty,0)$	0	$(0,+\infty)$
$f'(x)$	−	0	+
$f(x)$	↘	0	↗

例 5-40　确定函数 $f(x)=(x-2)^{\frac{2}{3}}$ 的单调区间.

解　函数 $f(x)=(x-2)^{\frac{2}{3}}$ 的定义域为 $(-\infty,+\infty)$，其导数为 $f'(x)=\dfrac{2}{3\sqrt[3]{x-2}}$　$(x\neq 2)$，此时，没有 $f'(x)=0$ 的点，$x=2$ 是导数不存在的点，它把 $(-\infty,+\infty)$ 分成两个区间 $(-\infty,2)$ 和 $(2,+\infty)$，列表（表 5-5）讨论如下：

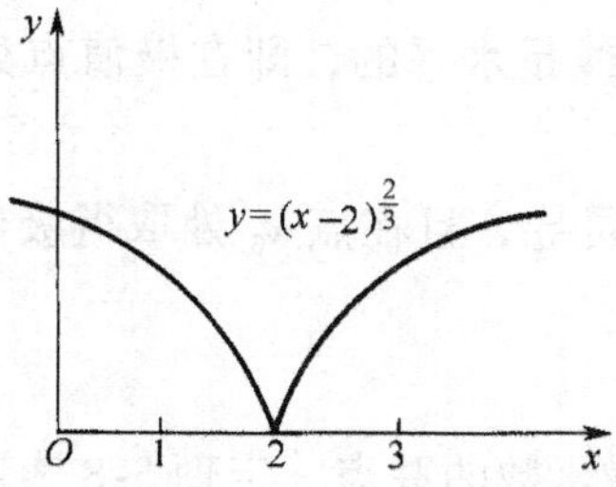

图　5-11

表　5-5

x	$(-\infty,2)$	2	$(2,+\infty)$
$f'(x)$	−	不存在	+
$f(x)$	↘	0	↗

所以，对于函数$f(x)=(x-2)^{\frac{2}{3}}$，$(-\infty,2)$是它的单调减少区间，$(2,+\infty)$是它的单调增加区间. 函数图形如图 5-11 所示.

从例 5-39、例 5-40 可以看到，函数$f(x)$单调区间的可能分界点是使$f'(x)=0$的点或$f'(x)$不存在的点.

一般地，可以依以下步骤来确定函数$f(x)$的单调区间：

1）确定函数$f(x)$的定义域；

2）求出$f(x)$单调区间所有可能的分界点(包括$f'(x)=0$的点、$f'(x)$不存在的点)，并以这些分界点将定义域分成若干个相应的子区间；

3）判断$f'(x)$在各子区间内的符号，并根据$f'(x)$的符号确定$f(x)$在该区间上的单调性.

5.5.3　函数的极值

由图 5-12 可见，函数$y=f(x)$在点c_1，c_4的函数值$f(c_1)$，$f(c_4)$在一定的范围内，比其他点的函数值都大，而在点c_2，c_5的函数值$f(c_2)$，$f(c_5)$在一定的范围内，比其他点的函数值都小. 对于这种性质的点和对应的函数值，给出如下定义：

定义 5-5　设函数$f(x)$在点x_0的某一邻域内有定义，如果对于该邻域内任何不等于x_0的点x，总有$f(x)<f(x_0)$成立，则称$f(x_0)$是函数$f(x)$的一个**极大值**，点x_0叫做$f(x)$的一个**极大值点**；如果对于该邻域内任何不等于x_0的点x，总有$f(x)>f(x_0)$成立，则称$f(x_0)$是函数$f(x)$的一个**极小值**，点x_0叫做$f(x)$的一个**极小值点**. 函数的极大值与极小值统称为**极值**. 使函数取得极值的极大值点与极小值点统称为**极值点**.

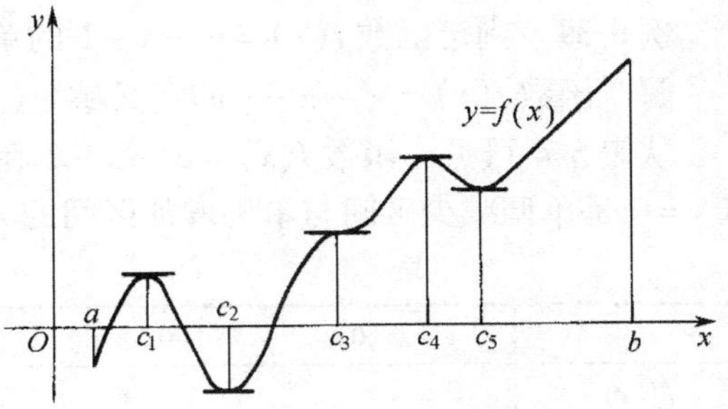

图　5-12

从图 5-12 中可以看出$f(c_1)$和$f(c_4)$是函数的极大值，c_1、c_4是$f(x)$的极大值点；$f(c_2)$和$f(c_5)$是函数$f(x)$的极小值，c_2、c_5是$f(x)$的极小值点.

值得注意的是，极值是一个局部性的概念，在指定的区间内，一个函数可能有多个极大值和多个极小值，某处的极大值还可能小于另一处的极小值，并且极值只能在区间的内部取得.

由图 5-12 可以看出，在函数取得极值处，曲线的切线是水平的，即在极值点处函数的导数为零.

定理 5-8(极值的必要条件)　设函数$f(x)$在点x_0处可导，且在点x_0处取得极值，则在点x_0处必有$f'(x_0)=0$.

【证略】

使函数的导数为零的点(即方程$f'(x)=0$的根)叫做函数的**驻点**. 定理 5-8 表明，可导函数的极值点必是它的驻点. 但是反过来，曲线上有水平切线的地方，即在使导数为零处，函数不一定取得极值. 例如在图 5-12 中的点c_3处，曲线虽有水平切线，这时$f'(c_3)=0$，但

$f(c_3)$并不是极值. 可见，函数的驻点并不一定是它的极值点. 这就是说，$f'(x_0)=0$是函数$f(x)$在点x_0处取得极值的必要条件，而不是充分条件.

另外，在例 5-40(图 5-11)中可以看到，$x=2$是函数$f(x)=(x-2)^{\frac{2}{3}}$的极小值点，但在$x=2$处，函数的导数不存在. 又如，对于函数$f(x)=x^{\frac{1}{3}}$，$x=0$是其导数不存在的点，由图 5-13 知，$x=0$也不是极值点. 这表明，函数的极值有可能在驻点取得，也有可能在导数不存在的点取得，驻点和导数不存在的点都只能是极值点的“可疑”点，对于这些“可疑”点，还需要判定它们究竟是不是极值点，如果是的话，再判定是极大值点还是极小值点.

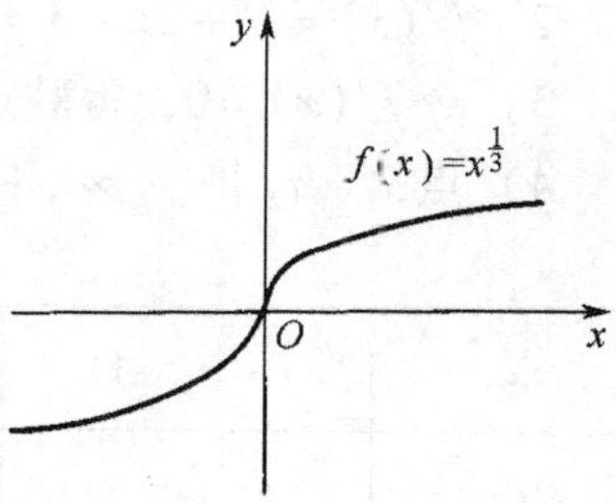

图　5-13

如图 5-14 所示，如果函数$f(x)$在点x_0处取得极大值，那么在点x_0的左侧单调增加，在点x_0的右侧单调减少. 也就是说，在点x_0的左侧$f'(x)>0$，在点x_0的右侧$f'(x)<0$，对于函数$f(x)$在点x_0取得极小值的情况，可以根据图 5-15 进行类似地讨论.

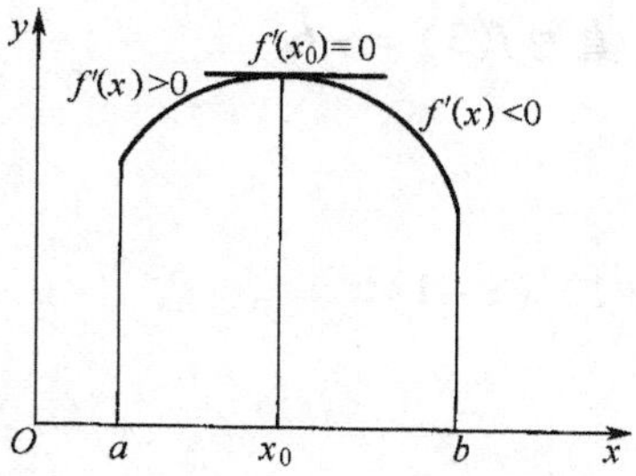

图　5-14

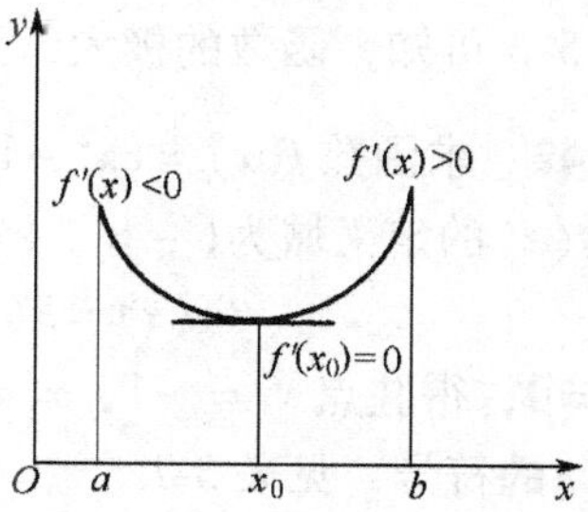

图　5-15

定理 5-9(极值的充分条件 I)　设函数$f(x)$在点x_0处连续，且在点x_0的某一去心邻域内可导.

1) 如果当$x<x_0$时，$f'(x)>0$；而当$x>x_0$时，$f'(x)<0$，则x_0是函数$f(x)$的极大值点；

2) 如果当$x<x_0$时，$f'(x)<0$；而当$x>x_0$时，$f'(x)>0$，则x_0是函数$f(x)$的极小值点；

3) 如果当$x<x_0$和$x>x_0$时，$f'(x)$不变号，则x_0不是函数$f(x)$的极值点.

【证略】

定理 5-9 可简述为：对于连续函数$f(x)$，当自变量x从左向右经过x_0时，如果$f'(x)$的符号由正变负，那么$f(x)$在点x_0处取得极大值；如果$f'(x)$的符号由负变正，那么$f(x)$在点x_0处取得极小值；如果$f'(x)$的符号不改变，那么$f(x)$在点x_0处无极值.

求函数的极值点和极值，可按以下步骤进行：

1) 求出函数的定义域.

2) 求出导数$f'(x)$.

3) 在定义域内求出驻点与导数不存在的点.

4) 用上述点将定义域分为若干个子区间，考察每个子区间内$f'(x)$的符号，利用定理

5-9 判定这些点是否为极值点. 如果是极值点，确定是极大值点还是极小极点.

5）求出各极值点的函数值，即得函数$f(x)$的全部极值.

例 5-41 求函数$f(x)=\frac{1}{3}x^3-x^2-3x+3$的极值.

解 1）$f(x)$的定义域为$(-\infty,+\infty)$.

2）$f'(x)=x^2-2x-3=(x+1)(x-3)$.

3）令$f'(x)=0$，得驻点$x_1=-1$，$x_2=3$.

4）点x_1、x_2将$(-\infty,+\infty)$分为3个子区间，考察$f'(x)$在各子区间的符号，见表5-6.

表 5-6

x	$(-\infty,-1)$	-1	$(-1,3)$	3	$(3,+\infty)$
$f'(x)$	+	0	−	0	+
$f(x)$	↗	极大值$\frac{14}{3}$	↘	极小值-6	↗

由表5-6可知，函数的极大值为$f(-1)=\frac{14}{3}$，极小值为$f(3)=-6$.

例 5-42 求函数$f(x)=(x^2-1)^3+1$的极值.

解 $f(x)$的定义域为$(-\infty,+\infty)$.

$$f'(x)=3(x^2-1)^2\cdot 2x=6x(x+1)^2(x-1)^2$$

令$f'(x)=0$，得驻点$x_1=-1$，$x_2=0$，$x_3=1$

考察$f'(x)$的符号，见表5-7.

表 5-7

x	$(-\infty,-1)$	-1	$(-1,0)$	0	$(0,1)$	1	$(1,+\infty)$
$f'(x)$	−	0	−	0	+	0	+
$f(x)$	↘	无极值	↘	极小值0	↗	无极值	↗

由表可知，函数的极小值是$f(0)=0$. 由于x渐增，经过$x=\pm1$时，$f'(x)$不变号，故$f(x)$在$x=\pm1$处无极值.

例 5-43 求函数$y=(x-1)\sqrt[3]{x^2}$的极值.

解 函数的定义域为$(-\infty,+\infty)$.

$$y'=x^{\frac{2}{3}}+\frac{2}{3}(x-1)x^{-\frac{1}{3}}=\frac{5x-2}{3\sqrt[3]{x}}$$

令$y'=0$，得驻点$x=\frac{2}{5}$；$x=0$是导数不存在的点.

考察$f'(x)$的符号，见表5-8.

表 5-8

x	$(-\infty,0)$	0	$\left(0,\frac{2}{5}\right)$	$\frac{2}{5}$	$\left(\frac{2}{5},+\infty\right)$
$f'(x)$	+	不存在	−	0	+
$f(x)$	↗	极大值 0	↘	极小值 $-\frac{3}{25}\sqrt[3]{20}$	↗

由表可知，函数的极大值为 $f(0)=0$，极小值为 $f\left(\frac{2}{5}\right)=-\frac{3}{25}\sqrt[3]{20}$.

对于函数 $f(x)$，还可以借助二阶导数值 $f''(x_0)$ 的符号来判定驻点 x_0 是不是函数 $f(x)$ 的极值点.

定理 5-10（**极值的充分条件 Ⅱ**）　设函数 $f(x)$ 在点 x_0 处存在二阶导数，且 $f'(x_0)=0$，$f''(x_0)\neq 0$，则

1）当 $f''(x_0)<0$ 时，x_0 是函数 $f(x)$ 的极大值点；

2）当 $f''(x_0)>0$ 时，x_0 是函数 $f(x)$ 的极小值点.

【证略】

例 5-44　求函数 $f(x)=\sin x+\cos x$ 在区间 $[0,2\pi]$ 上的极值.

解　$f'(x)=\cos x-\sin x$，$f''(x)=-\sin x-\cos x$，

令 $f'(x)=0$，即 $\cos x-\sin x=0$，得驻点为 $x_1=\frac{\pi}{4}$ 和 $x_2=\frac{5\pi}{4}$.

因为

$$f''\left(\frac{\pi}{4}\right)=-\sin\frac{\pi}{4}-\cos\frac{\pi}{4}=-\sqrt{2}<0$$

$$f''\left(\frac{5\pi}{4}\right)=-\sin\frac{5\pi}{4}-\cos\frac{5\pi}{4}=\sqrt{2}>0$$

所以 $f(x)$ 在 $x=\frac{\pi}{4}$ 处有极大值 $f\left(\frac{\pi}{4}\right)=\sqrt{2}$，在 $x=\frac{5\pi}{4}$ 处有极小值 $f\left(\frac{5\pi}{4}\right)=-\sqrt{2}$.

5.5.4　曲线的凹凸与拐点

在研究函数曲线的变化时，知道它在某个区间内上升或下降的情况是必需的，但这并不能完全反映其变化规律. 例如（如图 5-16 所示），函数 $y=x^2$ 和 $y=\sqrt{x}$ 在区间 $[0,+\infty)$ 上的图形都是单调上升的，但是它们的弯曲方向却不相同. 曲线 $y=x^2$ 位于其任一点处切线的上方，其图形是向上弯曲的，曲线 $y=\sqrt{x}$ 则位于其上任一点处切线的下方，其图形是向下弯曲的. 据此特征，对曲线的弯曲方向给出如下的定义：

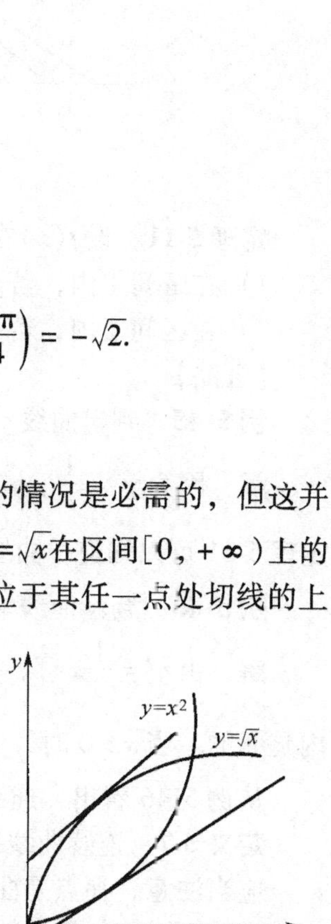

图　5-16

定义 5-6　若曲线 $y=f(x)$ 在某区间内总是位于其切线的上方，则称该曲线在此区间内是**凹的**，此区间称为函数 $y=f(x)$ 的**凹区间**；反之，若曲线 $y=f(x)$ 总是位于其切线的下方，则称该曲线在此区间内是**凸的**，此区间称为函数 $y=f(x)$ 的**凸区间**.

从图 5-17 可以看到，凹曲线的切线斜率 $\tan\alpha=f'(x)$（其中 α

为切线的倾斜角)随 x 的增大而增大，即 $f'(x)$ 为单调增加；凸曲线的切线斜率随 x 的增大而减小，即 $f'(x)$ 为单调减小. 而 $f'(x)$ 的单调性又可以由 $f''(x)$ 的正负来判定. 因此，就有下面利用二阶导数的符号来判定曲线的凹凸性的方法.

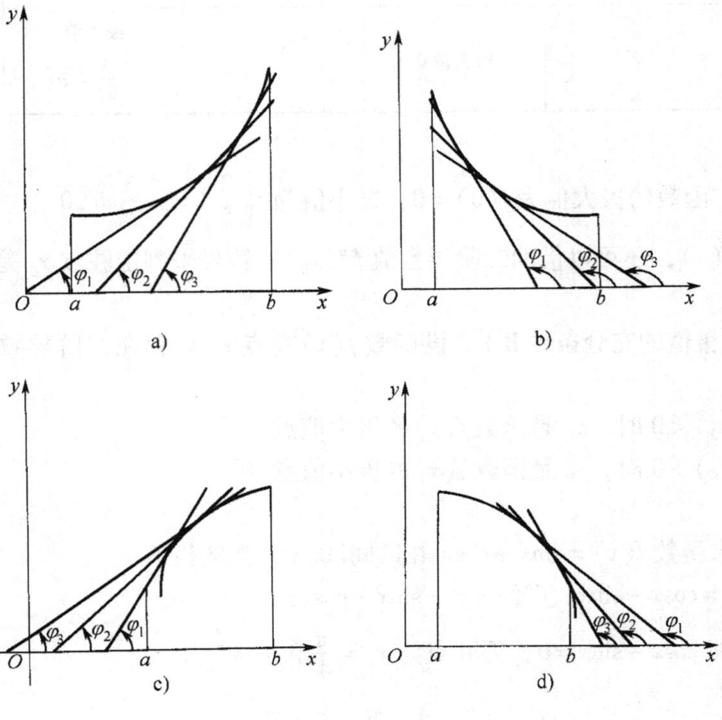

图　5-17

定理 5-11　设 $f(x)$ 在某区间 I 内具有二阶导数 $f''(x)$，则

1）在区间 I 内，若 $f''(x)>0$ 时，曲线 $y=f(x)$ 在该区间内是凹的；

2）在区间 I 内，若 $f''(x)<0$ 时，曲线 $y=f(x)$ 在该区间内是凸的.

【证略】

例 5-45　判定曲线 $y=\ln x$ 的凹凸性.

解　因为 $y'=\dfrac{1}{x}$，$y''=-\dfrac{1}{x^2}$，所以在函数 $y=\ln x$ 的定义域 $(0,+\infty)$ 内，总有 $y''<0$，由定理 5-11 可以知道，曲线 $y=\ln x$ 是凸的.

例 5-46　判断曲线 $y=x^{\frac{1}{3}}$ 的凹凸性.

解　由 $y'=\dfrac{1}{3}x^{-\frac{2}{3}}$，$y''=-\dfrac{2}{9}x^{-\frac{5}{3}}$ 可知，当 $x<0$ 时，$y''>0$，所以曲线 $y=x^{\frac{1}{3}}$ 在 $(-\infty,0)$ 内是凹的. 当 $x>0$ 时，$y''<0$，所以曲线 $y=x^{\frac{1}{3}}$ 在 $(0,+\infty)$ 内是凸的(如图 5-13 所示).

从例 5-46 看出，连续曲线 $y=x^{\frac{1}{3}}$ 经过点 $(0,0)$ 时曲线的凹凸性发生了改变.

定义 5-7　连续曲线 $y=f(x)$ 上的凹凸性发生改变的分界点称为该曲线的**拐点**.

应当注意，拐点是曲线上的点，因此拐点的坐标需用横坐标与纵坐标同时表示.

容易知道，如果连续函数 $y=f(x)$ 在点 x_0 处的左、右两侧的二阶导数的符号发生改变，则点 $(x_0,f(x_0))$ 就是曲线 $y=f(x)$ 的拐点.

例 5-47 讨论曲线 $y=x^3-6x^2+9x+1$ 的凹凸区间与拐点.

解 函数 $y=x^3-6x^2+9x+1$ 的定义域为$(-\infty,+\infty)$.

因为

$$y'=3x^2-12x+9$$

$$y''=6x-12$$

令 $y''=0$，得 $x=2$. 列表分析 y''的符号(表5-9)，其中“∩”和“∪”分别表示曲线的凸和凹.

表 5-9

x	$(-\infty,2)$	2	$(2,+\infty)$
$f''(x)$	-	0	+
$f(x)$	∩	拐点(2,3)	∪

由表5-9可知，在区间$(-\infty,2)$内，曲线是凸的；在区间$(2,+\infty)$内，曲线是凹的；点(2,3)是该曲线的拐点.

例 5-48 判定曲线 $y=(x-1)\sqrt[3]{x^5}$的凹凸性和拐点.

解 $y'=x^{\frac{5}{3}}+(x-1)\cdot\dfrac{5}{3}x^{\frac{2}{3}}=\dfrac{8}{3}x^{\frac{5}{3}}-\dfrac{5}{3}x^{\frac{2}{3}}$

$$y''=\frac{40}{9}x^{\frac{2}{3}}-\frac{10}{9}x^{-\frac{1}{3}}=\frac{10}{9}\frac{4x-1}{\sqrt[3]{x}}$$

令 $y''=0$，得 $x=\dfrac{1}{4}$，而在 $x=0$ 处，y''不存在.

以点 $x=0$、$x=\dfrac{1}{4}$把定义域$(-\infty,+\infty)$分成三个子区间，列表讨论(表5-10).

表 5-10

x	$(-\infty,0)$	0	$\left(0,\frac{1}{4}\right)$	$\frac{1}{4}$	$\left(\frac{1}{4},+\infty\right)$
y''	+	不存在	-	0	+
y	∪	拐点 (0,0)	∩	拐点 $\left(\frac{1}{4},-\frac{3}{16\sqrt[3]{16}}\right)$	∪

所以，在区间$(-\infty,0)$和$\left(\dfrac{1}{4},+\infty\right)$内，曲线是凹的；在区间$\left(0,\dfrac{1}{4}\right)$内，曲线是凸的.

而由于$f(0)=0$，$f\left(\dfrac{1}{4}\right)=-\dfrac{3}{16\sqrt[3]{16}}$，故拐点为(0,0)和$\left(\dfrac{1}{4},-\dfrac{3}{16\sqrt[3]{16}}\right)$.

※5.5.5 曲线的渐近线

在研究函数图形的时候，有时需要考察当曲线向无穷远延伸时，其趋向所呈现的规律. 为此，引入曲线的渐近线的概念.

定义 5-8 如果动点沿某曲线趋于无穷远时，它与某一条定直线的距离趋于零，则称此直线为曲线的**渐近线**.

如果函数 $y=f(x)$ 在点 x_0 处间断，且有 $\lim\limits_{x\to x_0^+}f(x)=\infty$ 或 $\lim\limits_{x\to x_0^-}f(x)=\infty$ 成立，则直线 $x=x_0$ 称为曲线 $y=f(x)$ 的**垂直渐近线**.

如果函数 $y=f(x)$ 的定义域是无限区间，且有 $\lim\limits_{x\to-\infty}f(x)=C$ 或 $\lim\limits_{x\to+\infty}f(x)=C$ 成立，则直线 $y=C$ 称为曲线 $y=f(x)$ 的**水平渐近线**.

例如，由于 $\lim\limits_{x\to0^+}\ln x=-\infty$，所以直线 $x=0$(即 y 轴)是曲线 $y=\ln x$ 的垂直渐近线. 由于 $\lim\limits_{x\to-\infty}\arctan x=-\dfrac{\pi}{2}$，$\lim\limits_{x\to+\infty}\arctan x=\dfrac{\pi}{2}$，所以直线 $y=\dfrac{\pi}{2}$ 和 $y=-\dfrac{\pi}{2}$ 是曲线 $y=\arctan x$ 的两条水平渐近线.

5.5.6 函数作图

前面利用导数研究了函数的单调性及极值、曲线的凹凸性及拐点、曲线的渐近线，从而对函数的变化性态有了一个整体的了解. 这里，将综合运用这些知识，作出函数的图形. 函数作图的一般步骤如下：

1）确定函数 $y=f(x)$ 的定义域，考察函数的奇偶性、周期性等.

2）求出函数的一阶导数 $f'(x)$ 和二阶导数 $f''(x)$，解出方程 $f'(x)=0$ 与 $f''(x)=0$ 在定义域内的全部实根和一阶、二阶导数不存在的点.

3）用上面所得的各点将定义域分成若干个子区间，并列表确定在各子区间内 $f'(x)$ 和 $f''(x)$ 的符号，确定函数的增减区间和极值，曲线的凹凸区间和拐点.

4）确定曲线的渐近线，再计算一些必要的辅助点，如曲线与坐标轴的交点等.

5）作出上述各个点，结合上面的讨论，描绘出函数的图形.

例 5-49 作函数 $f(x)=\dfrac{1}{3}x^3-x$ 的图形.

解 1）函数的定义域为 $(-\infty,+\infty)$.

因为

$$f(-x)=\frac{1}{3}(-x)^3-(-x)=-\frac{1}{3}x^3+x$$

$$=-\left(\frac{1}{3}x^3-x\right)=-f(x)$$

所以该函数为奇函数，它的图形关于原点对称.

2）$y'=x^2-1$，令 $y'=0$，得驻点 $x=\pm1$.

$$y''=2x，令\ y''=0，得\ x=0.$$

3）列表讨论如下(见表 5-11).

表 5-11

x	$(-\infty,-1)$	-1	$(-1,0)$	0	$(0,1)$	1	$(1,+\infty)$
y'	+	0	−	−	−	0	+
y''	−	−	−	0	+	+	+
y	↗，∩	极大值 $\frac{2}{3}$	↘，∩	拐点(0,0)	↘，∪	极小值 $-\frac{2}{3}$	↗，∪

4）取辅助点 $\left(-2,-\dfrac{2}{3}\right)$，$(-\sqrt{3},0)$，$(\sqrt{3},0)$，$\left(2,\dfrac{2}{3}\right)$. 结合上面的讨论作出 $f(x)=$

$\frac{1}{3}x^3 - x$ 的图形，如图 5-18 所示.

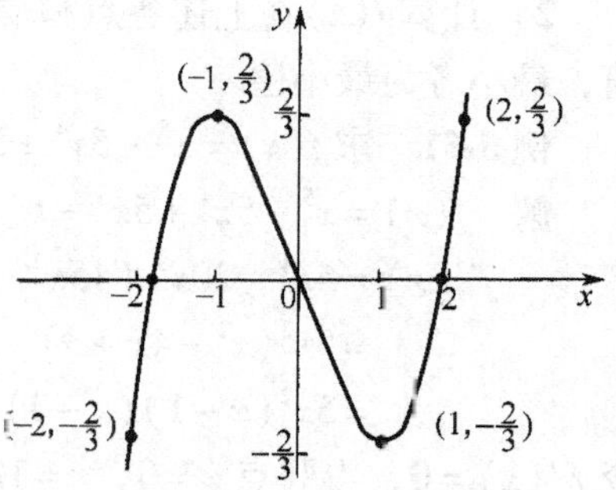

图　5-18

例 5-50　作函数 $y = \frac{1}{\sqrt{2\pi}}e^{-\frac{x^2}{2}}$ 的图形.

解　函数的定义域为$(-\infty, +\infty)$.

因为 $f(-x) = \frac{1}{\sqrt{2\pi}}e^{-\frac{(-x)^2}{2}} = \frac{1}{\sqrt{2\pi}}e^{-\frac{x^2}{2}} = f(x)$，所以 $f(x)$ 为偶函数，图形关于 y 轴对称.

$$y' = -\frac{1}{\sqrt{2\pi}}xe^{-\frac{x^2}{2}}$$

由 $y'=0$，得 $x=0$.

$$y'' = -\frac{1}{\sqrt{2\pi}}(1-x^2)e^{-\frac{x^2}{2}}$$

由 $y''=0$，得 $x=\pm1$.

列表讨论(见表 5-12).

表　5-12

x	$(-\infty,-1)$	-1	$(-1,0)$	0	$(0,1)$	1	$(1,+\infty)$
y'	+	+	+	0	−	−	−
y''	+	0	−	−	−	0	+
y	↗，∪	拐点$\left(-1,\frac{1}{\sqrt{2\pi e}}\right)$	↗，∩	极大值$\frac{1}{\sqrt{2\pi}}$	↘，∩	拐点$\left(1,\frac{1}{\sqrt{2\pi e}}\right)$	↘，∪

由于 $\lim\limits_{x\to\infty}\frac{1}{\sqrt{2\pi}}e^{-\frac{x^2}{2}} = 0$，所以直线 $y=0$ 是曲线的水平渐近线，再取辅助点 $\left(2,\frac{1}{\sqrt{2\pi}}e^{-2}\right)$，$\left(-2,\frac{1}{\sqrt{2\pi}}e^{-2}\right)$.

结合上面讨论，作出函数 $y=\frac{1}{\sqrt{2\pi}}e^{-\frac{x^2}{2}}$ 的图形(图 5-19)，这条曲线称为**正态分布曲线**，在概率论中有着重要的应用.

5.5.7　最大值与最小值问题

在实际问题中，常常会遇到这样一类问题：在一定条件下，怎样使“成本最低”、“产量最大”、“效率最高”等. 这些问题在数学上可归结为某一函数的最大值或最小值问题.

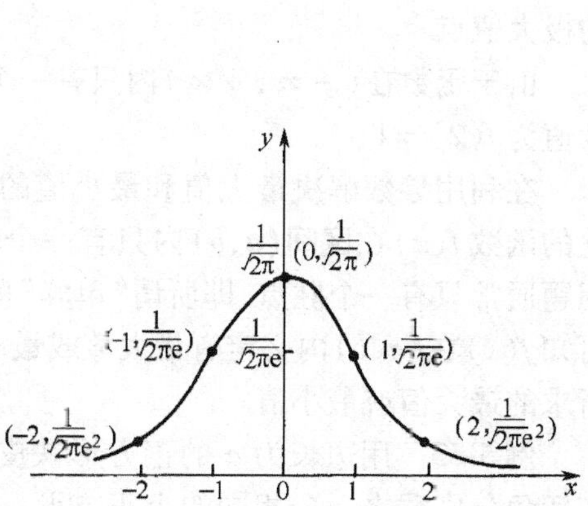

图　5-19

若函数 $f(x)$ 在闭区间$[a,b]$上连续，由闭区间上连续函数的性质可知，$f(x)$ 在$[a,b]$上一定取得最大值和最小值. 如果最大(小)值在区间(a,b)内取得，那么这个最大(小)值一定是极大(小)值. 又由于函数 $f(x)$ 最大(小)值有可能在区间端点处取得，因此求连续函数$f(x)$在区间$[a,b]$上最大(小)值时，一般可以按以下步骤进行：

1）求出$f(x)$在(a,b)内的驻点和$f'(x)$不存在的点；

2）计算$f(x)$在上述各点和端点处的函数值，并将这些值加以比较，其中最大者为最大值，最小者为最小值.

例5-51　求$f(x)=x^5-5x^4+5x^3+1$在$[-1,2]$上的最大值和最小值.

解　$f(x)=x^5-5x^4+5x^3+1$

$$\begin{aligned}f'(x)&=5x^4-20x^3+15x^2\\&=5x^2(x^2-4x+3)\\&=5x^2(x-1)(x-3)\end{aligned}$$

令$f'(x)=0$，得驻点$x=0$，$x=1$.

由于$f(-1)=-10$，$f(0)=1$，$f(1)=2$，$f(2)=-7$，

比较可得$f(x)$在$[-1,2]$上的最大值为$f(1)=2$，最小值为$f(-1)=-10$.

如果函数$f(x)$在一个开区间(a,b)内可导且有唯一极值点x_0，那么当$f(x_0)$为极大值时，$f(x_0)$就是$f(x)$在该区间内的最大值(图5-20a)；当$f(x_0)$为极小值时，$f(x_0)$就是$f(x)$在该区间内的最小值(图5-20b)，该结果对于无穷区间也同样适用.

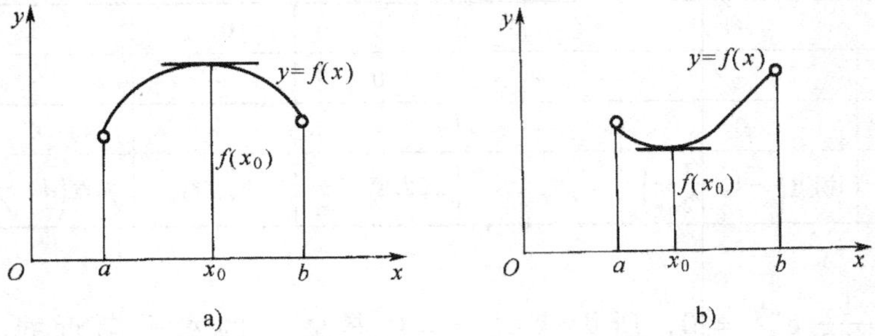

图　5-20

例5-52　求函数$y=-x^2+4x-3$的最大值.

解　函数的定义域为$(-\infty,+\infty)$.

$$y'=-2x+4=-2(x-2)$$

令$y'=0$，得驻点$x=2$. 由于当$x<2$时，$y'>0$；当$x>2$时，$y'<0$，所以$x=2$是函数的极大值点.

由于函数在$(-\infty,+\infty)$内只有一个极值点，所以函数的极大值就是函数的最大值，最大值为$f(2)=1$.

在利用导数解决最大值和最小值的实际问题时，若所建立的函数$f(x)$在区间(a,b)内只有一个驻点x_0(一般地,实际问题通常只有一个驻点,即所谓“单峰”问题)，且从实际问题可知$f(x)$在(a,b)内必定有最大值或最小值，那么$f(x_0)$就是所求的最大值或最小值.

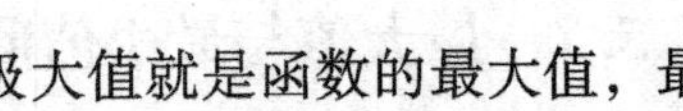

图　5-21

例5-53　用边长为a的正方形铁皮做一个无盖铁盒，先在四角分别截去一个相同的小正方形，然后把四周折起焊接起来(如图5-21所示)，问截去小正方形的边长为多少时铁盒

容积最大？最大容积是多少？

解　设截去小正方形的边长为 x，则铁盒底边长为 $a-2x$，其容积 V 为 x 的函数，即

$$V(x)=x(a-2x)^2,\ \left(0<x<\frac{a}{2}\right)$$

问题归结为：求 x 为何值时，函数 V 在区间 $\left(0,\frac{a}{2}\right)$ 内取得最大值？最大值是多少？

求导数

$$\begin{aligned}V'&=(a-2x)^2+x\cdot 2(a-2x)(-2)\\&=(a-2x)(a-6x)\end{aligned}$$

令 $V'=0$，求得在 $\left(0,\frac{a}{2}\right)$ 内函数的唯一驻点为 $x=\frac{a}{6}$.

由于铁盒必然存在最大容积，而函数在区间 $\left(0,\frac{a}{2}\right)$ 内只有一个驻点. 因此，当 $x=\frac{a}{6}$ 时，函数有最大值，最大值为 $V\left(\frac{a}{6}\right)=\frac{2}{27}a^3$.

例 5-54　铁路线上 AB 段的距离为 100km，工厂 C 距离 A 处为 20km，AC 垂直于 AB（图 5-22）. 为了运输需要，要在 AB 线上选定一点 D 向工厂修一条公路. 已知铁路上每公里货运的费用与公路上每公里的货运费用之比为 3∶5，为了使货物从供应站 B 到工厂 C 的运费最省，问 D 应选在何处？

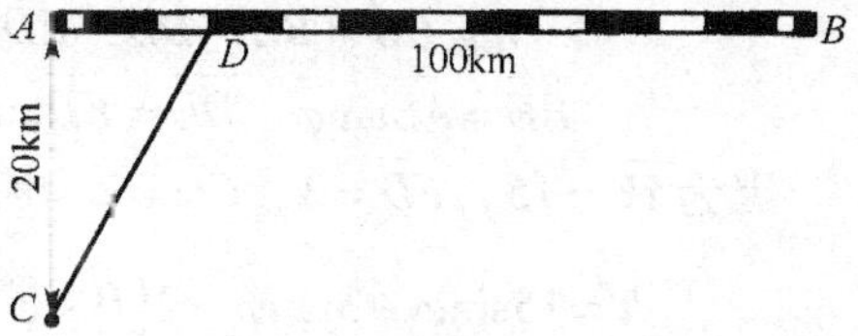

图　5-22

解　设 D 点选在距离 A 处 $x$km，则

$$\overline{DB}=100-x$$

$$\overline{CD}=\sqrt{20^2+x^2}=\sqrt{400+x^2}$$

由题意，不妨设铁路上每公里货物运费为 $3k$，则公路上每公里货运运费为 $5k$（k 为常数）. 那么货物从 B 点运至 C 点需要的总运费 y 为

$$y=5k\,\overline{CD}+3k\,\overline{DB}=5k\sqrt{400+x^2}+3k(100-x),\ (0\leqslant x\leqslant 100)$$

问题归结为：当 x 在区间 $[0,100]$ 上取何值时，函数 y 取得最小值.

$$y'=5k\frac{x}{\sqrt{400+x^2}}-3k=k\frac{5x-3\sqrt{400+x^2}}{\sqrt{400+x^2}}$$

令　$y'=0$，求得在 $[0,100]$ 上只有一个驻点 $x=15$.

由于运费必然存在最小值，因此，当 $x=15$ 时，函数有最小值，即运费最省.

例 5-55　重量为 $\boldsymbol{G}$ 的物体放在水平面上，其上加一力 $\boldsymbol{F}$ 使物体开始移动（设摩擦存在，摩擦系数为 μ），问当力 $\boldsymbol{F}$ 与水平面成什么角时，$|\boldsymbol{F}|$ 最小.

解　从力学原理可知：摩擦力的大小与平面的正压力成正比，其比例系数就是摩擦系数 μ，其方向与运动方向相反. 设力 $\boldsymbol{F}$ 与水平面成 θ 角，其模为 $|\boldsymbol{F}|$，当 $|\boldsymbol{F}|$ 在水平方向的分力与摩擦力相等时，物体就将要移动.

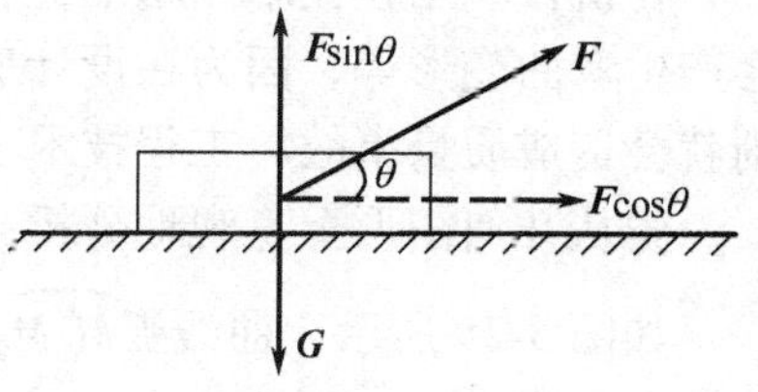

图　5-23

如图 5-23 所示，正压力为 $G-|\boldsymbol{F}|\sin\theta$

于是摩擦力为 $\mu(G-|\boldsymbol{F}|\sin\theta)$

力 $\boldsymbol{F}$ 在水平方向上的分力为 $|\boldsymbol{F}|\cos\theta$

从而得 $|\boldsymbol{F}|\cos\theta=\mu(G-|\boldsymbol{F}|\sin\theta)$

即 $|\boldsymbol{F}|=\dfrac{\mu G}{\cos\theta+\mu\sin\theta}$

其中 $0\leqslant\theta<\dfrac{\pi}{2}$，因为 μG 是常数，故求 $|\boldsymbol{F}|$ 的最小值也就是求 $\cos\theta+\mu\sin\theta$ 的最大值.

令
$$y=\cos\theta+\mu\sin\theta$$
则
$$y'=-\sin\theta+\mu\cos\theta$$
令 $y'=0$ 得 $\tan\theta=\mu$

在 $\left[0,\dfrac{\pi}{2}\right)$ 内只有一个驻点，解得 $\theta=\arctan\mu$

所以 $\theta=\arctan\mu$ 是极大值点，从而是最大值点.

即力 $\boldsymbol{F}$ 与水平面成角 $\theta=\arctan\mu$（这个角又称为**摩擦角**）时，$|\boldsymbol{F}|$ 最小.

例 5-56 某厂有一个圆柱形油罐，其直径为 6m，高为 2m. 想用吊臂长为 15m 的吊车（车身高 1.5m）把油罐吊到 6.5m 高的平台上去，试问能吊上去吗？

解 此题实际上是求吊车能把油罐吊起的最大高度. 因此是一个求最大值问题.

建立目标函数，设油罐相对吊车吊起高度为 h，吊杆与水平线的夹角为 φ，由图 5-24 可知

$$h=\overline{BC}=\overline{BE}-\overline{DE}-\overline{CD}$$
$$\overline{BE}=\overline{AE}\sin\varphi,\ \overline{DE}=\overline{FD}\tan\varphi$$

因为 $\overline{AE}=15$，$\overline{FD}=3$，$\overline{CD}=2$，所以目标函数为

$$h=15\sin\varphi-3\tan\varphi-2\left(0<\varphi<\frac{\pi}{2}\right)$$

$$\frac{\mathrm{d}h}{\mathrm{d}\varphi}=15\cos\varphi-3\sec^2\varphi$$

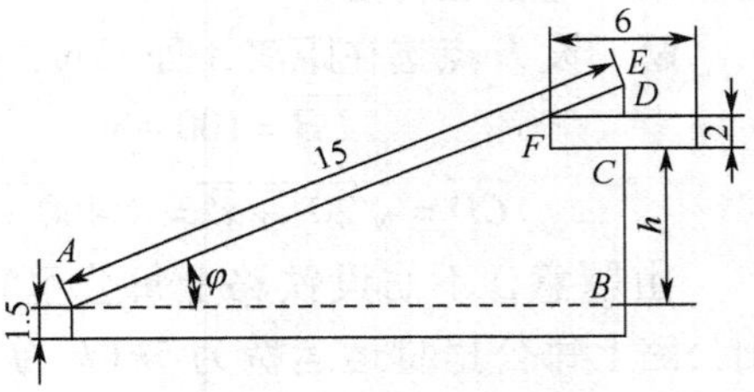

图 5-24

令 $\dfrac{\mathrm{d}h}{\mathrm{d}\varphi}=0$，得 $\cos\varphi=\sqrt[3]{0.2}\approx0.5848$

查表得 $\varphi\approx54°$.

由实际问题可知 h 的最大值是存在的，而在 $\left(0,\dfrac{\pi}{2}\right)$ 内目标函数的驻点又只有一个，所以当 $\varphi\approx54°$时，h 有最大值，最大值为 $h|_{\varphi=54°}\approx15\sin54°-3\tan54°-2\approx6$.

由于车身高 1.5m，因此实际可以将油罐吊到约 7.5m 的高度，因而肯定能将它吊到 6.5m 高的平台上去.

5.5.8 曲率

在机械、工程技术问题中，有时需要研究曲线的弯曲程度，例如，各种梁在载荷作用下会产生弯曲变形等，因为在设计房屋、桥梁等建筑结构时，都要考虑所允许的弯曲程度，否则就会造成质量事故. 工程技术上用曲线弧的曲率来定量刻划曲线的弯曲程度.

先从几何图形上直观地分析曲线的弯曲程度由哪些量所决定.

如图 5-25 所示，曲线弧 $\overset{\frown}{M_1M_2}$ 与弧 $\overset{\frown}{M_2M_3}$ 的长度相等，但是弧 $\overset{\frown}{M_2M_3}$ 比弧 $\overset{\frown}{M_1M_2}$ 的弯曲程度大. 当动点沿曲线弧 $\overset{\frown}{M_1M_2}$ 由点 M_1 移动到点 M_2 时，切线所转过的角度（简称**转角**）为 $\Delta\alpha_1$；

当动点沿曲线弧$\overset{\frown}{M_2M_3}$由点 M_2 移动到点 M_3 时，切线的转角为 $\Delta\alpha_2$. 很明显 $\Delta\alpha_2 > \Delta\alpha_1$，由此可见，当弧长相等时，切线的转角越大，曲线的弯曲程度也就越大.

然而，切线的转角大小还不能完全反映曲线的弯曲程度. 如图 5-26 所示，曲线弧$\overset{\frown}{M_1M_2}$的长度为 Δs_1，曲线弧$\overset{\frown}{N_1N_2}$的长度为 Δs_2，$\Delta s_1 > \Delta s_2$. 尽管切线的转角都是 $\Delta\alpha$，由图容易看出，弧长越短，曲线的弯曲程度越大. 由此，应当以单位弧长上曲线切线转角的值来衡量曲线的弯曲程度. 从而引出下列定义：

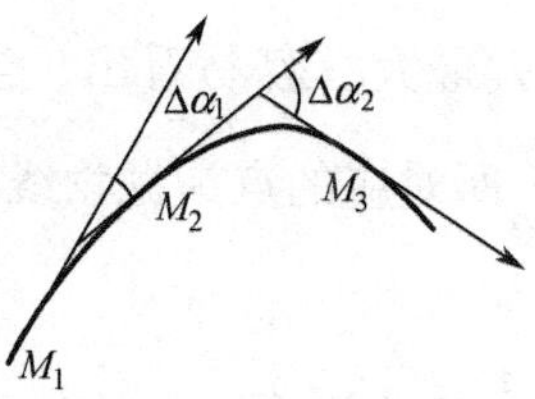

图　5-25

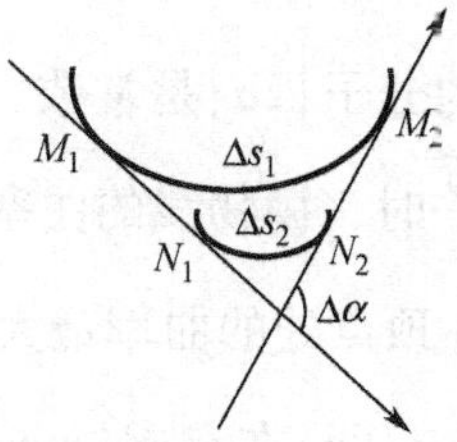

图　5-26

定义 5-9　(1) 弧$\overset{\frown}{MN}$的切线转角 $\Delta\alpha$ 与该弧长 Δs 之比的绝对值

$$\overline{K} = \left|\frac{\Delta\alpha}{\Delta s}\right|$$

叫做该弧的**平均曲率**.

(2) $K = \lim\limits_{\Delta s\to 0}\left|\dfrac{\Delta\alpha}{\Delta s}\right| = \left|\dfrac{\mathrm{d}\alpha}{\mathrm{d}s}\right|$称为曲线在点 M 处的**曲率**.

定义中之所以要取绝对值，是因为$\dfrac{\Delta\alpha}{\Delta s}$有正有负，但只考虑曲线的弯曲程度，而弯曲程度是不必计较正负的.

从曲率的定义出发，很容易导出：直线的曲率为 0；半径为 R 的圆的曲率为$\dfrac{1}{R}$. 这说明直线没有弯曲，而圆的半径越小，弯曲程度也就越大.

一般说来，直接由定义计算曲线的曲率是比较困难的，因此，根据曲率的定义导出便于计算的曲率公式如下：

$$K = \left|\frac{\mathrm{d}\alpha}{\mathrm{d}s}\right| = \frac{|y''|}{(1+y'^2)^{\frac{3}{2}}}$$

【证略】

例 5-57　求 $y = \dfrac{1}{x}$在点$(1,1)$处的曲率.

解　对函数求导得

$$y' = -\frac{1}{x^2},\quad y'' = \frac{2}{x^3}$$

因此

$$y'|_{x=1} = -1,\quad y''|_{x=1} = 2$$

代入曲率公式得

$$K=\frac{1}{\sqrt{2}}$$

例 5-58　问抛物线 $y=ax^2+bx+c$ 上哪一点处的曲率最大？

解　对抛物线求导得

$$y'=2ax+b，y''=2a$$

代入曲率公式，得

$$K=\frac{|2a|}{[1+(2ax+b)^2]^{\frac{3}{2}}}$$

因为 K 的分子 $|2a|$ 是常数，所以只要分母最小，K 值就最大. 容易看出，当 $2ax+b=0$，即 $x=-\frac{b}{2a}$ 时，抛物线的曲率有最大值 $|2a|$. 而 $x=-\frac{b}{2a}$ 所对应的点为抛物线的顶点，因此，抛物线在顶点处的曲率最大.

若曲线 $y=f(x)$ 在点 $M(x,y)$ 处的曲率 $K\neq0$，则称 $R=\frac{1}{K}$ 为曲线在该点处的**曲率半径**.

如图 5-27 所示，过曲线 $y=f(x)$ 上点 $M(x,y)$ 作曲线的法线，在法线上沿曲线凹向的一侧取一点 D，使

$$|MD|=\frac{1}{K}=R$$

以 D 为圆心，R 为半径作圆，则称此圆为曲线 $y=f(x)$ 在点 M 处的**曲率圆**，圆心 D 称为曲线在点 M 处的**曲率中心**.

曲率圆具有如下性质：

1）它与曲线在点 M 处相切；

2）它与曲线在点 M 处的凹向相同；

3）它的曲率与曲线在点 M 处的曲率相同.

在实际问题中，讨论有关曲线在某点处的性态时，通常是用该点处的曲率圆近似地代替曲线，从而使问题得到简化.

例 5-59　设工件表面的截线为抛物线 $y=0.4x^2$（如图 5-28）. 现拟用砂轮磨削其内表面，试问选用多大直径的砂轮比较合适？

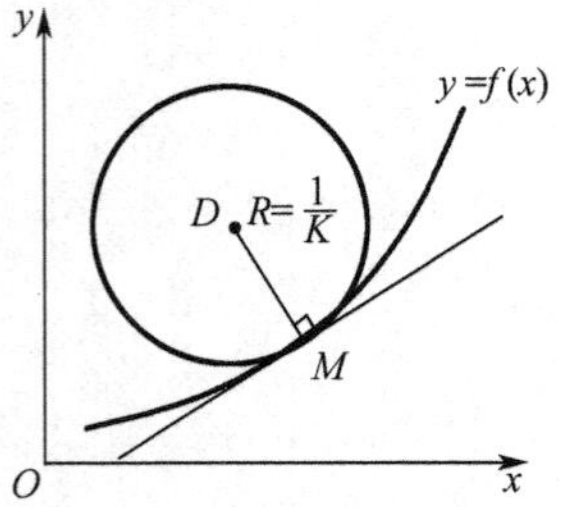

图　5-27

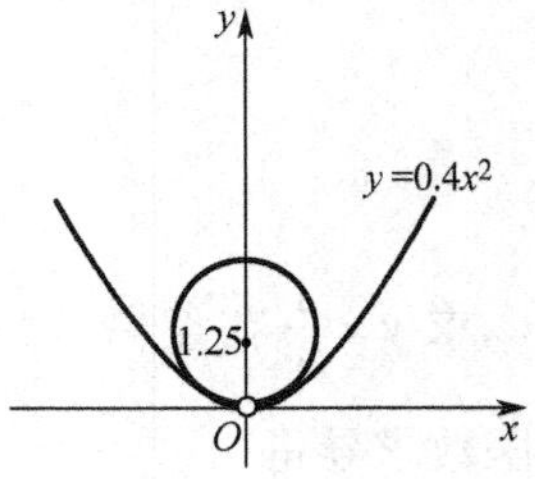

图　5-28

解　为了保证工件的形状与砂轮接触处附近的部分不被磨削太多，显然所选砂轮的半径应当小于或等于该抛物线上曲率半径的最小值. 由例 5-58 知道，抛物线在其顶点处的曲率最大，也就是说在顶点处曲率半径最小. 因此，需求抛物线 $y=0.4x^2$ 在顶点（即原点）处的

曲率.

对函数求导得

$$y' = 0.8x,\ y'' = 0.8$$

因此，可得

$$y'|_{x=0} = 0,\ y''|_{x=0} = 0.8$$

把它们代入曲率公式，得

$$K = 0.8$$

从而曲率半径

$$R = \frac{1}{K} = \frac{1}{0.8} = 1.25$$

所以所选的砂轮半径不得超过 1.25.

5.6 MATLAB 与导数运算

MATLAB 提供了大量的微积分函数，利用这些函数可以大大简化在高等数学学习与应用过程中碰到的复杂函数的求导问题.

1）求导运算在 MATLAB 里由命令函数 diff( )来完成，其具体形式为：

diff(function,　variable　,n)

参数 function 为需要进行求导运算的函数，variable 为求导运算的独立变量，n 为求导的阶次. 命令函数 diff( )默认求导的阶次为 1 阶；如果表达式里有多个符号变量，并且没有在参数里说明，则按人们习惯的独立变量顺序确定进行求导的变量。

2）求 n 个方程 n 个未知数的方程组解的命令格式为：

[var1,var2,…,var*n*] = solve(eqn1,eqn2,…,eqn*n*,var1,var2,…,var*n*)

其中 eqn*n* 表示第 n 个方程，var*n* 为第 n 个变量.

3）MATLAB 也提供了另一个功能强大的画图函数 ezplot，格式为：

ezplot(fun,[a,b])

其中，[a,b]可省略，缺省状态下为[$-\pi,\pi$].

例 5-60　求函数 $y = x^5 + 4\sin x - \cos x + 7$ 的导数.

解　在命令窗口中输入：

```
>> syms x
>> y = x^5 + 4 * sin(x) - cos(x) + 7;
>> diff(y,    x)
```

按“回车”键，显示结果为：

```
ans =
5 * x^4 + 4 * cos(x) + sin(x)
```

所以　$y' = 5x^4 + 4\cos x + \sin x$

例 5-61　已知函数 $y = \sqrt[3]{\dfrac{(x+1)^2}{(x-1)(x+2)}}$，求 y'_x.

解　在命令窗口中输入：

```
>> clear
>> syms x;
>> y = ((x+1)^2/((x-1) * (x+2)))^(1/3);
>> diff(y,  x)
```

按“回车”键，显示结果为：

```
ans =
1/3/((x+1)^2/(x-1)/(x+2))^(2/3) * (2 * (x+1)/(x-1)/(x+2) - (x+1)^2/
(x-1)^2/(x+2) - (x+1)^2/(x-1)/(x+2)^2)
```

上式显示结果较为复杂，可以用 pretty 函数，令结果显示得更为直观

在命令窗口中输入：

```
>> pretty(ans);
```

结果如图 5-29 所示.

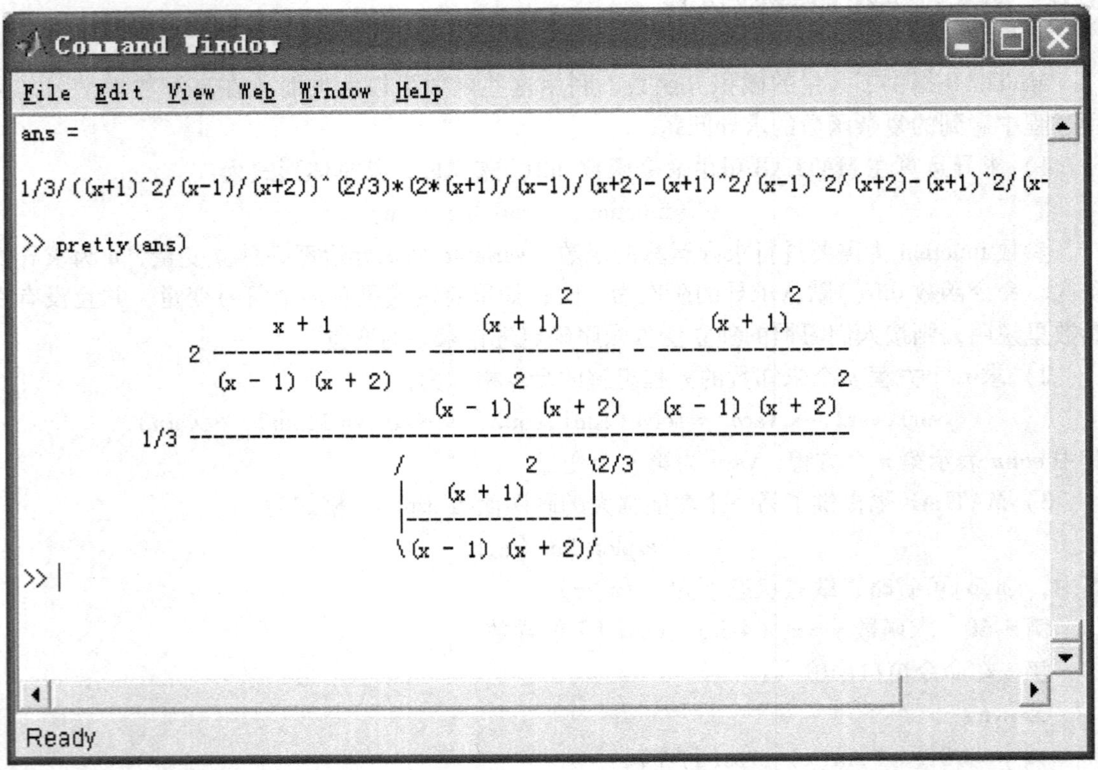

图　5-29

把结果进行简化可以写成 $y' = \dfrac{1}{3}\sqrt[3]{\dfrac{(x+1)^2}{(x-1)(x+2)}}\left(\dfrac{2}{x+1} - \dfrac{1}{x-1} - \dfrac{1}{x+2}\right)$.

例 5-62　求 $s = e^{-t}\cos t$ 的二阶导数.

解　在命令窗口中输入：

```
>> clear
>> syms t;
>> s = exp(-t) * cos(t);
```

```
>> diff(s,    t    ,2)
```

按“回车”键，显示结果为：

```
ans =
2 * exp( -t) * sin(t)
```

所以 $s''=2\mathrm{e}^{-t}\sin t$

例 5-63　以初速度 v_0、发射角 α 发射炮弹，其运动方程为

$$\begin{cases} x=(v_0\cos\alpha)t \\ y=(v_0\sin\alpha)t-\dfrac{1}{2}gt^2 \end{cases}$$

求炮弹在任何时刻的运动速度的大小和方向.

解　在命令窗口中输入以下命令：

```
>> syms a v0 t g;
>> x = v0 * cos(a) * t;
>> y = v0 * sin(a) * t - 1/2 * g * t^2;
>> vx = diff(x,  t);
>> vy = diff(y,  t);
>> v = sqrt(vx^2 + vy^2);%求炮弹的运动速度
>> v = simplify(v)   % simplify 表示对函数 v 进行化简
```

按“回车”键，显示结果为：

```
v = (v0^2 - 2 * v0 * sin(a) * g * t + g^2 * t^2) ^(1/2)
>> tanb = vy/vx;    %求炮弹的方向
>> pretty(tanb)
```

按“回车”键，显示结果为：

```
tanb =
v0sin(a) - gt
-------------
  v0cos(a)
```

所以

$$v=\sqrt{v_0^2-2(v_0\sin\alpha)gt+(gt)^2}$$

$$\tan\theta=\frac{v_0\sin\alpha-gt}{v_0\cos\alpha}$$

例 5-64　求函数 $f(x)=(x^2-1)^3+1$ 的极值.

解　在命令窗口中输入：

```
>> dear
>> syms x;
>> y = (x^2 - 1)^3 + 1;
>> yx = diff(y);
>> X = solve(yx)
```

按“回车”键，显示结果为：

```
X =
-1
```

1

0

所以驻点为 $x=-1,0,1$

再在命令窗口中输入：

```
>> ezplot(y)
```

从函数图形（图5-30）中可以看出，$x=0$ 取得函数的极小值.

所以函数的极小值为：

```
>> (0^3 -1)^3 +1
ans =
    0
```

从函数的图形中也可以观察出来函数的极小值为 $f(0)=0$.

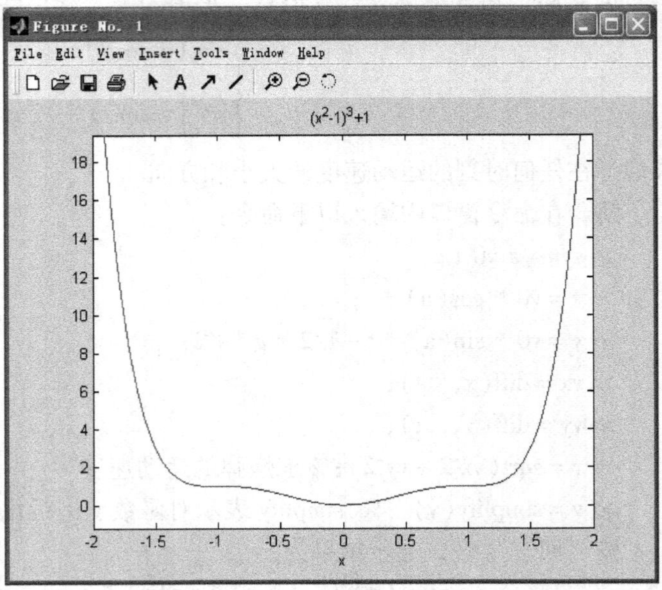

图 5-30

例5-65 铁路线上 AB 段的距离为100km，工厂 C 距离 A 处为20km，AC 垂直于 AB（图5-22）. 为了运输需要，要在 AB 线上选定一点 D 向工厂修一条公路. 已知铁路上每千米货运的费用与公路上每千米的货运费用之比为3:5，为了使货物从供应站 B 到工厂 C 的总运费最省，问 D 应选在何处？

解 通过建模过程可知

$$y=5k\sqrt{400+x^2}+3k(100-x)\,(0\leqslant x\leqslant 100)$$

问题归结为：求 x 取何值时，函数 y 在区间[0,100]内取得最小值.

在命令窗口中输入：

```
>> clear
>> syms k x;
>> y = 5 * k * sqrt(400 + x^2) + 3 * k * (100 - x);
>> yx = diff(y,    x    );
>> x = solve(yx)
```
（solve()是命令窗口中解方程的一个函数,格式为 solve(function)）

按“回车”键，显示结果为：

x = 15

函数 y 在[0,100]内只有一个驻点，因此，当 $x=15$ 时，函数有最小值，即运费最省.

5.7 习题

5-1 物体作直线运动的路程函数为 $s=t^2+3$，求

1）物体在2s到 $(2+\Delta t)$s 这段时间内的平均速度；

2）物体在 2s 时的瞬时速度.

5-2　根据导数的定义，求函数 $f(x)=3x^2-1$ 的导数，并求 $f'\left(\frac{1}{2}\right)$.

5-3　求曲线 $y=\sqrt{x}$ 在点 $x=4$ 处的切线方程与法线方程.

*5-4　试讨论幂函数 $y=x^{\frac{1}{3}}$ 在点 $x=0$ 处的可导性.

*5-5　讨论函数 $f(x)=\begin{cases}\sin x & x<0\\ x & x\geqslant 0\end{cases}$ 的导数情况.

*5-6　设函数 $f(x)=\begin{cases}x^2 & x\leqslant 1\\ ax+b & x\geqslant 1\end{cases}$，为了使函数 $f(x)$ 在 $x=1$ 处连续且可导，a、b 应取什么值？

5-7　求下列函数的导数.

(1) $y=3x^2-\dfrac{2}{x^2}+5$　　(2) $f(t)=(3t+2)(t^2-1)$

(3) $y=\dfrac{x-1}{x+1}$　　(4) $y=\dfrac{x^4+\sqrt{x}+1}{x^3}$

(5) $y=10^x+x^{10}$　　(6) $y=e^x(\sqrt{x}+2^x)$

5-8　求下列各函数在给定点处的导数，再用 MATLAB 求解验证.

(1) $y=3x^2+x\cos x$，求 $y'\big|_{x=0}$，$y'\big|_{x=\pi}$

(2) $f(x)=\sin x\cos x$，求 $f'\left(\frac{\pi}{6}\right)$, $f'\left(\frac{\pi}{4}\right)$

(3) $\rho=\varphi\sin\varphi+\frac{1}{2}\cos\varphi$，求 $\left.\frac{\partial\rho}{\partial\varphi}\right|_{\varphi=\frac{\pi}{4}}$

5-9　曲线 $y=(x^2-1)(x+1)$ 在 $x=0$ 处的切线斜率是多少？曲线上哪些点的切线平行于 x 轴？

5-10　求下列函数的导数，再用 MATLAB 求解验证.

(1) $y=(x^2+4x-7)^5$　　(2) $y=\sin(2^x)$

(3) $y=x\arccos x-\sqrt{1-x^2}$　　(4) $y=\sqrt{x+\sqrt{x}}$

(5) $y=\cos^2(x+1)$　　(6) $y=x\sin x^2$

(7) $y=(x+\cos x)^3$　　(8) $y=e^{4x}-e^{-x^2}$

(9) $y=2^{\sin x}$　　(10) $y=\ln(x^3+3)$

(11) $y=e^{\sin x}+3\arctan x$　　(12) $y=\arcsin\sqrt{x}+\arccos\sqrt{x}$

5-11　若曲线 $y=x\ln x$ 的切线垂直于直线 $2y-2x+3=0$，试求这条切线的方程.

5-12　求下列函数的一、二阶导数，再用 MATLAB 求解验证.

(1) $y=(x^3+1)^2$　　(2) $y=\ln x$

(3) $y=1+5x^3$　　(4) $y=e^{\sqrt{2}t}$

5-13　以初速 v_0 竖直上抛的物体，其上升高度 s 与时间 t 的关系是 $s=v_0t-\frac{1}{2}gt^2$. 求：

(1) 该物体的速度 $v(t)$　　(2) 该物体达到最高点的时刻

*5-14　求由下列各方程所确定的隐函数 y 对 x 的导数.

(1) $y=x+\ln y$　　(2) $x^3+6xy+3y^2=5$

(3) $xy=e^{x+y}$　　(4) $y=1-xe^y$

*5-15　求曲线 $x^{\frac{2}{3}}+y^{\frac{2}{3}}=a^{\frac{2}{3}}$ 在点 $\left(\frac{\sqrt{2}a}{4},\frac{\sqrt{2}a}{4}\right)$ 处的切线方程和法线方程.

*5-16　求由下列参数方程所确定的函数的导数 y'_x.

(1) $\begin{cases}x=5+2t-t^3\\y=4t^2+1\end{cases}$　　(2) $\begin{cases}x=a\cos\theta\\y=b\sin\theta\end{cases}$($\theta$为参数)

*5-17 求曲线$\begin{cases}x=\sin t\\y=\cos 2t\end{cases}$在参数$t=\frac{\pi}{4}$处的切线方程和法线方程.

*5-18 如题5-18图所示，以v_0为水平飞行速度的某飞机，在离地面为h的空中执行空投任务时，所投物在空中的运动轨迹为$\begin{cases}x=v_0t\\y=h-\frac{1}{2}gt^2\end{cases}$，求物体着地时的速度.

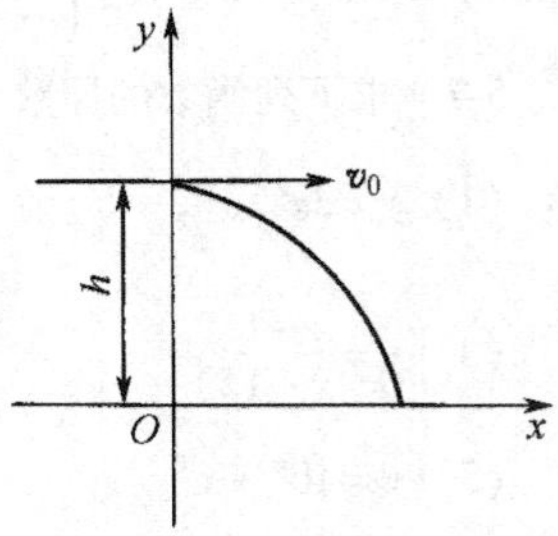

题5-18图

5-19 设物体绕定轴旋转，在时间间隔$[0,t]$内转过角度θ，从而转角θ是t的函数：$\theta=\theta(t)$. 如果旋转是匀速的，那么称$\omega=\frac{\theta}{t}$为该物体旋转的角速度. 如果旋转是非匀速的，应怎样确定该物体在时刻t_0的角速度？

5-20 当物体的温度高于周围介质的温度时，物体就不断冷却. 若物体的温度T与时间t的函数关系为$T=T(t)$，应怎样确定该物体在时刻t的冷却速度？

5-21 有一根长为4m的金属细棒，沿着长度方向的质量分布不均匀，从左端(可定为坐标原点)算起到x处，该段的质量$M(x)=2x^{\frac{3}{2}}$，求：(1)从$x=1$到$x=1.2$处，棒的平均密度；(2)求棒在$x=x_0$处的密度.

5-22 设$Q=Q(T)$表示重1g的金属从0℃加热到T℃所吸收的热量，当金属从T℃升温到$(T+\Delta T)$℃时，所需的热量为$\Delta Q=Q(T+\Delta T)-Q(T)$，它与$\Delta T$之比，叫做$T$到$T+\Delta T$的平均比热. 问题：(1)如何定义在$T$℃时，金属的比热；(2)求$Q(T)=aT+bT^2$(其中$a$、$b$均为常数)的比热.

5-23 求下列函数在给定点处的微分.

(1) $\varphi=(1+t^2)\arctan t$，$t=1$　　(2) $y=\frac{x}{1+x^2}$，$x=0$

5-24 求下列函数的微分.

(1) $y=(x^3-3x+3)$　　(2) $y=\sin 2x$

(3) $y=\ln(1-x^2)$　　(4) $y=e^{-x}+\cos(3+x)$

5-25 计算下列函数的近似值，再用MATLAB求解验证.

(1) $\cos 30°12'$　　(2) $e^{1.01}$

5-26 有一批半径为1cm的钢球，为了提高钢球表面的光洁度，要镀上厚为0.01cm的一层铜，若铜的密度为8.9g/cm³，试估计一下每个钢球需用多少铜？

5-27 利用罗必塔法则求下列极限，再用MATLAB求解验证.

(1) $\lim\limits_{x\to 0}\frac{\tan ax}{\sin bx}$　　(2) $\lim\limits_{x\to a}\frac{\sin x-\sin a}{x-a}$

(3) $\lim\limits_{x\to 0}\frac{a^x-b^x}{x}$　　(4) $\lim\limits_{x\to\frac{\pi}{6}}\frac{1-2\sin x}{\cos 3x}$

(5) $\lim\limits_{x\to+\infty}\frac{-x^2+5x-3}{8x^2-9}$　　(6) $\lim\limits_{x\to+\infty}\frac{x^2}{e^{3x}}$

5-28 判定下列函数在指定区间内的单调性

(1) $f(x)=\arctan x$，$x\in(-\infty,+\infty)$　　(2) $f(x)=x+\cos x$，$x\in[0,2\pi]$

5-29 确定下列函数的单调区间与函数的极值，再用MATLAB求解验证.

(1) $f(x)=-4x+2$　　(2) $f(x)=(x-1)(x+1)^3$　　(3) $f(x)=\frac{2}{1+x^2}$

5-30 求下列函数的极值点与极值，再用MATLAB求解验证.

（1） $y=4x^3-3x^2-6x+2$　　　　（2） $y=x-\ln(1+x)$

5-31　求下列函数在给定区间上的最大值和最小值.

（1） $f(x)=4x^2(x^2-2)$，$x\in[-2,2]$　　（2） $f(x)=x^3-3x^2$，$x\in[-2,2]$

5-32　有一门洞，上半部为一个半圆，下半部为一矩形，周围长 15m，要使得截面积最大，门宽应为多少？

5-33　现要做一个底为正方形，容积为 108m^3 的长方体开口容器，底边长和高各为多少时所用材料最省？

5-34　一炮艇停泊在距海岸（设之为直线）9km 处，派人送信给设在海岸线上距该艇 $3\sqrt{34}$km 的司令部，若送信人步行速率为 5km/h，划船速率为 4km/h，问他在何处上岸到达司令部的时间最短？

5-35　如题 5-35 图所示，用直径为 d 的圆柱形木材加工横断面为矩形的梁，若矩形高为 y，宽为 x，则梁的强度与 xy^2 成正比，试问高与宽成什么比例时梁的强度最大？

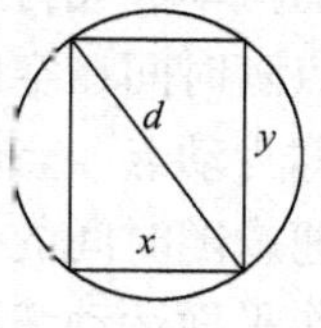

题 5-35 图

5-36　判定下列曲线的凹凸性，并求拐点，再用 MATLAB 求解验证.

（1） $y=\ln x$　　（2） $y=4x-x^2$　　（3） $y=3x^2-x^3$

5-37　问 a，b 为何值时，点(1,3)为曲线 $y=ax^3-bx^2$ 的拐点？

第 6 章　点的平面运动

物体是有一定大小和形状的，其运动总是发生在空间和时间之中．为了研究物体随时间在空间中的变化规律，可以研究物体上不同点的运动规律，从而了解物体的运动规律．有时，物体上的一个点的运动规律，就可以代表整个物体的运动规律．例如，在研究远处行驶的汽车、飞行中的炮弹或人造卫星的运动时，就可以把这些物体看作点．点的运动学是研究点随时间在空间中的变化规律，而不管该点是代表一个物体还是物体上的某一点，这样的点称为动点．点的运动学将从几何学的角度来研究动点的运动规律，即动点的位置、速度、加速度随时间的变化规律，而不考虑其变化的原因．这部分内容称为运动学．本章主要研究点作平面运动情况下的运动学问题．

6.1　点的平面运动方程

6.1.1　动点的运动及位置描述法

1. 轨迹、弧长与位移概念

动点从点 A 运动到点 B，其所运动到达各点的连线称为动点的运动轨迹．动点轨迹曲线方程称为点的轨迹方程．

选取轨迹上任一参考点 O，动点从 O 运动到点 M 所走过的轨迹长度，称为动点运动的**弧长**，记为 s(如图 6-1a)．从点 O 指向点 M 的矢量 $\overrightarrow{OM}$ 称为动点从点 O 运动到点 M 的**位移**．动点的运动弧长是一标量，而位移则是一矢量．

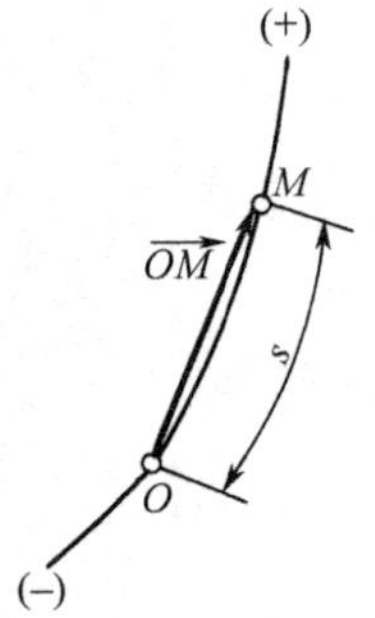

a)

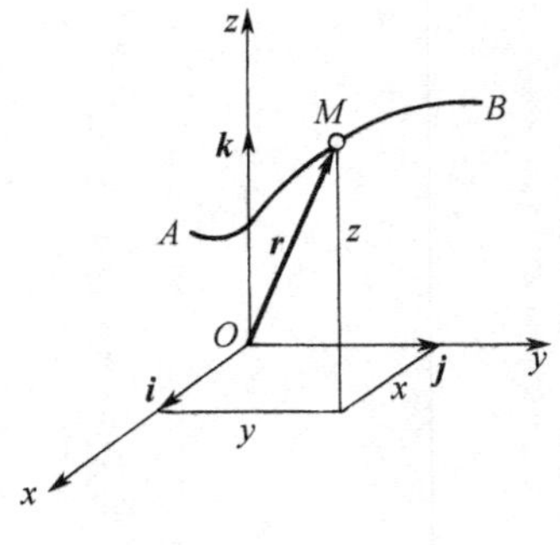

b)

图　6-1

2. 点的位置的矢量方程与直角坐标方程

选取任一点 O 为参考点，动点 M 的位置可用矢量 $\boldsymbol{r}$ 表示

$$\boldsymbol{r}=\boldsymbol{r}(t) \tag{6-1}$$

如果以点 O 为坐标原点，建立直角坐标系 $Oxyz$（图 6-1b），则动点 M 的位置，可用直角坐标或列矩阵表示

$$\boldsymbol{r}=\boldsymbol{r}(t)=\begin{pmatrix}x(t)\\y(t)\\z(t)\end{pmatrix} \tag{6-2}$$

若点作平面运动，式(6-2)只有 $x(t)$、$y(t)$ 两个分量.

矢量表示与直角坐标表示的本质是一样的. 前者物理意义明显，书写比较简练，但具体的表达形式取决于坐标系的选择. 后者是矢量直角坐标系上的分量表示，即矢量的列矩阵表示，更加直观和易于理解. 从式(6-2)中消去时间变量 t，得到的曲线称为点的轨迹方程.

用矢量方程描述点的位置和运动称为**矢量法**，用直角坐标方程描述点的位置和运动称为**直角坐标法**.

3. 点的位置的自然坐标方程

点的位置自然坐标描述是选取动点的轨迹为坐标——自然坐标. 方法是：在轨迹上任选一点 O 为参考点，规定 O 的某一侧为正向，动点 M 在轨迹上的位置用弧长确定（如图 6-2）. 弧长 $s=\pm\widehat{OM}$为带有正负号的标量（称为自然坐标），M 点的位置随时间而变化的规律，可用自然坐标表示为

$$s=s(t) \tag{6-3}$$

动点的自然坐标描述法在已知动点轨迹的情况下比较方便. 用自然坐标描述点的位置和运动的方法称为**自然坐标法**.

例 6-1　如图 6-3 所示的曲柄导杆机构，已知$\overline{OA}=\overline{OB}=L$，$BC$ 逆时针以 $\varphi=10t$ 运动，试求动点 A 的直角坐标方程和自然坐标方程.

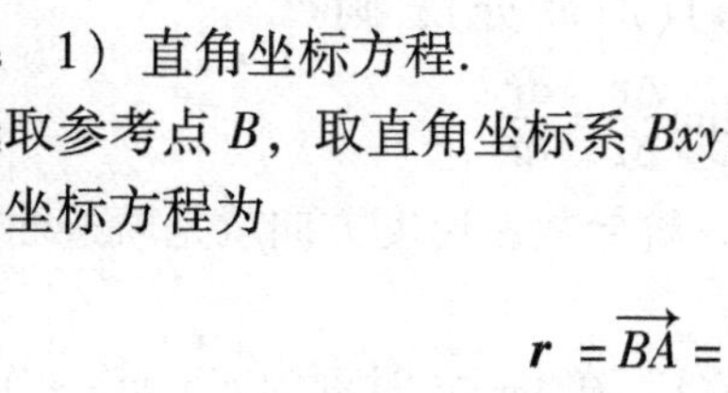

图　6-2

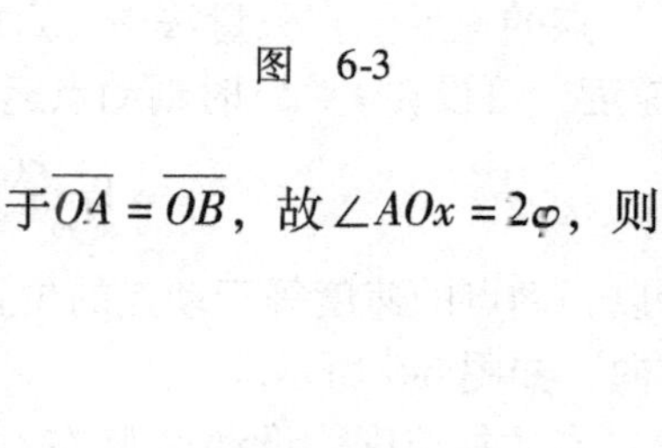

图　6-3

解　1）直角坐标方程.

选取参考点 B，取直角坐标系 Bxy，如图所示. 由于$\overline{OA}=\overline{OB}$，故$\angle AOx=2\varphi$，则动点 A 的直角坐标方程为

$$\boldsymbol{r}=\overrightarrow{BA}=\begin{pmatrix}x_A\\y_A\end{pmatrix}$$

$$=\begin{pmatrix}\overline{OB}+\overline{OA}\cos2\varphi\\\overline{OA}\sin2\varphi\end{pmatrix}=\begin{pmatrix}L+L\cos20t\\L\sin20t\end{pmatrix}$$

2）自然坐标方程.

选取 $\varphi=0$ 时的 A 点位置为参考点（在 Ox 轴上，距点 O 距离为 L），规定动点轨迹在 x 轴

上方为正向，则当 BC 转过 $\varphi=10t$ 角度时，动点的弧长

$$s=2\varphi\,\overline{OA}=20Lt$$

显然，动点的轨迹为以点 O 为圆心、$OA=L$ 为半径的圆弧，则可以从直角坐标方程中消去时间变量 t 得到

$$(x_A-L)^2+y_A^2=L^2$$

例 6-2 图 6-4 所示为一椭圆规机构，已知 $\overline{OA}=\overline{AB}=L$，$\overline{CM}=\overline{DM}=\overline{AC}=\overline{AD}=a$，$\overline{OA}$杆按 $\varphi=kt$ 逆时针转动，求 M 点的运动方程及轨迹方程.

解 用直角坐标描述 M 点的轨迹，选取直角坐标 Oxy，如图，则 M 点的运动方程为

$$\boldsymbol{r}_M=\begin{pmatrix}x_M\\y_M\end{pmatrix}=\begin{pmatrix}\overline{OA}\cos\varphi\\\overline{OA}\sin\varphi-2\,\overline{CM}\sin\varphi\end{pmatrix}=\begin{pmatrix}L\cos kt\\(L-2a)\sin kt\end{pmatrix}$$

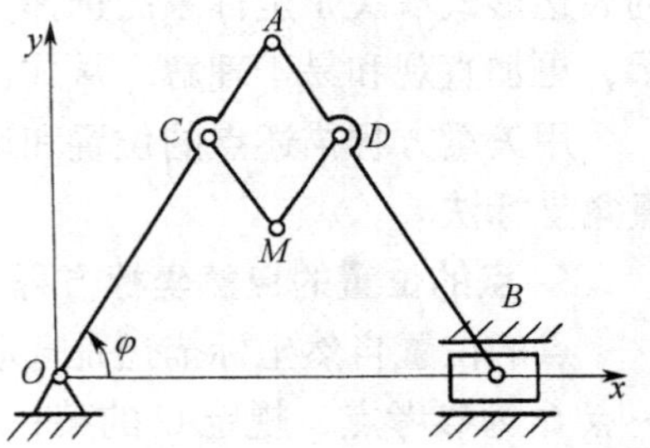

图 6-4

消去时间变量 t，得 M 点的轨迹方程为

$$\left(\frac{x_M}{L}\right)^2+\left(\frac{y_M}{L-2a}\right)^2=1$$

这是一椭圆方程，利用这一机构可以绘制标准的椭圆.

6.1.2 动点的速度和加速度求解

动点在 t 时刻的速度，等于当 Δt 趋于零时，动点在 $t+\Delta t$ 时间内产生的位移与产生该位移的时间 Δt 之比的极限，而动点在 Δt 时间内产生的位移，等于动点在 $t+\Delta t$ 时的位置与 t 时的位置之差所代表的矢量. 根据导数的意义，动点的速度可根据动点的位置描述方程对时间求一阶导数得到. 例如，在矢量法中，动点的速度就等于动点位置矢量对时间的导数. 动点的加速度等于动点速度矢量对时间的一阶导数. 动点的速度与加速度都为矢量，当动点的位置用不同方法描述时，其速度和加速度的计算公式也不相同. 速度和加速度的单位分别为 $\mathrm{m/s}$（米/秒）和 $\mathrm{m/s^2}$（米/秒^2）.

1. 在矢量法中的求解

（1）点的速度　在矢量法中，点的位置用矢量 $\boldsymbol{r}=\boldsymbol{r}(t)$ 表示，要求解在 t 时刻动点（在 M 处）的速度，可设在 $t+\Delta t$ 时刻动点运动到 $\boldsymbol{r}'=\boldsymbol{r}(t+\Delta t)$（即 M'处），则

$$v=\lim_{\Delta t\to 0}\frac{\boldsymbol{r}(t+\Delta t)-\boldsymbol{r}(t)}{\Delta t}=\lim_{\Delta t\to 0}\frac{\Delta\boldsymbol{r}}{\Delta t}=\frac{\mathrm{d}\boldsymbol{r}}{\mathrm{d}t}\tag{6-4}$$

所以，动点的速度等于动点的位置矢量对时间的一阶导数，速度方向就是轨迹曲线上的切线方向，如图 6-5 所示.

（2）点的加速度　设动点 M 在 t 时刻的速度为 $v(t)$，在 $t+\Delta t$ 时刻为 $v'=v(t+\Delta t)$，则动点在 t 时刻的加速度为

$$\begin{aligned}\boldsymbol{a}&=\lim_{\Delta t\to 0}\frac{v(t+\Delta t)-v(t)}{\Delta t}\\&=\lim_{\Delta t\to 0}\frac{\Delta v}{\mathrm{d}t}=\frac{\mathrm{d}v}{\mathrm{d}t}=\frac{\mathrm{d}^2\boldsymbol{r}}{\mathrm{d}t^2}\end{aligned}\tag{6-5}$$

所以，动点的加速度等于该点的速度矢量对时间的一阶导数，或等于该点位置矢量对时间的二阶导数.

值得注意的是，在 M 点处的加速度方向，取决于速度增量 Δv 的极限方向，而不是轨迹曲线在 M 点的切线方向，如图 6-6 所示.

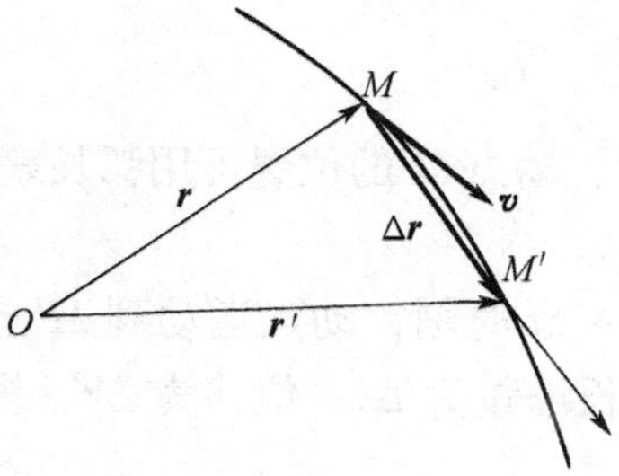

图　6-5

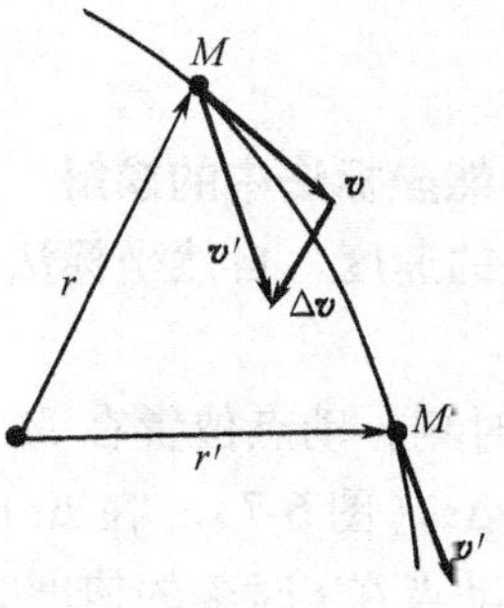

图　6-6

2. 在直角坐标法中的求解

（1）点的速度　在直角坐标法中，动点 M 的位置在取定坐标系后，可以用各坐标位置分量（或列矩阵）表示为

$$\boldsymbol{r}=\boldsymbol{r}(t)=\begin{pmatrix}x(t)\\y(t)\end{pmatrix}$$

对该式求时间的一阶导数，就得到动点的速度表达式

$$v=\frac{\mathrm{d}\boldsymbol{r}}{\mathrm{d}t}=\begin{pmatrix}v_x\\v_y\end{pmatrix}=\begin{pmatrix}\dfrac{\mathrm{d}x}{\mathrm{d}t}\\\dfrac{\mathrm{d}y}{\mathrm{d}t}\end{pmatrix}\tag{6-6}$$

其中，速度在各坐标轴上的投影（速度分量），等于动点的各对应位置矢量的坐标分量对时间的一阶导数.

速度的大小及速度方向与各坐标轴的夹角余弦分别为

$$|v|=\sqrt{v_x^2+v_y^2}\tag{6-7}$$

$$\begin{cases}\cos\langle v,\boldsymbol{i}\rangle=\dfrac{v_x}{|v|}\\\cos\langle v,\boldsymbol{j}\rangle=\dfrac{v_y}{|v|}\end{cases}\tag{6-8}$$

（2）点的加速度　点的加速度及其在各坐标轴上的投影分量亦可通过对速度求导得到

$$\boldsymbol{a}=\begin{pmatrix}a_x\\a_y\end{pmatrix}=\frac{\mathrm{d}v}{\mathrm{d}t}=\frac{\mathrm{d}^2\boldsymbol{r}}{\mathrm{d}t^2}=\begin{pmatrix}\dfrac{\mathrm{d}^2x}{\mathrm{d}t^2}\\\dfrac{\mathrm{d}^2y}{\mathrm{d}t^2}\end{pmatrix}\tag{6-9}$$

其中，加速度在各坐标轴上的投影（加速度分量），等于动点的各对应位置矢量的坐标分量对时间的二阶导数.

加速度的大小及加速度方向与各坐标轴的夹角余弦分别为

$$|\boldsymbol{a}| = \sqrt{a_x^2 + a_y^2} \tag{6-10}$$

$$\begin{cases} \cos\langle \boldsymbol{a}, \boldsymbol{i} \rangle = \dfrac{a_x}{|\boldsymbol{a}|} \\ \cos\langle \boldsymbol{a}, \boldsymbol{j} \rangle = \dfrac{a_y}{|\boldsymbol{a}|} \end{cases} \tag{6-11}$$

3. 在自然坐标法中的求解

（1）点的速度　自然坐标法中，在取定参考点 O 后，动点 M 的位置可用弧长表示为

$$s = s(t) \tag{6-12}$$

设在 t 时刻，动点位置在 M 点，弧长为 $s(t)$，在 $t+\Delta t$ 时刻，动点运动到 M'点，弧长为 $s' = s(t+\Delta t)$（图 6-7）. 在 Δt 时间内，动点运动的弧长增量为 Δs，位移为 $\Delta \boldsymbol{r}$，根据点的速度定义，动点在 t 时刻的速度为

$$v = \lim_{\Delta t \to 0} \frac{\Delta \boldsymbol{r}}{\Delta t}$$

考虑到当 Δt 足够小时，位移的大小 $|\Delta \boldsymbol{r}| \approx \Delta s$，所以当 $\Delta t \to 0$ 时，$|\Delta \boldsymbol{r}| \to \Delta s$. 在 t 时刻的速度大小

$$v = \lim_{\Delta t \to 0} \frac{|\Delta \boldsymbol{r}|}{\Delta t} = \lim_{\Delta t \to 0} \frac{\Delta s}{\Delta t} = \frac{\mathrm{d}s}{\mathrm{d}t} \tag{6-13}$$

因此，在自然坐标法中，动点速度的大小等于点的位置的自然坐标方程的一阶导数，其方向是沿 M 点处切线，并指向动点运动的一方，即当 $\dfrac{\mathrm{d}s}{\mathrm{d}t} > 0$ 时，速度指向弧坐标 s 的正方向；当 $\dfrac{\mathrm{d}s}{\mathrm{d}t} < 0$ 时，指向 s 的负方向.

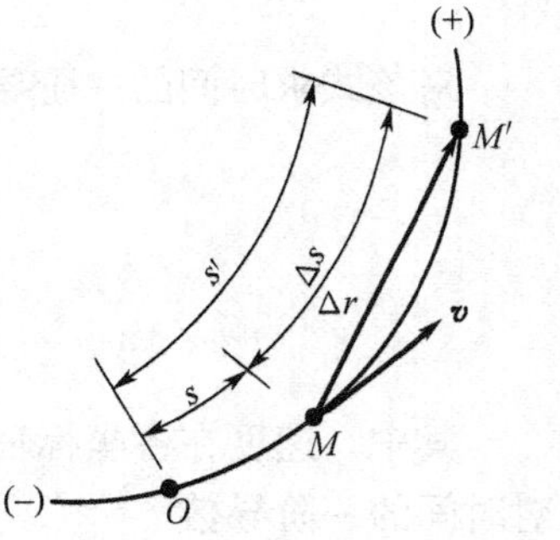

图　6-7

（2）点的加速度　设动点 M 在 t 时刻的速度为 $v(t)$，在 $t+\Delta t$ 时刻运动到 M'位置，速度为 $v' = v(t+\Delta t)$，则动点在 t 时刻的加速度

$$\boldsymbol{a} = \lim_{\Delta t \to 0} \frac{v(t+\Delta t) - v(t)}{\Delta t}$$

加速度是反映速度瞬时变化快慢的物理量，由于速度是一矢量，速度的变化不仅有大小的变化，还有方向的变化（图 6-8a）. 为了分析计算这种变化与时间变化之比的极限，将 M 和 M'点处的速度平移到同起点 O，如图 6-8b 所示. 图中 $\Delta v = v(t+\Delta t) - v(t)$，$\Delta\varphi$ 为 $v(t)$ 与 $v(t+\Delta t)$ 之间的夹角. 为清晰起见，用 ODF 代表 $v(t)$、Δv、$v(t+\Delta t)$ 形成的三角形.

在 OF 线上取一点 E，使得 $\overline{OE} = \overline{OD}$，则

$$\Delta v = \overrightarrow{DF} = \overrightarrow{DE} + \overrightarrow{EF} = \Delta v_{\mathrm{n}} + \Delta v_{\tau}$$

式中，$\Delta v_{\mathrm{n}} = \overrightarrow{DE}$，表示在 Δt 内速度方向的改变量；$\Delta v_{\tau} = \overrightarrow{EF}$，表示在 Δt 内速度大小的改变量.

由此，加速度可写为

$$\boldsymbol{a} = \lim_{\Delta t \to 0} \frac{\Delta v_{\mathrm{n}}}{\Delta t} + \lim_{\Delta t \to 0} \frac{\Delta v_{\tau}}{\Delta t} \tag{6-14}$$

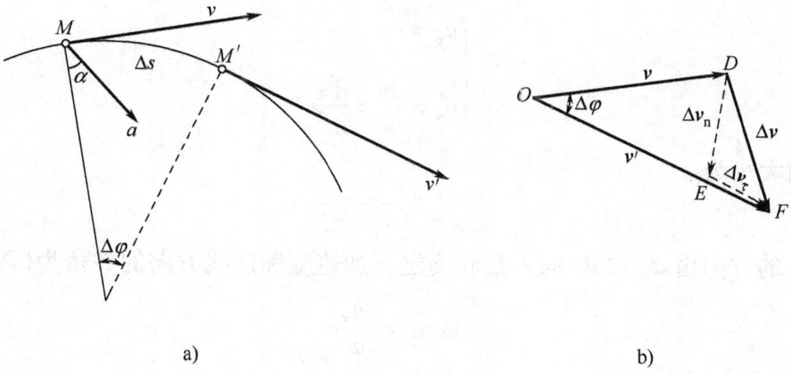

图　6-8

其中，记 $\boldsymbol{a}_{\mathrm{n}}=\lim\limits_{\Delta t\to 0}\dfrac{\Delta \boldsymbol{v}_{\mathrm{n}}}{\Delta t}$，由于 $\Delta t\to 0$ 时，$\Delta \boldsymbol{v}_{\mathrm{n}}\perp \boldsymbol{v}$，其方向指向 M 点法线 n 的方向，故称之为法向加速度，其大小为

$$
\begin{aligned}
|\boldsymbol{a}_{\mathrm{n}}| &= \lim_{\Delta t\to 0}\frac{|\Delta \boldsymbol{v}_{\mathrm{n}}|}{\Delta t}+\lim_{\Delta t\to 0}\frac{2|\boldsymbol{v}|\sin\dfrac{\Delta\varphi}{2}}{\Delta t}\\
&=\lim_{\Delta t\to 0}|\boldsymbol{v}|\frac{\Delta\varphi}{\Delta s}\frac{\Delta s}{\Delta t}\\
&=|\boldsymbol{v}|\lim_{\Delta t\to 0}\frac{\Delta\varphi}{\Delta s}\lim_{\Delta t\to 0}\frac{\Delta s}{\Delta t}=\frac{v^2}{\rho}
\end{aligned}
\tag{6-15}
$$

式中，$\lim\limits_{\Delta t\to 0}\dfrac{\Delta\varphi}{\Delta s}=\dfrac{1}{\rho}$. 当轨迹曲线为圆时，$\rho$ 即为圆的半径；当轨迹曲线为一般曲线时，ρ 为曲线在 M 点处的曲率圆半径.

所以，法向加速度 $\boldsymbol{a}_{\mathrm{n}}$ 的大小为

$$
a_{\mathrm{n}}=\frac{v^2}{\rho}
\tag{6-16}
$$

其方向为 M 点的法线方向.

在式(6-14)中，记 $\boldsymbol{a}_{\tau}=\lim\limits_{\Delta t\to 0}\dfrac{\Delta \boldsymbol{v}_{\tau}}{\Delta t}$，由于 $\Delta t\to 0$ 时，$\Delta \boldsymbol{v}_{\tau}$与 $\boldsymbol{v}$ 重合，其方向沿 M 点切线 τ 的方向，故称之为切向加速度，其大小为

$$
\begin{aligned}
a_{\tau}=|\boldsymbol{a}_{\tau}| &= \lim_{\Delta t\to 0}\frac{|\Delta \boldsymbol{v}_{\tau}|}{\Delta t}=\lim_{\Delta t\to 0}\frac{|\boldsymbol{v}(t+\Delta t)|-|\boldsymbol{v}(t)|}{\Delta t}\\
&=\frac{\mathrm{d}v}{\mathrm{d}t}=\frac{\mathrm{d}^2 s}{\mathrm{d}t^2}
\end{aligned}
\tag{6-17}
$$

所以，切向加速度的大小等于速度的大小对时间的一阶导数，其方向为 M 点切线方向，指向运动的一方. 即当 $\dfrac{\mathrm{d}v}{\mathrm{d}t}<0$ 时，指向 s 负的一侧.

综上分析，加速度可写为

$$
\boldsymbol{a}=\boldsymbol{a}_{\mathrm{n}}+\boldsymbol{a}_{\tau}
\tag{6-18}
$$

式中

$$\begin{cases} a_n = \dfrac{v^2}{\rho} \\ a_\tau = \dfrac{dv}{dt} = \dfrac{d^2s}{dt^2} \end{cases} \tag{6-19}$$

加速度的大小为

$$a = \sqrt{a_n^2 + a_\tau^2} \tag{6-20}$$

加速度 $\boldsymbol{a}$ 的方向由 $\boldsymbol{a}_n$ 和 $\boldsymbol{a}_\tau$ 的矢量和确定，加速度和法线方向的夹角为(图6-8a)

$$\tan\alpha = \frac{|a_\tau|}{a_n} \tag{6-21}$$

下面讨论几种特例：

(1) 动点作匀速直线运动　由于速度 $v=$ 常数，$\dfrac{dv}{dt}=0$，直线在任一点的曲率半径 $\rho\to\infty$，所以 $a=a_n=a_\tau=0$.

(2) 动点作变速直线运动　此时，$\rho\to\infty$，$a_n=\dfrac{v^2}{\rho}\to 0$，故 $\boldsymbol{a}=\boldsymbol{a}_\tau$，其大小 $a=\dfrac{dv}{dt}=\dfrac{d^2s}{dt}$.

(3) 动点作匀速圆周运动(圆周半径为 r)　按自然坐标法，动点作圆周运动时，运动弧长 $s=r\varphi(t)$，角速度 $\omega=\dfrac{d\varphi}{dt}$，角加速度 $\varepsilon=\dfrac{d\omega}{dt}$，从而 $v=r\omega$，$a_\tau=\dfrac{dv}{dt}=0$，$a_n=\dfrac{v^2}{\rho}=\dfrac{v^2}{r}=\dfrac{(r\omega)^2}{r}=r\omega^2$.

角速度 ω 和角加速度 ε 实际都是矢量，但这里把它们当作标量处理，并规定当质点沿圆周逆时针运动时，ω 为正，否则为负．当 ω 与 ε 符号相同时，动点作加速运动，反之动点作减速运动.

(4) 动点作变速圆周运动　作变速圆周运动的动点，通常其角加速度 $\varepsilon\neq 0$，因此，$v=r\omega$，$a_\tau=\dfrac{dv}{dt}=r\varepsilon$，$a_n=\dfrac{v^2}{\rho}=\dfrac{v^2}{r}=\dfrac{(r\omega)^2}{r}=r\omega^2$.

(5) 动点作匀速曲线运动　此时，$v=$ 常数，$a_\tau=\dfrac{dv}{dt}=0$，故 $\boldsymbol{a}=\boldsymbol{a}_n$，其大小 $a=\dfrac{v^2}{\rho}$.

(6) 动点作匀变速曲线运动　所谓匀变速曲线运动，即是 $a_\tau=\dfrac{dv}{dt}=$ 常数的特殊情况，加速度的计算可按式(6-18)～式(6-21)计算.

匀变速曲线运动的运动路程、速度有关公式可以根据最简单的积分(第8章)推导得到.

例6-3　求例6-1中，动点 A 在 $t=0$ 时的速度和加速度.

解　1) 直角坐标法求解.

根据动点 A 在所取坐标系中的直角坐标方程，对时间求导可得

$$v(t)=\frac{d\boldsymbol{r}(t)}{dt}=\begin{pmatrix} -20L\sin 20t \\ 20L\cos 20t \end{pmatrix}$$

$$\boldsymbol{a}(t)=\frac{dv(t)}{dt}=\begin{pmatrix} -400L\cos 20t \\ -400L\sin 20t \end{pmatrix}$$

代入 $t=0$，得 $t=0$ 时动点 A 的速度和加速度的直角坐标分量表达式，即

$$v(0)=\begin{pmatrix}0\\20L\end{pmatrix}$$

$$\boldsymbol{a}(0)=\begin{pmatrix}-400L\\0\end{pmatrix}$$

根据所选取的直角坐标系，$v(0)$、$\boldsymbol{a}(0)$的方向如图 6-9 所示.

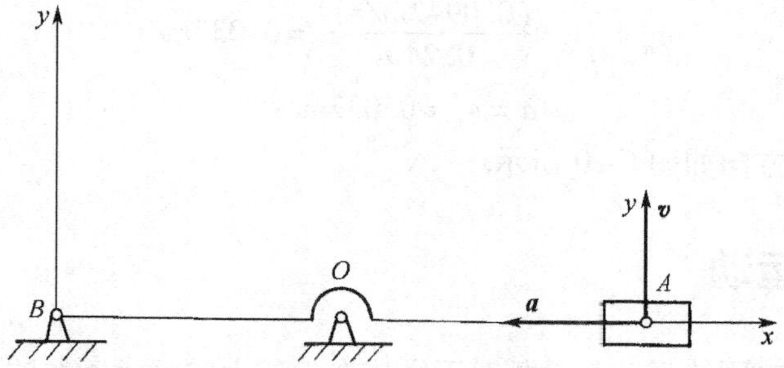

图　6-9

2） 自然坐标法求解.

由自然坐标方程 $s=20Lt$，利用式(6-13)、式(6-19)分别得到

$$v=\frac{\mathrm{d}s}{\mathrm{d}t}=20L$$

$$a_\tau=\frac{\mathrm{d}v}{\mathrm{d}t}=0$$

$$a_n=\frac{v^2}{\rho}=\frac{(20L)^2}{L}=400L$$

由于 A 点的轨迹为以 O 点为圆心的圆，且 A 点运动方向为逆时针方向，v、$\boldsymbol{a}$ 的方向如图 6-9 所示.

例 6-4　在图 6-10 所示的曲柄导杆机构中，曲柄$\overline{O_1A}=0.1\text{m}$，摇杆$\overline{O_2B}=0.24\text{m}$，距离$\overline{O_1O_2}=0.1\text{m}$，曲柄以等角速度 $\omega=\frac{\pi}{4}\text{rad/s}$ 绕 O_1 轴转动. 运动开始时曲柄铅直向上，求 B 点的运动方程、速度和加速度.

解　运动分析：B 点的运动轨迹是以$\overline{O_2B}$为半径的圆弧，因而宜用自然坐标法.

列运动方程：设 $t=0$ 时，B 点在 B_0 处；在某瞬时 t，B 点绕 O_2 点转到图 6-10 所示位置. 取 B_0 点为原点，则 B 点的移动弧长为

$$s=\overset{\frown}{B_0B}=\overline{O_2B}\alpha$$

由于$\triangle O_1O_2A$ 是等腰三角形，所以

$$\alpha=\frac{1}{2}\angle B_0O_1A=\frac{1}{2}\varphi$$

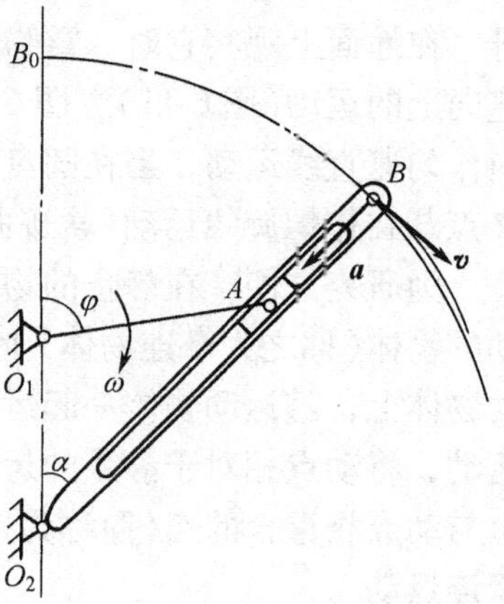

图　6-10

其中，$\varphi = \omega t = \frac{\pi}{4}t$. 故 B 点运动方程为

$$s = 0.03\pi t$$

求速度和加速度：由有关公式得

$$v = \frac{\mathrm{d}s}{\mathrm{d}t} = 0.03\pi = 0.0942\mathrm{m/s}$$

$$a_\tau = \frac{\mathrm{d}v}{\mathrm{d}t} = 0$$

$$a_n = \frac{v^2}{\rho} = \frac{(0.0942\mathrm{m/s})^2}{0.24\mathrm{m}} = 0.037\mathrm{m/s^2}$$

$$a = a_n = 0.037\mathrm{m/s^2}$$

速度和加速度的方向如图 6-10 所示.

6.2 点的合成运动

已经讨论过的点或刚体运动都是相对于固连在地球上的静参考系的，即为绝对运动. 在工程或机械系统中，往往所研究的动点相对于某个刚体的运动是简单或已知的，而这个刚体自身也在运动且该运动是简单或已知的，但动点相对于静参考系的运动却比较复杂. 因此，动点的绝对运动是可以通过这些简单或已知的运动合成求得. 例如：要研究车轮上某点相对静参考系的运动(绝对运动)，可以通过汽车的直线运动和车轮上的点相对汽车的圆周运动合成得到. 本节重点研究速度合成和加速度合成的问题.

6.2.1 绝对运动、相对运动、牵连运动

在工程或生活中，经常会遇到在静止的(如地面)和运动的(如汽车)物体上观察同一点的运动. 显然，在静止的物体上观察到的运动与在运动的物体上观察到的运动是不同的. 例如，埋在地面的电线杆，在地面上观察它时，它没有运动，而在行驶的汽车上观察它却在向后运动. 再看看下落的雨滴，站在地面上观察它时，它作垂直向下的运动，但在行驶的汽车上观察，它作倾斜向后的下落运动. 再看两个例子，研究起重机所吊重物的运动时，若横梁保持不动，而卷物小车沿横梁作水平直线向右运动，并同时将吊钩上的重物 M 垂直向上提升. 在地面上观察它时，重物在作平面曲线运动，而在卷物小车上观察它时，重物仅是作垂直向上的运动(图 6-11). 图 6-12 所示为一匀速转动的圆盘，圆盘上一点 M 沿圆盘的直径方向作匀速直线运动，当在圆盘上观察 M 的运动时，M 点作直线运动，而在地面上观察到的 M 点却在作螺旋线运动(轨迹曲线为螺旋线的曲线运动).

为研究方便，在静止的物体(地面)上固连一静参考系，简称**静系**，以 $Oxyz$ 表示. 在运动的物体(称之为牵连物体)上固连一动参考系，简称**动系**，以 $O'x'y'z'$表示，动系固连在运动物体上，随运动物体一起运动，将所研究的点称为动点 M. 为区别动点相对不同参考系的运动，将动点相对于静系的运动称为**绝对运动**，动点相对于动系的运动称为**相对运动**，动系上与动点相重合的点(简称为重合点或牵连点)相对于静系(重合点相对于地面)的运动称为**牵连运动**.

动点的绝对运动可以通过相对运动和牵连运动合成得到，研究这些运动的目的，就是要

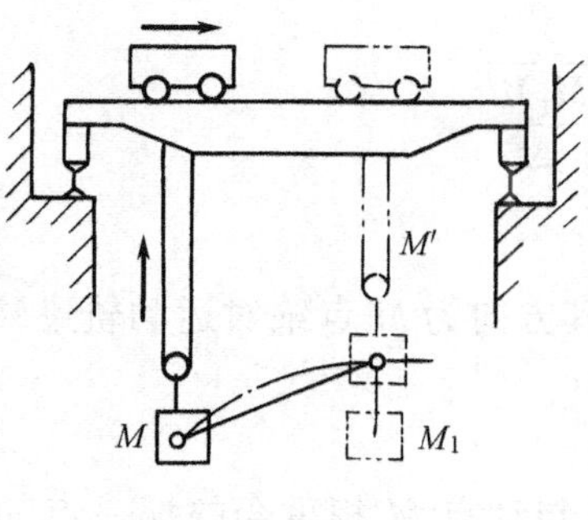

图　6-11

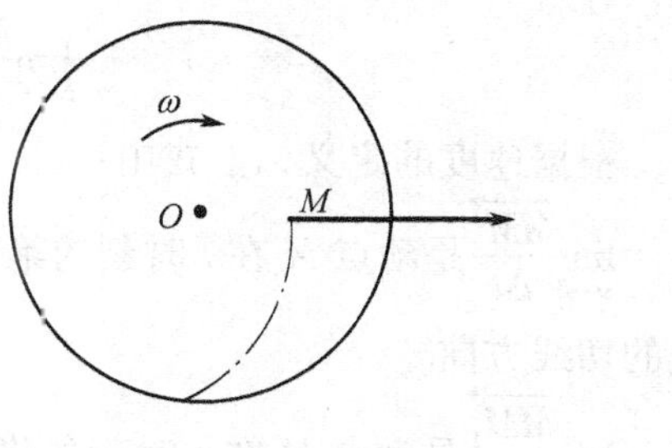

图　6-12

通过简单或已知的运动，求解未知或复杂的运动．因此，首要的问题是分清这些运动．表 6-1 列出了上述例子中的各种运动形式．

表　6-1

运动形式 相对参考系 动点	动点相对静系（绝对运动）	动点相对动系（相对运动）	牵连物体相对静系（牵连运动）	牵连物体
电线杆	静止	水平向后	水平向前	前进中的汽车
雨滴	垂直向下	倾斜向后	水平向前	前进中的汽车
重物	曲线运动	垂直向上	水平向右	卷物小车
圆盘上的点	曲线运动	直线运动	圆周运动	圆盘

6.2.2　点的速度合成

下面研究点的绝对速度、相对速度和牵连速度的关系．

设动点 M 在某运动物体上沿曲线 $\overset{\frown}{AB}$ 运动．在运动物体上固连一坐标系（动系）$O'x'y'z'$，静系固连于地面上，如图 6-13 所示．

设在瞬时 t，运动物体在位置Ⅰ，动点位于曲线 $\overset{\frown}{AB}$ 的 M 点处．经过一时间增量 Δt 后，运动物体运动到了位置Ⅱ，曲线 $\overset{\frown}{AB}$ 随之运动到 $\overset{\frown}{A'B'}$．动点相对于静系沿弧 $\overset{\frown}{MM'}$ 运动到 M'（绝对运动）．若在动系上观察动点的运动，它沿曲线 $\overset{\frown}{AB}$ 运动到 M_2（相对运动），弧 $\overset{\frown}{MM_2}$ 是动点的相对运动轨迹．在 Δt 内，在运动物体（动系）上与动点 M 相重合的那一点，则沿弧 $\overset{\frown}{MM_1}$ 运动到点 M_1（牵连运动）．矢量 $\overrightarrow{MM'}$、$\overrightarrow{M_1M'}$、$\overrightarrow{MM_1}$ 分别是动点的绝对位移、相对位移和牵连位移．它们之间存在下述关系

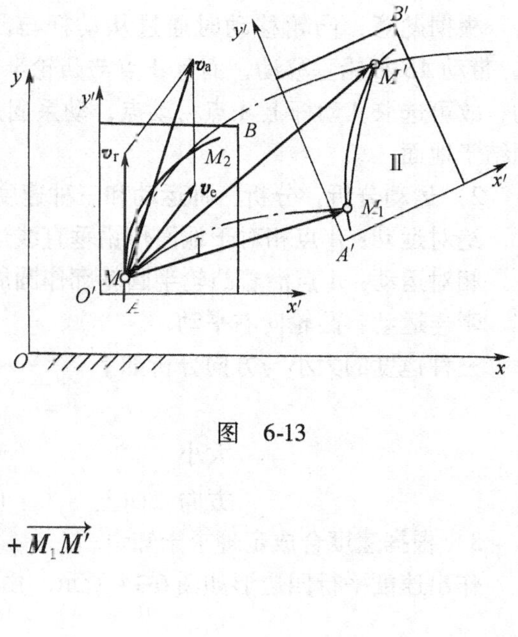

图　6-13

$$\overrightarrow{MM'}=\overrightarrow{MM_1}+\overrightarrow{M_1M'}$$

将上式两边除以 Δt，并取极限，得

$$\lim_{\Delta t\to 0}\frac{\overrightarrow{MM'}}{\Delta t}=\lim_{\Delta t\to 0}\frac{\overrightarrow{MM_1}}{\Delta t}+\lim_{\Delta t\to 0}\frac{\overrightarrow{M_1M'}}{\Delta t}$$

根据速度的定义，上式中：

$\lim\limits_{\Delta t\to 0}\dfrac{\overrightarrow{MM'}}{\Delta t}$是动点 M 在 t 时刻的绝对速度，记为 v_a，其方向为 M 点绝对运动轨迹$\overset{\frown}{MM'}$在 M 点的切线方向.

$\lim\limits_{\Delta t\to 0}\dfrac{\overrightarrow{MM_1}}{\Delta t}$是动点 M 在 t 时刻的牵连速度，即动系上与动点 M 相重合的那一点的绝对速度，记为 v_e．其方向为 M 点牵连运动轨迹$\overset{\frown}{MM_1}$在该点的切线方向.

$\lim\limits_{\Delta t\to 0}\dfrac{\overrightarrow{M_1M'}}{\Delta t}$是动点 M 在 t 时刻的相对速度，记为 v_r，其方向为相对运动轨迹$\overset{\frown}{AB}$在 M 点的切线方向.

因此，上述极限等式可写为

$$v_a=v_e+v_r \tag{6-22}$$

上式即为速度合成定理表达式，它表示，动点在任一时刻的绝对速度等于它在该时刻的牵连速度和相对速度的矢量和.

应该指出，该定理对参考系的运动(牵连运动)并无限制，即适用于参考系作平动、转动或其他任何复杂运动的情况.

此外，矢量表达式(6-22)代表了两个标量方程，共 6 个变量(三个矢量的大小和方向).只要已知这 6 个变量中的 4 个，其余两个就可以求出. 因此，利用速度合成定理求解点的速度问题关键在于恰当选择动点(进而选择动系)，使得 6 个变量中有更多的已知量.

例 6-5　半圆形凸轮机构如图 6-14 所示，半径为 R，若已知轮 O 的移动速度为 v，从动杆 AB 被凸轮推起. 试求图示位置时杆 AB 的移动速度.

解　1）选取动点，确定动系和静系.

根据题意，凸轮移动时通过从动杆与凸轮相接触的点 A，带动 AB 杆铅垂移动，而且 A 点与凸轮半圆轮廓有相对运动，故可选取从动杆上 A 点为动点，动系固连于凸轮，静系固结于地面.

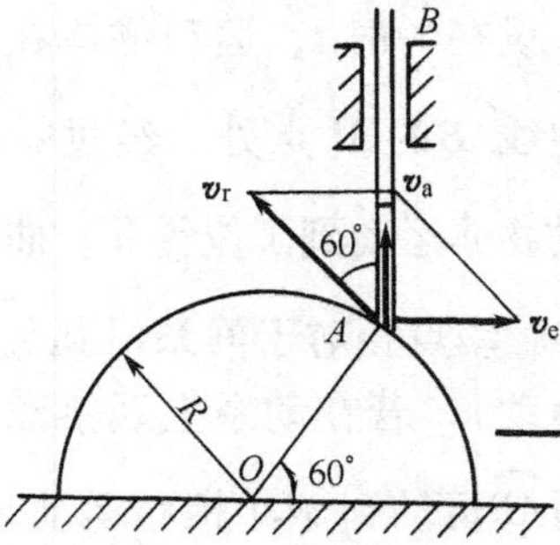

图　6-14

2）运动分析，分析三种运动和三种速度.

绝对运动：A 点相对于地面作铅垂直线运动；

相对运动：A 点沿着凸轮半圆轮廓作圆周运动；

牵连运动：凸轮向右平动.

三种速度的大小与方向分析如下

	v_a	=	v_e	+	v_r
大小	?		$v_e=v$		?
方向	向上		向右		沿圆弧切线

3）根据速度合成定理求未知量.

作出速度平行四边形如图 6-14 所示. 由几何关系，可求得 A 点(从动杆上)在图示位置

的绝对速度为

$$v_a = v_e \cot 60° = \frac{\sqrt{3}}{3}v$$

例 6-6　图 6-15 所示为一刨床急回机构．曲柄 OA 的一端与滑块 A 用铰链联结．当曲柄以匀角速度 ω 绕定轴 O 转动时，滑块在摇杆 O_1B 中滑动，并带动摇杆 O_1B 绕固定轴 O_1 转动．已知曲柄长 $\overline{OA} = r$．试求在图示 $\theta = 30°$ 位置时摇杆 O_1B 摆动的角速度 ω_1．

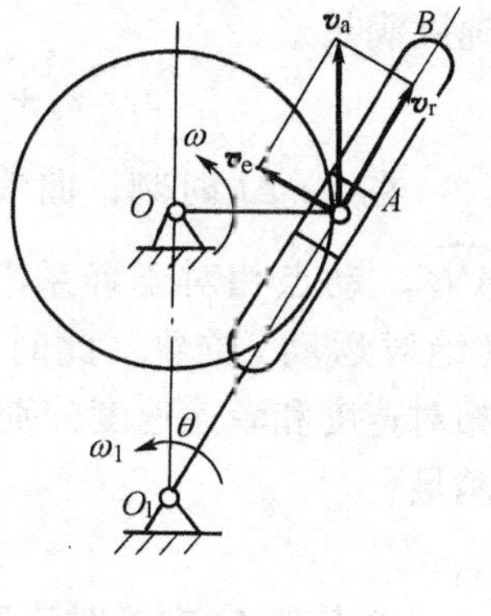

图　6-15

解　1）选取动点，确定动系和静系．

根据机构的运动情况可知，滑块与摇杆有相对运动，故可选取滑块 A 为动点，动系与摇杆 O_1B 固连，静系固结地面．

2）运动分析，分析三种运动和三种速度．

绝对运动：以曲柄 OA 为半径的圆周运动；

相对运动：滑块沿滑槽的直线运动；

牵连运动：摇杆绕 O_1 轴的转动．

三种速度的大小与方向分析如下

	v_a	=	v_e	+	v_r
大小	ωr		?		?
方向	$\perp OA$ 向上		$\perp O_1B$		沿 O_1B

3）根据速度合成定理求摇杆的角速度．

作出速度平行四边形，如图 6-15 所示．由几何关系即可求得牵连速度的大小为

$$v_e = v_a \sin\theta = \frac{1}{2}\omega r$$

而

$$v_e = \overline{O_1A}\omega_1 = 2r\omega_1$$

故

$$2r\omega_1 = \frac{1}{2}\omega r$$

于是，摇杆在图示位置的角速度为 $\omega_1 = \dfrac{1}{4}\omega$．

总结以上两例，可归纳出解题要点如下：

1）选取动点、动系和静系．所选参考系应能将动点的运动分解成简单的相对运动和牵连运动．因此，动点和动系不能选在同一个物体上．

2）分析三种运动和速度．确定各运动速度的大小和方向是否已知，问题是否可解．

3）作出速度矢量多边形．其中绝对速度为相对速度矢量与牵连速度矢量之和．

4）利用速度矢量多边形中的几何关系解出未知量．

6.2.3　点的加速合成

点的加速度合成比速度合成要复杂，主要是加速度合成时，对不同形式的牵连运动会得到不同的合成公式．所以，先从动系作平动的简单问题讨论．

1. 牵连运动为平动时点的加速度合成

设动点 M 在某运动物体上沿曲线 $\overset{\frown}{AB}$ 运动．在运动物体上固连动系 $O'x'y'z'$（图中未画

出），静系固连于地面，如图6-16所示.

设在 t 时刻，动点在 $\overset{\frown}{AB}$ 弧上的 M 位置，其绝对速度、相对速度和牵连速度分别为 $\boldsymbol{v}_a$、$\boldsymbol{v}_r$ 和 $\boldsymbol{v}_e$. 由速度合成定理可知，这三个速度满足

$$\boldsymbol{v}_a = \boldsymbol{v}_e + \boldsymbol{v}_r$$

在 $t+\Delta t$ 时刻，曲线 $\overset{\frown}{AB}$ 随动系平动到 $\overset{\frown}{A'B'}$. 动点相对于静系沿弧 $\overset{\frown}{MM'}$ 运动到 M'（绝对运动）位置. 此时动点的绝对速度、相对速度和牵连速度分别为 $\boldsymbol{v}'_a$、$\boldsymbol{v}'_r$ 和 $\boldsymbol{v}'_e$，并满足

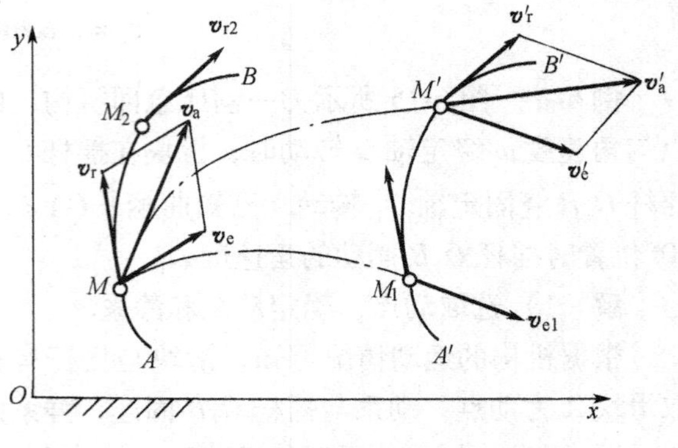

图　6-16

$$\boldsymbol{v}'_a = \boldsymbol{v}'_r + \boldsymbol{v}'_e$$

动点在 Δt 内绝对速度的增量 $\Delta\boldsymbol{v}_a = \boldsymbol{v}'_a - \boldsymbol{v}_a = (\boldsymbol{v}'_e - \boldsymbol{v}_e) + (\boldsymbol{v}'_r - \boldsymbol{v}_r)$. 取 $\Delta\boldsymbol{v}_a$ 与 Δt 之比的极限，得 t 时刻动点的绝对加速度

$$\boldsymbol{a}_a = \lim_{\Delta t\to 0}\frac{\Delta\boldsymbol{v}_a}{\Delta t} = \lim_{\Delta t\to 0}\frac{\boldsymbol{v}'_e - \boldsymbol{v}_e}{\Delta t} + \lim_{\Delta t\to 0}\frac{\boldsymbol{v}'_r - \boldsymbol{v}_r}{\Delta t} \tag{6-23}$$

根据定义，牵连加速度应是在 t 时刻动系上与动点相重合的那一点的速度变化率. 因为经过 Δt 后，重合点由 M 运动到了 M_1，设这时的速度为 $\boldsymbol{v}_{e1}$，则 t 时刻的牵连加速度为

$$\boldsymbol{a}_e = \lim_{\Delta t\to 0}\frac{\boldsymbol{v}_{e1} - \boldsymbol{v}_e}{\Delta t}$$

相对加速度应是动点相对动系的速度变化率. 当经过 Δt 后，动点相对动系的运动是从 M 运动到 M_2 或从 M_1 运动到 M'. 设这时动点的速度为 $\boldsymbol{v}_{r2}$，则 t 时刻的相对加速度为

$$\boldsymbol{a}_r = \lim_{\Delta t\to 0}\frac{\boldsymbol{v}_{r2} - \boldsymbol{v}_r}{\Delta t}$$

由于动系作平动，故有 $\boldsymbol{v}_{r2} = \boldsymbol{v}'_r$，$\boldsymbol{v}_{e1} = \boldsymbol{v}'_e$，可见式(6-23)右边两项确实为动点的牵连加速度和相对加速度. 所以

$$\boldsymbol{a}_a = \boldsymbol{a}_e + \boldsymbol{a}_r \tag{6-24}$$

上式即为牵连运动为平动时的加速度合成定理. 它表示，牵连运动为平动时，动点在任一时刻的绝对加速度等于牵连加速度与相对加速度的矢量和.

加速度合成定理与速度合成定理表达式一样，它代表了2个方程，6个变量. 其求解技巧和方法也是类似的，只不过要注意实际求解时，若某个运动（绝对、牵连、相对）为曲线运动时，对应加速度常常要分解为法向和切向分量.

例6-7　如图6-17所示曲柄滑道机构中，曲柄 $\overline{OA} = r = 10\text{cm}$，绕 O 轴转动. 其角速度 $\omega = 1\text{rad/s}$，角加速度 $\varepsilon = 1\text{rad/s}^2$. 试求当 $\varphi = 30°$ 时导杆 BC 移动的加速度.

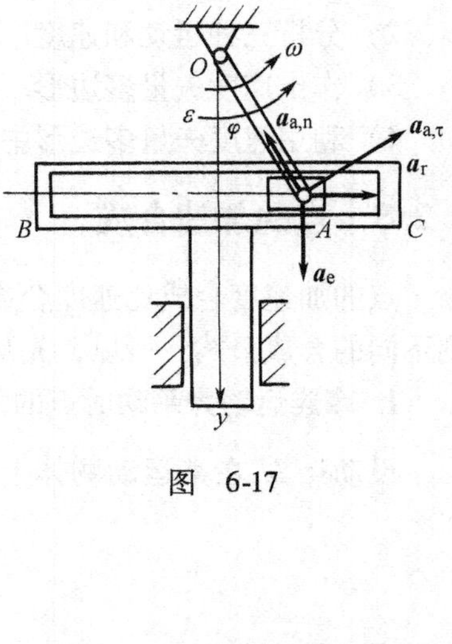

图　6-17

解　1）选取动点，确定动系和静系.

由题意知，滑块与导杆彼此间有相对运动，故可选取滑块 A 为动点，动系与导杆固连，静系固连于地面.

2）运动分析.

绝对运动：A 点绕 O 轴的作圆周运动；

相对运动：A 点沿导杆槽作水平直线运动；

牵连运动：导杆竖直平动.

3）加速度分析.

由题设条件，动点的绝对加速度分量、相对加速度和牵连加速度分别如圣 6-17 所示，其加速度大小与方向分析如下

	$\boldsymbol{a}_a$ =	$\boldsymbol{a}_{a,\tau}$	+	$\boldsymbol{a}_{a,n}$	=	$\boldsymbol{a}_e$	+	$\boldsymbol{a}_r$
大小		$r\varepsilon$		$r\omega^2$		?		?
方向		$\perp OA$ 偏上方		指向 O		竖直		水平

4）求加速度.

采用解析法，由于 $\boldsymbol{a}_r$ 的值不需求，故将等式两边投影到 y 轴上，得

$$-a_{a,\tau}\sin\varphi - a_{a,n}\cos\varphi = a_e$$

由上式解得

$$\begin{aligned} a_e &= -\left(\frac{1}{2}r\varepsilon + \frac{\sqrt{3}}{2}r^2\omega\right) \\ &= -\frac{r}{2}(\varepsilon + \sqrt{3}\omega^2) \\ &= -13.66\text{cm/s}^2 \end{aligned}$$

负值表示 $\boldsymbol{a}_e$ 的实际指向与图中假设指向相反.

例 6-8　在例 6-5 中，设凸轮在水平面上向右作减速运动，如图 6-18 所示. 求杆 AB 在图示位置时的加速度. 设凸轮半径为 R，图示瞬时的速度和加速度分别为 v 和 $\boldsymbol{a}$.

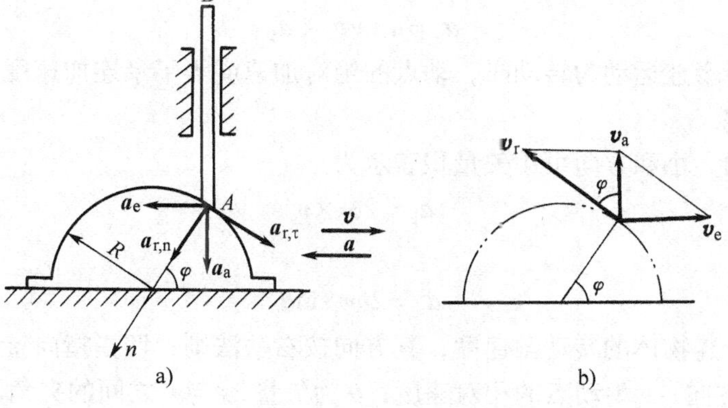

图　6-18

解　以杆 AB 上的点 A 为动点，凸轮为牵连物体，则点 A 的绝对轨迹为直线，相对轨迹为凸轮轮廓曲线. 由于牵连运动为平动，点的加速度合成定理为

$$\boldsymbol{a}_a = \boldsymbol{a}_e + \boldsymbol{a}_r$$

式中，$\boldsymbol{a}_a$ 为所求的加速度，方向沿直线 $\boldsymbol{AB}$，但指向和大小尚待确定.

点 A 的牵连加速度为凸轮上与动点重合的那一点的加速度，即

$$\boldsymbol{a}_e = \boldsymbol{a}$$

点 A 的相对轨迹为曲线，于是相对加速度分为两个分量：切线分量 $\boldsymbol{a}_{r,\tau}$（大小和指向都是未知的）和法向分量 $\boldsymbol{a}_{r,n}$. 法向分量 $\boldsymbol{a}_{r,n}$的方向如图所示，大小为

$$a_{r,n} = \frac{v_r^2}{R}$$

式中的相对速度v_r可根据速度合成定理求出，它的方向如图 6-18b 所示，大小为

$$v_r = \frac{v_e}{\sin\varphi} = \frac{v}{\sin\varphi}$$

于是

$$a_{r,n} = \frac{1}{R}\ \frac{v^2}{\sin^2\varphi}$$

加速度合成定理可写成如下形式

$$\boldsymbol{a}_a = \boldsymbol{a}_e + \boldsymbol{a}_{r,\tau} + \boldsymbol{a}_{r,n}$$

假设 $\boldsymbol{a}_a$ 和 $\boldsymbol{a}_{r,\tau}$的指向如图所示. 为计算 $\boldsymbol{a}_a$ 的大小，将上式投影到法线上，得

$$a_a\sin\varphi = a_e\sin\varphi + a_{r,n}$$

解得

$$a_a = \frac{1}{\sin\varphi}\left(a\cos\varphi + \frac{v^2}{R\sin^2\varphi}\right) = a\cot\varphi + \frac{v^2}{R\sin^3\varphi}$$

当 $\varphi < 90°$时，$a_a > 0$，说明假设的 $\boldsymbol{a}_a$ 的方向恰是其真实的方向.

2. 牵连运动为转动时点的加速度合成

当牵连运动为转动时，上面推导加速度合成定理时用到的条件 $v_{r2} = v'_r$、$v_{e1} = v'_e$ 不再成立，即转动的牵连运动不仅使得动系上各点速度大小和方向改变，而且使得相对运动速度的方向也发生变化. 这使得转动的牵连运动与相对运动的相互作用而产生了一项附加的加速度，称为**哥氏加速度**，记为 $\boldsymbol{a}_k$. 这种情况下加速度合成定理的表达式为

$$\boldsymbol{a}_a = \boldsymbol{a}_e + \boldsymbol{a}_r + \boldsymbol{a}_k \tag{6-25}$$

上式表明，当牵连运动为转动时，动点的绝对加速度等于牵连加速度、相对加速度和哥氏加速度的矢量和.

哥氏加速度的大小和方向可用矢量积表示为

$$\boldsymbol{a}_k = 2\boldsymbol{\omega} \times v_r \tag{6-26}$$

$\boldsymbol{a}_k$ 的大小为

$$a_k = 2\omega v_r\sin\theta \tag{6-27}$$

式中，$\boldsymbol{\omega}$ 为牵连物体的转动角速度，其方向按右手法则：四指指向转角增加方向，拇指的指向就是 $\boldsymbol{\omega}$ 的方向；v_r为动点的相对速度；θ 为矢量 $\boldsymbol{\omega}$ 与$\boldsymbol{v}_r$之间的夹角.

在平面运动中，$\theta = 90°$，这时 $a_c = 2\omega v_r$. $\boldsymbol{a}_c$ 的方向只需按右手法则由 v_r的方向顺着 $\boldsymbol{\omega}$ 的转向转 90°即可.

当 $\theta = 0°$或 180°，即 $\boldsymbol{\omega} /\!/ v_r$，说明动点沿平行于动系的转动轴线作相对直线运动，或动系作平动($\boldsymbol{\omega} = 0$)，此时 $\boldsymbol{a}_c = 0$.

例 6-9　圆盘以匀角速度 ω 绕固定轴 O 顺时针转动，同时圆盘上有一小球 M，在半径为

R 的圆槽内以大小不变的相对速度 v_r 顺时针作圆周运动(见图 6-19)，求 M 点对静系的绝对加速度.

解　选取地面为静系，圆盘为动系. 动点 M 的相对运动为匀速圆周运动，在 t 瞬时相对速度为 v_r，相对加速度 $a_r=\dfrac{v_r^2}{R}$. 动点 M 的牵连速度和牵连加速度分别为 $v_e=R\omega$，$a_e=R\omega^2$，方向如图 6-19 所示. 由速度合成定理，动点 M 的绝对速度 $v_a=v_e+v_r=R\omega+v_r=$ 常量，故绝对运动也是匀速圆周运动，所以动点 M 的绝对加速度大小为

$$a_a=\frac{v_a^2}{R}=\frac{(R\omega+v_r)^2}{R}=R\omega^2+\frac{v_r^2}{R}+2\omega v_r$$

其方向指向圆心 O 点.

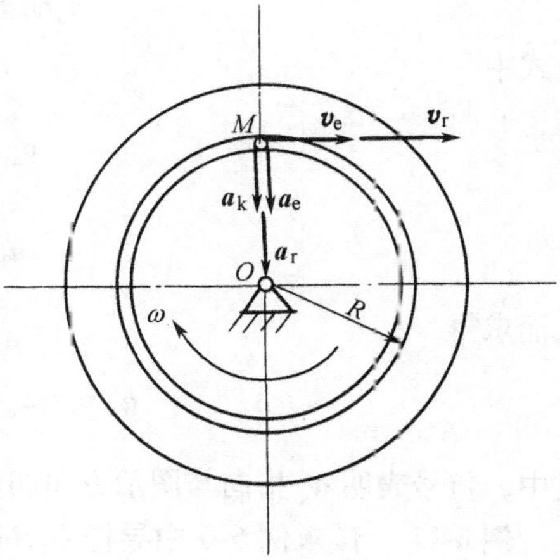

图　6-19

从上式中可以看出，动点 M 的绝对加速度除了牵连加速度 $R\omega^2$ 和相对加速度 $\dfrac{v_r^2}{R}$ 两项外，还多了 $2\omega v_r$ 一项，此项即为哥氏加速度 a_k.

例 6-10　如图 6-20 所示，偏心凸轮偏心距 $\overline{OC}=e$，轮半径 $R=\sqrt{3}e$，以匀角速度 ω_0 绕 O 轴转动. 设某瞬时 OC 与 CA 成直角，试求此瞬时从动杆 AB 的速度和加速度.

解　1）运动分析. 取从动杆上 A 点为动点，凸轮为动系，地面为静系.

绝对运动：沿 AB 的直线运动；

相对运动：沿凸轮轮廓曲线的圆周运动；

牵连运动：凸轮绕 O 轴的转动.

2）速度分析.

先用速度分析方法，作出速度平行四边形如图 6-20a 所示. 据图求得从动杆 A 点的绝对速度和相对速度

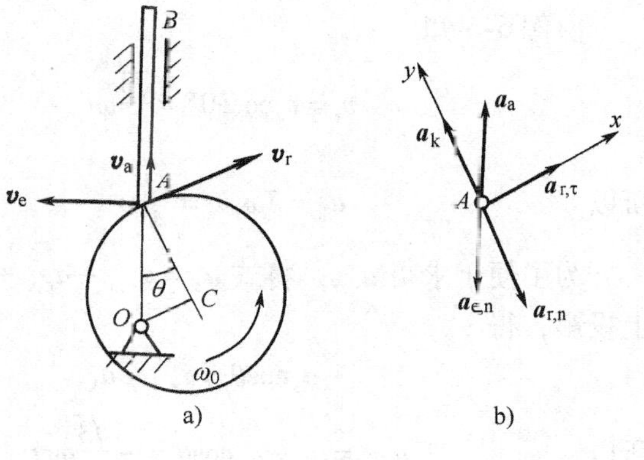

图　6-20

$$v_a=v_e\cos\theta=\frac{2\sqrt{3}}{3}e\omega_0$$

$$v_r=v_a/\cos\theta=\frac{4\sqrt{3}}{3}e\omega_0$$

3）加速度分析.

画出各加速度分量，其大小与方向如下

	$\boldsymbol{a}_a$	=	$\boldsymbol{a}_e$	+	$\boldsymbol{a}_{r,n}$	+	$\boldsymbol{a}_{r,\tau}$	+	$\boldsymbol{a}_k$
大小	?		$\overline{OA}\omega_0^2$		v_r^2/R		?		$\omega_0 v_r$
方向	向上		指向 O		指向 C		沿 v_r		$\perp v_r$ 偏上方

在图 6-20b 中画出了各加速度分量，其中 $\boldsymbol{a}_a$ 与 $\boldsymbol{a}_{r,\tau}$ 的指向是假设的. 将式 $\boldsymbol{a}_a=\boldsymbol{a}_e+\boldsymbol{a}_r+\boldsymbol{a}_k$ 投影于 y 轴，得

$$a_a\cos\theta = -a_e\cos\theta - a_{r,n} + a_k$$

上式中

$$a_e = \omega_0^2\,\overline{OA} = 2e\omega_0^2$$

$$a_{r,n} = v_r^2/R = \frac{16\sqrt{3}}{9}e\omega_0^2$$

$$a_k = 2\omega_0 v_r = \frac{8\sqrt{3}}{3}e\omega_0^2$$

从而求得

$$a_a = -a_e + (a_k - a_{r,n})\frac{2}{\sqrt{3}} = -\frac{2}{9}e\omega_0^2$$

式中，负号表明 $\boldsymbol{a}_a$ 指向与图示方向相反.

例 6-11　试求例 6-6 中导杆 O_1B 的角加速度 ε.

解　运动分析和速度分析见例 6-6 所述. 由于动系为转动，故应用牵连运动为转动时的加速度合成定理求解.

画出各加速度分量，如图 6-21 所示，其中 $\boldsymbol{a}_r$ 和 $\boldsymbol{a}_{e,\tau}$ 为假设的指向. 加速度分析如下式

	$\boldsymbol{a}_a$	=	$\boldsymbol{a}_{e,n}$	+	$\boldsymbol{a}_{e,\tau}$	+	$\boldsymbol{a}_r$	+	$\boldsymbol{a}_k$
大小	ω_r^2		$\omega_1^2 r$		?		?		$2\omega_1 v_r$
方向	指向 O		指向 O_1		$\perp O_1A$		沿 O_1B		$\perp O_1B$ 偏上

由例 6-6 知

$$v_r = v_a\cos 30° = \frac{\sqrt{3}}{2}\omega r$$

所以

$$a_k = 2\omega_1 v_r = \frac{\sqrt{3}}{4}\omega^2 r$$

为了便于求得 $a_{e,\tau}$，将式 $\boldsymbol{a}_a = \boldsymbol{a}_{e,n} + a_{e,\tau} + \boldsymbol{a}_r + \boldsymbol{a}_k$ 在 x 轴上投影，得

$$-a_a\cos\theta = a_{e,\tau} - a_k$$

所以

$$a_{e,\tau} = a_k - a_a\cos\theta = -\frac{\sqrt{3}}{4}\omega^2 r$$

解得摇杆的角加速度为

$$\varepsilon_1 = \frac{a_{e,\tau}}{O_1A} = -\frac{\sqrt{3}}{8}\omega^2$$

式中的负号表示 ε_1 的实际方向与图中假设的方向相反.

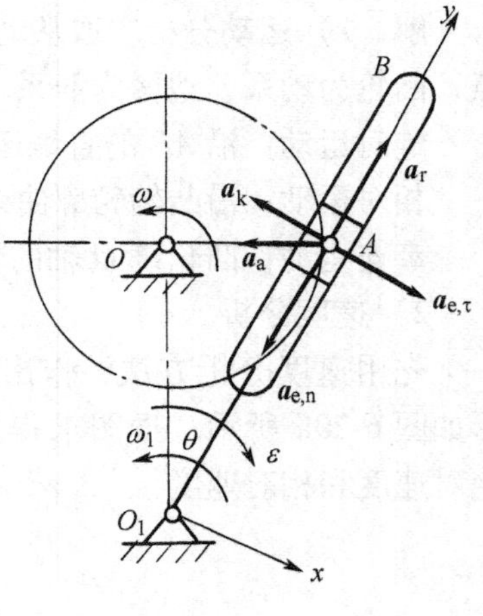

图　6-21

6.3　思考题

6-1　举例说明弧坐标、路程、位移的区别，在特定的运动情况下，路程、位移、弧坐标能否是相同的.

6-2　点在某瞬时的速度为零，那么该瞬时点的加速度是否也等于零?

6-3　讨论下列情况下，动点分别作何种运动.（1）$a_\tau=0$，$a_n=0$　（2）$a_\tau=0$，$a_n\neq0$　（3）$a_\tau\neq0$，$a_n=0$　（4）$a_\tau\neq0$，$a_n\neq0$

6-4　试指出图 6-22 中各点位置时的运动情况是否可能？为什么？并指出哪些是加速度运动，哪些是减速运动？

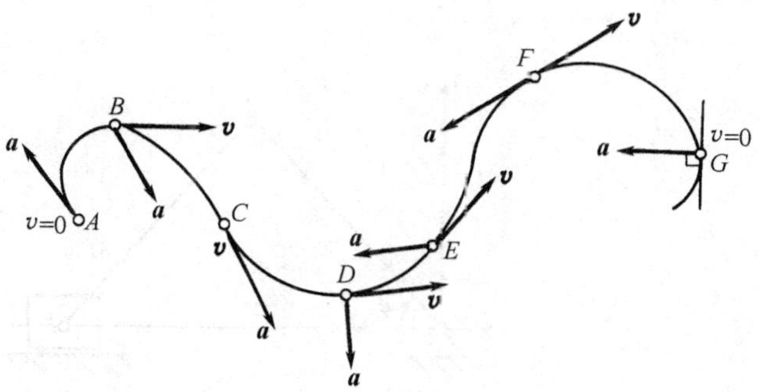

图　6-22

6-5　6.1 节关于点的运动分析(位置、速度、加速度)中，哪些结果可以用于分析点的空间运动，相应的公式与概念是否会有变化？

6-6　求速度、加速度时，若求出值为负值，说明了什么？如何判断点作加速还是减速运动.

6-7　点的复合运动问题中，速度、加速度的求解，如何采用直角坐标方法.

6.4　习题

6-1　如题 6-1 图所示，摇杆机构的滑杆 AD 以等速 v 向上运动，试建立摇杆 OC 上点 C 的运动方程，并求此点在 $\varphi=\frac{\pi}{4}$ 时的速度大小. 设初瞬时 $\varphi=0$，摇杆长 $\overline{OC}=a$，距离 $\overline{OD}=L$.

6-2　如题 6-2 图所示，偏心凸轮半径 $r=60\text{mm}$，偏心距 $e=40\text{mm}$，已知凸轮以 $\varphi=5t$ 的规律转动（φ 以 rad 计，t 以 s 计）. 试求从动杆上点 M 的运动方程，并求其速度及加速度.

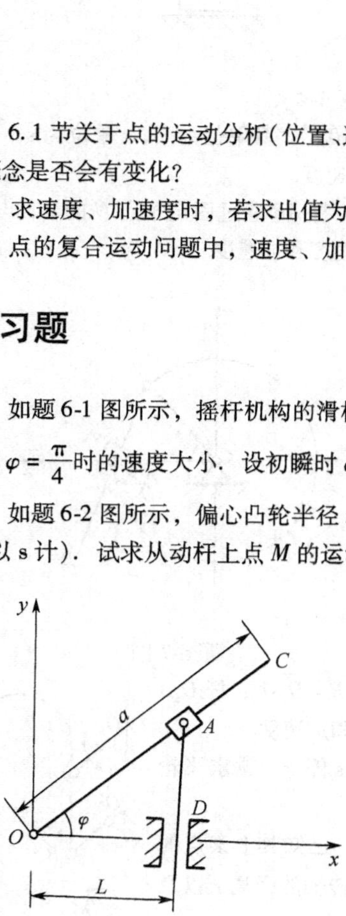

题 6-1 图

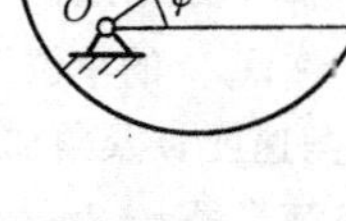

题 6-2 图

6-3　如题 6-3 图所示，偏心凸轮半径为 R，绕 O 轴转动，转角 $\varphi=\omega t$（ω 为常量），偏心距 $\overline{OC}=e$，凸轮带动顶杆 AB 沿铅垂直线往复运动，试求顶杆的运动方程和速度.

6-4　在曲柄连杆机构 OAB 中，已知 $\overline{AO}=\overline{AB}=60\text{cm}$，$\overline{MB}=20\text{cm}$，$\varphi=4t$（$t$ 以 s 计），如题 6-4 图所示. 求连杆上 M 点的运动轨迹，并求当 $t=0$ 时，该点的速度和加速度.

6-5　销钉 B 可以在固定圆弧滑道 DE 和摆杆 OC 的直槽中滑动，如题 6-5 图所示. 图中 A 点为圆弧圆心，R 为圆弧半径. 已知摆杆绕 O 摆动，其转角 φ 与时间的关系为 $\varphi=\varphi_0\sin 2kt$，其中 φ_0、k 均为常数. 求销钉 B 在 $t_1=\frac{\pi}{4k}$ 和 $t_2=\frac{\pi}{2k}$ 秒时的速度和加速度.

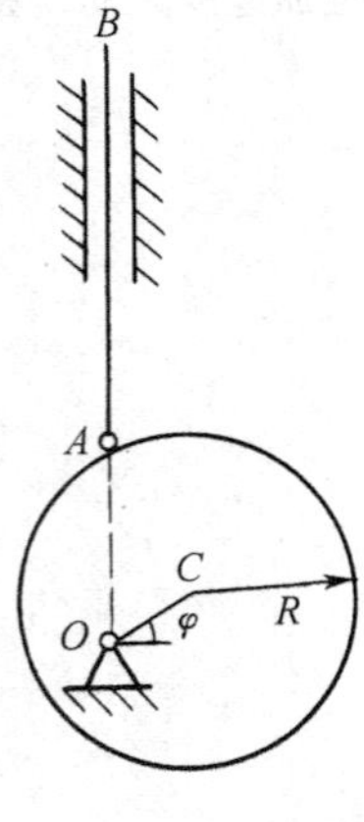

题 6-3 图

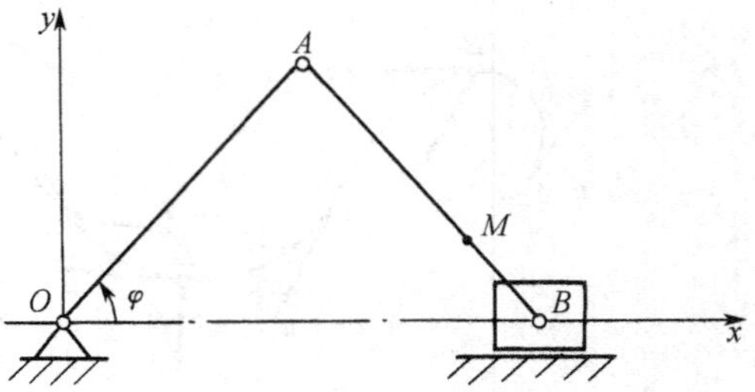

题 6-4 图

6-6　飞轮加速转动时，其轮缘上一点 M 的运动规律为 $s=0.02t^3$，其单位为 m，t 单位为 s，飞轮的半径 $R=0.4\text{m}$. 求该点的速度达到 $v=6\text{m/s}$ 时，它的切向及法向加速度.

6-7　曲柄 OA 长 r，在平面内绕 O 轴转动，如题 6-7 图所示. 杆 AB 通过固定于点 N 的套筒与曲柄 OA 铰接于点 A. 设 $\varphi=\omega t$，杆 AB 长 $l=2r$. 试求点 B 的运动方程、速度和加速度.

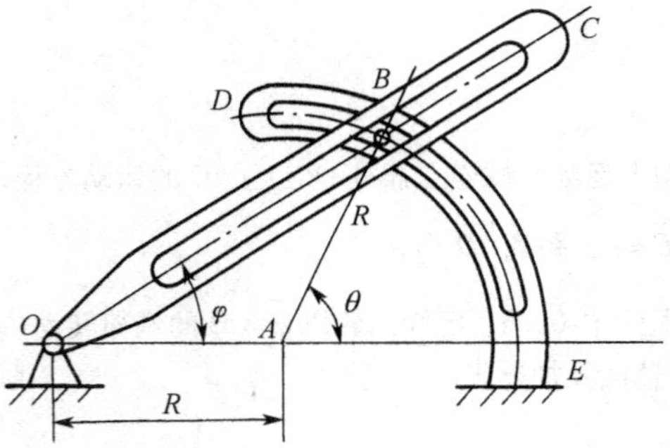

题 6-5 图

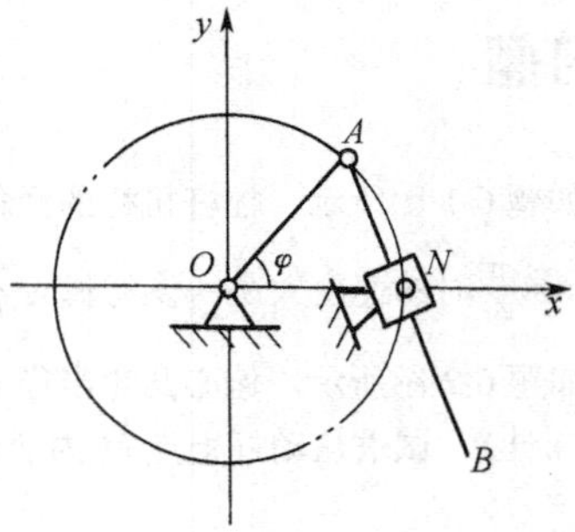

题 6-7 图

6-8　简易搅拌机构如题 6-8 图所示，已知 $\overline{O_1A}=\overline{O_2B}=R$，$\overline{AB}=\overline{O_1O_2}$，杆 O_1A 以匀转速 n 转动. 试分析构件 BAM 上 M 点的轨迹，并求其速度和加速度.

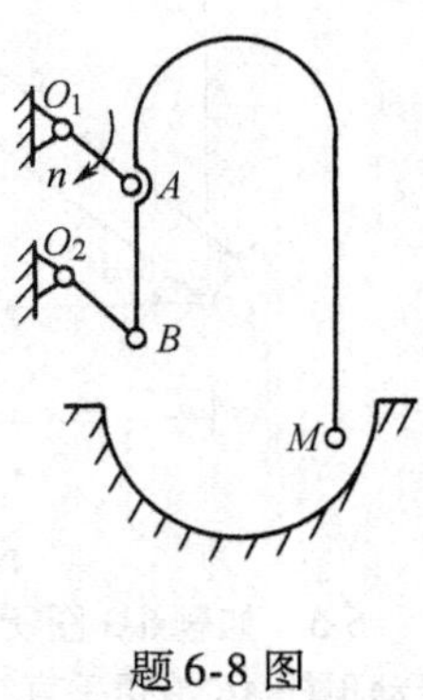

题 6-8 图

6-9　飞轮的转速 $n=600\text{r/min}$，制动后作匀减速转动，经 5s 停止. 试求飞轮的角加速度及制动过程中转过的圈数.

6-10　一定轴转动的刚体，在初瞬时的角速度 $\omega_0=20\text{rad/s}$，已知其上某点的运动规律为 $s=t+t^3$，s 的单位为 m，t 的单位为 s. 试求该点至转轴的距离 r 以及 $t=1\text{s}$ 时刚体的角速度 ω 及角加速度 ε.

6-11　某滚筒半径 $r=2\text{m}$，如题 6-11 图所示，提升重物按方程 $s=0.1t^3$ 运动，s 的单位为 m，t 的单位为 s. 试求当重物速度为 20m/s 时滚筒轮缘上一点的切向加速度和法向加速度.

6-12　如题 6-12 图所示，电动绞车由带轮Ⅰ和Ⅱ以及鼓轮Ⅲ组成，鼓轮Ⅲ和带轮Ⅱ固结在同一轴上. 各轮的半径分别为 $r_1=0.3\text{m}$，$r_2=0.75\text{m}$，$r_3=0.4\text{m}$，轮Ⅰ的转速 $n_1=100\text{r/min}$. 求重物 Q 上升的速度.

6-13　直角三角块以匀速度 3m/s 沿水平面作直线移动，物块 B 与 C 用不可伸长的细绳连接，如题 6-13 图所示. 已知物块 B 沿斜边向下的运动规律为 $s=t^2$（s 以 m 计，t 以 s 计）. 试求当 $t=2\text{s}$ 时物块 B 与 C 的速度.

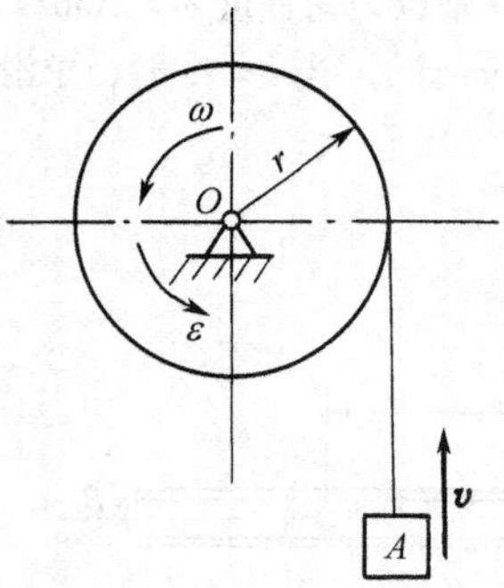

题 6-11 图

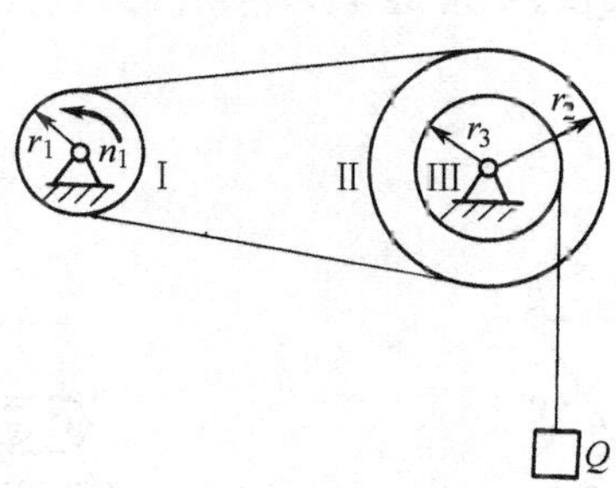

题 6-12 图

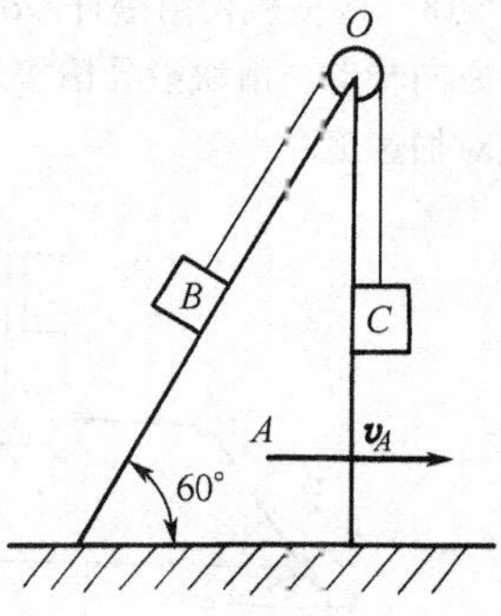

题 6-13 图

6-14　如题 6-14 图所示两种滑块摇杆机构中，已知两轴距离 $\overline{O_1O_2}=20\text{cm}$，$\omega_1=3\text{rad/s}$. 试分别求两种机构中 ω_2 的值.

6-15　如题 6-15 图所示曲柄滑道机构中，曲柄长 $\overline{OA}=r$，并以等角速度 ω 绕 O 轴转动. 装在水平杆上的滑槽 DE 与水平线成 60°角. 求当曲柄与水平线的交角分别为 $\varphi=0°$，30°，60°时，杆 BC 的速度.

6-16　如题 6-16 图所示摇杆机构中，摇杆 OC 以等角速度 ω 逆时针转动，初瞬时摇杆 OC 水平. 试求当 $\varphi=60°$时，杆 AB 的速度和加速度.

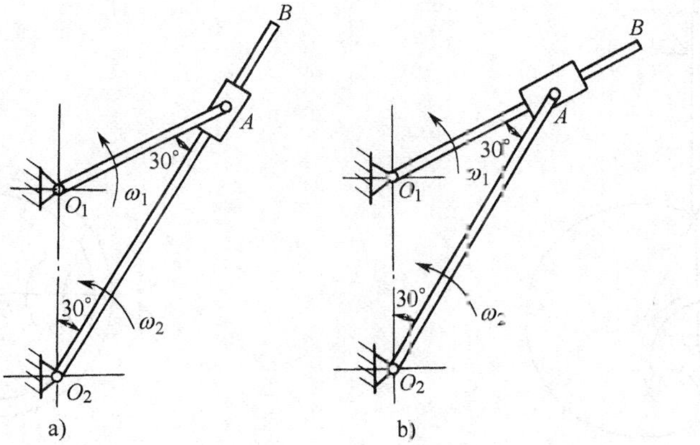

题 6-14 图

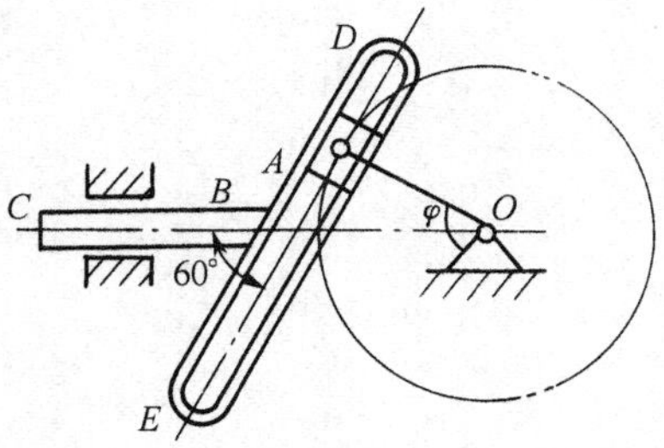

题 6-15 图

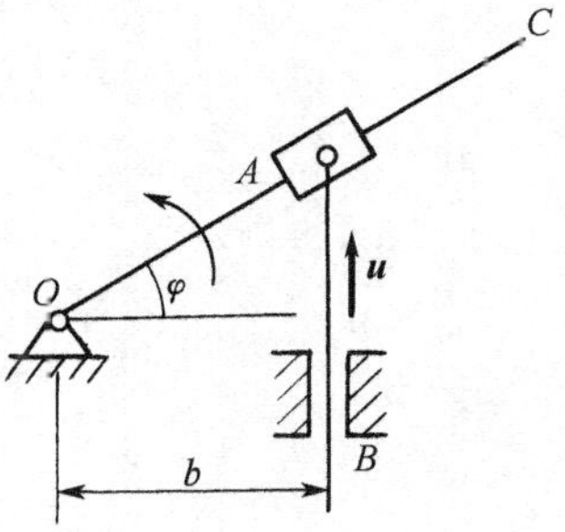

题 6-16 图

6-17　如题 6-17 图所示铰接四边形机构中，$\overline{O_1A}=\overline{O_2B}=10\text{cm}$，又 $\overline{O_1O_2}=\overline{AB}$，并且杆 O_1A 以等角速度 $\omega=2\text{rad/s}$ 绕 O_1 轴转动. 杆 AB 上有一套筒 C，此筒与杆 CD 相铰接. 机构的各部件都在同一铅垂平面内. 求当 $\varphi=60°$时，杆 CD 的速度和加速度.

6-18　槽杆机构由槽杆 OB 和滑块 A 构成，如题 6-18 图所示．槽杆绕 O 轴以匀角速度 $\omega = 2\text{rad/s}$ 作顺时针方向转动，滑块沿导槽按运动规律 $s = \overline{OA} = 2 + 3t^2$ 滑动（t 以 s 计，s 以 cm 计）．当 $t = 1\text{s}$ 时，求滑块 A 的绝对加速度．

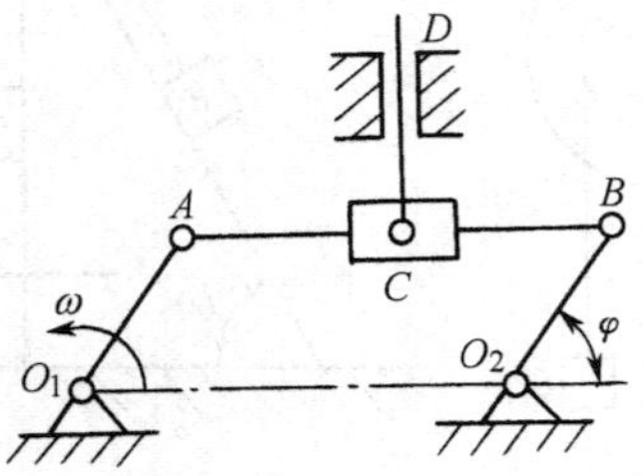

题　6-17 图

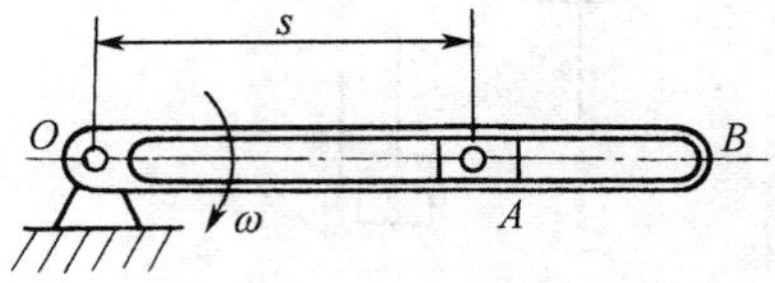

题　6-18 图

6-19　如题 6-19 图所示，偏心凸轮的偏心距 $\overline{OC} = e$，轮半径 $R = \sqrt{3}e$，凸轮以匀角速度 ω 绕 O 轴转动，设某瞬时 OC 与 CA 成直角，试求此瞬时推杆 AB 的速度和加速度．

6-20　一半径 $r = 0.20\text{m}$ 的圆盘，绕通过点 A 垂直于圆面的轴转动．动点 M 以匀速 $v_r = 0.40\text{m/s}$ 沿圆盘边缘运动．在题 6-20 图所示位置，圆盘的角速度 $\omega = 2\text{rad/s}$，角加速度 $\varepsilon = 4\text{rad/s}^2$．试求在该瞬时动点 M 的绝对加速度．

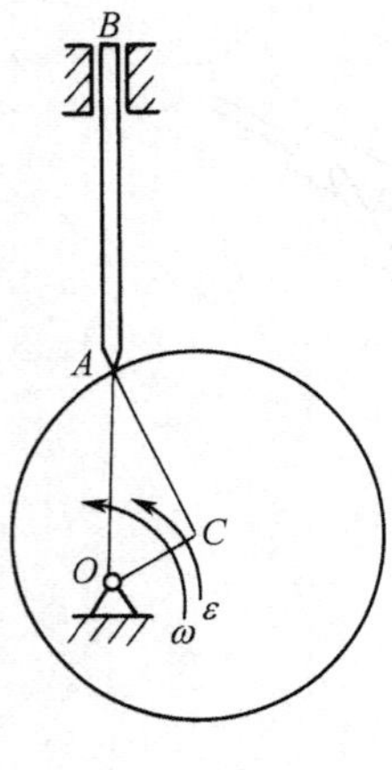

题　6-19 图

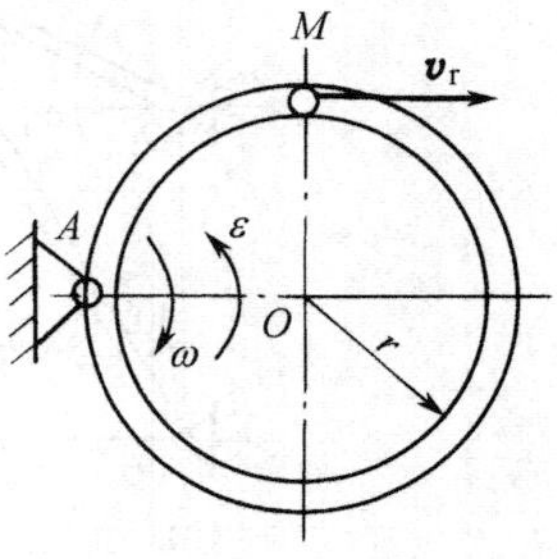

题　6-20 图

第 7 章　刚体的平面运动学

刚体是形状和大小保持不变的物体，其特点是体内任意两定点之间距离保持不变. 工程上的许多零部件都可以看作刚体. 平面运动是常见的刚体运动形式，与之相对应的是刚体的空间运动. 本章研究平面运动刚体的运动规律，分析平面运动刚体上各点速度及加速度的关系，主要的运动分析方法是基点法.

7.1　刚体平面运动基础

7.1.1　刚体的平面运动方程

刚体的平面运动是指，刚体在运动中，其上的任意一点与某一固定平面始终保持相等距离的运动. 或者说，刚体上任一点的轨迹都在对应的平面上，且各平面重合或平行. 例如，擦黑板时黑板擦的运动，黑板擦上任何一点到黑板平面的距离始终保持不变.

工程实际中有很多物体的运动都是平面运动. 如图 7-1a 中齿轮机构的各个构件(刚体)的运动，图 7-1b 中曲柄连杆机构中各构件的运动，以及直线行驶的车轮运动等.

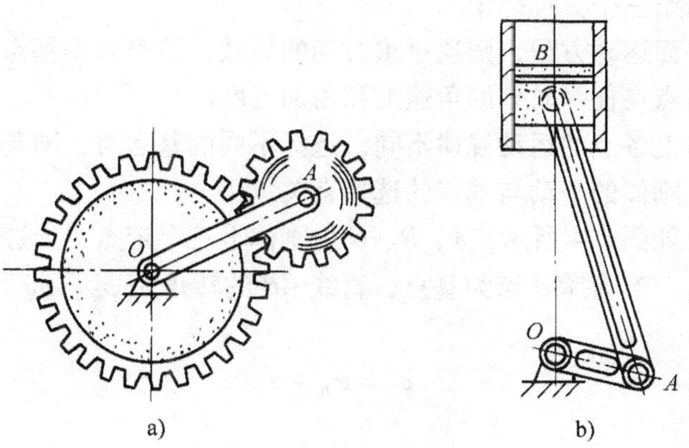

图　7-1

根据刚体平面运动的特点，刚体运动时，其上某点的轨迹在平面 P 上(图 7-2)，刚体上任一垂直于平面 P 在刚体上的截面(平面图形 S)的线段 A_1A_2 始终保持平行，即 A_1A_2 作平动，A_1A_2 上各点的运动完全相同. 这样，A_1A_2 与 S 的交点 A 就可以代表整个线段的运动，因而平面图形 S 就可以代表整个刚体的运动(图 7-3).

进一步考虑平面图形 S 上的任一直线段 AB. 显然，平面图形 S 完全由直线段 AB 的位置所确定. 要描述平面运动时刚体的位置，只需描述 AB 线段的位置即可. 为此，取一静系 Oxy，则线段 AB 的位置完全由 A 点的位置坐标和 AB 线段与 x 轴的夹角决定，它们都是时间 t 的函数，即

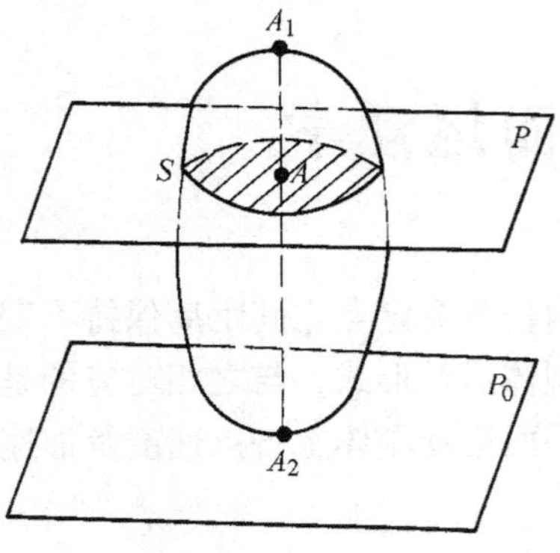

图　7-2

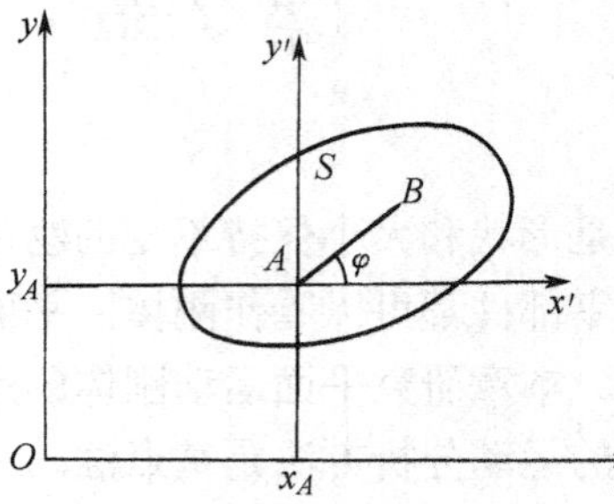

图　7-3

$$\begin{cases} x_A = x_A(t) \\ y_A = y_A(t) \\ \varphi = \varphi(t) \end{cases} \tag{7-1}$$

上式完全确定了平面图形，从而确定了刚体在任一时刻的位置，故式(7-1)称为**刚体平面运动方程**，A 点称为基点.

设有一动系 $Ax'y'$，其原点始终在平面图形的 A 点，x'、y'轴始终与固定坐标轴 x、y 平行. 根据点的复合运动原理和方程(7-1)可知，刚体的运动可分解为随基点的平动(见 7.1.2)和绕基点的转动(见 7.1.3). 当选定基点后，刚体随基点的平动由前两个方程确定，刚体绕基点的转动由第三个方程确定.

若已知刚体的平面运动方程，则通过求时间的导数，不难求得基点在任一时刻的速度和加速度以及刚体绕基点在任一时刻的角速度和角加速度.

显然，由于刚体上各点的运动规律不同，选择不同的基点时，随基点平动的动系运动也将改变. 也就是说，刚体的平动与基点的选择有关.

对于转动部分，如图 7-4 所示，A、B、C 为刚体上三个定点，当选择 A 点为基点时，设直线 AC 的转角为 φ_A，若选择 B 点为基点，直线 CB 的转角为 φ_B，φ_B 和 φ_A 之间始终相差一常量角 α，即

$$\varphi_A = \varphi_B + \alpha$$

求导得

$$\frac{\mathrm{d}\varphi_A}{\mathrm{d}t} = \frac{\mathrm{d}\varphi_B}{\mathrm{d}t} = \omega, \quad \frac{\mathrm{d}^2\varphi_A}{\mathrm{d}t^2} = \frac{\mathrm{d}^2\varphi_B}{\mathrm{d}t^2} = \varepsilon \tag{7-2}$$

这说明，刚体相对于动系绕不同基点的角速度 ω 和角加速度 ε 相同. 因此，刚体的转动与基点的选择无关. 以后谈到刚体绕基点的转动时，无需指明基点，统称为刚体的转动角速度和角加速度. 它实际上就是相对于静系的转动角速度和角加速度.

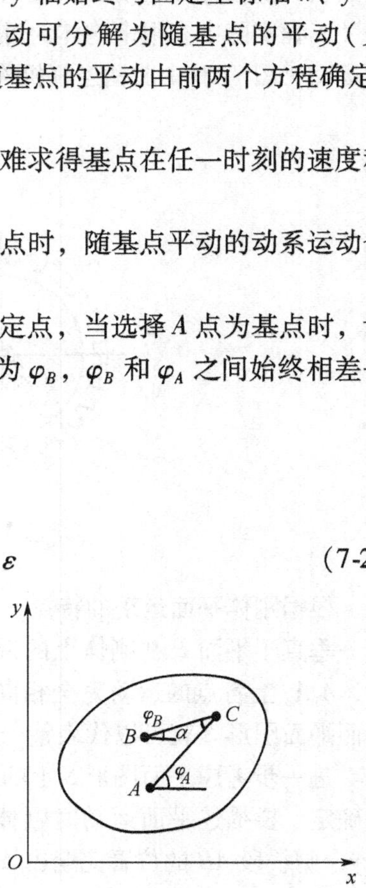

图　7-4

刚体的平行移动和转动是刚体运动的两种基本形式. 刚体的复杂运动可看作这两种基本运动的组合. 下面分别研究刚体作基本运动时，刚体上的指定点与刚体整体运动

之间的关系及刚体内各点运动之间的关系.

7.1.2　刚体的平行移动

刚体运动时，若其上任一直线始终保持与原来的方向平行，则刚体在作平行移动，简称为**平动**. 图 7-5a 所示机车车辆机构中的连杆的运动就是平动. 平动的一个特例是直线平动，此时平动刚体内各点的轨迹均为直线. 图 7-5b 所示牛头刨床机构中的刨刀和刨枕的运动就是直线平动.

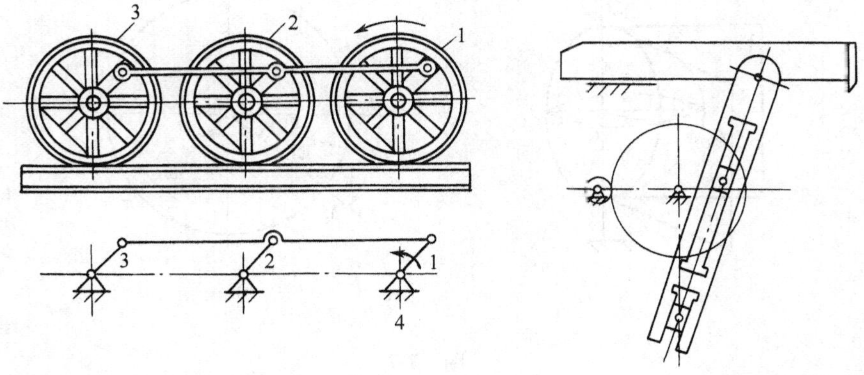

图　7-5

平动刚体运动学的特征是：刚体内任一点都具有相同的速度和加速度.

事实上，在刚体内任取两点 A、B，任选取一参考点 O，如图 7-6 所示，则 B 点位置的矢量方程为

$$\boldsymbol{r}_B = \boldsymbol{r}_A + \overrightarrow{AB} \tag{7-3}$$

由于$\overrightarrow{AB}$在任一时刻的大小(刚体)和方向(平动)均保持不变，对上式求时间的导数，即知 $\boldsymbol{v}_B = \boldsymbol{v}_A$，$\boldsymbol{a}_B = \boldsymbol{a}_A$.

因此，刚体的平动可用其上任一点的运动来代表，也就是说，刚体的平动问题可归结为点的运动问题来研究.

7.1.3　刚体的定轴转动

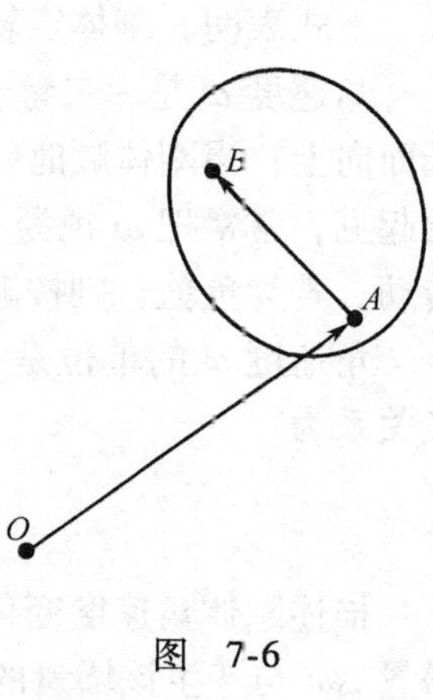

图　7-6

工程上的许多零部件，如飞轮、带轮、砂轮、齿轮以及与机座转动连接的曲柄、摇杆等，它们都有共同的特征：当这些零件(刚体)运动时，其上或延伸部分有一条直线始终保持不动，这种运动称为刚体的定轴转动，简称**转动**. 这条不动的直线称为轴线. 除轴线上各点的位置不变外，刚体上其他各点都作圆周运动，而且这些圆周所在的平面都垂直于轴线，其圆心都在轴线上.

1. 刚体转动的位置、角速度和角加速度

刚体绕定轴转动的规律，可由刚体绕定轴转动的转角来描述. 如图 7-7 所示，设刚体绕 z 轴转动，Ⅰ是通过轴线的固定平面，Ⅱ是过轴线并与刚体固连、随刚体一起转动的动平面，则任一时刻刚体的位置可由动平面Ⅱ与定平面Ⅰ所成的角 φ 来确定. 刚体上任一点 M

的运动轨迹为一垂直于 z 轴平面 π 上的圆(图 7-7a). 因此, 研究刚体的定轴转动及其上点的运动, 可转化为研究 π 平面的定点转动及 π 平面上点的运动(图 7-7b). 图中 O 点称为转动中心, 转动角 φ 称为转角, 也称位置角. 习惯上, 视 z 轴为过 π 平面的转动中心且垂直向上, 按右手法则, 拇指指向 z 轴方向, 四指的指向为转动正向(即逆时针转动), 平面按正向转动时, φ 角为正值, 反之为负值.

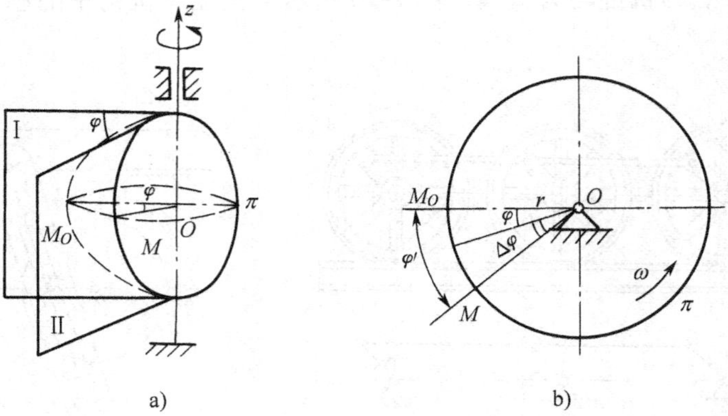

图 7-7

描述刚体转动位置的方程称为转动方程, 一般可写为

$$\varphi = \varphi(t) \tag{7-4}$$

式中, 转角 φ 的单位是弧度(rad); $\varphi(t)$ 为时间的单值连续函数, 它反映了刚体绕定轴转动的规律.

描述刚体转动快慢的一个物理量是角速度, 与点的速度类似, 它等于转角增量 $\Delta\varphi$ 与产生该增量的时间 Δt 之比的极限, 其大小为

$$\omega = \lim_{\Delta t \to 0} \frac{\Delta\varphi}{\Delta t} = \frac{d\varphi}{dt} \tag{7-5}$$

上式表明, 刚体定轴转动的角速度等于转角对时间的一阶导数.

角速度 $\boldsymbol{\omega}$ 是一矢量, 其方向按右手法则确定. 当刚体逆时针转动时, $\boldsymbol{\omega}$ 的方向垂直于纸面向上; 当刚体顺时针转动时, $\boldsymbol{\omega}$ 的方向垂直于纸面向下. 在分析刚体定轴转动时, 为方便起见, 常常把 $\boldsymbol{\omega}$ 视为一标量, 用正负号表示刚体的转向. 若 ω 为正值, 则刚体按逆时针转动, 若为负值, 则按顺时针转动.

角速度 ω 的单位是 rad/s(弧度/秒), 工程上常用转速 n r/min(转/分)表示. 两者的转换关系为

$$\omega = \frac{\pi n}{30} \quad (\text{rad/s}) \tag{7-6}$$

描述刚体角速度变化快慢的物理量是角加速度, 与点的加速度类似, 其大小等于角速度增量 $\Delta\omega$ 与产生该增量的时间 Δt 之比的极限, 即

$$\varepsilon = \lim_{\Delta t \to 0} \frac{\Delta\omega}{\Delta t} = \frac{d\omega}{dt} = \frac{d^2\varphi}{dt^2} \tag{7-7}$$

上式表明, 刚体定轴转动的角加速度等于角速度对时间的一阶导数, 或等于转角 φ 对时间的二阶导数.

角加速度 $\boldsymbol{\varepsilon}$ 也是一矢量，其方向也可按右手法则确定：四指指向角速度增加的方向，拇指的指向就是 $\boldsymbol{\varepsilon}$ 的方向．与把角速度 $\boldsymbol{\omega}$ 视为标量的道理一样，往往把角加速度 $\boldsymbol{\varepsilon}$ 也视为标量，用正负号表示其方向．如果 ε 与 ω 的符号相同时，则角速度的绝对值随时间的增加而增加，刚体作加速运动(图 7-8a)．反之，若 ε 与 ω 的符号相反时，角速度的绝对值随时间减小，刚体作减速转动(图 7-8b)．

角加速度的单位为弧度/秒^2(rad/s^2)．

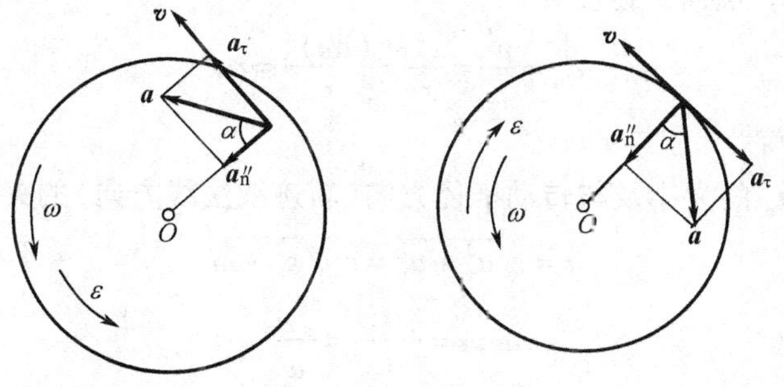

图　7-8

2. 转动刚体上点的运动

定轴转动刚体上固定点的运动，是点的平面运动特例．距转动中心 O 的距离为 r 的动点 M 的位置，在取定参考点 M_0 后，容易按自然坐标法写出其位置的弧坐标方程

$$s = \widehat{M_0M} = r\varphi(t) \tag{7-8}$$

M 点速度的大小，可由式(7-8)求导得

$$v = \frac{\mathrm{d}s}{\mathrm{d}t} = r\frac{\mathrm{d}\varphi}{\mathrm{d}t} = r\omega \tag{7-9}$$

其方向与 M 点运动轨迹相切，垂直于转动半径 r，并与转动方向一致，如图 7-9 所示．

从式(7-9)可以看到，点的速度与该点的转动半径成正比，对刚体上不同转动半径的各点，其速度变化规律如图 7-10 所示．

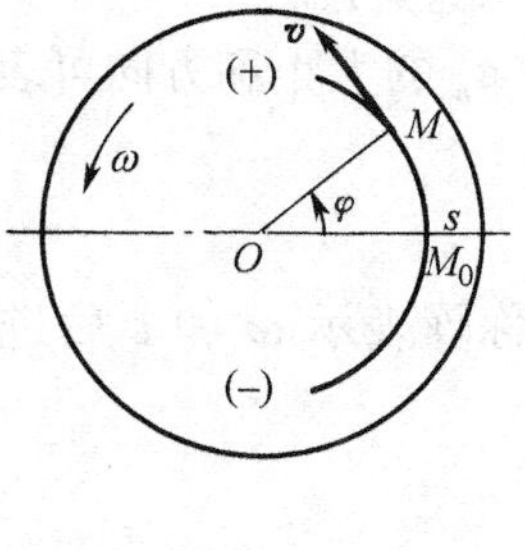

图　7-9

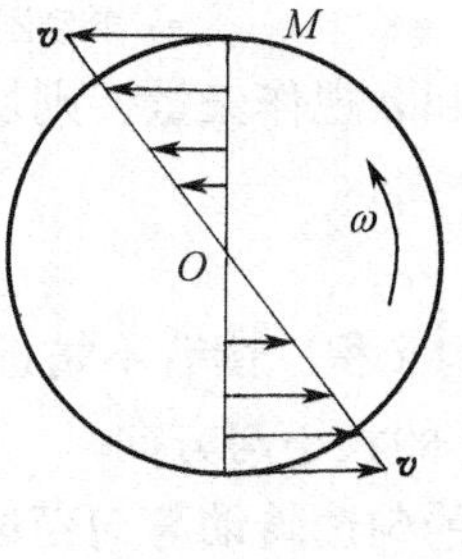

图　7-10

若将 $\boldsymbol{\omega}$ 视为矢量，则 M 点的速度大小和方向可用 $\boldsymbol{\omega}$ 与转动半径矢量 $\boldsymbol{r}$ 的矢量积表示为

$$\boldsymbol{v} = \boldsymbol{\omega} \times \boldsymbol{r} \tag{7-10}$$

读者不妨选定坐标系，按矢量的反对称阵表示 $\boldsymbol{\omega}$，代入式(7-10)进行计算，以检验 $\boldsymbol{v}$ 的大小和方向(参见图 7-9)．

M 点的加速度，根据式(6-18)可知，它由两部分组成，即切向加速度 $\boldsymbol{a}_\tau$ 和法向加速度 $\boldsymbol{a}_n$. 其计算依据由式(6-19)确定.

切向加速度的大小，可由式(7－9)求导得到

$$a_\tau=\frac{\mathrm{d}v}{\mathrm{d}t}=\frac{\mathrm{d}(r\omega)}{\mathrm{d}t}=r\varepsilon \tag{7-11}$$

$\boldsymbol{a}_\tau$ 的方向沿动点 M 运动轨迹的切线，垂直于转动半径 $\boldsymbol{r}$，指向与 $\boldsymbol{\varepsilon}$ 的转向一致.

由式(6-19)可得，法向加速度为

$$a_n=\frac{v^2}{\rho}=\frac{v^2}{r}=\frac{(r\omega)^2}{r}=r\omega^2 \tag{7-12}$$

$\boldsymbol{a}_n$ 的方向指向转动中心.

加速度 $\boldsymbol{a}=\boldsymbol{a}_\tau+\boldsymbol{a}_n$ 的大小及与转动半径方向(轨迹线法线方向)的夹角分别为

$$a=\sqrt{a_\tau^2+a_n^2}=r\sqrt{\varepsilon^2+\omega^4} \tag{7-13}$$

$$\tan\alpha=\frac{|a_\tau|}{a_n}=\frac{|\varepsilon|}{\omega^2} \tag{7-14}$$

由式(7-13)和式(7-14)可知，对于刚体上不同转动半径的各点，其加速度大小与转动半径成正比(线性关系)，其方向保持平行，如图 7-11 所示.

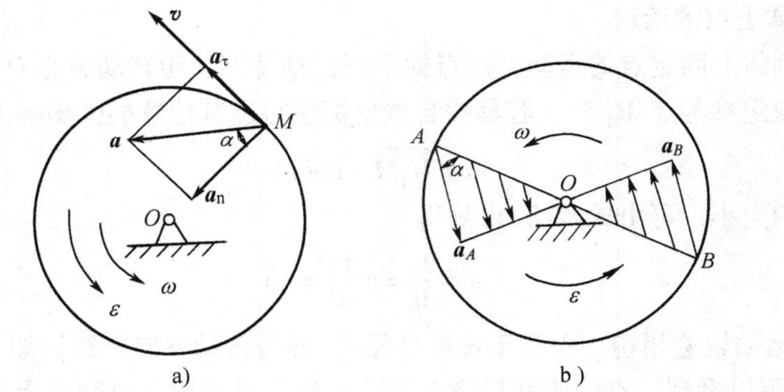

图　7-11

a）转动刚体上点的加速度　b）转动刚体各点加速度分布

若将 $\boldsymbol{\omega}$ 和 $\boldsymbol{\varepsilon}$ 视作矢量，则切向加速度 $\boldsymbol{a}_\tau$ 和法向加速度 $\boldsymbol{a}_n$ 的大小和方向可表示为

$$\boldsymbol{a}_\tau=\boldsymbol{\varepsilon}\times\boldsymbol{r} \tag{7-15}$$

$$\boldsymbol{a}_n=\boldsymbol{\omega}\times\boldsymbol{\omega}\times\boldsymbol{r} \tag{7-16}$$

对式中的叉积，读者不妨选定坐标系，按矢量的反对称阵表示 $\boldsymbol{\omega}$ 和 $\boldsymbol{\varepsilon}$ 后进行计算，以检验 $\boldsymbol{a}_\tau$ 和 $\boldsymbol{a}_n$ 的大小与方向.

3. 刚体的匀速转动与匀变速转动

匀速转动和匀变速转动是刚体定轴转动的特例. 此时转角 φ、角速度 ω、角加速度 ε 之间与点的曲线运动中弧长 s、速度 v、加速度 $\boldsymbol{a}_\tau$ 有完全对应的关系和公式. 两种运动的基本公式对照见表 7-1.

表 7-1 点的曲线运动与刚体定轴转动对比表

点的曲线运动			刚体的定轴转动		
名称	符号	公 式	名称	符号	公 式
运动方程	s	$s=f(t)$	转动方程	φ	$\varphi=f(t)$
速度	v	$v=\mathrm{d}s/\mathrm{d}t$	角速度	ω	$\omega=\mathrm{d}\varphi/\mathrm{d}t$
加速度	a_τ	$a_\tau=\mathrm{d}v/\mathrm{d}t$	角加速度	ε	$\varepsilon=\mathrm{d}\omega/\mathrm{d}t$
匀速曲线运动		$s=s_0+vt$	匀速转动		$\varphi=\varphi_0+\omega t$
匀变速曲线运动		$v=v_0+a_\tau t$	匀变速转动		$\omega=\omega_0+\varepsilon t$
		$s=v_0t+\frac{1}{2}a_\tau t^2$			$\varphi=\omega_0t+\frac{1}{2}\varepsilon t^2$
s_0——初位置坐标 v_0——初速度		$v^2-v_0^2=2a_\tau(s-s_0)$	φ_0——初角位移 ω_0——初角速度		$\omega^2-\omega_0^2=2\varepsilon(\varphi-\varphi_0)$

例 7-1 一汽油机的转速为 3600r/min，其停车过程为匀减速转动. 如汽油机从开始制动至停止共转过 120r，问汽油机制动过程需要多少时间?

解 汽油机的初角速度为

$$\omega_0=\frac{\pi n}{30}=\frac{3600\pi}{30}\text{rad/s}=120\pi\ \text{rad/s}$$

末角速度为 $\omega=0$

在制动过程中转过的角度为

$$\varphi=2\pi n=2\pi\ \text{rad}\times120\text{r}=240\pi\ \text{rad}$$

由公式 $\omega^2-\omega_0^2=2\varepsilon\varphi$ 可得

$$\varepsilon=\frac{-\omega_0^2}{2\varphi}=\frac{-(120\pi\ \text{rad/s})^2}{2\times240\pi\ \text{rad}}=-30\pi\ \text{rad/s}^2$$

由 $\omega=\omega_0+\varepsilon t$ 可得

$$t=\frac{-\omega_0}{\varepsilon}=\frac{-120\pi\ \text{rad/s}}{-30\pi\ \text{rad/s}^2}=4\text{s}$$

例 7-2 图 7-12 所示平行四连杆机构中，$\overline{O_1A}=\overline{O_2B}=r$，$\overline{AB}=\overline{O_1O_2}$. 已知 $r=0.15\text{m}$，杆 O_1A 以 $n=320\text{r/min}$ 的转速作匀速转动，求 AB 杆上任一点 M 的速度和加速度.

解 平行四连杆机构中，由于 $\overline{O_1O_2}=\overline{AB}$，$\overline{O_1A}=\overline{O_2B}$，所以，$\overline{AB}/\!/\overline{O_1O_2}$，$\overline{O_1A}/\!/\overline{O_2B}$，故杆 AB 是作曲线平动的刚体，其上各点在同一瞬时的速度和加速度彼此相同. 故有 $v_M=v_A$，$\boldsymbol{a}_M=\boldsymbol{a}_A$，且方向分别平行. 杆 O_1A 的角速度为

$$\omega=\frac{\pi n}{30}=\frac{\pi\times320}{30}\text{rad/s}\approx33.51\text{rad/s}$$

则

$$v_M=v_A=r\omega=0.15\times33.51\approx5.027\text{m/s}$$

$$a_{Mn}=a_{An}=r\omega^2=0.15\times33.51^2\approx168.4\text{m/s}^2$$

因为 O_1A 作匀速转动，其角加速度 $\varepsilon=0$，故 $a_{M\tau}=a_{A\tau}=r\varepsilon=0$，所以

$$a_M=a_{Mn}=168.4\text{m/s}^2$$

应该注意，M 点的法向加速度 $\boldsymbol{a}_{Mn}/\!/\boldsymbol{a}_{An}$，它和 O_1O_2 连线的交点 O' 就是 M 点作圆周运动

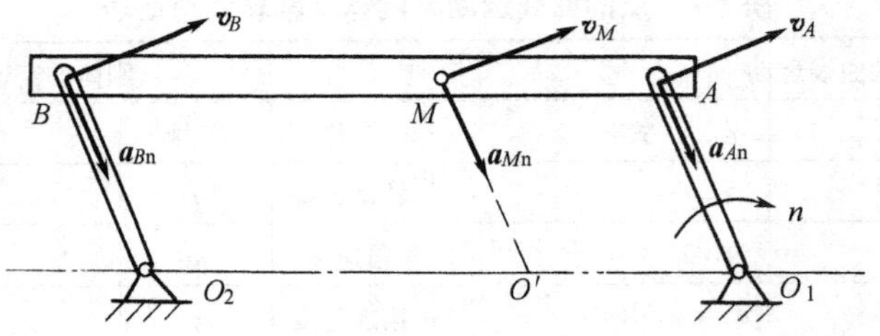

图　7-12

轨迹的圆心.

例 7-3　起重机鼓轮直径 $D=400$mm，钢丝绳绕在鼓轮上，下端有悬重，如图 7-13 所示. 若起吊时鼓轮转动方程 $\varphi=2t^2$(φ 以 rad 计,t 以 s 计)，试求 1)重物的加速度；2)起吊后 2s 时重物的速度；3)起吊后 2s 重物上升的高度.

解　设钢丝绳不可伸长，且与轮子间无相对滑动，则鼓轮转动时，重物、钢丝绳上的 A 点和轮缘上 B 点三者线速度均相等. 重物、钢丝绳上 A 点加速度与轮缘 B 点的切向加速度相等，如图 7-13b 所示.

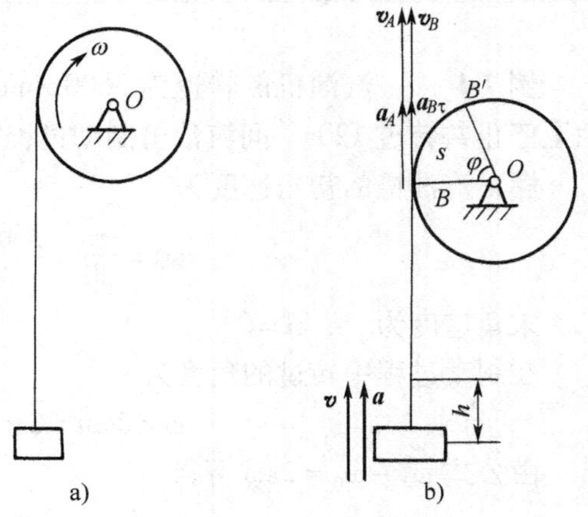

图　7-13

1）重物的加速度.

鼓轮的角速度　$\omega=\mathrm{d}\varphi/\mathrm{d}t=\mathrm{d}(2t^2)/\mathrm{d}t=4t$

角加速度　$\varepsilon=\mathrm{d}\omega/\mathrm{d}t=\mathrm{d}(4t)/\mathrm{d}t=4\mathrm{rad/s^2}$

重物的加速度

$a=a_A=a_{B\tau}=R\varepsilon=0.2\times4\mathrm{m/s^2}=0.8\mathrm{m/s^2}$

2）起动 2s 时重物速度.

$v_B=R\omega=0.2\times4t=0.8t$

$t=2$s 时，$v_B=1.6$m/s

$$v=v_A=v_B=1.6\mathrm{m/s}$$

3）鼓轮起动 2s 时，重物上升的高度(如图 7-13b).

2s 内鼓轮的转角

$$\varphi=2t^2=2\times4\mathrm{rad}=8\mathrm{rad}$$

所对应弧长

$$\widehat{BB'}=s=R\varphi=0.2\times8\mathrm{m}=1.6\mathrm{m}$$

重物上升高度与鼓轮$\widehat{BB'}$的弧长相等

$$h=s=1.6\mathrm{m}$$

例 7-4　两个摩擦轮之间无相对滑动(图 7-14)，靠摩擦力传动. 已知轮Ⅰ的半径 R_1 及 ω_1、ε_1，轮Ⅱ的半径 R_2，求轮Ⅱ的 ω_2、ε_2 及转速 n_1 与 n_2 之比.

解　因为轮Ⅰ与轮Ⅱ之间无相对滑动，则轮Ⅰ上 A 点与轮Ⅱ上 A'点的速度相等. 同理，这两点切向加速度相等. A 与 A'的速度及切向加速度

$$v_A=R_1\omega_1\quad a_{A\tau}=R_1\varepsilon_1$$

$$v_{A'}=R_2\omega_2\quad a_{A'\tau}=R_2\varepsilon_2$$

因为有

$$v_A = v_{A'}$$

$$a_{A\tau} = a_{A'\tau}$$

则有　$R_1\omega_1 = R_2\omega_2 \quad \omega_2 = \dfrac{R_1}{R_2}\omega_1$

$$R_1\varepsilon_1 = R_2\varepsilon_2 \quad \varepsilon_2 = \frac{R_1}{R_2}\varepsilon_1$$

又因　$\omega = \dfrac{n\pi}{30}$

所以　$\dfrac{\omega_1}{\omega_2} = \dfrac{n_1}{n_2} = \dfrac{\varepsilon_1}{\varepsilon_2} = \dfrac{R_2}{R_1} = i_{12}$

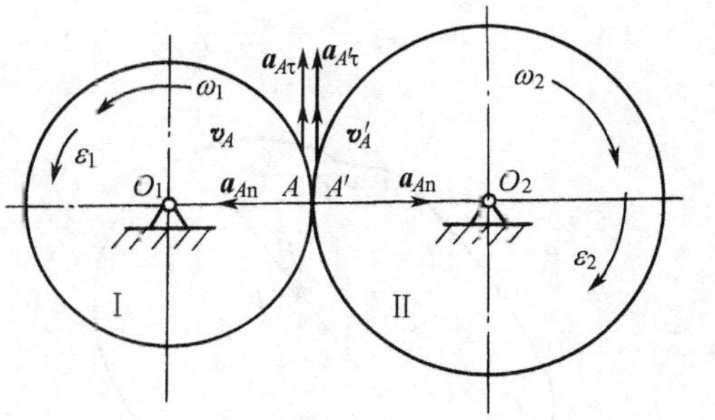

图　7-14

称 i_{12} 为传动比．上式表明两个摩擦轮相啮合时其角速度和角加速度均与其半径成反比．工程上常利用轮系传动来降低或提高刚体的转速．如摩擦轮、齿轮及带轮．

7.2　刚体平面运动

7.2.1　平面运动刚体内各点的速度

设已知刚体上任一点 O 的速度 $\boldsymbol{v}_O$ 和转动角速度 $\boldsymbol{\omega}$，求刚体上任一点 M 的逗度．

由于 O 点的速度已知，选 O 为基点，在其上固连一坐标系 $Ox'y'$（动系），该动系随 O 点作平动．根据点的速度合成定理，由于动系作平动，动系上与 M 点重合的点的速度（牵连速度）$v_e = v_O$，M 点相对于动系作圆周运动，其相对速度 v_r 就是 M 点绕基点 O 的转动速度 v_{MO}（如图 7-15 所示）．因此，M 点的绝对速度 v_a（即 v_M）为

$$v_M = v_O + v_{MO} \tag{7-17}$$

上式表明，平面运动刚体上任一点的速度等于基点速度与该点绕基点的相对转动速度的矢量和．这种求平面运动刚体上任一点速度的方法称为**基点法**．

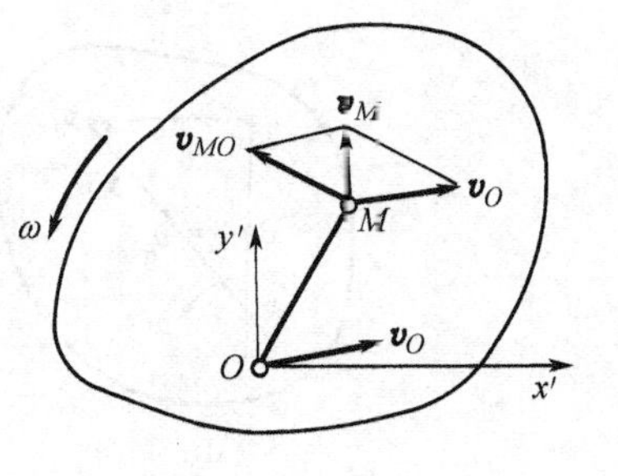

图　7-15

基点法是求解刚体上任一点速度的基本方法，它表示了刚体上任意两点的速度关系，其解题要领与点的速度合成法基本相同．不同的是，动点相对基点的速度，总是垂直于该两点的连线，指向刚体绕基点的转动方向，其大小为

$$v_{MO} = \overline{OM}\omega \tag{7-18}$$

进一步分析基点法公式(7-17)和(7-18)，可以得出刚体平面运动的两个特性：

特性 1（速度投影特性）　刚体上任意两点的速度在这两点连线上的投影相等．

注意到式(7-17)中，v_{MO} 总是垂直于 MO 连线，将式(7-17)在 MO 方向上投影，上述特性是显然的．

若 v_O、v_M 与 MO 夹角分别为 α、β 时（图 7-16），上述特性表示为

$$v_O\cos\alpha = v_M\cos\beta \tag{7-19}$$

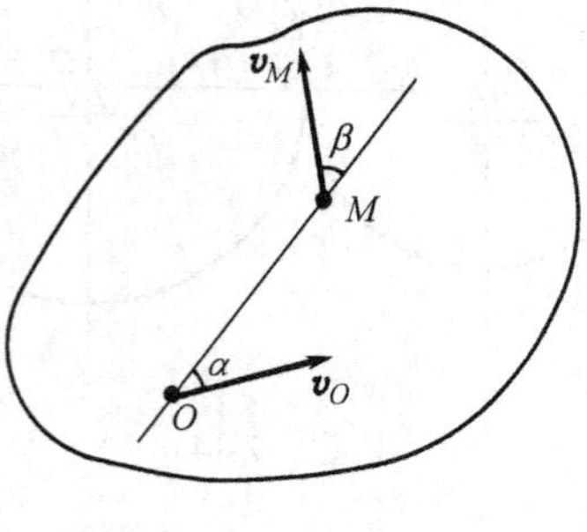

图 7-16

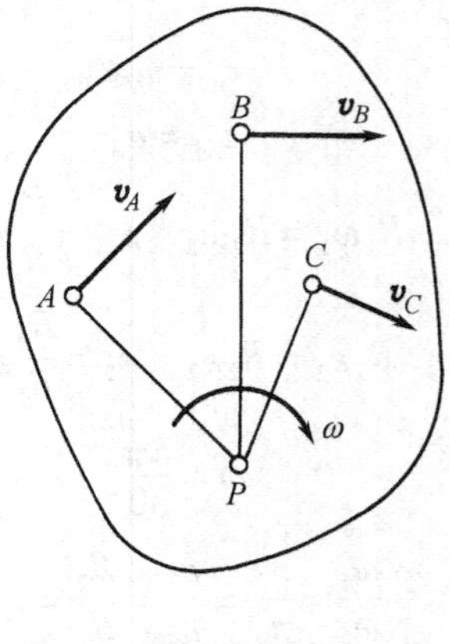

图 7-17

特性 2(瞬时定轴转动特性) 一般情况下，在每一瞬时，刚体上都唯一地存在一个速度为零的点，该点称为刚体在此时刻的速度瞬心.

如果把刚体固连在一个无限大的平面(刚体)上，上述特性是绝对的. 也就是说，对一个一定大小的刚体，速度瞬心总是存在. 不过，它可能在该刚体上，也可能在与之固连在无限大平面(刚体)上. 图 7-18 给出了根据刚体上 A、B 两点的速度，确定速度瞬心 P 的方法.

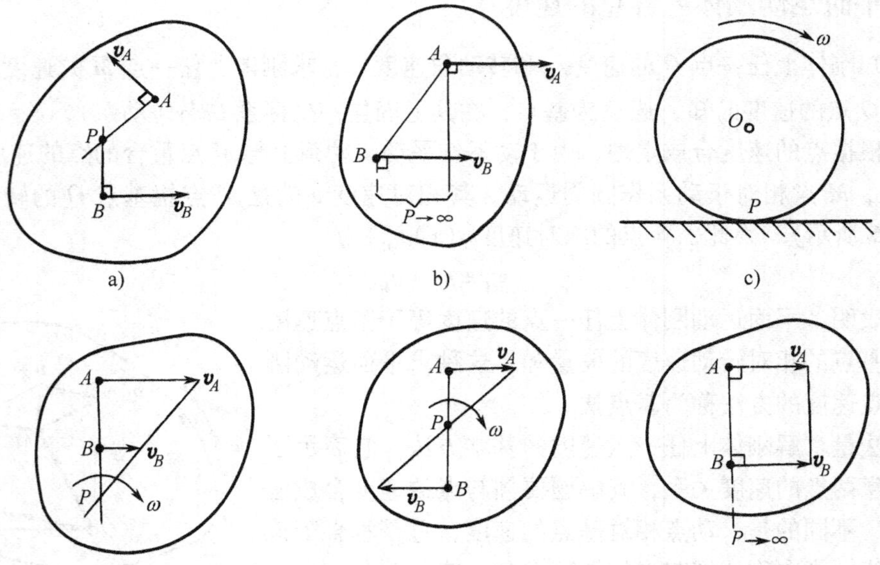

图 7-18

利用该特性，若选择的基点 O 为速度瞬心，则动点 M 的速度为

$$v_M = \overline{MO}\omega \tag{7-20}$$

上式表明，刚体的平面运动在该瞬时实际是绕速度瞬心的转动，即瞬时定轴转动(图 7-17). 不过，与刚体定轴转动不同，平面运动刚体的速度瞬心是随时间变化的.

例 7-5 曲柄滑块机构如图 7-19 所示. 已知曲柄 OA 的长度为 $r = 30\text{cm}$，角速度为 $\omega = 2\text{rad/s}$，试求当曲柄 OA 与连杆 AB 相垂直时滑块 B 的速度.

解 曲柄 OA 作定轴转动，滑块 B 作平动，连杆 AB 作平面运动. 取连杆 AB 来研究，连

杆上 A 点速度已知，选 A 点为基点，B 点的运动可视为由随基点 A 的平动和绕基点 A 的转动合成的. 由式(7-17)得

$$v_B = v_A + v_{EA}$$

已知 v_A 的大小为 $v_A = r\omega = 30 \times 2\text{cm/s} = 60\text{cm/s}$，方向垂直于 OA；v_{BA} 垂直于 AB，方向如图 7-19 所示；$\boldsymbol{v}_B$ 沿水平方向. 于是可作出速度平行四边形，由几何关系可得

$$v_B = \frac{v_A}{\cos 15^\circ} = \frac{60}{\cos 15^\circ}\text{cm/s} = 62.1\text{cm/s}$$

本题中已知 A 点的速度大小和方向，又知 B 点的速度方向，也可用速度投影法求解. 由速度投影定理

$$v_A \cos 0^\circ = v_B \cos 15^\circ$$

可得

$$v_B = \frac{v_A}{\cos 15^\circ} = 62.1\text{cm/s}$$

例 7-6　椭圆规如图 7-20 所示. 滑块 A 和 B 分别沿互相垂直的滑道 Ox、Oy 运动. 在图示位置时，已知滑块 A 的速度为 v_A，AB 的长度 l，求滑块 B 的速度及规尺 AB 的角速度.

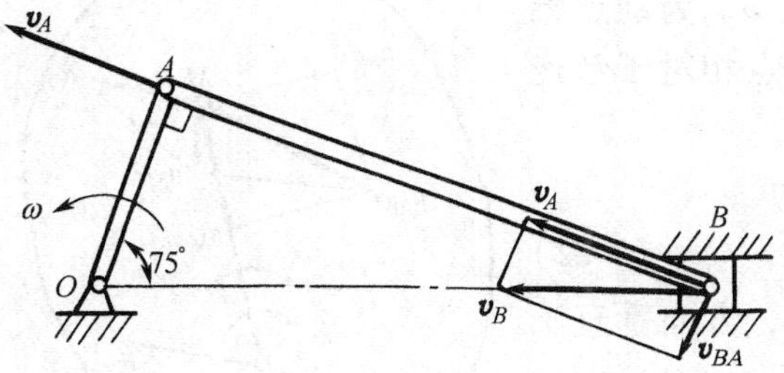

图　7-19

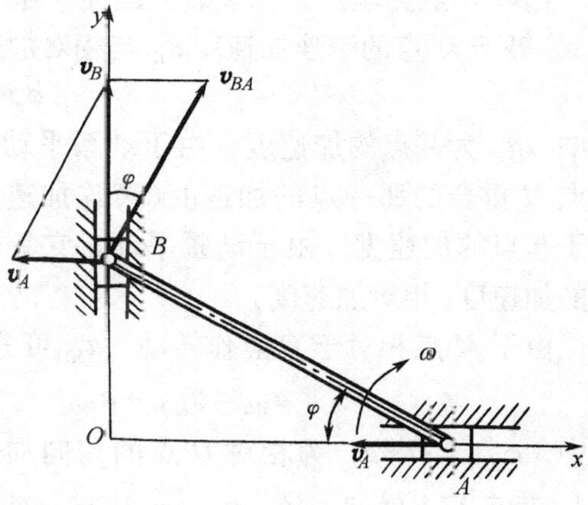

图　7-20

解　解法一：用基点法求解.

滑块 A、B 分别作平动、规尺 AB 作平面运动，取 AB 杆研究. A 点速度已知，取 A 点为基点，由式(7-17)得

$$v_B = v_A + v_{BA}$$

式中，v_A 的大小、方向已知，v_B 的方向沿 Oy 轴向上，v_{BA} 的方向垂直于 AB，指向如图 7-20 所示. 于是可作出速度平行四边形如图，由几何关系可知

$$v_B = v_A \cot\varphi$$

$$v_{BA} = \frac{v_A}{\sin\varphi}$$

而 v_{BA} 是 AB 杆绕基点 A 转动的速度，其大小为

$$v_{BA} = l\omega$$

于是得

$$\omega = \frac{v_{BA}}{l} = \frac{v_A}{l\sin\varphi}$$

解法二：用瞬时定轴转动特性求解.

如图7-21所示，过A、B两点作速度v_A、v_B的垂线，两垂线的交点P就是规尺AB的速度瞬心. 规尺AB绕速度瞬心P转动的角速度为

$$\omega = \frac{v_A}{\overline{AP}} = \frac{v_A}{l\sin\varphi}$$

滑块B的速度为

$$v_B = \overline{BP}\omega = l\cos\varphi\ \frac{v_A}{l\sin\varphi} = v_A\cot\varphi$$

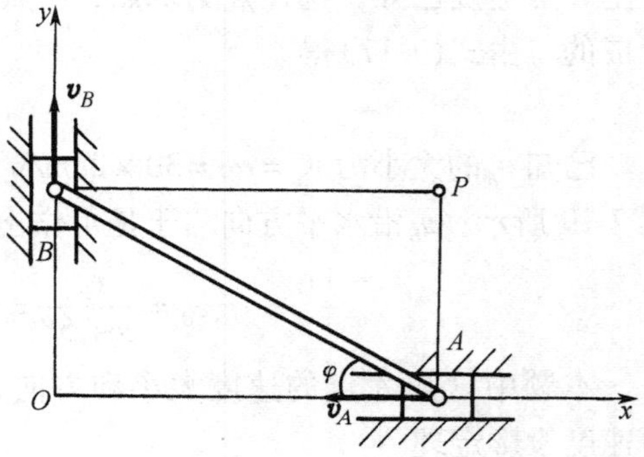

图 7-21

7.2.2 平面运动刚体内各点的加速度

平面运动刚体上动点的加速度分析与速度分析类似. 设已知刚体上任一点O的加速度为$\boldsymbol{a}_O$，刚体的转动角速度和角加速度分别为ω和ε，求刚体上任一点M的加速度可以用点的加速度合成.

选取O点为基点，在该点上固连一随O点作平动的坐标系Oxy，则动点M的绝对加速度$\boldsymbol{a}_M$等于M点的牵连加速度$\boldsymbol{a}_O$与相对加速度$\boldsymbol{a}_{MO}$之和，见图7-22，即

$$\boldsymbol{a}_M = \boldsymbol{a}_O + \boldsymbol{a}_{MO} \tag{7-21}$$

式中，$\boldsymbol{a}_O$为基点的加速度，由于动系平动，它等于动系上与动点M重合的那一点的加速度(牵连加速度)；$\boldsymbol{a}_{MO}$为动点相对于基点的加速度，由于动系平动，它等于动点相对于牵连点的加速度(相对加速度).

由于M点相对于O点作转动，$\boldsymbol{a}_{MO}$可分解为

$$\boldsymbol{a}_{MO} = \boldsymbol{a}_{MO\tau} + \boldsymbol{a}_{MOn} \tag{7-22}$$

式中，$a_{MO\tau} = \overline{OM}\varepsilon$，为相对$O$点的切向加速度，方向垂直于$OM$，指向与$\varepsilon$转向一致；$a_{MOn} = \overline{OM}\omega^2$，为相对$O$点的法向加速度，方向指向$O$点.

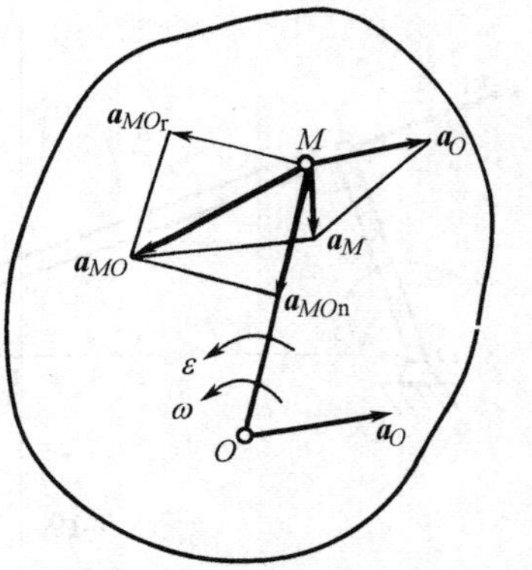

图 7-22

上述公式表明，平面运动刚体上任一点的加速度等于基点的加速度与绕基点转动的切向加速度和法向加速度的矢量和，这种求平面运动刚体上任一点加速度方法亦称为基点法.

加速度求解有时也可以利用加速度瞬心，不过加速度瞬心求解比较麻烦. 需特别指出，除与速度瞬心一样是随时间变化外，一般情况下，速度瞬心和加速度瞬心不是同一个点.

例7-7 半径为R的车轮沿直线轨道作无滑动的滚动，如图7-23所示. 已知在某瞬时轮心O的速度为v_O，加速度为$\boldsymbol{a}_O$，试求车轮与轨道的接触点C的加速度.

解 轮子沿轨道作无滑动的滚动，故车轮与轨道的接触点C就是速度瞬心. 车轮的角速度为

$$\omega = \frac{v_O}{R}$$

这个关系式在任何瞬时都能成立，因此可以通过对时间求导来求轮子的角加速度

$$\frac{d\omega}{dt}=\frac{1}{R}\frac{dv_O}{dt}$$

故
$$\varepsilon=\frac{a_O}{R}$$

由于轮心 O 作直线运动，故有$\frac{dv_O}{dt}=a_O$，ω 和 ε 的转向如图 7-23 所示.

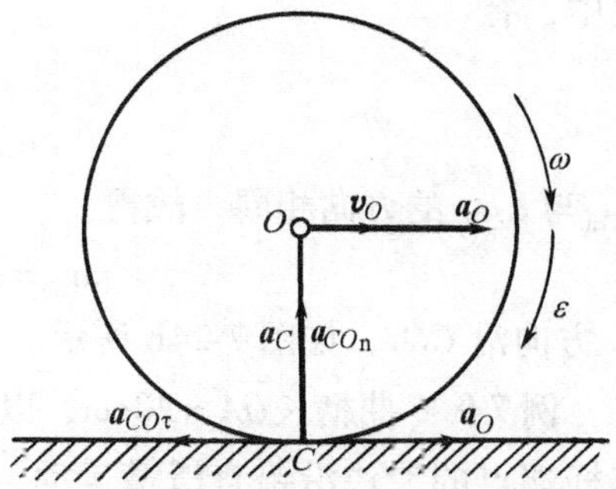

图　7-23

现以 O 点为基点来求 C 点的加速度. 根据式(7-21)有

$$\boldsymbol{a}_C=\boldsymbol{a}_O+\boldsymbol{a}_{COn}+\boldsymbol{a}_{CO\tau}$$

$$a_{CO\tau}=R\varepsilon=a_O$$

$$a_{COn}=R\omega^2=\frac{v_O^2}{R}$$

它们的方向如图 7-23 所示.

由于 $\boldsymbol{a}_O$ 与 $\boldsymbol{a}_{CO\tau}$的大小相等方向相反，于是得

$$a_C=a_{COn}=\frac{v_O^2}{R}$$

由此可知，瞬时速度中心 C 点的速度为零，但加速度不为零，大小为$\frac{v_O^2}{R}$，方向向上.

例 7-8　曲柄 OO_1 绕 O 轴以等角速度 ω_0 转动，并带动齿轮Ⅰ在齿轮Ⅱ内滚动，其半径分别为 r 和 $R=2r$. 如图 7-24a 所示. 求齿轮Ⅰ与齿轮Ⅱ接触点 C 的加速度.

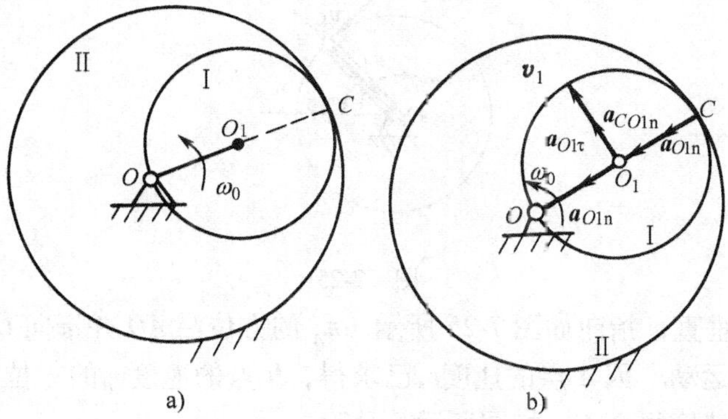

图　7-24

解　取轮Ⅰ为研究对象，轮Ⅰ作平面运动. 由于曲柄 OO_1 的角加速度 $\varepsilon_0=0$，O_1 点的速度、加速度可由曲柄 OO_1 作定轴转动求得

$$v_{O1}=r\omega_0,\ a_{O1n}=r\omega_0^2,\ a_{O1\tau}=r\varepsilon_0=0\quad(\varepsilon_0=0)$$

C 点为轮Ⅰ的速度瞬心，故得轮Ⅰ的角速度和角加速度为

$$\omega=\frac{v_{O1}}{CO_1}=\frac{r\omega_0}{r}=\omega_0,\ \varepsilon=\frac{d\omega}{dt}=\frac{d\omega_0}{dt}=0$$

取 O_1 为基点，应用基点法可求得 C 点加速度 $\boldsymbol{a}_C$ 为

$$\boldsymbol{a}_C=\boldsymbol{a}_{O1n}+\boldsymbol{a}_{O1\tau}+\boldsymbol{a}_{CO1n}+\boldsymbol{a}_{CO1\tau}$$

式中，有

$$a_{O1\tau}=0,\ a_{CO1\tau}=r\varepsilon=0$$

$$a_{O1n}=r\omega_0^2,\ a_{CO1n}=r\omega^2=r\omega_0^2$$

$\boldsymbol{a}_{O1n}$与$\boldsymbol{a}_{CO1n}$的方向相同，故得

$$a_C=a_{O1n}+a_{CO1n}=r\omega_0^2+r\omega_0^2=2r\omega_0^2$$

$\boldsymbol{a}_C$ 方向沿 CO_1，如图 7-24b 所示.

例 7-9　曲柄长$\overline{OA}=20\text{cm}$，以匀角速度 $\omega_0=10\text{rad/s}$ 绕 O 轴转动．此曲柄带动连杆，使连杆端点的滑块沿铅直滑槽运动，如图 7-25 所示．如连杆长$\overline{AB}=100\text{cm}$，当曲柄与连杆相互垂直并与水平线成 $\varphi=45°$时，试求连杆的角加速度和滑块 B 的加速度.

解　1）求 A 点的速度和加速度.

$$v_A=\overline{OA}\omega_0=20\times10\text{cm/s}=200\text{cm/s}$$

$$a_A=\overline{OA}\omega_0^2=20\times10^2\text{cm/s}^2=2000\text{cm/s}^2$$

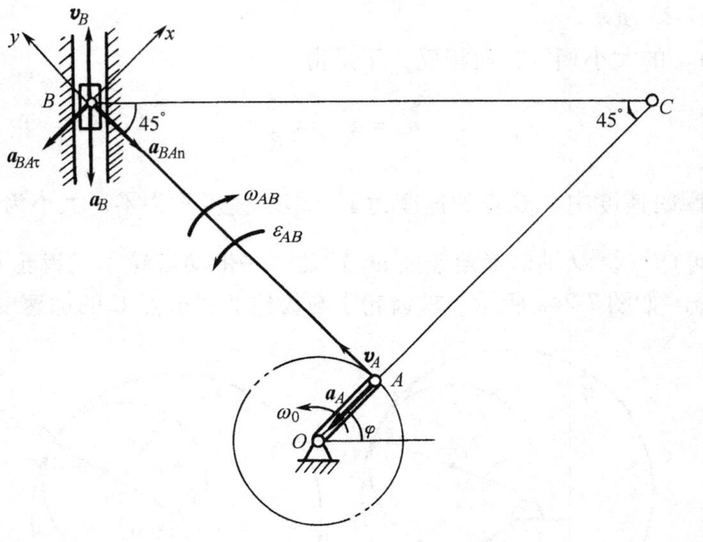

图　7-25

v_A的方位与 OA 垂直，指向如图 7-25 所示．$\boldsymbol{a}_A$ 的方位沿 AO 并指向 O 点.

连杆 AB 作平面运动．因 A 点的速度v_A已求得，B 点的速度v_B的方位沿着滑槽的中心线，故可求得 AB 连杆的速度瞬心 C，如图所示．从而

$$v_A=\overline{CA}\omega_{AB}$$

因为$\triangle CAB$ 为等腰三角形，即$\overline{CA}=\overline{AB}$，可求得 AB 连杆的角速度

$$\omega_{AB}=\frac{v_A}{\overline{CA}}=\frac{v_A}{\overline{AB}}=\frac{200}{100}\text{rad/s}=2\text{rad/s}$$

根据 v_A的指向，$\boldsymbol{\omega}_{AB}$的转向应为顺时针向.

2）求 B 点的加速度.

在 AB 连杆上取加速度已知的 A 点为基点，按基点法列 B 点的加速度方程并分析各量

	$\boldsymbol{a}_B$	=	$\boldsymbol{a}_A$	+	$\boldsymbol{a}_{BA\tau}$	+	$\boldsymbol{a}_{BAn}$
大小	？		$\overline{OA}\omega_0^2$		？		$\overline{AB}\omega_{BA}^2$
方向	铅直		指向 O		$\perp AB$		$/\!/AB$

其中，$\boldsymbol{a}_{BAn}$的大小为

$$a_{BAn}=\overline{AB}\omega_{AB}^2=100\times2^2\text{cm/s}^2=400\text{cm/s}^2$$

方向沿 BA 指向 A 点.

这样，在矢量式中只有两个未知量，即 $\boldsymbol{a}_B$ 的大小和 $\boldsymbol{a}_{BA\tau}$的大小. 取图示的 Oxy 坐标，将矢量式的两边投影到 y 轴上得

$$-a_B\cos45°=-a_{BA\tau}$$

故

$$a_B=\frac{a_{BA\tau}}{\cos45°}=400\sqrt{2}\text{cm/s}^2=566\text{cm/s}^2$$

再向 x 轴投影得

$$-a_B\sin45°=-a_A-a_{BA\tau}$$

故

$$a_{BA\tau}=a_B\sin45°-a_A=(400-2000)\text{cm/s}^2=-1600\text{cm/s}^2$$

所得结果为负值，表示 $\boldsymbol{a}_{BA\tau}$的指向与假定的相反，即应沿 x 轴的正向.

AB 杆的角加速度的大小为

$$\varepsilon_{AB}=\frac{a_{BA\tau}}{\overline{AB}}=\frac{-1600}{100}\text{rad/s}^2=-16\text{rad/s}^2$$

负值表示 ε_{AB}实际转向与图示转向相反.

7.3　机构的运动分析

在一台所有零(部)件都作平面运动的机器中，刚体总是用铰链(图 7-26)、导轨或导槽(图 7-27)或一定曲线轮廓(图 7-28)联接在一起. 这种联接起来的，按一定规律运动的刚体组合称之为机构. 机构中所有被联接的刚体都相对同一个平面作平面运动，这种机构称之为**平面机构**. 被联接的刚体也称为构件，而上述联接也称为**运动副**. 显然，运动副限制了构件的自由运动.

由于机构总是由动力源(电动机、气压或液压活塞等)驱动的，通常机构中的某一个(或几个)构件的运动是已知的，构件通过运动副将这些运动传递给其他构件. 因此，机构运动分析需解决两类问题：

1) 已知构件上一点的运动，求该构件上另一点的运动.

2) 已知一构件的运动，求另一构件的运动.

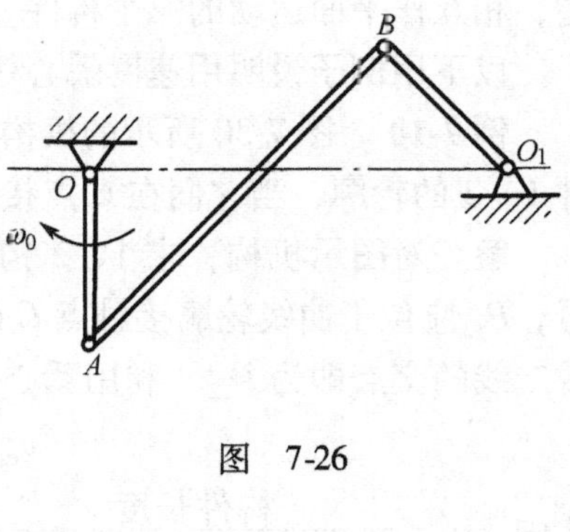

图　7-26

求解这两类问题的理论正是第 6 章和本章已讨论过的运动学理论. 故本节内容可以看作上述运动学理论的应用.

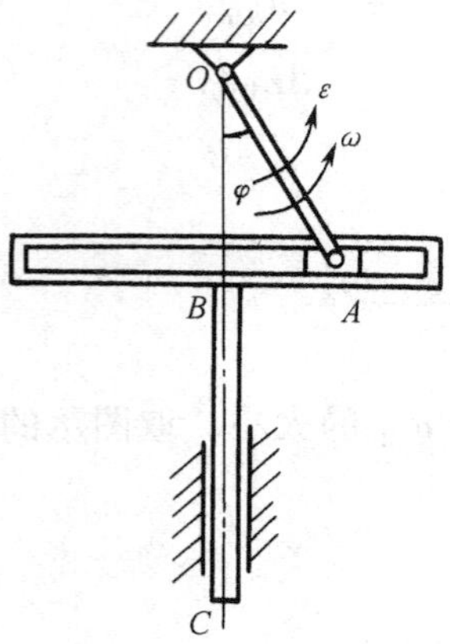

图　7-27

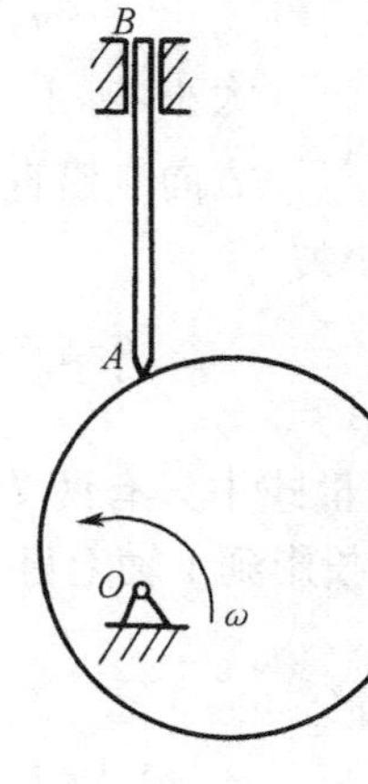

图　7-28

7.3.1　用速度瞬心概念分析机构的速度

上一节所述速度瞬心，是指刚体相对一固定坐标系(如地球坐标系)或另一静止刚体的速度瞬心，称为绝对速度瞬心. **相对速度瞬心**是指两个刚体(刚体1、刚体2)上无相对速度(即绝对速度相同)的瞬时重合点，记为 P_{12}. 在不产生混淆的情况下，绝对速度瞬心和相对速度瞬心都简称为瞬心.

对于直接联接的两构件1和2，相对速度瞬心 P_{12} 位置如图7-29.

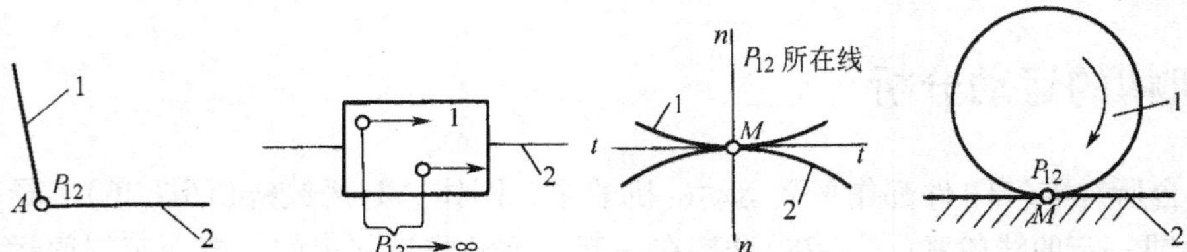

图　7-29

对于无运动副直接相联接的两个构件，有时可用三心定理来确定未知瞬心. 三心定理是指，相互作平面运动的三个构件，它们的三个相对速度瞬心必在同一直线上(证明略).

以下用例子说明用速度瞬心概念分析机构速度的方法.

例7-10　图7-30所示的机构由构件1、2与机架3组成. 已知转动副 A、B 间距离和构件1、2的轮廓，当它们在 C 点接触时，试求在该瞬时构件1与2的角速度之比 ω_1/ω_2.

解　对图示机构，求1、2构件的角速度之比，可利用相对瞬心 P_{12}. 从构件1和2来看，P_{12}应位于曲线轮廓接触点 C 的公法线 nn 上. 按三心定理，P_{12}又应位于 $P_{13}P_{23}$连线上，故二线的交点即为 P_{12}. 利用瞬心 P_{12}为同速点的概念，可写出

$$v_{P_{12}} = \omega_1\ \overline{P_{12}P_{13}}\mu_l = \omega_2\ \overline{P_{12}P_{23}}\mu_l$$

式中，$\mu_l = \dfrac{\text{构件长度}}{\text{代表构件长度的线段长}}$为绘制机构位置图所选取的长度比例尺. 由此可得机构在图示位置的角速度之比为

$$\frac{\omega_1}{\omega_2}=\frac{\overline{P_{12}P_{23}}}{\overline{P_{12}P_{13}}}$$

由于瞬心 P_{12} 位于两转动副 A、B 之间，故两角速度 ω_1、ω_2 的转向相反.

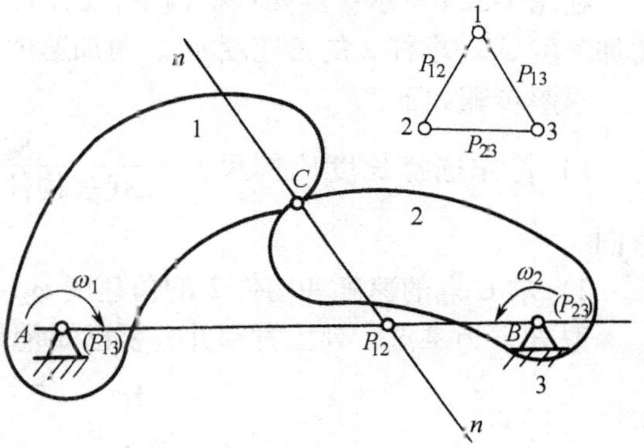

图 7-30　三心定理法求瞬心

1、2—构件　3—机架

例 7-11　如图 7-31 所示的四杆机构，已知各构件的长度、主动件 1 的位置 φ_1 及角速度 ω_1，试确定机构在图示位置时的瞬心 P_{13}，并求出 C 点的速度 v_C.

解　取长度比例尺 μ_l，按主动件位置 φ_1 及构件长度，作出机构位置图. 先求构件 1、3 的瞬心 P_{13}. 转动中心 A、B、C 分别为瞬心 P_{14}、P_{12}、P_{23}. 瞬心 P_{34} 在垂直于移动副导路的直线上无穷远处. 构件 1、3 之间无运动副相连接. 根据三心定理，1、2、3 构件的三个瞬心 P_{13}、P_{12}、P_{23} 在一条直线上；另外 1、3、4 构件的三个瞬心 P_{13}、P_{14}、P_{34} 也在一条直线上，故 P_{13} 必为 $P_{12}P_{23}$ 和 $P_{14}P_{34}$ 两条直线的交点. 为此作 $B(P_{12})C(P_{23})$ 的延长线和过 $A(P_{14})$ 点且垂直于导路的直线 $P_{14}P_{34}$，两直线交点便是瞬心 P_{13}.

按瞬心性质，构件 1 上 P_{13} 点的速度为 $\omega_1\overline{P_{13}P_{14}}\mu_l$，它与构件 3 上 P_{13} 点的速度相等；而构件 3 作平动，各点速度相同，即

$$v_C=v_{P_{13}}=\omega_1\overline{P_{13}P_{14}}\mu_l$$

速度方向如图 7-31 所示.

对于构件较多的机构，由于瞬心较多，求解速度就显得麻烦. 另外，如果瞬心位于图纸之外很远时，就很难确定瞬心位置，使解题发生困难.

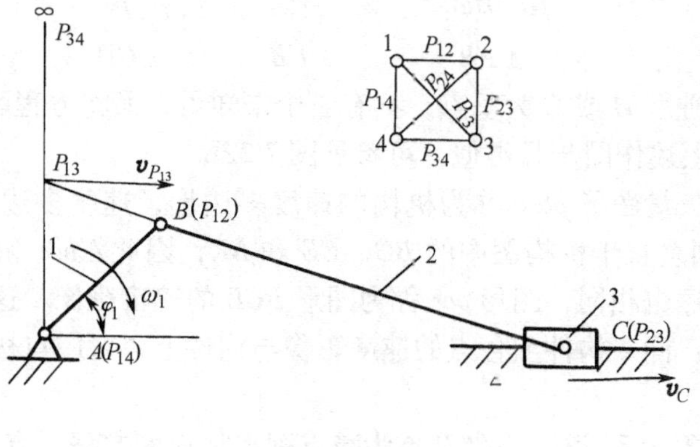

图　7-31

1—曲柄　2—连杆　3—滑块　4—机架

7.3.2　用相对运动图解法求机构的速度和加速度

本段内容是基于点的复合运动和平面刚体运动理论，分析机构运动速度和加速度求解中的两类问题.

1. 在同一构件上的点间的速度和加速度求解

在图 7-32a 所示铰链四杆机构中，已知各构件的尺寸，主动件 1 的位置 φ_1、角速度 ω_1、角加速度 ε_1. 求杆 2 的角速度 ω_2、角加速度 ε_2 及其上 C 和 E 点的速度和加速度.

求解步骤如下：

1）首先选择长度比例尺 $\mu_l = \dfrac{\text{构件长度}}{\text{代表构件长度的线段长}}$，按主动件位置 φ_1 作出机构位置图.

2）求 C 点的速度和构件 2 的角速度 ω_2.

取 B 点为基点，列出方程并分析已知量和未知量.

	v_C	=	v_B	+	v_{CB}
大小	?		$\mu_C \overline{AB}\omega_1$		?
方向	$\perp CD$		$\perp AB$		$\perp CB$

上式中只有两个未知量，故可用图解法求解，方法如下：选取适当的速度比例尺 $\mu_v = \dfrac{\text{速度的大小}}{\text{代表速度大小的线段长}}$. 任取一点 p（代表杆 2 上速度为零的点）作矢量 $\overrightarrow{pb}$ 代表 v_B，其大小 $\overline{pb} = v_B/\mu_v$，方向垂直于 AB. 然后过 b 点作垂直于 BC 的直线（代表 v_{CB} 的方向线），再过 p 点作垂直于 CD 的直线（代表 v_C 的方向线），两直线交于 C 点. 根据速度矢量方程可知，矢量 $\overrightarrow{pc}$ 和 $\overrightarrow{bc}$ 分别代表 v_C 和 v_{CB}，分别为 $v_C = \mu_v\,\overline{pc}$、$v_{CB} = \mu_v\,\overline{bc}$.

构件 2 的角速度 $\omega_2 = \dfrac{v_{CB}}{\overline{CB}\mu_v}$，方向为顺时针转向.

3）求 E 点的速度.

分别取 B、C 为基点，列出方程，有

	v_E	=	v_B	+	v_{EB}	=	v_C	+	v_{EC}
大小	?		$\mu_l \overline{AB}\omega_1$		?		$\mu_v \overline{pc}$		?
方向	?		$\perp AB$		$\perp EB$		$\perp CD$		$\perp EC$

从上式可知，单独取 B 或 C 为基点，都有三个未知量，而将方程联立，则可以分两步求出 v_E. 求解方法与上述作图步骤类似，可参见图 7-32b.

求解速度所作的矢量图形 $pbce$ 称为机构的速度多边形，速度多边形中代表各相对速度的矢量 $\overrightarrow{bc}$、$\overrightarrow{ce}$ 和 $\overrightarrow{be}$ 分别垂直于机构图中的 BC、CE 和 BE，因此 $\triangle bce$ 和 $\triangle BCE$ 相似，且两三角形顶角字母绕行顺序也相同，图形 bce 称为图形 BCE 的**速度影像**. 这种现象称为**速度影像原理**，它可以表述为：同一构件上各点的速度影像与构件上各对应点构成的图形相似.

4）求加速度.

与速度求解步骤 2）、3）类似，取 B 点为基点列出加速度方程，有

$$\boldsymbol{a}_C = \boldsymbol{a}_B + \boldsymbol{a}_{CB}$$

或

	$\boldsymbol{a}_{Cn}$	+	$\boldsymbol{a}_{C\tau}$	=	$\boldsymbol{a}_{Bn}$	+	$\boldsymbol{a}_{B\tau}$	+	$\boldsymbol{a}_{CBn}$	+	$\boldsymbol{a}_{CB\tau}$
大小	$\dfrac{v_0^2}{l_{CD}}$		?		$\mu_l \overline{AB}\omega_1^2$		$\mu_l \overline{AB}\varepsilon_1$		$\dfrac{v_{CB}^2}{\mu_l \overline{CB}}$		?
方向	$C\to D$		$\perp CD$		$B\to A$		$\perp AB$		$C\to B$		$\perp CB$

选取加速度比例尺 $\mu_a = \dfrac{\text{加速度大小}}{\text{代表加速度大小的线段长}}$ 及任意点 π（代表构件 2 加速度为零的

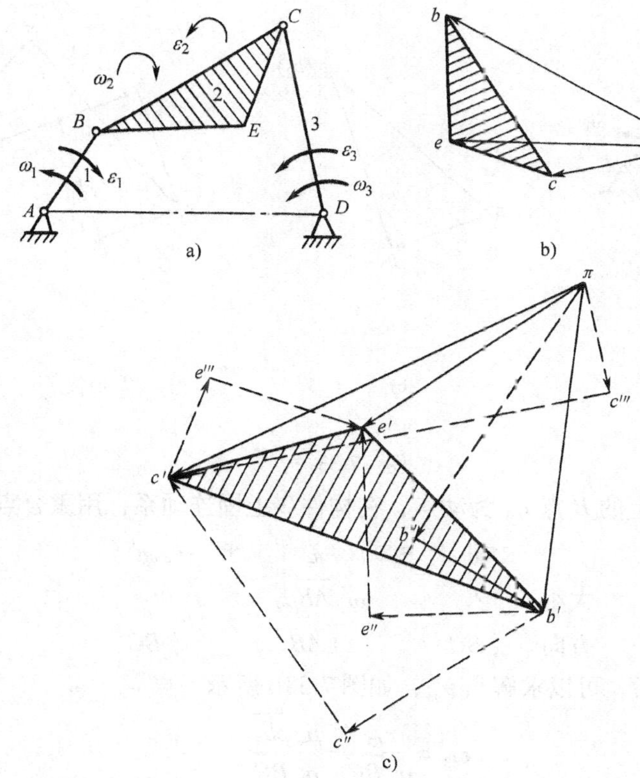

图　7-32

点)，可求得$\overrightarrow{\pi c'}$代表 $\boldsymbol{a}_C$，其大小为 $a_c=\mu_a\,\overline{\pi c'}$(图 7-32c).

构件 2 的角加速度　　$\varepsilon_2=\dfrac{a_{CB\tau}}{\mu_l\,\overline{CB}}=\dfrac{\mu_a\,\overline{c''c'}}{\mu_l\,\overline{CB}}$

同样，分别选取 B、C 为基点，列出方程

	$\boldsymbol{a}_E$	=	$\boldsymbol{a}_B$	+	$\boldsymbol{a}_{EBn}$	+	$\boldsymbol{a}_{EB\tau}$	=	$\boldsymbol{a}_C$	+	$\boldsymbol{a}_{ECn}$	+	$\boldsymbol{a}_{EC\tau}$
大小	?		$\mu_a\,\overline{\pi b'}$		$\mu_l\,\overline{BE}\omega_2^2$		?		$\mu_a\,\overline{\pi c'}$		$\mu_l\,\overline{CE}\omega_2^2$		?
方向	?		$\pi\rightarrow b'$		$E\rightarrow B$		$\perp EB$		$\pi\rightarrow c'$		$E\rightarrow C$		$\perp EC$

分两步可以求出 $\boldsymbol{a}_E$. 作图求解过程见图 7-32c.

图形 $b'c'e'$称为图形 BCE 的加速度影像，与速度影像完全相似地有**加速度影像原理**：同一构件上各点的加速度影像与构件上各对应点构成的图形相似.

2. 导轨或导槽联接的两构件重合点间的速度和加速度求解

在图 7-33a 所示的导杆机构中，已知各构件的尺寸、主动件 1 的位置及角速度 ω_1，且构件 1 作匀速转动，求杆 3 的角速度和角加速度.

求解步骤如下：

1）首先选择长度比例尺 μ_l，按主动件位置作出机构位置图.

2）求构件 3 的角速度 ω_3.

要求 ω_3，只需知道构件 3 上任一点的速度. 由于构件 1 上的 B 点与构件 2 上的 B 点为同速点，且大小方向已知，而构件 2 与构件 3 的相对运动速度方向为已知(沿相对滑动方

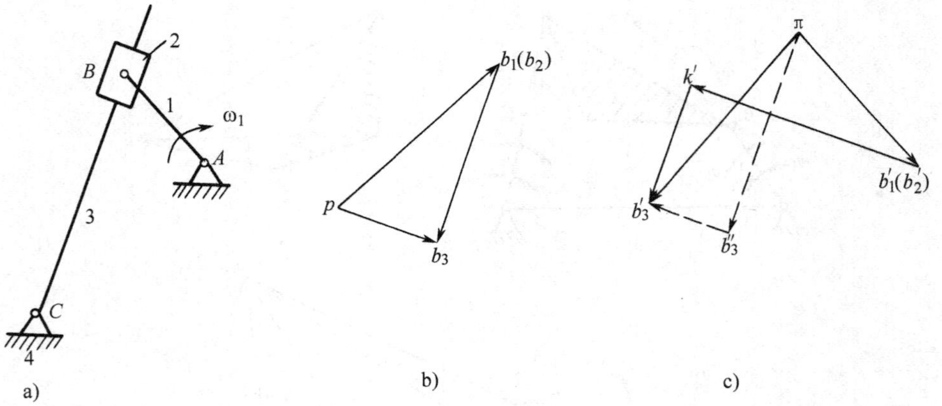

图 7-33

向)，因此，选构件 3 上的 B 点 B_3 为动点，在构件 2 上固连动系，用重合点法可列出方程

	v_{B3}	=	v_{B2}	+	v_{B3B2}
大小	?		$\omega_1\,\overline{AB}\mu_l$		?
方向	$\perp BC$		$\perp AB$		$/\!/BC$

故选取速度比例尺 μ_v 后，可以求解出 v_{B3}，如图 7-33b 所示.

构件 3 的角速度
$$\omega_3=\frac{v_{B3}}{\mu_l\,\overline{BC}}=\frac{\mu_v\,\overline{pb_3}}{\mu_l\,\overline{BC}}$$

3）求构件 3 的角加速度 ε_3.

同样选 B_3 为动点，动系固连于构件 2 上，由重合点法

$$\boldsymbol{a}_{B3}=\boldsymbol{a}_{B2}+\boldsymbol{a}_{B3B2\mathrm{r}}+\boldsymbol{a}_{B3B2\mathrm{k}}$$

或

	$\boldsymbol{a}_{B3\mathrm{n}}$	+	$\boldsymbol{a}_{B3\tau}$	=	$\boldsymbol{a}_{B2}$	+	$\boldsymbol{a}_{B3B2\mathrm{r}}$	+	$\boldsymbol{a}_{B3B2\mathrm{k}}$
大小	$\mu_l\,\overline{B_3C}\omega_3^2$		?		$\mu_l\,\overline{AB}\omega_1^2$		?		$2\omega_3 v_{B3B2}$
方向	$B\to C$		$\perp BC$		$B\to A$		$/\!/BC$		$/\!/BC$

式中，$\boldsymbol{a}_{B3B2\mathrm{r}}$为动点 B_3 相对动系的相对加速度；$\boldsymbol{a}_{B3B2\mathrm{k}}$为动点 B_3 的哥氏加速度.

选取加速度比例尺 μ_a，可求解出 $\boldsymbol{a}_{B3}$，如图 7-33c 所示.

构件 3 的角加速度 $\varepsilon_3=\dfrac{a_{B3\tau}}{\mu_l\,\overline{CB}}=\dfrac{\mu_a\,\overline{b''_3b'_3}}{\mu_l\,\overline{CB}}$，方向为逆时针转向.

7.3.3　用解析法求机构的位置、速度和加速度

上节介绍的图解法，由于作图误差使所求结果不够精确. 解析法是通过建立机构位置方程，然后对位置方程求时间的导数，从而得到速度、加速度的解析表达式. 显然，解析法便于计算机进行求解计算.

下面以导杆机构为例，介绍用复数矢量法建立位置方程及求解速度、加速度的方法.

例 7-12　在图 7-34 所示导杆机构中，已知构件 1 的杆长为 l_1、转角为 φ_1、等角速度 ω_1 及中心距 l_4. 求导杆的转角 φ_3、角速度 ω_3 和角加速度 ε_3，以及滑块 2 在导杆上的位置 s、

滑动速度 v_{B2B2} 及加速度 $\boldsymbol{a}_{B2B3}$.

解　如图所示，该机构的封闭矢量方程式为

$$\boldsymbol{l}_4+\boldsymbol{l}_1=\boldsymbol{s}$$

或写为复数形式

$$l_4\mathrm{i}+l_1\mathrm{e}^{\mathrm{i}\varphi_1}=s\mathrm{e}^{\mathrm{i}\varphi_3} \quad ①$$

展开后分别取实部和虚部，有

$$l_1\cos\varphi_1=s\cos\varphi_3$$
$$l_4+l_1\sin\varphi_1=s\sin\varphi_3$$

两式相除得

$$\tan\varphi_3=\frac{l_1\sin\varphi_1+l_4}{l_1\cos\varphi_1}$$
$$s=\frac{l_1\cos\varphi_1}{\cos\varphi_3}$$

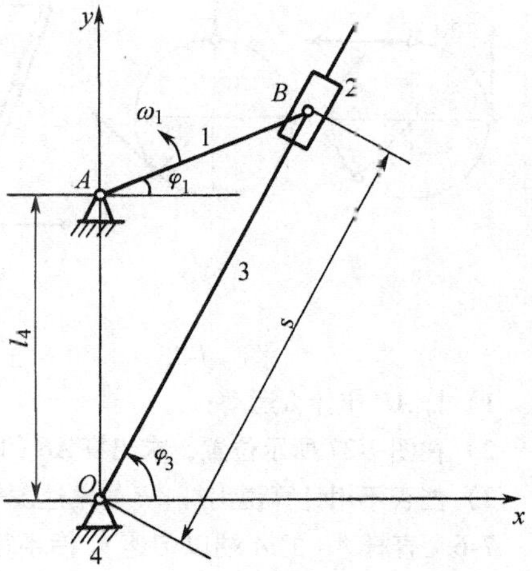

图　7-34

求速度时，将①式对时间求导数得

$$l_1\omega_1\mathrm{i}\mathrm{e}^{\mathrm{i}\varphi_1}=v_{B2B3}\mathrm{e}^{\mathrm{i}\varphi_3}+s\omega_3\mathrm{i}\mathrm{e}^{\mathrm{i}\varphi_3} \quad ②$$

两边乘 $\mathrm{e}^{-\mathrm{i}\varphi_3}$ 后展开，并取实部和虚部得

$$v_{B2B3}=-l_1\omega_1\sin(\varphi_1-\varphi_3)$$
$$s\omega_3=l_1\omega_1\cos(\varphi_1-\varphi_3)$$

则

$$\omega_3=-\frac{l_1\omega_1\cos(\varphi_1-\varphi_3)}{s}$$

求加速度时，将②式对时间求导数得

$$-l_1\omega_1^2\mathrm{e}^{\mathrm{i}\varphi_1}=(a_{B2B3}-s\omega_3^2)\mathrm{e}^{\mathrm{i}\varphi_3}+(s\varepsilon_3+2v_{B2B3}\omega_3)\mathrm{i}\mathrm{e}^{\mathrm{i}\varphi_3}$$

两边乘以 $\mathrm{e}^{-\mathrm{i}\varphi_3}$ 后展开，并取实部或虚部得

$$-l_1\omega_1^2\cos(\varphi_1-\varphi_3)=a_{B2B3}-s\omega_3^2$$
$$-l_1\omega_1^2\sin(\varphi_1-\varphi_3)=s\varepsilon_3+2v_{B2B3}\omega_3$$

故

$$a_{B2B3}=s\omega_3^2-l_1\omega_1^2\cos(\varphi_1-\varphi_3)$$
$$\varepsilon_3=-\frac{2v_{B2B3}\omega_3+l_1\omega_1^2\sin(\varphi_1-\varphi_3)}{s}$$

7.4　思考题

7-1　在刚体平面运动加速度分析时，为什么不考虑哥氏加速度？

7-2　在求平面图形上一点的加速度时，为什么要先进行速度分析？

7-3　图 7-35 所示平面图形的三种速度分布情况是否可能？为什么？

7-4　如图 7-36 所示，小车的车轮 A 和滚柱 B 的半径都是 R. 设 A、B 与地面之间和 B 与车板之间都没有滑动. 问小车前进时，车轮 A 和滚柱 B 的角速度是否相等.

7-5　套筒 E 以角速度 ω_0 绕固定轴 O 转动，如图 7-37 所示. 直杆 AB 穿在套筒内，且其 A 端保持沿水平直线运动. 问：

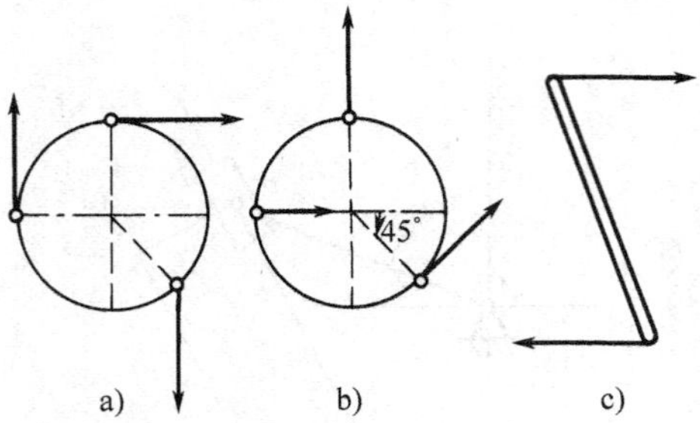

图 7-35

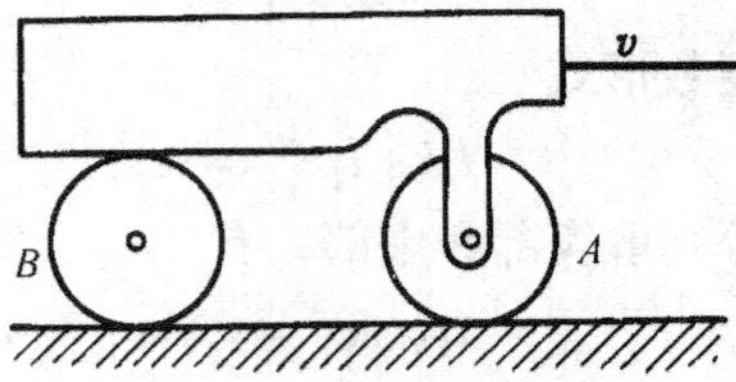

图 7-36

1）杆 AB 作什么运动；

2）在图 7-37 所示位置，求出杆 AB 的速度瞬心；

3）能否不用计算说出杆 AB 的角速度等于多少.

7-6 直杆 AB 的 A 端以匀速 v_0 沿半径为 R 的半圆弧轨道运动，而杆身保持与轨道右尖角接触（见图 7-38）．问杆 AB 作什么运动？求出杆 AB 的角速度有几种方法？

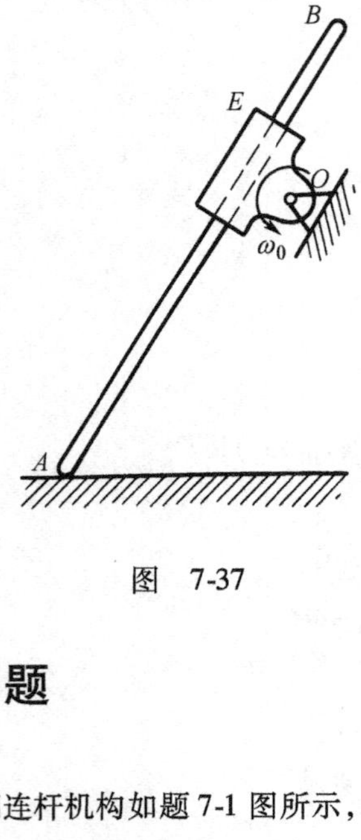

图 7-37

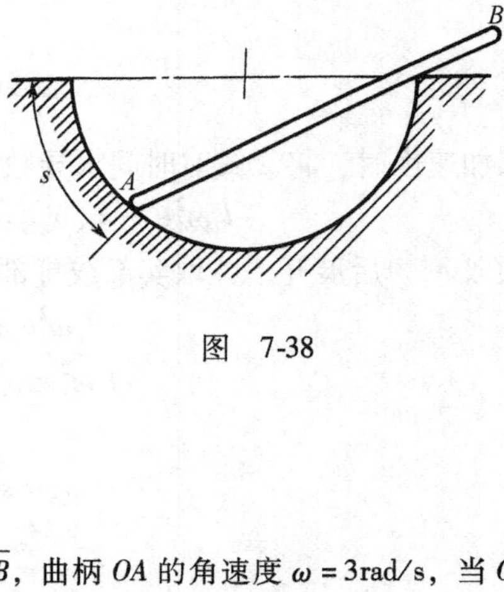

图 7-38

7.5 习题

7-1 四连杆机构如题 7-1 图所示，已知 $\overline{OA}=\overline{O_1B}=\frac{1}{2}\overline{AB}$，曲柄 OA 的角速度 $\omega=3\text{rad/s}$，当 OA 垂直 O_1O 时，O_1B 重合于 OO_1 的延长线，求此时杆 AB 和 O_1B 的角速度.

7-2 压路机的滚子沿水平面滚动而无滑动，曲柄 OA 的长度 $r=10\text{cm}$，转速 $n=30\text{r/min}$，滚子半径 $R=10\text{cm}$，连杆 AB 长 $l=17.3\text{cm}$，求题 7-2 图所示位置时滚子的角速度及角加速度.

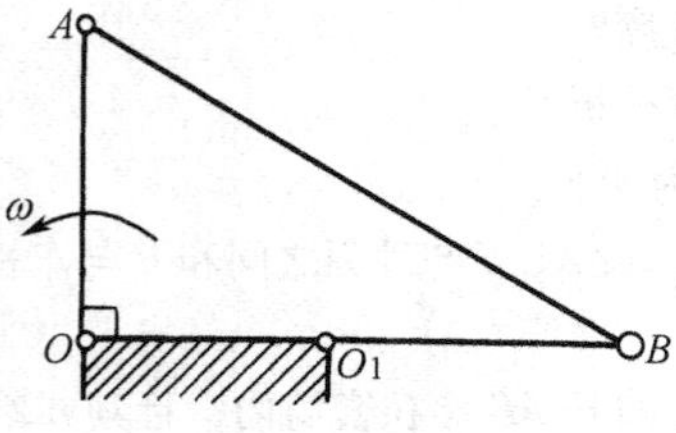

题 7-1 图

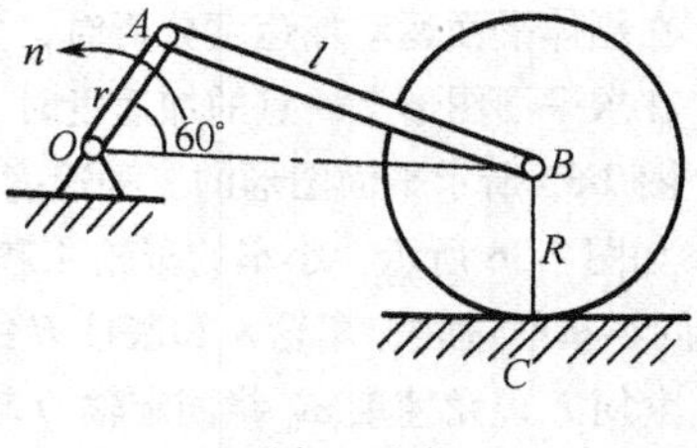

题 7-2 图

7-3　如题 7-3 图所示，曲柄 OA 以等角速度 $\omega_0=2.5\text{rad/s}$ 绕 O 轴转动，并带动半径为 $r_1=5\text{cm}$ 的齿轮，使其在半径为 $r_2=15\text{cm}$ 的固定齿轮上滚动. 如直径 $CE \perp BD$，BD 与 OA 共线，求齿轮上 A、B、C、D 和 E 各点的速度.

7-4　如题 7-4 图所示，曲柄连杆机构的曲柄 $\overline{OA}=40\text{cm}$，连杆 $\overline{AB}=100\text{cm}$，曲柄绕 O 轴作匀速转动，其转速 $n=180\text{r/min}$. 求曲柄与水平线成 45° 时，连杆的角速度和其中点 M 的速度.

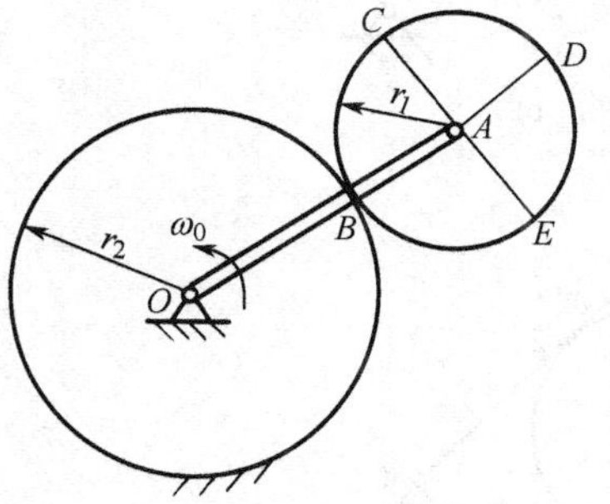

题 7-3 图

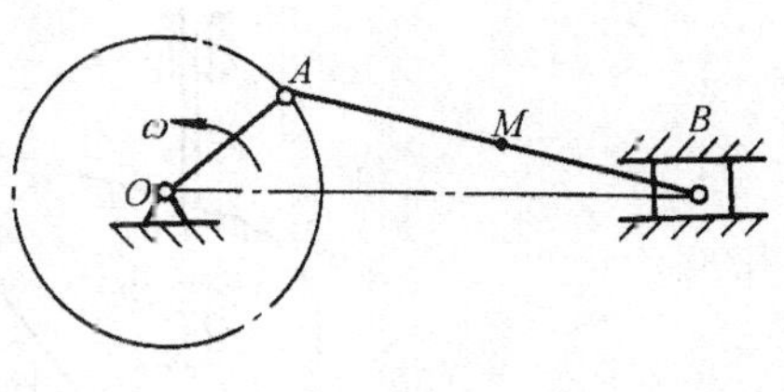

题 7-4 图

7-5　如题 7-5 图所示四连杆机构中，已知曲柄 O_1A 的角速度 $\omega_{O_1A}=2\text{rad/s}$，$\overline{O_1A}=10\text{cm}$，$\overline{O_1O_2}=5\text{cm}$，$\overline{AD}=5\text{cm}$；当 O_1A 铅垂时，AD 与 AO_1 共线，并且 $AB /\!/ O_1O_2$，$\varphi=30°$. 求三角板 ABD 的角速度和 D 点的速度.

7-6　$OA=150\text{mm}$ 的曲柄以匀角速度 $\omega=5\text{rad/s}$ 绕 O 轴转动，通过铰接于 A 点的套筒带动摆杆 O_1B 绕 O_1 轴转动. 在题 7-6 图所示瞬时，摆杆 O_1B 处在铅直位置（图中尺寸单位为 mm）. 试求该瞬时摆杆的角速度 ω_1.

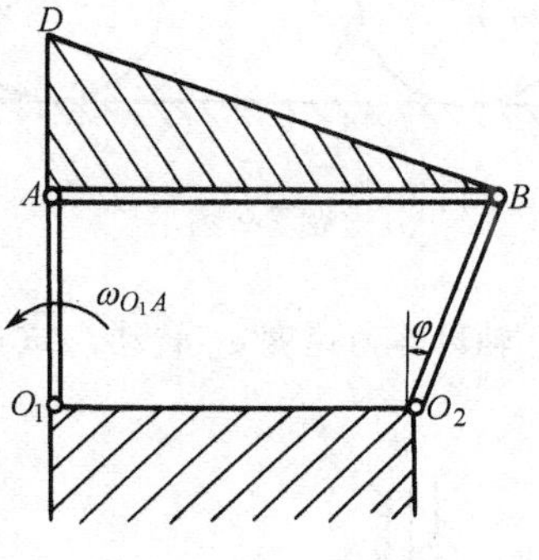

题 7-5 图

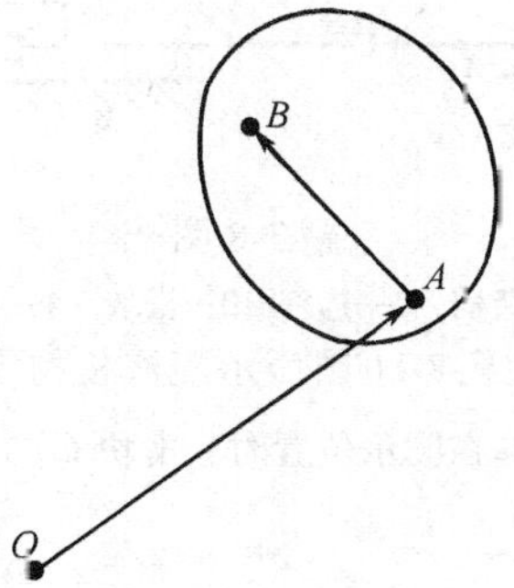

题 7-6 图

7-7　试确定题 7-7 图所示机构中全部速度瞬心的位置，并用速度瞬心法确定机构中指定构件间的运动关系.

1）题 7-7 图 a) 中 ω_1 与 ω_3；

2）题 7-7 图 b) 中 ω_1 与 ω_3；

3）题 7-7 图 c) 中 ω_1 与 v_2；

4）题 7-7 图 d) 中 ω_1 与 ω_2.

7-8　如题 7-8 图所示曲柄滑块机构中，构件 1 的角速度为 ω_1，试求构件 1、3 的相对瞬心，并写出滑块 3 的速度 v_3.

7-9　两轮半径均为 r，用连杆 BC 连接，如题 7-9 图所示. 设 A 点中心速度为 v_A，方向水平向右，并且两轮与地面间无滑动，求当 $\beta=0°$ 及 90° 时，B 轮中心的速度 v_B.

7-10　平面四连杆机构 $ABCD$ 的尺寸和位置如题 7-10 图所示. 如杆 AB 以等角速度 $\omega=1\text{rad/s}$ 绕 A 轴转

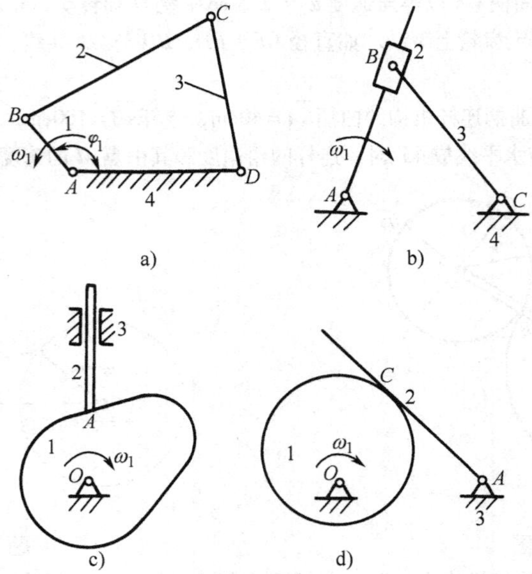

题 7-7 图

动，求 C 点的加速度.

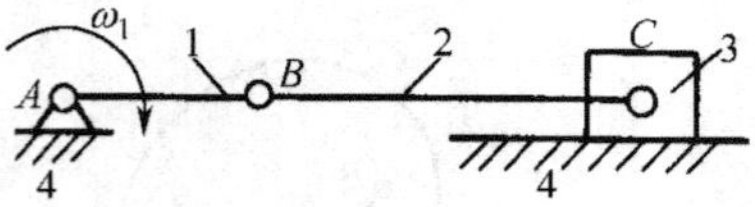

题 7-8 图

1—曲柄 2—连杆 3—滑块 4—机架

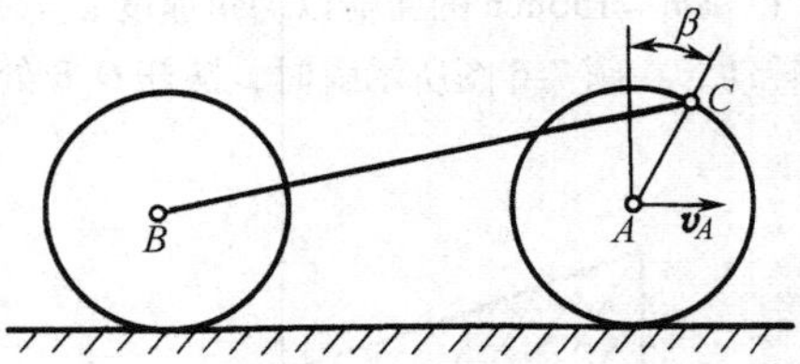

题 7-9 图

7-11 在题 7-11 图所示配汽机构中，曲柄 OA 长为 r，绕 O 轴以等角速度 ω_0 转动，$\overline{AB}=6r$，$\overline{BC}=3\sqrt{3}r$. 求机构在图示位置时，滑块 C 的速度和加速度.

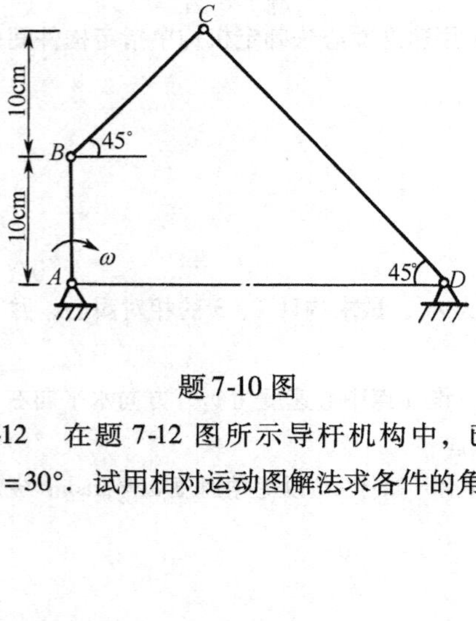

题 7-10 图

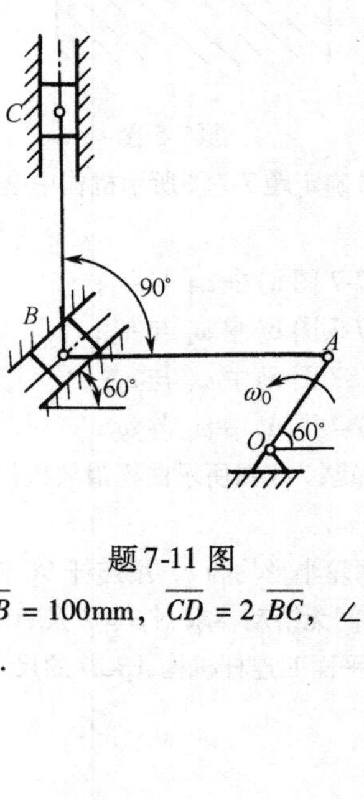

题 7-11 图

7-12 在题 7-12 图所示导杆机构中，已知 $\omega_1=20\text{rad/s}$，$\overline{AB}=100\text{mm}$，$\overline{CD}=2\,\overline{BC}$，$\angle CAB=90°$，$\angle ACB=30°$. 试用相对运动图解法求各件的角速度以及 D 点的速度.

7-13　在题 7-13 图所示正弦机构中，已知曲柄 AB 的等角速度为 $\omega_1=20\text{rad/s}$，$l_{AB}=100\text{mm}$，$\varphi_1=45°$. 试用解析法求构件 3 的速度和加速度.

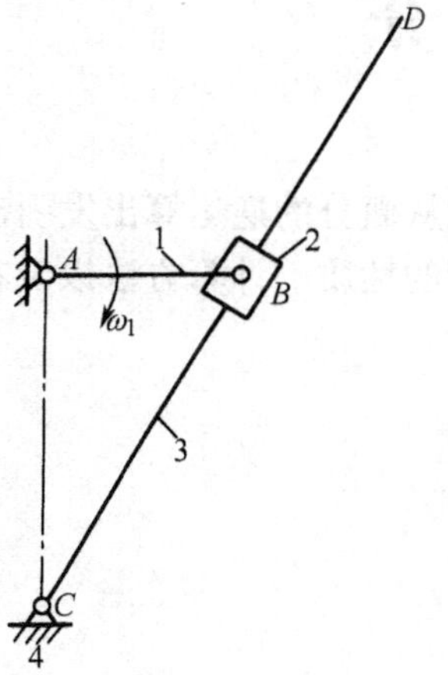

题 7-12 图

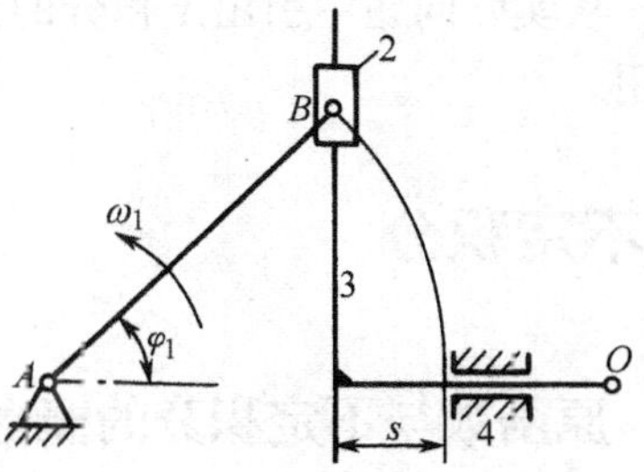

题 7-13 图

7-14　在题 7-14 图所示曲柄滑块机构中，已知 $l_{AB}=100\text{mm}$，$l_{BC}=330\text{mm}$，$\omega_1=1500\text{r/min}$，$\varphi_1=60°$. 试用解析法求滑块的速度和加速度.

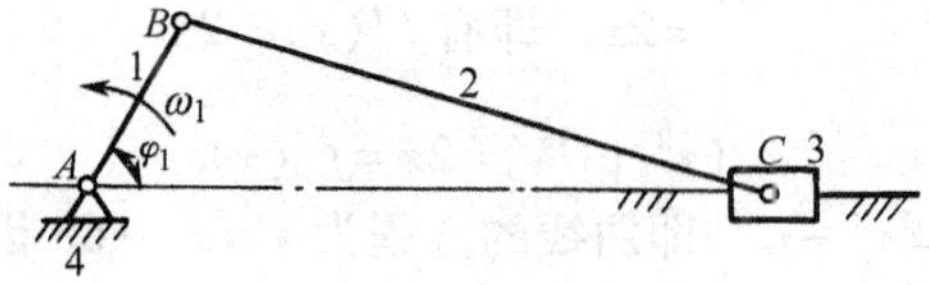

题 7-14 图

第8章　积　　分

积分包括两个基本问题，即不定积分和定积分．本章从微分的逆运算出发引出不定积分的概念，从实际问题中引出定积分的概念，然后讨论它们的性质、计算方法以及在实际问题中的应用．

8.1　不定积分

8.1.1　原函数与不定积分的概念

引例1　已知曲线通过点$(0,2)$，且其上任意一点处的斜率等于该点的横坐标的两倍，求此曲线的方程．

解　设所求的曲线方程为$y=f(x)$，按题设，曲线上任一点(x,y)处的切线斜率为

$$\frac{dy}{dx}=2x，即有 f'(x)=2x$$

因为

$$(x^2+C)'=2x=f'(x)$$

故必有某个常数C使$f(x)=x^2+C$，即曲线的方程为$y=x^2+C$. 因所求的曲线经过点$(0,2)$，代入曲线方程有$2=0+C$，则$C=2$. 于是，所求的曲线方程为

$$y=x^2+2$$

在讨论质点沿直线运动时，由于实际问题的不同，经常会提出两个方面的问题．一方面是已知路程函数$s=s(t)$，求速度$v=v(t)$，这个问题在学习导数的概念后，可以得到解决，即$v(t)=s'(t)$. 另一方面是已知质点作直线运动的速度$v=v(t)$，求路程函数$s=s(t)$，这个问题本质上是前一个问题的逆问题，即已知函数$v(t)$，求函数$s(t)$，使得$s'(t)=v(t)$.

引例2　某物体作初速度为零的自由落体运动，已知在时刻t的瞬时速度为$v(t)=gt$，求在最初2s中所落下的距离．

解　设此作自由落体运动的物体的路程函数为$s=s(t)$，由于在时刻t的瞬时速度为$v(t)=gt$，即

$$s'(t)=v(t)=gt$$

又因为

$$\left(\frac{1}{2}gt^2+C\right)'=gt=v(t)$$

所以

$$s(t)=\frac{1}{2}gt^2+C$$

将已知条件$s(0)=0$代入，得$C=0$，所以

$$s(t)=\frac{1}{2}gt^2，s(2)=\frac{1}{2}g\times 2^2\text{m}\approx 19.6\text{m}$$

以上两个引例都可归纳为已知一个函数 $F(x)$ 的导数 $f(x)$，求原来的函数 $F(x)$ 的问题．

定义 8-1　在区间 I 上，若 $F'(x)=f(x)$，则称 $F(x)$ 是区间 I 上 $f(x)$ 的一个**原函数**．

例如，因为 $(x^2)'=2x$，所以 x^2 是 $2x$ 的一个原函数．又有

$$(x^2+1)'=2x,(x^2+2)'=2x,\cdots,(x^2+C)'=2x \quad (C\text{ 是任意常数})$$

所以 $x^2+1,x^2+2,\cdots,x^2+C$ 都是 $2x$ 的原函数，从这里可以看出，$2x$ 的的原函数不止一个，而是有无穷多个，并且其中的任意两个原函数之差是一个常数．

一般地，在某一给定的区间内，如果 $F(x)$ 是 $f(x)$ 的一个原函数，则 $F(x)+C$（C 为任意常数）都是 $f(x)$ 的原函数．在这个意义上，如果一个函数有原函数，则它就一定有无穷多个原函数，任意两个原函数仅相差一个常数．

定义 8-2　设 $F(x)$ 是区间 I 内 $f(x)$ 的一个原函数，则 $F(x)+C$（C 为任意常数）称为 $f(x)$ 在区间 I 内的**不定积分**，记作 $\int f(x)\mathrm{d}x$，即

$$\int f(x)\mathrm{d}x = F(x)+C$$

其中"$\int$"是积分号，$f(x)$ 称为**被积函数**，$f(x)\mathrm{d}x$ 称为**积分表达式**，x 称为**积分变量**，C 称为**积分常数**．

例 8-1　求不定积分 $\int x^3\mathrm{d}x$．

解　因为 $\left(\frac{1}{4}x^4\right)'=x^3$，则 $\frac{1}{4}x^4$ 是 x^3 的一个原函数，所以

$$\int x^3\mathrm{d}x = \frac{1}{4}x^4+C$$

8.1.2　不定积分的几何意义

若 $y=F(x)$ 是 $f(x)$ 的一个原函数，则称 $y=F(x)$ 的图形是 $f(x)$ 的**积分曲线**．由于 $\int f(x)\mathrm{d}x = F(x)+C$ 是 $f(x)$ 的全体原函数，所以它对应的图形是一族积分曲线，称其为**积分曲线族**．积分曲线族 $y=F(x)+C$ 具有以下的特点（即不定积分的几何意义）：

1）积分曲线族中任意一条曲线，可由其中某一条由线沿 y 轴平行移动而得到．当 $C>0$ 时，向上移动；当 $C<0$ 时，向下移动．

2）由于 $[F(x)+C]'=F'(x)=f(x)$，即横坐标相同点 x 处，每条积分曲线上相应点的切线斜率相等，都等于 $f(x)$，从而使相应点的切线相互平行，如图 8-1 所示．

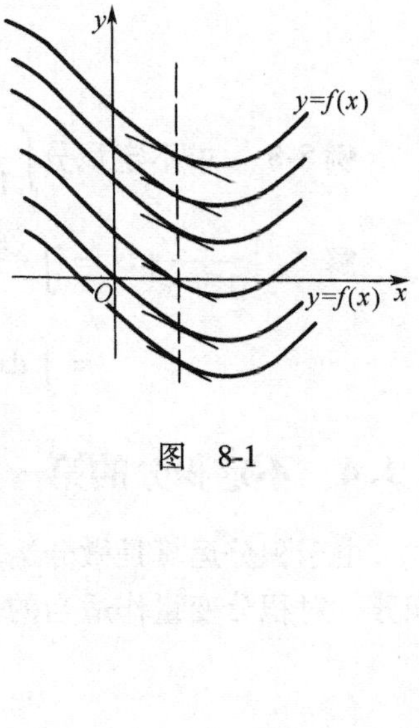

图　8-1

8.1.3　不定积分的基本性质和基本公式

由不定积分的定义可知，求不定积分其实就是微分运算的逆运算．因此有以下的性质：

性质 1　$\left[\int f(x)\mathrm{d}x\right]'=f(x)$ 或 $\mathrm{d}\left[\int f(x)\mathrm{d}x\right]=f(x)\mathrm{d}x$

性质 2　$\int f'(x)\mathrm{d}x = f(x) + C$ 或 $\int \mathrm{d}f(x) = f(x) + C$

性质 3　$\int [f_1(x) \pm f_2(x)]\mathrm{d}x = \int f_1(x)\mathrm{d}x \pm \int f_2(x)\mathrm{d}x$

性质 4　$\int kf(x)\mathrm{d}x = k\int f(x)\mathrm{d}x$（$k$ 是非零常数）

为了应用的方便，表 8-1 列出了常用的基本积分公式．

表　8-1

$\int k\mathrm{d}x = kx + C$（$k$ 为常数）	$\int \sin x\mathrm{d}x = -\cos x + C$	$\int \sec x\tan x\mathrm{d}x = \sec x + C$
$\int x^{\alpha}\mathrm{d}x = \dfrac{x^{\alpha+1}}{\alpha+1} + C(\alpha \neq -1)$	$\int \cos x\mathrm{d}x = \sin x + C$	$\int \csc x\cot x\mathrm{d}x = -\csc x + C$
$\int \dfrac{1}{x}\mathrm{d}x = \ln\|x\| + C$	$\int \sec^2 x\mathrm{d}x = \tan x + C$	$\int \dfrac{1}{1+x^2}\mathrm{d}x = \arctan x + C$
$\int a^x\mathrm{d}x = \dfrac{a^x}{\ln a} + C$	$\int \csc^2 x\mathrm{d}x = -\cot x + C$	$\int \dfrac{1}{\sqrt{1-x^2}}\mathrm{d}x = \arcsin x + C$
$\int \mathrm{e}^x\mathrm{d}x = \mathrm{e}^x + C$		

不定积分的基本性质和基本公式是求不定积分的基础，必须熟记．

例 8-2　求不定积分 $\int \dfrac{1}{x^2}\mathrm{d}x$.

解　$$\int \frac{1}{x^2}\mathrm{d}x = \int x^{-2}\mathrm{d}x = \frac{x^{-2+1}}{-2+1} + C = -\frac{1}{x} + C$$

例 8-3　求不定积分 $\int (\mathrm{e}^x - 2\cos x + 1)\mathrm{d}x$.

解　$$\int (\mathrm{e}^x - 2\cos x + 1)\mathrm{d}x = \int \mathrm{e}^x\mathrm{d}x - 2\int \cos x\mathrm{d}x + \int \mathrm{d}x = \mathrm{e}^x - 2\sin x + x + C$$

例 8-4　求不定积分 $\int \left(\dfrac{2}{x} + x^3 - 2^x - 3\right)\mathrm{d}x$.

解　$$\int \left(\frac{2}{x} + x^3 - 2^x - 3\right)\mathrm{d}x = 2\int \frac{1}{x}\mathrm{d}x + \int x^3\mathrm{d}x - \int 2^x\mathrm{d}x - \int 3\mathrm{d}x$$
$$= 2\ln|x| + \frac{1}{4}x^4 - \frac{2^x}{\ln 2} - 3x + C$$

例 8-5　求不定积分 $\int \dfrac{x^2}{1+x^2}\mathrm{d}x$.

解　$$\int \frac{x^2}{1+x^2}\mathrm{d}x = \int \frac{(x^2+1)-1}{1+x^2}\mathrm{d}x = \int \left(1 - \frac{1}{1+x^2}\right)\mathrm{d}x$$
$$= \int \mathrm{d}x - \int \frac{1}{1+x^2}\mathrm{d}x = x - \arctan x + C$$

8.1.4　不定积分的第一类换元积分法（凑微分法）

由于积分运算是微分运算的逆运算，因此可以把复合函数的求导法则反过来用于求不定积分，对积分变量作适当的代换，把要求的不定积分化简成可套用基本积分公式的形式或原函数为已知的其他形式，这样的积分方法称为**第一类换元积分法**.

定理 8-1　设 $f(u)$ 具有原函数 $F(u)$，$u=g(x)$ 可导，则有换元公式

$$\int f[g(x)]g'(x)\mathrm{d}x = \int f[g(x)]\mathrm{d}g(x)$$

$$\xlongequal{\text{令 } g(x)=u} \int f(u)\mathrm{d}u = F(u) + C$$

$$\xlongequal{\text{回代 } u=g(x)} F[g(x)] + C \qquad (8\text{-}1)$$

例 8-6　求不定积分 $\int \cos 3x \mathrm{d}x$.

解　在基本积分公式中虽有公式 $\int \cos x \mathrm{d}x = \sin x + C$，但本题中的被积函数是复合函数 $\cos 3x$，故不能直接套用. 设 $u=3x$，则有

$$\int \cos 3x \mathrm{d}x \xlongequal{u=3x} \int \cos u \mathrm{d}\left(\frac{1}{3}u\right) = \frac{1}{3}\int \cos u \mathrm{d}u$$

$$= \frac{1}{3}\sin u + C = \frac{1}{3}\sin 3x + C$$

可以看出，利用公式(8-1)求不定积分时，如果所求的不定积分是 $\int h(x)\mathrm{d}x$. 关键是要把 $h(x)\mathrm{d}x$ 转化成 $f[g(x)]g'(x)\mathrm{d}x$ 的形式，也就是转化成 $f[g(x)]\mathrm{d}g(x)$ 的形式. 因此这种方法又称为**凑微分法**. 当被积函数中有复合函数时，可将对复合函数自变量的积分换元为对中间变量的积分.

例 8-7　求不定积分 $\int (2x+1)^5 \mathrm{d}x$.

解　被积函数中 $(2x+1)^5$ 是复合函数，设中间变量 $u=2x+1$，则

$$x = \frac{u-1}{2} \qquad \mathrm{d}x = \frac{1}{2}\mathrm{d}u$$

故

$$\int (2x+1)^5 \mathrm{d}x = \frac{1}{2}\int u^5 \mathrm{d}u = \frac{1}{12}u^6 + C = \frac{1}{12}(2x+1)^6 + C$$

例 8-8　求不定积分 $\int \frac{1}{3-2x}\mathrm{d}x$.

解　$\int \frac{1}{3-2x}\mathrm{d}x = -\frac{1}{2}\int \frac{1}{3-2x}\mathrm{d}(3-2x)$.

令 $u=3-2x$，得

$$\text{原式} = -\frac{1}{2}\int \frac{1}{u}\mathrm{d}u = -\frac{1}{2}\ln|u| + C$$

$$= -\frac{1}{2}\ln|3-2x| + C$$

凑微分法的关键在于“凑”，即如何适当地选择新变量，这一般没有统一的规律，故要注意总结经验，根据被积表达式的特征做具体分析. 以上三例凑微分式子可归纳如下：

$$\mathrm{d}x = \frac{1}{a}\mathrm{d}(ax) = \frac{1}{a}\mathrm{d}(ax+b)$$

例 8-9　求不定积分 $\int \frac{x}{x^2+2}\mathrm{d}x$.

解　被积函数中$\frac{1}{x^2+2}$是复合函数，设中间变量$u=x^2+2$，则

$$x\mathrm{d}x=\frac{1}{2}\mathrm{d}u$$

故
$$\int\frac{x}{x^2+2}\mathrm{d}x=\int\frac{1}{u}\frac{1}{2}\mathrm{d}u=\frac{1}{2}\ln|u|+C=\frac{1}{2}\ln|x^2+2|+C$$

例8-10　求不定积分$\int x\mathrm{e}^{x^2}\mathrm{d}x$.

解
$$\int x\mathrm{e}^{x^2}\mathrm{d}x=\frac{1}{2}\int\mathrm{e}^{x^2}\mathrm{d}(x^2)\overset{u=x^2}{=\!=\!=}\frac{1}{2}\int\mathrm{e}^u\mathrm{d}u=\frac{1}{2}\mathrm{e}^u+C=\frac{1}{2}\mathrm{e}^{x^2}+C$$

例8-11　求不定积分$\int\frac{x}{\sqrt{1-x^2}}\mathrm{d}x$.

解
$$\int\frac{x}{\sqrt{1-x^2}}\mathrm{d}x=-\frac{1}{2}\int\frac{1}{\sqrt{1-x^2}}\mathrm{d}(1-x^2)\overset{u=1-x^2}{=\!=\!=\!=}-\frac{1}{2}\int u^{-\frac{1}{2}}\mathrm{d}u=-\sqrt{1-x^2}+C$$

根据以上三例被积表达式的特征分析，凑微分式子如下：

$$x\mathrm{d}x=\frac{1}{2}\mathrm{d}(x^2)=\frac{1}{2}\mathrm{d}(x^2+b)$$

例8-12　求不定积分$\int\tan x\mathrm{d}x$.

解
$$\int\tan x\mathrm{d}x=\int\frac{\sin x}{\cos x}\mathrm{d}x$$

因为$-\sin x\mathrm{d}x=\mathrm{d}\cos x$，所以有

$$\int\tan x\mathrm{d}x=\int\frac{\sin x}{\cos x}\mathrm{d}x\overset{u=\cos x}{=\!=\!=\!=}-\int\frac{1}{u}\mathrm{d}u=-\ln|u|+C=-\ln|\cos x|+C$$

类似地，
$$\int\cot x\mathrm{d}x=\ln|\sin x|+C$$

一些常用的凑微分式子见表8-2.

表　8-2

$\frac{1}{x}\mathrm{d}x=\mathrm{d}(\ln\|x\|)=\mathrm{d}(\ln\|x\|+b)$	$\mathrm{e}^{ax}\mathrm{d}x=\frac{1}{a}\mathrm{d}(\mathrm{e}^{ax})=\frac{1}{a}\mathrm{d}(\mathrm{e}^{ax}+b)$
$\cos x\mathrm{d}x=\mathrm{d}(\sin x)=\mathrm{d}(\sin x+b)$	$\sin x\mathrm{d}x=-\mathrm{d}(\cos x)=-\mathrm{d}(\cos x+b)$
$x\mathrm{d}x=\frac{1}{2}\mathrm{d}(x^2)=\frac{1}{2}\mathrm{d}(x^2+b)$	$\mathrm{d}x=\frac{1}{a}\mathrm{d}(ax)=\frac{1}{a}\mathrm{d}(ax+b)$
$\frac{1}{\sqrt{1-x^2}}\mathrm{d}x=\mathrm{d}(\arcsin x+b)$	$\frac{1}{1+x^2}\mathrm{d}x=\mathrm{d}(\arctan x+b)$

一般地，$g'(x)\mathrm{d}x=\mathrm{d}g(x)=\frac{1}{a}\mathrm{d}[ag(x)+b]$，其中$a$、$b$是常数，且$a\neq0$.

8.1.5　不定积分的分部积分法

分部积分法是积分法中的另一个重要方法，这种方法源于乘积的微分公式.

设函数 $u=u(x)$，$v=v(x)$具有连续导数，则

$$(uv)'=u'v+uv'$$

移项后得

$$uv'=(uv)'-u'v$$

对上式两边求不定积分，得

$$\int uv'\mathrm{d}x=\int(uv)'\mathrm{d}x-\int u'v\mathrm{d}x$$

即

$$\int uv'\mathrm{d}x=uv-\int u'v\mathrm{d}x \tag{8-2}$$

式(8-2)称为**不定积分的分部积分公式**.

利用分部积分法求不定积分的关键，在于如何把被积函数 $f(x)$ 合理地表示成 $u(x)$ 和 $v'(x)$ 的乘积：

$$\int f(x)\mathrm{d}x=\int u(x)v'(x)\mathrm{d}x$$

一般当 $\int uv'\mathrm{d}x$ 不易计算，而交换导数后的积分 $\int u'v\mathrm{d}x$ 较易计算，同时函数 v 容易得到，可使用分部积分公式.

例 8-13　求不定积分 $\int x\sin x\mathrm{d}x$.

解　这个积分直接用基本积分公式和换元积分法都不易求出．如果设 $u=x$，$v'=\sin x$，则可有 $v=-\cos x$，由分部积分公式得

$$\begin{aligned}\int x\sin x\mathrm{d}x&=x(-\cos x)-\int(-\cos x)\mathrm{d}x=-x\cos x+\int\cos x\mathrm{d}x\\&=-x\cos x+\sin x+C\end{aligned}$$

在例 8-13 中，如果设 $u=\sin x$，$v'=x$，则会有 $v=\frac{1}{2}x^2$，由分部积分公式可以得

$$\int x\sin x\mathrm{d}x=\frac{1}{2}x^2\sin x-\int\frac{1}{2}x^2\mathrm{d}(\sin x)=\frac{1}{2}x^2\sin x-\frac{1}{2}\int x^2\cos x\mathrm{d}x$$

而 $\int x^2\cos x\mathrm{d}x$ 是比 $\int x\sin x\mathrm{d}x$ 更复杂的积分．由此可见，正确地选择 u 和 v' 是至关重要的.

常见形式：

1. 形如 $\int x^n\mathrm{e}^{ax}\mathrm{d}x$，$\int x^n\cos ax\mathrm{d}x$，$\int x^n\sin ax\mathrm{d}x$（$n$ 为正整数,a 为常数）的不定积分，常设 $u=x^n$.

例 8-14　求不定积分 $\int x\mathrm{e}^x\mathrm{d}x$.

解　设 $u=x$，$v'=\mathrm{e}^x$，则有 $v=\mathrm{e}^x$，由分部积分公式得

$$\begin{aligned}\int x\mathrm{e}^x\mathrm{d}x&=\int x(\mathrm{e}^x)'\mathrm{d}x=x\mathrm{e}^x-\int(x)'\mathrm{e}^x\mathrm{d}x\\&=x\mathrm{e}^x-\int\mathrm{e}^x\mathrm{d}x=x\mathrm{e}^x-\mathrm{e}^x+C\end{aligned}$$

2. 形如 $\int x^n\ln x\mathrm{d}x$，$\int x^n\arctan x\mathrm{d}x$，$\int x^n\arcsin x\mathrm{d}x$（$n$ 为正整数,a 为常数）的不定积分，常

设 $v'=x^n$.

例 8-15　求不定积分 $\int x\ln x\mathrm{d}x$.

解　设 $u=\ln x$，$v'=x$，则有 $v=\frac{1}{2}x^2$，由分部积分公式得

$$\begin{aligned}\int x\ln x\mathrm{d}x &= \frac{1}{2}\int (x^2)'\ln x\mathrm{d}x = \frac{1}{2}\left(x^2\ln x - \int x^2(\ln x)'\mathrm{d}x\right)\\ &= \frac{1}{2}x^2\ln x - \frac{1}{2}\int x^2\frac{1}{x}\mathrm{d}x\\ &= \frac{1}{2}x^2\ln x - \frac{1}{4}x^2 + C\end{aligned}$$

例 8-16　求不定积分 $\int x\arctan x\mathrm{d}x$.

解

$$\begin{aligned}\int x\arctan x\mathrm{d}x &= \frac{1}{2}x^2\arctan x - \int \frac{1}{2}x^2\mathrm{d}(\arctan x)\\ &= \frac{1}{2}x^2\arctan x - \int \frac{1}{2}x^2\frac{1}{1+x^2}\mathrm{d}x\\ &= \frac{1}{2}x^2\arctan x - \frac{1}{2}\int \frac{(1+x^2)-1}{1+x^2}\mathrm{d}x\\ &= \frac{1}{2}x^2\arctan x - \frac{1}{2}(x-\arctan x) + C\end{aligned}$$

通过前面的讨论可见，积分运算比微分运算要复杂得多，也具有较强的灵活性和技巧性. 运用到目前为止所学的知识来解决在生活中遇到的形形色色的积分计算是远远不够的，为应用上的方便，仿照初等数学中的对数表、三角函数表等，人们按照被积函数的不同特点，把常用的积分公式分门别类地列成表格，以备查用. 对于复杂的积分还可以用 MATLAB 数学软件包来计算，后面有详细讲解.

8.2　定积分

8.2.1　引例

引例 3　曲边梯形的面积问题.

在实际工作中，经常会遇到求由曲线围成的平面图形的面积问题. 从几何直观来看，由曲线围成的图形的面积，往往可以化为两个曲边梯形的面积之差. 所谓曲边梯形就是这样的图形，它有三条边是直线段，其中两条相互平行，第三条与前两条垂直，称之为底边，还有一条曲线边，这条曲线边与任意一条垂直于底边的直线边至多只有一个交点. 例如，在图 8-2中，由曲线围成的平面图形的阴影面积 A 可以化为曲边梯形的阴影面积 A_1 和 A_2 的差，即 $A=A_1-A_2$. 因此，只要能找到求曲边梯形的面积的方法，就能求出由曲线围成的图形的面积.

下面讨论曲边梯形的面积定义及其计算法.

设曲边梯形由连续曲线 $y=f(x)\ (f(x)\geqslant 0)$，直线 $x=a$、$x=b$ 及 x 轴所围成，如图 8-3

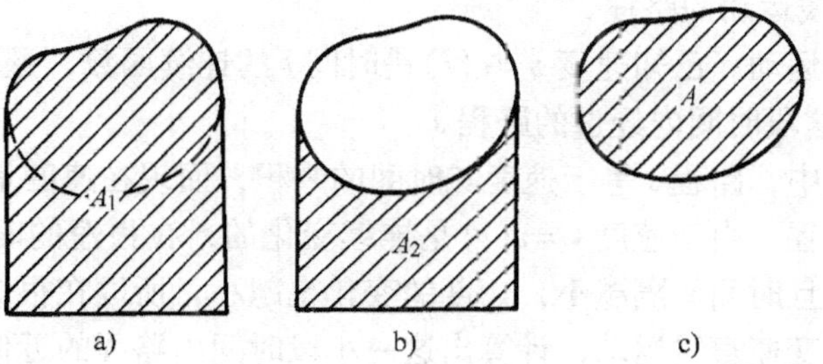

图　8-2

所示．曲边梯形是一种不规则的图形，求面积比较困难．但是，已经知道矩形面积是底乘以高，把曲边梯形与矩形相比较，矩形的高是常量，而曲边梯形的高$f(x)$是变量，但由于$f(x)$是连续函数，当曲边梯形越窄，其高$f(x)$变化就越小，可近似看作不变．所以，可用窄的矩形替代窄的曲边梯形来求近似值．用平行于y轴的直线将曲边梯形分割成若干个小曲边梯形，每一个小曲边梯形都近似地看作小矩形，而曲边梯形的面积也就可以近似地看作若干个小矩形面积之和，即小矩形面积之和就是曲边梯形面积的近似值．显然，曲边梯形被分割得越细，近似程度就越好，为了求出面积的精确值，按以下的四步进行具体讨论．

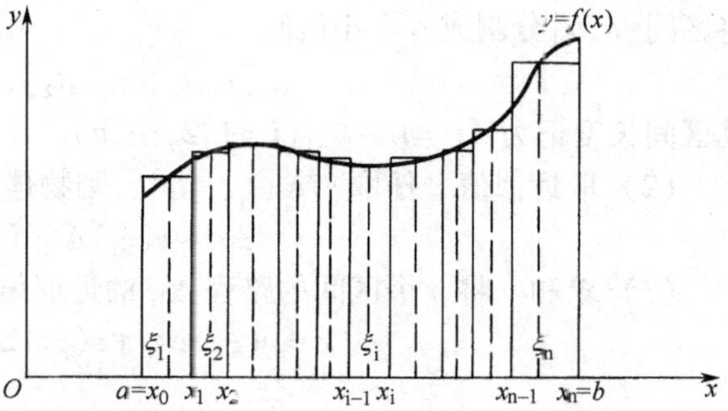

图　8-3

（1）任意分割　在(a,b)中任意插入$n-1$个分点

$$a=x_0<x_1<\cdots<x_{n-1}<x_n=b$$

将区间$[a,b]$分割成n个小区间

$$[x_0,x_1],[x_1,x_2],\cdots,[x_{n-1},x_n]$$

记这些区间的长度为$\Delta x_i=x_i-x_{i-1}(i=1,2,\cdots,n)$.

过各分点作垂直于x轴的直线，把曲边梯形分成n个小曲边梯形．

（2）取近似值　任取$\xi_i\in[x_{i-1},x_i]$，以区间$[x_{i-1},x_i]$为底、$f(\xi_i)$为高的矩形面积近似代替第i个小曲边梯形的面积ΔS_i，即

$$\Delta S_i\approx f(\xi_i)\Delta x_i(i=1,2,\cdots,n)$$

（3）求和　将这n个小曲边梯形面积的近似值相加，其和就是曲边梯形面积S的近似值.

$$S\approx f(\xi_1)\Delta x_1+f(\xi_2)\Delta x_2+\cdots+f(\xi_n)\Delta x_n$$
$$=\sum_{i=1}^{n}f(\xi_i)\Delta x_i$$

（4）取极限　记$\lambda=\max\{\Delta x_i\}$，当分点的数目无限增加，同时每个小区间的长度都趋于零时，即$\lambda\to0$时，其和式的极限就是曲边梯形的面积，即

$$S=\lim_{\lambda\to0}\sum_{i=1}^{n}f(\xi_i)\Delta x_i$$

引例4　变速直线运动的路程.

设一物体沿直线运动，已知速度 $v=v(t)$ 是时间 t 的连续函数，且 $v(t)\geqslant 0$，求物体从时刻 $t=a$ 到时刻 $t=b$ 这段时间内经过的路程 s.

在匀速直线运动中，路程 s 等于速度与时间的乘积，而现在速度是变量，就不能直接用速度乘时间来计算路程. 由于速度 $v=v(t)$ 是连续变化的，在很短的时间内速度的变化是很小的，近似于匀速，且时间间隔越小，速度的变化也越小，所以在很短的时间内可以用匀速直线运动来近似代替变速直线运动，计算出这一小段时间内路程的近似值. 这样，可以用类似于求曲边梯形面积的方法和步骤来计算路程 s.

(1) 任意分割　在时间区间 (a,b) 内任意插入 $n-1$ 个分点，则有

$$a=t_0<t_1<\cdots<t_{n-1}<t_n=b$$

将区间 $[a,b]$ 分割成 n 个小区间

$$[t_0,t_1],[t_1,t_2],\cdots,[t_{n-1},t_n]$$

其区间长度记为 $\Delta t_i=t_i-t_{i-1}(i=1,2,\cdots,n)$.

(2) 取近似值　任取 $\xi_i\in[t_{i-1},t_i]$，则物体在时间段 $[t_{i-1},t_i]$ 内经过的路程近似为

$$\Delta s_i\approx v(\xi_i)\Delta t_i(i=1,2,\cdots,n)$$

(3) 求和　将 n 个区间的路程 Δs_i 的近似值加起来便得到总路程 s 的近似值，即

$$\begin{aligned}s&\approx v(\xi_1)\Delta t_1+v(\xi_2)\Delta t_2+\cdots+v(\xi_n)\Delta t_n\\&=\sum_{i=1}^{n}v(\xi_i)\Delta t_i\end{aligned}$$

(4) 取极限　记 $\lambda=\max\{\Delta t_1,\Delta t_2,\cdots,\Delta t_n\}$，当分点的数目无限增加，同时每个小区间的长度都趋于零时，即 $\lambda\to 0$ 时，其和式的极限就是时间段 $[a,b]$ 内变速直线运动总路程的精确值，即

$$s=\lim_{\lambda\to 0}\sum_{i=1}^{n}v(\xi_i)\Delta t_i$$

8.2.2　定积分的概念

以上的两个实例中，一个是几何量的计算，一个是物理量的计算，问题的实际背景各不相同，但在求解上述引例所体现出来的数学思想、方法和解决问题的步骤都是"分割、替代、求和、取极限"4步，最后都归结为同一种和式的极限. 许多的实际问题都可以归结为计算这样的一种和式的极限. 将它抽象出来，便得到定积分的概念.

定义8-3　设函数 $f(x)$ 在区间 $[a,b]$ 上有定义，在 (a,b) 中任意插入 $n-1$ 个分点，则有

$$a=x_0<x_1<\cdots<x_{n-1}<x_n=b$$

把区间 $[a,b]$ 分割成 n 个小区间

$$[x_0,x_1],[x_1,x_2],\cdots,[x_{n-1},x_n]$$

每个小区间的长度记为 $\Delta x_i=x_i-x_{i-1}(i=1,2,\cdots,n)$.

在第 i 个小区间 $[x_{i-1},x_i]$ 上任取一点 $\xi_i(x_{i-1}\leqslant\xi_i\leqslant x_i)$，做乘积 $f(\xi_i)\Delta x_i(i=1,2,\cdots,n)$ 并求和 $\sum\limits_{i=1}^{n}f(\xi_i)\Delta x_i$.

记 $\lambda=\max\limits_{(1\leqslant i\leqslant n)}\{\Delta x_i\}$，若无论将区间 $[a,b]$ 怎样分割及 ξ_i 的取法如何，总有 $\lim\limits_{\lambda\to 0}\sum\limits_{i=1}^{n}f(\xi_i)\Delta x_i$

存在，则称此极限值为函数 $f(x)$ 在区间 $[a,b]$ 上的**定积分**．记作 $\int_a^b f(x)\mathrm{d}x$，即

$$\int_a^b f(x)\mathrm{d}x = \lim_{\lambda\to 0}\sum_{i=1}^{n} f(\xi_i)\Delta x_i$$

式中，"$\int$"是积分符号；$f(x)$ 称为被积函数；$f(x)\mathrm{d}x$ 称为积分表达式；x 称为积分变量；a 称为**积分下限**；b 称为**积分上限**；$[a,b]$ 称为**积分区间**．

定积分定义可概括为"分割取近似，求和取极限"．分割取近似表示"$f(x)\mathrm{d}x$"；求和取极限表示"$\int_a^b$"．

根据定积分的定义，前面的两个引例可以用定积分表示如下：

(1) 在引例 3 中如果曲边梯形的曲线边的方程为 $y=f(x)$，则曲边梯形的面积

$$S = \int_a^b f(x)\mathrm{d}x$$

(2) 在引例 4 中如果在时间段 $[a,b]$ 中每一时刻 t 的速度 $v=v(t)$，则 $[a,b]$ 时段经过的路程

$$s = \int_a^b v(t)\mathrm{d}t$$

例 8-17　用定积分表示由抛物线 $y=x^2$，直线 $x=1$、$x=2$ 以及 x 轴所围成的曲边梯形的面积．

解　设所求曲边梯形面积为 S，根据定积分思想有

$$S = \int_1^2 x^2\mathrm{d}x$$

例 8-18　设导线在时刻 t 的电流 $i(t)=5\sin 2t$，用定积分表示在时间段 $[2,8]$ 内流过导线横截面的电量 q.

解　根据定积分思想有

$$q = \int_2^8 5\sin 2t\mathrm{d}t$$

例 8-19　已知某物体作变速直线运动，速度为 $v(t)=t$，用定积分表示在时间段 $[2,5]$ 内所走过的路程．

解　根据定积分思想有

$$s = \int_2^5 t\mathrm{d}t$$

注意：(1) 定积分 $\int_a^b f(x)\mathrm{d}x$ 是一个确定的数．

(2) 定积分的值与积分变量无关，只与被积函数 $f(x)$ 及积分区间 $[a,b]$ 有关，即

$$\int_a^b f(x)\mathrm{d}x = \int_a^b f(t)\mathrm{d}t = \int_a^b f(u)\mathrm{d}u.$$

(3) 闭区间 $[a,b]$ 上连续(或分段连续且有界)的函数在 $[a,b]$ 上就可积．

在定积分的定义中，已假设 $a<b$，为了应用上的方便，可以规定：

(1) $\int_b^a f(x)\mathrm{d}x = -\int_a^b f(x)\mathrm{d}x$；

(2) $\int_a^a f(x)\,dx = 0$.

8.2.3　定积分的几何意义

从曲边梯形的面积问题知，当 $f(x) \geqslant 0$ 时，定积分 $\int_a^b f(x)\,dx$ 表示曲边梯形的面积，即 $\int_a^b f(x)\,dx = S$（图 8-4a）；当 $f(x) \leqslant 0$ 时，由于曲边梯形在 x 轴的下方，此时定积分 $\int_a^b f(x)\,dx$ 在几何上就应是该曲边梯形的面积的负值，即 $\int_a^b f(x)\,dx = -S$（图 8-4b）；当 $f(x)$ 在区间 $[a,b]$ 上有正有负时，则定积分 $\int_a^b f(x)\,dx$ 在几何上是 x 轴的上、下各个曲边梯形面积的代数和，在 x 轴上方的曲边梯形面积取"+"，在 x 轴下方的曲边梯形的面积取"−"，如图 8-4c，因此有 $\int_a^b f(x)\,dx = S_1 - S_2 + S_3$.

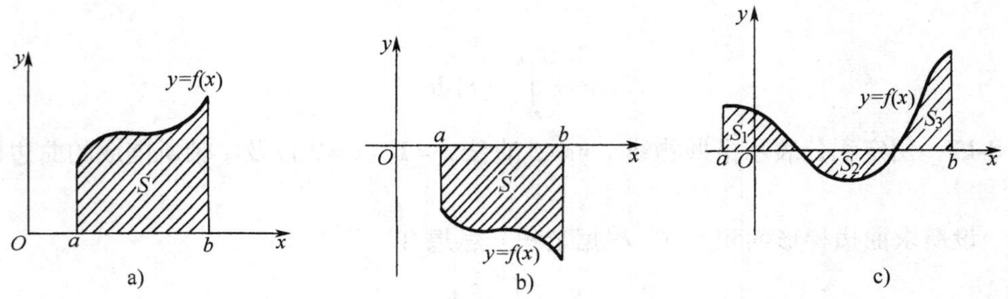

图　8-4

例 8-20　利用定积分的几何意义求 $\int_{-\pi}^{\pi} \sin x\,dx$.

解　根据定积分的几何意义，由图 8-5 得

$$\int_{-\pi}^{0} \sin x\,dx = -S,\ \int_{0}^{\pi} \sin x\,dx = S$$

因此
$$\int_{-\pi}^{\pi} \sin x\,dx = \int_{-\pi}^{0} \sin x\,dx + \int_{0}^{\pi} \sin x\,dx = -S + S = 0$$

由此例类似推出，如果 $f(x)$ 是对称区间 $[-a,a]$ 上连续的奇函数，则 $\int_{-a}^{a} f(x)\,dx = 0$；如果 $f(x)$ 是对称区间 $[-a,a]$ 上连续的偶函数，则 $\int_{-a}^{a} f(x)\,dx = 2\int_0^a f(x)\,dx$. 这个结论在计算奇、偶函数在对称区间上的定积分时经常用到.

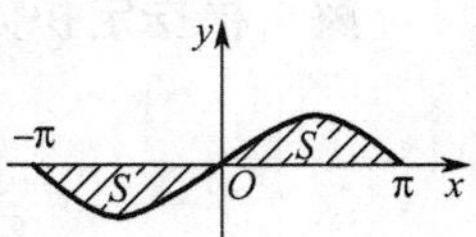

图　8-5

例 8-21　求定积分 $\int_{-\pi}^{\pi} \dfrac{\sin x}{1+x^2}\,dx$.

解　被积函数 $\dfrac{\sin x}{1+x^2}$ 为奇函数，且积分区间为对称区间 $[-\pi,\pi]$. 故

$$\int_{-\pi}^{\pi} \frac{\sin x}{1+x^2} dx = 0$$

*8.2.4 变上限积分

定义 8-4 设函数 $f(x)$ 在区间 $[a,b]$ 上可积，任取 $x \in [a,b]$，则变动上限的积分

$$\int_a^x f(t)\,dt \ (a \leqslant x \leqslant b)$$

是上限 x 的函数(图 8-6)，称为**变上限函数**，记作

$$\Phi(x) = \int_a^x f(t)\,dt$$

定理 8-2 设函数 $f(x)$ 在区间 $[a,b]$ 上连续，则变上限函数 $\Phi(x) = \int_a^x f(t)\,dt$ 在区间 $[a,b]$ 上可导，且

$$\Phi'(x) = \frac{d}{dx}\int_a^x f(t)\,dt = f(x)\,(a \leqslant x \leqslant b).$$

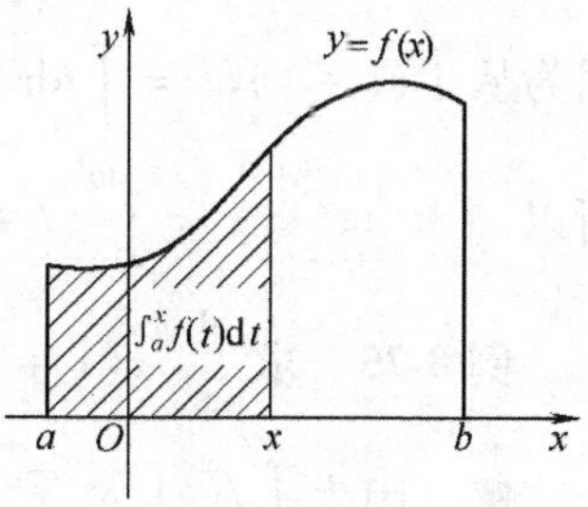

图 8-5

8.2.5 微积分基本定理

引例 5 设某一作直线运动的质点的运动方程为 $s(t)$，速度为 $v=v(t)$. 求质点在时间间隔 $[2,8]$ 内所经过的路程 s.

解 根据定积分思想有 $s = \int_2^8 v(t)\,dt$

又由运动方程得 $s = s(8) - s(2)$

从而可得

$$\int_2^8 v(t)\,dt = s(8) - s(2). \tag{8-3}$$

因为 $s'(t) = v(t)$，所以 $s(t)$ 是 $v(t)$ 的原函数. 式(8-3)表明，定积分 $\int_2^8 v(t)\,dt$ 等于被积函数 $v(t)$ 的原函数 $s(t)$ 的上限值与下限值的差.

定理 8-3(微积分基本定理) 若函数 $F(x)$ 是连续函数 $f(x)$ 在区间 $[a,b]$ 上的一个原函数，则

$$\int_a^b f(x)\,dx = F(b) - F(a) = F(x)\Big|_a^b \tag{8-4}$$

公式(8-4)是由 Newton 和 Leibniz 各自独立得到的，故也称为牛顿-莱布尼兹公式(Newton-Leibniz 公式).

例 8-22 计算 $\int_0^1 e^x dx$.

解 因为 $\int e^x dx = e^x + C$，所以 e^x 就是 e^x 的一个原函数，由公式(8-4)得

$$\int_0^1 e^x dx = e^x\Big|_0^1 = e^1 - e^0 = e - 1$$

从上面的例子看出，微积分基本定理把求定积分与求不定积分有机地结合起来了，在求定积分时，可以先通过求不定积分得到一个原函数，然后再用公式(8-4)求出定积分的值.

例 8-23 计算正弦曲线 $y = \sin x$ 在 $[0,\pi]$ 上与 x 轴所围成的平面图形(图 8-7)的面积.

解 由定积分的几何意义，其面积

$$S = \int_0^{\pi} \sin x \mathrm{d}x$$

因为$\int \sin x \mathrm{d}x = -\cos x + C$，所以$-\cos x$是$\sin x$的一个原函数．故有

$$S = \int_0^{\pi} \sin x \mathrm{d}x = -\cos x \Big|_0^{\pi} = -(\cos\pi - \cos 0) = 2$$

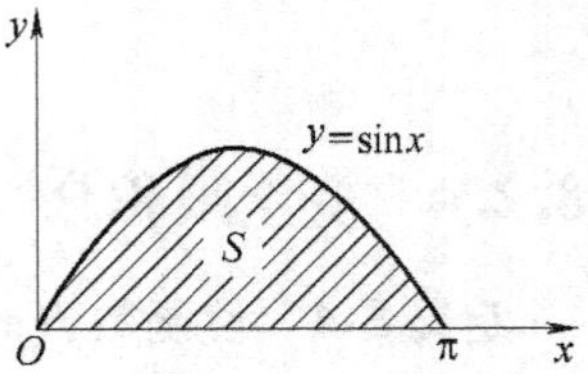

图　8-7

例 8-24　一质点作直线运动，已知其运动速度为$v = t + 1$(m/s)，求前10s内质点走过的路程．

解　由引例4知$s = \int_0^{10} (t+1)\mathrm{d}t$

因为从$\int (t+1)\mathrm{d}t = \int t\mathrm{d}t + \int \mathrm{d}t = \frac{1}{2}t^2 + t + C$可知，$\frac{1}{2}t^2 + t$是$t+1$的一个原函数．

所以
$$s = \int_0^{10} (t+1)\mathrm{d}t = \left(\frac{1}{2}t^2 + t\right)\Big|_0^{10} = \left(\frac{1}{2}10^2 + 10\right)\mathrm{m} = 60\mathrm{m}$$

例 8-25　求$\int_0^1 \sqrt{x}(1+\sqrt{x})\mathrm{d}x$．

解　因为$\int \sqrt{x}(1+\sqrt{x})\mathrm{d}x = \int (\sqrt{x} + x)\mathrm{d}x = \int \sqrt{x}\mathrm{d}x + \int x\mathrm{d}x = \frac{2}{3}x^{\frac{3}{2}} + \frac{1}{2}x^2 + C$

所以
$$\int_0^1 \sqrt{x}(1+\sqrt{x})\mathrm{d}x = \left(\frac{2}{3}x^{\frac{3}{2}} + \frac{1}{2}x^2\right)\Big|_0^1 = \frac{7}{6}$$

8.2.6　定积分的性质

设函数$f(x)$、$g(x)$在$[a,b]$上都可积．

性质1　$\int_a^b kf(x)\mathrm{d}x = k\int_a^b f(x)\mathrm{d}x$

性质2　$\int_a^b (f(x) \pm g(x))\mathrm{d}x = \int_a^b f(x)\mathrm{d}x \pm \int_a^b g(x)\mathrm{d}x$

例 8-26　求$\int_0^1 \frac{x^4-1}{x^2+1}\mathrm{d}x$．

解　利用定积分的性质2和牛顿-莱布尼兹公式得

$$\int_0^1 \frac{x^4-1}{x^2+1}\mathrm{d}x = \int_0^1 (x^2-1)\mathrm{d}x = \int_0^1 x^2\mathrm{d}x - \int_0^1 \mathrm{d}x = \frac{1}{3}x^3\Big|_0^1 - x\Big|_0^1 = -\frac{2}{3}$$

如图8-8，对于可积函数$f(x) \geqslant 0$，由定积分的几何意义及图形面积的可加性知，

$$\int_a^b f(x)\mathrm{d}x = \int_a^c f(x)\mathrm{d}x + \int_c^b f(x)\mathrm{d}x$$

一般对于任意可积函数$f(x)$，下列可加性质成立：

性质3　（区间可加性）$\int_a^b f(x)\mathrm{d}x = \int_a^c f(x)\mathrm{d}x + \int_c^b f(x)\mathrm{d}x$，

这里c既可以在区间$[a,b]$之内，也可以在$[a,b]$之外．

图　8-8

例 8-27　已知$f(x) = \begin{cases} 2x & 0 \leqslant x \leqslant 1 \\ 5 & 1 < x \leqslant 2 \end{cases}$，求$\int_0^2 f(x)\mathrm{d}x$．

解 由于函数$f(x)$在$[0,2]$上表达式有2个，由性质3可得

$$\int_0^2 f(x)\mathrm{d}x = \int_0^1 f(x)\mathrm{d}x + \int_1^2 f(x)\mathrm{d}x$$

$$= \int_0^1 2x\mathrm{d}x + \int_1^2 5\mathrm{d}x = 6$$

性质4 （保序性）在区间$[a,b]$上，若$f(x)\geqslant g(x)$，则$\int_a^b f(x)\mathrm{d}x \geqslant \int_a^b g(x)\mathrm{d}x$.

例8-28 比较下列各对积分值的大小.

（1）$\int_0^1 x^2\mathrm{d}x$与$\int_0^1 x\mathrm{d}x$ （2）$\int_1^2 x^2\mathrm{d}x$与$\int_1^2 x\mathrm{d}x$

解 （1）因为所比较的积分区间都为$[0,1]$，在区间$[0,1]$上有

$$x^2\leqslant x$$

故由性质4，得

$$\int_0^1 x^2\mathrm{d}x \leqslant \int_0^1 x\mathrm{d}x$$

（2）在所比较的积分区间$[1,2]$上有

$$x^2\geqslant x$$

根据性质4，得

$$\int_1^2 x^2\mathrm{d}x \geqslant \int_1^2 x\mathrm{d}x$$

8.3 定积分的应用

在前面定积分定义中学习了定积分思想——分割、取近似、求和、取极限，在本节中将运用所学的定积分思想来分析和解决一些几何与物理上的问题.

8.3.1 微元分析法

在定积分的应用中，经常采用微元分析法．为了说明这种方法，首先回顾一下在引入定积分的概念时所用的引例.

引例6 求由连续曲线$y=f(x)$（$f(x)\geqslant 0$），x轴及直线$x=a$、$x=b$所围成的曲边梯形的面积.

利用定积分的思想，这个问题要用以下几步来解决.

解 （1）分割 在$[a,b]$中任意插入$n-1$个分点x_{i-1}（$i=1,2,\cdots,n-1$），把区间$[a,b]$分成长度为$\Delta x_i=x_i-x_{i-1}$（$i=1,2,\cdots,n$）的n个小区间.

（2）取近似 任取$\xi_i\in[x_{i-1},x_i]$，用以区间$[x_{i-1},x_i]$为底、$f(\xi_i)$为高的矩形面积近似代替第i个小曲边梯形的面积ΔS_i，即

$$\Delta S_i\approx f(\xi_i)\Delta x_i \quad (i=1,2,\cdots,n)$$

（3）求和 得到曲边梯形面积S的近似值为

$$S=\sum_{i=1}^{n}\Delta S_i\approx\sum_{i=1}^{n}f(\xi_i)\Delta x_i$$

（4）取极限 得到曲边梯形面积S的精确值

$$S = \lim_{\lambda \to 0} \sum_{i=1}^{n} f(\xi_i) \Delta x_i$$

在上述求解过程中采用了“分割、取近似、求和、取极限”四大步骤．这四步可提炼简化为以下两步(见图8-9)：

(1) **分割、取近似(求微元)**　设想将区间$[a,b]$分成n个小区间，由于每个小区间的做法相同，所以只考虑其中任意一小区间$[x,x+\mathrm{d}x]$即可，在任意区间$[x,x+\mathrm{d}x]$内，小曲边梯形面积近似值为$\Delta S \approx f(x)\Delta x = f(x)\mathrm{d}x$. $f(x)\mathrm{d}x$称为总面积的**微元(元素)**，记作$\mathrm{d}S = f(x)\mathrm{d}x$.

(2) **求和、取极限(求积分)**　将总面积的微元$\mathrm{d}S$加起来再取极限，得总面积为

$$S = \lim \sum \Delta S = \int_a^b \mathrm{d}S = \int_a^b f(x)\,\mathrm{d}x$$

这种先求整体量的微元再用定积分求整体量的方法叫做**微元法**．

从引例中发现，在进行第一步求微元的过程中，分割的目的就在于取近似，取近似经常运用：以不变代变，以直代曲，以均匀代不均匀，或者说以会求的代不会求的. 在进行第二步求积分的过程中，发现$\lim \sum = \int_a^b$，即定积分等于和式的极限．并且可以发现，它们都满足下述三个条件：

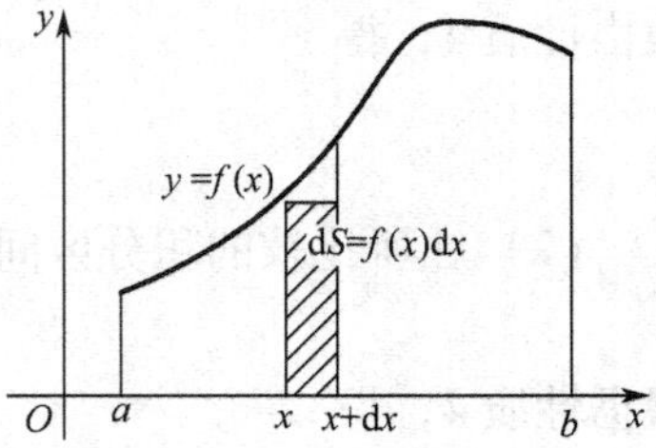

图 8-9

1) 所求的量F是与一个变量x的变化区间$[a,b]$有关的量.

2) 量F对于区间$[a,b]$具有可加性.

3) 任意小部分量$\mathrm{d}F$的近似值表示为$\mathrm{d}F = f(x)\mathrm{d}x$.

一般地，如果一个量F满足上述三个条件，就可以考虑用定积分来表达这个量．确定量F的积分表达式的步骤如下：

1) 根据问题的具体情况，选择一个变量，如x，并确定它的变化区间$[a,b]$；

2) 取区间$[a,b]$的任一小区间并记作$[x,x+\mathrm{d}x]$，求出量F在这一小区间$[x,x+\mathrm{d}x]$上的微元

$$\mathrm{d}F = f(x)\mathrm{d}x$$

3) 所求量F为

$$F = \int_a^b \mathrm{d}F = \int_a^b f(x)\,\mathrm{d}x$$

8.3.2 平面图形的面积

1) 求由连续曲线$y = f(x)$ $(f(x) \geqslant 0)$，x轴及直线$x = a$、$x = b$所围成的曲边梯形的面积(图8-9).

由引例6可知

$$S = \lim \sum \mathrm{d}S = \int_a^b \mathrm{d}S = \int_a^b f(x)\,\mathrm{d}x$$

例8-29　有一模具放到直角坐标系中，形成由$y = x^2$，$x = 1$及x轴所围图形，现求其面积.

解　由题所给图形如图8-10所示．取横坐标x为积分变量，它的变化区间为$[0,1]$. 在

$[0,1]$上取任一小区间$[x,x+\mathrm{d}x]$，则相应于此小区间的阴影面积可用高为 x^2、底为 $\mathrm{d}x$ 的小矩形面积近似代替，从而得到面积微元 $\mathrm{d}S=x^2\mathrm{d}x$，故所求面积

$$S=\int_0^1 \mathrm{d}S=\int_0^1 x^2\mathrm{d}x=\frac{1}{3}x^3\Big|_0^1=\frac{1}{3}$$

2）求由连续曲线 $y=f(x)$，$y=g(x)\,(f(x)\geqslant g(x))$以及直线 $x=a$、$x=b$ 所围成的图形的面积(图 8-11).

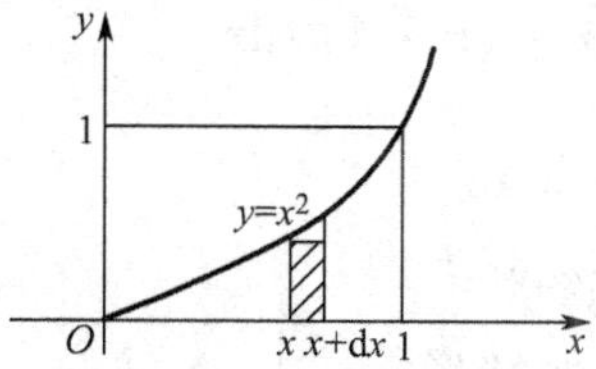

图　8-10

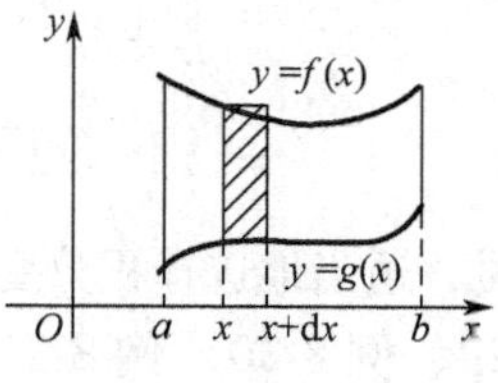

图　8-11

由定积分的微元法可知：

$$S=\lim\sum\Delta S=\int_a^b \mathrm{d}S=\int_a^b[f(x)-g(x)]\mathrm{d}x$$

例 8-30　计算由抛物线 $y=x^2$ 和 $y^2=x$ 所围成图形的面积.

解　由题所给的抛物线所围成图形如图 8-12 所示．为定出图形的具体范围，先求出这两抛物线的交点．为此，解方程组

$$\begin{cases}y=x^2\\ y^2=x\end{cases}$$

得此两抛物线的交点分别为$(0,0)$和$(1,1)$，从而可知图形在直线 $x=0$ 和 $x=1$ 之间.

如图 8-12，取横坐标 x 为积分变量，它的变化区间为$[0,1]$. 在$[0,1]$上取任一小区间$[x,x+\mathrm{d}x]$，则相应于此小区间的阴影面积可用高为$\sqrt{x}-x^2$、底为 $\mathrm{d}x$ 的小矩形面积近似代替，从而得到面积微元 $\mathrm{d}S=(\sqrt{x}-x^2)\mathrm{d}x$，故所求面积

$$S=\int_0^1 \mathrm{d}S=\int_0^1(\sqrt{x}-x^2)\mathrm{d}x=\left(\frac{2}{3}x^{\frac{3}{2}}-\frac{x^3}{3}\right)\Big|_0^1=\frac{1}{3}$$

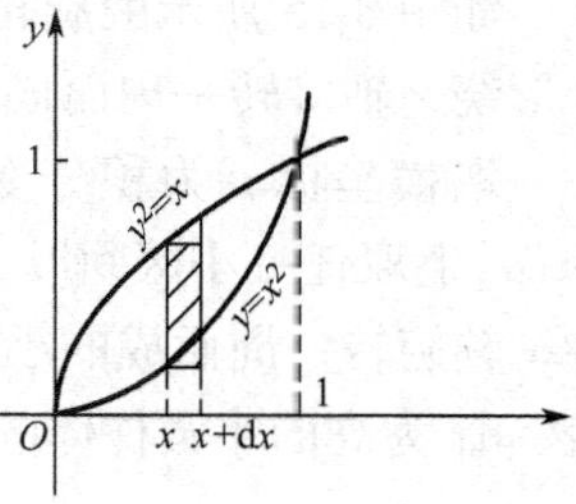

图　8-12

例 8-31　计算由抛物线 $y^2=2x$ 与直线 $y=x-4$ 所围成的图形面积.

解 1　所围成的图形如图 8-13 所示．解方程组

$$\begin{cases}y^2=2x\\ y=x-4\end{cases}$$

得抛物线与直线的交点为$(2,-2)$和$(8,4)$.

如图 8-13 所示，取纵坐标 y 为积分变量，它的变化区间为$[-2,4]$，在区间$[-2,4]$上取任一小区间$[y,y+\mathrm{d}y]$，则相应于此小区间的阴影面积可用高为 $\mathrm{d}y$、底为$\left(y+4-\frac{1}{2}y^2\right)$的小矩形面积近似代替，从而得到面积微元

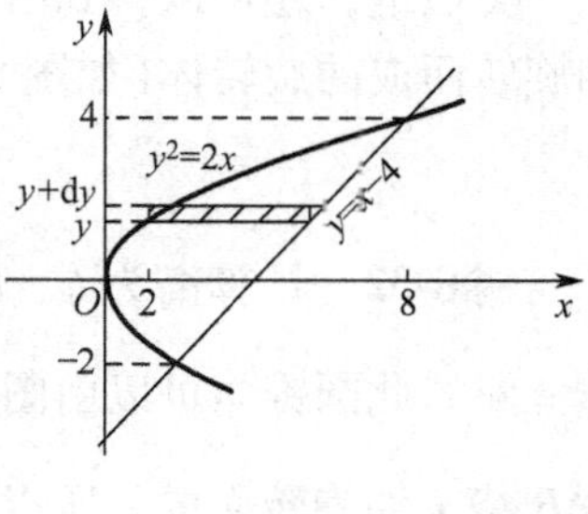

图　8-13

$$\mathrm{d}S=\left(y+4-\frac{1}{2}y^2\right)\mathrm{d}y$$

故所求面积

$$S=\int_{-2}^{4}\mathrm{d}S=\int_{-2}^{4}\left(y+4-\frac{1}{2}y^2\right)\mathrm{d}y=\left(\frac{y^2}{2}+4y-\frac{y^3}{6}\right)\Bigg|_{-2}^{4}=18$$

解 2　若取横坐标 x 为积分变量，如图 8-14 所示，则有

$$S=\int_0^2[\sqrt{2x}-(-\sqrt{2x})]\mathrm{d}x+\int_2^8[\sqrt{2x}-(x-4)]\mathrm{d}x$$

$$=2\int_0^2\sqrt{2x}\mathrm{d}x+\int_2^8(\sqrt{2x}-x+4)\mathrm{d}x=18$$

由此可见，适当地选择积分变量可以简化问题，减少计算量.

由例 8-29、例 8-30、例 8-31 可以看出，在直角坐标的情形下求平面图形面积可以依以下的步骤进行：

1）作出所围图形的草图，确定适当的积分变量，通过解方程组确定积分区间.

2）在积分区间的任一小区间上确定面积元素.

3）以面积元素为被积表达式，计算在积分区间上定积分.

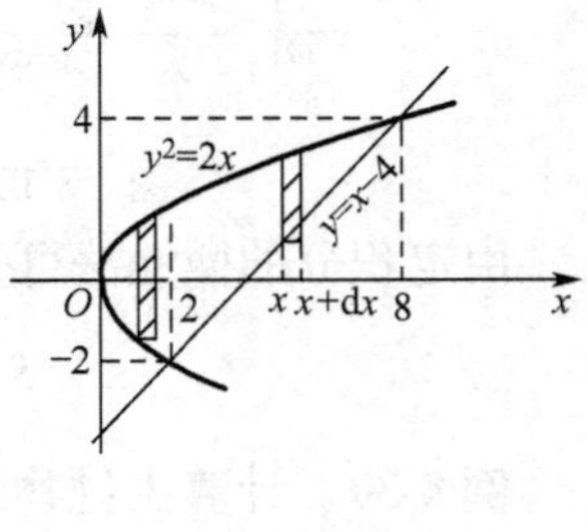

图　8-14

8.3.3　体积

旋转体就是由一个平面图形绕其所在平面内的一条定直线旋转一周而成的立体图形．圆柱、圆锥、圆台、球体等都是旋转体．

如图 8-15 所示的旋转体是由连续曲线 $y=f(x)$，直线 $x=a$、$x=b$ 及 x 轴所围成的曲边梯形绕 x 轴旋转一周而成的，用微元法来求这个旋转体的体积．

取横坐标 x 为积分变量，它的变化区间为 $[a,b]$，在区间 $[a,b]$ 上取任一小区间 $[x,x+\mathrm{d}x]$，这小区间形成的小曲边梯形绕 x 轴旋转一周而成的小旋转体的体积，可用以 $f(x)$ 为底面半径、$\mathrm{d}x$ 为高的小圆柱体的体积来近似代替，从而得到体积微元为

$$\mathrm{d}V=\pi[f(x)]^2\mathrm{d}x$$

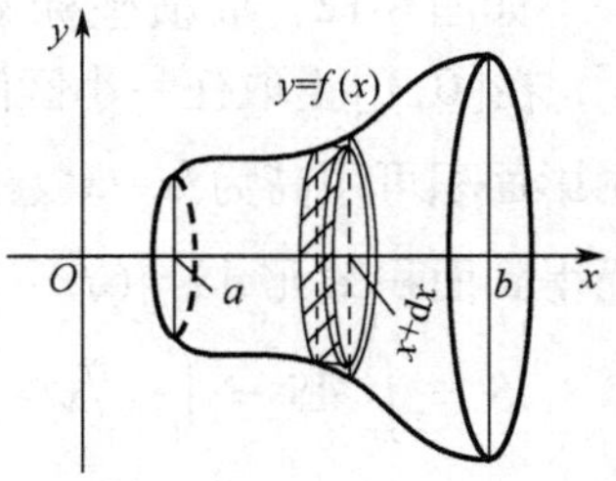

图　8-15

所以，此旋转体的体积为

$$V=\int_a^b\mathrm{d}V=\pi\int_a^b f^2(x)\mathrm{d}x \tag{8-5}$$

类似地，还可以得到由曲线 $x=g(y)$，直线 $y=c$、$y=d$ 以及 y 轴所围成的曲边梯形绕 y 轴旋转而成的旋转体(如图 8-16 所示)的体积为

$$V=\pi\int_c^d g^2(y)\mathrm{d}y \tag{8-6}$$

例 8-32　计算高为 h、底面半径为 r 的圆锥体的体积．

解　此圆锥体可以由图 8-17 所示的直线 OB：$y=\frac{r}{h}x$、$y=0$、$x=h$ 所围成的直角三角形 OAB 绕 x 轴旋转而成．所以，圆锥体的体积为

$$V = \pi\int_0^h \left(\frac{r}{h}x\right)^2 dx = \frac{\pi r^2}{h^2}\left(\frac{x^3}{3}\right)\Bigg|_0^h = \frac{\pi r^2 h}{3}$$

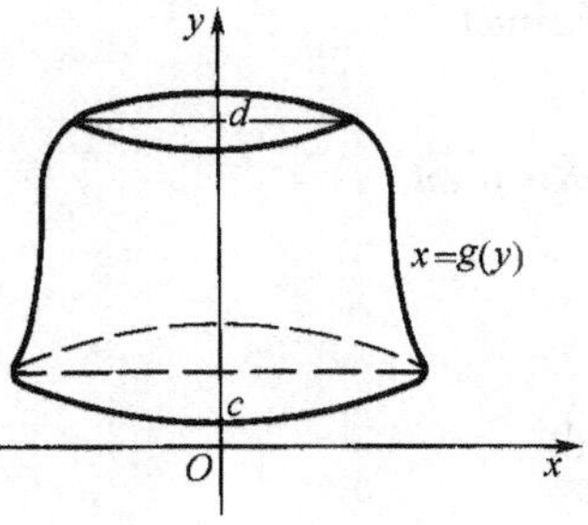

图　8-16

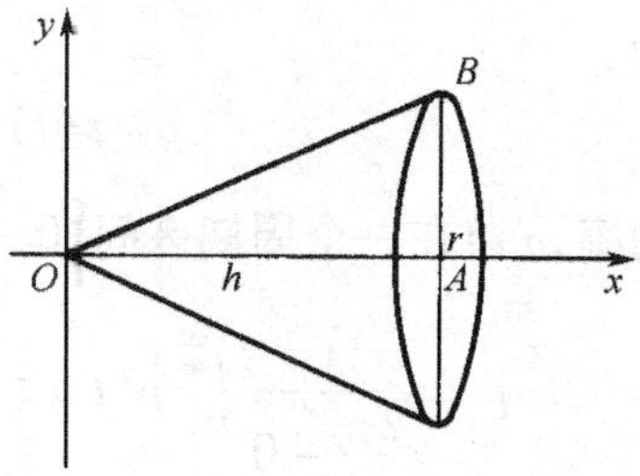

图　8-17

例 8-33　某人用计算机设计出一浴缸，想知道其体积．把它放在直角坐标系中，观察到它是由$y=x^2$、$y=1$、$y=2$ 以及 y 轴所围图形绕 y 轴旋转一周而成．

解　如图 8-18 所示，此旋转体由 $y=x^2$、$y=1$、$y=2$ 以及 y 轴所围平面图形绕 y 轴旋转一周而成，则所求旋转体的体积

$$V = \pi\int_1^2 (\sqrt{y})^2 dy = \pi\int_1^2 y dy = \pi\left(\frac{1}{2}y^2\right)\Bigg|_1^2 = \frac{3}{2}\pi$$

8.3.4　函数的平均值

在实际问题中，常常用一组数据的算术平均值来描述这组数据的概貌，如现知道某班所有学生的某次考试成绩为 $y_1, y_2, \cdots, y_n$，那么，该班的这次考试成绩的平均值为

$$\bar{y} = \frac{y_1 + y_2 + \cdots + y_n}{n}$$

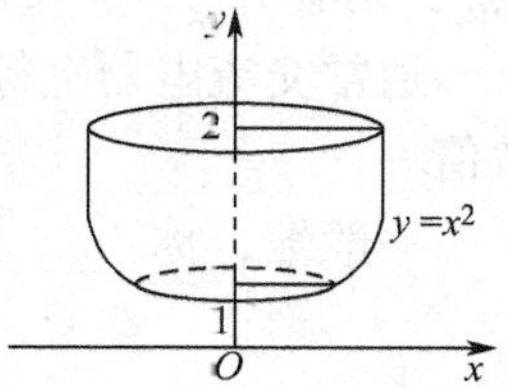

图　8-18

但是，生活中经常还需要知道连续函数$f(x)$在区间$[a,b]$上所取得一切值的平均值，如求气温在一昼夜间的平均温度．下面就来讨论如何计算连续函数$f(x)$在区间$[a,b]$上的平均值．

引例 7　某物体作变速直线运动，其速度为 $v(t)$，现计算从 $t=a$ 到 $t=b$ 这段时间内的平均速度．

解　由定积分思想可得物体经过时间段$[a,b]$的路程为

$$S = \int_a^b v(t)\,dt$$

那么，物体在时间段$[a,b]$内的平均速度为

$$\bar{v} = \frac{S}{b-a} = \frac{1}{b-a}\int_a^b v(t)\,dt$$

上式表明，速度 $v(t)$ 在时间段$[a,b]$内速度的平均值 $\bar{v}$ 等于速度 $v(t)$ 在时间段$[a,b]$上的定积分除以区间$[a,b]$的长度．

一般地，连续函数 $y=f(x)$ 在区间$[a,b]$上的平均值为

$$\bar{y} = \frac{1}{b-a}\int_a^b f(x)\,dx \tag{8-7}$$

例 8-34　正弦交流电的电流为 $i=i(t)=I_0\sin\omega t$，I_0 是电流的最大值，称为峰值，计算

此正弦交流电在一周期上的功率的平均值(简称平均功率).

解　设电阻为 R，则电路中的电压为

$$u = u(t) = iR = i(t)R = I_0 R\sin\omega t$$

而功率为

$$p = p(t) = ui = u(t)i(t) = I_0^2 R\sin^2\omega t$$

因此，功率 $p(t)$ 在一个周期区间 $\left[0, \frac{2\pi}{\omega}\right]$ 上的平均值为

$$\begin{aligned}\bar{p} &= \frac{1}{\frac{2\pi}{\omega} - 0}\int_0^{\frac{2\pi}{\omega}} p(t)\,\mathrm{d}t = \frac{\omega}{2\pi}\int_0^{\frac{2\pi}{\omega}} I_0^2 R\sin^2\omega t\,\mathrm{d}t \\ &= \frac{\omega I_0^2 R}{2\pi}\int_0^{\frac{2\pi}{\omega}} \sin^2\omega t\,\mathrm{d}t = \frac{I_0^2 R}{4\pi}\int_0^{\frac{2\pi}{\omega}} (1 - \cos 2\omega t)\,\mathrm{d}(\omega t) \\ &= \frac{I_0^2 R}{8\pi}(2\omega t - \sin 2\omega t)\Big|_0^{\frac{2\pi}{\omega}} = \frac{I_0^2 R}{2} = \frac{I_0 U_0}{2} \approx (0.707 I_0)^2 R \quad (U_0 = I_0 R)\end{aligned}$$

从结论可以看出，纯电阻电路中正弦交流电的平均功率等于电流、电压的峰值的乘积的二分之一，即等于最大瞬时功率的一半．与直流电功率相比较，正弦交流电的平均功率相当于电流为 $0.707I_0$ 的直流电的功率．因此，称 $0.707I_0$ 为正弦交流电的电流的有效值，记作 $I_{有效}$，则有 $I_{有效} = 0.707I_0$，就是说正弦交流电的有效值等于它的峰值的 0.707 倍．

通常交流电器上标明的功率是平均功率，电流值是电流的有效值，电压值是电压的有效值.

一般地，称

$$\sqrt{\frac{1}{b-a}\int_a^b f^2(t)\,\mathrm{d}t}$$

为函数 $f(t)$ 在区间 $[a,b]$ 上的均方根．所以周期性电流 $i(t)$、电压 $u(t)$ 的有效值是它在一个周期上的均方根．

8.4　广义积分及其应用

8.4.1　无穷区间上的广义积分

前面，讨论的定积分 $\int_a^b f(x)\,\mathrm{d}x$，是在被积函数 $f(x)$ 在积分区间 $[a,b]$ 有界和积分区间有限的条件下进行的．但在一些实际问题中往往会碰到被积函数为无界函数，或者积分区间为无限区间的积分问题，因此就形成广义积分的概念．

定义 8-5　设函数 $f(x)$ 在无穷区间 $[a,+\infty)$ 上连续，取 $b>a$，如果极限

$$\lim_{b\to+\infty}\int_a^b f(x)\,\mathrm{d}x$$

存在，则称此极限为函数 $f(x)$ 在无穷区间 $[a,+\infty)$ 上的广义积分，记作 $\int_a^{+\infty} f(x)\,\mathrm{d}x$，即

$$\int_a^{+\infty} f(x)\,\mathrm{d}x = \lim_{b\to+\infty}\int_a^b f(x)\,\mathrm{d}x \tag{8-8}$$

此时，也称广义积分 $\int_a^{+\infty} f(x)\,\mathrm{d}x$ 存在或**收敛**；如果极限不存在，就称广义积分 $\int_a^{+\infty} f(x)\,\mathrm{d}x$ 不存在或**发散**.

类似地，设函数 $f(x)$ 在无穷区间 $(-\infty, b]$ 上连续，取 $a<b$，则定义广义积分

$$\int_{-\infty}^{b} f(x)\,\mathrm{d}x = \lim_{a\to-\infty}\int_a^b f(x)\,\mathrm{d}x \tag{8-9}$$

如果等号右边的极限存在，则称广义积分 $\int_{-\infty}^{b} f(x)\,\mathrm{d}x$ 存在或收敛，否则，就称广义积分不存在或发散.

设函数 $f(x)$ 在区间 $(-\infty, +\infty)$ 内连续，c 是任一有限数，则定义

$$\begin{aligned}\int_{-\infty}^{+\infty} f(x)\,\mathrm{d}x &= \int_{-\infty}^{c} f(x)\,\mathrm{d}x + \int_{c}^{+\infty} f(x)\,\mathrm{d}x \\ &= \lim_{a\to-\infty}\int_a^c f(x)\,\mathrm{d}x + \lim_{b\to+\infty}\int_c^b f(x)\,\mathrm{d}x \end{aligned}\tag{8-10}$$

如果上式等号右边的两个极限都存在，则称广义积分 $\int_{-\infty}^{+\infty} f(x)\,\mathrm{d}x$ 存在或收敛；否则就称广义积分不存在或发散.

例 8-35 求由曲线 $y=\mathrm{e}^{-x}$ 与 x 轴、y 轴所围成的阴影部分图形的面积（如图 8-19 所示）.

解 由定积分的应用可知

$$\begin{aligned}S &= \int_0^{+\infty}\mathrm{e}^{-x}\,\mathrm{d}x = \lim_{b\to+\infty}\int_0^b \mathrm{e}^{-x}\,\mathrm{d}x \\ &= \lim_{b\to+\infty}(-\mathrm{e}^{-x})\Big|_0^b = \lim_{b\to+\infty}(-\mathrm{e}^{-b}+1) = 1\end{aligned}$$

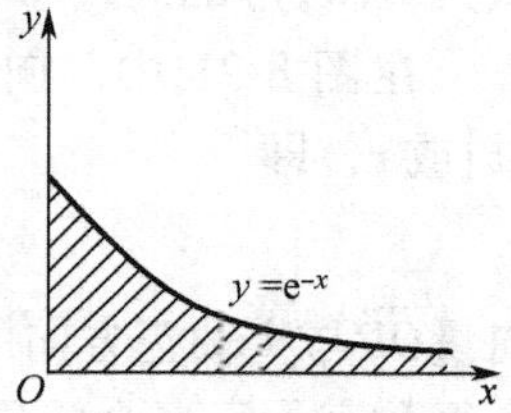

图 8-19

例 8-36 计算广义积分 $\int_{-\infty}^{+\infty}\frac{1}{1+x^2}\mathrm{d}x$.

解 任取一实数 c，有

$$\begin{aligned}\int_{-\infty}^{+\infty}\frac{1}{1+x^2}\mathrm{d}x &= \int_{-\infty}^{c}\frac{1}{1+x^2}\mathrm{d}x + \int_{c}^{+\infty}\frac{1}{1+x^2}\mathrm{d}x \\ &= \lim_{a\to-\infty}\int_a^c\frac{1}{1+x^2}\mathrm{d}x + \lim_{b\to+\infty}\int_c^b\frac{1}{1+x^2}\mathrm{d}x \\ &= \lim_{a\to-\infty}(\arctan x)\Big|_a^c + \lim_{b\to+\infty}(\arctan x)\Big|_c^b \\ &= \lim_{a\to-\infty}(\arctan c - \arctan a) + \lim_{b\to+\infty}(\arctan b - \arctan c) \\ &= \arctan c - \left(-\frac{\pi}{2}\right) + \frac{\pi}{2} - \arctan c \\ &= \pi\end{aligned}$$

这个广义积分的几何意义是，曲线 $y=\frac{1}{1+x^2}$ 和 x 轴所围成图形的面积是 π，如图 8-20 所示.

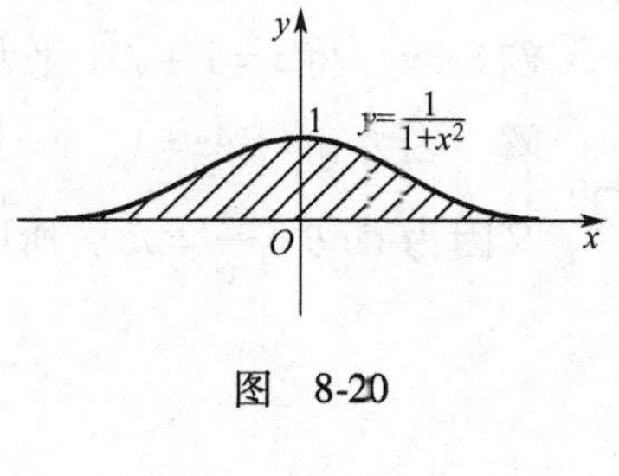

图 8-20

例 8-37 计算广义积分 $\int_1^{+\infty}\frac{1}{x}\mathrm{d}x$.

解 因为 $\int_1^{+\infty}\frac{1}{x}\mathrm{d}x = \lim_{b\to+\infty}\int_1^b\frac{1}{x}\mathrm{d}x$

$$= \lim_{b \to +\infty} (\ln x) \Big|_1^b = \lim_{b \to +\infty} \ln b = +\infty .$$

所以，此广义积分发散．

8.4.2　复数

1. 复数的概念

形如 $z = x + \mathrm{i}y$ 的数称为**复数**，其中 x 和 y 是任意实数，i 是**虚数单位**（$\mathrm{i}^2 = -1$）．实数 x 和 y 分别称为复数 z 的**实部**（记为 $\mathrm{Re}z$）和**虚部**（记为 $\mathrm{Im}z$）．

例如，$3-2\mathrm{i}$ 是一复数，其中实部为 $\mathrm{Re}(3-2\mathrm{i})=3$，虚部为 $\mathrm{Im}(3-2\mathrm{i})=-2$；$5\mathrm{i}$ 也是一复数，因实部为 $\mathrm{Re}(5\mathrm{i})=0$，只有虚部，所以称为**纯虚数**．

全体复数构成的集合称为**复数集**，记作 **C**，即

$$\mathbf{C} = \{ z = x + \mathrm{i}y \mid x, y \in \mathbf{R} \}$$

2. 复数的表示

在平面直角坐标系中，用坐标为 $P(x,y)$ 的点表示复数 $z = x + \mathrm{i}y$（如图 8-21）．这样，复数就与平面上的点一一对应．

复数 $z = x + \mathrm{i}y$ 除了可以用平面内的点 (x,y) 表示外，还可以用一个向量表示．如图 8-21 所示，复数 $z = x + \mathrm{i}y$ 可以用起点为原点、终点为 $P(x,y)$ 的向量 $\overrightarrow{OP}$ 来表示．

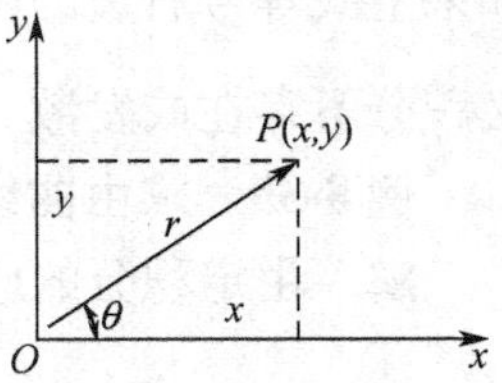

图　8-21

在图 8-21 中，向量 $\overrightarrow{OP}$ 的长度叫做复数 $z = x + \mathrm{i}y$ 的**模**，记作 $|z|$ 或 r，即

$$|z| = r = \sqrt{x^2 + y^2} \tag{8-11}$$

向量 $\overrightarrow{OP}$ 与实轴正方向所夹的角 θ 称为复数 $z = x + \mathrm{i}y$ 的**辐角**，记作 $\mathrm{Arg}z$，即 $\theta = \mathrm{Arg}z$. 显然一个复数有无穷多个辐角，每个辐角之间相差 $2k\pi$. 通常将满足条件 $-\pi \leqslant \theta_0 \leqslant \pi$ 的辐角 θ_0 称为辐角主值，记为 $\theta_0 = \arg z$，则有 $\mathrm{Arg}z = \arg z + 2k\pi\,(k = 0, \pm1, \pm2, \cdots)$.

在图 8-21 中有关系 $x = r\cos\theta$，$y = r\sin\theta$，则复数 $z = x + \mathrm{i}y$ 的**三角表示式**为

$$z = r(\cos\theta + \mathrm{i}\sin\theta) \tag{8-12}$$

$z = x + \mathrm{i}y$ 是复数 z 的**代数表示式**．

根据欧拉公式 $\mathrm{e}^{\mathrm{i}\theta} = \cos\theta + \mathrm{i}\sin\theta$，可以推出复数 z 的**指数表示式**为

$$z = r\mathrm{e}^{\mathrm{i}\theta} \tag{8-13}$$

复数的这几种表示方式，根据问题的不同需求可以相互转换．有以下转换公式

$$r = \sqrt{x^2 + y^2},\quad \tan\mathrm{Arg}z = \tan\theta = \frac{y}{x}$$

例 8-38　计算 $z = 3\mathrm{e}^{\mathrm{i}\pi}$.

解　因为 $z = 3\mathrm{e}^{\mathrm{i}\pi} = 3(\cos\pi + \mathrm{i}\sin\pi)$，所以 $z = 3\mathrm{e}^{\mathrm{i}\pi} = -3$

例 8-39　将 $z = 1 + \sqrt{3}\mathrm{i}$ 化为三角表示式和指数表示式．

解　因为 $x = \mathrm{Re}z = 1$，$y = \mathrm{Im}z = \sqrt{3}$，所以 $r = \sqrt{x^2 + y^2} = 2$；

又因为 $\tan\theta = \dfrac{y}{x} = \sqrt{3}$，所以 $\theta = \arg z = \dfrac{\pi}{3}$. 从而有

$$z = 1 + \sqrt{3}\mathrm{i} = 2\mathrm{e}^{\mathrm{i}\frac{\pi}{3}} = 2\left(\cos\frac{\pi}{3} + \mathrm{i}\sin\frac{\pi}{3}\right)$$

3. 复数的运算

（1）复数相等

设 $z_1=x_1+\mathrm{i}y_1$，$z_2=x_2+\mathrm{i}y_2$，若 $z_1=z_2$，则 $x_1=x_2$，$y_1=y_2$.

注意：复数没有大小.

（2）加法和减法

设 $z_1=x_1+\mathrm{i}y_1$，$z_2=x_2+\mathrm{i}y_2$，则

$$z_1\pm z_2=(x_1\pm x_2)+\mathrm{i}(y_1\pm y_2)$$

（3）乘法

设 $z_1=x_1+\mathrm{i}y_1=r_1\mathrm{e}^{\mathrm{i}\theta_1}=r_1(\cos\theta_1+\mathrm{i}\sin\theta_1)$，$z_2=x_2+\mathrm{i}y_2=r_2(\cos\theta_2+\mathrm{i}\sin\theta_2)=r_2\mathrm{e}^{\mathrm{i}\theta_2}$，可按实多项式相乘的法则进行，注意 $\mathrm{i}^2=-1$，整理得

$$\begin{aligned}z_1z_2&=(x_1+\mathrm{i}y_1)(x_2+\mathrm{i}y_2)=(x_1x_2-y_1y_2)+\mathrm{i}(x_1y_2+x_2y_1)\\&=r_1r_2[\cos(\theta_1+\theta_2)+\mathrm{i}\sin(\theta_1+\theta_2)]\\&=r_1r_2\mathrm{e}^{\mathrm{i}(\theta_1+\theta_2)}\end{aligned}$$

（4）除法

设 $z_1=x_1+\mathrm{i}y_1=r_1\mathrm{e}^{\mathrm{i}\theta_1}=r_1(\cos\theta_1+\mathrm{i}\sin\theta_1)$，$z_2=x_2+\mathrm{i}y_2=r_2(\cos\theta_2+\mathrm{i}\sin\theta_2)=r_2\mathrm{e}^{\mathrm{i}\theta_2}$，则

$$\begin{aligned}\frac{z_1}{z_2}&=\frac{x_1+\mathrm{i}y_1}{x_2+\mathrm{i}y_2}=\frac{(x_1+\mathrm{i}y_1)(x_2-\mathrm{i}y_2)}{(x_2+\mathrm{i}y_2)(x_2-\mathrm{i}y_2)}=\frac{x_1x_2+y_1y_2}{x_2^2+y_2^2}+\mathrm{i}\,\frac{x_2y_1-x_1y_2}{x_2^2+y_2^2}\\&=\frac{r_1}{r_2}[\cos(\theta_1-\theta_2)+\mathrm{i}\sin(\theta_1-\theta_2)]\\&=\frac{r_1}{r_2}\mathrm{e}^{\mathrm{i}(\theta_1-\theta_2)}\end{aligned}$$

（5）共轭复数

若 $z=x+\mathrm{i}y$，则称 $x-\mathrm{i}y$ 与 $z=x+\mathrm{i}y$ 共轭，记为 $\bar{z}$，即 $\bar{z}=x-\mathrm{i}y$. 显然有 $\bar{\bar{z}}=z$.

例 8-40　已知 $z_1=1+\sqrt{3}\mathrm{i}$，$z_2=1-\mathrm{i}$，求（1）z_1+z_2；（2）z_1z_2；（3）$\dfrac{z_1}{\bar{z}_2}$.

解　（1）$z_1+z_2=(1+\sqrt{3}\mathrm{i})+(1-\mathrm{i})=2+(\sqrt{3}-1)\mathrm{i}$

（2）$z_1z_2=(1+\sqrt{3}\mathrm{i})(1-\mathrm{i})=1+\sqrt{3}+(\sqrt{3}-1)\mathrm{i}$

（3）因为 $z_1=1+\sqrt{3}\mathrm{i}=2\mathrm{e}^{\mathrm{i}\frac{\pi}{3}}$，$\bar{z}_2=1+\mathrm{i}=\sqrt{2}\mathrm{e}^{\mathrm{i}\frac{\pi}{4}}$

所以

$$\frac{z_1}{\bar{z}_2}=\frac{2}{\sqrt{2}}\mathrm{e}^{\mathrm{i}\left(\frac{\pi}{3}-\frac{\pi}{4}\right)}=\sqrt{2}\mathrm{e}^{\mathrm{i}\frac{\pi}{12}}$$

8.4.3　傅里叶级数

1. 级数的概念

引例 8　计算$\dfrac{1}{3}$.

分数$\dfrac{1}{3}$写成循环小数形式时为 0.333…，即$\dfrac{1}{3}=0.333\cdots$. 因为 $0.3=\dfrac{3}{10}$，$0.03=\dfrac{3}{10^2}$，$0.003=\dfrac{3}{10^3}$，…，$\overbrace{0.0\cdots0}^{n-1\text{个}0}3=\dfrac{3}{10^n}$，在近似计算中，根据不同的需求精确度要求不一，就可取小

数点后的不同位作$\frac{1}{3}$的不同程度近似值．所以有

$$\frac{1}{3} \approx \frac{3}{10} + \frac{3}{10^2} + \frac{3}{10^3} + \cdots + \frac{3}{10^n} \tag{8-14}$$

显然，式(8-14)中 n 越大，这个近似值就越接近$\frac{1}{3}$，根据极限思想可知

$$\begin{aligned}\frac{1}{3} &= 0.3 + 0.03 + 0.003 + \cdots + 0.0\cdots03 + \cdots \\ &= \frac{3}{10} + \frac{3}{10^2} + \frac{3}{10^3} + \cdots + \frac{3}{10^n} + \cdots \\ &= \lim_{n\to\infty}\left(\frac{3}{10} + \frac{3}{10^2} + \frac{3}{10^3} + \cdots + \frac{3}{10^n}\right)\end{aligned}$$

这就是说，分数$\frac{1}{3}$可用一个“无穷和式”来计算，这个“无穷和式”就是一个级数．

定义 8-6 设给定一个数列 $u_1, u_2, \cdots, u_n, \cdots$，则表达式

$$u_1 + u_2 + \cdots + u_n + \cdots$$

称为无穷级数，简称级数，记作 $\sum\limits_{n=1}^{\infty} u_n$，即

$$\sum_{n=1}^{\infty} u_n = u_1 + u_2 + \cdots + u_n + \cdots$$

其中 u_n 称为级数的一般项或通项．u_n 为常数的级数称为常数项级数；u_n 为函数的级数称为函数项级数．

例如，

$$\sum_{n=1}^{\infty} \frac{1}{n} = 1 + \frac{1}{2} + \frac{1}{3} + \cdots + \frac{1}{n} + \cdots$$

$$\sum_{n=1}^{\infty} \frac{1}{2^{n-1}} = 1 + \frac{1}{2} + \frac{1}{4} + \frac{1}{8} + \cdots + \frac{1}{2^{n-1}} + \cdots$$

都是常数项级数，而

$$\sum_{n=1}^{\infty} x^{n-1} = 1 + x + x^2 + \cdots + x^{n-1} + \cdots$$

$$\sum_{n=1}^{\infty} \sin nx = \sin x + \sin 2x + \sin 3x + \cdots + \sin nx + \cdots$$

都是函数项级数．

级数是无限项的和，它不同于有限项的和，通过引例 8 可知，可以先求有限项的和，然后运用极限的思想来解决无限项的求和问题．

定义 8-7 无穷级数 $\sum\limits_{n=1}^{\infty} u_n$ 的前 n 项的和

$$S_n = \sum_{k=1}^{n} u_k = u_1 + u_2 + \cdots + u_n$$

称为级数的部分和．如果 $n\to\infty$ 时，S_n 有极限 S，即$\lim\limits_{n\to\infty} S_n = S$，则称级数 $\sum\limits_{n=1}^{\infty} u_n$ 是收敛的，并称 S 为级数 $\sum\limits_{n=1}^{\infty} u_n$ 的和，即

$$S=\lim_{n\to\infty}S_n=u_1+u_2+\cdots+u_n+\cdots$$

如果 $n\to\infty$ 时，S_n 没有极限，则称这个级数是发散的，发散的级数没有和．

例 8-41　求级数 $\sum\limits_{n=1}^{\infty}\dfrac{1}{n(n+1)}$的和.

解　级数展开式为

$$\sum_{n=1}^{\infty}\frac{1}{n(n+1)}=\frac{1}{1\times2}+\frac{1}{2\times3}+\cdots+\frac{1}{n(n+1)}+\cdots$$

一般项可化为$\dfrac{1}{n(n+1)}=\dfrac{1}{n}-\dfrac{1}{n+1}$，则部分和为

$$\begin{aligned}S_n&=\frac{1}{1\times2}+\frac{1}{2\times3}+\cdots+\frac{1}{n(n+1)}\\&=\left(\frac{1}{1}-\frac{1}{2}\right)+\left(\frac{1}{2}-\frac{1}{3}\right)+\left(\frac{1}{3}-\frac{1}{4}\right)+\cdots+\left(\frac{1}{n}-\frac{1}{n+1}\right)\\&=1-\frac{1}{n+1}=\frac{n}{n+1}\end{aligned}$$

由定义 8-7 可知

$$\lim_{n\to\infty}S_n=\lim_{n\to\infty}\frac{n}{n+1}=1$$

则级数 $\sum\limits_{n=1}^{\infty}\dfrac{1}{n(n+1)}$收敛，并有

$$\sum_{n=1}^{\infty}\frac{1}{n(n+1)}=\frac{1}{1\times2}+\frac{1}{2\times3}+\cdots+\frac{1}{n(n+1)}+\cdots=1$$

2. 傅里叶级数

在自然科学和工程技术中，经常会遇到一些周期运动过程，如飞轮的旋转、物体的振动、单摆的摆动、交流电的电压和电流变化等．这种周期性运动在数学上可以用周期函数来描述．正弦函数是一种常见而又最简单的周期函数．例如，物体做简谐振动时，描述函数 $y=A\sin(\omega t+\theta)$就是一个以 $T=\dfrac{2\pi}{\omega}$为周期的正弦函数．其中 y 表示动点的位置，t 表示时间，A 为振幅，ω 为角频率，θ 为初相．

引例 9　通过图观察非正弦周期函数. 如图 8-22 所示，矩形波 $u(t)=\begin{cases}-1 & (2k-1)\pi\leqslant t<2k\pi\\1 & 2k\pi\leqslant t<(2k+1)\pi\end{cases}(k\in\mathbf{Z})$，可用不同频率正弦波$\dfrac{4}{\pi}\sin t,\dfrac{4}{\pi}\times\dfrac{1}{3}\sin3t,\dfrac{4}{\pi}\times\dfrac{1}{5}\sin5t,\dfrac{4}{\pi}\times\dfrac{1}{7}\sin7t,\cdots$逐个叠加而成．

由图 8-23 可见，矩形波 $u(t)$在一个周期内的图形用正弦波$\dfrac{4}{\pi}\sin t$ 来表示的近似程度，即

$$u(t)\approx\frac{4}{\pi}\sin t$$

由图 8-24 可见，矩形波 $u(t)$在一个周期内的图形用正弦波$\dfrac{4}{\pi}\sin t$，$\dfrac{4}{\pi}\times\dfrac{1}{3}\sin3t$ 的叠加

来表示的近似程度，即

$$u(t) \approx \frac{4}{\pi}\sin t + \frac{4}{\pi} \times \frac{1}{3}\sin 3t = \frac{4}{\pi}\left(\sin t + \frac{1}{3}\sin 3t\right)$$

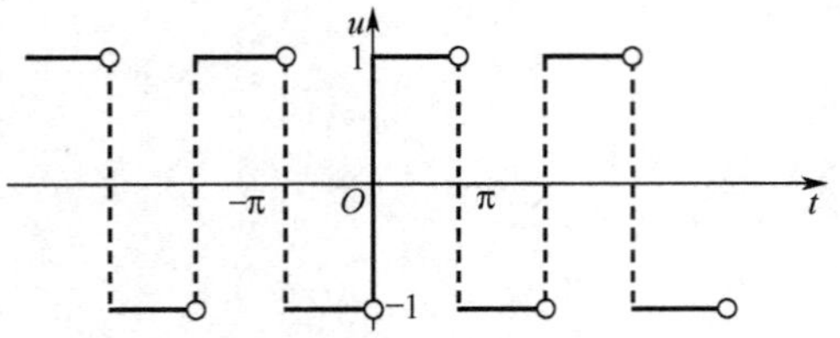

图 8-22

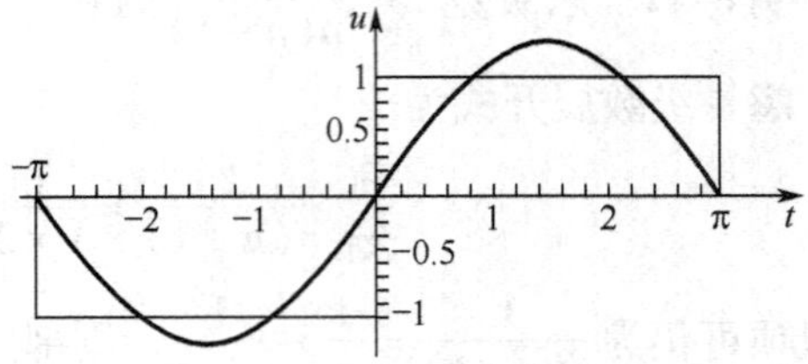

图 8-23

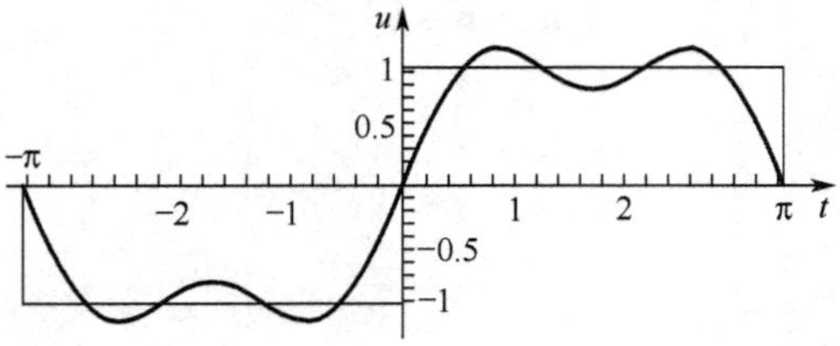

图 8-24

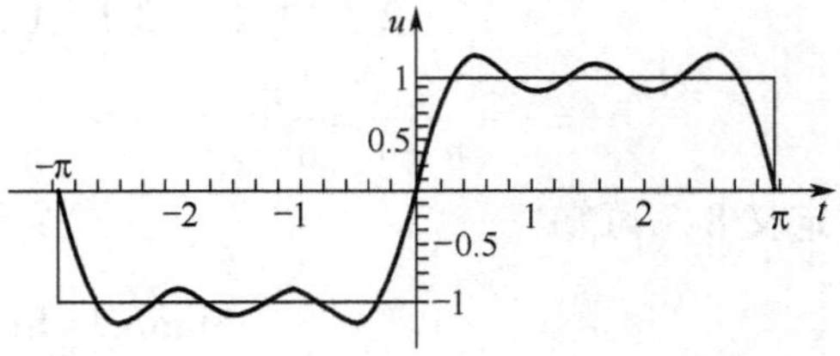

图 8-25

由图 8-25 可见，矩形波 $u(t)$ 在一个周期内的图形用正弦波$\frac{4}{\pi}\sin t$，$\frac{4}{\pi} \times \frac{1}{3}\sin 3t$，$\frac{4}{\pi} \times \frac{1}{5}\sin 5t$ 的叠加来表示的近似程度，即

$$u(t) \approx \frac{4}{\pi}\sin t + \frac{4}{\pi} \times \frac{1}{3}\sin 3t + \frac{4}{\pi} \times \frac{1}{5}\sin 5t = \frac{4}{\pi}\left(\sin t + \frac{1}{3}\sin 3t + \frac{1}{5}\sin 5t\right).$$

由图 8-26 可见，矩形波 $u(t)$ 在一个周期内的图形用正弦波$\frac{4}{\pi}\sin t$，$\frac{4}{\pi} \times \frac{1}{3}\sin 3t$，$\frac{4}{\pi} \times \frac{1}{5}\sin 5t$，$\frac{4}{\pi} \times \frac{1}{7}\sin 7t$ 的叠加来表示的近似程度，即

$$u(t) \approx \frac{4}{\pi}\sin t + \frac{4}{\pi} \times \frac{1}{3}\sin 3t + \frac{4}{\pi} \times \frac{1}{5}\sin 5t + \frac{4}{\pi} \times \frac{1}{7}\sin 7t = \frac{4}{\pi}\left(\sin t + \frac{1}{3}\sin 3t + \frac{1}{5}\sin 5t + \frac{1}{7}\sin 7t\right)$$

由图 8-27 可见，矩形波 $u(t)$ 在一个周期内的图形用正弦波$\frac{4}{\pi}\sin t, \cdots, \frac{4}{\pi} \times \frac{1}{9}\sin 9t$ 的叠

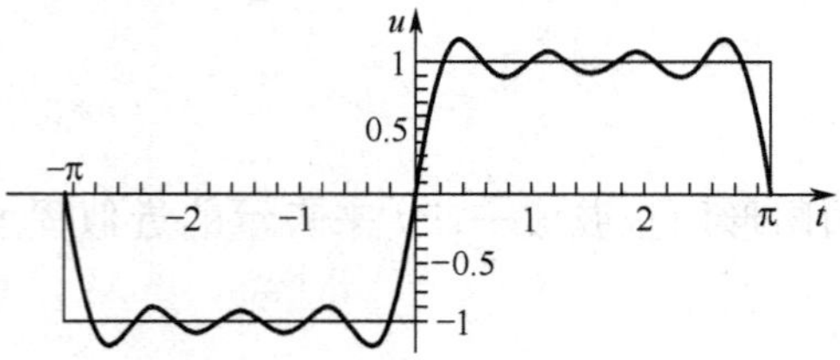

图 8-26

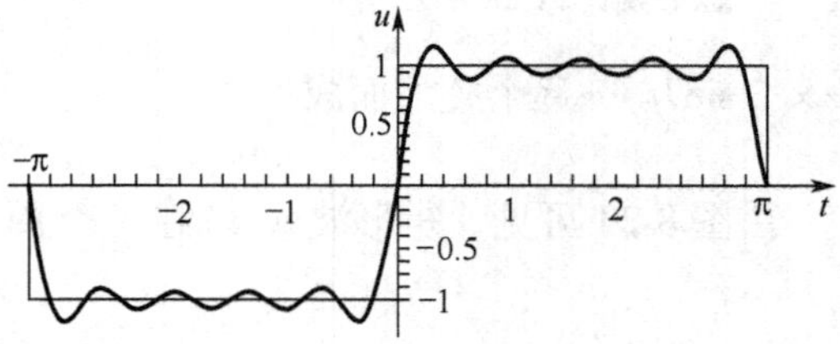

图 8-27

加来表示的近似程度，即

$$u(t) \approx \frac{4}{\pi}\left(\sin t + \frac{1}{3}\sin 3t + \frac{1}{5}\sin 5t + \frac{1}{7}\sin 7t + \frac{1}{9}\sin 9t\right)$$

可以看出，正弦波的个数越多，这些波的叠加就越逼近于矩形波 $u(t)$，利用极限思想，正弦波的个数无限增多，这些波的叠加就是矩形波 $u(t)$. 即

$$u(t) = \frac{4}{\pi}\left(\sin t + \frac{1}{3}\sin 3t + \frac{1}{5}\sin 5t + \frac{1}{7}\sin 7t + \cdots\right)(-\pi < t < \pi, t \neq 0)$$

可见，一个非正弦周期函数是有可能用一系列正弦函数之和来表示的．由此可知，复杂的周期运动可以通过简单的简谐振动来研究．

随着函数、极限、微积分和级数理论的创立，法国数学家傅里叶(Jean-Baptiste Fourier)在1822年提出傅里叶(Fourier)级数．

定理8-4　设 $f(t)$ 是以 T 为周期的函数，如果 $f(t)$ 在一个周期上连续或只有有限个第一类间断点，并且只有有限个极值点，则在 $f(t)$ 的连续点处，它的傅里叶级数展开式为

$$f(t) = \frac{a_0}{2} + \sum_{n=1}^{+\infty}(a_n\cos n\omega t + b_n\sin n\omega t) \tag{8-15}$$

或

$$f(t) = \sum_{n=-\infty}^{+\infty} c_n e^{in\omega t} \tag{8-16}$$

其中

$$\omega = \frac{2\pi}{T}$$

$$\begin{aligned} a_n &= \frac{2}{T}\int_{-\frac{T}{2}}^{\frac{T}{2}} f(t)\cos n\omega t\,dt \quad (n = 0,1,2,\cdots) \\ b_n &= \frac{2}{T}\int_{-\frac{T}{2}}^{\frac{T}{2}} f(t)\sin n\omega t\,dt \quad (n = 1,2,\cdots) \\ c_n &= \frac{1}{T}\int_{-\frac{T}{2}}^{\frac{T}{2}} f(t)e^{-in\omega t}\,dt \quad (n = 0, \pm 1, \pm 2, \cdots) \end{aligned} \tag{8-17}$$

在 $f(t)$ 的间断点处，有

$$\frac{1}{2}[f(t^+) + f(t^-)] = \frac{a_0}{2} + \sum_{n=1}^{+\infty}(a_n\cos n\omega t + b_n\cos n\omega t)$$

称式(8-15)为 $f(t)$ 的**傅里叶级数的三角形式**，而称式(8-16)为 $f(t)$ 的**傅里叶级数的复指数形式**．式(8-17)称为 $f(t)$ 的傅里叶系数．

该定理中，$f(t)$ 所满足的条件称为狄利克雷(Dirichlet)条件，$f(t^+)$ 与 $f(t^-)$ 分别是 $f(t)$ 在 t 处的右极限与左极限．

例8-42　设周期函数——矩形波 $u(t)$ 在一周期$[-\pi, \pi)$的表达式如下：

$$u(t) = \begin{cases} -1 & -\pi \leqslant t < 0 \\ 1 & 0 \leqslant t < \pi \end{cases}$$

试将矩形波 $u(t)$ 展开成傅里叶级数的三角形式．

解　矩形波 $u(t)$ 如图8-22所示，它显然满足狄利克雷条件，由式(8-17)，有

$$a_n = \frac{2}{T}\int_{-\frac{T}{2}}^{\frac{T}{2}} f(t)\cos n\omega t\,dt = \frac{2}{2\pi}\int_{-\pi}^{\pi} u(t)\cos nt\,dt \quad \left(\omega = \frac{2\pi}{T} = \frac{2\pi}{2\pi} = 1\right)$$

$$= \frac{1}{\pi}\left[\int_{-\pi}^{0} -\cos nt\mathrm{d}t + \int_{0}^{\pi}\cos nt\mathrm{d}t\right] = \frac{1}{\pi}\left[\left(-\frac{1}{n}\sin nt\right)\Big|_{-\pi}^{0} + \left(\frac{1}{n}\sin nt\right)\Big|_{0}^{\pi}\right]$$

$$=0 \quad (n=1,2,\cdots)$$

因为在计算 a_n 时 $n\neq 0$，所以 $a_0(n=0)$ 单独计算：

$$a_0 = \frac{2}{T}\int_{-\frac{T}{2}}^{\frac{T}{2}} f(t)\mathrm{d}t = \frac{2}{2\pi}\int_{-\pi}^{\pi} u(t)\mathrm{d}t = \frac{1}{\pi}\left(\int_{-\pi}^{0} -\mathrm{d}t + \int_{0}^{\pi}\mathrm{d}t\right) = 0$$

$$b_n = \frac{2}{T}\int_{-\frac{T}{2}}^{\frac{T}{2}} f(t)\sin n\omega t\mathrm{d}t = \frac{2}{2\pi}\int_{-\pi}^{\pi} u(t)\sin nt\mathrm{d}t$$

$$= \frac{1}{\pi}\left[\int_{-\pi}^{0} -\sin nt\mathrm{d}t + \int_{0}^{\pi}\sin nt\mathrm{d}t\right] = \frac{1}{\pi}\left[\left(\frac{1}{n}\cos nt\right)\Big|_{-\pi}^{0} + \left(-\frac{1}{n}\cos nt\right)\Big|_{0}^{\pi}\right]$$

$$= \frac{2}{n\pi}[1-(-1)^n] = \begin{cases} \dfrac{4}{n\pi} & n=1,3,5,\cdots \\ 0 & n=2,4,6,\cdots \end{cases}$$

由定理8-4可知，在连续点 $t\neq k\pi(k=0,\pm1,\cdots)$ 处，矩形波 $u(t)$ 的傅里叶级数展开式为

$$u(t) = \frac{a_0}{2} + \sum_{n=1}^{+\infty}(a_n\cos n\omega t + b_n\sin n\omega t) = \frac{a_0}{2} + \sum_{n=1}^{+\infty}(a_n\cos nt + b_n\sin nt)$$

$$= \frac{4}{\pi}\left(\sin t + \frac{1}{3}\sin 3t + \frac{1}{5}\sin 5t + \frac{1}{7}\sin 7t + \cdots\right)(-\pi<t<\pi, t\neq 0)$$

在间断点 $t=k\pi(k=0,\pm1,\cdots)$ 处，$\frac{1}{2}[u(t^+)+u(t^-)]=0$

上面所得到的展开式表明：矩形波是由一系列不同频率的正弦波叠加而成，即矩形波可以用无穷多个不同频率正弦波的和去替代.

3. 傅里叶级数在频谱分析中的应用

傅里叶级数有非常明确的物理含义. 由式(8-15)变形可得

$$f(t) = \frac{a_0}{2} + \sum_{n=1}^{+\infty}(a_n\cos n\omega t + b_n\sin n\omega t) = A_0 + \sum_{n=1}^{+\infty}A_n\sin(n\omega t+\theta_n) \tag{8-18}$$

各参量之间关系有

$$A_0 = \frac{a_0}{2},\ A_n = \sqrt{a_n^2+b_n^2},\ a_n = A_n\sin\theta_n,\ b_n = A_n\cos\theta_n,\ \tan\theta_n = \frac{a_n}{b_n}$$

其中，A_0 称为 $f(t)$ 的**直流分量**；$A_1(\sin\omega t+\theta_1)$ 称为**一次谐波**（**基波**）；$A_2(\sin 2\omega t+\theta_2)$，$A_3(\sin 3\omega t+\theta_3)$，…依次称为**二次谐波**，**三次谐波**，等等；ω 称为**基波角频率**（**基频**）；$n\omega$ 称为 **n 次谐波角频率**；A_n 称为 **n 次谐波振幅**；θ_n 称为 **n 次谐波的初相位**.

如果以 $f(t)$ 代表信号，则式(8-18)说明，一个周期为 T 的信号可以分解为简谐波之和. 这些谐波的(角)频率分别为一个基频 ω 的倍数. 换句话说，信号 $f(t)$ 并不含有各种频率成分，而仅由一系列具有离散频率的谐波所构成，其中 A_n 反映了频率为 $n\omega$ 的谐波在 $f(t)$ 中所占的份额，它取决于信号 $f(t)$ 的图形；θ_n 则反映了频率为 $n\omega$ 的谐波沿时间轴移动的大小，这两个指标完全刻画了信号 $f(t)$ 的性态.

在实际进行信号分析时，不可能去计算无限多次谐波，而只能取有限项来近似地表示信号 $f(t)$，显然，所取的谐波次数越高其误差就越小.

在电工学中，傅里叶级数主要用于周期信号的频谱分析．频谱分为幅度频谱和相位频谱．**频谱图**指的是振幅 A_n 和频率 $n\omega$ 的关系图，因频谱图像不连续，所以也称**离散频谱**．**相频图**指的是相位 θ_n 和频率 $n\omega$ 的关系图，频谱图和相频图在工程技术中有着广泛的应用．

例 8-43　设矩形波 $u(t)$ 在一周期 $[-\pi,\pi)$ 的表达式为

$$u(t)=\begin{cases}-1 & -\pi\leqslant t<0\\ 1 & 0\leqslant t<\pi\end{cases}$$

求作矩形波 $u(t)$ 的频谱图．

解　由例 8-42 知 $a_n=0(n=0,1,2,\cdots)$，$b_n=\dfrac{2}{n\pi}[1-(-1)^n]=\begin{cases}\dfrac{4}{n\pi} & n=1,3,5,\cdots\\ 0 & n=2,4,6,\cdots\end{cases}$

所以

$$A_0=\frac{a_0}{2}=0,\ A_n=\sqrt{a_n^2+b_n^2}=b_n=\frac{2}{n\pi}[1-(-1)^n]=\begin{cases}\dfrac{4}{n\pi} & n=1,3,5,\cdots\\ 0 & n=2,4,6,\cdots\end{cases}$$

频谱图如图 8-28 所示.

8.4.4　傅里叶变换

1. 傅里叶变换的概念

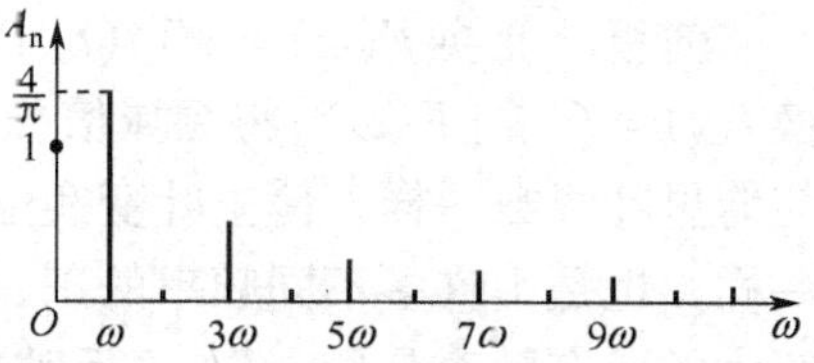

图　8-28

通过前面的讨论知道，一个周期信号函数可以展开为傅里叶级数，它主要用于周期信号的频谱分析，但在电子技术中遇到的信号函数不仅仅是周期信号．那么，对非周期信号函数，这种展开是否同样适合呢？下面直观地分析一下．从物理意义上讲，傅里叶级数展开说明了周期为 T 的函数 $f(t)$ 可由一系列以 $\omega=\dfrac{2\pi}{T}$ 为间隔的离散频率所形成的简谐波合成(求和)，因而其频谱以 ω 为间隔离散取值．当 T 越来越大时，取值间隔 ω 越来越小；当 T 趋向于无穷大时，周期函数变成了非周期函数，其频谱将在 ω 上连续取值，即一个非周期函数将包含所有的频率成分．这样离散函数的求和(傅里叶级数)就变成连续函数的积分(傅里叶积分)．因此有必要将傅里叶分析方法推广到非周期信号，这就是本节要讲的傅里叶变换．

定理 8-5　如果 $f(t)$ 在 $(-\infty,+\infty)$ 上的任一有限区间满足狄利克雷条件，且在 $(-\infty,+\infty)$ 上 $\int_{-\infty}^{+\infty}|f(t)|\mathrm{d}t<+\infty$，则有

$$f(t)=\frac{1}{2\pi}\int_{-\infty}^{+\infty}\left[\int_{-\infty}^{+\infty}f(\tau)\mathrm{e}^{-\mathrm{i}\omega\tau}\mathrm{d}\tau\right]\mathrm{e}^{\mathrm{i}\omega t}\mathrm{d}\omega \tag{8-19}$$

成立．在 $f(t)$ 的间断点处，式(8-19)的左端应为 $\dfrac{1}{2}[f(t^+)+f(t^-)]$．称式(8-19)为非周期函数 $f(t)$ 的**傅里叶积分**．

定义 8-8　对于 $(-\infty,+\infty)$ 上非周期函数 $f(t)$，则

$$F(\omega)=\int_{-\infty}^{+\infty}f(t)\mathrm{e}^{-\mathrm{i}\omega t}\mathrm{d}t \tag{8-20}$$

称为 $f(t)$ 的**傅里叶变换**，记为

$$F(\omega) = \mathscr{F}[f(t)] = \int_{-\infty}^{+\infty} f(t)\mathrm{e}^{-\mathrm{i}\omega t}\mathrm{d}t$$

因此
$$f(t) = \frac{1}{2\pi}\int_{-\infty}^{+\infty} F(\omega)\mathrm{e}^{\mathrm{i}\omega t}\mathrm{d}\omega \tag{8-21}$$

称为 $F(\omega)$ 的**傅里叶逆变换**，记为

$$f(t) = \mathscr{F}^{-1}[F(\omega)] = \frac{1}{2\pi}\int_{-\infty}^{+\infty} F(\omega)\mathrm{e}^{\mathrm{i}\omega t}\mathrm{d}\omega$$

例 8-44 求指数衰减函数 $f(t) = \begin{cases} 0 & t<0 \\ \mathrm{e}^{-\beta t} & t\geqslant 0 \end{cases}$ $(\beta>0)$ 的傅里叶变换．

解 $F(\omega) = \mathscr{F}[f(t)] = \int_{-\infty}^{+\infty} f(t)\mathrm{e}^{-\mathrm{i}\omega t}\mathrm{d}t = \int_0^{+\infty} \mathrm{e}^{-\beta t}\mathrm{e}^{-\mathrm{i}\omega t}\mathrm{d}t = \int_0^{+\infty} \mathrm{e}^{-(\beta+\mathrm{i}\omega)t}\mathrm{d}t$

$$= -\frac{1}{\beta+\mathrm{i}\omega}\mathrm{e}^{-(\beta+\mathrm{i}\omega)t}\Big|_0^{+\infty} = \frac{1}{\beta+\mathrm{i}\omega} = \frac{\beta-\mathrm{i}\omega}{\beta^2+\omega^2}$$

傅里叶变换的计算除了利用定义外，对于复杂函数的变换可采用查傅里叶变换表，或用 MATLAB 数学软件包来计算(后面章节有讲解).

2. 傅里叶变换在频谱分析中的应用

傅里叶变换 $F(\omega)=\mathscr{F}[f(t)]$ 将时域信号 $f(t)$ 变为频域信号 $F(\omega)$，反之，傅里叶逆变换 $f(t)=\mathscr{F}^{-1}[F(\omega)]$ 将频域信号 $F(\omega)$ 变为时域信号 $f(t)$，它们构成了一个傅里叶变换对．与傅里叶级数一样，傅里叶变换也有明确的物理含义．式(8-20)说明非周期函数与周期函数一样，也是由许多不同频率的正、余弦分量合成，所不同的是，非周期函数包含了从零到无穷大的所有频率分量. $F(\omega)$ 反映的是 $f(t)$ 中各频率分量的分布状况，因此称 $F(\omega)$ 为**频谱密度函数**(简称**频谱**或**连续频谱**)，称 $|F(\omega)|$ 为**振幅谱**，$|F(\omega)|$ 的图形称为**幅谱图**，其图形特点是连续曲线，$\mathrm{Arg}F(\omega)$ 称为**相位谱**．

例 8-45 求指数衰减函数 $f(t) = \begin{cases} 0 & t<0 \\ \mathrm{e}^{-\beta t} & t\geqslant 0 \end{cases}$ $(\beta>0)$ 的频谱、振幅谱，并做出幅谱图．

解 由例 8-44 知 $f(t)$ 频谱为 $F(\omega)=\mathscr{F}[f(t)] = \dfrac{\beta-\mathrm{i}\omega}{\beta^2+\omega^2}$

振幅谱为
$$|F(\omega)| = \frac{1}{\sqrt{\beta^2+\omega^2}}$$

幅谱图如图 8-29 所示.

3. 单位阶跃函数

在工程技术中，经常会遇到一些实际对象需要瞬间完成从一个状态到另一个状态的转换，如电压源在某时刻接入单位电压．这类物理过程在数学上通常用单位阶跃函数表示.

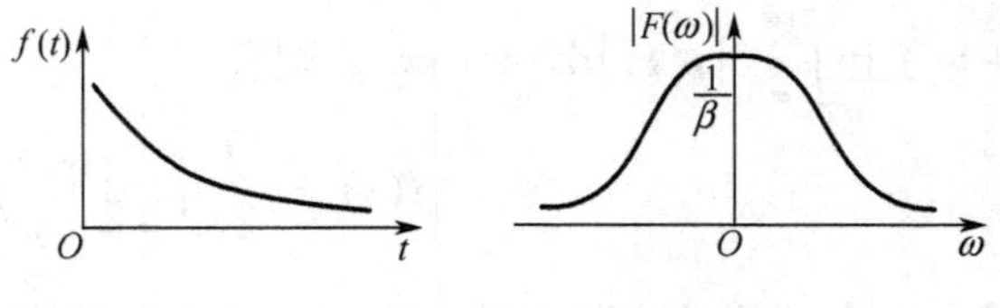

图 8-29

定义 8-9 设 $u(t) = \begin{cases} 1 & t\geqslant 0 \\ 0 & t<0 \end{cases}$，则称 $u(t)$ 为**单位阶跃函数**，又叫**开关函数**、**接通函数**，其中 $t=0$ 称为 $u(t)$ 的**跳变点**，幅值 1 称为 $u(t)$ 的**跳变量**，其波形如图 8-30 所示．

定义 8-10 设 $u(t-t_0)=\begin{cases}1 & t\geqslant t_0\\0 & t<t_0\end{cases}$，则称 $u(t-t_0)$ 为**单位延迟阶跃函数**，跳变点为 $t=t_0$，其波形如图 8-31 所示.

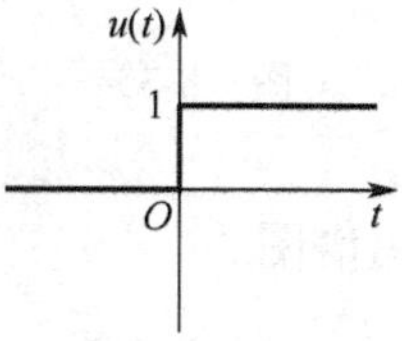

图 8-30

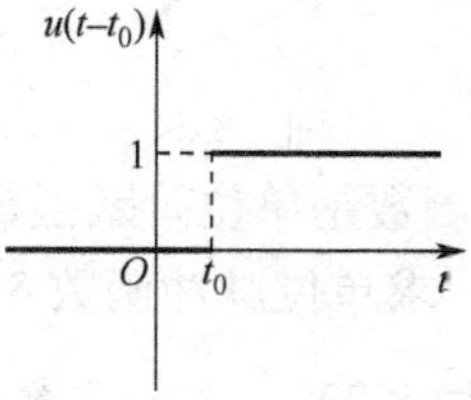

图 8-31

单位阶跃函数具有以下特性：

1）从跳变点这一时刻瞬间完成状态转变.

2）具有切除性，即任一函数 $g(t)$ 与 $u(t)$ 相乘时，可使函数在跳变点之前的幅度变为 0. 例如 $g(t)=\frac{4}{\pi}\left(\sin t+\frac{1}{3}\sin 3t\right)$ 与 $u(t)$ 相乘，其图形如图 8-32 所示.

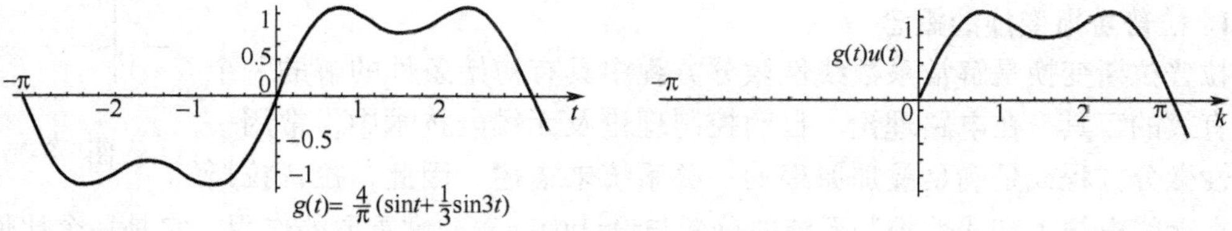

图 8-32

4. 单位脉冲函数(δ 函数)

在工程实际问题中，有许多物理现象具有作用时间极短而强度极大的脉冲特性，它们仅在某一瞬间或者某一点出现，如瞬时冲击力、打乒乓球时的抽杀、脉冲电流等，这些物理量都不能用通常的函数形式去描述. 单位脉冲函数不是一般意义下的函数，而是一个广义函数. 利用单位脉冲函数可使傅里叶分析中的许多论证变得极为简捷，它在物理学中有着广泛的应用. 下面结合图 8-33 理解单位脉冲函数的定义.

定义 8-11 满足以下两个条件的函数称为 **δ 函数(单位脉冲函数)**.

$$(1)\ \delta(t)=\begin{cases}0 & t\neq 0\\\infty & t=0\end{cases};\quad (2)\int_{-\infty}^{+\infty}\delta(t)\,\mathrm{d}t=1$$

由图 8-33 可知，在 $t=0$ 处，有一“冲激”，其他均为零. 长度为 1 的有向线段表示在 $t=0$ 处冲激强度为 1.

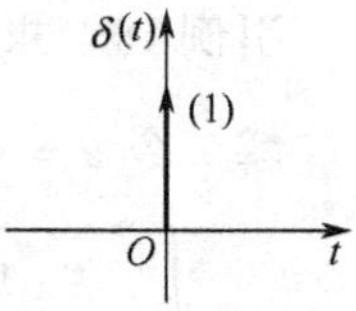

图 8-33

注意：1 不表示 $\delta(t)$ 的幅值. $\delta(t-t_0)$ 表示在 $t=t_0$ 时刻发生一冲激强度为 1 的“冲激”，其波形如图 8-34 所示；图 8-35 是 $A\delta(t)$ 的波形表示，A 为 $A\delta(t)$ 的冲激强度.

$\delta(t)$ 函数具有如下基本性质：

1）筛选性. 对任意的连续函数 $f(t)$，有

$$\int_{-\infty}^{+\infty}\delta(t)f(t)\,\mathrm{d}t=f(0),\quad \int_{-\infty}^{+\infty}\delta(t-t_0)f(t)\,\mathrm{d}t=f(t_0) \tag{8-22}$$

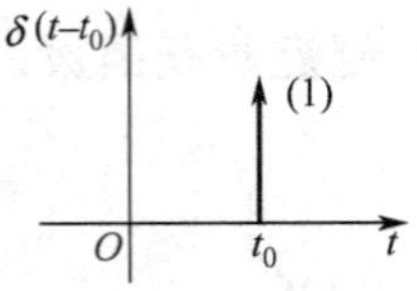

图　8-34

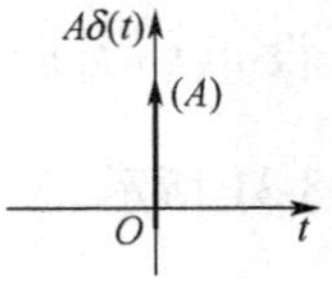

图　8-35

2）$\delta(t)$函数是单位阶跃函数的导数，即$\delta(t)=u'(t)$.

例 8-46　求单位脉冲函数$\delta(t)$的频谱、振幅谱，并做出幅谱图.

解　由式(8-22)，$\delta(t)$函数的频谱为$F(\omega)=\mathscr{F}[\delta(t)]=\int_0^{+\infty}\delta(t)\mathrm{e}^{-\mathrm{i}\omega t}\mathrm{d}t$

$$=\mathrm{e}^{-\mathrm{i}\omega t}\Big|_{t=0}=1$$

振幅谱为

$$|F(\omega)|=1$$

幅谱图如图 8-36 所示.

8.4.5　拉普拉斯变换

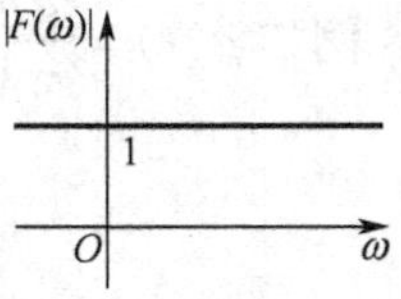

图　8-36

1. 拉普拉斯变换的概念

拉普拉斯变换是解常系数线性微分方程中具有初始条件的解的一个非常有效的工具. 在电路理论、自动控制理论及无线电技术中，常用一个线性微分方程或是满足叠加原理的一类系统来描述. 因此，拉普拉斯变换在无线电技术和线性控制系统的分析与设计中起着非常重要的作用，它是一个比傅里叶变换应用更为广泛的一种积分变换.

许多即便是很简单的函数，往往也很难满足绝对可积的条件，因此不能进行傅里叶变换；其次，可以进行傅里叶变换的函数的定义域必须是$(-\infty,+\infty)$，但在实际物理、无线电技术等应用中，许多以时间t作为自变量的函数往往在$t<0$时是无意义的或者是不需要考虑的，也不能进行傅里叶变换. 这样就大大地限制了傅里叶变换的应用范围. 为此，需对这些函数进行处理，以便进行傅里叶变换. 对于任意函数$f(t)(t\to\infty)$，要想克服以上两个缺点，首先将$f(t)$乘上单位阶跃函数$u(t)$，使积分区间由$(-\infty,+\infty)$转换为$[0,+\infty)$；其次，再乘上指数函数$\mathrm{e}^{-\beta t}(\beta>0)$，使其绝对可积. 对经过处理的函数$f(t)u(t)\mathrm{e}^{-\beta t}$进行傅里叶变换，就产生了拉普拉斯变换. 工程中所遇到的函数$f(t)$基本上都可以进行拉普拉斯变换，因此，拉普拉斯变换就成了工程中非常有用的工具.

引例 10　求$\int_0^{+\infty}\mathrm{e}^{-st}\mathrm{d}t$.

解　令$u=-st$，则由微分可得$\mathrm{d}u=-s\mathrm{d}t$. 因此有

$$\int_0^{+\infty}\mathrm{e}^{-st}\mathrm{d}t=\int_0^{-\infty}-\frac{\mathrm{e}^u}{s}\mathrm{d}u=-\frac{1}{s}\int_0^{-\infty}\mathrm{e}^u\mathrm{d}u=-\frac{1}{s}\lim_{b\to-\infty}\int_0^b\mathrm{e}^u\mathrm{d}u=\frac{1}{s}(s>0)$$

注意：以上积分过程中对变量t积分，把s看作一常数. $\frac{1}{s}$是以s为自变量的一个函数.

定义 8-12　设函数$f(t)$当$t\geqslant0$时有定义，而且积分$\int_0^{+\infty}f(t)\mathrm{e}^{-st}\mathrm{d}t$在$s$的某一区域内收敛，则由此积分所确定的自变量为$s$的函数记为$F(s)$，并称

$$L[f(t)] = F(s) = \int_0^{+\infty} f(t)\mathrm{e}^{-st}\mathrm{d}t \qquad (8\text{-}23)$$

为函数$f(t)$的**拉普拉斯(Laplace)变换**.

若$F(s)$是$f(t)$的拉普拉斯变换，则称$f(t)$为$F(s)$的**拉普拉斯逆变换**，记为

$$f(t) = L^{-1}[F(s)]$$

对拉普拉斯定义的几点说明：

1）函数$f(t)$在$t \geqslant 0$时要有定义，为研究问题的方便，当$t<0$时，假定$f(t)=0$.

2）s是一个复参量(复数). 为方便起见，这里把s作为实数来讨论.

3）拉普拉斯变换只与$f(t)$有关，t为变量，它将给定函数通过积分运算转换成另一的函数，是一种积分变换.

4）拉普拉斯变换存在的条件比傅里叶变换存在的条件要求低得多，一般说来，在自然科学和工程技术中常见的函数基本上都能进行拉普拉斯变换.

例 8-47 求单位阶跃函数$u(t) = \begin{cases} 0 & t<0 \\ 1 & t \geqslant 0 \end{cases}$的拉普拉斯变换.

解 由拉普拉斯变换的定义可得到

$$L[u(t)] = \int_0^{+\infty} u(t)\mathrm{e}^{-st}\mathrm{d}t = \int_0^{+\infty} \mathrm{e}^{-st}\mathrm{d}t$$

$$\int_0^{+\infty} \mathrm{e}^{-st}\mathrm{d}t = -\frac{1}{s}\mathrm{e}^{-st}\Big|_0^{+\infty} = \frac{1}{s}$$

所以

$$L[u(t)] = \frac{1}{s}(s>0)$$

为简化起见，以后再求拉普拉斯变换时不再指出收敛域了.

例 8-48 求指数函数$f(t) = \mathrm{e}^{at}$的拉普拉斯变换(a为常数).

解 由公式(8-23)可得

$$L[f(t)] = L[\mathrm{e}^{at}] = \int_0^{+\infty} \mathrm{e}^{at}\mathrm{e}^{-st}\mathrm{d}t = \int_0^{+\infty} \mathrm{e}^{-(s-a)t}\mathrm{d}t(s>a)$$

由公式$\int \mathrm{e}^{at}\mathrm{d}t = \frac{1}{a}\mathrm{e}^{at} + C$，则由上式可得

$$L[\mathrm{e}^{at}] = \int_0^{+\infty} \mathrm{e}^{at}\mathrm{e}^{-st}\mathrm{d}t = \int_0^{+\infty} \mathrm{e}^{-(s-a)t}\mathrm{d}t = -\frac{1}{s-a}\mathrm{e}^{-(s-a)t}\Big|_0^{+\infty} = \frac{1}{s-a}$$

例 8-49 求单位斜坡函数$f(t) = t$的拉普拉斯变换.

解 由公式(8-23)可得

$$L[f(t)] = L[t] = \int_0^{+\infty} t\mathrm{e}^{-st}\mathrm{d}t(s>0)$$

利用分部积分法可得

$$L[t] = \int_0^{+\infty} t\mathrm{e}^{-st}\mathrm{d}t = -\frac{1}{s}t\mathrm{e}^{-st}\Big|_0^{+\infty} - \frac{1}{s^2}\mathrm{e}^{-st}\Big|_0^{+\infty} = \frac{1}{s^2}$$

或由公式$\int t\mathrm{e}^{at}\mathrm{d}t = \frac{\mathrm{e}^{at}}{a^2}(at-1) + C$也可得到上述结果.

表 8-3 列出了常用函数的拉普拉斯变换表. 在今后的实际工作中，也可以利用查表的方

法求一个函数的拉普拉斯变换．就如同使用以往使用过的三角函数表、积分表一样．还可以利用 MATLAB 数学软件包非常方便的求出某函数的拉普拉斯变换及拉普拉斯逆变换．

表 8-3　常用函数的拉普拉斯变换表

序号	$f(t)=L^{-1}[F(s)]$	$F(s)=L[f(t)]$
1	$\delta(t)$	1
2	1	$\frac{1}{s}$
3	$t^n(n=1,2,\cdots)$	$\frac{n!}{s^{n+1}}$
4	e^{at}	$\frac{1}{s-a}$
5	$t^n e^{at}(n=1,2,\cdots)$	$\frac{n!}{(s-a)^{n+1}}$
6	$\sin(\omega t+\varphi)$	$\frac{s\sin\varphi+\omega\cos\varphi}{(s^2+\omega^2)}$
7	$\cos(\omega t+\varphi)$	$\frac{s\cos\varphi-\omega\sin\varphi}{(s^2+\omega^2)}$
8	$t\sin\omega t$	$\frac{2s\omega}{(s^2+\omega^2)^2}$
9	$t\cos\omega t$	$\frac{s^2-\omega^2}{(s^2+\omega^2)^2}$
10	$2\sqrt{\frac{t}{\pi}}$	$\frac{1}{(s\sqrt{s})}$
11	$\sin at\sin bt$	$\frac{2abs}{[(s^2+(a+b)^2][s^2+(a-b)^2]}$

例 8-50　求正弦函数 $f(t)=\sin 6t$ 的拉普拉斯变换．

解　根据拉普拉斯变换表$\left(L[\sin kt]=\frac{k}{s^2+k^2}\right)$可得

$$L[\sin 6t]=\frac{6}{s^2+36}$$

例 8-51　求幂函数 $f(t)=t^6$ 的拉普拉斯变换．

解　根据拉普拉斯变换表$\left(L[t^n]=\frac{n!}{s^{n+1}}\right)$可得

$$L[t^6]=\frac{6!}{s^7}$$

例 8-52　求函数 $f(t)=\sin 2t\times\sin 3t$ 的拉普拉斯变换．

解　根据拉普拉斯变换表，取 $a=2$，$b=3$，可得

$$L[f(t)]=L[\sin 2t\times\sin 3t]=\frac{12s}{(s^2+5^2)(s^2+1^2)}=\frac{12s}{(s^2+25)(s^2+1)}$$

2. 拉普拉斯变换的性质

以下将介绍拉普拉斯变换在实际应用中很有用的几个重要性质，假定以下所涉及的函数的拉普拉斯变换均存在．以下性质及定理的证明略．

1）**线性性质** 若 $L[f_1(t)]=F_1(s)$，$L[f_2(t)]=F_2(s)$，k_1，k_2 为任意常数，则

$$L[k_1f_1(t)+k_2f_2(t)]=k_1L[f_1(t)]+k_2L[f_2(t)]=k_1F_1(s)+k_2F_2(s)$$

$$L^{-1}[k_1F_1(s)+k_2F_2(s)]=k_1L^{-1}[F_1(s)]+k_2L^{-1}[F_2(s)]=k_1f_1(t)+k_2f_2(t)$$

例 8-53 求 $L[1+3e^{2t}-2\cos3t]$．

解 $L[1+3e^{2t}-2\cos3t]=L[1]+3L[e^{2t}]-2L[\cos3t]$

$$=\frac{1}{s}+\frac{3}{s-2}-\frac{2s}{s^2+9}$$

例 8-54 求下列函数的拉普拉斯逆变换．

（1）$F(s)=\dfrac{1}{s+5}$；（2）$F(s)=\dfrac{s}{s^2+9}$；（3）$F(s)=\dfrac{2s-5}{s^2}$

解 （1）查表有 $L[e^{at}]=\dfrac{1}{s-a}$，则有 $L[e^{-5t}]=\dfrac{1}{s+5}$，所以 $L^{-1}\left[\dfrac{1}{s+5}\right]=e^{-5t}$

（2）查表有 $L[\cos at]=\dfrac{s}{s^2+a^2}$，则有 $L[\cos3t]=\dfrac{s}{s^2+3^2}$，所以 $L^{-1}\left[\dfrac{s}{s^2+9}\right]=\cos3t$

（3）查表有 $L[1]=\dfrac{1}{s}$，$L[t]=\dfrac{1}{s^2}$，再由线性性质可得

$$f(t)=L^{-1}\left[\frac{2s-5}{s^2}\right]=L^{-1}\left[\frac{2}{s}\right]-L^{-1}\left[\frac{5}{s^2}\right]=2L^{-1}\left[\frac{1}{s}\right]-5L^{-1}\left[\frac{1}{s^2}\right]=2-5t$$

2）**位移性质** 若 $F(s)=L[f(t)]$，则有

$$L[e^{at}f(t)]=F(s-a)\quad L^{-1}[F(s-a)]=e^{at}L^{-1}[F(s)]=e^{at}f(t)\quad（a 为常数）$$

这个性质表明，一个时间函数 $f(t)$ 乘以 e^{at} 的拉普拉斯变换等于其拉普拉斯变换 $F(s)$ 作位移 a.

例 8-55 求 $f(t)=e^{-2t}\sin4t$ 的拉普拉斯变换．

解 查表有 $L[\sin4t]=\dfrac{4}{s^2+4^2}$，利用位移性质有

$$L[e^{-2t}\sin4t]=\frac{4}{(s-2)^2+16}$$

例 8-56 已知 $F(s)=\dfrac{1}{(s+2)^3}$，求 $f(t)=L^{-1}[F(s)]$．

解 查表有 $L[t^2]=\dfrac{2}{s^3}$，利用位移性质有

$$f(t)=L^{-1}\left[\frac{1}{(s+2)^3}\right]=\frac{1}{2}L^{-1}\left[\frac{2}{(s+2)^3}\right]=\frac{1}{2}e^{-2t}L^{-1}\left[\frac{2}{s^3}\right]=\frac{1}{2}e^{-2t}t^2$$

3）**延迟性质** 若 $F(s)=L[f(t)]$，则有

$$L[f(t-\tau)]=e^{-\tau s}F(s),\quad L^{-1}[e^{-\tau s}F(s)]=f(t-\tau)\,(\tau>0)$$

这个性质表明，时间函数延迟 τ 个单位相当于它的拉普拉斯变换 $F(s)$ 乘以 $e^{-\tau s}$，函数 $f(t-\tau)$ 与 $f(t)$ 相比，$f(t)$ 是从 $t=0$ 开始有非零数值，而 $f(t-\tau)$ 是从 $t=\tau$ 开始才有非零数

值，从几何上来看，$f(t-\tau)$的图形是$f(t)$的图形沿 t 轴向右平移 τ 所得，如图 8-37 所示.

例 8-57　求 $L\left[\sin\left(t+\frac{\pi}{3}\right)\right]$.

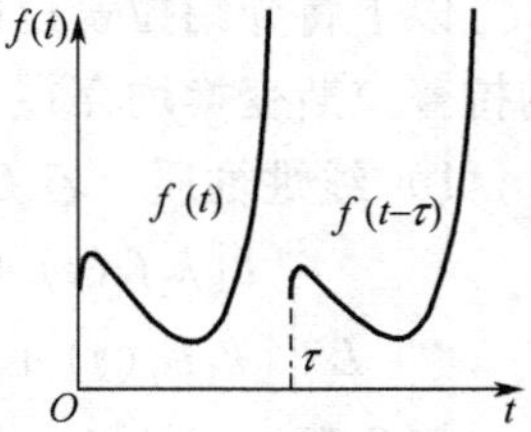

图　8-37

解　查表有 $L[\sin t]=\frac{1}{s^2+1^2}$，利用延迟性有

$$L\left[\sin\left(t+\frac{\pi}{3}\right)\right]=e^{\frac{\pi}{3}}L[\sin t]=e^{\frac{\pi}{3}}\frac{1}{s^2+1}$$

4）**微分性质**　若 $F(s)=L[f(t)]$，则有 $L[f'(t)]=sF(s)-f(0)$

$$L[f''(t)]=s^2F(s)-sf(0)-f'(0)$$

拉普拉斯的微分性质经常被用于解带初始条件的微分方程及线性系统的分析.

5）**积分性质**　若 $F(s)=L[f(t)]$，则有 $L\left[\int_0^t f(\tau)\mathrm{d}t\right]=\frac{1}{s}F(s)$

这个性质表明，一个函数积分后再取拉普拉斯变换，等于这个函数的拉普拉斯变换除以 s.

3. 拉普拉斯变换的应用

在许多问题中，往往不能直接找出所需要的函数关系，但根据问题所提供的情况，有时可以列出含有要找的函数及其导数的关系式，如 $y'+y=3x\sin x$，这样的关系式称为微分方程. 使得此微分方程恒等的函数就是该微分方程的解. 关于微分方程的有关概念在第 11 章中还有详细的讲解. 利用拉普拉斯变换可以比较方便地求出常系数线性微分方程(或方程组)的初值问题的解. 以下通过简单的例子总结出利用拉普拉斯变换的解题思路与步骤.

例 8-58　求微分方程 $x'(t)=0$ 满足初始条件 $x(0)=3$ 的解.

解　第一步，设立未知函数的拉普拉斯变换，即设 $L[x(t)]=X(s)$；
第二步，对微分方程两边取拉普拉斯变换，即 $L[x'(t)]=L[0]=0$；
第三步，利用拉普拉斯变换的微分性质和线性性质，求出未知函数的拉普拉斯变换，得

$$sX(s)-x(0)=0$$

将初始条件 $x(0)=3$ 代入上式，得 $sX(s)-3=0$，即 $X(s)=\frac{3}{s}$；
第四步，利用拉普拉斯逆变换求出未知函数，得

$$x(t)=L^{-1}[X(s)]=L^{-1}\left[\frac{3}{s}\right]=3L^{-1}\left[\frac{1}{s}\right]=3$$

这样就得到了微分方程的解 $x(t)=3$

通过例 8-58 利用拉普拉斯变换求解常系数线性微分方程的解的一般步骤为：

1）设立未知函数的拉普拉斯变换.

2）对微分方程两边取拉普拉斯变换.

3）利用拉普拉斯变换的微分性与线性性求出未知函数的拉普拉斯变换.

4）利用拉普拉斯逆变换求出未知函数，即求出解.

例 8-59　求微分方程 $y'(t)+2y(t)=0$ 满足初始条件 $y(0)=5$ 的解.

解　设 $L[y(t)]=Y(s)$，微分方程两端取拉普拉斯变换得

$$L[y'(t)+2y(t)]=L[0]，即 L[y'(t)]+2L[y(t)]=L[0]$$

利用拉普拉斯的微分性与线性性得

$$sY(s)-y(0)+2Y(s)=0$$

将初始条件 $y(0)=5$ 代入上式得 $(s+2)Y(s)=5$，即 $Y(s)=\dfrac{5}{s+2}$

再求拉普拉斯逆变换得

$$L^{-1}[Y(s)]=y(t)=L^{-1}\left[\frac{5}{s+2}\right]=5e^{-2t}$$

所以此微分方程的解为 $$y(t)=5e^{-2t}$$

8.5 MATLAB 与积分运算

MATLAB 中，用符号工具箱中的 int 函数求函数的不定积分和定积分，int 函数的调用格式见表 8-4.

表 8-4

	数学表达式	MATLAB 命令格式
不定积分	$\int f(x)\mathrm{d}x$	int(f(x))或 int(f(x),x) 注意：积分表达式只是函数 $f(x)$ 的一个原函数，后面没有带任意常数 C
定积分	$\int_a^b f(x)\mathrm{d}x$	int(f(x),a,b)或 int(f(x),x,a,b) 对函数 $f(x)$ 中指定的符号变量 x 计算从 a 到 b 的定积分

例 8-60 求不定积分 $\int \frac{x^4}{1+x^2}\mathrm{d}x$.

解 在 MATLAB 中输入以下命令：

```
>> symsx
>> int(x^4/(1+x^2))
```

按“回车”键，显示结果为：

```
ans =

1/3 * x^3 - x + atan(x)
```

所以 $\int \frac{x^4}{1+x^2}\mathrm{d}x = \frac{x^3}{3} - x + \arctan x + C$

例 8-61 求不定积分 $\int \frac{1}{\sin^2 x\cos^2 x}\mathrm{d}x$.

解 在 MATLAB 中输入以下命令：

```
>> syms x
>> int(1/((sin(x)^2) * (cos(x)^2)))
```

按“回车”键，显示结果为：

```
ans =
1/sin(x)/cos(x)-2/sin(x) * cos(x)
```

所以 $\int \frac{1}{\sin^2 x\cdot\cos^2 x}\mathrm{d}x = \tan x - \cot x + C$

例 8-62 求不定积分 $\int \frac{dx}{\sqrt{x^2+a^2}}(a>0)$.

解 在 MATLAB 中输入以下命令：

```
>> syms x a
>> int(1/((x^2 + a^2)^(1/2)))
```

按"回车"键，显示结果为：

```
ans =

log(x + (x^2 + a^2)^(1/2))
```

所以 $\int \frac{dx}{\sqrt{x^2+a^2}} = \ln(x+\sqrt{a^2+x^2})+C$

例 8-63 计算定积分 $\int_0^{\pi} \sqrt{\sin^3 x - \sin^5 x}dx$.

解 在 MATLAB 中输入以下命令：

```
>> syms x
>> k = int(sqrt(sin(x)^3-sin(x)^5),0,pi);
>> simplify(k)
```

按"回车"键，显示结果为：

```
ans =
4/5
```

所以 $\int_0^{\pi} \sqrt{\sin^3 x - \sin^5 x}dx = \frac{4}{5}$

例 8-64 计算定积分 $\int_{-\frac{1}{2}}^{\frac{1}{2}} x^2 \ln\frac{1-x}{1+x}dx$.

解 在 MATLAB 中输入以下命令：

```
>> syms x
>> int(x^2 * log((1-x)/(1 + x)),-1/2,1/2)
```

按"回车"键，输出结果为：

```
ans =0
```

所以 $\int_{-\frac{1}{2}}^{\frac{1}{2}} x^2 \ln\frac{1-x}{1+x}dx = 0$

例 8-65 计算由心形线 $r = a(1+\cos\theta)(a>0)$ 所围成的面积.

解 在 MATLAB 中输入以下命令：

```
>> clear
>> syms theta a
>> int(a^2 * (1 + cos(theta))^2,theta,0,pi)
```

按"回车"键，显示结果为：

```
ans =
3/2 * pi * a^2
```

所以围成的面积 $S = \frac{3}{2}\pi a^2$

例 8-66 一圆柱形水池，直径是20m，高10m，内盛满了水，现将水抽尽，求克服重力所做的功．

解 $W=\int_0^{10} 10^5\pi g x\mathrm{d}x$

在 MATLAB 中输入以下命令：

```
>> syms x g
>> int(10^5 * pi * g * x,0,10)
```

按“回车”键，显示结果为：

```
ans =
5000000 * pi * g
```

所以将水抽尽，克服重力所做的功 $W=5\times10^6\pi g(\mathrm{J})$

例 8-67 设长为 l，质量均匀分布的杆，在杆的一端的延长线上距端点为 a 的位置有一质量为 m 的质点．求杆与质点之间的引力．

解 引力微元

$$\mathrm{d}F=k\frac{m\mu\mathrm{d}x}{(a+l-x)^2}$$

因此引力 $F=\int_0^l \frac{\mu k m}{(a+l-x)^2}\mathrm{d}x$

在 MATLAB 中输入以下命令：

```
>> syms mu k m x a l ;
>> int((mu * k * m)/(a + l-x)^2,x,0,l)
```

按“回车”键，显示结果为：

```
ans =
mu * k * m * l/a/(a + l)
```

再输入以下命令，可令结果显示得更清晰：

```
>> pretty(ans)
```

显示结果为：

```
 mukml
--------
a(a + l)
```

所以杆与质点之间的引力 $F=\frac{\mu k m l}{a(a+l)}$

例 8-68 计算广义积分(1) $\int_{-\infty}^{+\infty}\frac{1}{1+x^2}\mathrm{d}x$ (2) $\int_0^2\frac{1}{\sqrt{4-x^2}}\mathrm{d}x$ (3) $\int_{-1}^{1}\frac{1}{x^2}\mathrm{d}x$

解 MATLAB 中输入以下命令：

```
>> syms x
>> a1 = int(1/(1 + x^2),-inf, + inf), a2 = int(1/(sqrt(4-x^2)),0,2), a3 = int(1/x^2,
-1,1)
```

按“回车”键，显示结果为：

```
a1 =
```

```
pi

a2 =

1/2 * pi


a3 =

Inf
```

所以(1) $\int_{-\infty}^{+\infty} \frac{1}{1+x^2}dx = \pi$　(2) $\int_0^2 \frac{1}{\sqrt{4-x^2}}dx = \frac{\pi}{2}$　(3) $\int_{-1}^{1} \frac{1}{x^2}dx$ 是发散的

8.6　习题

8-1　求下列各不定积分.

(1) $\int x^6 dx$　　(2) $\int (e^x + 1)dx$

(3) $\int (2e^x - \sin x - 3)dx$　　(4) $\int \left(3\cos x + \sec^2 x - \frac{4}{1+x^2}\right)dx$

(5) $\int \frac{3x^3 - 2x^2 + x + 1}{x^3}dx$　　(6) $\int \left(e^x + \frac{3}{\sqrt{1-x^2}} - 11\right)dx$

(7) $\int e^x\left(3 + \frac{2e^{-x}}{\sqrt{1-x^2}}\right)dx$　　(8) $\int \frac{x^4 - 1}{1+x^2}dx$

(9) $\int \frac{\sin 2x}{\sin x}dx$　　(10) $\int \sec x(\sec x - \tan x)dx$

8-2　求下列各不定积分，再用 MATLAB 求解验证.

(1) $\int \cos 4x dx$　　(2) $\int \frac{1}{2-3x}dx$

(3) $\int (3-2x)^3 dx$　　(4) $\int \cos(2-3x)dx$

(5) $\int \frac{1}{\sqrt{2+3x}}dx$　　(6) $\int x(x^2-1)^{49}dx$

(7) $\int \cot x dx$　　(8) $\int \frac{dx}{1-2x}$

(9) $\int x\sqrt{2+x^2}dx$　　(10) $\int \frac{x}{3-5x^2}dx$

(11) $\int e^{\sin x}\cos x dx$　　(12) $\int \cos^3 x \sin x dx$

8-3　求下列各不定积分，再用 MATLAB 求解验证.

(1) $\int x\cos x dx$　　(2) $\int x^2 e^x dx$

(3) $\int \arctan x dx$　　(4) $\int \ln x dx$

8-4　试将题 8-4 图中的阴影面积分别用定积分表示.

8-5　利用牛顿-莱布尼兹公式计算下列各定积分.

(1) $\int_0^1 (2x^2 - 3x + 5)dx$　　(2) $\int_0^1 \sqrt{x}(1+\sqrt{x})dx$

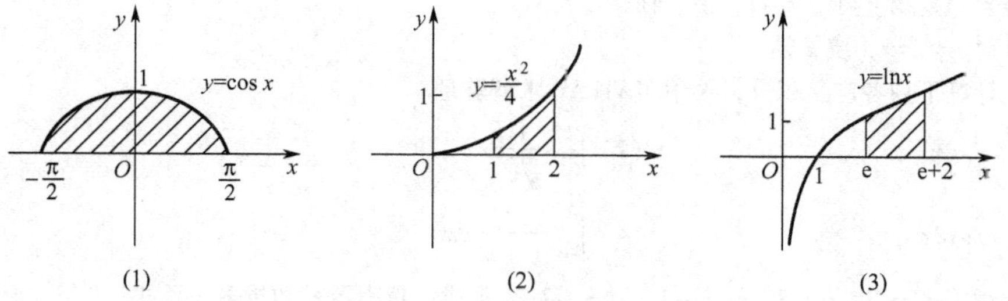

题 8-4 图

(3) $\int_0^1 (6x^5 - 6x^2 + 4)\mathrm{d}x$　　(4) $\int_{-1}^0 (4x^3 - 6x^2 + 11)\mathrm{d}x$

(5) $\int_1^2 \left(x + \frac{1}{x^3}\right)\mathrm{d}x$　　(6) $\int_0^1 \frac{x^2+3}{x^2+1}\mathrm{d}x$

8-6　计算下列各定积分，再用 MATLAB 求解验证.

(1) $\int_0^1 e^{3x}\mathrm{d}x$　　(2) $\int_0^{\frac{\pi}{3}} \sin 3x\mathrm{d}x$

(3) $\int_1^2 \frac{1}{3x-2}\mathrm{d}x$　　(4) $\int_0^1 \frac{1}{(x+1)^2}\mathrm{d}x$

(5) $\int_0^1 \sqrt{3x+2}\mathrm{d}x$　　(6) $\int_0^1 2xe^{x^2}\mathrm{d}x$

(7) $\int_0^1 \frac{2x}{\sqrt{1-x^2}}\mathrm{d}x$　　(8) $\int_0^1 \frac{x}{\sqrt{x^2+4}}\mathrm{d}x$

(9) $\int_0^1 \frac{2x}{2+x^2}\mathrm{d}x$　　(10) $\int_0^1 x\sqrt{1+2x^2}\mathrm{d}x$

8-7　利用函数的奇偶性计算下列各定积分.

(1) $\int_{-\pi}^{\pi} x^4 \sin x\mathrm{d}x$　　(2) $\int_{-\frac{1}{2}}^{\frac{1}{2}} \frac{(\arcsin x)^3}{\sqrt{1-x^2}}\mathrm{d}x$

(3) $\int_{-2}^{2} (x^6 - \sin^5 x + x\cos x)\mathrm{d}x$

8-8　计算下列各定积分，再用 MATLAB 求解验证.

(1) $\int_0^1 xe^x\mathrm{d}x$　　(2) $\int_0^{\pi} x\cos x\mathrm{d}x$

(3) $\int_1^e x\ln x\mathrm{d}x$　　(4) $\int_0^1 x\arctan x\mathrm{d}x$

8-9　设 $f(x) = \begin{cases} x & x \leqslant 1 \\ 1 & x > 1 \end{cases}$，求 $\int_0^2 f(x)\mathrm{d}x$.

8-10　设 $f(x) = \begin{cases} \frac{x}{2}+1 & 0 \leqslant x \leqslant 2 \\ x & 2 < x \leqslant 3 \end{cases}$，求 $\int_0^3 f(x)\mathrm{d}x$.

8-11　求由下列各曲线所围成的图形的面积.

(1) $y = \ln x$，x 轴和直线 $x = e$；

(2) $y = x^3$ 和 x 轴及直线 $x = 1$、$x = 3$；

(3) $y = x^2$ 和直线 $x + y = 2$；

(4) $y = x^2$ 和直线 $y = 2x$.

8-12　求由下列已知曲线所围成的图形按指定轴旋转所产生的旋转体的体积.

（1）$y=x^2$，直线 $y=0$，$x=1$，绕 x 轴；

（2）$y=x^2$，$y^2=x$，绕 x 轴.

*8-13 计算下列各广义积分，再用 MATLAB 求解验证.

（1）$\int_1^{+\infty}\frac{1}{x^4}\mathrm{d}x$ （2）$\int_1^{+\infty}\frac{1}{\sqrt{x}}\mathrm{d}x$

（3）$\int_{-\infty}^0\cos x\mathrm{d}x$ （4）$\int_{-\infty}^0\frac{1}{1+x^2}\mathrm{d}x$

*8-14 试将 $z_1=2\mathrm{i}$，$z_2=3$，$z_3=-1$，$z_4=-2\mathrm{i}$ 表示成三角表示式和指数表示式.

*8-15 求下列函数的实部、虚部及模.

（1）$\frac{1}{\mathrm{i}}$ （2）$\frac{1-\mathrm{i}}{1+\mathrm{i}}$ （3）$(1-\mathrm{i})(2+3\mathrm{i})$

*8-16 周期为4的矩形波 $u(t)$ 在 $[-2,2)$ 的表达式为

$$u(t)=\begin{cases}0 & -2\leqslant t<0\\ 1 & 0\leqslant t<2\end{cases}$$

将函数 $u(t)$ 展开成傅里叶级数，并求作 $u(t)$ 的频谱图.

*8-17 周期为2的矩形波 $u(t)$ 在 $[-1,1)$ 的表达式为

$$u(t)=\begin{cases}-1 & -1\leqslant t<0\\ 1 & 0\leqslant t<1\end{cases}$$

将函数 $u(t)$ 展开成傅里叶级数，并求作 $u(t)$ 的频谱图.

*8-18 求双边指数函数 $f(t)=\mathrm{e}^{-\alpha|t|}(\alpha>0)$ 的傅里叶变换，并求其振幅谱，做出幅谱图，再用 MATLAB 求解验证.

*8-19 求符号函数 $\mathrm{sgn}t=\begin{cases}-1 & t<0\\ 0 & t=0\\ 1 & t>0\end{cases}$，的傅里叶变换，并求其振幅谱，做出幅谱图.

*8-20 用拉普拉斯变换的定义求下列函数的拉普拉斯变换.

（1）$f(t)=\mathrm{e}^{-2t}$ （2）$f(t)=t^2$

*8-21 用查表的方法求下列函数的拉普拉斯变换，再用 MATLAB 求解验证.

（1）$f(t)=\sin t\cos t$ （2）$f(t)=\sin\frac{t}{2}$

（3）$f(t)=\cos^2t$ （4）$f(t)=\sin^2t$

*8-22 利用拉普拉斯变换的性质及拉普拉斯变换表求下列函数的拉普拉斯变换，再用 MATLAB 求解验证.

（1）$f(t)=5-2\mathrm{e}^{7t}+4\sin3t$ （2）$f(t)=3t+4t\mathrm{e}^{2t}-5\cos3t$

（3）$f(t)=\mathrm{e}^{3t}\cos2t$ （4）$f(t)=\mathrm{e}^{-3t}t$

*8-23 求下列函数的拉普拉斯逆变换，再用 MATLAB 求解验证.

（1）$F(s)=\frac{1}{s-4}$ （2）$F(s)=\frac{4}{s^2+16}$ （3）$F(s)=\frac{3s+4}{s^2}$

*8-24 用拉普拉斯变换求微分方程 $x'(t)+3x(t)=0$ 满足初始条件 $x(0)=2$ 的解.

第3篇　高等微积分与动力学

第9章　多元微积分

工程技术等应用问题中，往往牵涉到多方面的因素，反映在数学上就要讨论因变量依赖于多个自变量的函数——多元函数. 本章主要内容为多元函数微分学、二重积分、曲线积分及曲面积分.

9.1　多元函数与偏导数

9.1.1　多元函数的概念

引例1　如图9-1所示，三角形的面积 S 和它的底边长 b 以及底边长上的高 h 之间有关系式

$$S=\frac{1}{2}bh$$

式中，S、b、h 是三个变量，面积 S 随着变量 b、h 的变化而变化. 当变量 b、h 在一定范围 $(b>0,h>0)$ 内取定一对值 b_0、h_0 时，面积 S 就相应地随之确定.

因此说，S 是 b 和 h 的二元函数. b、h 的变化范围 $(b>0,h>0)$ 为该函数的定义域.

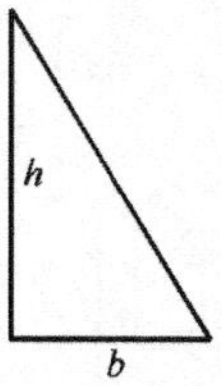

图　9-1

引例2　圆柱体的体积 V 和它的底半径 r、高 h 之间具有关系式

$$V=\pi r^2h$$

式中，当变量 r、h 在一定范围 $(r>0,h>0)$ 内取定一对数值 r_0、h_0 时，V 的对应值就随之确定. V 是 r、h 的二元函数.

引例3　一根截面为矩形的梁，其抗弯截面系数 W 与截面的高 h 及宽 b 之间的关系为

$$W=\frac{1}{6}bh^2$$

当变量 b、h 在一定范围 $(b>0,h>0)$ 内取定一对数值 b_0、h_0 时，W 的对应值就随之确定. W 是 b、h 的二元函数.

从上述例子看到，三角形面积、圆柱体的体积、矩形梁的抗弯截面系数都取决于两个变化的量. 为此引入下述定义.

定义9-1　设有三个变量 x，y 及 z. 如果当变量 x 和 y 在一定变化范围取定一对数值时，如果变量 z 按照一定的法则 f 总有确定的数值与它们对应，则称 z 是 x、y 的二元函数，记为

$z=f(x,y)$. 其中x，y称为自变量，z称为因变量. 自变量x，y的取值范围称为函数的定义域.

二元函数在$x=x_0$，$y=y_0$处取得的函数值记为

$$z\Big|_{\substack{x=x_0\\y=y_0}},\ z\Big|_{(x_0,y_0)}\text{或}f(x_0,y_0)$$

例9-1 设$z=\sin xy-\sqrt{1+y^2}$，求$z\Big|_{(\frac{\pi}{2},1)}$.

解 $z\Big|_{(\frac{\pi}{2},1)}=\sin\dfrac{\pi}{2}-\sqrt{1+1^2}=1-\sqrt{2}$

9.1.2 二元函数的定义域

二元函数$z=f(x,y)$的定义域比较复杂，可以是整个Oxy平面，也可以是坐标平面的一部分，通常由一些曲线围成，可用图形或不等式来表示.

求一个给定函数的定义域，就是要给出使函数表达式有意义的所有自变量的取值范围.

例9-2 求下列函数的定义域，并画出图形.

(1) $z=\arcsin\left|\dfrac{x}{2}\right|+\arcsin\left|\dfrac{y}{3}\right|$;

(2) $z=\sqrt{4-x^2-y^2}+\dfrac{1}{\sqrt{x^2+y^2-1}}$.

解 (1) 因为$\left|\dfrac{x}{2}\right|\leqslant1$，$\left|\dfrac{y}{3}\right|\leqslant1$

所以$\begin{cases}-2\leqslant x\leqslant2\\-3\leqslant y\leqslant3\end{cases}$，定义域为一矩形(如图9-2).

(2) 因为$\begin{cases}4-x^2-y^2\geqslant0\\x^2+y^2-1>0\end{cases}$，所以$1<x^2+y^2\leqslant4$，定义域为一环形区域(如图9-3).

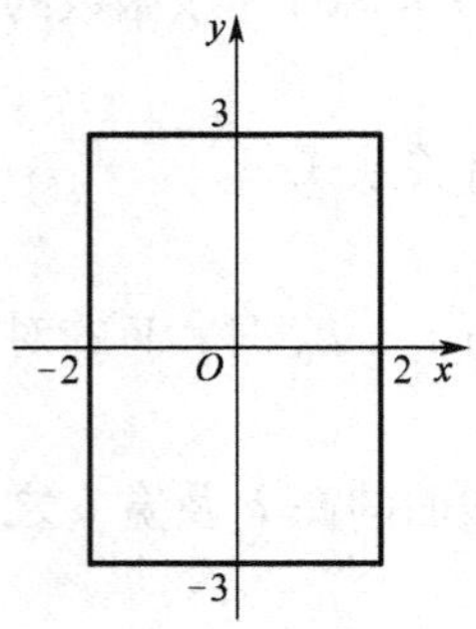

图 9-2

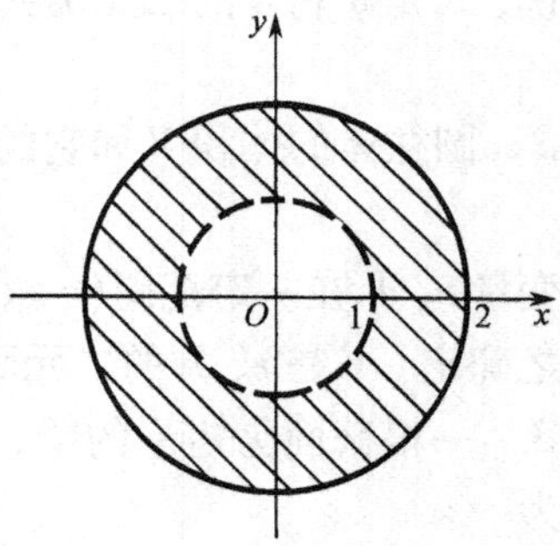

图 9-3

9.1.3 二元函数的几何意义

已经知道，一元函数的图形一般是一条平面曲线. 对于二元函数$z=f(x,y)$，当其自变量(x,y)在其定义域D内变化时，其对应的函数值z与自变量x，y一起构成空间内一动点(x,y,z)，其轨迹形成一张曲面Σ，称之为二元函数$z=f(x,y)$的图形(如图9-4).

定义域 D 就是曲面 Σ 在 Oxy 平面的投影.

9.1.4　二元函数的极限

与一元函数极限的情况类似，对于二元函数 $z=f(x,y)$，需要考察当自变量 x，y 无限趋近于某定点 (x_0,y_0) 时，对应的函数值的变化趋势，这就是二元函数的极限问题.

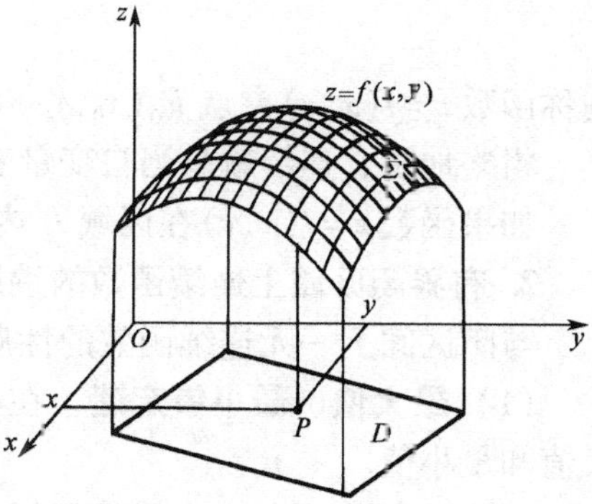

图　9-4

定义 9-2　设函数 $z=f(x,y)$ 在点 $P_0(x_0,y_0)$ 附近有定义（(x_0,y_0) 可除外），当点 $P(x,y)$ 无限接近 $P_0(x_0,y_0)$ 时，对应的函数值无限接近某个确定的常数 A，就说 A 是函数 $z=f(x,y)$ 当 $x\to x_0$，$y\to y_0$ 时的极限，记为

$$\lim_{\substack{x\to x_0\\ y\to y_0}} f(x,y)=A \tag{9-1}$$

例 9-3　求极限 $\lim\limits_{\substack{x\to 0\\ y\to 0}}\dfrac{\sin(x^2+y^2)}{x^2+y^2}$.

解　令 $u=x^2+y^2$，因为 $x\to 0$，$y\to 0$ 时，$u\to 0$，所以

$$\lim_{\substack{x\to 0\\ y\to 0}}\frac{\sin(x^2+y^2)}{x^2+y^2}=\lim_{u\to 0}\frac{\sin u}{u}=1$$

本例表明，二元函数的极限问题有时可先转化为一元函数的极限问题，再求解.

例 9-4　考察函数

$$f(x,y)=\begin{cases}\dfrac{xy}{x^2+y^2}, & x^2+y^2\neq 0\\ 0, & x^2+y^2=0\end{cases}$$

当 $(x,y)\to(0,0)$ 时的极限是否存在.

解　当点 (x,y) 沿 x 轴趋向于原点时，有

$$\lim_{x\to 0} f(x,y)=\lim_{x\to 0} f(x,0)=\lim_{x\to 0} 0=0$$

当点 (x,y) 沿 y 轴趋向于原点时，有

$$\lim_{y\to 0} f(x,y)=\lim_{y\to 0} f(0,y)=\lim_{y\to 0} 0=0$$

但是，当点 (x,y) 沿着直线 $y=kx\ (k\neq 0)$ 趋向于原点时，有

$$\lim_{\substack{x\to 0\\ y=kx\to 0}} f(x,y)=\lim_{x\to 0} f(x,kx)=\lim_{x\to 0}\frac{kx^2}{x^2+k^2x^2}=\frac{k}{1+k^2}$$

显然它是随着 k 的值的不同而改变的，故极限 $\lim\limits_{\substack{x\to 0\\ y\to 0}} f(x,y)$ 不存在.

9.1.5　二元函数的连续性

1. 二元函数的连续性

有了二元函数极限的定义，就很容易给出二元函数连续的定义.

定义 9-3　设函数 $z=f(x,y)$ 在点 $P_0(x_0,y_0)$ 附近有定义，如果当点 $P(x,y)$ 趋向于点 $P_0(x_0,y_0)$ 时，函数 $z=f(x,y)$ 的极限存在，且等于它在点 P_0 处的函数值．即

$$\lim_{\substack{x\to x_0\\y\to y_0}}f(x,y)=f(x_0,y_0) \tag{9-2}$$

则称函数 $z=f(x,y)$ 在点 $P_0(x_0,y_0)$ 处连续.

粗略地讲，连续就是当自变量变化很小时，函数值的变化也很小.

如果函数 $z=f(x,y)$ 在区域 D 内各点都连续，则称函数 $z=f(x,y)$ 在区域 D 内连续.

2. 有界闭区域上连续函数的性质

与闭区间上一元连续函数的性质相类似，在有界闭区域上连续的二元函数有如下性质：

(1) **最大值、最小值定理** 在有界闭区域上连续的二元函数在该区域上一定能取到最大值和最小值.

(2) **介值定理** 在有界闭区域上连续的二元函数能取得介于它的两个不同函数值之间的任何值至少一次.

以上的讨论可以推广到三元及三元以上的函数.

9.1.6 偏导数

1. 偏导数的定义

定义 9-4 设函数 $z=f(x,y)$ 在点 (x_0,y_0) 的附近有定义，当 y 固定在 y_0 而 x 在 x_0 处有增量 Δx 时，相应地函数有增量

$$f(x_0+\Delta x,y_0)-f(x_0,y_0)$$

如果

$$\lim_{\Delta x\to 0}\frac{f(x_0+\Delta x,y_0)-f(x_0,y_0)}{\Delta x}$$

存在，则称此极限为函数 $z=f(x,y)$ 在点 (x_0,y_0) 处对 x 的一阶偏导数(简称偏导数)，记作

$$\left.\frac{\partial z}{\partial x}\right|_{\substack{x=x_0\\y=y_0}},\ \left.\frac{\partial f}{\partial x}\right|_{\substack{x=x_0\\y=y_0}},\ \left.z'_x\right|_{\substack{x=x_0\\y=y_0}}\text{或}f'_x(x_0,y_0)$$

即

$$f'_x(x_0,y_0)=\lim_{\Delta x\to 0}\frac{f(x_0+\Delta x,y_0)-f(x_0,y_0)}{\Delta x} \tag{9-3a}$$

类似地，函数 $z=f(x,y)$ 在点 (x_0,y_0) 处对 y 的偏导数定义为

$$f'_y(x_0,y_0)=\lim_{\Delta y\to 0}\frac{f(x_0,y_0+\Delta y)-f(x_0,y_0)}{\Delta y} \tag{9-3b}$$

记作

$$\left.\frac{\partial z}{\partial y}\right|_{\substack{x=x_0\\y=y_0}},\ \left.\frac{\partial f}{\partial y}\right|_{\substack{x=x_0\\y=y_0}},\ \left.z'_y\right|_{\substack{x=x_0\\y=y_0}}\text{或}f'_y(x_0,y_0)$$

如果 $f(x,y)$ 在区域 D 内每一点 (x,y) 处对 x 的偏导数都存在，那么这个偏导数是 x，y 的函数，此函数称为函数 $z=f(x,y)$ 对自变量 x 的偏导函数，记作

$$\frac{\partial z}{\partial x},\ \frac{\partial f}{\partial x},\ z'_x\text{或}f'_x(x,y)$$

类似地，可以定义函数 $z=f(x,y)$ 对自变量 y 的偏导函数，记作

$$\frac{\partial z}{\partial y},\ \frac{\partial f}{\partial y},\ z'_y\text{或}f'_y(x,y)$$

在不致混淆的情况下，偏导函数也称偏导数.

与高阶导数类似，对二元及多元函数也有类似的二阶及高阶偏导数. 如

$$\frac{\partial}{\partial x}\left(\frac{\partial z}{\partial x}\right)=\frac{\partial^2 z}{\partial x^2}=f''_{xx}(x,y),\ \frac{\partial}{\partial y}\left(\frac{\partial z}{\partial x}\right)=\frac{\partial^2 z}{\partial x\partial y}=f''_{xy}(x,y)$$

$$\frac{\partial}{\partial x}\left(\frac{\partial z}{\partial y}\right)=\frac{\partial^2 z}{\partial y\partial x}=f''_{yx}(x,y),\ \frac{\partial}{\partial y}\left(\frac{\partial z}{\partial y}\right)=\frac{\partial^2 z}{\partial y^2}=f''_{yy}(x,y)$$

通常情况下，若二阶混合偏导数连续，则$\frac{\partial^2 z}{\partial x\partial y}=\frac{\partial^2 z}{\partial y\partial x}$，即求导次序可交换.

2. 偏导数的求法

由偏导数的定义可以看出，对某一个变量求偏导，就是将其余变量看作常数，而对该变量求导. 所以，求函数的偏导数不需要建立新的运算方法.

例 9-5　求函数 $z=x^2-3xy+2y^3$ 在点$(2,1)$处的两个偏导数.

解　因为

$$\frac{\partial z}{\partial x}=2x-3y,\ \frac{\partial z}{\partial y}=-3x+6y^2$$

所以

$$\left.\frac{\partial z}{\partial x}\right|_{\substack{x=2\\y=1}}=2\times 2-3\times 1=1,\ \left.\frac{\partial z}{\partial y}\right|_{\substack{x=2\\y=1}}=-3\times 2+6\times 1=0$$

例 9-6　求函数 $z=x^2\sin 2y$ 的一阶和二阶偏导数.

解

$$\frac{\partial z}{\partial x}=2x\sin 2y,\ \frac{\partial z}{\partial y}=2x^2\cos 2y$$

$$\frac{\partial^2 z}{\partial x^2}=2\sin 2y,\ \frac{\partial^2 z}{\partial y^2}=-4x^2\sin 2y$$

$$\frac{\partial^2 z}{\partial x\partial y}=\frac{\partial}{\partial y}(2x\sin 2y)=4x\cos 2y$$

$$\frac{\partial^2 z}{\partial y\partial x}=\frac{\partial}{\partial x}(2x^2\cos 2y)=4x\cos 2y$$

例 9-7　设 $z=x^y(x>0)$，求证

$$\frac{x}{y}\frac{\partial z}{\partial x}+\frac{1}{\ln x}\frac{\partial z}{\partial y}=2z$$

证明　因为$\frac{\partial z}{\partial x}=yx^{y-1}$，$\frac{\partial z}{\partial y}=x^y\ln x$

将它们代入等式左边，得

$$\frac{x}{y}\frac{\partial z}{\partial x}+\frac{1}{\ln x}\frac{\partial z}{\partial y}=\frac{x}{y}yx^{y-1}+\frac{1}{\ln x}x^y\ln x$$

$$=x^y+x^y=2z$$

所以

$$\frac{x}{y}\frac{\partial z}{\partial x}+\frac{1}{\ln x}\frac{\partial z}{\partial y}=2z$$

9.1.7　全微分

一元函数 $y=f(x)$的微分 dy 是估计函数增量 Δy 的数学模型. 类似地，关于二元函数$z=f(x,y)$在点 $P_0(x_0,y_0)$的增量 Δz 的估计，也有类似地数学模型.

定义9-5　如果函数 $z=f(x,y)$ 在点 (x,y) 的全增量

$$\Delta z=f(x+\Delta x,y+\Delta y)-f(x,y)$$

可表示为

$$\Delta z=A\Delta x+B\Delta y+o(\rho)$$

式中，A、B 与 Δx、Δy 无关；$\rho=\sqrt{(\Delta x)^2+(\Delta y)^2}$；则称

$$A\Delta x+B\Delta y$$

为函数 $z=f(x,y)$ 在点 (x,y) 的全微分，记作 $\mathrm{d}z$，即

$$\mathrm{d}z=A\Delta x+B\Delta y \tag{9-4}$$

定理9-1　如果函数 $z=f(x,y)$ 在点 (x,y) 处可微，则函数 $z=f(x,y)$ 在点 (x,y) 处连续.

【证略】

定理9-2（可微的必要条件）　如果函数 $z=f(x,y)$ 在点 (x,y) 处可微，则函数 $z=f(x,y)$ 在点 (x,y) 处的偏导数 $\frac{\partial z}{\partial x}$、$\frac{\partial z}{\partial y}$ 存在，而且

$$A=\frac{\partial z}{\partial x},\ B=\frac{\partial z}{\partial y}$$

即

$$\mathrm{d}z=\frac{\partial z}{\partial x}\Delta x+\frac{\partial z}{\partial y}\Delta y$$

【证略】

像一元函数一样，$\Delta x=\mathrm{d}x$，$\Delta y=\mathrm{d}y$，则

$$\mathrm{d}z=\frac{\partial z}{\partial x}\mathrm{d}x+\frac{\partial z}{\partial y}\mathrm{d}y \tag{9-5}$$

定理9-3　设 $P(x,y)$、$Q(x,y)$ 具有一阶连续偏导数，则存在某一函数 $u(x,y)$，使得

$$\mathrm{d}u=P(x,y)\mathrm{d}x+Q(x,y)\mathrm{d}y \tag{9-6}$$

的充分必要条件是

$$\frac{\partial P}{\partial y}=\frac{\partial Q}{\partial x} \tag{9-7}$$

例9-8　计算函数 $z=x^2y+y^2$ 的全微分.

解　因为 $\frac{\partial z}{\partial x}=2xy$，$\frac{\partial z}{\partial y}=x^2+2y$

所以

$$\mathrm{d}z=2xy\mathrm{d}x+(x^2+2y)\mathrm{d}y$$

例9-9　计算函数 $z=\mathrm{e}^{xy}$ 在点 $(2,1)$ 处的全微分.

解　因为 $\frac{\partial z}{\partial x}=y\mathrm{e}^{xy}$，$\frac{\partial z}{\partial y}=x\mathrm{e}^{xy}$

$$\left.\frac{\partial z}{\partial x}\right|_{\substack{x=2\\y=1}}=\mathrm{e}^2,\ \left.\frac{\partial z}{\partial y}\right|_{\substack{x=2\\y=1}}=2\mathrm{e}^2$$

所以

$$\mathrm{d}z=\mathrm{e}^2\mathrm{d}x+2\mathrm{e}^2\mathrm{d}y$$

9.1.8　偏导数的应用

1. 极大值与极小值

在实际问题中，往往会遇到多元函数的最大值、最小值问题. 与一元函数相类似，多元

函数的最大值、最小值分别与极大值、极小值有密切联系．下面以二元函数为例，先来讨论多元函数的极值问题．

定义 9-6　设函数 $z=f(x,y)$ 在点 (x_0,y_0) 的某个邻域内有定义，对于该邻域内异于 (x_0,y_0) 的点 (x,y) 都有

$$f(x,y)<f(x_0,y_0)\,(\text{或}\,f(x,y)>f(x_0,y_0)) \tag{9-8}$$

则称 $f(x_0,y_0)$ 为函数 $f(x,y)$ 的**极大值**（或**极小值**）．

极大值、极小值统称为**极值**．使函数取得极值的点称为极值点．

例 9-10　证明函数 $z=3x^2+4y^2$ 在点 $(0,0)$ 处有极小值．

证明　对于点 $(0,0)$ 的任一邻域内异于 $(0,0)$ 的点，函数值都为正，而在点 $(0,0)$ 处的函数值为零．从几何上看，因为点 $(0,0,0)$ 是开口朝上的椭圆抛物面 $z=3x^2+4y^2$ 的顶点，所以函数 $z=3x^2+4y^2$ 在点 $(0,0)$ 处有极小值．

例 9-11　证明函数 $z=-\sqrt{x^2+y^2}$ 在点 $(0,0)$ 处有极大值．

证明　因为在点 $(0,0)$ 处函数值为零，而对于点 $(0,0)$ 的任一邻域内异于 $(0,0)$ 的点，函数值都为负．点 $(0,0,0)$ 是位于 Oxy 平面下方的锥面 $z=-\sqrt{x^2+y^2}$ 的顶点，所以函数 $z=-\sqrt{x^2+y^2}$ 在点 $(0,0)$ 处有极大值．

二元函数的极值问题，一般可以利用偏导数来解决．

定理 9-4（必要条件）　设函数 $z=f(x,y)$ 在点 (x_0,y_0) 具有偏导数，且在点 (x_0,y_0) 处有极值，则它在该点的偏导数必然为零，即

$$f'_x(x_0,y_0)=0,\ f'_y(x_0,y_0)=0 \tag{9-9}$$

证　不妨设 $z=f(x,y)$ 在点 (x_0,y_0) 处有极大值．根据极大值的定义，在点 (x_0,y_0) 的某邻域内异于 (x_0,y_0) 的点 (x,y) 都适合不等式

$$f(x,y)<f(x_0,y_0)$$

特殊地，在邻域内取 $y=y_0$ 而 $x\neq x_0$ 的点，也应适合不等式

$$f(x,y_0)<f(x_0,y_0)$$

这表明一元函数 $f(x,y_0)$ 在 $x=x_0$ 处取得极大值，因而必有

$$f'_x(x_0,y_0)=0$$

类似地可证

$$f'_y(x_0,y_0)=0$$

仿照一元函数，凡是能使 $f'_x(x_0,y_0)=0$，$f'_y(x_0,y_0)=0$ 同时成立的点 (x_0,y_0) 称为函数 $z=f(x,y)$ 的驻点，驻点不一定是极值点．

定理 9-5（充分条件）　设函数 $z=f(x,y)$ 在点 (x_0,y_0) 的某邻域内连续且有一阶及二阶连续偏导数，又 $f'_x(x_0,y_0)=0$，$f'_y(x_0,y_0)=0$，令

$$f''_{xx}(x_0,y_0)=A,\ f''_{xy}(x_0,y_0)=B,\ f''_{yy}(x_0,y_0)=C$$

则 $f(x,y)$ 在 (x_0,y_0) 处是否取得极值的条件如下：

1）$AC-B^2>0$ 时具有极值，且当 $A<0$ 时有极大值，当 $A>0$ 时有极小值；

2）$AC-B^2<0$ 时没有极值；

3）$AC-B^2=0$ 时可能有极值，也可能没有极值，还需另作讨论．

【证略】．

利用定理9-4、9-5，求具有二阶连续偏导数的函数$z=f(x,y)$的极值的步骤如下：

1）解方程组

$$f'_x(x,y)=0,\ f'_y(x,y)=0$$

求得一切实数解，即可求得一切驻点.

2）在每一个驻点(x_0,y_0)处，求出其二阶偏导数的值A、B和C.

3）定出$AC-B^2$的符号，按定理9-5的结论判定$f(x_0,y_0)$是否是极值、是极大值还是极小值.

例9-12　求函数$f(x,y)=x^3-y^3+3x^2+3y^2-9x$的极值.

解　先解方程组

$$\begin{cases}f'_x(x,y)=3x^2+6x-9=0\\ f'_y(x,y)=-3y^2+6y=0\end{cases}$$

求得驻点为$(1,0)$、$(1,2)$、$(-3,0)$、$(-3,2)$.

再求出二阶偏导数

$$A=f''_{xx}(x,y)=6x+6,\ B=f''_{xy}(x,y)=0,\ C=f''_{yy}(x,y)=-6y+6$$

在点$(1,0)$处，$AC-B^2=12\times6>0$，又$A>0$，所以函数在$(1,0)$处有极小值$f(1,0)=-5$；

在点$(1,2)$处，$AC-B^2=12\times(-6)<0$，所以$f(1,2)$不是极值；

在点$(-3,0)$处，$AC-B^2=-12\times6<0$，所以$f(-3,0)$不是极值；

在点$(-3,2)$处，$AC-B^2=-12\times(-6)>0$，又$A<0$，所以函数在$(-3,2)$处有极大值$f(-3,2)=31$.

与一元函数类似，二元可微函数的极值点一定是驻点，但对有些函数来说，极值点不一定是驻点. 例如，点$(0,0)$是函数$z=\sqrt{x^2+y^2}$的极小值点，但点$(0,0)$并不是驻点，因为函数在该点偏导数不存在. 因此，二元函数的极值点可能是驻点，也可能是偏导数中至少有一个不存在的点.

2. 最大值及最小值

已经知道，有界闭区域D上的连续函数一定有最大值和最小值. 如果使函数取得最大值或最小值的点在区域D的内部，则这个点必然是函数的驻点，或者是一阶偏导数中至少有一个不存在的点. 然而，函数的最大值和最小值也可能在该区域的边界上取得. 因此，求有界闭区域D上二元函数的最大值和最小值时，首先要求出函数在D内的驻点、一阶偏导数不存在的点处的函数值及该函数在D的边界上的最大值、最小值. 比较这些值，其中最大者，就是该函数在闭区域D上的最大值，最小值就是函数在闭区域D上的最小值.

求二元函数在区域上的最大值和最小值，往往比较复杂. 但是，如果根据问题的实际意义，知道函数在区域D内存在最大值（或最小值），又知函数在D内可微，且只有唯一的驻点，则该点处的函数值就是所求的最大值（或最小值）.

例9-13　要制造一个无盖的长方体水槽，已知它的底部造价为18元/m^2，侧面造价均为6元/m^2，设计的总造价为216元，问如何选取它的尺寸，才能使水槽容积最大？

解　设水槽的长、宽、高分别为x、y、z，则容积为$V=xyz(x>0,y>0,z>0)$.

由题设知

$$18xy+6(2xz+2yz)=216$$

即

$$3xy+2z(x+y)=36$$

解出 z，得

$$z=\frac{36-3xy}{2(x+y)}=\frac{3}{2}\frac{12-xy}{x+y}$$

将上式代入 $V=xyz$ 中，得二元函数

$$V=\frac{3}{2}\frac{12xy-x^2y^2}{x+y}$$

求 V 对 x、y 的偏导数

$$\frac{\partial V}{\partial x}=\frac{3}{2}\frac{(12y-2xy^2)(x+y)-(12xy-x^2y^2)}{(x+y)^2}$$

$$\frac{\partial V}{\partial y}=\frac{3}{2}\frac{(12x-2x^2y)(x+y)-(12xy-x^2y^2)}{(x+y)^2}$$

令 $\frac{\partial V}{\partial x}=0$，$\frac{\partial V}{\partial y}=0$，得方程组

$$\begin{cases}(12y-2xy^2)(x+y)-(12xy-x^2y^2)=0\\(12x-2x^2y)(x+y)-(12xy-x^2y^2)=0\end{cases}$$

解之，得 $x=2$，$y=2$，$z=3$.

由问题的实际意义得知，函数确有最大值，又只有一个驻点，所以长为 2m，宽为 2m，高为 3m 时，水槽的容积最大.

3. 条件极值　拉格朗日乘数法

上面所讨论的极值问题，对于函数的自变量，除了限制在函数的定义域内以外，并无其他条件，所以有时候称为**无条件极值**. 但在实际问题中，有时会遇到对函数的自变量还有附加条件的极值问题. 例如，求表面积为 a^2 而体积为最大的长方体的体积问题. 设长方体的三棱的长为 x，y，z，则体积 $V=xyz$. 又因假定表面积为 a^2，所以自变量 x，y，z 还必须满足附加条件　$2(xy+yz+xz)=a^2$. 像这种对自变量有附加条件的极值称为**条件极值**. 对于有些实际问题，可以把条件极值化为无条件极值，然后利用前面所述的方法加以解决.

但在很多情形下，将条件极值化为无条件并不简单. 另有一种直接寻求条件极值的方法，可以不必先把问题化到无条件极值的问题，这就是下面要介绍的拉格朗日乘数法.

拉格朗日乘数法　要找函数 $z=f(x,y)$ 在条件 $\varphi(x,y)=0$ 下的可能极值点，可以先构造拉格朗日函数

$$F(x,y)=f(x,y)+\lambda\varphi(x,y) \tag{9-10}$$

式中，λ 为某一常数.

求其对 x 与 y 的一阶偏导数，并使之为零，则有

$$\begin{cases}f'_x(x,y)+\lambda\varphi'_x(x,y)=0\\f'_y(x,y)+\lambda\varphi'_y(x,y)=0\\\varphi(x,y)=0\end{cases} \tag{9-11}$$

由这方程组解出 x、y 及 λ，则其中 x、y 就是可能极值点的坐标.

这一方法还可以推广到自变量多于两个而条件多于一个的情形.

至于如何确定所求得的点是否极值点，在实际问题中往往可根据问题本身的性质来判定.

例 9-14 求表面积为 a^2 而体积为最大的长方体的体积.

解 设长方体的三棱长为 x、y、z，则问题就是在条件

$$\varphi(x,y,z)=2xy+2yz+2xz-a^2=0 \tag{1}$$

下，求函数

$$V=xyz \quad (x>0,y>0,z>0) \tag{2}$$

的最大值. 构造拉格朗日函数

$$F(x,y,z)=xyz+\lambda(2xy+2yz+2xz-a^2)$$

求其对 x、y、z 的偏导数，并使之为零，得到

$$\begin{cases} yz+2\lambda(y+z)=0 \\ xz+2\lambda(x+z)=0 \\ xy+2\lambda(y+x)=0 \end{cases} \tag{3}$$

联立式(3)与式(1)求解，解得

$$x=y=z=\frac{\sqrt{6}}{6}a$$

这是唯一可能的极值点. 因为由问题本身可知最大值一定存在，所以最大值就在这个可能的极值点处取得. 也就是说，表面积为 a^2 的长方体中，以棱长为$\frac{\sqrt{6}}{6}a$ 的正方体的体积为最大，最大体积 $V=\frac{\sqrt{6}}{36}a^3$.

9.2 二重积分及应用

9.2.1 引例

引例 4 曲顶柱体的体积.

设有一立体，它的底是 Oxy 面上的闭区域 D，它的侧面是以 D 的边界曲线为准线而母线平行于 z 轴的柱面，它的顶是曲面 $z=f(x,y)$，这里 $f(x,y)\geqslant 0$（如图 9-5）. 这种立体叫做曲顶柱体. 试求该曲顶柱体的体积.

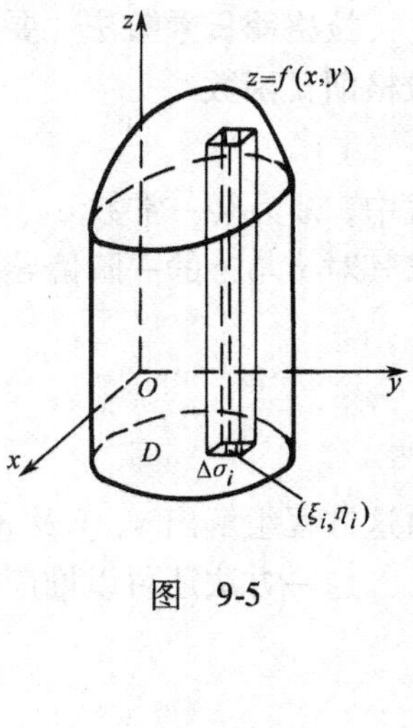

图 9-5

解 对于平顶柱体，其高是不变的，它的体积可以用公式

体积 = 高 × 底面积

来定义和计算. 对于曲顶柱体，当点(x,y)在区域 D 上变动时，高度$f(x,y)$是个变量，它的体积不能用上式来定义和计算. 但如果联系求曲边梯形面积的问题就不难看出，可以采用以下近似方法求解.

(1) 分割 将区域 D 任意分割成 n 个小区域

$$\Delta\sigma_1,\ \Delta\sigma_2,\ \cdots,\ \Delta\sigma_n$$

并以 $\Delta\sigma_i$ 表示第 i 个小区域的面积. 分别以这些小闭区域的

边界曲线为准线，作母线平行于 z 轴的柱面，这些柱面把原来的曲顶柱体分为 n 个小曲顶柱体.

（2）近似　在每个 $\Delta\sigma_i$ 中任取一点 (ξ_i,η_i)，以 $f(\xi_i,\eta_i)$ 为高、$\Delta\sigma_i$ 为底的平顶柱体（如图 9-5）的体积 $f(\xi_i,\eta_i)\Delta\sigma_i$ 近似代替第 i 个小曲顶柱体的体积，即

$$\Delta V_i \approx f(\xi_i,\eta_i)\Delta\sigma_i$$

（3）求和　将这 n 个小平顶柱体的体积相加，得到原曲顶柱体体积的近似值，即

$$V=\sum_{i=1}^{n}V_i \approx \sum_{i=1}^{n}f(\xi_i,\eta_i)\Delta\sigma_i$$

（4）取极限　将区域 D 无限细分，这个近似值就无限趋向于原曲顶柱体的体积，即

$$V=\lim_{\lambda\to 0}\sum_{i=1}^{n}f(\xi_i,\eta_i)\Delta\sigma_i$$

其中 λ 是这 n 个小区域的最大直径.

引例 5　平面薄片的质量

设有一平面薄片占有 Oxy 平面上的区域 D（如图 9-6），它的面密度为 D 上的连续函数 $\mu(x,y)$，求该平面薄片的质量.

解　如果薄片是均匀的，即面密度是常数，那么薄片的质量可以用公式

$$\text{质量}=\text{面密度}\times\text{面积}$$

来计算. 现在面密度 $\mu(x,y)$ 是变量，薄片的质量就不能直接用上式来计算. 上面用来处理曲顶柱体体积问题的方法完全适用于本问题. 具体作法如下：

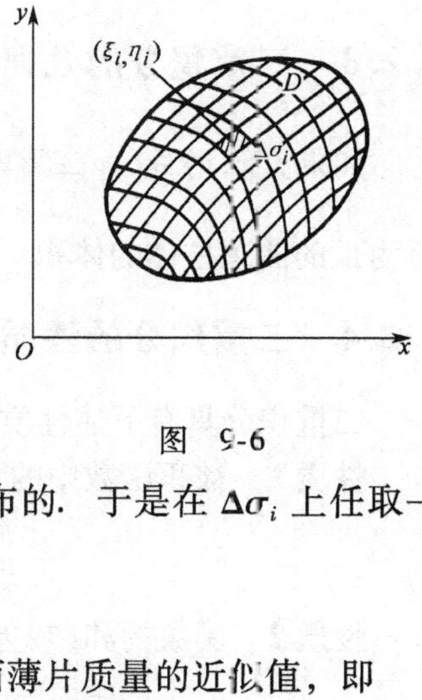

图 9-6

（1）分割　将薄片任意分成 n 个小闭区域 $\Delta\sigma_1,\Delta\sigma_2,\cdots,\Delta\sigma_n$，并以 $\Delta\sigma_i$ 表示第 i 个小区域的面积.

（2）近似　由于 $\mu(x,y)$ 在 D 上连续，因此当 $\Delta\sigma_i$ 的直径很小时，面密度的变化也很小，即其质量可近似看成是均匀分布的. 于是在 $\Delta\sigma_i$ 上任取一点 (ξ_i,η_i)，第 i 块薄片的质量的近似值为

$$\Delta m_i \approx \mu(\xi_i,\eta_i)\Delta\sigma_i$$

（3）求和　将这 n 个小块的质量的近似值相加得到整个平面薄片质量的近似值，即

$$M=\sum_{i=1}^{n}\Delta m_i \approx \sum_{i=1}^{n}\mu(\xi_i,\eta_i)\Delta\sigma_i$$

（4）取极限　记 $\lambda=\max\{\Delta\sigma_1,\Delta\sigma_2,\cdots,\Delta\sigma_n\}$，当区域个数 n 无限增加，即最大直径 $\lambda\to 0$ 时，上述和式的极限就是所求薄片的质量. 即

$$M=\lim_{\lambda\to 0}\sum_{i=1}^{n}\mu(\xi_i,\eta_i)\Delta\sigma_i$$

9.2.2　二重积分的定义

上面两个问题的实际意义虽然不同，但所求量都归结为同一形式的和的极限.

定义 9-7　设二元函数 $z=f(x,y)$ 定义在有界闭区域 D 上，将区域 D 任意分成 n 个小区域 $\Delta\sigma_i(i=1,2,\cdots,n)$，并以 $\Delta\sigma_i$ 表示第 i 个小区域的面积. 在 $\Delta\sigma_i$ 上任取一点 (ξ_i,η_i)，作

和 $\sum_{i=1}^{n} f(\xi_i,\eta_i)\Delta\sigma_i$. 如果当 $\lambda=\max\{\Delta\sigma_1,\Delta\sigma_2,\cdots,\Delta\sigma_n\}$ 趋于零时，此和式的极限存在，则称此极限为函数 $z=f(x,y)$ 在区域 D 上的二重积分，记为 $\iint\limits_D f(x,y)\,d\sigma$，即

$$\iint\limits_D f(x,y)\,d\sigma=\lim_{\lambda\to 0}\sum_{i=1}^{n} f(\xi_i,\eta_i)\Delta\sigma_i \tag{9-12}$$

式中，$f(x,y)$ 称为被积函数；$f(x,y)\,d\sigma$ 称为被积表达式；$d\sigma$ 称为面积元素；D 称为积分域；x 与 y 叫做积分变量.

根据二重积分的定义，曲顶柱体的体积就是柱体的高 $f(x,y)\geqslant 0$ 在底面区域 D 上的二重积分，即

$$V=\iint\limits_D f(x,y)\,d\sigma \tag{9-13}$$

非均匀分布的平面薄片的质量就是它的面密度函数 $\mu(x,y)$ 在薄片所占有的区域 D 上的二重积分，即

$$M=\iint\limits_D \mu(x,y)\,d\sigma \tag{9-14}$$

9.2.3　二重积分的几何意义

如果 $f(x,y)\geqslant 0$，二重积分 $\iint\limits_D f(x,y)\,d\sigma$ 的几何意义表示以区域 D 为底、以曲面 $z=f(x,y)$ 为顶的曲顶柱体的体积.

9.2.4　二重积分的性质

二重积分具有下述性质，以下所遇到的函数假定均可积.

性质1　被积函数中的常数因子可以提到二重积分号的外面，即

$$\iint\limits_D kf(x,y)\,d\sigma = k\iint\limits_D f(x,y)\,d\sigma \ (k\text{ 为常数})$$

性质2　函数的和(或差)的二重积分等于各个函数的二重积分的和(或差)，即

$$\iint\limits_D [f(x,y)\pm g(x,y)]\,d\sigma = \iint\limits_D f(x,y)\,d\sigma \pm \iint\limits_D g(x,y)\,d\sigma$$

性质3　如果区域 D 被分成两个小区域 D_1 与 D_2，则在 D 上的二重积分等于各子区域 D_1、D_2 上的二重积分之和，即

$$\iint\limits_D f(x,y)\,d\sigma = \iint\limits_{D_1} f(x,y)\,d\sigma + \iint\limits_{D_2} f(x,y)\,d\sigma$$

性质4　如果在 D 上，$f(x,y)=1$，且 D 的面积为 σ，则

$$\iint\limits_D d\sigma=\sigma$$

性质5　如果在 D 上，$f(x,y)\leqslant g(x,y)$，则

$$\iint\limits_D f(x,y)\,d\sigma \leqslant \iint\limits_D g(x,y)\,d\sigma$$

推论　函数在 D 上的二重积分的绝对值不大于函数绝对值在 D 上的二重积分，即

$$\left|\iint_D f(x,y)\,\mathrm{d}\sigma\right| \leqslant \iint_D |f(x,y)|\,\mathrm{d}\sigma$$

性质 6　如果 M、m 分别是函数 $f(x,y)$ 在 D 上的最大值与最小值，σ 为区域 D 的面积，则

$$m\sigma \leqslant \iint_D f(x,y)\,\mathrm{d}\sigma \leqslant M\sigma$$

性质 7（二重积分中值定理）　设函数 $f(x,y)$ 在有界闭区域 D 上连续，记 σ 是 D 的面积，则在 D 上至少存在一点 (ξ,η)，使得

$$\iint_D f(x,y)\,\mathrm{d}\sigma = f(\xi,\eta)\sigma$$

这些性质的证明与相应的定积分性质的证法相类似.

【证略】.

9.2.5　二重积分的计算方法

按定义来计算二重积分显然是很困难的，需要找一种实际可行的计算方法. 首先介绍在直角坐标系中的计算法，然后再介绍在极坐标系中的计算法.

1. 直角坐标系中的累次积分法

如果 $f(x,y)\geqslant 0$，那么二重积分 $\iint_D f(x,y)\,\mathrm{d}\sigma$ 的值等于一个以 D 为底、以曲面 $z=f(x,y)$ 为顶的曲顶柱体的体积；而平行截面面积为已知的立体的体积又可以用定积分来计算. 因此，可以利用二重积分的几何意义来寻找二重积分的计算法.

1）设积分区域 D 可用不等式组

$$\begin{cases}\varphi_1(x)\leqslant y\leqslant \varphi_2(x)\\ a\leqslant x\leqslant b\end{cases} \tag{9-15}$$

来表示（如图 9-7），其中函数 $\varphi_1(x)$、$\varphi_2(x)$ 在区间 $[a,b]$ 上连续.

先计算截面面积. 为此，在区间 $[a,b]$ 上任意取定一点 $(x,0,0)$，过点 $(x,0,0)$ 作垂直于 x 轴的平面. 设它与曲顶柱体相交的截面面积为 $A(x)$（如图 9-8），则曲顶柱体的体积为

$$V=\int_a^b A(x)\,\mathrm{d}x \tag{1}$$

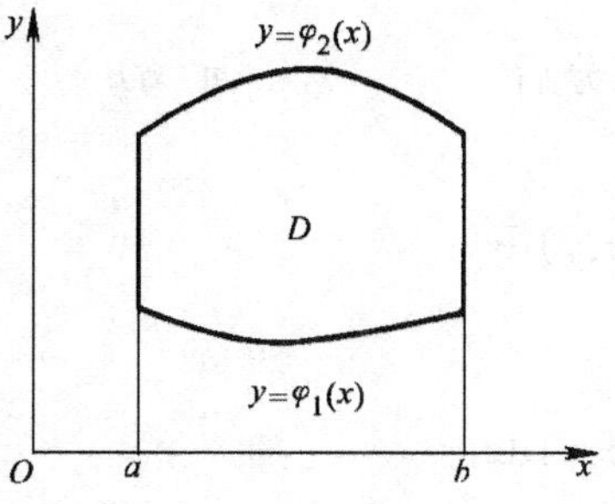

图　9-7

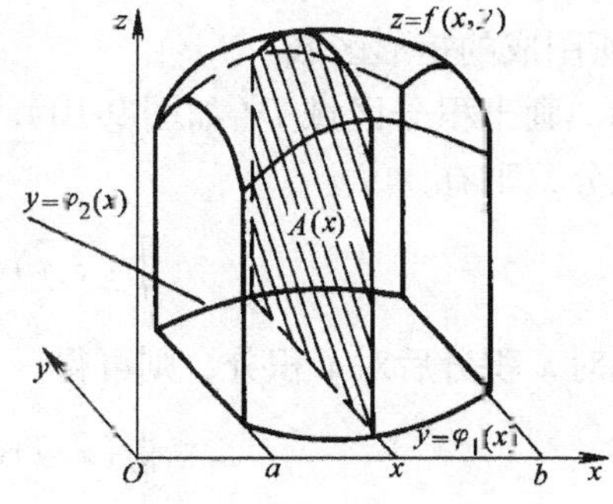

图　9-8

由图可见，该截面是一个以区间$[\varphi_1(x),\varphi_2(x)]$为底边、以曲线$z=f(x,y)$($x$是固定的)为曲边的曲边梯形，其面积又可表示为

$$A(x)=\int_{\varphi_1(x)}^{\varphi_2(x)}f(x,y)\,\mathrm{d}y \tag{2}$$

将$A(x)$代入式(1)，则曲顶柱体的体积为

$$V=\int_a^b\left[\int_{\varphi_1(x)}^{\varphi_2(x)}f(x,y)\,\mathrm{d}y\right]\mathrm{d}x$$

于是，由式(9-15)确定的积分区域D上的二重积分

$$\iint_D f(x,y)\,\mathrm{d}\sigma=\int_a^b\left[\int_{\varphi_1(x)}^{\varphi_2(x)}f(x,y)\,\mathrm{d}y\right]\mathrm{d}x \tag{9-16a}$$

由此看到，二重积分的计算可化为两次定积分来计算，它通常也可写成

$$\iint_D f(x,y)\,\mathrm{d}\sigma=\int_a^b\mathrm{d}x\int_{\varphi_1(x)}^{\varphi_2(x)}f(x,y)\,\mathrm{d}y \tag{9-16b}$$

上式右端的积分叫做先对y后对x的二次积分. 这种先对一个变量积分，然后再对另一个变量积分的方法，称为**累次积分法**.

2）设积分区域D可用不等式组

$$\begin{cases}\psi_1(y)\leqslant x\leqslant\psi_2(y)\\ c\leqslant y\leqslant d\end{cases} \tag{9-17}$$

来表示(如图9-9). 那么就有

$$\iint_D f(x,y)\,\mathrm{d}\sigma=\int_c^d\left[\int_{\psi_1(y)}^{\psi_2(y)}f(x,y)\,\mathrm{d}x\right]\mathrm{d}y \tag{9-18a}$$

上式称为先对x积分后对y积分的累次积分公式，它通常也可写成

$$\iint_D f(x,y)\,\mathrm{d}\sigma=\int_c^d\mathrm{d}y\int_{\psi_1(y)}^{\psi_2(y)}f(x,y)\,\mathrm{d}x \tag{9-18b}$$

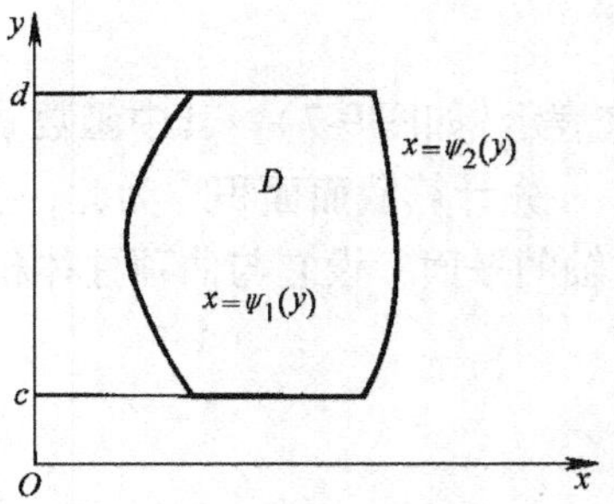

图 9-9

如果区域不属于上述两种情形，就不能使用上述方法，这时可以用平行于y轴(或平行于x轴)的直线，把D分成若干个小区域，使每个小区域都属于上述类型，那么D上的二重积分就是这些小区域上的二重积分的和.

例9-15 试将二重积分$\iint\limits_D f(x,y)\,\mathrm{d}\sigma$化为两种不同次序的累次积分. 其中，$D$是由$x=a$，$x=b$，$y=c$，$y=d(a<b,c<d)$所围成的矩形区域.

解 画出积分区域D(如图9-10). 如果先对y积分后对x积分，则有

$$\iint_D f(x,y)\,\mathrm{d}\sigma=\int_a^b\mathrm{d}x\int_c^d f(x,y)\,\mathrm{d}y$$

如果先对x积分后对y积分，则可得

$$\iint_D f(x,y)\,\mathrm{d}\sigma=\int_c^d\mathrm{d}y\int_a^b f(x,y)\,\mathrm{d}x$$

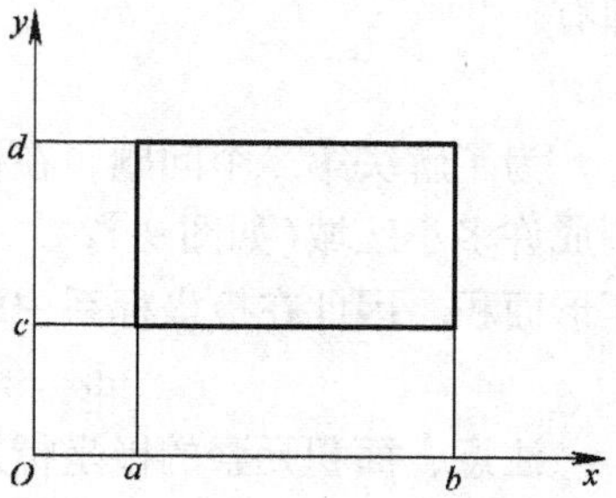

图　9-10

例 9-16　试将 $\iint\limits_D f(x,y)\mathrm{d}\sigma$ 化为两种不同次序的累次积分，其中，D 是由 $y=x$，$y=2-x$ 和 x 轴所围成的区域.

解　首先画出积分区域，并求出边界曲线的交点(1，1)，(1,0)及(2,0).

如果先对 y 积分后对 x 积分，将区域 D 分成两个区域 D_1 和 D_2，可得

$$\begin{aligned}\iint\limits_D f(x,y)\mathrm{d}\sigma &= \iint\limits_{D_1} f(x,y)\mathrm{d}\sigma + \iint\limits_{D_2} f(x,y)\mathrm{d}\sigma \\ &= \int_0^1 \mathrm{d}x\int_0^x f(x,y)\mathrm{d}y + \int_1^2 \mathrm{d}x\int_0^{2-x} f(x,y)\mathrm{d}y\end{aligned}$$

如果先对 x 积分后对 y 积分，可得累次积分为

$$\iint\limits_D f(x,y)\mathrm{d}\sigma = \int_0^1 \mathrm{d}y\int_y^{2-y} f(x,y)\mathrm{d}x$$

例 9-16 表明，恰当地选择积分次序，有时能使计算比较简便.

例 9-17　计算 $\iint\limits_D xy\mathrm{d}\sigma$，其中 D 是由抛物线 $y^2=x$ 及直线 $y=x-2$ 所围成的闭区域.

解　画出积分区域 D(如图 9-11)，并求出边界曲线的交点(1，-1)和(4，2). 由图可见，先对 x 积分后对 y 积分较为简便.

$$\begin{aligned}\iint\limits_D xy\mathrm{d}\sigma &= \int_{-1}^2 \mathrm{d}y\int_{y^2}^{y+2} xy\mathrm{d}x \\ &= \int_{-1}^2 \left[\frac{x^2}{2}y\right]_{y^2}^{y+2}\mathrm{d}y \\ &= \frac{1}{2}\int_{-1}^2 [y(y+2)^2 - y^5]\mathrm{d}y \\ &= \frac{1}{2}\left[\frac{y^4}{4}+\frac{4}{3}y^3+2y^2-\frac{y^6}{6}\right]_{-1}^2 = \frac{45}{8}\end{aligned}$$

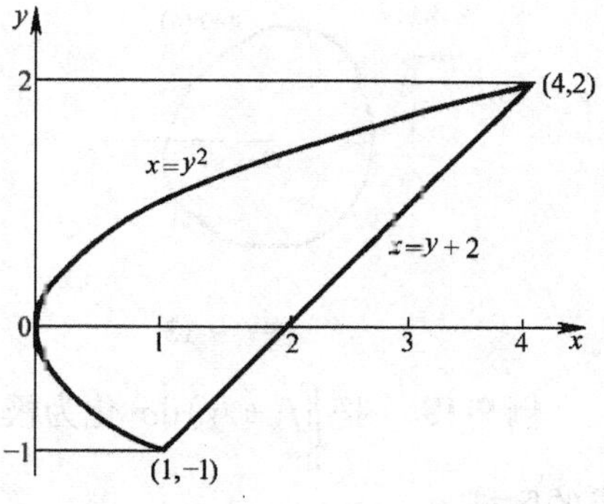

图　9-11

在例 9-17 中，如果先对 y 积分后对 x 积分，应如何计算这个二重积分？请读者思考，并自行写出累次积分式.

2. 极坐标系中的累次积分法

前面已经介绍了二重积分在直角坐标系中的计算法，但是对某些被积函数和某些积分域用极坐标计算会比较简便. 下面来介绍二重积分在极坐标系中的累次积分法.

显然，将二重积分 $\iint\limits_D f(x,y)\mathrm{d}\sigma$ 化为极坐标形式，会遇到两个问题. 一个问题是如何把被积函数 $f(x,y)$ 化为极坐标形式；另一个问题是如何把面积元素 $\mathrm{d}\sigma$ 化为极坐标形式.

第一个问题是容易解决的. 如果选取极点 O 为直角坐标系的原点，极轴为 x 轴，则由直角坐标与极坐标的关系为

$$\begin{cases}x = r\cos\theta \\ y = r\sin\theta\end{cases}$$

即有

$$f(x,y)=f(r\cos\theta,r\sin\theta) \tag{9-19}$$

为了解决第二个问题，在极坐标系中，可以用 θ = 常数和 r = 常数的两族曲线，把 D 分割成许多小区域(如图 9-12). 图中阴影所示的区域的面积近似等于以 $r\mathrm{d}\theta$ 为长、$\mathrm{d}r$ 为宽的矩形面积. 因此在极坐标系中的面积元素可记为

$$\mathrm{d}\sigma=r\mathrm{d}r\mathrm{d}\theta \tag{9-20}$$

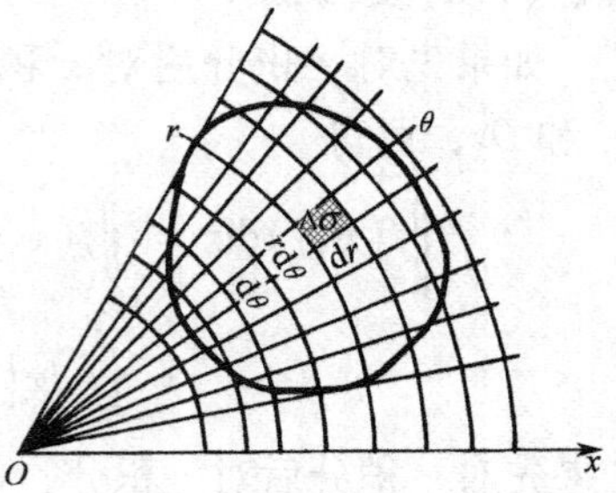

图 9-12

注意，面积元素的极坐标形式中有一个因子 r，请读者在运用中切勿遗漏.

实际计算中，把二重积分的极坐标形式化为累次积分的过程分两种情形来考虑：

1) 如果坐标原点在积分域 D 内，且边界方程为 $r=r(\theta)$(如图 9-13)，则二重积分的累次积分为

$$\iint\limits_D f(r\cos\theta,r\sin\theta)r\mathrm{d}r\mathrm{d}\theta=\int_0^{2\pi}\mathrm{d}\theta\int_0^{r(\theta)}f(r\cos\theta,r\sin\theta)r\mathrm{d}r \tag{9-21}$$

2) 如果坐标原点不在积分域 D 内(如图 9-14)，则二重积分为

$$\iint\limits_D f(r\cos\theta,r\sin\theta)r\mathrm{d}r\mathrm{d}\theta=\int_\alpha^{\beta}\mathrm{d}\theta\int_{r_1(\theta)}^{r_2(\theta)}f(r\cos\theta,r\sin\theta)r\mathrm{d}r \tag{9-22}$$

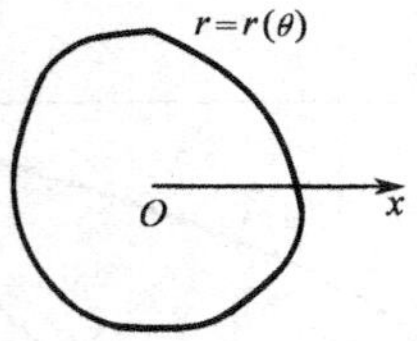

图 9-13

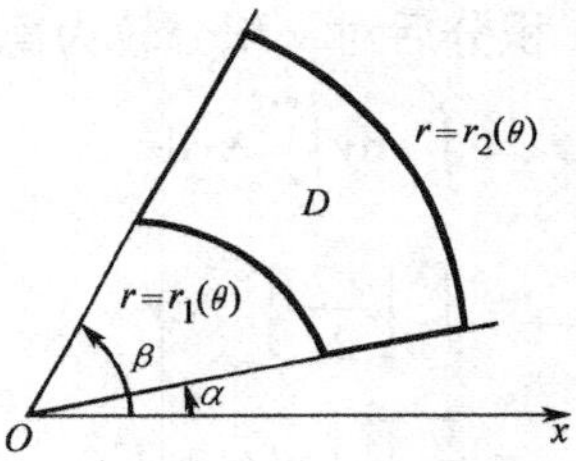

图 9-14

例 9-18 把 $\iint\limits_D f(x,y)\mathrm{d}\sigma$ 化为极坐标系中的累次积分，其中，D 是由圆 $x^2+y^2=2Ry$ 所围成的区域.

解 在极坐标系中画出区域 D(如图 9-15)，并把 D 的边界曲线 $x^2+y^2=2Ry$ 化为极坐标方程，即为

$$r=2R\sin\theta$$

原点不在区域 D 内部，所以

$$\iint\limits_D f(x,y)\mathrm{d}\sigma=\iint\limits_D f(r\cos\theta,r\sin\theta)r\mathrm{d}r\mathrm{d}\theta$$

$$=\int_0^{\pi}\mathrm{d}\theta\int_0^{2R\sin\theta}f(r\cos\theta,r\sin\theta)r\mathrm{d}r$$

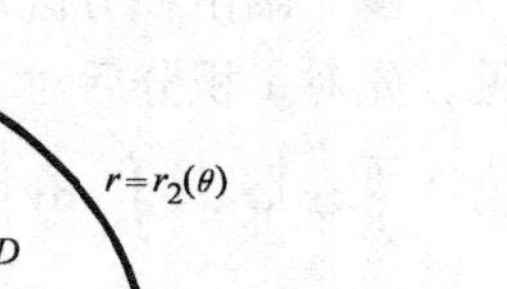

图 9-15

例 9-19 计算 $\iint\limits_D \mathrm{e}^{-x^2-y^2}\mathrm{d}\sigma$，其中 D 是圆域 $x^2+y^2\leqslant a^2(a>0)$.

解 在极坐标系中计算. 因原点在区域 D 内，且边界曲线的方程为 $r=a$，所以有

$$\iint_D e^{-x^2-y^2}d\sigma = \iint_D e^{-r^2}rdrd\theta = \int_0^{2\pi}d\theta\int_0^a re^{-r^2}dr = -\pi\left[e^{-r^2}\right]_0^a = \pi(1-e^{-a^2})$$

由以上例子知道，选择合适的坐标系，可使计算简化.

9.2.6　二重积分的应用

例 9-20　计算由锥面 $z=\sqrt{x^2+y^2}$ 及旋转抛物面 $z=6-x^2-y^2$ 所围成的立体的体积.

解　求出这两个曲面的交线 $\begin{cases} z=\sqrt{x^2+y^2} \\ z=6-x^2-y^2 \end{cases}$ 在 Oxy 面上的投影为

$$\begin{cases} x^2+y^2=4 \\ z=0 \end{cases}$$

所求立体的体积为

$$\begin{aligned} V &= \iint_D (6-x^2-y^2)d\sigma - \iint_D \sqrt{x^2+y^2}d\sigma \\ &= \iint_D (6-x^2-y^2-\sqrt{x^2-y^2})d\sigma \\ &= \iint_D (6-r^2-r)rdrd\theta \\ &= \int_0^{2\pi}d\theta\int_0^2 (6-r^2-r)rdr \\ &= 2\pi\int_0^2 (6r-r^3-r^2)dr = \frac{32}{3}\pi \end{aligned}$$

*9.3　曲线积分与曲面积分

9.3.1　对弧长的曲线积分

引例 6　曲线的质量.

若曲线的线密度是常数 ρ_0，曲线弧长为 l，则曲线的质量 $M=\rho_0 l$.

若曲线的线密度不是常数，而是曲线上点 (x,y,z) 的函数 $\rho(x,y,z)$. 将曲线 Γ 任意分成 n 个小弧段 Δs_i，Δs_i 也代表弧长，在 Δs_i 上任取一点 (ξ_i,η_i,ζ_i)，则

$$M \approx \sum_{i=1}^{n}\rho(\xi_i,\eta_i,\zeta_i)\Delta s_i$$

显然，分割越细，近似程度越高，于是

$$M=\lim_{\lambda\to 0}\sum_{i=1}^{n}\rho(\xi_i,\eta_i,\zeta_i)\Delta s_i$$

式中，$\lambda=\max\{\Delta s_i,\Delta s_2,\cdots,\Delta s_n\}$

由此引出下列曲线积分的定义.

定义 9-8　设函数 $f(x,y,z)$ 在曲线 Γ 上有定义，将 Γ 任意分成 n 块小曲线段，记为 Δs_i $(i=1,2,\cdots,n)$，Δs_i 也表示第 i 块小曲线的弧长，在每块小曲线段 Δs_i 上任取一点 (ξ_i,η_i,ζ_i)，作和式

$$\sum_{i=1}^{n} f(\xi_i,\eta_i,\zeta_i)\Delta s_i$$

如果当 $\lambda=\max\{\Delta s_1,\Delta s_2,\cdots,\Delta s_n\}$ 趋于零时，和式的极限存在，则称此极限值为函数 $f(x,y,z)$ 在曲线 Γ 上**对弧长的曲线积分**，也称为**第一类曲线积分**，记作

$$\int_\Gamma f(x,y,z)\,\mathrm{d}s = \lim_{\lambda\to 0}\sum_{i=1}^{n} f(\xi_i,\eta_i,\zeta_i)\Delta s_i \tag{9-23}$$

式中，$f(x,y,z)$ 称为被积函数；$f(x,y,z)\,\mathrm{d}s$ 称为被积表达式；$\mathrm{d}s$ 称为曲线的弧长元素；Γ 称为积分曲线. 如果曲线是封闭的，则曲线积分记为 $\oint_\Gamma f(x,y,z)\,\mathrm{d}s$.

如果 $f(x,y,z)$ 在 Γ 上连续，则 $\int_\Gamma f(x,y,z)\,\mathrm{d}s$ 存在.

【证略】

对弧长的曲线积分可以化成定积分来计算，设曲线 Γ 的参数方程为

$$\begin{cases} x=x(t) \\ y=y(t) \quad \alpha\leqslant t\leqslant\beta \\ z=z(t) \end{cases}$$

则 $\mathrm{d}s=\sqrt{x'^2+y'^2+z'^2}\,\mathrm{d}t$，从而

$$\int_\Gamma f(x,y,z)\,\mathrm{d}s = \int_\alpha^\beta f[x(t),y(t),z(t)]\sqrt{x'^2+y'^2+z'^2}\,\mathrm{d}t$$

注意，这里 $\alpha<\beta$.

例 9-21 计算曲线积分 $\int_\Gamma xyz\mathrm{d}s$，其中 Γ 为螺旋线.

$$\begin{cases} x=a\cos t \\ y=a\sin t \quad (0\leqslant t\leqslant 2\pi, a>0) \\ z=bt \end{cases}$$

解

$$\begin{aligned}\mathrm{d}s &= \sqrt{x'^2+y'^2+z'^2}\,\mathrm{d}t \\ &= \sqrt{(-a\sin t)^2+(a\cos t)^2+b^2}\,\mathrm{d}t \\ &= \sqrt{a^2+b^2}\,\mathrm{d}t\end{aligned}$$

故

$$\begin{aligned}\int_\Gamma xyz\mathrm{d}s &= \int_0^{2\pi} a\cos t\, a\sin t\, bt\sqrt{a^2+b^2}\,\mathrm{d}t \\ &= \frac{a^2b\sqrt{a^2+b^2}}{2}\int_0^{2\pi} t\sin 2t\,\mathrm{d}t \\ &= \frac{a^2b\sqrt{a^2+b^2}}{2}\left[-\frac{t}{2}\cos 2t+\frac{1}{4}\sin 2t\right]_0^{2\pi} \\ &= -\frac{a^2b\sqrt{a^2+b^2}}{2}\pi\end{aligned}$$

9.3.2 对坐标的曲线积分

1. 对坐标的曲线积分的概念

引例 7　变力沿曲线做功问题.

设有一质点在力 $\boldsymbol{F}=P(x,y,z)\boldsymbol{i}+Q(x,y,z)\boldsymbol{j}+R(x,y,z)\boldsymbol{k}$ 的作用下，沿空间曲线 Γ 从点 A 移动到点 B，试求变力 F 所做的功.

用元素法来讨论这个问题. 如图 9-16，在曲线 Γ 上任取一小弧段 $\Delta s=MN$，在 Δs 上力 $\boldsymbol{F}$ 近似地等于常力，可将点 $M(x,y,z)$ 处的力作为近似值，因而质点通过 Δs 所做的功近似为

$$\Delta W\approx \boldsymbol{F}(x,y,z)\cdot\Delta \boldsymbol{s}$$

若记 $\boldsymbol{t}=\boldsymbol{i}\cos\alpha+\boldsymbol{j}\cos\beta+\boldsymbol{k}\cos\gamma$ 为曲线 Γ 上点 $M(x,y,z)$ 处的与 Γ 正向一致的单位切矢量，则

$$\Delta\boldsymbol{s}\approx \mathrm{d}\boldsymbol{s}=\boldsymbol{t}\mathrm{d}s=(\boldsymbol{i}\cos\alpha+\boldsymbol{j}\cos\beta+\boldsymbol{k}\cos\gamma)\mathrm{d}s$$

从而

$$\Delta W=(P\cos\alpha+Q\cos\beta+R\cos\gamma)\mathrm{d}s$$

即

$$\mathrm{d}W=(P\cos\alpha+Q\cos\beta+R\cos\gamma)\mathrm{d}s$$

故

$$W=\int_\Gamma(P\cos\alpha+Q\cos\beta+R\cos\gamma)\mathrm{d}s$$

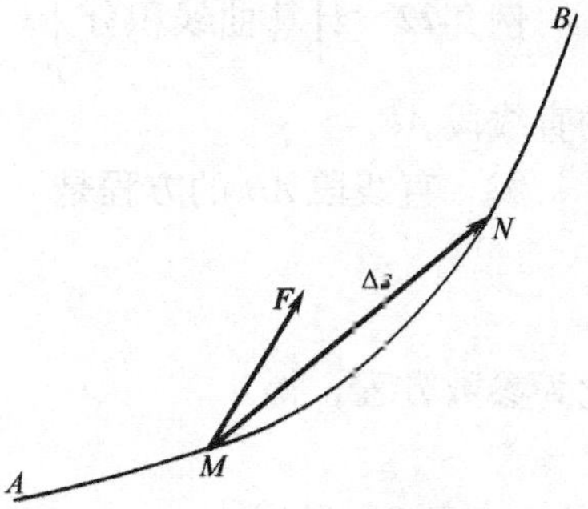

图　9-16

上述形式的曲线积分在力学及工程应用问题中经常遇到，称之为**第二类曲线积分**.

定义 9-9　设 Γ 为空间中的一条有向光滑的曲线段，$\boldsymbol{t}=\boldsymbol{i}\cos\alpha+\boldsymbol{j}\cos\beta+\boldsymbol{k}\cos\gamma$ 为 Γ 上任一点 $M(x,y,z)$ 处与 Γ 正向一致的单位切矢量. 又 $P(x,y,z)$，$Q(x,y,z)$ 及 $R(x,y,z)$ 为 Γ 上的有界连续函数(或分段连续函数)，则称

$$\int_\Gamma(P\cos\alpha+Q\cos\beta+R\cos\gamma)\mathrm{d}s \tag{9-24a}$$

为矢量场 $\boldsymbol{F}=\boldsymbol{i}P(x,y,z)+\boldsymbol{j}Q(x,y,z)+\boldsymbol{k}R(x,y,z)$ 沿曲线 Γ 的**第二类曲线积分**.

由于　$(P\cos\alpha+Q\cos\beta+R\cos\gamma)\mathrm{d}s=\boldsymbol{F}\cdot\boldsymbol{t}\mathrm{d}s=\boldsymbol{F}\cdot\mathrm{d}\boldsymbol{s}$

式(9-24a)又可写为

$$\int_\Gamma \boldsymbol{F}\cdot\mathrm{d}\boldsymbol{s} \tag{9-24b}$$

称之为第二类曲线积分的矢量式. 注意到

$$\mathrm{d}\boldsymbol{s}=\boldsymbol{i}\mathrm{d}x+\boldsymbol{j}\mathrm{d}y+\boldsymbol{k}\mathrm{d}z$$

式(9-24b)也可写为 $\int_\Gamma P\mathrm{d}x+Q\mathrm{d}y+R\mathrm{d}z$，即

$$\int_\Gamma P\mathrm{d}x+Q\mathrm{d}y+R\mathrm{d}z=\int_\Gamma(P\cos\alpha+Q\cos\beta+R\cos\gamma)\mathrm{d}s \tag{9-24c}$$

鉴于此，第二类曲线积分也称为对坐标的曲线积分.

现在用第二类曲线积分的术语，变力 $\boldsymbol{F}$ 沿曲线段 $\boldsymbol{\Gamma}$ 所做的功可表示为

$$W=\int_\Gamma \boldsymbol{F}\cdot\mathrm{d}\boldsymbol{s}=\int_\Gamma P\mathrm{d}x+Q\mathrm{d}y+R\mathrm{d}z \tag{9-25}$$

2. 对坐标的曲线积分的计算

设有向曲线 Γ 的参数方程为

$$x=x(t),\ y=y(t),\ z=z(t)$$

式中，t 介于 α 与 β 之间，$t=\alpha$ 对应起点，$t=\beta$ 对应终点. 又 $P(x,y,z)$、$Q(x,y,z)$ 及 $R(x,y,z)$ 为 Γ 上的有界连续函数(或分段连续函数)，则

$$\int_{\Gamma} P\mathrm{d}x + Q\mathrm{d}y + R\mathrm{d}z = \int_{\alpha}^{\beta}[Px'(t) + Qy'(t) + Rz'(t)]\mathrm{d}t \tag{9-26}$$

其中等式右端 P、Q、R 中的 x、y、z 应分别换为 $x(t)$、$y(t)$、$z(t)$.

例 9-22 计算曲线积分 $\int_{\Gamma} x^3\mathrm{d}x + 3zy^2\mathrm{d}y - x^2y\mathrm{d}z$，其中 Γ 是从点 $A(3,2,1)$ 到点 $B(0,0,0)$ 的直线段 AB.

解 直线段 AB 的方程是

$$\frac{x}{3}=\frac{y}{2}=\frac{z}{1}$$

化为参数方程，得

$$x=3t,\ y=2t,\ z=t$$

t 从 1 变到 0. 所以

$$\begin{aligned}&\int_{\Gamma} x^3\mathrm{d}x + 3zy^2\mathrm{d}y - x^2y\mathrm{d}z\\ &= \int_1^0 [(3t)^3\times 3 + 3t(2t)^2\times 2 - (3t)^2\times 2t]\mathrm{d}t\\ &= 87\int_1^0 t^3\mathrm{d}t = -\frac{87}{4}\end{aligned}$$

例 9-23 如图 9-17 所示，设在 Oxy 平面一个质点，在 $M(x,y)$ 处受力 $\boldsymbol{F}$ 的作用，$\boldsymbol{F}$ 的大小与 M 到原点 O 的距离成正比，$\boldsymbol{F}$ 的方向恒指向原点. 此质点由点 $A(a,0)$ 沿椭圆 $\frac{x^2}{a^2}+\frac{y^2}{b^2}=1$ 按逆时针方向移动到点 $B(0,b)$，求力 $\boldsymbol{F}$ 所做的功 W.

解 $\overrightarrow{OM}=x\boldsymbol{i}+y\boldsymbol{j}$，$\boldsymbol{F}=-k(x\boldsymbol{i}+y\boldsymbol{j})$，其中 $k>0$ 是比例常数. 运用式(9-25)

$$W=\int_{\widehat{AB}} \boldsymbol{F}\cdot\mathrm{d}\boldsymbol{s} = \int_{\widehat{AB}} (-kx\mathrm{d}x - ky\mathrm{d}y)$$

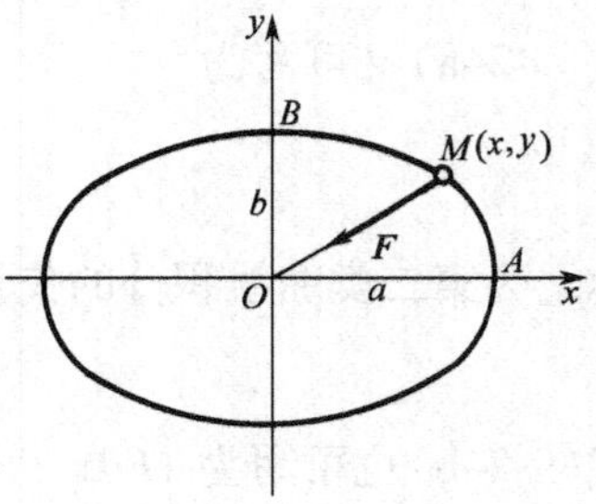

图 9-17

利用椭圆的参数方程 $\begin{cases}x=a\cos t\\ y=b\sin t\end{cases}$，起点 A、终点 B 分别对应参数 $t=0$、$\frac{\pi}{2}$，于是

$$\begin{aligned}W&=\int_0^{\frac{\pi}{2}}(ka^2\cos t\sin t - kb^2\sin t\cos t)\mathrm{d}t\\ &=k(a^2-b^2)\int_0^{\frac{\pi}{2}}\sin t\cos t\mathrm{d}t=\frac{1}{2}k(a^2-b^2)\end{aligned}$$

9.3.3 对面积的曲面积分

引例 8 曲面的质量.

若曲面的面密度是常数 ρ_0，曲面面积为 S，则曲面的质量 $M=\rho_0 S$.

若曲面的面密度不是常数，而是曲面上点(x,y,z)的函数$\rho(x,y,z)$. 将曲面Σ任意分成n个小曲面ΔS_i，ΔS_i也代表面积，在ΔS_i上任取一点(ξ_i,η_i,ζ_i)，则

$$M\approx\sum_{i=1}^{n}\rho(\xi_i,\eta_i,\zeta_i)\Delta S_i$$

显然，分割越细，则精确程度越高. 当$\lambda=\max(\lambda_1,\lambda_2,\cdots,\lambda_n)$趋于零时，就有

$$M=\lim_{\lambda\to 0}\sum_{i=1}^{n}\rho(\xi_i,\eta_i,\zeta_i)\Delta S_i$$

这样引出曲面积分的定义.

定义 9-10 设函数$f(x,y,z)$在曲面Σ上有定义，将Σ任意分成n块小曲面，记为$\Delta S_i(i=1,2,\cdots,n)$，$\Delta S_i$表示第$i$块小曲面的面积，在每块小曲面$\Delta S_i$上任取一点$(\xi_i,\eta_i,\zeta_i)$，作和式

$$\sum_{i=1}^{n}f(\xi_i,\eta_i,\zeta_i)\Delta S_i$$

如果$\lambda=\max\{\Delta S_1,\Delta S_2,\cdots,\Delta S_n\}$趋于零时，和式的极限存在，则称此极限值为函数$f(x,y,z)$在曲面$\Sigma$上**对面积的曲面积分**，也称为**第一类曲面积分**，记作

$$\iint_{\Sigma}f(x,y,z)\mathrm{d}S=\lim_{\lambda\to 0}\sum_{i=1}^{n}f(\xi_i,\eta_i,\zeta_i)\Delta S_i \tag{9-27}$$

式中，$f(x,y,z)$称为被积函数；$f(x,y,z)\mathrm{d}S$称为被积表达式；$\mathrm{d}S$称为曲面的面积元素；Σ称为积分曲面.

如果曲面是封闭的，则曲面积分记为$\oint\!\!\!\oint_{\Sigma}f(x,y,z)\,\mathrm{d}S$.

如果$f(x,y,z)$在Σ上连续，则$\iint_{\Sigma}f(x,y,z)\mathrm{d}S$存在.

【证略】

在一定的条件下，对面积的曲面积分可以化成二重积分来计算.

设曲面Σ的方程为$z=z(x,y)$，它在Oxy平面上的投影区域为D_{xy}. 若函数$z=z(x,y)$在D_{xy}上具有连续的一阶偏导数，函数$f(x,y,z)$在曲面Σ上连续，则

$$\oint\!\!\!\oint_{\Sigma}f(x,y,z)\mathrm{d}S=\oint\!\!\!\oint_{D_{xy}}f[x,y,z(x,y)]\sqrt{1+z_x'^2+z_y'^2}\mathrm{d}x\mathrm{d}y \tag{9-28}$$

【证略】

应用中须注意两点：

1）$f(x,y,z)$定义在曲面$z=z(x,y)$上，所以z要换成$z(x,y)$；

2）曲面的面积元素为$\mathrm{d}S=\sqrt{1+z_x'^2+z_y'^2}\mathrm{d}x\mathrm{d}y$，其中$\mathrm{d}x\mathrm{d}y$是$\mathrm{d}S$在$Oxy$平面上的投影区域的面积.

例 9-24 计算曲面积分$\oint\!\!\!\oint_{\Sigma}xz\mathrm{d}S$，其中，$\Sigma$为球面$x^2+y^2+z^2=1$.

解 球面方程为$z=\sqrt{1-x^2-y^2}$与$z=-\sqrt{1-x^2-y^2}$，上半球面记为Σ_1，下半球面记为Σ_2，则有

$$\oint\!\!\!\oint_{\Sigma}xz\mathrm{d}S=\iint_{\Sigma_1}xz\mathrm{d}S+\iint_{\Sigma_2}xz\mathrm{d}S$$

因为 Σ_1、Σ_2 在 Oxy 平面上的投影区域都是 D：$x^2+y^2\leqslant 1$，所以

$$\iint_{\Sigma_1} xz\mathrm{d}S = \iint_D x\sqrt{1-x^2-y^2}\frac{1}{\sqrt{1-x^2-y^2}}\mathrm{d}x\mathrm{d}y$$

$$= \iint_D x\mathrm{d}x\mathrm{d}y$$

$$\iint_{\Sigma_2} xz\mathrm{d}S = \iint_D x(-\sqrt{1-x^2-y^2})\frac{1}{\sqrt{1-x^2-y^2}}\mathrm{d}x\mathrm{d}y$$

$$= \iint_D -x\mathrm{d}x\mathrm{d}y$$

因此

$$\oiint_{\Sigma} xz\mathrm{d}S = 0$$

9.3.4 对坐标的曲面积分

通常遇到的曲面都是双侧的. 例如由方程 $z=z(x,y)$ 表示的曲面，有上侧与下侧之分；又如，对于封闭曲面，有外侧与内侧之分. 以后假定所考虑的曲面均是双侧的.

若曲面∑上任意一点的法线选定了一个确定的方向，则曲面 Σ 上全部点的法线方向随之而定，也就是选定了曲面 Σ 的一侧，若原先选定的法线方向改变，则其他点处的方向也一律改变，这样就确定了曲面 Σ 的另一侧. 换句话说，在曲面 Σ 上取定了法向量也就是确定了曲面的侧. 确定了侧的曲面，称为**有向曲面**.

定义第二类曲面积分为

$$\iint_{\Sigma} R(x,y,z)\,\mathrm{d}x\mathrm{d}y = \iint_{\Sigma} R(x,y,z)\cos\gamma\mathrm{d}S$$

$$\iint_{\Sigma} P(x,y,z)\,\mathrm{d}y\mathrm{d}z = \iint_{\Sigma} P(x,y,z)\cos\alpha\mathrm{d}S$$

$$\iint_{\Sigma} Q(x,y,z)\,\mathrm{d}z\mathrm{d}x = \iint_{\Sigma} Q(x,y,z)\cos\beta\mathrm{d}S$$

合并这三式，可得

$$\iint_{\Sigma} P\mathrm{d}y\mathrm{d}z + Q\mathrm{d}z\mathrm{d}x + R\mathrm{d}x\mathrm{d}y = \iint_{\Sigma}(P\cos\alpha + Q\cos\beta + R\cos\gamma)\,\mathrm{d}S \tag{9-29}$$

其中 $\cos\alpha$、$\cos\beta$、$\cos\gamma$ 是有向曲面 Σ 上点 (x,y,z) 处的法向矢量的方向余弦.

方程 $z=z(x,y)$ 表示的曲面 Σ 的法向矢量的方向余弦为

$$\begin{cases} \cos\alpha = \dfrac{-z'_x}{\sqrt{1+z'^2_x+z'^2_y}} \\ \cos\beta = \dfrac{-z'_y}{\sqrt{1+z'^2_x+z'^2_y}} \\ \cos\gamma = \dfrac{1}{\sqrt{1+z'^2_x+z'^2_y}} \end{cases} \tag{9-30}$$

第二类曲面积分也称为对坐标的曲面积分.

例 9-25　计算曲面积分 $\iint\limits_{\Sigma}(z^2+x)\,\mathrm{d}y\mathrm{d}z-z\mathrm{d}x\mathrm{d}y$. 其中，$\Sigma$ 是旋转抛物面 $z=\frac{1}{2}(x^2+y^2)$ 介于平面 $z=0$ 及 $z=2$ 之间的部分的下侧.

解　$\iint\limits_{\Sigma}(z^2+x)\,\mathrm{d}y\mathrm{d}z=\iint\limits_{\Sigma}(z^2+x)\cos\alpha\mathrm{d}S=\iint\limits_{\Sigma}(z^2+x)\dfrac{\cos\alpha}{\cos\gamma}\mathrm{d}x\mathrm{d}y$

在曲面 Σ 上，有

$$\cos\alpha=\frac{x}{\sqrt{1+x^2+y^2}},\quad \cos\gamma=\frac{-1}{\sqrt{1+x^2+y^2}}$$

故

$$\begin{aligned}\iint\limits_{\Sigma}(z^2+x)\,\mathrm{d}y\mathrm{d}z-z\mathrm{d}x\mathrm{d}y&=\iint\limits_{\Sigma}[(z^2+x)(-x)-z]\,\mathrm{d}x\mathrm{d}y\\&=\iint\limits_{D_{xy}}\left\{\left[\frac{1}{4}(x^2+y^2)^2+x\right](-x)-\frac{1}{2}(x^2+y^2)\right\}\mathrm{d}x\mathrm{d}y\\&=0-\iint\limits_{D_{xy}}\left[x^2+\frac{1}{2}(x^2+y^2)\right]\mathrm{d}x\mathrm{d}y\\&=-\int_0^{2\pi}\mathrm{d}\theta\int_0^2\left(r^2\cos^2\theta+\frac{1}{2}r^2\right)r\mathrm{d}r=-8\pi\end{aligned}$$

9.4 MATLAB 与多元微积分运算

掌握用 MATLAB 计算多元函数的极限、偏导数、二元函数极值、二重积分与三重积分的方法，深入理解曲线积分、曲面积分的概念和计算方法.

多元函数的极限要比一元函数的极限复杂，MATLAB 没有提供专门的命令函数来计算多元函数的极限，这一功能仍然是由命令函数 limit( )来完成.

求偏导数函数仍然是使用前面介绍过的命令函数 diff( ).

重积分、曲线积分、曲面积分是建立在定积分的基础上的，它们的基本思想是将其转化为定积分来进行计算，其中关键是确定积分限. MATLAB 系统没有提供专门的命令函数来处理这些积分，仍然是使用 int( )命令来处理这些积分问题，只是在处理前先根据积分公式将这些积分转化为累次积分.

例 9-26　已知 $f(x,y)=\dfrac{x^2+y^2}{\sin(x^2+y^2)}\ (x^2+y^2\neq 0)$，计算 $\lim\limits_{\substack{x\to 0\\y\to 0}}f(x,y)$.

解　在 MATLAB 中输入以下命令：

```
>> clear
>> syms x y
>> f = (x^2 + y^2)/sin(x^2 + y^2)
f =
      (x^2 + y^2)/sin(x^2 + y^2)
>> fx = limit(f,x,0)
      fx =
         y^2/sin(y^2)
```

```
>> fxy = limit(fx,y,0)
   fxy =
   1
```

例 9-27　已知函数 $F(x,y)=\arctan\dfrac{y}{x}-\ln\sqrt{x^2+y^2}$，求$\dfrac{\partial F}{\partial x}$、$\dfrac{\partial F}{\partial y}$.

解　在 MATLAB 中输入以下命令：

```
>> clear
>> syms x y
>> F = atan(y/x) - log(sqrt(x^2 + y^2));
>> pretty(diff(F,x))
```

$$-\frac{y}{x^2\left(1+\dfrac{y^2}{x^2}\right)}-\frac{x}{x^2+y^2}$$

```
>> pretty(diff(F,y))
```

$$\frac{1}{x^2\left(1+\dfrac{y^2}{x^2}\right)}-\frac{y}{x^2+y^2}$$

例 9-28　计算二重积分 $\iint\limits_D \dfrac{x}{1+xy}\mathrm{d}x\mathrm{d}y$，其中 D：$0\leqslant x\leqslant 1$，$0\leqslant y\leqslant 1$.

解　在 MATLAB 中输入以下命令：

```
>> clear
>> syms x y;
>> f = x/(1 + x * y);
>> Ax = int(f,x,0,1)
Ax =
     -1/y^2 * log(1 + y) + 1/y
>> Ay = int(Ax,y,0,1)
Ay =
     2 * log(2) - 1
```

例 9-29　计算曲线积分 $I=\int_L xy\mathrm{d}s$，其中曲线 L 是椭圆$\dfrac{x^2}{a^2}+\dfrac{y^2}{b^2}=1$ 在第一象限部分.

解　MATLAB 中输入以下命令：

```
>> clear
>> syms a b x y Q
>> x = a * cos(Q); y = b * sin(Q);
>> dx = diff(x,Q)
dx =
     - a * sin(Q)
>> dy = diff(y,Q)
```

```
dy =
     b * cos(Q)
>> ds = sqrt(dx^2 + dy^2)
ds =
     (a^2 * sin(Q)^2 + b^2 * cos(Q)^2)^(1/2)
>> f = x * y
f =
   a * cos(Q) * b * sin(Q)
>> I = int(f * ds, Q, 0, pi/2)
I =
     1/3 * a * b * (a^3 * csgn(a) - b^3 * csgn(b))/( - b^2 + a^2)
```

例 9-30　计算曲线积分 $\int_L (x^2 + y^2)\mathrm{d}x + 4xy\mathrm{d}y$，其中曲线 L 是圆周 $x^2 + y^2 = ax$ 的上半部分.

解　在 MATLAB 中输入以下命令：

```
>> clear
>> syms x y a
>> y = sqrt(a * x - x^2);
>> dyx = diff(y, x)
dyx =
     1/2/(a * x - x^2)^(1/2) * (a - 2 * x)
>> f = x^2 + y^2 + 4 * x * y * dyx
f =
     a * x + 2 * x * (a - 2 * x)
>> int(f, x, 0, a)
ans =
   1/6 * a^3
```

9.5 习题

9-1　求下列函数的定义域 D，并作出 D 的图形.

(1) $z = x + \sqrt{y}$　　(2) $z = \dfrac{\sqrt{x}}{x^2 + y^2}$　　(3) $z = \arcsin \dfrac{x^2 + y^2}{4} \arccos \dfrac{1}{x^2 + y^2}$

9-2　用不等式组表示下列曲线围成的区域 D.

(1) D 由 $y = x^2$，$y = 1 - x^2$ 围成；

(2) D 由 $y = 2x$，$y = 2$，$y = \dfrac{8}{x}$ 围成；

(3) D 由 $y = 1 - x$，$y = x - 1$，y 轴围成.

9-3　设圆锥的高为 h，母线长为 l，试将圆锥的体积 V 表示为 h、l 的函数.

9-4　若 $f(x,y) = \sqrt{x^4 + y^4} - 2xy$，求证：$f(tx,ty) = t^2 f(x,y)$.

9-5 求下列函数的极限.

(1) $\lim\limits_{\substack{x\to0\\y\to1}} \arcsin\sqrt{x^2+y^2}$　　(2) $\lim\limits_{\substack{x\to0\\y\to0}}\dfrac{\sin(xy)}{x}$

9-6 求下列函数对自变量的一阶偏导数.

(1) $z=x^3y-y^3x$　　(2) $z=\arctan\dfrac{y}{x}$　　(3) $z=\dfrac{x+y}{x-y}$

(4) $z=\dfrac{\cos x^2}{y}$　　(5) $z=\sin(xy)+\cos^2(xy)$　　(6) $z=(1+xy)^y$

9-7 求下列函数的全微分.

(1) $z=xy+\dfrac{x}{y}$　　(2) $z=\arcsin(xy)$　　(3) $z=e^{\frac{y}{x}}$　　(4) $u=z^{xy}$

9-8 求函数 $z=\dfrac{x}{y}$ 在点(1,2)处当 $\Delta x=-0.2$，$\Delta y=0.1$ 时的全增量与全微分.

9-9 求函数 $z=e^{2x}(x+2y+y^2)$ 的极值点及极值.

9-10 在平面 Oxy 上求一点，使它到 $x=0$，$y=0$ 及 $x+2y-16=0$ 三直线的距离平方和为最小.

9-11 设有一平板，占有 Oxy 平面上的区域 D，已知平板上的压力分布为 $p(x,y)$，且 $p(x,y)$ 在 D 上连续，试给出平板上总压力 P 的二重积分表达式.

9-12 设有一平面薄片(不计其厚度)，占有 Oxy 平面上的区域 D. 薄片上分布有密度为 $\mu(x,y)$ 的电荷，且 $\mu(x,y)$ 在 D 上连续，试给出薄片上电荷 Q 的表达式.

9-13 试用二重积分表达下列曲顶柱体的体积，并用不等式组表示曲顶柱体在 Oxy 坐标面上的底.

(1) 由平面 $\dfrac{x}{2}+\dfrac{y}{3}+\dfrac{z}{4}=1$，$x=0$，$y=0$，$z=0$ 所围成的立体；

(2) 由椭圆抛物面 $z=2x^2+y^2$，抛物柱面 $y=x^2$ 及平面 $y=4$，$z=0$ 所围成的立体；

(3) 由椭圆抛物面 $z=2-(4x^2+y^2)$ 及平面 $z=0$ 所围成的立体；

(4) 由上半球面 $z=\sqrt{4-x^2-y^2}$，圆柱面 $x^2+y^2=1$ 及平面 $z=0$ 所围成的立体.

9-14 利用二重积分的几何意义，不经计算直接给出下列二重积分的值.

(1) $\iint\limits_D d\sigma, D: x^2+y^2\leqslant 1$；

(2) $\iint\limits_D \sqrt{R^2-x^2-y^2}\,d\sigma, D: x^2+y^2\leqslant R^2$

9-15 化二重积分 $I=\iint\limits_D f(x,y)\,d\sigma$ 为累次积分(用两种不同的次序). 其中，积分域 D 是：

(1) 由 $1\leqslant x\leqslant 2$，$0\leqslant y\leqslant\dfrac{\pi}{2}$ 所围成的区域；

(2) 由直线 $y=x$ 及抛物线 $y^2=4x$ 所围成的区域；

(3) 由 $x^2+y^2\leqslant 2y$ 所围成的区域；

(4) 由直线 $y=x$，$y=2x$ 及双曲线 $xy=2$ 所围成的第一象限部分的区域.

9-16 计算下列二重积分.

(1) $\iint\limits_D e^{x+y}\,d\sigma$，其中 D 是由 $|x|+|y|\leqslant 1$ 所围成的区域；

(2) $\iint\limits_D\left(\dfrac{x}{y}\right)^2 d\sigma$，其中 D 由 $y=x$，$xy=1$，$x=2$ 所围成；

(3) $\iint\limits_D (x^2+y^2)\,d\sigma$，其中 D 是矩形闭区域：$|x|\leqslant 1$，$|y|\leqslant 1$；

(4) $\iint\limits_D (3x+2y)\,d\sigma$，其中 D 是由两坐标轴及直线 $x+y=2$ 所围成的闭区域.

9-17　把二重积分 $I=\iint\limits_D f(x,y)\,\mathrm{d}\sigma$ 化为极坐标系中的累次积分，其中积分区域 D 是

（1）由 $x^2+y^2\leqslant 2x$ 所围成的区域；

（2）由 $y=\sqrt{R^2-x^2}$，$y=\pm x$ 所围成的区域；

（3）由 $2x\leqslant x^2+y^2\leqslant 4$ 所围成的区域.

9-18　交换下列积分次序.

（1）$\int_0^1 \mathrm{d}y\int_0^y f(x,y)\,\mathrm{d}x$　　（2）$\int_0^2 \mathrm{d}y\int_{y^2}^{2y} f(x,y)\,\mathrm{d}x$

（3）$\int_0^{\frac{1}{2}} \mathrm{d}x\int_x^{1-x} f(x,y)\,\mathrm{d}y$　　（4）$\int_0^1 \mathrm{d}y\int_0^{2y} f(x,y)\,\mathrm{d}x+\int_1^3 \mathrm{d}y\int_0^{3-y} f(x,y)\,\mathrm{d}x$

9-19　求由平面 $x=0$，$y=0$，$x+y=1$ 所围成的柱体被平面 $z=0$ 及抛物面 $x^2+y^2=6-z$ 截得的立体的体积.

9-20　求 $\int_L y\mathrm{d}x+x\mathrm{d}y$，其中 L 为 Oxy 平面的圆周 $x=a\cos t$，$y=a\sin t$ 上对应于 t 从 0 到 $\frac{\pi}{2}$ 的一段弧.

9-21　求 $\int_L y\mathrm{d}x+x\mathrm{d}y$，其中 L 为 Oxy 平面的有向闭折线 $ABCA$，A、B、C 依次为点(0,0)、(1,0)及(0,1).

9-22　求 $\int_\Gamma \mathrm{d}x+y\mathrm{d}y+(x+y-1)\mathrm{d}z$，其中 Γ 为从点(1,1,1)到点(2,3,4)的直线段.

9-23　设重力的方向与 z 轴的正向相反，求质量为 m 的质点从位置 (x_0,y_0,z_0) 沿直线移到点 (x_1,y_1,z_1) 时重力所做的功.

*9-24　计算 $\iint\limits_\Sigma\left(2x+\frac{4}{3}y+z\right)\mathrm{d}S$，其中 Σ 是平面 $\frac{x}{2}+\frac{y}{3}+\frac{z}{4}=1$ 在第一卦限的部分.

*9-25　计算 $\iint\limits_\Sigma (x+y+z)\,\mathrm{d}S$，其中 Σ 是上半球面 $z=\sqrt{R^2-x^2-y^2}$.

*9-26　计算曲面积分 $I=\iint\limits_\Sigma xyz\,\mathrm{d}x\mathrm{d}y$，其中被积曲面 Σ 为球面 $x^2+y^2+z^2=1$ 在第一象限部分的外侧.

第 10 章　动力学基础

静力学中研究作用在物体上力系的简化、合成以及物体在力系作用下的平衡问题. 在运动学中，则主要从几何的观点研究了物体运动的基本规律，没有涉及使物体运动状态发生变化的原因. 静力学是动力学的特殊情况，运动学是动力学的基础.

在动力学中，理想模型是质点和质点系(包括刚体). 所谓**质点**，就是具有一定的质量而其几何形状和大小尺寸都可以忽略不计的物体；**质点系**是有限个或无限个质点的集合. 质点或质点系是对实际物体的简化. 在某些问题中，物体的形状和大小的影响可以忽略不计. 例如在研究地球环绕太阳的运动规律时，就可以把地球看成是质点.

动力学研究的问题比较广泛，但归纳起来主要有：①已知物体的运动情况，求作用于物体上的力；②已知作用于物体上的力，求物体的运动情况. 与静力学、运动学一样，本章研究的物体仅限于质点、质点系或刚体.

10.1　质点动力学

10.1.1　动力学基本定律

牛顿在总结前人的基础上，在他的著作《自然哲学的数学原理》中明确地提出了动力学的基本定律，这些定律是动力学的基础.

第一定律(惯性定律)：质点如不受外力的作用将保持静止或匀速直线运动.

此定律表明，若质点的运动状态发生了改变，则必受到了力的作用. 反之，质点在不受外力作用的情况下，其原有的运动状态(静止或匀速直线运动)将保持不变. 物体的这种属性称为惯性. 实际上，物体不受力的作用是不可能的，地球上的任何物体都受到地球的吸引力. 但是，如果物体所受到的力系为平衡力系时，物体仍将保持其原有运动状态不变. 任何物体都有保持其静止或作匀速直线运动的属性，此属性称为惯性.

第二定律(力与加速度之间的关系定律)：质点受外力作用时所获得加速度的大小与作用力的大小成正比、与质点的质量成反比，加速度的方向与外力的方向相同，即

$$m\boldsymbol{a} = \sum \boldsymbol{F} \tag{10-1}$$

式中，m 为质点的质量；$\sum \boldsymbol{F}$ 为作用于质点上的合力.

由定律可知：

1）质点的质量越大，就越难改变它的运动状态. 因此，质量是质点惯性的度量.

2）作用于质点上的合力与其加速度成正比，是瞬时的关系. 即只要某一瞬时有力作用于质点，则在该瞬间必有加速度；没有力作用于该质点，质点就没有加速度.

在自由落体运动中，对质量为 m 的质点，其重量就是地球对它的吸引力，称为重力.

由式(10-1)有

$$\boldsymbol{G} = m\boldsymbol{g} \tag{10-2}$$

式中，$\boldsymbol{g}$ 称为重力加速度.

式(10-2)建立了物体重量与质量的关系. 物体的质量是不变的，但在地面各处，$\boldsymbol{g}$ 的值略有不同，即同一质量的物体在地面的重量稍有差异. 不过在实际工程中，可以认为 g 是常数，并取 $g=9.8\mathrm{m/s^2}$.

在国际单位制中，以长度、质量和时间的单位作为力学量的基本单位，称为**基本单位制**，常用的是米(m)、千克(kg)、秒(s)制. 其他的物理量的单位则由这些基本单位导出，称为**导出单位**. 例如，质量为 1kg 的质点，获得 $1\mathrm{m/s^2}$ 的加速度的力用基本单位来表示为 $\mathrm{kg\cdot m/s^2}$，命名为牛顿(符号为 N).

牛顿第二定律表明了质点加速度、所受的力以及质量之间的基本关系. 矢量方程(10-1)是质点动力学的基本方程.

第三定律(作用与反作用定律)：两物体间相互作用的力，总是大小相等，方向相反，沿着两点连线分别作用在两物体上.

在静力学中，这一定律是作为公理引入的. 进一步说明，第三定律不仅适用于平衡的物体，也适用于运动的物体.

第四定律(力的独立作用定律)：若质点同时受到几个力的作用，则其加速度等于各力分别作用于该质点时所产生的各加速度的矢量和.

设质量为 m 的质点受到力 $\boldsymbol{F}_1,\boldsymbol{F}_2,\cdots,\boldsymbol{F}_n$ 的作用，按照第四定律，其加速度为

$$\boldsymbol{a}=\boldsymbol{a}_1+\boldsymbol{a}_2+\cdots+\boldsymbol{a}_n \tag{10-3}$$

式中，$\boldsymbol{a}_1,\boldsymbol{a}_2,\cdots,\boldsymbol{a}_n$ 分别是各力单独作用时的加速度，即

$$\boldsymbol{F}_1=m\boldsymbol{a}_1,\ \boldsymbol{F}_2=m\boldsymbol{a}_2,\ \cdots,\ \boldsymbol{F}_n=m\boldsymbol{a}_n$$

设这些力的合力为 $\boldsymbol{F}_\mathrm{R}=\boldsymbol{F}_1+\boldsymbol{F}_2+\cdots+\boldsymbol{F}_n$，则有

$$\boldsymbol{F}_\mathrm{R}=m\boldsymbol{a} \tag{10-4}$$

上式表明，几个力同时作用于一质点时，如用它们的合力来代替，仍能产生相同的加速度，亦即合力 $\boldsymbol{F}_\mathrm{R}$ 与共点力系 $\boldsymbol{F}_1,\boldsymbol{F}_2,\cdots,\boldsymbol{F}_n$ 等效.

以上各定律构成了动力学的基础. 在此基础上建立的力学体系，称为**经典力学**，即该力学体系适用于宏观(物体远大于微观粒子)、低速(速度远小于光速)的状况.

由运动学知道，运动的描述具有相对性，即考察物体的运动，必须有一定的参考系. 应用动力学基本定律适用的某种特定的参考系，称为**惯性参考系**. 在工程实际中，固定于地面的坐标系或相对于地面作匀速直线平动的坐标系均为惯性参考系.

10.1.2　质点运动微分方程

牛顿第二定律给出了质点动力学的基本方程(10-1). 但在具体计算中，需要根据具体问题的特点选择不同形式的坐标系，把式(10-1)写成相应的投影形式. 在运动学中对点的描述采用三种形式，即矢量形式、直角坐标形式和自然坐标形式. 因此，质点运动微分方程也采用这三种形式.

1. 矢量形式的质点运动微分方程

设质量为 m 的质点 M 在力 $\boldsymbol{F}_1,\boldsymbol{F}_2,\cdots,\boldsymbol{F}_n$ 作用下运动，作用力的合力为 $\boldsymbol{F}_\mathrm{R}$. 运动的加速度为 $\boldsymbol{a}$(图 10-1). 按式(10-4)有

$$m\boldsymbol{a}=\boldsymbol{F}_\mathrm{R}=\sum\boldsymbol{F}_i \tag{10-5a}$$

由运动学可知

$$\boldsymbol{a}=\frac{\mathrm{d}\boldsymbol{v}}{\mathrm{d}t}=\frac{\mathrm{d}^2\boldsymbol{r}}{\mathrm{d}t^2}$$

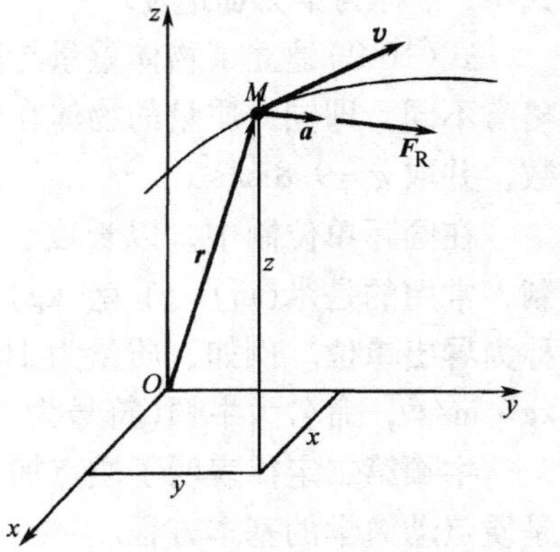

图 10-1

故式(10-5a)可改写为

$$m\frac{\mathrm{d}\boldsymbol{v}}{\mathrm{d}t}=\sum\boldsymbol{F}_i \tag{10-5b}$$

或

$$m\frac{\mathrm{d}^2\boldsymbol{r}}{\mathrm{d}^2t}=\sum\boldsymbol{F}_i \tag{10-5c}$$

这就是矢量形式的质点运动微分方程.

2. 直角坐标形式的质点运动微分方程

将式(10-5c)投影到直角坐标轴上，有

$$m\frac{\mathrm{d}^2x}{\mathrm{d}t^2}=\sum F_{ix}$$

$$m\frac{\mathrm{d}^2y}{\mathrm{d}t^2}=\sum F_{iy}$$

$$m\frac{\mathrm{d}^2z}{\mathrm{d}t^2}=\sum F_{iz}$$

用列矩阵表示矢量，上述方程可写为

$$\begin{pmatrix} m\dfrac{\mathrm{d}^2x}{\mathrm{d}t^2}\\ m\dfrac{\mathrm{d}^2y}{\mathrm{d}t^2}\\ m\dfrac{\mathrm{d}^2z}{\mathrm{d}t^2}\end{pmatrix}=\begin{pmatrix}\sum F_{ix}\\ \sum F_{iy}\\ \sum F_{iz}\end{pmatrix} \tag{10-6}$$

式中，F_{ix}，F_{iy}，F_{iz}为作用力 $\boldsymbol{F}_i$ 在 x、y、z 轴的投影；x、y、z 为质点的坐标. 式(10-6)就是直角坐标形式的质点运动微分方程.

3. 自然坐标形式的质点运动微分方程

如果点的运动轨迹曲线已知，可以选择自然坐标形式(如图 10-2)，将动力学基本方程投影到该瞬时质点所在位置的轨迹曲线的切线方向和主法线(对平面运动,主法线即为法线)方向上，得到

$$\begin{cases} ma_\tau=\sum F_{i\tau}\\ ma_n=\sum F_{in}\end{cases}$$

由运动学知，$a_\tau=\dfrac{\mathrm{d}^2s}{\mathrm{d}t^2}$，$a_n=\dfrac{v^2}{\rho}$. 故上式可进一步写成

$$\begin{cases} m\dfrac{\mathrm{d}^2s}{\mathrm{d}t^2}=\sum F_{i\tau}\\ m\dfrac{v^2}{\rho}=\sum F_{in}\end{cases} \tag{10-7}$$

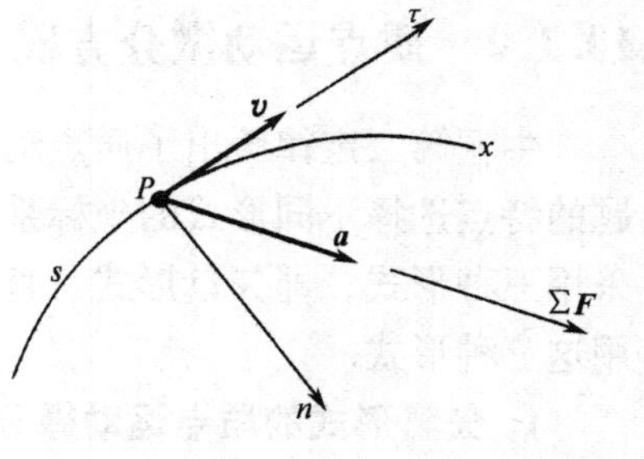

图 10-2

例 10-1 质量为 m 的小球 M 在水平面内作曲线运动，轨迹为一椭圆，如图 10-3 所示. 在图示坐标系中，运动方程为 $x=A\cos\omega t$，$y=B\sin\omega t$(A、B、

ω 为已知常数）．求小球所受到的力．

解　小球的运动已知，由运动方程求其加速度

$$\begin{cases} a_x = \dfrac{d^2x}{dt^2} = -A\omega^2\cos\omega t = -\omega^2 x \\ a_y = \dfrac{d^2y}{dt^2} = -B\omega^2\sin\omega t = -\omega^2 y \end{cases} \quad ①$$

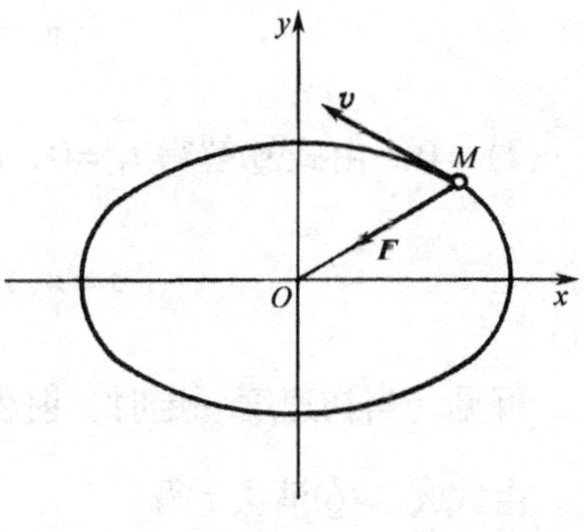

图　10-3

由式(10-6)可知

$$\begin{cases} F_x = ma_x = -mA\omega^2\cos\omega t = -m\omega^2 x \\ F_y = ma_y = -mB\omega^2\sin\omega t = -m\omega^2 y \end{cases} \quad ②$$

因此作用于小球的力 $\boldsymbol{F}$ 的矢量表示式为

$$\boldsymbol{F} = \begin{bmatrix} F_x \\ F_y \end{bmatrix} = \begin{bmatrix} -m\omega^2 x \\ -m\omega^2 y \end{bmatrix} = -m\omega^2 \begin{bmatrix} x \\ y \end{bmatrix} \quad ③$$

由此可见，小球所受的力 $\boldsymbol{F}$ 的大小与 $\overline{OM}$ 成正比，方向沿 MO 直线指向中心．

在上例中，已知质点的运动规律，然后需要求出质点所受的力．这类问题的通常求法为：

若已知质点在直角坐标系中的运动方程

$$x = x(t) \qquad y = y(t) \qquad z = z(t)$$

则将上式对时间求导两次，就得到加速度在直角坐标轴上的三个投影．应用式(10-6)，可以求出有关力的三个未知量．

例10-2　炮弹以初速 v_0 与水平面成 α 角发射，若不计空气阻力，求炮弹在重力作用下的运动方程．

解　取炮弹为质点，选取图10-4所示的坐标系．炮弹上仅受重力作用，其运动轨迹为 Oxy 面内的一平面曲线．应用直角坐标系中的质点运动微分方程，建立炮弹的运动微分方程为

$$m\frac{d^2x}{dt^2} = 0 \quad ①$$

$$m\frac{d^2y}{dt^2} = -mg \quad ②$$

对式①积分得

$$\begin{cases} v_x = \dfrac{dx}{dt} = C_1 \\ x = C_1 t + C_2 \end{cases} \quad ③$$

当 $t=0$ 时，$v_{x0} = v_0\cos\alpha$，$x_0 = 0$，得 $C_1 = v_0\cos\alpha$，$C_2 = 0$，故

$$v_x = v_0\cos\alpha,\ x = v_0 t\cos\alpha \quad ④$$

对式②积分得

$$\begin{cases} v_y = \dfrac{dy}{dt} = \displaystyle\int \frac{d^2y}{dt^2}dt = -\int g dt = C_3 - gt \\ y = \displaystyle\int \frac{dy}{dt}dt = C_3 t - \frac{1}{2}gt^2 + C_4 \end{cases} \quad ⑤$$

当 $t=0$ 时，$v_{y0}=v_0\sin\alpha$，$y_0=0$，得 $C_3=v_0\sin\alpha$，$C_4=0$，故

$$v_y=v_0\sin\alpha-gt,\ y=v_0t\sin\alpha-\frac{1}{2}gt^2 \qquad ⑥$$

令 $y(t)=0$，由式⑥解得 $t_1=0$，$t_2=\dfrac{2v_0\sin\alpha}{g}$，将 t_2 值代入式④，有

$$s=x(t)=v_0t\cos\alpha=\frac{2v_0^2\sin\alpha\cos\alpha}{g}=\frac{v_0^2}{g}\sin2\alpha$$

可见，当初速度一定时，射程与 $\sin2\alpha$ 成正比. 当 $\alpha=45°$、$\sin2\alpha=1$，射程最远 $s_{max}=\dfrac{v_0^2}{g}$

由式④、⑥消去 t 得

$$y=x\tan\alpha-\frac{g}{2v_0^2\cos^2\alpha}x^2$$

此式即为炮弹飞行的轨迹曲线方程.

在上例中，已知作用于质点的力，需要求质点的运动. 这种问题需要对微分方程进行积分，才能求出速度和运动方程.

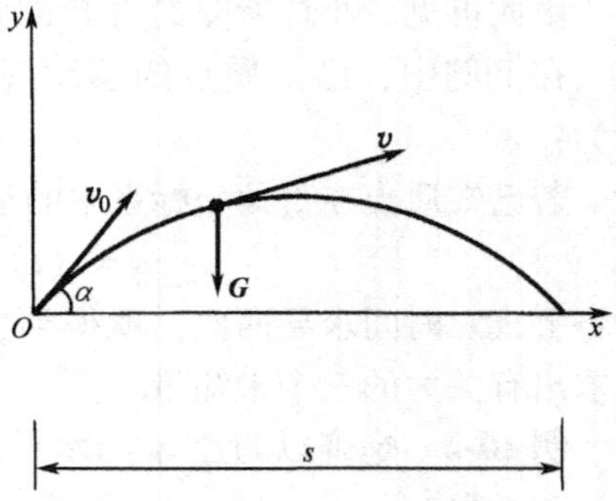

图 10-4

10.1.3 动静法

1. 惯性力

如图 10-5 所示，工人用水平力 $\boldsymbol{F}$ 推动质量为 m 的小车(视为质点)，使小车以加速度 $\boldsymbol{a}$ 沿水平直线轨道运动. 由于小车有惯性，它力图保持其原有的运动状态不变，即小车必给工人(作用于手上)以反作用力 $\boldsymbol{Q}$，这时工人手上感到有压力. 这个反作用力 $\boldsymbol{Q}$ 就称为小车的惯性力.

根据质点动力学基本原理，$\boldsymbol{F}=m\boldsymbol{a}$. 又由作用力与反作用力定律可知，小车的惯性力 $\boldsymbol{Q}$ 与人对小车的作用力 $\boldsymbol{F}$ 大小相等、方向相反，故有 $\boldsymbol{Q}=-\boldsymbol{F}$，所以有

$$\boldsymbol{Q}=-m\boldsymbol{a} \qquad (10\text{-}8)$$

图 10-5

由上可知，当质点在外力的作用下运动状态发生改变时，质点由于惯性而给予施力物体的反作用力，称为**惯性力**. 惯性力的大小等于质点的质量与加速度的乘积，方向与加速度相反. 该力作用在使质点改变运动状态的施力物体上.

由式(10-8)可知：

1) 若质点的运动状态不发生改变，即加速度为零，则不会有惯性力产生. 若质点的运动状态发生改变，质点的质量越大(即惯性越大)或运动的改变越剧烈(即加速度越大)，则惯性力越大.

2）惯性力是小车作用于人的力，当取小车为研究对象画受力图时，用虚线表示，以区别于作用于研究对象的外力(真实力).

当质点作变速曲线运动时，可将加速度 $\boldsymbol{a}$ 分解为切向加速度 $\boldsymbol{a}_\tau$ 和法向加速度 $\boldsymbol{a}_n$，相应地将惯性力 $\boldsymbol{Q}$ 分解为沿切线轴 $\boldsymbol{\tau}$ 和法线轴 $\boldsymbol{n}$ 方向的分力 $\boldsymbol{Q}_\tau$ 和 $\boldsymbol{Q}_n$，如图 10-6 所示，于是有

$$\begin{cases}\boldsymbol{Q}_\tau = -m\boldsymbol{a}_\tau \\ \boldsymbol{Q}_n = -m\boldsymbol{a}_n\end{cases} \tag{10-9}$$

式中，负号表示 $\boldsymbol{Q}_\tau$、$\boldsymbol{Q}_n$ 的方向分别与 $\boldsymbol{a}_\tau$、$\boldsymbol{a}_n$ 的方向相反.

2. 动静法

如图 10-7 所示，设质量为 m 的质点 M，受到 $\boldsymbol{F}_1,\boldsymbol{F}_2,\cdots,\boldsymbol{F}_n$ 诸力(包括约束力)的作用，以加速度 $\boldsymbol{a}$ 作曲线运动，根据式(10-8)，动力学基本方程可改写为

$$\sum \boldsymbol{F}_i + \boldsymbol{Q} = \boldsymbol{0} \tag{10-10}$$

式中，$\boldsymbol{Q}$ 为惯性力.

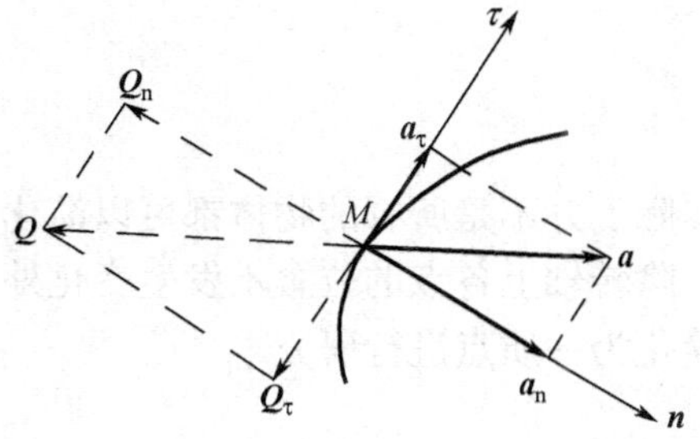

图　10-6

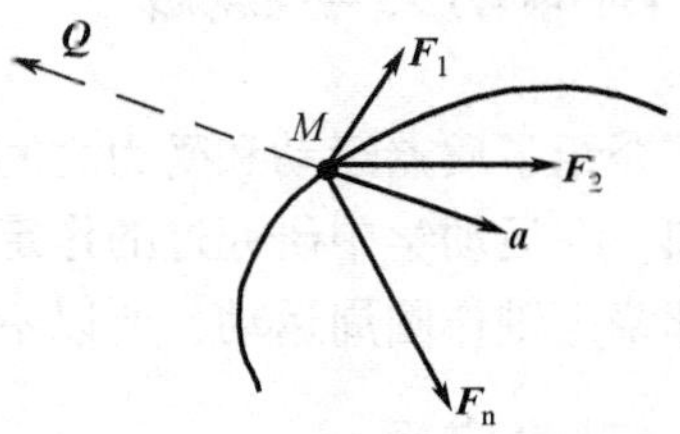

图　10-7

上式表明，若在作变速运动的质点上虚加其惯性力，则作用于质点上的全部真实力与虚加在其上的惯性力在形式上组成一平衡力系．因此，可以用静力学平衡方程的形式来求解质点的动力学问题．这种把动力学问题在形式上变为静力学问题的解法，称为**动静法**．动静法的优点是将动力学问题转换为较熟悉的静力学问题，所以在实际工程中得到了广泛的应用.

值得注意的是，由于惯性力是假想的作用在质点系上的虚拟力，故质点系并不处于平衡状态，而是作变速运动．所以式(10-10)在形式上是平衡方程，但实质上仍是一个动力学基本方程.

式(10-10)是矢量方程，在具体应用中，采用其投影形式，即将作用于质点上的各力(包括虚加在其上的惯性力)投影到直角坐标轴或自然坐标轴上，然后列出投影形式的平衡方程进行求解.

例 10-3　在车厢顶上用绳挂一重球 M 的动力摆，如图 10-8a．当车厢作匀加速直线运动时，摆将偏向一方与铅垂线成一不变的角度 φ．求车厢的加速度 $\boldsymbol{a}$ 与 φ 的关系.

解　取质点 M 为研究对象，该质点受到重力 $\boldsymbol{G}$ 及绳子张力 $\boldsymbol{F}_T$，受力图如图 10-8b 所示．由题意，$\boldsymbol{M}$ 与车厢保持相对静止，故与车厢的加速度 $\boldsymbol{a}$ 相同，所以其惯性力的大小为 $Q = ma$.

由上述分析列平衡方程得

$$\sum F_x = 0 \quad F_T\sin\varphi - Q = 0$$
$$\sum F_y = 0 \quad F_T\cos\varphi - G = 0$$

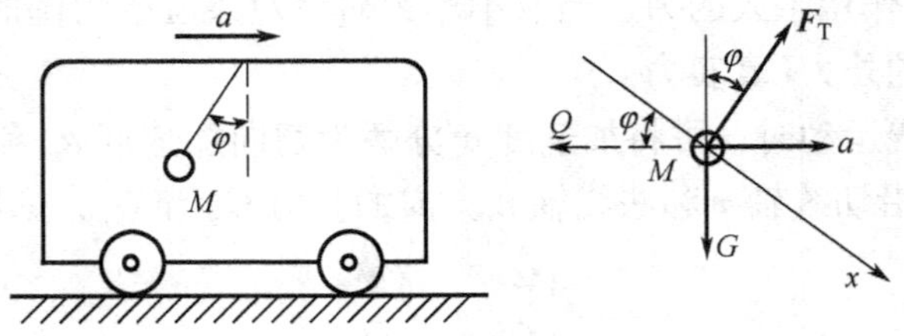

a)　　　　b)

图　10-8

由此解出：

$$a = g\tan\varphi$$

可见，φ 角随加速度 a 而改变. 当测量出偏角 φ 就能知道车厢的加速度，这就是摆式加速计的原理.

10.2　刚体动力学基础

上节介绍了质点运动和受力之间的关系，但是实际上并不是所有的物体都可以简化为质点. 比如，在运动学中研究过的作定轴转动的刚体，除转轴上各点的位置不发生变化外，其余的点都绕定轴作圆周运动，所以不可能将该刚体简化为一质点进行研究.

10.2.1　动量定理

1. 动量和冲量

质点的动量等于质点质量 m 和速度矢量$\boldsymbol{v}$ 的乘积，习惯上记为 $\boldsymbol{p}$，即

$$\boldsymbol{p} = m\boldsymbol{v} \tag{10-11}$$

动量是矢量，动量的方向与速度的方向一致. 在国际单位制中，动量的单位是 kg · m/s.

质点系的动量是各质点动量的矢量和，即

$$\boldsymbol{p} = m_1\boldsymbol{v}_1 + m_2\boldsymbol{v}_2 + \cdots + m_n\boldsymbol{v}_n = \sum m_i\boldsymbol{v}_i \tag{10-12}$$

式(10-11)或式(10-12)表明，动量不仅与物体的运动速度有关，还与它的质量有关. 例如，高速运动的子弹质量虽小，但由于速度很大，所以可以打穿墙壁；大海中航行的游轮速度虽小，但由于质量很大，故与冰山相撞，足以导致船覆人亡. 所以动量是度量物体机械运动强弱的一个物理量.

若作用在质点(系)的力 $\boldsymbol{F}$ 的大小和方向都保持不变，且作用时间为 t，则该力在这段时间内的冲量为

$$\boldsymbol{I} = \boldsymbol{F}t \tag{10-13}$$

力的冲量是矢量，它的方向与力的作用方向一致. 冲量的单位与动量的单位相同，为 N · s，即 1N · s = 1kg · m/s.

在变力的情况下，可以认为在无穷小的时间间隔 dt 内，力 $\boldsymbol{F}$ 是不变的，故该力的元冲量为 d$\boldsymbol{I} = \boldsymbol{F}dt$. 所以，力 $\boldsymbol{F}$ 在时间间隔 $t_2 - t_1$ 内的冲量为

$$\boldsymbol{I} = \int_{t_1}^{t_2}\boldsymbol{F}\mathrm{d}t \tag{10-14}$$

冲量是度量在任意时间间隔 t_2-t_1 内力对物体运动所产生的积累效应. 如手推车时，用较大的力在较短的时间内可以达到一定的速度；而用较小的力，要达到同样的速度，则需要较长的时间.

2. 动量定理

（1）质点动量定理　设质量为 m 的质点 M 在力 $\boldsymbol{F}$ 的作用下运动，其速度为 v，如图10-9所示. 由牛顿第二定律，有 $m\dfrac{\mathrm{d}v}{\mathrm{d}t}=\boldsymbol{F}$. 由于 m 是常量，所以有

$$\frac{\mathrm{d}}{\mathrm{d}t}(m\boldsymbol{v})=\boldsymbol{F}$$

或

$$\frac{\mathrm{d}\boldsymbol{p}}{\mathrm{d}\boldsymbol{t}}=\boldsymbol{F} \tag{10-15}$$

上式表明，质点动量对时间的变化率等于质点所受的力. 这就是质点的动量定理的**微分形式**.

将式(10-15)两边乘以 dt，并在时间间隔 t_2-t_1 内积分，可得

$$(mv)_2-(mv)_1=\int_{t_1}^{t2}\boldsymbol{F}\mathrm{d}t=\boldsymbol{I} \tag{10-16}$$

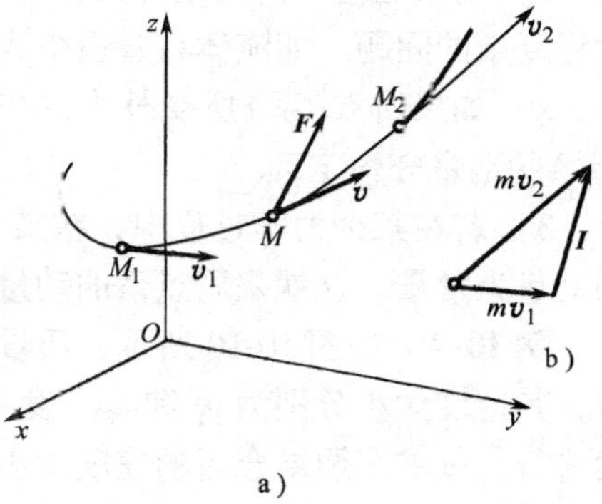

图　10-9

上式表明，在某个力学过程中，质点动量的增量等于它所受的力在此过程中的冲量. 这就是**积分形式**的质点的动量定理.

（2）质点系动量定理　对于由 n 个质点组成的质点系来说，可分别对各个质点应用质点动量定理，然后将结果求和. 由于质点系的内力相互平衡，所以在一段时间间隔内，内力的总冲量为零. 由式(10-15)，可推出质点系的动量定理，即

$$\frac{\mathrm{d}\boldsymbol{p}}{\mathrm{d}t}=\sum\boldsymbol{F}_i \tag{10-17}$$

上式表明，质点系的动量对时间的变化率等于质点系所受外力系的矢量和. 这就是微分形式的质点系的动量定理. 在实际应用中，常用其投影式

$$\begin{cases}\dfrac{\mathrm{d}p_x}{\mathrm{d}t}=\sum F_{ix}\\[2mm]\dfrac{\mathrm{d}p_y}{\mathrm{d}t}=\sum F_{iy}\\[2mm]\dfrac{\mathrm{d}p_z}{\mathrm{d}t}=\sum F_{iz}\end{cases} \tag{10-18}$$

同样将式(10-17)积分，可得

$$\boldsymbol{p}_2-\boldsymbol{p}_1=\sum\int_{t_1}^{t_2}\boldsymbol{F}_i\mathrm{d}t=\boldsymbol{I} \tag{10-19}$$

上式表明，在某个力学过程中，质点系动量的增量等于质点系所受外力的冲量的矢量和. 这就是积分形式的质点系的动量定理.

同样将上式投影到直角坐标系，有

$$\begin{cases} p_{2x} - p_{1x} = \sum \int_{t_1}^{t_2} F_{ix} \mathrm{d}t = I_x \\ p_{2y} - p_{1y} = \sum \int_{t_1}^{t_2} F_{iy} \mathrm{d}t = I_y \\ p_{2z} - p_{1z} = \sum \int_{t_1}^{t_2} F_{iz} \mathrm{d}t = I_z \end{cases} \tag{10-20}$$

上面叙述了质点、质点系的动量定理. 在理解动量定理时，需要特别注意：

1）动量定理中的力是外力，不包含内力. 适用于求解质点系内部相互作用复杂或中间过程复杂的问题. 如流体在管道中或叶片上流动等问题.

2）如果质点(系)所受外力的矢量和为零，则质点系的动量将保持不变. 这就是质点(系)的动量守恒定理.

3）若在某个力学过程中，在某一方向上所受的外力恒等于零，则质点(系)在该方向上的动量为常量. 这就是质点系的动量投影守恒定理.

例 10-4 如图 10-10 所示，质量分别为是 m_1 和 m_2 的 A、B 两车厢，沿水平直线轨道滑行，其速度大小分别为 v_1 和 v_2. 设 $v_1 > v_2$，并假定 A 车厢与 B 车厢碰撞后结合在一起并继续滑行，试求车厢结合后的速度大小 v.

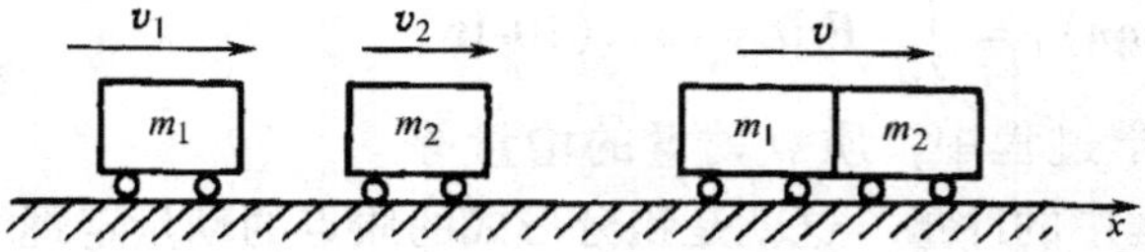

图 10-10

解 取两车厢为一质点系，设水平方向的阻力不计，所以质点系在水平轴 x 上的外力投影为零，质点系的动量在水平轴 x 方向上是守恒的. 故有

$$m_1 \boldsymbol{v}_1 = (m_1 + m_2)\boldsymbol{v}$$

从而求得两车厢结合后的共同速度大小为

$$v = \frac{m_1 v_1}{m_1 + m_2}$$

10.2.2 质心运动定理

1. 重心

一个物体可以看成由许多小块组成，每一小块都受到地球的吸引力. 这些力的方向指向地心. 由于地球半径比物体的尺寸大得多，因此可以认为这些力为相互平行的空间力系(如图 10-11 所示)，该力系的合力 $\boldsymbol{G}$ 称为物体的重力. 不论物体怎样放置，合力的作用点总是通过一个确定的点，这一点叫做物体的重心.

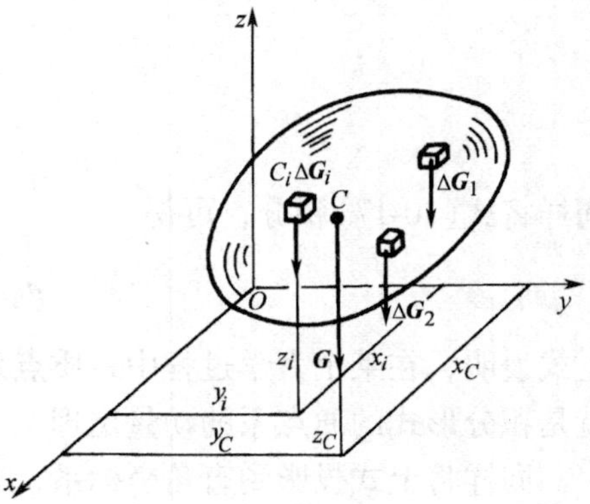

图 10-11

在日常生活中，经常会遇到重心的问题. 如当用手推车推重物时，只有重物的重心正好与车轮轴

线在同一铅垂面时，才能比较省力；在工程上，起重机如何不翻倒、高速旋转的电动机转子如何避免剧烈的振动等问题都涉及到重心的概念.

如图 10-11 所示，在空间坐标系 $Oxyz$ 中，重为 G 的物体上每一微小部分的重力 ΔG_i 的作用点为 $C_i(x_i, y_i, z_i)$. 根据合力矩定理，将重力和各微小重力部分的重力 ΔG_i 分别对 y、x 轴取矩，可得

$$-Gx_C = -\sum(\Delta G_i)x_i$$

$$Gy_C = \sum(\Delta G_i)y_i$$

再将坐标系连同物体一起绕 x 轴转过90°，使 y 轴向上，再对 x 轴应用合力矩定理，则可得

$$Gz_C = \sum(\Delta G_i)z_i$$

由以上三式可得重心位置的坐标公式

$$\begin{cases} x_C = \dfrac{\sum(\Delta G_i)x_i}{G} \\ y_C = \dfrac{\sum(\Delta G_i)y_i}{G} \\ z_C = \dfrac{\sum(\Delta G_i)z_i}{G} \end{cases} \tag{10-21}$$

2. 质心

设有一质点系(如图 10-12)，其中任一质点 M_i 的质量为 m_i，其矢径为 $\boldsymbol{r}_i$，则此质点系的质量中心 C(质心)的矢径 $\boldsymbol{r}_C$ 为

$$\boldsymbol{r}_C = \frac{\sum m_i \boldsymbol{r}_i}{M} \tag{10-22}$$

式中，$M = \sum m_i$是质点系的质量.

如将上式向直角坐标轴上投影，得质心的坐标为

$$\begin{cases} x_C = \dfrac{\sum m_i x_i}{M} \\ y_C = \dfrac{\sum m_i y_i}{M} \\ z_C = \dfrac{\sum m_i z_i}{M} \end{cases} \tag{10-23}$$

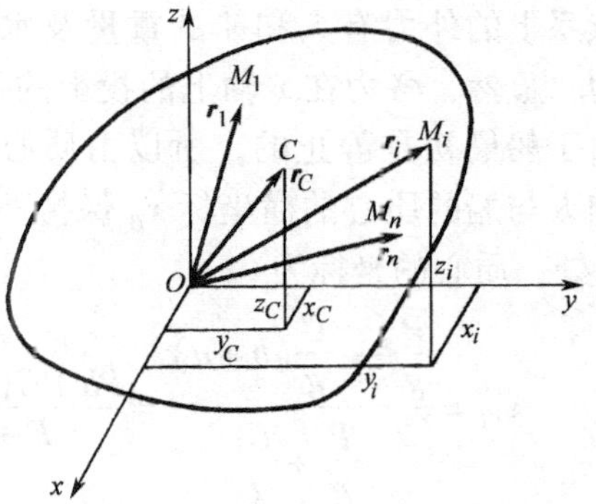

图　10-12

质心是质点系的一个重要的物理几何特征量. 在均匀的重力场中(即 g = 常量)，重心和质心重合. 在实际应用中，质心还可以用来计算质点系的动量，将式(10-22)对时间求导数，得

$$M\boldsymbol{v}_C = \sum m_i \boldsymbol{v}_i = \boldsymbol{p} \tag{10-24}$$

由上式可知，质点系的质量与质心速度的乘积等于质点系的动量. 这说明，在计算质点系的动量时，只要知道质心的速度就可以求得质点系的动量.

3. 质心运动定理

将式(10-24)对时间求导数，得

$$M\frac{\mathrm{d}\boldsymbol{v}_C}{\mathrm{d}t} = M\boldsymbol{a}_C = \frac{\mathrm{d}}{\mathrm{d}t}\sum m_i \boldsymbol{v}_i = \frac{\mathrm{d}\boldsymbol{p}}{\mathrm{d}t} \tag{10-25}$$

将上式代入式(10-17)可得

$$M\boldsymbol{a}_C = \sum \boldsymbol{F}_i \tag{10-26}$$

上式表明，质点系的质量与质心加速度的乘积等于外力系的矢量和，这就是**质心运动定理**.

式(10-26)与质点动力学基本方程(10-5a)形式相同. 可见，质点系质心的运动可以看作一个质点的运动，假想该质点集中了质点系的全部质量，并受到了作用在质点系上全部外力的作用. 在应用质心运动定理时，常用直角坐标投影形式，即

$$\begin{cases} Ma_{Cx} = \sum F_{ix} \\ Ma_{Cy} = \sum F_{iy} \\ Ma_{Cz} = \sum F_{iz} \end{cases} \tag{10-27}$$

由上式可知：

1）当外力系的矢量和为零时，则 $\boldsymbol{a}_C = 0$，质心保持静止或作匀速直线运动.

2）当外力系在某坐标轴上的投影为零时，质心在此轴上静止或作匀速直线运动.

3）质点系的内力不影响质心的运动. 例如，汽车发动机中的气体压力是内力，仅靠它是不能使汽车的质心运动；扔出去的手榴弹，如不计空气阻力，虽然弹片四处纷飞，质心仍作抛物线运动.

例 10-5 今有长为 $AB = 2a$、重为 G 的船，船上有重为 P 的人(如图 10-13)，设人最初是在船上 A 处，后来沿甲板向右行走，如不计水对船的阻力，求当人走到船上 B 处时，船向左方移动了多少?

解 将人与船视为一质点系. 作用于该质点系上的外力有人和船的重量及水对船的作用力. 显然，各力在 x 轴上的投影的代数和为零. 由于船最初是静止的，所以由质心运动定理可知人与船的质心的横坐标 x_C 保持不变. 当人在 A 处，质心的坐标为

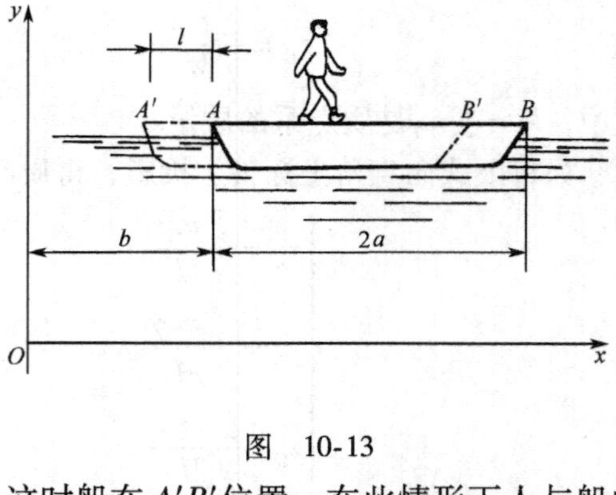

图 10-13

$$x_{C1} = \frac{\frac{P}{g}b + \frac{G}{g}(b+a)}{\frac{P}{g} + \frac{G}{g}} = \frac{Pb + G(b+a)}{P+G}$$

当人走到 B 处时，设船向左移动的距离为 l，这时船在 $A'B'$ 位置，在此情形下人与船的质心的坐标为

$$x_{C2} = \frac{\frac{P}{g}(b+2a-l) + \frac{G}{g}(b+a-l)}{\frac{P}{g} + \frac{G}{g}} = \frac{P(b+2a-l) + G(b+a-l)}{P+G}$$

由于 $x_{C1} = x_{C2} =$ 常量，于是有

$$\frac{Pb + G(b+a)}{P+G} = \frac{P(2a+b-l) + G(b+a-l)}{P+G}$$

由此求得船向左移动的距离为

$$l = 2a\frac{P}{P+G}$$

由上结果可以看出，人向前走，船向后退，改变人和船运动的力是人与船间的摩擦力，这是质点系的内力. 因此，内力虽然不能直接改变质心的运动，但能改变质点系内各质点的运动. 例如，对停止行驶的汽车，当它的发动机在工作时，虽然合外力为零，但车厢在不停地振动.

10.2.3　刚体绕定轴转动方程

动量定理建立了质点或质点系的动量的改变与作用力的关系，但对于诸如作用在绕定轴转动的飞轮上的转矩与其角速度的关系等仍无法求解，下面具体来研究这类问题.

1. 刚体绕定轴转动动力学基本方程

如图 10-14a 所示，刚体受到 $\boldsymbol{F}_1,\boldsymbol{F}_2,\cdots,\boldsymbol{F}_j,\cdots,\boldsymbol{F}_n$ 等外力作用而绕定轴转动，设在某一瞬时，角速度为 $\boldsymbol{\omega}$，角加速度为 $\boldsymbol{\varepsilon}$. 现将刚体看成由 $M_1,\cdots,M_j,\cdots,M_n$ 等质点所组成，各个质点的质量分别为 $m_1,\cdots,m_j,\cdots,m_n$，转动半径分别为 $r_1,\cdots,r_j,\cdots,r_n$. 因各个质点的运动轨迹都是圆周，故都有切向加速度和法向加速度. 若任意取其中一质点 M_j，其切向加速度和法向加速度分别为 $\boldsymbol{a}_{j\tau}=r_j\boldsymbol{\varepsilon}$，$\boldsymbol{a}_{jn}=r_j\boldsymbol{\omega}^2$，方向如图 10-14b 所示. 按动静法，在质点 M_j 上虚加一个切向惯性力和一个法向惯性力，其值分别为 $F_{j\tau}=-m_ja_{j\tau}$，$F_{jn}=-m_j\boldsymbol{a}_{jn}$. 若在转动刚体的各个质点上都虚加上各自相应的切向惯性力和法向惯性力，则它们对转轴 z 的矩，应和作用在刚体上的各外力对该轴的矩构成形式上的平衡.

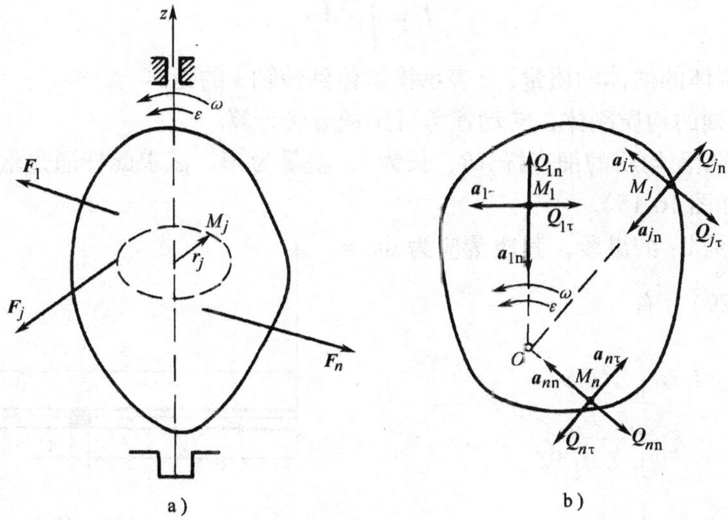

图　10-14

由于各质点的法向惯性力作用线都通过转轴，所以这些力对该轴的力矩恒为零. 这样，只有各质点的切向惯性力对转轴产生力矩，例如质点 M_j 的切向惯性力对转轴 z 的矩为

$$M_z(\boldsymbol{Q}_{j\tau})=-m_ja_{j\tau}r_j=-m_jr_j^2\boldsymbol{\varepsilon}$$

式中，负号表示 $M_z(\boldsymbol{Q}_{j\tau})$ 与角加速度 $\boldsymbol{\varepsilon}$ 的转向相反.

同上，可知整个转动刚体内所有质点的切向惯性力对 z 轴的矩的代数和表示为

$$\sum M_z(Q_{j\tau})=-\sum m_ja_{j\tau}r_j=-\boldsymbol{\varepsilon}\sum m_jr_j^2=-I_z\boldsymbol{\varepsilon}$$

式中

$$I_z=\sum m_jr_j^2 \tag{10-28}$$

称为刚体对转轴 z 的转动惯量.

若以 $\sum M_z(\boldsymbol{F}_i)$ 表示作用在转动刚体上各外力对转轴 z 之矩的代数和，则根据动静法，由力矩的平衡条件，有

$$\sum M_z(\boldsymbol{F}_i) + \sum M_z(\boldsymbol{Q}_{j\tau}) = 0$$

即

$$\sum M_z(\boldsymbol{F}_i) = I_z\varepsilon \tag{10-29a}$$

上式即为刚体绕定轴转动的动力学方程. 它表示作用于转动刚体上的各外力对于转轴之矩的代数和等于刚体对于转轴的转动惯量与角加速度的乘积.

如果将角加速度 ε 用 $\frac{\mathrm{d}\omega}{\mathrm{d}t}$ 或 $\frac{\mathrm{d}^2\varphi}{\mathrm{d}t^2}$ 来表示，则式(10-29a)可以写成

$$I_z\frac{\mathrm{d}\omega}{\mathrm{d}t} = I_z\frac{\mathrm{d}^2\varphi}{\mathrm{d}t^2} = \sum M_z(\boldsymbol{F}_i) \tag{10-29b}$$

上式称为刚体绕定轴转动的微分方程.

2. 转动惯量

(1) 转动惯量　如式(10-28)，在前面推导刚体绕定轴转动微分方程时，给出了刚体对定轴 z 的转动惯量的定义.

若刚体的质量是连续分布的，则式(10-28)可改写为积分形式，即

$$I_z = \int_M r^2\mathrm{d}m \tag{10-30}$$

式中，$\mathrm{d}m$ 表示刚体的微体的质量；r 表示该微体到转轴 z 的距离.

几何形状规则的均质刚体，转动惯量可用积分法计算.

例 10-6　等截面均质的细直杆 AB，长为 l，质量为 M，试求此杆通过端点 A 的平行轴 z 的转动惯量 I_z(如图 10-15).

解　取一长为 $\mathrm{d}y$ 的微段，其质量应为 $\mathrm{d}m = \frac{M}{l}\mathrm{d}y$. 由式(10-29)，有

$$\begin{aligned} I_z &= \int_M r^2\mathrm{d}m \\ &= \int_0^l y^2\frac{M}{l}\mathrm{d}y \\ &= \frac{1}{3}Ml^2 \end{aligned}$$

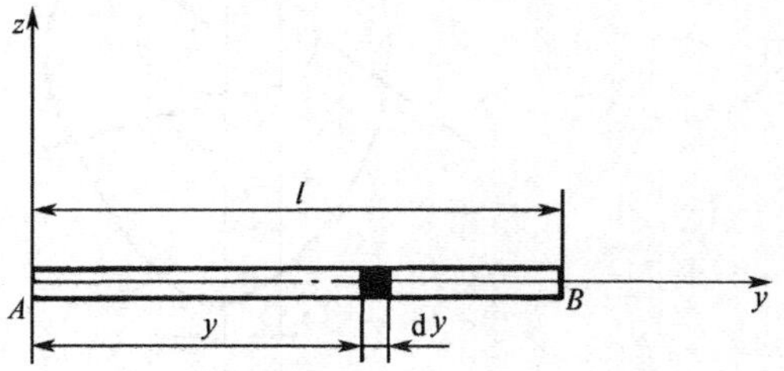

图 10-15

常见几何形状绕给定轴的转动惯量计算公式可在有关手册上查到. 表 10-1 列出了几种常见形状的均质刚体的转动惯量.

工程上常把转动惯量写成刚体的总质量 m 与某一当量长度 ρ 的平方之乘积

$$I_z = m\rho^2 \tag{10-31}$$

式中，ρ 为刚体对 z 轴的回转半径，或称惯性半径. 它的物理意义是，假设把刚体的全部质量集中到一点，使该点对原轴的转动惯量等于刚体对原轴的转动惯量，则该点到原轴的距离就是惯性半径.

表 10-1　均质物体的转动惯量

物体形状	简　图	转动惯量 I_z	惯性半径 ρ
细直杆	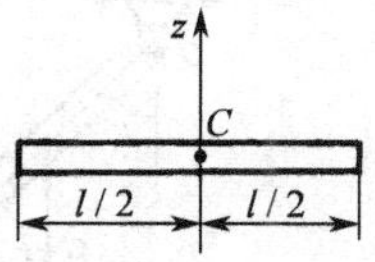	$\frac{1}{12}ml^2$	$\frac{\sqrt{3}}{6}l=0.289l$
矩形薄板	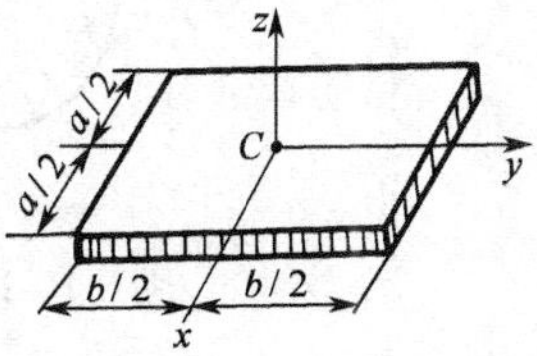	$\frac{1}{12}m(a^2+b^2)$	$\frac{\sqrt{3}}{6}\sqrt{a^2+b^2}$ $=0.289\sqrt{a^2+b^2}$
细圆环	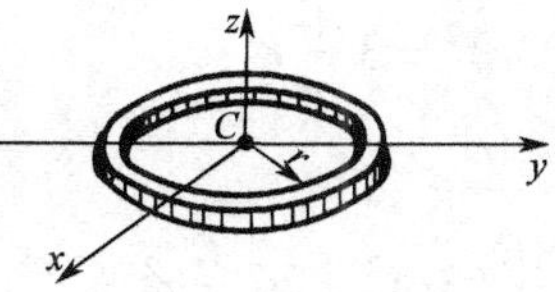	mr^2	r
薄圆板	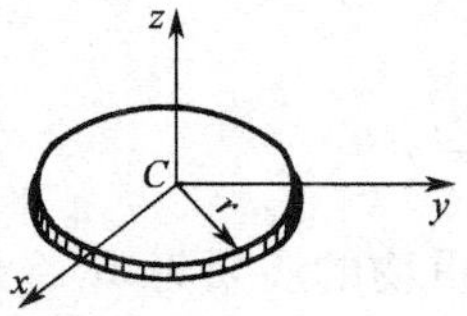	$\frac{1}{2}mr^2$	$\frac{1}{\sqrt{2}}r=0.707r$
圆柱	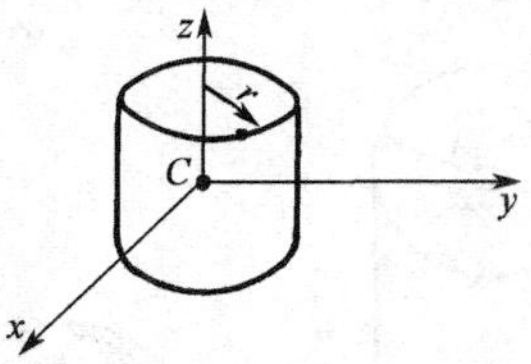	$\frac{1}{2}mr^2$	$\frac{1}{\sqrt{2}}r=0.707r$
球	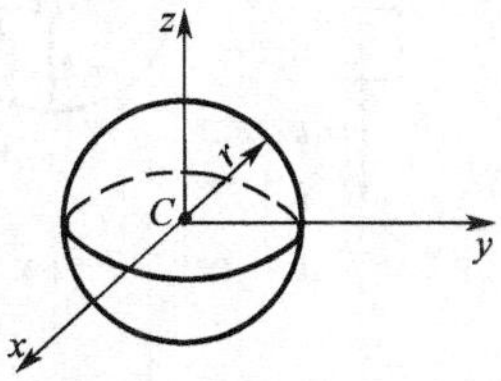	$\frac{2}{5}mr^2$	$\frac{\sqrt{10}}{5}r=0.632$

（2）转动惯量的平行轴定理　设刚体的质量为 m，若对通过**质心轴**的转动惯量是 I_z，而对另一与质心轴 z 平行且相距为 h 的轴 z_1 的转动惯量为 I_{z1}，则有以下计算公式（如图10-16）

$$I_{z1}=I_z+mh^2 \tag{10-32}$$

上式表明，刚体对任一轴的转动惯量，等于刚体对通过质心与该轴平行的轴的转动惯量，加上刚体的质量与两轴间距离平方的乘积．这就是**平行轴定理**．

例 10-7　一摆锤在竖直平面内绕 O 轴作自由摆动．摆杆 OA 重 G，长 L．在摆杆端点 A 的两侧固定连着两个相同的圆盘，每个圆盘重 $4G$，半径为 r，已知 $L=3r$，如图 10-17 所示，杆与盘都是匀质物体．求摆杆和摆锤对 O 轴的转动惯量．

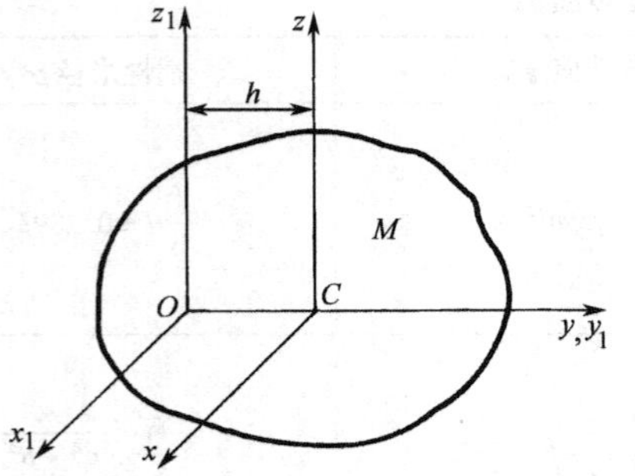

图 10-16

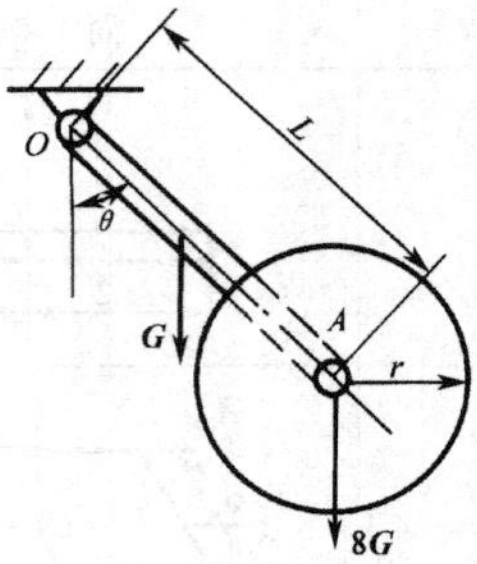

图 10-17

解 摆杆 OA 绕 O 轴的转动惯量

$$I_1=\frac{1}{3}\frac{G}{g}L^2=\frac{1}{3}\frac{G}{g}(3r)^2=3\frac{G}{g}r^2$$

两个圆盘绕 O 轴的转动惯量

$$I_2=I_A+ML^2=\frac{1}{2}\frac{8G}{g}r^2+\frac{8G}{g}(3r)^2=76\frac{G}{g}r^2$$

于是得摆杆和摆锤对 O 轴的转动惯量

$$I_O=I_1+I_2=79\frac{G}{g}r^2$$

例 10-8 在提升设备中(如图 10-18a)，设被吊重物的质量为 m_1，鼓轮的质量为 m_2，半径为 r，质量分布在轮缘上(近似为圆环). 作用在鼓轮上的力矩为 M_O，不计绳子质量，求被吊物体的加速度.

解 1) 取鼓轮为研究对象，受力图如图 10-18b，列转动方程. 由式(10-29)得

$$I_O\varepsilon=M_O-F_{\mathrm{T}}r$$

$$m_2r^2\varepsilon=M_O-F_{\mathrm{T}}r \qquad ①$$

2) 取重物为研究对象，其受力如图 10-18c，由牛顿第二运动定律知

$$m_1a=F'_{\mathrm{T}}-m_1g \qquad ②$$

3) 求解未知量. 由 $F_{\mathrm{T}}=F'_{\mathrm{T}}$，$r\varepsilon=a$，联立方程①、②得

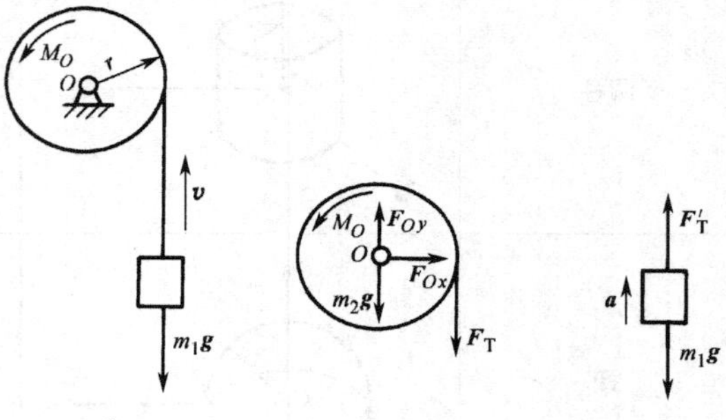

图 10-18

$$a=\frac{M_O-m_1gr}{(m_1+m_2)r}$$

10.3 力的功

在物理上，功是一个数量，力所做功等于力 F 在运动方向上的投影与该力作用点位移 $\boldsymbol{s}$ 的点积. 所以在讨论功的概念时，要同时考虑力及位移路径. 下面具体讨论各种常见力的功.

10.3.1　常力的功

设质点 M 在常力(大小和方向都不变的力)$\boldsymbol{F}$ 的作用下沿直线运动，所经过的路径矢量为 $\boldsymbol{s}$，如图 10-19 所示，则此常力 $\boldsymbol{F}$ 在质点速度 v 方向的投影与此路径长度 $\boldsymbol{s}$ 的乘积为力 $\boldsymbol{F}$ 所做的功，用 W 表示，即

$$W=\boldsymbol{F}\cdot\boldsymbol{s}=Fs\cos\alpha \qquad (10\text{-}33)$$

式中，α 为力 $\boldsymbol{F}$ 与质点速度方向之间的夹角.

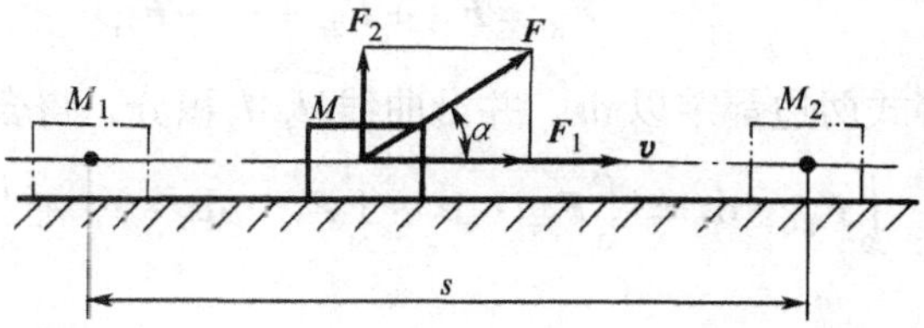

图　10-19

上式 $s\cos\alpha$ 可视为位移 $\boldsymbol{s}$ 在力 $\boldsymbol{F}$ 方向上的投影. 因此，常力所做的功等于力的大小与位移在力的方向上的投影的乘积.

由式(10-33)可知，

1）当 $\alpha<90°$时，力的投影与其作用点移动的方向一致，此时功为正值.

2）当 $\alpha>90°$时，力的投影与其作用点移动的方向相反，此时功为负值.

3）当 $\alpha=90°$时，力的投影为零，此时功为零.

功是代数量，它的单位为 J(焦耳). 它等于 1N 的力在其方向上移动 1m 所做的功，即 1J = 1N · m.

10.3.2　变力的功

设质点 M 在变力 F 作用下沿曲线由 M_1 运动到 M_2，经过的路径为$\overset{\frown}{M_1M_2}$，如图 10-20 所示. 若用自然坐标表示力为 $\boldsymbol{F}(s)$，这时计算变力的功，可以将路径 s 分为无数微分段 ds，并视 ds 为直线. 由于每一微分段 ds 都足够小，$\boldsymbol{F}$ 在 ds 上可视为常力，即得 $\boldsymbol{F}(s)$在微分段 ds 路径上所做的功，称为力的元功，用 dW 表示

$$\mathrm{d}W=\boldsymbol{F}\cdot\mathrm{d}s=F_\tau\mathrm{d}s \qquad (10\text{-}34\text{a})$$

式中，$F_\tau=F\cos\alpha$ 是力 $\boldsymbol{F}$ 在质点速度方向上的投影.

变力 $\boldsymbol{F}(s)$在整个路径 $\boldsymbol{s}$ 上所做的功等于该力在各微段上所做元功的总和，即

$$W=\int_0^s\boldsymbol{F}\cdot\mathrm{d}s=\int_0^s F\cos\alpha\mathrm{d}s=\int_0^s F_\tau\mathrm{d}s \quad (10\text{-}34\text{b})$$

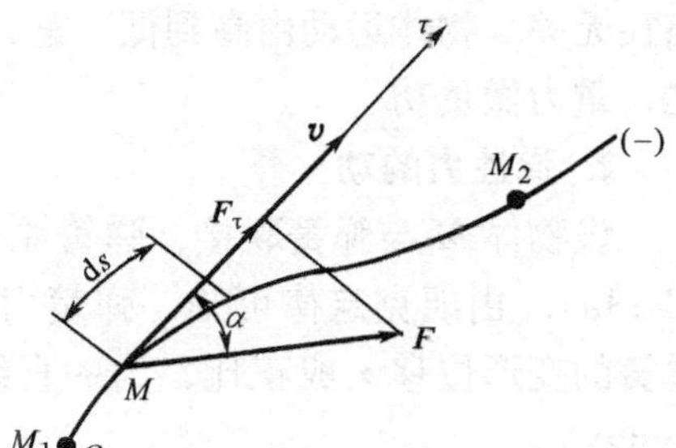

图　10-20

可见，变力在曲线路径上所做的功等于其切向分力的元功沿路径的积分.

若用直角坐标表示力，设路径曲线方程为 $y=f(x)$，注意 $\mathrm{d}s=\begin{pmatrix}\mathrm{d}x\\\mathrm{d}y\end{pmatrix}$，$\boldsymbol{F}=\begin{pmatrix}F_x\\F_y\end{pmatrix}$，则(10-34b)式为

$$W=\int_0^s\boldsymbol{F}(s)\cdot\mathrm{d}s=\int_{x_1}^{x_2}[F_x(x,f(x))+F_y(x,f(x))f'(x)]\mathrm{d}x \qquad (10\text{-}34\text{c})$$

式中，x_1、x_2 分别为路径曲线在 x 轴上的始、终点坐标.

10.3.3　合力的功

设质点 M 受到力系($\boldsymbol{F}_1,\boldsymbol{F}_2,\cdots,\boldsymbol{F}_n$)作用(如图 10-21)，其合力为

$$\boldsymbol{F}_R=\boldsymbol{F}_1+\boldsymbol{F}_2+\cdots+\boldsymbol{F}_n$$

将上式投影到质点 M 的运动方向上，得

$$\boldsymbol{F}_{R\mathrm{I}}=\boldsymbol{F}_{1\tau}+\boldsymbol{F}_{2\tau}+\cdots+\boldsymbol{F}_{n\tau}$$

等式两边都乘以 $\mathrm{d}s$，并沿曲线$\overset{\frown}{M_1M_2}$积分，得合力的功

$$\int_0^s\boldsymbol{F}_{R\mathrm{I}}\cdot\mathrm{d}s=\int_0^s\boldsymbol{F}_{1\tau}\cdot\mathrm{d}s+\int_0^s\boldsymbol{F}_{2\tau}\cdot\mathrm{d}s+\cdots+\int_0^s\boldsymbol{F}_{n\tau}\cdot\mathrm{d}s \tag{10-35a}$$

或写为

$$W=W_1+W_2+\cdots+W_n=\sum W_i \tag{10-35b}$$

即在任一路径中，作用于质点上合力的功等于各个分力的功的代数和.

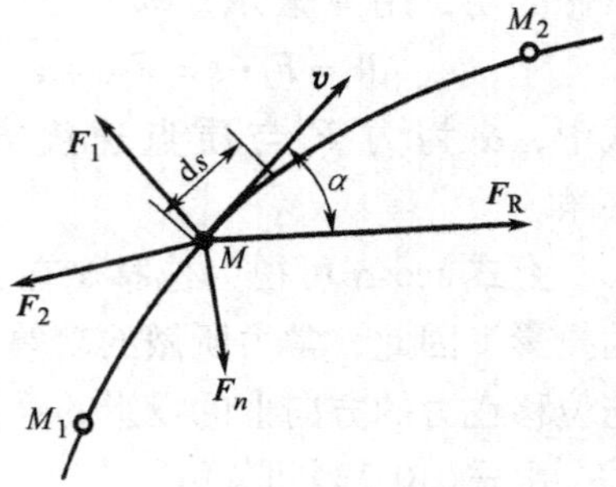

图　10-21

10.3.4　几种常见力的功

1. 重力的功

在地球表面附近的物体，所受的重力 $\boldsymbol{G}$ 可以认为是常力. 如图 10-22 所示，当物体 M 沿曲线$\overset{\frown}{M_1M_2}$从位置 M_1 运动到 M_2 时，重力 $\boldsymbol{G}$ 在这段路径上所做的功为

$$W=\pm Gh \tag{10-36}$$

式中，h 为 M_2 与 M_1 的高度差.

即重力 $\boldsymbol{G}$ 做的功等于物体的重量与其运动过程中始末位置的高度差 h 的乘积，与物体运动路径无关. 物体运动由高到低，重力做正功；反之，重力做负功.

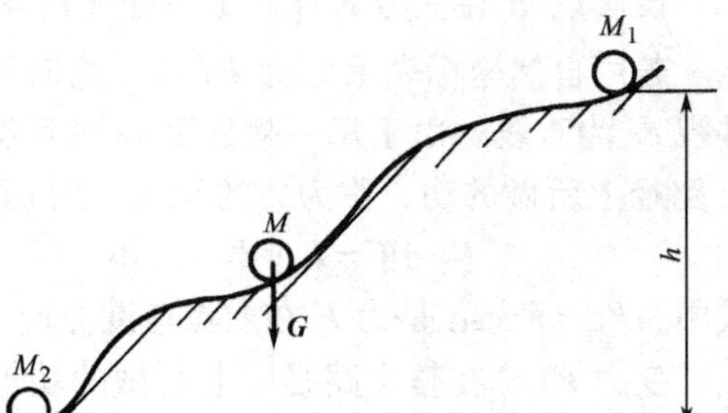

图　10-22

2. 弹性力的功

设物体 M 与弹簧联接，弹簧原长为 l_0(如图 10-23a). 由胡克定律可知，弹簧力 $\boldsymbol{F}$ 的大小与弹簧的变形位移 x 成正比，为一直线方程(如图 10-23b)

$$\boldsymbol{F}=k\boldsymbol{x} \tag{10-37a}$$

式中，k 为弹簧的刚性系数，它表示使弹簧产生单位长度变形所需的力，其单位为牛/米(N/m). 于是，弹性力 $\boldsymbol{F}$ 在 x 轴上的投影为

$$F_x=-kx \tag{10-37b}$$

式中，负号表示弹性力的方向与物体位移的方向相反.

因为弹簧力是变力，所以由式(10-34a)可知力 $\boldsymbol{F}$ 的元功为

$$\mathrm{d}W=F_x\mathrm{d}x=-kx\mathrm{d}x$$

所以物体由 M_1 点移到 M_2 的运动过程中，弹性力 $\boldsymbol{F}$ 所做的功为

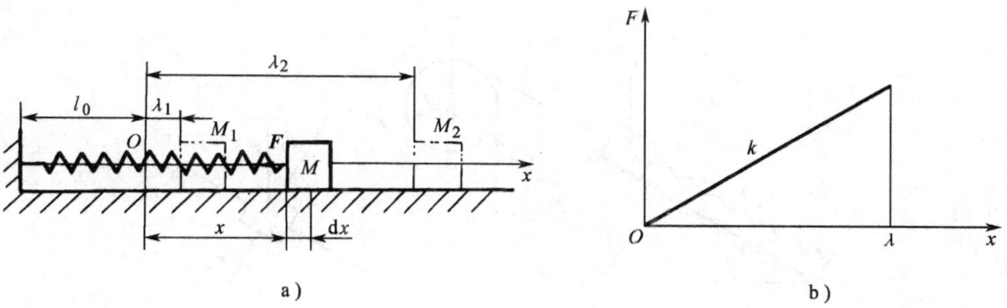

图　10-23

$$W = \int_{\lambda_1}^{\lambda_2}(-kx)\,dx = -\frac{1}{2}k(\lambda_2^2 - \lambda_1^2) \tag{10-38}$$

式中，λ_1、λ_2 分别为弹簧的初变形量和末变形量.

特别地，弹簧由原长($\lambda_1=0$)变为 λ_2 时，弹性力 $\boldsymbol{F}$ 所做的功等于弹簧曲线所围三角形面积(图 10-23b).

当系在弹簧上的质点 M 作曲线运动时，式(10-38)仍然成立. 和重力的功一样，弹性力的功也取决于质点运动的始末位置，而与其运动轨迹的形状无关.

3. 作用于转动刚体上的力和力偶的功

设刚体在力 $\boldsymbol{F}$ 的作用下绕 O 轴转动，力 $\boldsymbol{F}$ 与其作用点 A 的速度 v 之间的夹角为 α，如图 10-24 所示. 当刚体转过微小角度 $d\varphi$ 时，A 产生一微小移动，其长度为微分段

$$ds = \overset{\frown}{AA'} = r\,d\varphi$$

式中，r 为 A 点的转动半径.

因此，力 $\boldsymbol{F}$ 在此微小移动上所做的元功为

$$dW = F\cos\alpha\,ds = Fr\cos\alpha\,d\varphi = M_O\,d\varphi$$

式中，$M_O = Fr\cos\alpha$ 是力 F 对转轴 O 的矩，即转矩.

于是，当刚体绕 O 轴转过 φ 角时，转矩所做的功为

$$W = \int_0^{\varphi} M_O\,d\varphi \tag{10-39}$$

若 M_O 为常量，则有

$$W = M_O\varphi \tag{10-40}$$

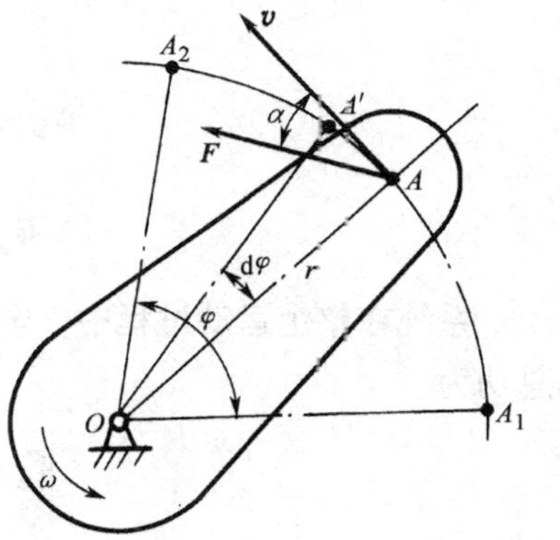

图　10-24

可见，不变转矩对转动刚体所做的功，等于转矩与刚体转角的乘积. 当转矩与刚体转动方向一致时，功为正值；反之为负值.

例 10-9　如图 10-25a 所示，重量为 $\boldsymbol{G}$、半径为 R 的卷筒 B 上，作用一变力偶 $M=C\varphi$，其中 C 为常数，φ 为卷筒的转角. 缠绕在卷筒上的绳索的引出部分与斜面平行，并与重量为 P 的物块 A 相连，斜面为光滑面，它的倾角为 θ，其上放一刚度为 k 的弹簧，弹簧的下端固定，上端与物块 A 相连. 若卷筒的转角 $\varphi=0$ 时，绳索对物块的拉力为零，物块处于静平衡状态，则当卷筒转过任意角度 φ 时，作用在系统上所有的力所做的功为多少？

解　取物块 A 为研究对象. 当 $\varphi=0$ 时，物块 A 处于平衡状态，受力如图 10-25b 所示. 由静平衡条件得

$$\sum F_{ix} = 0 \qquad F - P\sin\theta = 0$$

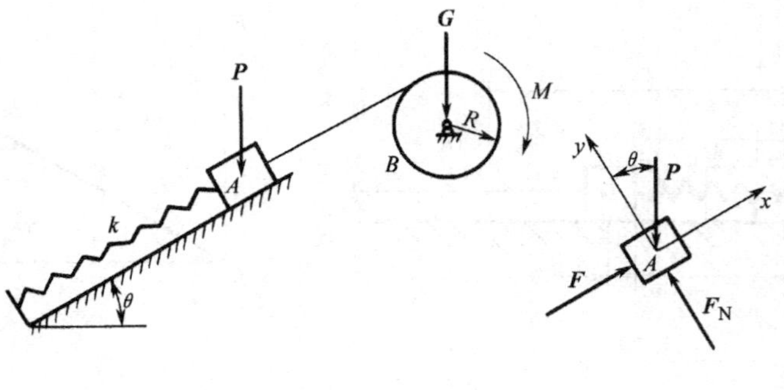

a) b)

图 10-25

将 $F=k\delta_1$ 代入上式，得弹簧变形量

$$\delta_1=\frac{P}{k}\sin\theta$$

再取整个系统为研究对象. 当卷筒转过任意角 φ 时，物块 A 沿斜面由静平衡位置向上滑移的距离为 $R\varphi$，此时弹簧的变形 δ_2 和物块的上升的高度 h 分别为

$$\delta_2=R\varphi-\delta_1=R\varphi-\frac{P}{k}\sin\theta$$

$$h=R\varphi\sin\theta$$

物块 A 所受的重力 P、弹簧力 F 和力偶矩 M 所做的功分别为

$$W_P=-Ph=-PR\varphi\sin\theta$$

$$W_F=\frac{k}{2}(\delta_1^2-\delta_2^2)=PR\varphi\sin\theta-\frac{1}{2}kR^2\varphi^2$$

$$W_M=\int_0^{\varphi}M\mathrm{d}\varphi=\int_0^{\varphi}C\varphi\mathrm{d}\varphi=\frac{1}{2}C\varphi^2$$

系统在整个运动过程中，全部约束及卷筒的重力都不做功，故作用于系统上的所有力的总功为

$$W_{\varphi}=W_P+W_F+W_M=\frac{1}{2}(C-kR^2)\varphi^2$$

10.4 动能定理

下面分别讨论物体的运动时的动能及其与外力所做的功的联系.

10.4.1 质点与质点系的动能

设质点的质量为 m，它在某瞬时的速度为 v，若以 E_k 表示质点的动能，则有

$$E_k=\frac{1}{2}mv^2 \tag{10-41}$$

上式表明动能是标量，且恒为正值. 动能的单位是 N · m.

设质点系由 n 个质点组成，其中任一质点的质量为 m_i，速度为 v_i，则质点的动能为

$E_{ki}=\frac{1}{2}m_iv_i^2$，于是得质点系的动能为

$$E_k=\sum\frac{1}{2}m_iv_i^2 \tag{10-42}$$

即质点的动能为各个质点动能的总和.

刚体是实际中常见的特殊质点系. 刚体作不同运动时，其动能具有不同的计算公式.

1. 刚体作平动时的动能

平动刚体内各点速度相等，都等于刚体质心的速度 v_C，于是有

$$E_k=\sum\frac{1}{2}m_iv_i^2=\frac{1}{2}v_C^2\sum m_i=\frac{1}{2}mv_C^2 \tag{10-43}$$

式中，m_i 为任一质点的质量；v_i 为该质点的速度，$m=\sum m_i$ 是刚体的质量.

由式(10-43)可知，若视刚体的质量集中于质心，此时质心的动能就是刚体平动的动能.

2. 刚体绕定轴转动的动能

刚体以角速度 ω 绕 z 轴转动，设刚体内任一质点的质量为 m_i，该质点至转轴的距离为 r_i，如图 10-26 所示. 质点动能 $E_k=\frac{1}{2}m_iv_i^2=\frac{1}{2}m_ir_i^2\omega^2$，于是得

$$E_k=\sum\frac{1}{2}m_ir_i^2\omega^2=\frac{1}{2}\omega^2\left(\sum m_ir_i^2\right)=\frac{1}{2}I_z\omega^2 \tag{10-44}$$

式中，$I_z=\sum m_ir_i^2$ 是刚体对 z 轴的转动惯量.

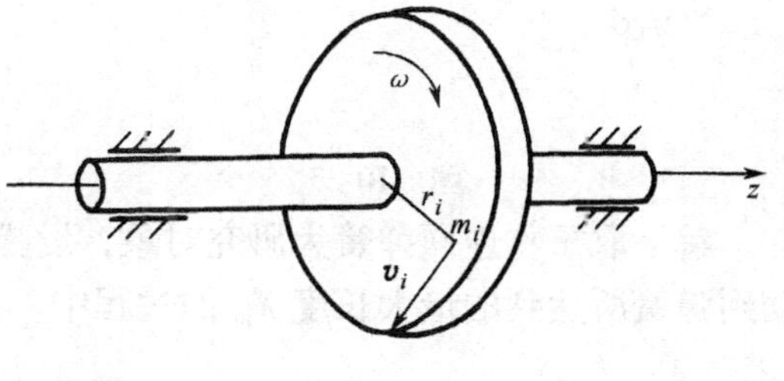

图　10-26

3. 刚体作平面运动的动能

刚体作平面运动时，其运动可以分解为随质心的平动和相对质心的转动. 所以有

$$E_k=\frac{1}{2}mv_C^2+\frac{1}{2}I_z\omega^2 \tag{10-45}$$

式中，m 是刚体的质量；v_C 是其质心的速度；I_z 是其相对质心轴(该轴过质心且垂直于运动平面)的转动惯量；ω 为刚体作平面运动的角速度.

10.4.2　质点与质点系的动能定理

1. 质点的动能定理

根据自然坐标形式的质点运动基本方程 $ma_\tau=F_\tau$(如图 10-27)，有 $m\frac{dv}{dt}=F_\tau$.

两边各乘以 ds，则

$$m\frac{dv}{dt}ds=F_\tau ds$$

它可写为

$$mvdv=F_\tau ds$$

将上式积分

$$\int_{v_1}^{v_2}d\left(\frac{1}{2}mv^2\right)=\int_{M_1}^{M_2}dW$$

得

$$\frac{1}{2}mv_2^2 - \frac{1}{2}mv_1^2 = W_{12} = E_{k2} - E_{k1} \tag{10-46}$$

由上式可知，作用于质点上的力在某一路程中对该质点所做的功，等于该质点在同一段路程中动能的改变，这就是**质点的动能定理**.

需要注意是，如果一个质点同时受到几个外力的作用，则式(10-46)中的 W_{12} 应理解为这些力所做功的代数和.

例 10-10 如图 10-28 所示，一物体质量为 m，无初速地突然悬挂在一刚度系数为 k 的弹簧上，试求弹簧的最大伸长量.

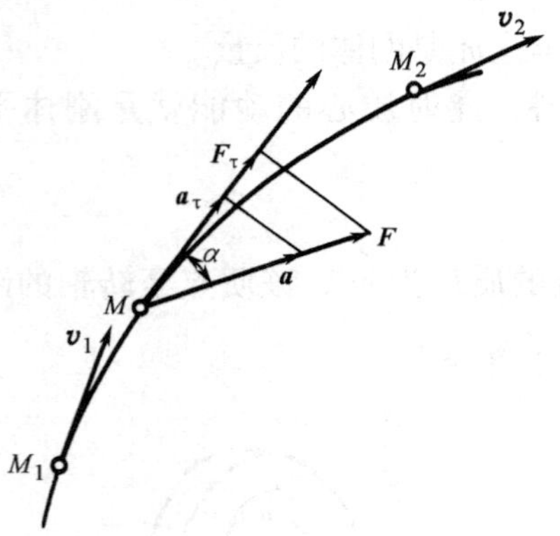

图 10-27

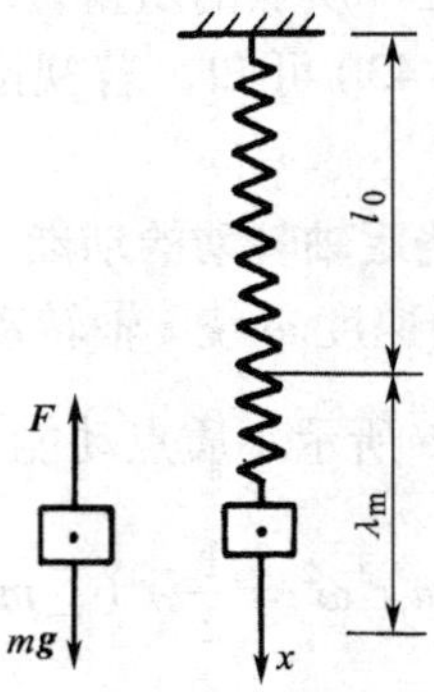

图 10-28

解 取重物连同弹簧为研究对象，设弹簧的最大伸长量为 λ_m，当重物由弹簧原长 l_0 运动到弹簧所达到的最大长度 λ_m 的过程中，重力和弹性力所做功的和为

$$W_{12} = mg\lambda_m - \frac{1}{2}k\lambda_m^2$$

由质点的动能定理

$$E_{k2} - E_{k1} = W_{12}$$

因为重物的初速为零且运动到最低处的速度也为零，故

$$0 - 0 = mg\lambda_m - \frac{1}{2}k\lambda_m^2$$

解得

$$\lambda_m = \frac{2mg}{k}$$

如以 λ_0 表示物体在平衡位置时弹簧的伸长量，则有 $\lambda_0 = \frac{mg}{k}$，λ_0 称为弹簧的静伸长. 将 λ_0 和 λ_m 相比较可知，突然加载所引起的伸长量比静伸长量大一倍. 因此在实际工程中应充分考虑这种突加载荷的影响.

2. 质点系的动能定理

上面讲述了一个质点的动能定理，对于有 n 个质点的质点系，假设其中的第 i 个质点的质量为 m_i，速度为 v_i，则对第 i 个质点有 $\mathrm{d}\left(\frac{1}{2}m_iv_i^2\right) = \mathrm{d}W$，对整个质点系有

$$\sum d\left(\frac{1}{2}m_i v_i^2\right) = \sum dW$$

即

$$\sum d\left(\frac{1}{2}m_i v_i^2\right) = d\sum\left(\frac{1}{2}m_i v_i^2\right) = dE_k$$

故

$$dE_k = \sum dW \tag{10-47}$$

上式表明，质点系动能的微分，等于作用于质点系上所有元功的总和．这就是微分形式的质点系动能定理．

设质点系在位置 1 和位置 2 的动能分别为 E_{k1} 和 E_{k2}，质点系由位置 1 到位置 2 的过程中，质点系上所有力所做功之和为 W_{12}，对式(10-47)积分，得

$$E_{k2} - E_{k1} = W_{12} \tag{10-48}$$

上式表明，在某一段路程中，质点系动能的改变量等于作用于质点系上的所有力在该段路程上所做的功的总和．这就是**质点系动能定理**．

需要注意是：

1）作用在质点系上所有的力包括内力与外力．在一般情况下，质点系内力做功总和并不一定都等于零，例如，汽车发动机气缸中气体的压力（对汽车来讲是内力）做功总和不为零．

2）对由质点系组成的刚体来说，由于任何两质点间的距离不变，所以刚体内力的功之和等于零．

3）对于内部用光滑铰链、重量忽略不计的物体或不可伸长的柔索等几何约束来联接的物体系统，若不考虑内部摩擦，则它们的内力做功之和也总为零．

例 10-11　重为 G、长为 l 的匀质杆 AB，其 A 端为固定铰支座．将 AB 杆从水平位置由静止释放（图 10-29a），求杆 AB 转到铅垂位置时的角速度 ω．

解　取 AB 杆为研究对象，其受力图如图 10-29b 所示．杆在水平位置时，其初始角速度 $\omega_0 = 0$，此时杆的动能为 $E_{k1} = 0$．

当杆 AB 转动到垂直位置时，角速度为 ω，此时杆的动能为

$$E_{k2} = \frac{1}{2}I_A\omega^2 = \frac{1}{2}\times\frac{1}{3}\frac{G}{g}l^2\omega^2 = \frac{1}{6}\frac{G}{g}l^2\omega^2$$

在运动过程中，只有重力做功，根据质点系动能定理，有

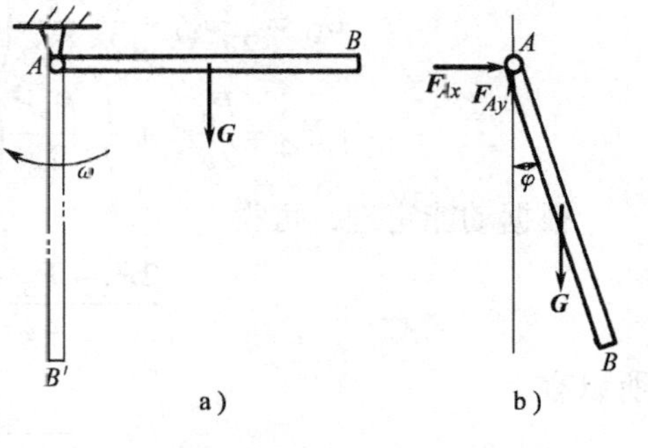

图　10-29

$$E_{k2} - E_{k1} = W_{12} = G\frac{l}{2}$$

即

$$\frac{1}{6}\frac{G}{g}l^2\omega^2 - 0 = G\frac{l}{2}$$

解得

$$\omega = \sqrt{\frac{3g}{l}}$$

例 10-12　不可伸长的绳子，绕过半径为 r 的均质滑轮 B，一端悬挂物体 A，另一端连接于放在光滑水平面上的物块 C，物块 C 又与一端固定于墙壁的弹簧相连，如图 10-30 所示. 已知物体 A 重 P_A，滑轮 B 重 P_B，物块 C 重 P_C，弹簧刚度系数为 k，绳子与滑轮之间无滑动. 设系统原来静止于平衡位置，现给物体 A 以向下的速度 v_{AO}，求其下降一段距离 h 时的速度. 滑轮转轴处的摩擦不计.

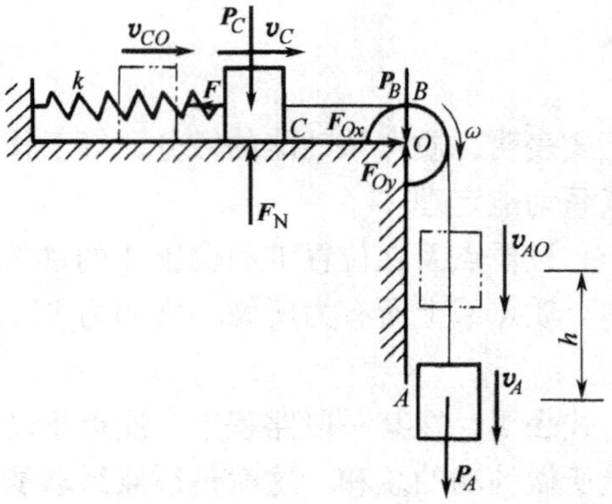

图　10-30

解　取整个系统为研究对象. 系统受到如图所示的重力 $\boldsymbol{P}_A$，$\boldsymbol{P}_B$，$\boldsymbol{P}_C$ 及约束力 $\boldsymbol{F}_{Ox}$、$\boldsymbol{F}_{Oy}$、$\boldsymbol{F}_{\mathrm{N}}$ 和弹性力 $\boldsymbol{F}$ 作用.

因为绳子不可伸长，开始时，物块 C 的速度 $v_{CO}=v_{AO}$，滑轮 B 的角速度 $\omega_O=\dfrac{v_{AO}}{r}$. 设物块 A 下降 h 时的速度为 v_A，这时物块 C 的速度为 v_C，滑轮的角速度为 ω，则 $v_C=v_A$，$\omega=\dfrac{v_A}{r}$.

系统在运动过程中只有弹性力 $\boldsymbol{F}$ 和重力 $\boldsymbol{P}_A$ 做功，其功之和为

$$W=P_Ah+\frac{k}{2}[\delta_0^2-(\delta_0+h)^2]$$

式中，δ_0 为弹簧的静伸长，且

$$k\delta_0=P_A$$

故有

$$W=P_Ah-\frac{k}{2}(2\delta_0h+h^2)=-\frac{k}{2}h^2$$

则系统在两位置的动能分别是

$$E_{\mathrm{k1}}=\frac{P_A}{2g}v_{AO}^2+\frac{1}{2}\frac{P_Br^2}{2g}\left(\frac{v_{AO}}{r}\right)^2+\frac{P_C}{2g}v_{AO}^2=\frac{v_{AO}^2}{4g}(2P_A+P_B+2P_C)$$

$$E_{\mathrm{k2}}=\frac{P_A}{2g}v_A^2+\frac{1}{2}\frac{P_Br^2}{2g}\left(\frac{v_A}{r}\right)^2+\frac{P_C}{2g}v_A^2=\frac{v_A^2}{4g}(2P_A+P_B+2P_C)$$

根据动能定理，可得

$$\frac{2P_A+P_B+2P_C}{4g}(v_A^2-v_{AO}^2)=-\frac{k}{2}h^2$$

所以有

$$v_A=\sqrt{v_{AO}^2-2kgh^2/(2P_A+P_B+2P_C)}$$

10.5　思考题

10-1　两个质量相同的质点，在相同力的作用下运动，该两质点的轨迹、速度及加速度是否相同？为什么？

10-2　质点作直线运动的必要与充分条件是什么？

10-3　何谓动静法？应用动静法求解哪一类问题比较方便？

10-4　若质点的动量为零，那么质点系所受外力的矢量和是否也一定为零？

10-5　汽车能否在光滑的路面上启动？能否在光滑的路面上刹车？为什么？

10-6　在高空作业时，为什么用安全网可以防止从空中掉下的人不被摔伤？

10-7　为什么喷气式飞机可以在空气稀薄的高空前进，而螺旋桨式飞机却不能飞行？

10-8　质点系的动量为零，其动能是否一定为零？质点系的动能等于零，其动量是否一定为零？

10-9　人坐在转椅上，双脚离地，可以用双手使转椅转动吗？

10-10　图 10-31 中两轮材料、结构、质量以及半径均相同，一轮上作用力 $\boldsymbol{F}$，另一轮挂重力为 $\boldsymbol{G}$ 的物块．若 $G=F=10\text{kN}$，则 $\varepsilon_1=\varepsilon_2$，这种说法对吗？为什么？

10-11　细杆 AB 绕其端点 A 转动时的转动惯量为 $I_A=\dfrac{1}{3}ml^2$，按平行轴定理，绕其端点 B 转动时的转动惯量为 $I_B=\dfrac{1}{3}ml^2+ml^2=\dfrac{4}{3}ml^2$，对否？为什么？

10-12　图 10-32 为两个啮合齿轮，轮 Ⅰ 半径为 r_1，转动惯量为 I_1，轮 Ⅱ 半径为 r_2，转动惯量为 I_2，则转动方程为 $M_z=I_1\varepsilon+I_2\varepsilon_2$，对吗？

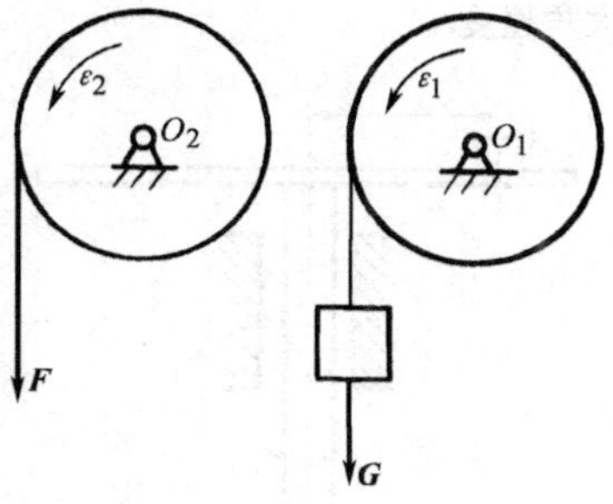

图　10-31

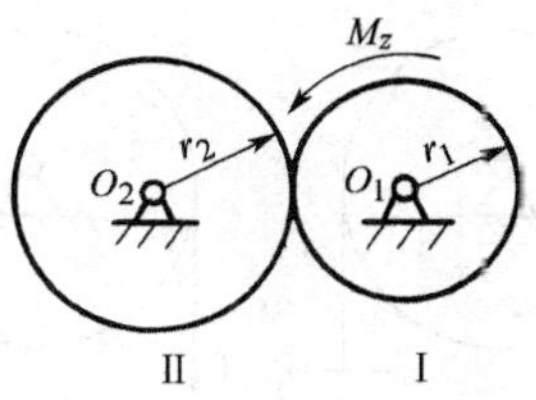

图　10-32

10-13　弹性力的功总是等于 $-\dfrac{1}{2}k\delta^2$（δ 为弹簧的伸长或缩短），对吗？为什么？

10-14　摩擦力是否只能做负功？试举例说明.

10-15　由于质点系的内力成对出现，所以内力的功之和恒等于零，这种说法对吗？为什么？

10-16　用动能定理求速度，能否确定速度的方向？

10-17　如果人和地面间的摩擦力不能忽略，人走捷径登山与绕道登山所消耗的功在哪种情况较大？为什么走捷径登山比绕道登山更容易疲劳？

10-18　一质点在铅垂平面内作圆周运动，当质点恰转过一周时，其重力所做的功为零，对吗？为什么？

10-19　力偶所做功的正负取决于力偶的转向．逆时针为正，顺时针为负，对吗？

10-20　如果作用于质点系的外力系的主矢和主矩都等于零，那么，质点系的动能是否一定保持不变？为什么？

10-21　一质点受合外力作用了一段时间，动量发生了改变，那么，该质点的动能是否一定会引起改变？如果质点受合外力作用，并在合力作用的方向上有了位移，使质点的动能发生了变化，那么，该质点的动量是否一定会改变？

10-22　如图 10-33 所示，自 A 点以相同大小的初速度 v_0，但以不同的倾角抛出物体（视为质点），不计空气阻力，当这一物体落到同一水平面上时，它的速度大小是否相等？为什么？

10-23　如图 10-34 所示，两轮的质量相同，轮 A 质量均匀分布，轮 B 的质量重心 C 偏离几何中心 O，设两轮以相同的角速度绕中心 O 转动，问它们的动能是否相同？

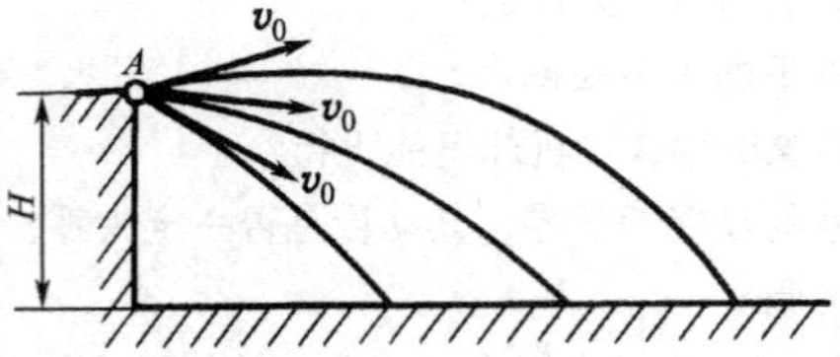

图　10-33

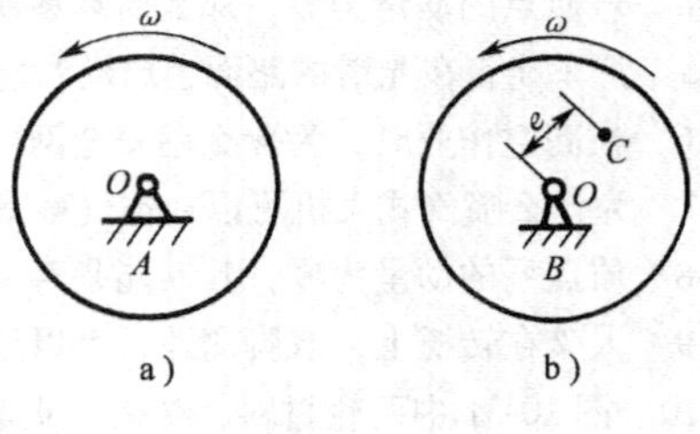

图　10-34

10.6　习题

10-1　如题10-1图所示，已知物块A重2kN，物块B重3kN，作用力$F=3$kN，试分别求出图中物块A、B的加速度．绳索及导轮的质量不计，摩擦不计．

10-2　如题10-2图所示，质量为m的物块A放在匀速转动的水平台上，它到转轴的距离为r．若物体与转台表面的摩擦系数为f，求物体不致因转台而滑出转台的最大角速度．

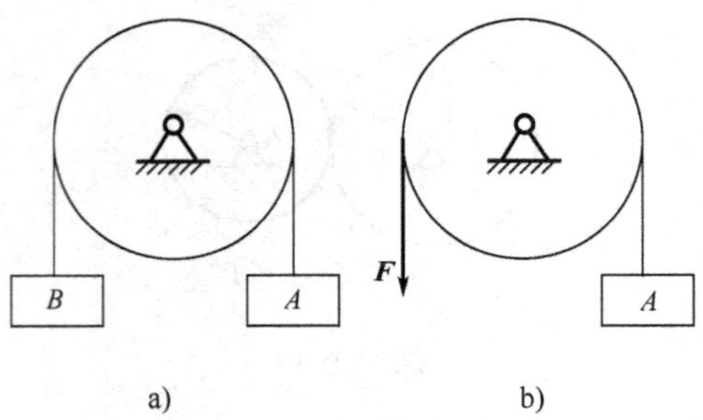

题10-1图

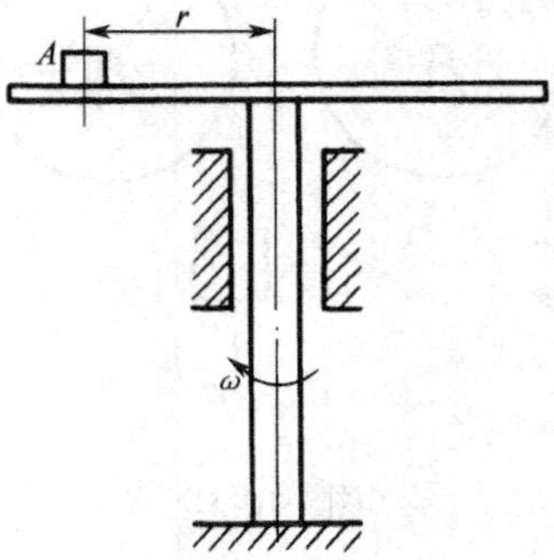

题10-2图

10-3　如题10-3图所示，A、B两个物体的质量分别为m_1与m_2，二者间用一绳子连接，此绳跨过一滑轮，滑轮半径为r．如果在开始时两个物体的高度差为h，而且$m_1>m_2$，不计滑轮质量．求由静止释放后两个物体达到相同的高度时所需的时间．

10-4　水平面上放一匀质三棱柱A，在此三棱柱上又放一匀质三棱柱B，两三棱柱的横截面都是直角三角形，各接触面都是光滑的，重量$W_A=3W_B$，求当三棱柱B从如题10-4图所示位置沿A滑下至水平面时，

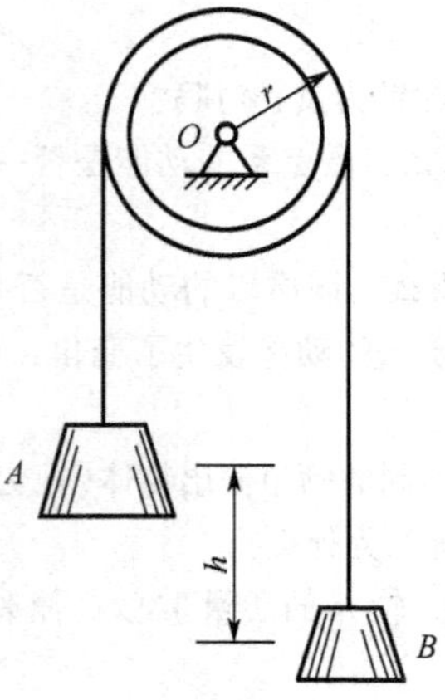

题10-3图

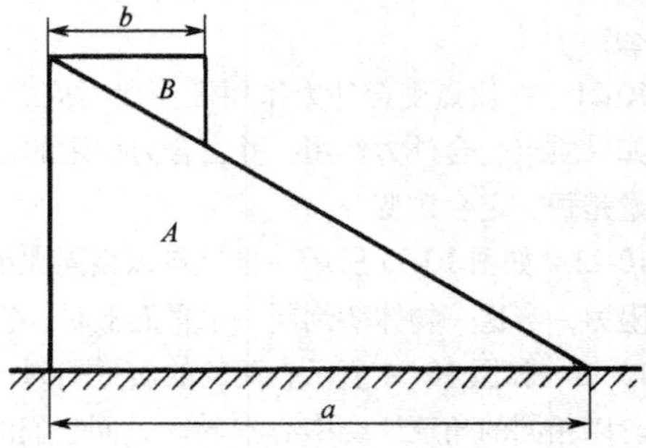

题10-4图

三棱柱 A 所移动的距离.

10-5　椭圆规如题 10-5 图所示，$OC = AC = BC = l$. 均质连杆 AB 的重量为 $2m_1$，均质曲柄 OC 的重量为 m_1，滑块 A 和 B 的重量都是 m_2. 曲柄 OC 以等角速度 ω 绕 O 轴转动. 当开始时，曲柄水平向右，求此时质点系的动量.

10-6　如题 10-6 图所示，一个重 $G_0 = 1000\text{N}$，半径为 $r = 0.4\text{m}$ 的匀质圆轮绕质心 O 点铰支座作定轴转动，其转动惯量 $I_O = 8\text{kg}\cdot\text{m}^2$，轮上绕有绳索，下端挂有 $G_A = 1000\text{N}$ 的物块 A. 试求圆轮的角加速度 ε.

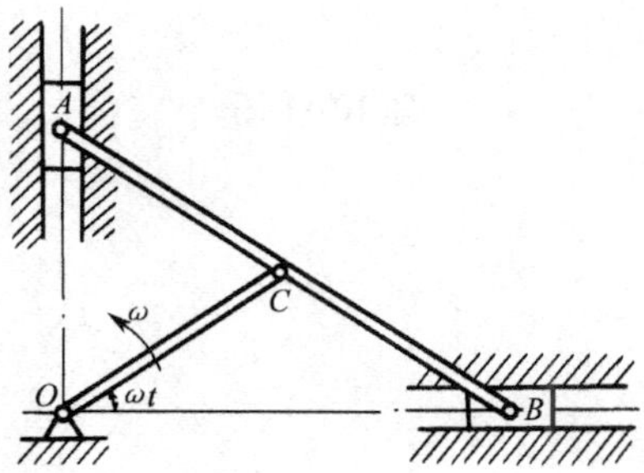

题 10-5 图

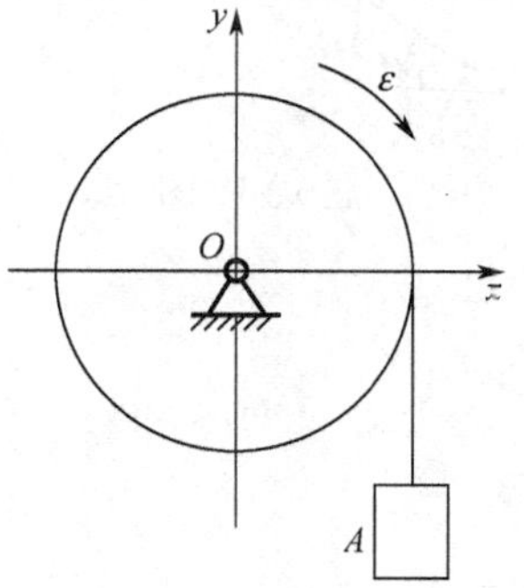

题 10-6 图

10-7　匀质圆盘半径 $R = 0.5\text{m}$，重力为 19.6N，下端挂重为 $\boldsymbol{G}$ 的物块，如题 10-7 图所示. 当重物自由落下时，圆盘的角加速度 $\varepsilon = 3\text{rad/s}^2$，求物块重 $\boldsymbol{G}$ 是多少？

10-8　由质量为 m_1、半径为 r 的均质圆盘与质量为 m_2、长度为 l 的均质杆组成的复摆如题 10-8 图所示，求整个摆绕转轴 O 的转动惯量.

10-9　如题 10-9 图所示，导轮的质量 $m = 40\text{kg}$，半径 $r = 0.4\text{m}$，绕铰支点 O 的转动惯量 $I_O = 3.2\text{kg}\cdot\text{m}^2$，绕绳的一端悬挂重物 $G = 2\text{kN}$，另一端有水平力 $F = 3\text{kN}$ 作用，从静止开始，求物体上升 10m 后的速度.

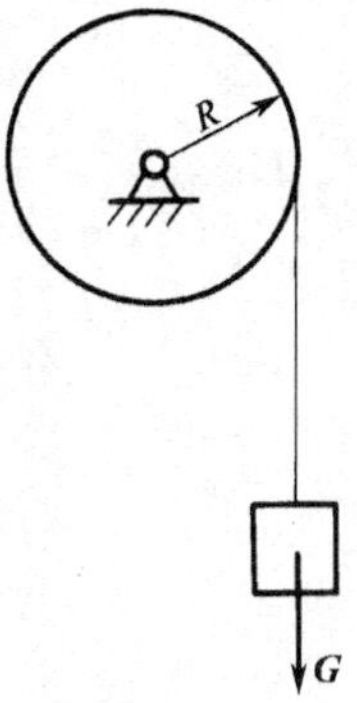

题 10-7 图

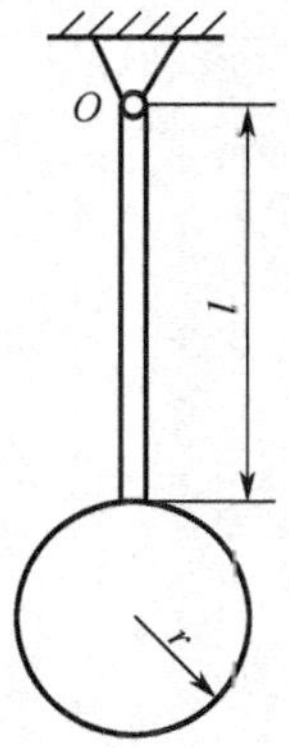

题 10-8 图

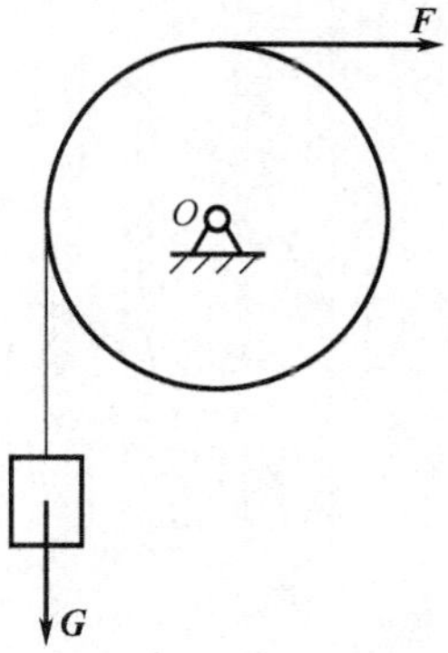

题 10-9 图

10-10　如题 10-10 图所示，物块重 $G = 200\text{N}$，置于倾角 $\alpha = 30°$的斜面上，在水平推力 $P = 500\text{N}$ 作用下，沿斜面向上移动了 5m. 设物块与斜面间的摩擦系数 $f = 0.25$，求各力所做的功及合力的功.

10-11　如题 10-11 图所示，弹簧原长 $l_0 = 10\text{cm}$，刚性系数 $k = 4.9\text{N/m}$，一端固定在点 O，此点在半径为 $R = 10\text{cm}$ 的圆周上. 如弹簧的另一端由 B 拉至 A 点和由 A 点拉至 D 点，分别计算弹簧力所做的功. $AC \perp BC$，OA 和 BD 为直径.

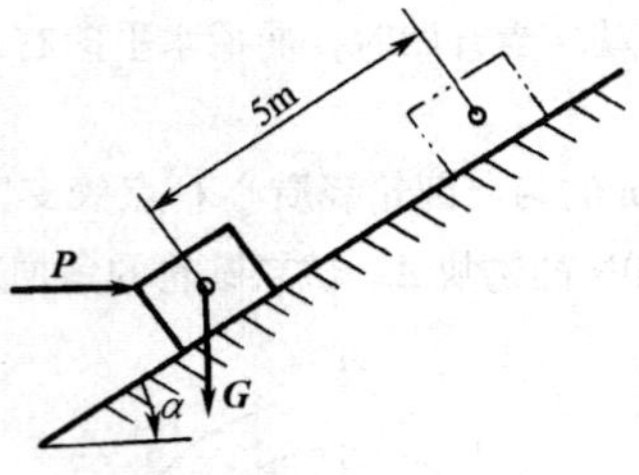

题 10-10 图

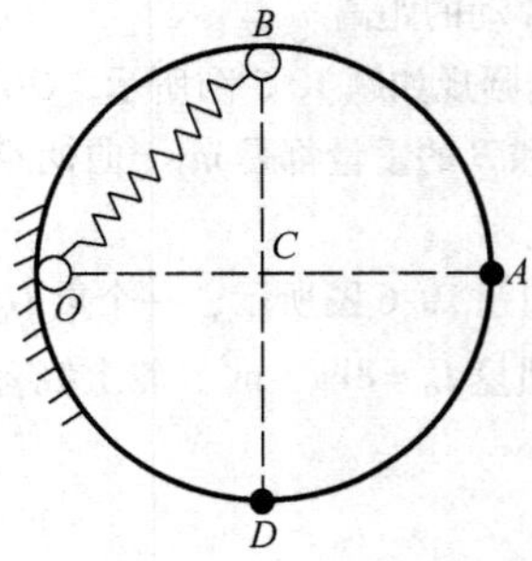

题 10-11 图

第 11 章　常微分方程

函数是客观事物内部联系的反映，利用函数关系可以对客观事物的规律性进行研究. 因此，寻求变量之间的函数关系对解决实际问题具有重要的作用. 在许多实际问题中，会遇到复杂的运动过程，往往不能直接得到表达过程规律的函数，但是根据问题所给的条件，可以列出含有要找的函数及其导数(或微分)的关系式，这样的关系式就是微分方程. 通过解微分方程，可以得到所求的函数关系，进而利用求得的函数关系去解释或解决实际问题.

11.1　微分方程的基本概念

引例 1　在电路分析中，RCL 电路暂态过程是电路分析的一个内容. 设有一 RC 电路(如图 11-1)，电阻 R 和电容 C 均为正常数，电源电压为常数 E，如果开关 S 闭合($t=0$)时，电容两端的电压 $U_C=0$，试求开关合上后，电压 U_C 随时间 t 的变化规律.

解　根据电路理论，由基尔霍夫电压定律知，电源电压等于外电路上各段电压之和，即

$$E=U_R+U_C$$

式中，电阻 R 两端的电压 $U_R=Ri$. 其中，i 为电路中的电流，是电量 Q 对时间的变化率，即 $i=\frac{\mathrm{d}Q}{\mathrm{d}t}$. 电容上的电量 $Q=CU_C$. 于是有

$$i=\frac{\mathrm{d}Q}{\mathrm{d}t}=C\frac{\mathrm{d}U_C}{\mathrm{d}t}$$

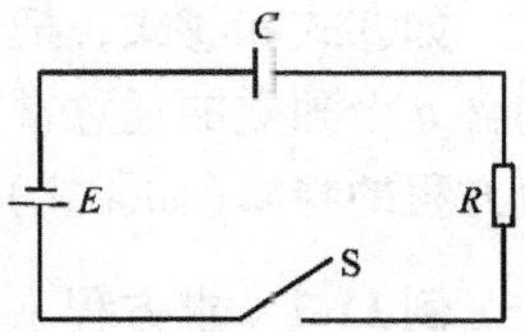

图　11-1

从而 $U_R=RC\frac{\mathrm{d}U_C}{\mathrm{d}t}$，$U_C$ 满足这样的方程

$$RC\frac{\mathrm{d}U_C}{\mathrm{d}t}+U_C=E$$

可以由此方程求得电压 U_C 随时间 t 的变化规律.

引例 2　求一条曲线，使得曲线上任意一点(x,y)处的切线斜率为 $2x$，且由线过$(1,1)$点，求该曲线方程.

解　设所求曲线的方程为 $y=f(x)$，则由导数的几何意义知，函数 $y=f(x)$应满足方程

$$\frac{\mathrm{d}y}{\mathrm{d}x}=2x \qquad ①$$

此外还应满足条件：

$$y\big|_{x=1}=1 \qquad ②$$

对方程①两端积分，得

$$y=\int 2x\mathrm{d}x=x^2+C \qquad ③$$

式中，C 为积分常数.

把条件②代入③式，得

$$C=0$$

故所求曲线的方程为

$$y=x^2 \qquad ④$$

本例中，方程①含有未知函数的导数，称之为微分方程.

一般地，把含有未知函数导数(或微分)的等式，称为**微分方程**. 其中，未知函数是一元函数的微分方程，叫做**常微分方程**(简称为微分方程)；未知函数是多元函数的微分方程，叫做**偏微分方程**.

在微分方程中，可以不出现自变量或未知函数，但必须要有未知函数的导数(或微分). 把微分方程中出现的未知函数的导数的最高阶数，称为**微分方程的阶**. 例如，方程①为一阶微分方程.

为确定③式中的积分常数 C 而设置的如②式的条件称为**初始条件**.

一般一阶微分方程的初始条件为

$$y(x_0)=y_0 \quad 或 \quad y\big|_{x=x_0}=y_0 \qquad (11\text{-}1)$$

二阶微分方程的初始条件为

$$y(x_0)=a,\ y'(x_0)=b \quad 或 \quad y\big|_{x=x_0}=a,\ y'\big|_{x=x_0}=b \qquad (11\text{-}2)$$

如③式和④式，把使方程两边成为恒等式的函数叫做微分方程的解. 其中 n 阶微分方程的含 n 个独立的任意常数的解称为**该微分方程的通解**(如③式)；不含任意常数的解称为**微分方程的特解**(如④式).

例 11-1　求方程 $y'=\dfrac{x^2+1}{x}$ 的通解.

解　由不定积分的定义知，方程的通解为

$$y=\int\frac{x^2+1}{x}\mathrm{d}x=\int\left(x+\frac{1}{x}\right)\mathrm{d}x=\frac{x^2}{2}+\ln x+C$$

例 11-2　验证 $y=Cx^2$(C 为任意常数)是方程

$$y'=\frac{2y}{x}$$

的通解，并求其满足 $y(1)=2$ 的特解.

解　对 $y=Cx^2$ 求导，得

$$y'=2Cx$$

将 y 及 y' 分别代入原微分方程的左、右两边，知 $y=Cx^2$ 是原方程的解.

又因为该函数含有一个任意常数，所以

$$y=Cx^2$$

是一阶微分方程 $y'=\dfrac{2y}{x}$ 的通解.

将初始条件 $y(1)=2$ 代入通解，得 $C=2$，故所求特解为

$$y=2x^2$$

例 11-3　验证函数

$$y=C_1\mathrm{e}^x+C_2\mathrm{e}^{-x} \quad (C_1,C_2\ 为任意常数)$$

是微分方程 $y''-y=0$ 的通解，并求其满足初始条件 $y(0)=1$，$y'(0)=0$ 的特解.

解　求导，得

$$y'=C_1\mathrm{e}^x-C_2\mathrm{e}^{-x}$$
$$y''=C_1\mathrm{e}^x+C_2\mathrm{e}^{-x}$$

将 y 及 y'' 代入原微分方程，得

$$\text{左边}=C_1\mathrm{e}^x+C_2\mathrm{e}^{-x}-(C_1\mathrm{e}^x+C_2\mathrm{e}^{-x})=0=\text{右边}$$

即 $y=C_1\mathrm{e}^x+C_2\mathrm{e}^{-x}$ 是微分方程

$$y''-y=0$$

的解. 又因为 $y=C_1\mathrm{e}^x+C_2\mathrm{e}^{-x}$ 中含有两个独立的任意常数，所以它是该二阶微分方程的通解.

将 $y(0)=1$，$y'(0)=0$ 分别代入

$$y=C_1\mathrm{e}^x+C_2\mathrm{e}^{-x}\text{及 }y'=C_1\mathrm{e}^x-C_2\mathrm{e}^{-x}$$

得

$$C_1+C_2=1,\ C_1-C_2=0$$

即 $C_1=C_2=\dfrac{1}{2}$，故所求特解为

$$y=\frac{1}{2}(\mathrm{e}^x+\mathrm{e}^{-x})$$

11.2　一阶微分方程

一阶微分方程的一般形式为

$$F(x,y,y')=0 \tag{11-3}$$

下面主要介绍可分离变量的微分方程和一阶线性微分方程的求解方法.

11.2.1　可分离变量的方程

形如

$$y'=f(x)g(y) \tag{11-4}$$

的微分方程称为可分离变量的微分方程. 其中 $f(x)$、$g(y)$ 为连续函数.

这种方程的特点是，经过适当的恒等变形之后，能将变量 x 和变量 y 分离到等式的两边. 求解时通常是将变量 y 分离到等式的左边，变量 x 分离到等式的右边. 根据这种变量的可分离特性，可按如下步骤求其通解：

1）将方程 $y'=f(x)g(y)$ 恒等变形为

$$\frac{\mathrm{d}y}{\mathrm{d}x}=f(x)g(y)$$

2）分离变量为

$$\frac{\mathrm{d}y}{g(y)}=f(x)\,\mathrm{d}x$$

3）两边积分

$$\int \frac{1}{g(y)}\mathrm{d}y = \int f(x)\,\mathrm{d}x$$

便得其通解

$$G(y) = F(x) + C$$

式中，$G(y)$、$F(x)$分别是$\frac{1}{g(y)}$、$f(x)$的原函数.

上式叫做原微分方程(11-4)的隐式通解. 若由此解出 y，便得方程的显式通解.

下面利用上述方法来求可分离变量的微分方程的通解.

例 11-4 求方程 $xy' + y = 0$ 的通解.

解 将方程变形为

$$x\frac{\mathrm{d}y}{\mathrm{d}x} + y = 0$$

分离变量，得

$$\frac{\mathrm{d}y}{y} = -\frac{1}{x}\mathrm{d}x$$

两边积分，得

$$\int \frac{1}{y}\mathrm{d}y = -\int \frac{1}{x}\mathrm{d}x$$

故所求通解为

$$\ln y = -\ln x + c \quad (c\text{ 为任意常数})$$

若记 $C = \mathrm{e}^c$，则可得到其显式通解 $y = \frac{C}{x}$.

例 11-5 求微分方程 $y' = (\sin x - \cos x)\sqrt{1-y^2}$ 的通解.

解 方程变形为

$$\frac{\mathrm{d}y}{\mathrm{d}x} = (\sin x - \cos x)\sqrt{1-y^2}$$

分离变量，得

$$\frac{\mathrm{d}y}{\sqrt{1-y^2}} = (\sin x - \cos x)\,\mathrm{d}x$$

两边积分，得

$$\int \frac{1}{\sqrt{1-y^2}}\mathrm{d}y = \int (\sin x - \cos x)\,\mathrm{d}x$$

故所求通解为

$$\arcsin y = -(\cos x + \sin x) + C$$

式中，C 为任意常数.

例 11-6 求方程 $y' = \frac{2xy}{x^2+1}$ 满足条件 $y\big|_{x=0} = 1$ 的特解.

解 方程变形为

$$\frac{\mathrm{d}y}{\mathrm{d}x} = \frac{2xy}{x^2+1}$$

分离变量，得

$$\frac{1}{y}\mathrm{d}y=\frac{2x}{x^2+1}\mathrm{d}x$$

两边积分，得

$$\int\frac{1}{y}\mathrm{d}y=\int\frac{2x}{x^2+1}\mathrm{d}x$$

故所求方程之通解为

$$\ln y=\ln(x^2+1)+C$$

将 $y|_{x=0}=1$ 代入，得 $C=0$，从而所求特解为

$$y=x^2+1$$

例 11-7　求 $2y\mathrm{e}^x\mathrm{d}y-\mathrm{d}x=0$ 满足初始条件 $y|_{x=0}=1$ 的特解.

解　方程变形为

$$2y\mathrm{e}^x\mathrm{d}y=\mathrm{d}x$$

分离变量，得

$$2y\mathrm{d}y=\mathrm{e}^{-x}\mathrm{d}x$$

两边积分，得

$$\int 2y\mathrm{d}y=\int\mathrm{e}^{-x}\mathrm{d}x$$

故所求方程之通解为

$$y^2=-\mathrm{e}^{-x}+C$$

将 $y|_{x=0}=1$ 代入，得 $C=2$，从而所求特解为

$$y^2=-\mathrm{e}^{-x}+2$$

11.2.2　一阶线性微分方程

形如

$$y'+P(x)y=Q(x) \tag{11-5}$$

的方程称为一阶线性微分方程. 其中，当 $Q(x)\equiv0$ 时，方程

$$y'+P(x)y=0 \tag{11-6}$$

称为**一阶线性齐次微分方程**；而当 $Q(x)\neq0$ 时，方程(11-5)称为**一阶线性非齐次微分方程**.

一阶线性微分方程(11-5)具有下列通解公式

$$y=\mathrm{e}^{-\int P(x)\mathrm{d}x}\left[\int Q(x)\mathrm{e}^{\int P(x)\mathrm{d}x}\mathrm{d}x+C\right] \tag{11-7}$$

特别地，当 $Q(x)\equiv0$ 时，得一阶线性齐次微分方程(11-5)的通解公式

$$y=C\mathrm{e}^{-\int P(x)\mathrm{d}x} \tag{11-8}$$

下面证明式(11-7). 事实上，根据微分方程通解的概念，由于式(11-7)中含有一个任意常数 C，因此我们只需说明式(11-7)是方程(11-5)的解即可，亦即式(11-7)中的 y 满足方程(11-5).

式(11-7)两边同时乘以 $\mathrm{e}^{\int P(x)\mathrm{d}x}$，得

$$y\mathrm{e}^{\int P(x)\mathrm{d}x}=\int Q(x)\mathrm{e}^{\int P(x)\mathrm{d}x}\mathrm{d}x+C$$

两边求导，得

$$y'e^{\int P(x)dx}+y(e^{\int P(x)dx})'=Q(x)e^{\int P(x)dx}$$

即

$$y'e^{\int P(x)dx}+ye^{\int P(x)dx}\left(\int P(x)dx\right)'=Q(x)e^{\int P(x)dx}$$

$$y'e^{\int P(x)dx}+ye^{\int P(x)dx}P(x)=Q(x)e^{\int P(x)dx}$$

两端同时除以 $e^{\int P(x)dx}$，得

$$y'+P(x)y=Q(x)$$

此即式(11-7)所表示的函数 y 满足方程(11-5)，因此式(11-7)是方程(11-5)的通解.

综上所述，一阶线性微分方程的求解步骤可以归纳如下：

1）判断方程是否为一阶线性微分方程. 一般地，若一阶微分方程中的 y 和 y' 只为一次式，则首先考虑为一阶线性微分方程.

2）将方程化为标准形式，并写出系数 $P(x)$ 和 $Q(x)$.

3）将系数 $P(x)$ 和 $Q(x)$ 代入通解公式，求出通解.

需要说明的是：

1）在利用通解公式求解的过程中，其不定积分的积分常数不要带入通解公式，这些常数都已包含于通解公式的 C 之中.

2）在求解一阶线性微分方程时，经常要用到对数的下列性质：

$$e^{\ln f(x)}=f(x)$$

$$\ln[f(x)]^{\alpha}=\alpha\ln f(x)$$

例 11-8 求微分方程 $y'-2y=e^{-x}$ 的通解.

解 注意到方程中的 y 及 y' 只为一次式，方程为一阶线性非齐次微分方程.

$$P(x)=-2,\ Q(x)=e^{-x}$$

代入通解公式(11-7)，得

$$y=e^{-\int -2dx}\left[\int e^{-x}e^{\int -2dx}dx+C\right]$$

即

$$y=e^{2x}\left(-\frac{1}{3}e^{-3x}+C\right)$$

例 11-9 求微分方程 $xy'+y=\cos x$ 满足初始条件 $y|_{x=\pi}=1$ 的特解.

解 注意到方程中的 y 及 y' 只为一次式，方程为一阶线性非齐次微分方程. 将方程化为一阶线性微分方程的标准形式，得

$$y'+\frac{1}{x}y=\frac{\cos x}{x}$$

其中

$$P(x)=\frac{1}{x},\ Q(x)=\frac{\cos x}{x}$$

代入通解公式(11-7)，得

$$y=e^{-\int\frac{1}{x}dx}\left(\int\frac{\cos x}{x}e^{\int\frac{1}{x}dx}dx+C\right)$$

$$= \frac{1}{x}\left(\int \cos x \mathrm{d}x + C\right) = \frac{1}{x}(\sin x + C)$$

将初始条件 $y|_{x=\pi} = 1$ 代入上式，得 $C = \pi$，故所求特解为

$$y = \frac{1}{x}(\sin x + \pi)$$

例 11-10　求方程 $y' = \frac{2xy}{x^2+1}$ 满足条件 $y|_{x=0} = 1$ 的特解.

解　注意到方程中的 y 及 y' 只为一次式，方程为一阶线性齐次微分方程. 将方程化为一阶线性齐次微分方程的标准形式，得

$$y' - \frac{2x}{x^2+1}y = 0$$

$$P(x) = -\frac{2x}{x^2+1}$$

代入通解公式(11-8)，得

$$y = C\mathrm{e}^{-\int \frac{-2x}{x^2+1}\mathrm{d}x}$$

即

$$y = C(x^2+1)$$

将初始条件 $y|_{x=0} = 1$ 代入通解，得 $C = 1$，故所求特解为

$$y = x^2 + 1$$

最后指出，如果方程中的 y 不是一次式，但关于 y 的式子可化为某个函数 $h(y)$ 的一次式，或者 x 为一次式，也可将其转化为关于未知函数 $h(y)$ 或 x 的一阶线性微分方程去求解. 例如：

$2yy' + xy^2 = 1$　可转化为　$(y^2)' + xy^2 = 1$

$(y^2 - 2xy - x)\frac{\mathrm{d}y}{\mathrm{d}x} = y^2$　可转化为　$\frac{\mathrm{d}x}{\mathrm{d}y} + \frac{2y+1}{y^2}x = 1$

在此不作详细的讨论，读者可参看有关的《高等数学》教材.

11.3　一阶微分方程的应用举例

上一节给出了一阶线性微分方程的通解公式. 在应用中，若 a，b 为常数且 $a \neq 0$，则对于一阶常系数的线性微分方程

$$y' + ay = b \tag{11-9}$$

及其对应的齐次方程

$$y' + ay = 0 \tag{11-10}$$

常采用下列步骤求解：

1）先求其对应的齐次方程的通解.

令 $y = C\mathrm{e}^{\lambda x}$，代入(11-10)式，约去非零项 $C\mathrm{e}^{\lambda x}$，得到一个所谓的特征方程

$$\lambda + a = 0 \tag{11-11}$$

解得其特征根为

$$\lambda = -a$$

对应的齐次方程的通解为

$$y = C\mathrm{e}^{-ax} \tag{11-12}$$

2）不难看出，$y=\dfrac{b}{a}$为方程(11-9)的一个特解．方程(11-9)的通解为其特解与对应齐次方程通解之和，即方程(11-9)的通解为

$$y = \frac{b}{a} + C\mathrm{e}^{-ax} \tag{11-13}$$

其中，C为任意常数．

不难验证，(11-12)式是方程(11-10)的通解，(11-13)式是方程(11-9)的通解．由上一节的公式也不难推知，这两个通解表达式正是所对应方程的通解．

下面求解本章开始提出的一个电路分析中的问题：

例 11-11　设有一RC电路(如图11-1)，电阻R和电容C均为正常数，电源电压为常数E，如果开关S闭合($t=0$)时，电容两端的电压$U_C=0$，试求开关合上后，电压U_C随时间t的变化规律．

解　由基尔霍夫电压定律知，电源电压等于外电路上各段电压之和，即

$$E = U_R + U_C$$

式中，电阻R两端的电压$U_R=Ri$，i为电路中的电流，是电量Q对时间的变化率，即$i=\dfrac{\mathrm{d}Q}{\mathrm{d}t}$．电容上的电量$Q=CU_C$．于是有

$$i = \frac{\mathrm{d}Q}{\mathrm{d}t} = C\frac{\mathrm{d}U_C}{\mathrm{d}t}$$

从而$U_R=RC\dfrac{\mathrm{d}U_C}{\mathrm{d}t}$，$U_C$满足微分方程

$$RC\frac{\mathrm{d}U_C}{\mathrm{d}t} + U_C = E$$

这是一个一阶常系数的线性微分方程，特征方程为

$$RC\lambda + 1 = 0$$

即

$$\lambda = -\frac{1}{RC}$$

从而可求得其通解为

$$U_C = E + A\mathrm{e}^{-\frac{1}{RC}t}\quad (A\text{为任意常数})$$

此外，由题意知，U_C满足初始条件：$U_C\big|_{t=0}=0$．将初始条件代入，得

$$A = -E$$

因此，电源两端的电压U_C随时间t的变化规律为

$$U_C = E(1 - \mathrm{e}^{-\frac{1}{RC}t})$$

例 11-12　如图11-2所示为一RL串联电路．在换路前，开关S是合在位置2上的，电感元件L中通有电流．在$t=0$时将开关S从位置2合到位置1，使电路脱离电源，RL电路被短路．此时，电感元件L已储有能量，其中电流的初始值$i(0)=I_0$，求$t\geqslant 0$时，电流随

时间变化的规律.

解 根据基尔霍夫电压定律，列出 $t \geqslant 0$ 时的电路微分方程

$$L\frac{\mathrm{d}i}{\mathrm{d}t}+Ri=0$$

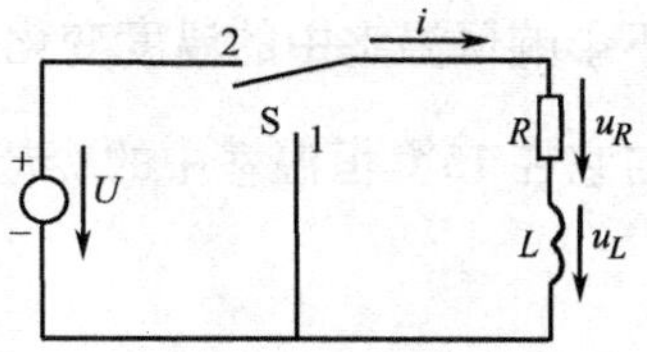

图 11-2

将方程变形为

$$\frac{\mathrm{d}i}{\mathrm{d}t}+\frac{R}{L}i=0$$

这是一个一阶线性齐次微分方程，其特征方程为

$$\lambda+\frac{R}{L}=0$$

由此，得到其通解

$$i=C\mathrm{e}^{-\frac{R}{L}t}$$

将初始条件 $i|_{t=0}=I_0$ 代入上式，解得 $C=I_0$. 于是满足初始条件的解为

$$i=I_0\mathrm{e}^{-\frac{R}{L}t}$$

例 11-13 设跳伞员的质量为 m，降落伞所受空气阻力与速度成正比，求降落伞下降速度 $v=v(t)$ 的变化规律.

解 取垂直向下指向地面的方向为坐标轴 v 的正方向，则重力 $W=mg$ 是正的，而阻力大小为 kv(k 为正的比例常数)，方向与 v 相反，从而降落伞所受外力为

$$F=mg-kv$$

根据牛顿第二运动定律

$$F=ma$$

式中，a 为加速度，且 $a=v'(t)$. 则跳伞员的运动方程为

$$m\frac{\mathrm{d}v}{\mathrm{d}t}=mg-kv$$

初始条件为 $v|_{t=0}=0$. 该方程是一阶常系数线性微分方程，其特征方程为

$$\lambda+\frac{k}{m}=0$$

通解为

$$v=\frac{mg}{k}+C\mathrm{e}^{-\frac{k}{m}t}$$

将 $v|_{t=0}=0$ 代入上式，得 $C=-\frac{mg}{k}$. 故所求特解为

$$v=\frac{mg}{k}(1-\mathrm{e}^{-\frac{k}{m}t})$$

由上式可以看出，当 t 充分大时，速度 v 近似为常量. 也就是说，跳伞之初是加速运动，但后来趋向于匀速运动，正因为如此，跳伞员才得以安全地降落到地面.

例 11-14 一台电动机开动后，每分钟温度升高 10℃，同时将按冷却定律不断散发热量. 设电动机安装在一间保持 15℃恒温的房子里，求电动机温度 θ 与时间 t 的函数关系.

解 设电动机在起动后 1min 时的温度为 θ(单位为℃)，这个温度是两个因素共同作用

的结果，一是由电动机运转所引起的升温，二是在恒温室中的自然冷却. 假定电动机的升温不影响恒温室中的温度变化，那么电动机温度的变化率$\frac{d\theta}{dt}$即为它运转时的升温率10℃/min与它在15℃恒温室中的冷却率$k(\theta-15)$之差，即

$$\frac{d\theta}{dt}=10-k(\theta-15)$$

或

$$\frac{d\theta}{dt}+k\theta=10+15k$$

式中，$k>0$为比例常数.

上式就是电动机的温度θ所应满足的微分方程. 此外，尚有初始条件$\theta\big|_{t=0}=15$. 这是一个一阶线性微分方程，代入通解公式，得

$$\theta = e^{-kt}\left[\int(10+15k)e^{kt}dt + C\right] = Ce^{-kt} + \frac{10}{k} + 15$$

将初始条件代入，得$C=-\frac{10}{k}$. 故所求的电动机温度θ与时间t的关系为

$$\theta=15+\frac{10}{k}(1-e^{-kt})$$

*11.4 解的惟一性 奇解与包络

在一定条件下，微分方程的初值问题

$$\begin{cases}F(x,y,z)=0\\ y\big|_{x=x_0}=y_0\end{cases} \tag{11-14}$$

存在唯一解. 但也有例外，这种情形与一个几何概念密切相关，就是包络.

定义 设有一参数曲线族(C)有通解，即

$$\varphi(x,y,C)=0 \tag{11-15}$$

另有一条曲线L. 如果对曲线L上任意一点，在曲线族(C)中均有一条曲线与L相切，且对于曲线L上的不同点，曲线族中与其相切的曲线不同，则称曲线L为曲线族(C)的包络线，简称包络.

例如，曲线族$(x-C)^2+y^2=1$的包络线为$y=\pm1$(图11-3)；曲线族$y=(x-C)^2$的包络线为$y=0$(图11-4).

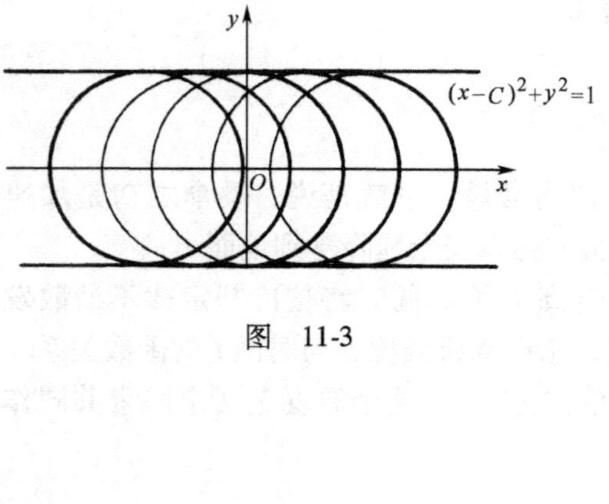

图 11-3

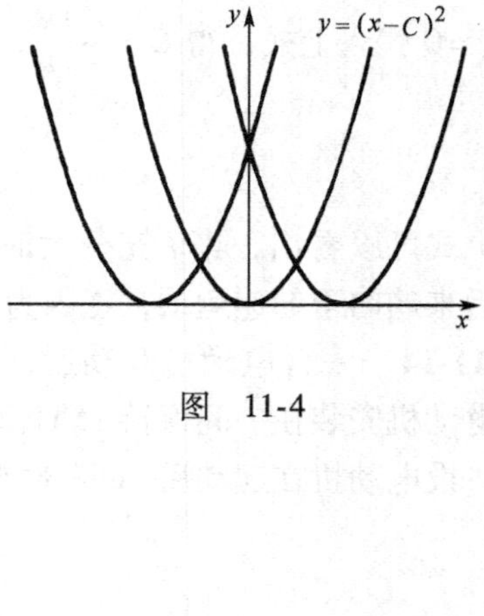

图 11-4

例 11-15　求方程

$$\frac{\mathrm{d}y}{\mathrm{d}x}=\sqrt{y}$$

的通解，并求其积分曲线族的包络.

解　分离变量，得

$$\frac{\mathrm{d}y}{\sqrt{y}}=\mathrm{d}x$$

积分得 $2\sqrt{y}=x-C$，即

$$y=\frac{1}{4}(x-C)^2$$

显然，直线 $y=0$ 是该方程积分曲线族的包络.

直接验证可知 $y=0$ 是上例中方程的解，但这个解并不能由通解得到. 进一步观测发现，初值问题

$$\begin{cases}\dfrac{\mathrm{d}y}{\mathrm{d}x}=\sqrt{y}\\ y\big|_{x=x_0}=0\end{cases}$$

有两个解，$y=\frac{1}{4}(x-x_0)^2$ 及 $y=0$.

一般来说，如果 L 是微分方程 $F(x,y,y')=0$ 的一条解曲线，且过 L 上任一点都有方程的另一条解曲线(从而解曲线 L 上每一点都破坏解的唯一性)，则称解曲线 L 为方程的**奇积分曲线**，或称**奇解**.

定理 11-1　微分方程 $F(x,y,y')=0$ 的积分曲线族的包络线是奇积分曲线.

下面介绍求积分曲线族包络线的方法.

设 $\varphi(x,y,C)=0$ 为微分方程 $F(x,y,y')=0$ 的通解表达式. 联立方程组

$$\begin{cases}\varphi(x,y,C)=0\\ \varphi'_C(x,y,C)=0\end{cases}\tag{11-16}$$

这一方程组叫 C 判别式. 消去参数 C 得一曲线 $h(x,y)=0$. 如果 $h(x,y)=0$ 是方程的解曲线，则它一定是微分方程积分曲线族的包络.

例 11-16　求微分方程

$$(y-1)^2y'^2=\frac{4}{9}y$$

的包络.

解　原方程可化为

$$\left[(y-1)y'-\frac{2}{3}\sqrt{y}\right]\left[(y-1)y'+\frac{2}{3}\sqrt{y}\right]=0$$

它等价于

$$(y-1)y'-\frac{2}{3}\sqrt{y}=0$$

或

$$(y-1)y'+\frac{2}{3}\sqrt{y}=0$$

由$(y-1)y'-\frac{2}{3}\sqrt{y}=0$得通解

$$x-y^{\frac{3}{2}}+3y^{\frac{1}{2}}+C=0$$

由$(y-1)y'+\frac{2}{3}\sqrt{y}=0$得通解

$$x+y^{\frac{3}{2}}-3y^{\frac{1}{2}}+C=0$$

于是原方程的通解为

$$(x+y^{\frac{3}{2}}-3y^{\frac{1}{2}}+C)(x-y^{\frac{3}{2}}+3y^{\frac{1}{2}}+C)=0$$

即

$$(x+C)^2-y(y-3)^2=0$$

由C判别式

$$\begin{cases}(x+C)^2-y(y-3)^2=0\\ 2(x+C)=0\end{cases}$$

得$y=0$或$y=3$. 曲线$y=3$不是原方程的解，故不是包络；$y=0$是原方程的解，故是包络.

11.5 二阶常系数线性微分方程

反映一维振动(如弹簧振子,LC振荡电路等)的运动方程可归结为下列微分方程

$$\frac{\mathrm{d}^2y}{\mathrm{d}x^2}+p\frac{\mathrm{d}y}{\mathrm{d}x}+qy=f(x) \tag{11-17a}$$

或写成

$$y''+py'+qy=f(x) \tag{11-17b}$$

式中，p、q都是常数. 这样的方程叫做常系数线性微分方程. 当$f(x)$为一些特殊类型的函数时，可以给出方程的显式解.

11.5.1 二阶常系数线性齐次微分方程

方程

$$y''+py'+qy=0 \tag{11-18}$$

叫做**二阶常系数线性齐次微分方程**. 它可反映自由振动等物理现象.

齐次方程(11-18)有一个特性，即其解具有迭加性. 若y_1是方程(11-18)的解，则αy_1依然是它的解；若y_1，y_2都是方程(11-18)的解，则y_1+y_2也是它的解.

要得到方程(11-18)的解，采用11.3节给出的方法，寻求形如$y=\mathrm{e}^{\lambda x}$的解. 将$y=\mathrm{e}^{\lambda x}$求导，得

$$y=\mathrm{e}^{\lambda x},\ y'=\lambda\mathrm{e}^{\lambda x},\ y''=\lambda^2\mathrm{e}^{\lambda x}$$

代入方程(11-18)，得

$$(\lambda^2+p\lambda+q)\mathrm{e}^{\lambda x}=0$$

消去$\mathrm{e}^{\lambda x}$，得

$$\lambda^2+p\lambda+q=0 \tag{11-19}$$

这就是说，当 λ 满足代数方程(11-19)时，$y=e^{\lambda x}$ 就是微分方程(11-18)的解. 称代数方程(11-19)为微分方程(11-18)的**特征方程**.

特征方程(11-19)的根的情况有三种，对应的方程(11-18)的解也有三种情况.

1）当特征方程有两个不相等的实根 $\lambda_1\neq\lambda_2$ 时，$y_1=e^{\lambda_1 x}$ 与 $y_2=e^{\lambda_2 x}$ 都是方程(11-18)的解，因而微分方程(11-18)的通解为

$$y=C_1e^{\lambda_1 x}+C_2e^{\lambda_2 x}$$

2）当特征方程有两个相等的实根 $\lambda_1=\lambda_2$ 时，$y_1=e^{\lambda_1 x}$ 及 $C_1e^{\lambda_1 x}$ 为微分方程的解，为了得到方程的通解，还需一个不同类型的解. 直接验证可知 $y_2=xe^{\lambda_1 x}$ 是微分方程(11-18)的一个解，因而方程(11-18)的通解为

$$y=C_1e^{\lambda_1 x}+C_2xe^{\lambda_1 x}$$

或写为更紧凑的形式 $$y=e^{\lambda_1 x}(C_1+C_2x)$$

3）当特征方程具有一对共轭复根 $\lambda_1=\alpha+i\beta$ 与 $\lambda_2=\alpha-i\beta$ 时，方程(11-18)有一对共轭复数解

$$y_1=e^{(\alpha+i\beta)x}=e^{\alpha x}(\cos\beta x+i\sin\beta x)$$
$$y_2=e^{(\alpha+i\beta)x}=e^{\alpha x}(\cos\beta x-i\sin\beta x)$$

于是方程(11-18)有两个实数解

$$\frac{1}{2}(y_1+y_2)=e^{\alpha x}\cos\beta x$$
$$\frac{1}{2i}(y_1-y_2)=e^{\alpha x}\sin\beta x$$

此时，齐次方程(11-18)的通解为

$$y=e^{\alpha x}(C_1\cos\beta x+C_2\sin\beta x)$$

例 11-17 求方程 $y''-3y'+2y=0$ 的通解.

解 此方程为二阶线性齐次的，其特征方程

$$\lambda^2-3\lambda+2=0$$

有两相异实根 $\lambda_1=1$，$\lambda_2=2$，故原微分方程的通解为

$$y=C_1e^x+C_2e^{2x}$$

例 11-18 求方程 $y''+4y=0$ 满足初始条件 $y|_{x=0}=1$，$y'|_{x=0}=0$ 的特解.

解 该方程对应的特征方程为

$$\lambda^2+4=0$$

它有两个共轭的复根 $\lambda_{1,2}=\pm 2i$，即 $\alpha=0$，$\beta=2$. 该微分方程的通解为

$$y=C_1\cos 2x+C_2\sin 2x$$

由初始条件 $y|_{x=0}=1$ 得 $C_1=1$；由初始条件 $y'|_{x=0}=0$ 得 $C_2=0$. 因此所求特解为

$$y=\cos 2x$$

11.5.2 二阶常系数非齐次线性微分方程

形如

$$y''+py'+qy=f(x) \tag{11-20}$$

的方程叫做**二阶线性非齐次方程**，其中 p、q 是常数. $f(x)$ 叫做**自由项**. 方程

$$y''+py'+qy=0 \tag{11-21}$$

叫做相应于方程(11-20)的齐次方程.

关于方程(11-20)的解，有如下结论

若Y是方程(11-21)的通解，y^*是(11-20)的一个特解，则$Y+y^*$是方程(11-20)的通解.这样，方程(11-20)的通解具有如下形式

$$y=Y+y^* \tag{11-22}$$

以下介绍当自由项取某些特殊类型的函数时特解y^*的求法.

1. $f(x)$为多项式$P_n(x)$的情形

设二阶常系数线性非齐次方程为

$$y''+py'+qy=P_n(x) \tag{11-23}$$

式中，$P_n(x)$为n次多项式. 不难验证式(11-23)有下列形式的特解

$$y^*=x^kQ_n(x) \tag{11-24}$$

式中，$Q_n(x)$是一个待定的n次多项式，而

$$k=\begin{cases}0 & (q\neq 0)\\ 1 & (q=0\text{ 且 }p\neq 0)\\ 2 & (q=0,p=0)\end{cases}$$

将所设的特解代入方程(11-23)，比较等式两端，使x同次幂的系数相等，从而确定$Q_n(x)$的各项系数，得到所求之特解.

例 11-19 求方程$y''-5y'+6y=36x$的一个特解.

解 先求所给方程的一个特解. 由$f(x)=36x$，$p=-5\neq 0$，故设

$$y^*=ax+b$$

则$y^{*\prime\prime}=0$，$y^{*\prime}=a$，代入原方程，得

$$(6b-5a)+6ax=36x$$

比较x及常数项的系数，得$a=6$，$b=5$，因而

$$y^*=6x+5$$

2. $f(x)=Ce^{\lambda_0 x}$的情形

设二阶常系数线性非齐次方程为

$$y''+py'+qy=Ce^{\lambda_0} \tag{11-25}$$

此时容易验证(11-17)有如下形式的特解

$$y^*=Ax^ke^{\lambda_0 x} \tag{11-26}$$

式中，A为待定常数，而k视λ_0是特征方程的根的情况而定，即

$$k=\begin{cases}0 & (\lambda_0\text{ 不是根})\\ 1 & (\lambda_0\text{ 是单根})\\ 2 & (\lambda_0\text{ 是二重根})\end{cases}$$

例 11-20 求微分方程$y''-5y'+6y=e^{2x}$的通解.

解 所给方程对应的齐次方程为

$$y''-5y'+6y=0$$

它的特征方程

$$\lambda^2-5\lambda+6=0$$

有两个实根 $\lambda_1=2$，$\lambda_2=3$. 于是与所给方程对应的齐次方程的通解为

$$Y=C_1e^{2x}+C_2e^{3x}$$

由于 $\lambda_0=2$ 是特征方程的单根，所以 $k=1$，应设 y^* 为

$$y^*=Axe^{2x}$$

则 $y^{*\prime}=Ae^{2x}+2Axe^{2x}$，$y^{*\prime\prime}=2Ae^{2x}+2Ae^{2x}+4Axe^{2x}$，代入所给方程，得

$$-Ae^{2x}=e^{2x}$$

由此得 $A=-1$，而 $y^*=-xe^{2x}$. 故所给方程的通解为

$$y=Y+y^*=(C_1-x)e^{2x}+C_2e^{3x}$$

3. $f(x)=e^{\lambda_0x}(A\cos\omega x+B\sin\omega x)$ 的情形

设二阶常系数线性非齐次方程为

$$y''+py'+qy=e^{\lambda_0x}(A\cos\omega x+B\sin\omega x)\tag{11-27}$$

此时可以验证式(11-27)有如下形式的特解

$$y^*=x^ke^{\lambda_0x}(a\cos\omega t+b\sin\omega t)\tag{11-28}$$

其中 A 为待定常数，而 k 视其特征方程的根的情况而定，

$$k=\begin{cases}0 & (\lambda_0\pm i\omega\ 不是根)\\1 & (\lambda_0\pm i\omega\ 是复根)\end{cases}$$

例 11-21　求方程 $y''+y=\sin x$ 的通解.

解　自由项 $f(x)=\sin x$ 为 $e^{\lambda_0x}(A\cos\omega x+B\sin\omega x)$ 型函数($\lambda_0=0,\omega=1$). $\lambda_0\pm i\omega=\pm i$ 是特征方程 $\lambda^2+1=0$ 的根，取 $k=1$，所以设特解为

$$y^*=x(a\cos x+b\sin x)$$

则

$$y^{*\prime}=x(-a\sin x+b\cos x)+a\cos x+b\sin x$$

$$y^{*\prime\prime}=2b\cos x-2a\sin x-x(a\cos x+b\sin x)$$

代入原方程，得

$$-2a\sin x+2b\cos x=\sin x$$

比较两端 $\sin x$ 与 $\cos x$ 的系数，得 $a=-\dfrac{1}{2}$，$b=0$. 故原方程的特解为

$$y^*=-\frac{1}{2}x\cos x$$

而对应齐次方程 $y''+y=0$ 的通解为

$$Y=C_1\cos x+C_2\sin x$$

故原方程的通解为

$$y=y^*+Y=-\frac{1}{2}x\cos x+C_1\cos x+C_2\sin x$$

11.5.3　应用举例

设有一个弹簧上端固定，下端挂着一个质量为 m 的物体，当弹簧处于平衡位置时，物体所受的重力与弹性恢复力大小相等、方向相反. 设给物体一个初始位移 x_0、初速度 v_0，则物体便在其平衡位置附近上下振动. 已知阻力与其速度成正比，试求振动过程中位移 x 的

变化规律(如图11-5所示).

解　建立坐标系，如图所示，平衡位置为原点. 物体的位移 x 是时间 t 的函数 $x=x(t)$.

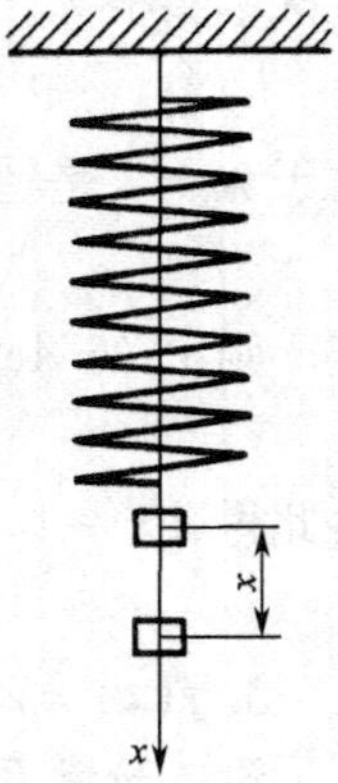

图　11-5

物体在振动过程中，受到两个力的作用，即弹簧恢复力 f_1 与阻力 f_2. 由胡克定律知，$f_1=-kx$，其中 $k>0$ 为弹簧的刚度系数，负号表示弹簧恢复力与位移 x 方向相反. 阻力 f_2 与速度 v 成正比，$f_2=-\mu v$，其中 $\mu>0$ 为粘性阻尼系数，负号表示阻力 f_2 与速度 v 方向相反，根据牛顿第二定律 $F=ma$，知

$$ma=-kx-\mu v$$

式中，a 为加速度，$a=\frac{\mathrm{d}^2x}{\mathrm{d}t^2}$；$v$ 为速度，$v=\frac{\mathrm{d}x}{\mathrm{d}t}$. 那么，上式变为

$$m\frac{\mathrm{d}^2x}{\mathrm{d}t^2}=-\mu\frac{\mathrm{d}x}{\mathrm{d}t}-kx$$

记 $2n=\frac{\mu}{m}$，$\omega^2=\frac{k}{m}$，这里 n，ω 为正常数，则上式方程可表示为

$$\frac{\mathrm{d}^2x}{\mathrm{d}t^2}+2n\frac{\mathrm{d}x}{\mathrm{d}t}+\omega^2x=0$$

称之为**振动的微分方程**，它是一个二阶常系数线性齐次方程，它的特征方程为

$$\lambda^2+2nr+\omega^2=0$$

其根为

$$\lambda_{1,2}=-n\pm\sqrt{n^2-\omega^2}$$

由题意列出初始条件
$$\begin{cases}x\big|_{t=0}=x_0\\ \left.\frac{\mathrm{d}x}{\mathrm{d}t}\right|_{t=0}=v_0\end{cases}$$

于是,上述问题化为初值问题
$$\begin{cases}\frac{\mathrm{d}^2x}{\mathrm{d}t^2}+2n\frac{\mathrm{d}x}{\mathrm{d}t}+\omega^2x=0\\ x\big|_{t=0}=x_0,\left.\frac{\mathrm{d}x}{\mathrm{d}t}\right|_{t=0}=v_0\end{cases}$$

下面分三种情况来讨论.

1）大阻尼情形，即 $n>\omega$.

这时 $\lambda_1=-n+\sqrt{n^2-\omega^2}$，$\lambda_2=-n-\sqrt{n^2-\omega^2}$，是两个不相等的实根，所以方程的通解为

$$x=C_1\mathrm{e}^{-(n-\sqrt{n^2-\omega^2})t}+C_2\mathrm{e}^{-(n+\sqrt{n^2-\omega^2})t}$$

2）临界阻尼情形，即 $n=\omega$.

这时，特征根 $\lambda_1=\lambda_2=-n$，所以方程的通解为

$$x=(C_1+C_2t)\mathrm{e}^{-nt}$$

3）小阻尼情形，即 $n<\omega$.

这时，特征根为共轭复数 $-n\pm\sqrt{\omega^2-n^2}\,\mathrm{i}$，所以方程的通解为

$$x=\mathrm{e}^{-nt}(C_1\cos\sqrt{\omega^2-n^2}\,t+C_2\sin\sqrt{\omega^2-n^2}\,t)$$

上式也可写成

$$x = A\mathrm{e}^{-nt}\sin(\omega_0 t + \varphi)$$

其中 $\omega_0 = \sqrt{\omega^2 - n^2}$，$A = \sqrt{C_1^2 + C_2^2}$，$\varphi = \arctan\dfrac{C_1}{C_2}$.

以上三种情形中的所有任意常数，均可由初始条件确定.

对于情形 1)、2)，$x(t)$都不是振荡函数，且当$t \to +\infty$时，$x(t) \to 0$，即物体随时间 t 的增大而趋于平衡位置，对情形 3)，虽然物体的运动是振荡的，但它仍随时间 t 的增大而趋于平衡位置. 总之，这一类振动问题均会因阻尼的作用而停止，称为弹簧的阻尼自由振动. 有关进一步的详细讨论，将在下一章给出.

11.6　MATLAB 与微分方程求解

微分方程可以通过函数 dsolve 求解，该函数的调用格式为：

```
r = dsolve('eq1,eq2,…','cond1,cond2,…','v')
```

或

```
r = dsolve('eq1','eq2',…,'cond1','cond2',…,'v')
```

输入参数 eq1，eq2，…表示微分方程，v 为独立变量，cond1，cond2，…表示边界和初始条件. 默认的独立变量是 t，用户也可以使用别的变量来代替 t，只要把别的变量放在输入变量的最后即可. 字母 D 代表微分算子，即 d/dt，字母 D 后面所跟的数字代表几阶微分，如 D = d/dx，D2 = $\mathrm{d}^2/\mathrm{d}x^2$，…跟在微分算子后面的字母是被微分的变量，如 D3y 代表对$y(t)$的三阶微分. 初始和边界条件由字符串表示，如 y(a) = b，Dy(c) = d，D2y(e) = f 分别表示 $y(x)\big|_{x=a} = b$，$y'(x)\big|_{x=c} = d$，$y''(x)_{x=e} = f$.

例如，在 MATLAB 输入以下命令：

```
>> D1 = dsolve('D2y - Dy  = exp(x)')
>> D2 = dsolve('(Dy)^2 + y^2 = 1','s')
>> D3 = dsolve('Dy = a*y', 'y(0) = b')                  %带一个定解条件
>> D4 = dsolve('D2y = -a^2*y', 'y(0) = 1', 'Dy(pi/a) = 0')   %带两个定解条件
>> [x,y] = dsolve('Dx = y','Dy = -x')                   %求解线性微分方程组
>> [u,v] = dsolve('Du = u + v,Dv = u - v')
```

计算结果分别为：

```
D1 =

    -exp(x)*t + C1 + C2*exp(t)

D2 =

    [               -1]
    [                1]
    [sin(s - C1)]
    [-sin(s - C1)]

D3 =

    b*exp(a*t)
```

```
D4 =
     cos(a*t)
x =
     cos(t)*C1 + sin(t)*C2
y =
     -sin(t)*C1 + cos(t)*C2
u =
     1/2*C1*exp(2^(1/2)*t) - 1/4*C1*2^(1/2)*exp(-2^(1/2)*t) + 1/4*C1*2^
     (1/2)*exp(2^(1/2)*t) + 1/2*C1*exp(-2^(1/2)*t) - 1/4*C2*2^(1/2)*exp(-2^
     (1/2)*t) + 1/4*C2 *2^(1/2)*exp(2^(1/2)*t)
v =
     -1/4*C1*2^(1/2)*exp(-2^(1/2)*t) + 1/4*C1*2^(1/2)*exp(2^(1/2)*t) +
     1/2*C2*exp(2^(1/2)*t) + 1/4*C2*2^(1/2)*exp(-2^(1/2)*t) - 1/4*C2*2^
     (1/2)*exp(2^(1/2)*t) + 1/2*C2*exp(-2^(1/2)*t)
```

例 11-22 求解微分方程：$\frac{dy}{dx}=1+y^2$ 的通解.

解 在 MATLAB 中输入以下命令：

```
>> dsolve('dy = 1 + y^2','x')
```

按“回车”键，显示结果为：

```
ans =
   tan(x + C1)
```

例 11-23 求 $y'=(\sin x-\cos x)\sqrt{1-y^2}$的通解.（例 11-5）

解 在 MATLAB 中输入以下命令：

```
>> y = dsolve('dy = (sin(x) - cos(x))*sqrt(1 - y^2)','x')
```

按“回车”键，显示结果为：

```
y =
   sin(-cos(x) - sin(x) + C1)
```

例 11-24 求方程 $y'=\frac{2xy}{x^2+1}$满足条件 $y|_{x=0}=1$ 的特解.（例 11-6）

解 在 MATLAB 中输入以下命令：

```
>> y = dsolve('Dy = 2*x*y/(x^2 + 1)','y(0) = 1','x')
```

按“回车”键，显示结果为：

```
y =
   x^2 + 1
```

例 11-25 求微分方程 $y'-2y=e^{-x}$的通解.（例 11-8）

解 在 MATLAB 中输入以下命令：

```
>> y = dsolve('Dy - 2*y = exp( - x)','x')
```

按“回车”键，显示结果为：

```
y =
  ( -1/3*exp( -3*x) + C1)*exp(2*x)
```

例 11-26 求微分方程 $xy' + y = \cos x$ 满足初始条件 $y|_{x=\pi} = 1$ 的特解.（例 11-9）

解 在 MATLAB 中输入以下命令：

```
>> y = dsolve('x*Dy + y = cos(x)','y(pi) = 1','x')
```

按“回车”键，显示结果为：

```
y =
  (sin(x) + pi)/x
```

例 11-27 求方程 $y'' + 4y = 0$ 满足初始条件 $y|_{x=0} = 1$，$y'|_{x=0} = 0$ 的特解.（例 11-18）

解 在 MATLAB 中输入以下命令：

```
>> y = dsolve('D2y + 4*y = 0','y(0) = 1,Dy(0) = 0', 'x')
```

按“回车”键，显示结果为：

```
y =
  cos(2*x)
```

例 11-28 求方程 $y'' + y = \sin x$ 的通解.（例 11-21）

解 在 MATLAB 中输入以下命令：

```
>> y = dsolve('D2y + y = sin(x)','x')
```

按“回车”键，显示结果为：

```
y =
  sin(x)*C2 + cos(x)*C1 + 1/2*sin(x) - 1/2*cos(x)*x
```

11.7 习题

11-1 指出下列微分方程的阶(其中 y 为未知函数).

(1) $(y')^2 = x^2 + y^2$　　(2) $e^x dx + e^y dy = 0$

(3) $y'' - xy' + 3y = \sin 3x$　　(4) $\frac{ds}{dt} + s = t^2 s^2$

11-2 验证下列函数是所给微分方程的通解(其中 C, C_1, C_2 为任意常数).

(1) $y = Cx^{-3}$，$xy' + 3y = 0$

(2) $y = C_1 x + C_2 x^2$，$x^2 y'' - 2xy' + 2y = 0$

11-3 求方程 $y'' = \cos x$ 的通解。

11-4 求下列微分方程满足初始条件的特解.

(1) $y' = \sin x$，$y|_{x=0} = 0$

(2) $y'' = 6x$，$y(0) = 0$，$y'(0) = 2$

11-5 已知曲线上任一点(x,y)处的切线斜率为该点横坐标的倒数的平方，且曲线通过$(1,1)$点，求此曲线的方程.

11-6 求下列微分方程的通解.

（1）$y' = 2xy^2$　　（2）$e^x yy' = e^x + e^{2x}$

（3）$xy\mathrm{d}x - (1+y^2)\mathrm{d}y = 0$　　（4）$xy' - \sqrt{1-y^2} = 0$

11-7　求下列微分方程在给定初始条件下的特解.

（1）$y' = e^{x-y}$，$y(0) = 0$

(2) $1 + y^2 - xyy' = 0$，$y(1) = 0$

11-8　求下列微分方程的通解.

（1）$y' - \dfrac{3}{x}y = 0$　　（2）$(x^2+2)y' - xy = 0$

（3）$y' + y\sin x = \sin x$　　（4）$x\dfrac{\mathrm{d}y}{\mathrm{d}x} - y = x$

11-9　求下列微分方程的特解.

（1）$y' + \dfrac{y}{x} = \dfrac{\sin x}{x}$，$y\big|_{x=\pi} = 0$

（2）$y' - y = e^x$，$y\big|_{x=0} = 1$

（3）$x^2\mathrm{d}y + (2xy - x + 1)\mathrm{d}x = 0$，$y(1) = \dfrac{1}{2}$

11-10　验证函数 $y = \sin 3x$ 与 $y = \cos 3x$ 是方程 $y'' + 9y = 0$ 的解，并写出其通解.

11-11　求下列方程的通解.

（1）$y'' + 5y' + 4y = 0$　　（2）$y'' - 3y' = 0$　　（3）$y'' + 10y' + 25y = 0$

（4）$y'' + 4y' + 13y = 0$　　（5）$y'' - 2y' - 8y = 0$　　（6）$y'' - 2y' + y = 0$

（7）$y'' - 2y' + 5y = 0$

11-12　求下列方程中的一个通解.

（1）$y'' + 5y' + 4y = 4x + 1$　　（2）$y'' - 3y' = e^{2x}$

11-13　设有一质量为 m 的质点作直线运动. 从速度等于0的时刻起，有一个与运动方向一致，大小为常数 f 的力作用于它，此外还受一与速度成正比（比例系数为 k）的阻力作用. 求质点运动的速度与时间的函数关系.

第 12 章　单自由度线性系统

机械振动是自然界和工程技术中普遍存在的现象. 机械振动的理论和应用的研究已经成为一门独立的学科. 如何利用与消除振动已经成为当前具有重要实际意义的动力学课题. 为此，需要了解振动的基本特性.

本章讨论的是振动的动力学基本原理，仅介绍单自由度系统振动的基本特性，作为研究复杂振动问题的基础.

12.1　概述

机械振动是自然界和工程中常见的物理现象. 图 12-1 所示的悬挂在弹簧上的物体在外界干扰下所作的往复运动，就是简单的振动例子. 图示的振动物体 M 称为振体，其质量为 m，弹簧的刚度系数为 k. 振体的往复运动，总是围绕平衡位置(弹簧静伸长位置)作来回振动. 最简单的振动系统用 1 个广义坐标就能描述振体的运动规律，就称系统具有 1 个自由度. 因此，这种振动系统称为单自由度振动系统. 如果振动系统需要 n 个广义坐标才能确定振体的运动规律，则称为 n **自由度振动系统**.

一般说来，各种机器设备和零部件及其基础，都可看成是弹性系统，在一定条件下就会发生振动. 例如，桥梁在车辆通过及风载荷作用下的振动，旋转机械(如汽轮机、发电机等)由于转子不平衡产生的振动. 因此，**机械振动**就是在一定条件下，振体在其平衡位置附近所作的往复运动.

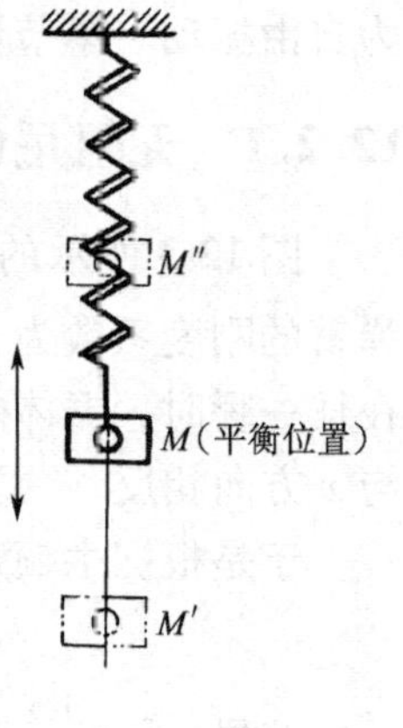

图　12-1

实际工程中的振动问题往往很复杂，为便于研究，需要将振动系统抽象和简化为**动力学模型**. 例如，电动机和支撑它的梁所组成的系统如图 12-2a 所示. 与电动机相比，梁的质量较小而弹性较大时，可将梁的质量略去不计，梁在系统中仅起着弹簧的作用，将电动机看成一个集中质量，则系统简化成图 12-2b 所示的力学模型，称为质量—弹簧系统. 显然，这是单自由度系统. 实际系统复杂程度和要求不同，简化的力学模型也因此而异.

系统受到初始激励(如引起振动的力、位移等)而产生的振动称为**自由振动**. 其特点是一次获得必需的能量输入，若不存在阻尼，则系统保持机械能守恒，即振动将持续地进行下去；若存在阻尼，则系统的振动不断衰减. 若系统在持续的交变激励作用下产生振动，则称为**受迫振动**.

若按是否考虑阻尼(对振动起衰减作用的力)的影响，则振动可以分为**阻尼振动**和**无阻尼振动**. 若根据系统的自由度分类，则振动可分为**单自由度系统振动**、**多自由度系统振动**及**连续体振动**. 若以激励的性质分类，则振动可分为**简谐振动**、**随机振动**及**瞬态振动**等. 根据描述振动系统微分方程的线性和非线性性质，振动可分为**线性振动**与**非线性振动**.

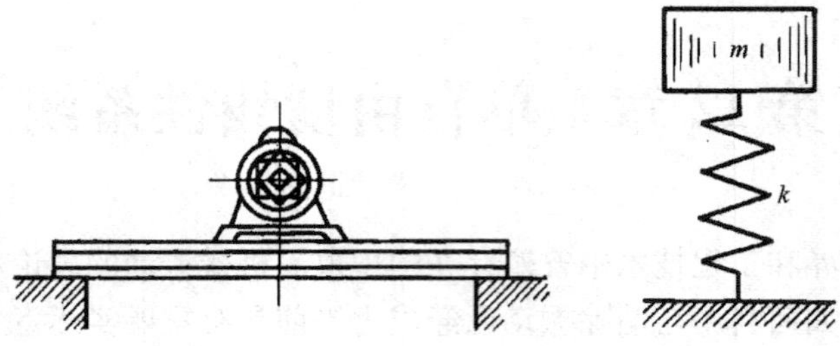

图 12-2

在许多情况下，振动是有害的. 各种机械加工设备都可能因为振动的存在，影响加工精度和工件表面粗糙度，使机械零部件磨损或破坏，甚至导致整机受损而造成重大经济损失. 振动与噪声也会使人厌倦并影响人的身体健康，因而在许多场合，人们都希望减少振动或隔离振动. 但是，振动也可为人们所用，在工程中，人们利用振动原理设计制造诸如振动压路机、振动捣实机、振动造型机、振动清砂机、振动筛及振动料斗等，因而研究机械振动有着重要的实际意义.

12.2 单自由度系统的自由振动

系统在起始时受到外界激励(初位移或初速度)后，靠系统本身的能量维持的振动，称为自由振动. 本节讨论单自由系统的自由振动.

12.2.1 无阻尼自由振动

图 12-3 所示的质量—弹簧系统中，设振体的质量为 m，弹簧的原长为 l_0，质量不计，弹簧的刚度系数为 k. 不计振体与水平面间的摩擦. 以平衡位置 O 为原点建立直线坐标轴. 在任一瞬时，振体的坐标为 x，则弹簧的恢复力 $F=-kx$. 式中，负号表示恢复力 F 方向恒与 x 方向相反.

于是根据牛顿定律，振体的运动微分方程为

$$m\ddot{x}+kx=0 \tag{12-1}$$

这里，$\ddot{x}=\dfrac{d^2x}{dt^2}$表示对时间求二次导数，类似地 $\dot{x}=\dfrac{dx}{dt}$，后面不再说明.

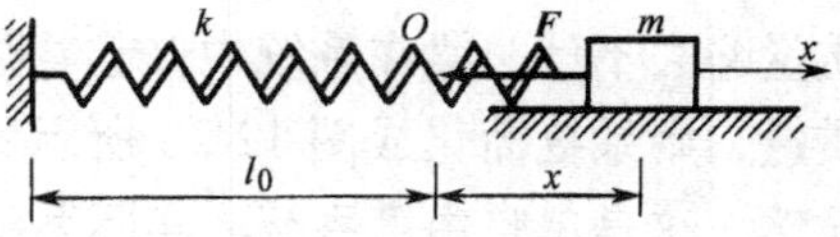

图 12-3

引入参数 $\omega_0^2=k/m$，则上式可写为

$$\ddot{x}+\omega_0^2x=0 \tag{12-2}$$

设其特解为 $x=e^{\lambda t}$. 根据微分方程理论可知其特征方程为

$$\lambda^2+\omega_0^2=0$$

解出相应的特征值为

$$\lambda=\pm i\omega_0$$

对应的线性无关的特解为 $\cos\omega_0 t$ 和 $\sin\omega_0 t$.

方程的通解为

$$x = C_1\cos\omega_0 t + C_2\sin\omega_0 t \tag{12-3}$$

式中，待定系数 C_1 和 C_2 由初始条件决定. 设初始条件为 $t=0$，$x=x_0$，$\dot{x}=v_0$ 代入上式可求得

$$C_1 = x_0,\ C_2 = \frac{v_0}{\omega_0}$$

引入参数 A 和 α

$$A = \sqrt{x_0^2 + \left(\frac{v_0}{\omega_0}\right)^2},\quad \alpha = \arctan\left(\frac{\omega_0 x_0}{v_0}\right) \tag{12-4}$$

于是式(12-3)可改写为

$$x = A\sin(\omega_0 t + \alpha) \tag{12-5}$$

式中，A 称为振幅；α 称为初相位或初相角；二者均由初始条件决定，ω_0 称为**固有角频率**，即

$$\omega_0 = \sqrt{\frac{k}{m}} \tag{12-6}$$

由此可见，振体在恢复力作用下的无阻尼自由振动是以平衡位置为中心的简谐运动，如图 12-4 所示.

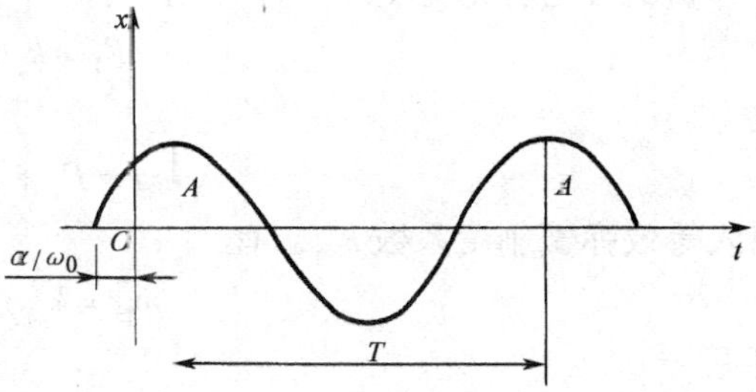

图 12-4

固有频率(natural frequency) f 和周期 T 由固有角频率确定，它们之间的关系为

$$\frac{1}{T} = f = \frac{\omega_0}{2\pi} \tag{12-7}$$

均由系统本身的物理性质决定，与初始条件无关.

例 12-1 两弹簧的刚度系数分别为 k_1 和 k_2，悬挂于弹簧上物体的质量为 m. 试求下列情况下系统的固有角频率：

1）两弹簧串联(图 12-5a)；

2）两弹簧并联(图 12-5b).

解 1）串联弹簧时，两个弹簧所受的拉力大小都等于所悬挂物体的重量 mg，故二者的静伸长分别为

$$\delta_{st1} = \frac{mg}{k_1}$$

$$\delta_{st2} = \frac{mg}{k_2}$$

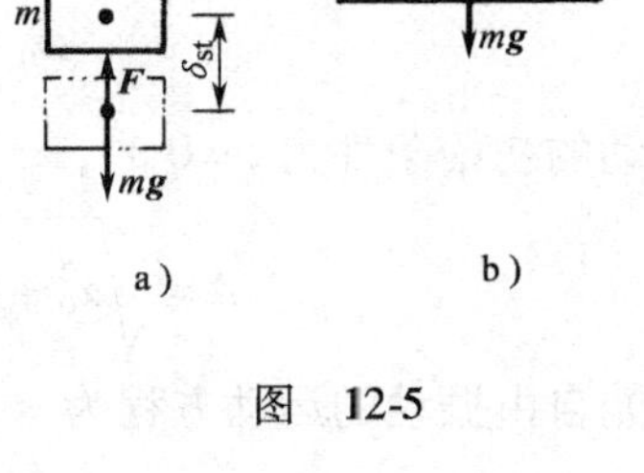

图 12-5

则两串联弹簧的总伸长 δ_{st} 应等于每个弹簧静伸长之和，即

$$\delta_{st} = \delta_{st1} + \delta_{st2} = \frac{mg}{k_1} + \frac{mg}{k_2} = mg\left(\frac{1}{k_1} + \frac{1}{k_2}\right)$$

若用一个弹簧刚度系数为 k_{eq} 的弹簧代替原来的两个串联弹簧，使两个系统在相等的重力 mg 作用下具有相同的静伸长，

则有

$$\delta_{st}=\frac{mg}{k_{eq}}=mg\left(\frac{1}{k_1}+\frac{1}{k_2}\right)$$

于是有

$$\frac{1}{k_{eq}}=\frac{1}{k_1}+\frac{1}{k_2}$$

即

$$k_{eq}=\frac{k_1k_2}{k_1+k_2}$$

所得弹簧刚度系数 k_{eq} 称为两串联弹簧的等效弹簧刚度系数. 显然，串联弹簧使等效弹簧刚度系数减小.

于是系统的固有角频率为

$$\omega_0=\sqrt{\frac{k_{eq}}{m}}=\sqrt{\frac{k_1k_2}{m(k_1+k_2)}}$$

2）并联弹簧时，物体在重力 mg 作用下作铅垂平移，如图 12-5b 所示. 设静伸长为 δ_{st}，两弹簧的拉力分别为 F_1，F_2，于是

$$F_1=k_1\delta_{st}，\ F_2=k_2\delta_{st}$$

故

$$mg=F_1+F_2=(k_1+k_2)\delta_{st}$$

引入等效弹簧刚度系数 k_{eq}，有

$$mg=k_{eq}\delta_{st}=(k_1+k_2)\delta_{st}$$

可见

$$k_{eq}=k_1+k_2$$

上式说明，并联弹簧使其等效弹簧刚度系数增加.

由此得系统的固有角频率为

$$\omega_0=\sqrt{\frac{k_{eq}}{m}}=\sqrt{\frac{k_1+k_2}{m}}$$

例 12-2 升降机罐笼（图 12-6a）的质量 $m=5100\text{kg}$，以速度 $v_0=3\text{m/s}$ 匀速下降. 设钢索弹簧刚度系数 $k=4000\text{kN/m}$，钢索的重量不计. 试求钢索上端突然卡住时，罐笼的运动方程和钢索的最大拉力.

解 在罐笼匀速下降过程中，钢索上端突然被卡住时，由于罐笼的惯性和钢索的弹性使系统作自由振动. 简化后的力学模型如图 12-6b 所示. 系统固有角频率为

$$\omega_0=\sqrt{\frac{k}{m}}=\sqrt{\frac{4000\times10^3\text{N/m}}{5100\text{kg}}}=28\text{rad/s}$$

运动的初始条件为 $t=0$ 时，$x_0=0$，$v_0=3\text{m/s}$. 于是振动的振幅及初相位分别为

$$A=\sqrt{x_0^2+\left(\frac{v_0}{\omega_0}\right)^2}=\frac{3}{28}=0.107\text{m}，\ \alpha=\arctan\left(\frac{\omega_0x_0}{v_0}\right)=0$$

罐笼自由振动的运动方程为

$$x=A\sin(\omega_0t+\alpha)=0.107\sin28t$$

钢索的最大拉力为

$$F_{max}=k(\delta_{st}+A)=k\left(\frac{mg}{k}+A\right)=mg+kA=478\text{kN}$$

由上可知，当钢索未被卡住时，罐笼匀速下降，钢索的拉力等于罐笼的重量(即 50kN)，而当钢索被卡住(或紧急刹车)时，罐笼作自由振动，钢索最大拉力达到 478kN，增加了近 10 倍. 因此，在设计时必须考虑这种突然因素的影响.

思考：如果钢索的材料、罐笼的重量以及运动的初始条件均不变，可采取什么措施降低钢索最大拉力？

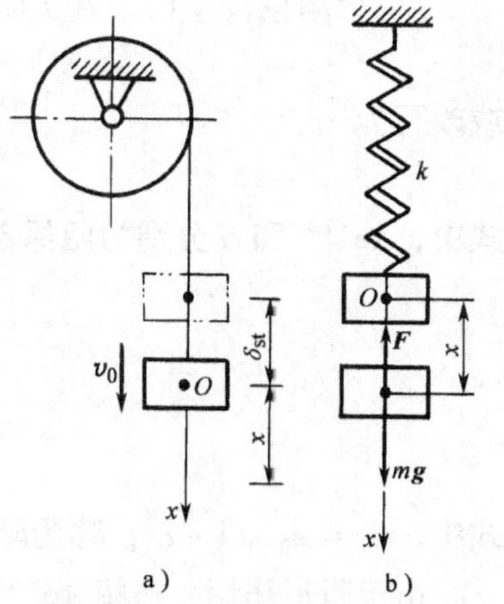

图 12-6

12.2.2 阻尼自由振动

无阻尼自由振动的规律是简谐运动，一旦发生振动，便永远保持等幅的周期运动. 这是一种理想情况，因为在分析过程中忽略了系统在振动过程中所受到的各种阻力，如接触面间的摩擦力、气体或液体介质的阻力和弹性材料内部分子间的内阻尼等. 不同的阻尼有各自不同的性质，在线性振动范围内仅考虑与速度一次方成正比的阻尼力，这种阻尼称为**粘性阻尼**. 考虑阻尼对自由振动的影响时称为**阻尼自由振动**，其力学模型如图 12-7 所示，与无阻尼自由振动力学模型相比增加了一个与弹簧并联的缓冲器 c，以表示粘性阻尼的存在.

粘性阻尼力 F_d，与振体速度方向相反，大小为 $F_d=c\dot{x}$. 系数 c 称为**粘性阻尼系数**，它取决于物体的形状、尺寸和润滑等物理性质. 根据牛顿第二定律，可列出振体的运动微分方程

$$m\ddot{x}+c\ddot{x}+kx=0 \tag{12-8}$$

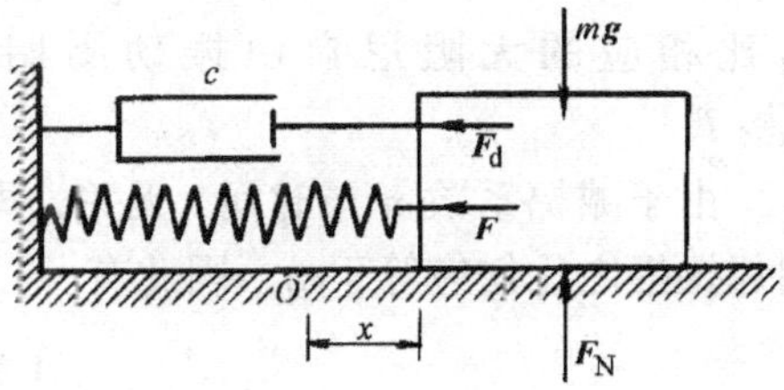

图 12-7

引入**无阻尼固有频率** ω_0 和**阻尼系数** δ，即

$$\omega_0=\sqrt{\frac{k}{m}},\ \delta=\frac{c}{2m}$$

于是式(12-8)可写成

$$\ddot{x}+2\delta\dot{x}+\omega_0^2x=0 \tag{12-9}$$

这是二阶常系数线性齐次微分方程. 设它的解为 $x=e^{\lambda t}$，代入式(12-9)，消去因子 $e^{\lambda t}$，得到特征方程 $\lambda^2+2\delta\lambda+\omega_0^2=0$，引入**阻尼比** $\zeta=\dfrac{\delta}{\omega_0}$，解得特征根为

$$\lambda=-\zeta\omega_0\pm\omega_0\sqrt{\zeta^2-1}$$

根据阻尼的大小不同，其解有三种情况，列入表 12-1 中.

表 12-1

阻 尼 比	特 征 根	特 解
$\zeta<1$	$\lambda=-\zeta\omega_0\pm i\omega_d(\omega_d=\omega_0\sqrt{1-\zeta^2})$	$e^{\zeta\omega_0 t}\cos\omega_d t$，$e^{-\zeta\omega_0 t}\sin\omega_d t$
$\zeta=1$	$\lambda_1=-\lambda_2=-\omega_0$(重根)	$e^{-\omega_0 t}$，$te^{-\omega_0 t}$
$\zeta>1$	$\lambda=-\zeta\omega_0\pm\omega_0\sqrt{\zeta^2-1}=\lambda_{1,2}$	$e^{-\lambda_1 t}$，$e^{-\lambda_2 t}$

1）欠阻尼($\zeta<1$)．在欠阻尼情况下，方程(12-9)的通解为

$$x=\mathrm{e}^{-\zeta\omega_0 t}(C_1\cos\omega_\mathrm{d}t+C_2\sin\omega_\mathrm{d}t)$$

或改写为

$$x=A\mathrm{e}^{-\zeta\omega_0 t}\sin(\omega_\mathrm{d}t+\alpha) \tag{12-10}$$

式中，$A\mathrm{e}^{-\zeta\omega_0 t}$和$\alpha$分别为**阻尼自由振动振幅**和**初相角**，由初始条件x_0和$\dot{x}_0$确定．

$$A=\sqrt{x_0^2+\left(\frac{\dot{x}_0+\zeta\omega_0 x_0}{\omega_\mathrm{d}}\right)^2} \tag{12-11}$$

$$\alpha=\arctan\left(\frac{\omega_\mathrm{d}x_0}{\dot{x}_0+\zeta\omega_0 x_0}\right) \tag{12-12}$$

式中，$\omega_\mathrm{d}=\omega_0\sqrt{1-\zeta^2}$，称为阻尼自由振动的固有频率．

由于阻尼作用，振幅$A\mathrm{e}^{-\zeta\omega_0 t}$随时间不断衰减，系统的振动不再是等幅的简谐振动，而是振幅被限制在曲线$A\mathrm{e}^{-\zeta\omega_0 t}$之内的衰减振动，如图12-8所示．

相邻两个振幅之比称为**减幅系数**$\boldsymbol{\eta}$

$$\eta=\frac{A_1}{A_2}=\frac{A\mathrm{e}^{-\zeta\omega_0 t}}{A\mathrm{e}^{-\zeta\omega_0(t+T_\mathrm{d})}}=\mathrm{e}^{\zeta\omega_0 T_\mathrm{d}} \tag{12-13}$$

式中，T_d为阻尼自由振动周期

$$T_\mathrm{d}=\frac{2\pi}{\omega_\mathrm{d}}=\frac{2\pi}{\omega_0\sqrt{1-\zeta^2}} \tag{12-14}$$

T_d比相应的无阻尼自由振动周期T大，即$T_\mathrm{d}>T$．

由于减幅系数η与时间t无关，即任意两个相邻振幅之比均应等于η，因此有

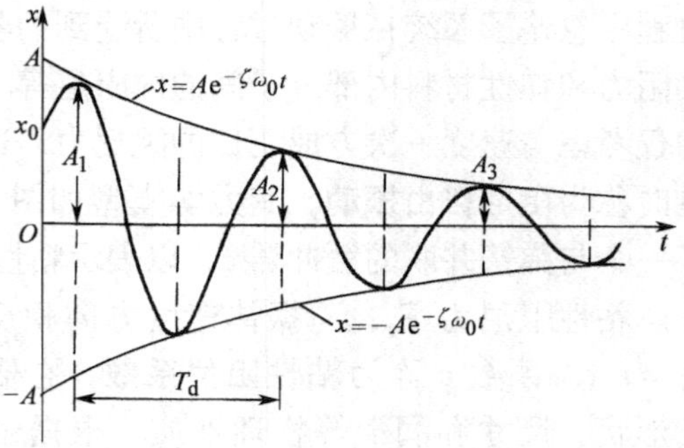

图 12-8

$$\frac{A_1}{A_{k+1}}=\left(\frac{A_1}{A_2}\right)\left(\frac{A_2}{A_3}\right)\cdots\left(\frac{A_k}{A_{k+1}}\right)=\eta^k=\mathrm{e}^{k\zeta\omega_0 T_\mathrm{d}} \tag{12-15}$$

实际应用时常以**对数减缩**$\boldsymbol{\Lambda}$代替减幅系数η，即

$$\Lambda=\ln\eta=\zeta\omega_0 T_\mathrm{d} \tag{12-16}$$

2）过阻尼($\zeta>1$)．在这种情况下，特征方程有两个实根，方程的通解为

$$x=C_1\mathrm{e}^{-\lambda_1 t}+C_2\mathrm{e}^{-\lambda_2 t} \tag{12-17}$$

所对应的x-t曲线如图12-9所示．可以看出，由于存在较大的粘性阻尼，振体的运动已不具有周期性．

3）临界阻尼($\zeta=1$)．这种情况下特征方程有两个相等的负实根，方程的通解为

$$x=(C_1+C_2t)\mathrm{e}^{-\omega_0 t} \tag{12-18}$$

这种运动也是非周期性的，如图12-9所示．这时阻尼的大小正好是系统在衰减过程中振动与不振动的分界线，称为临界阻尼．

例12-3 设汽车的质量$m=2450\mathrm{kg}$，置于四个车轮的弹簧上，可使每个弹簧压缩量$\delta_\mathrm{st}=0.15\mathrm{m}$．为了减小振动，每个弹簧都装有一个减振器，测得在两次振动后振幅减少到0.1倍，即$A_1/A_3=10$．试求：

1）振动的减幅系数η和对数减缩Λ；

2）阻尼系数 δ、阻尼比 ζ 和衰减振动的周期 T_d.

解　本题只考虑汽车的铅垂振动，故四个弹簧可看成一个等效弹簧，等效弹簧刚度系数为

$$k=\frac{mg}{\delta_{st}}=\frac{2450\text{kg}\times 9.8\text{m/s}^2}{0.15\text{m}}=160\text{kN/m}$$

系统的无阻尼固有频率为

$$\omega_0=\sqrt{k/m}=\sqrt{\frac{160\text{kN/m}}{2450\text{kg}}}=8.08\text{rad/s}$$

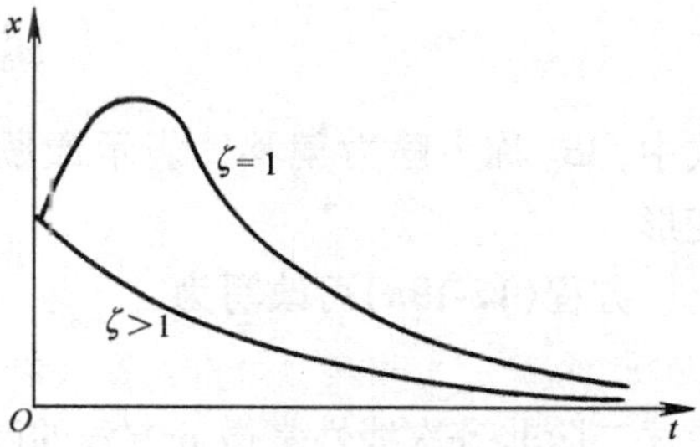

图　12-9

1）求 η 和 Λ.

已知 $A_1/A_3=10$ 及 $\frac{A_1A_2}{A_2A_3}=e^{2\zeta\omega_0T_d}$，故减幅系数

$$\eta=e^{\zeta\omega_0T_d}=\sqrt{10}=3.16$$

对数减缩

$$\Lambda=\zeta\omega_0T_d=\ln\eta=1.15 \quad ①$$

2）求 δ，ζ 和 T_d.

$$T_d=\frac{2\pi}{\omega_d}=\frac{2\pi}{\omega_0\sqrt{1-\zeta^2}} \quad ②$$

将①式和②式联立求解，可解得阻尼比 ζ 及衰减振动周期 T_d，即

$$\zeta=0.18\text{rad/s}$$
$$T_d=0.79s$$
$$\delta=\zeta\omega_0=1.45\text{rad/s}$$

12.3　单自由度系统的受迫振动

在实际工程中很多机器或结构，例如柴油机、汽轮机、汽车、飞机及机床等在运行时，除了恢复力作用之外，还受到持续不断的交变激励的干扰力的作用．系统在干扰力作用下的振动称为**受迫振动**.

干扰力的形式很多，干扰力对振动系统的激励作用取决于干扰力的大小及其随时间的变化规律．一般可分为简谐激励、周期激励、非周期激励和随机激励等等．本节将讨论简谐激励的受迫振动.

12.3.1　简谐力激励的受迫振动

设单自由度有阻尼振动系统受到一简谐激励力 $F_t=F_0\sin\omega t$ 的作用，如图 12-10 所示．振体的质量为 m，弹簧刚度系数为 k，粘阻系数 c．取振体的平衡位置 O 为直线坐标轴的原点，则振体的运动微分方程为

$$m\ddot{x}+c\dot{x}+kx=F_0\sin\omega t \quad (12\text{-}19a)$$

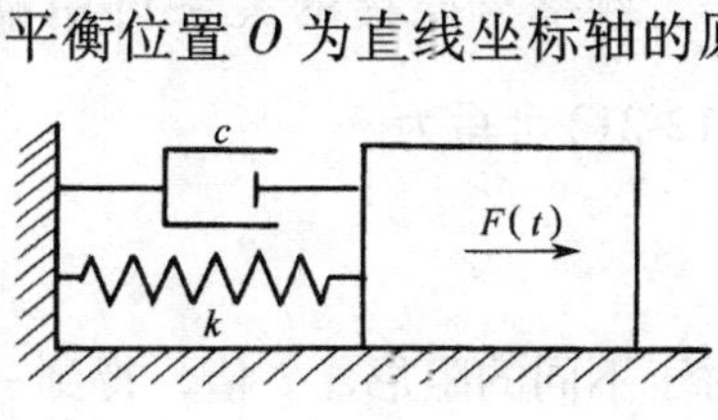

图　12-10

由以上讨论可知，由于干扰力的出现，使系统的运动微分方程成为非齐次方程．引入无阻尼固有角频率 ω_0、阻尼系数 δ 及**静力偏移** B_0，即

$$\omega_0^2=\frac{k}{m},\ \delta=\frac{c}{2m},\ B_0=\frac{F_0}{k}$$

式中，B_0 称为静力偏移，表示激励力的最大值 F_0 静止地作用在弹簧上所引起的弹簧静变形.

方程(12-19a)可改写为

$$\ddot{x}+2\delta\dot{x}+\omega_0^2x=B_0\omega_0^2\sin\omega t \tag{12-19b}$$

上述二阶非齐次线性常微分方程的解 x，由齐次方程的通解 x_1 和非齐次方程的特解 x_2 两部分组成，即

$$x=x_1+x_2$$

通解 x_1 对应于阻尼自由振动，即衰减振动式(12-10)，或衰减非周期运动式(12-17)和式(12-18). 由于它只在振动开始后的短暂时间内有意义，随后即逐渐衰减，因此称为**瞬态响应**，一般情况下可以不予考虑. 因此，系统受迫振动时主要考虑在简谐激励作用下系统的响应，即考虑微分方程的特解 x_2，称此时系统的响应为**稳态响应**.

设特解 x_2 为

$$x_2=B\sin(\omega t-\psi) \tag{12-20}$$

将特解代入式(12-19b)，引入频率比 $\lambda=\frac{\omega}{\omega_0}$，整理后得

$$[B(1-\lambda^2)-B_0\cos\psi]\sin(\omega t-\psi)+(2\zeta\lambda B-B_0\sin\psi)\cos(\omega t-\psi)=0$$

上式对任意时间 t 都应满足，因此 $\sin(\omega t-\psi)$ 和 $\cos(\omega t-\psi)$ 前的系数必须都等于零，故得

$$B(1-\lambda^2)-B_0\cos\psi=0$$

$$2\zeta\lambda B-B_0\sin\psi=0$$

由此可解得振幅 B 和相位差 ψ 分别为

$$B=\frac{B_0}{\sqrt{(1-\lambda^2)^2+(2\zeta\lambda)^2}} \tag{12-21}$$

$$\psi=\arctan\frac{2\zeta\lambda}{1-\lambda^2} \tag{12-22}$$

由以上讨论可知，简谐激励作用下的受迫振动具有以下特点：

1）响应与激励力具有相同的频率.

2）振幅 B 和相位差 ψ 均与初始条件无关，而取决于系统本身的参数及激励力的物理性质.

3）振幅 B 的大小取决于 B_0、λ 及 ζ，即取决于激励力的幅值 B_0、激励频率 ω 和系统的阻尼系数 δ.

频率与振幅的关系可用幅频特性曲线表示. 设 $\beta=\frac{B}{B_0}$，称 β 为**振幅放大因子**，式(12-21)可写为

$$\beta=\frac{1}{\sqrt{(1-\lambda^2)^2+(2\zeta\lambda)^2}} \tag{12-23}$$

对于不同的阻尼比 ζ 值，得到一系列 β-λ 曲线，如图12-11所示. 由幅频特性曲线可知：

1）若 $\lambda\ll1$，则 $\beta\approx1$；

2）若 $\lambda \gg 1$，则 $\beta \approx 0$；

3）若 $\lambda \approx 1$，则 β 急剧增大.

由此可知，当激励力的频率远小于固有频率时，振幅接近于弹簧的静变形. 当激励力的频率远大于固有频率时，振幅接近于零.

当激励力的频率接近固有频率，对于无阻尼($\zeta=0$)情况，即 $\omega=\omega_0$($\lambda=1$)时，振幅 B 为无穷大，通常将这种情况称为**共振**. 此时微分方程的特解为

$$x_2 = -\frac{1}{2}B_0\omega_0 t\sin\omega_0 t \tag{12-24}$$

上式表明，振幅将随时间线性增长.

对于有阻尼($\zeta\neq0$)情况，令 $\mathrm{d}\beta/\mathrm{d}\lambda=0$，可算出振幅为极大值时所对应的频率比 λ，即 $\lambda=\sqrt{1-2\zeta^2}$时，$\beta_{\max}=\dfrac{1}{(2\zeta\sqrt{1-\zeta^2})}$. 由上可知，当有阻尼情况下，振幅达到最大值时频率比 $\lambda<1$，即 $\omega_{\mathrm{m}}<\omega_0$. 此即表明振幅达到最大值时，对应的激励频率略小于固有频率，通常将 ω_{m} 称为**共振频率**. 在共振区域附近，阻尼对减小振幅有明显作用. 阻尼较小时，振幅较大且变化急剧；阻尼较大时，振幅较小且变化平缓. 当阻尼比$\zeta\geqslant\dfrac{\sqrt{2}}{2}$时，振幅已不再有最大值，共振现象也就不存在了.

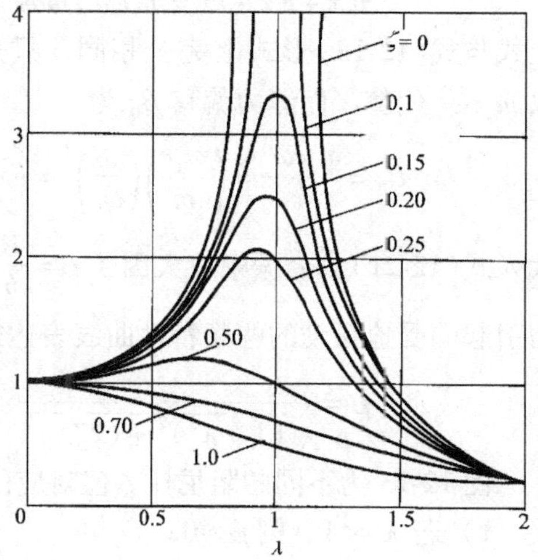

图　12-11

共振时的振幅放大因子反映了系统阻尼的强弱和共振峰的陡峭程度，因此也称为**品质因子** Q，即

$$Q=\beta\big|_{\lambda=1}=\frac{1}{2\zeta} \tag{12-25}$$

4）相位差 ψ 是指响应与激励力之间的相位差，ψ 与激励频率的关系可用相频特性曲线表示. 依据式(12-22)作出不同阻尼比 ζ 下的 λ-ψ 曲线，如图 12-12 所示. 由图可知：

1）若 $\lambda \ll 1$，则 $\psi=0$；

2）若 $\lambda \gg 1$，则 $\psi=\pi$；

3）若 $\lambda=1$，则 $\psi=\dfrac{\pi}{2}$.

说明响应和激励在低频范围内同相，在高频范围内反相. 在共振时，相位差为$\dfrac{\pi}{2}$，且与阻尼无关，反映出共振时的另一重要特征.

12.3.2　惯性力激励的受迫振动

工程中经常发生激励力为惯性力所引起的受迫振动. 例如，由转子偏心而引起的旋转机械的受迫振动，或由于地基振动引起结构的受迫振动.

以图 12-2 所示的梁为例. 设电动机总质量为 m，转子偏心质量为 m_1，电动机旋转的角

速度为 ω，偏心距为 e，则电动机偏心质量的惯性力在铅垂方向的投影为

$$F_{\mathrm{I}y}=m_1e\omega^2\sin\omega t$$

于是梁在铅垂方向受迫振动的微分方程为

$$m\ddot{x}+c\dot{x}+kx=m_1e\omega^2\sin\omega t \tag{12-26}$$

上式与式(12-18)形式上完全相同，只是式中的 F_0 以 $m_1e\omega^2$ 代替. 而静力偏移 B_0 为

$$B_0=\frac{m_1e\omega^2}{k}=\left(\frac{m_1e}{m}\right)\left(\frac{\omega}{\omega_0}\right)^2=b\lambda^2$$

代入式(12-21)，令振幅放大因子 $\beta=\dfrac{B}{b}$，则得惯性力引起的受迫振动的幅频特性曲线表达式为

$$\beta=\frac{\lambda^2}{\sqrt{(1-\lambda^2)^2+(2\zeta\lambda)^2}} \tag{12-27}$$

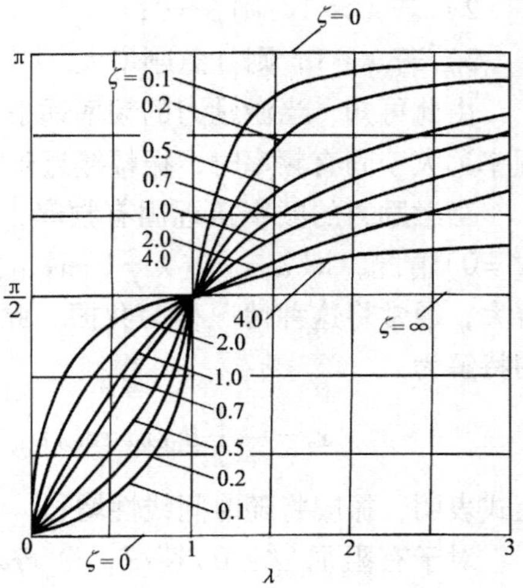

图 12-12

图12-13为不同的阻尼比 ζ 值对应的幅频特性曲线，由图可见：

1）若 $\lambda \ll 1$，则 $\beta\approx 0$；

2）若 $\lambda \gg 1$，则 $\beta\approx 1$；

3）若 $\lambda=1$，则 β 急剧增大.

由上可知，当激励惯性力的频率远小于固有频率时，振幅接近于零；若激励惯性力的频率远大于固有频率时，振幅不是趋近于零，而是趋向一定值 b；当激励惯性力的频率接近于固有频率时，振幅急剧增大而产生共振，即工程机械中转速与系统的固有频率重合时，设备便发生共振，这一转速称为**临界转速**. 显然，设备是禁止在临界转速附近运行的.

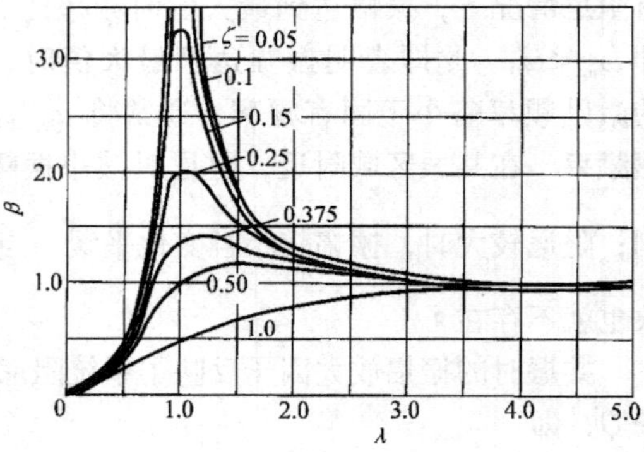

图 12-13

思考：何谓自由振动？什么是受迫振动？它们的特性有何不同？阻尼对于它们有何影响？

例12-4 重为 $W=294\mathrm{N}$ 的电动机安装在梁上，作铅垂方向振动，如图12-14所示. 电动机以匀角速度 ω 运转，电动机转子偏心重 $G=5.88\mathrm{N}$，偏心距 $e=15\mathrm{mm}$，梁的等效弹簧刚度系数 $k=294\mathrm{N/mm}$，不计梁的自重. 试求：

1）电动机的临界转速；

2）若电机转速为1800r/min，系统受迫振动振幅.

解 本题未考虑阻尼的影响，因而属于单自由度无阻尼受迫振动.

1）电动机临界转速. 本题的干扰力是由电动机转子质量偏心引起的惯性力，惯性力在铅垂方向的大小为

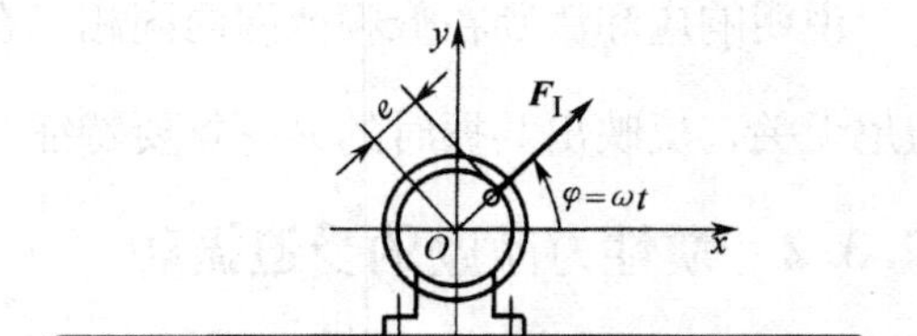

图 12-14

$$F_{Iy}=\frac{G}{g}e\omega^2\sin\omega t$$

系统干扰力幅值为$\frac{G}{g}e\omega^2$，其频率等于电动机转动的角速度 ω. 当干扰力频率等于系统固有频率时，系统发生共振，此时电动机转速即为临界转速.

系统的固有频率 ω_0 为

$$\omega_0=\sqrt{\frac{k}{m}}=\sqrt{\frac{kg}{W}}=\sqrt{\frac{294\text{N/mm}\times9800\text{mm/s}^2}{294\text{N}}}\approx99\text{rad/s}=945\text{r/min}$$

因此电动机的临界转速为 945r/min.

2）受迫振动振幅. 当电动机转速 $n=1800\text{r/min}$ 时，即电动机转动的角速度 $\omega=188.5\text{rad/s}$. 当不考虑阻尼的作用时，由式(12-21)可知振幅 B 为

$$B=\frac{B_0}{|1-\lambda^2|}$$

而

$$B_0=\frac{F_0}{k},\ \lambda=\frac{\omega}{\omega_0}$$

由已知条件知，$F_0=\frac{G}{g}e\omega^2=319.78\text{N}$，$B_0=1.088\text{mm}$，$\lambda=1.904$ 代入振幅 B 表达式，得

$$B=\frac{B_0}{|1-\lambda^2|}=0.414\text{mm}$$

于是受迫振动的运动规律为

$$x_2=0.414\sin188.5t\text{mm}$$

例 12-5　图 12-15 所示的振动系统中，弹簧刚度系数 $k=4.38\text{N/mm}$，振体质量 $m=18.2\text{kg}$，粘性阻尼系数 $c=0.149\text{N}\cdot\text{s/mm}$，干扰力幅值 $F_0=44.5\text{N}$，干扰力频率 $\omega=15\text{rad/s}$. 求振体受迫振动运动方程.

解　由已知条件可先求得系统的无阻尼固有频率 ω_0.

$$\omega_0=\sqrt{\frac{k}{m}}=\sqrt{\frac{4380\text{N/m}}{18.2\text{kg}}}=15.5\text{rad/s}$$

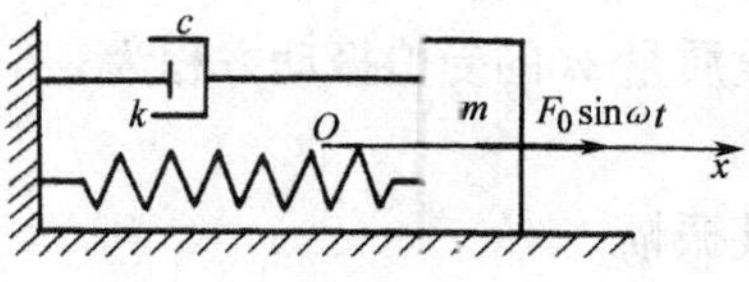

图　12-15

静力偏移

$$B_0=\frac{F_0}{k}=\frac{44.5\text{N}}{4.38\text{N/mm}}=10.16\text{mm}$$

阻尼比

$$\zeta=\frac{c}{2m\omega_0}=\frac{0.149\text{N}\cdot\text{s/mm}}{2\times18.2\text{kg}\times15.5\text{rad/s}}=0.264$$

频率比

$$\lambda=\frac{\omega}{\omega_0}=\frac{15\text{rad}}{15.5\text{rad}}=0.967$$

振幅放大因子

$$\beta=\frac{B}{B_0}=\frac{1}{\sqrt{(1-\lambda^2)^2+(2\zeta\lambda)^2}}=\frac{1}{\sqrt{(1-0.967^2)^2+(2\times0.264\times0.967)^2}}=1.94$$

受迫振动振幅

$$B=\beta B_0=1.94\times 10.16\text{mm}=19.7\text{mm}$$

相位角

$$\psi=\arctan\left(\frac{2\zeta\lambda}{1-\lambda^2}\right)=\arctan 7.86=1.44\text{rad}$$

故振体受迫振动的运动方程为

$$x_2=B\sin(\omega t-\psi)=19.7\sin(15t-1.44)$$

式中，x_2 的单位为 mm，t 的单位为 s.

例 12-6 图 12-16 所示的惯性测振仪器由惯性质量 m 和弹簧 k 组成. 测振时将仪器框架固定在作铅垂振动的被测物体上，如图所示. 惯性质量与框架作受迫振动. 设被测物体的振动规律为 $x'=a\sin\omega t$，试用受迫振动理论说明测振仪的测试原理.

解 因为测振仪的框架安装在被测物体上，故质量—弹簧系统受到位移干扰. 由受迫振动理论知，若被测物体的振动频率 ω 比测振仪系统的固有频率 ω_0 大很多时，质量 m 就会由于惯性而几乎保持不动. 测振仪的框架是随着被测物体运动的，因此惯性质量 m 与框架之间的相对位移幅值 u 应很接近于被测物体的振幅.

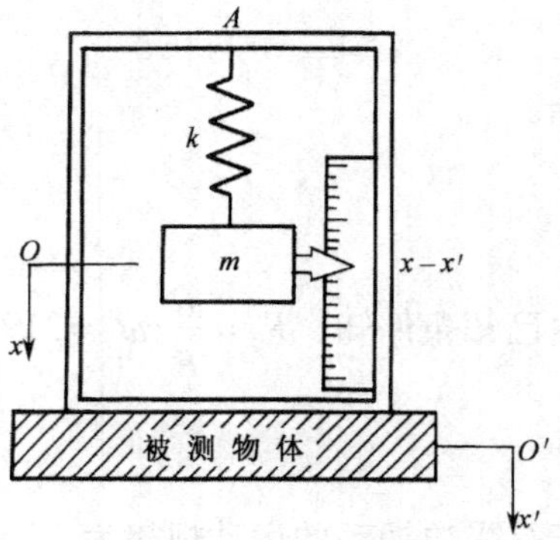

图 12-16

取惯性质量 m 的平衡位置 O 为坐标原点，其铅垂方向位移为 x(对静止坐标系)，则弹簧的伸长 x-x'，即为惯性质量 m 与框架之间的相对位移. 若略去阻尼不计，则质量 m 的运动微分方程为

$$m\ddot{x}+k(x-x')=0$$

将 $\omega_0^2=\dfrac{k}{m}$ 及 $x'=a\sin\omega t$ 代入，整理后得

$$\ddot{x}+\omega_0^2 x=a\omega_0^2\sin\omega t \tag{①}$$

设质量 m 的受迫振动方程为

$$x=B\sin\omega t \tag{②}$$

其振幅

$$B=\frac{B_0}{1-\lambda^2}=\frac{a}{1-\lambda^2} \tag{③}$$

于是质量 m 与框架之间的相对运动为

$$x-x'=(B-a)\sin\omega t=u\sin\omega t \tag{④}$$

式中，u 为质量 m 与框架之间相对运动的振幅，可以记录在测振仪的记录纸上. 由于实际应用中注重的是振幅的绝对值，即

$$|u|=|B-a|=\left|\frac{\lambda^2}{1-\lambda^2}\right|a$$

或

$$a=\left|\frac{\lambda^2}{1-\lambda^2}\right||u| \tag{⑤}$$

由上式可知，当 $\lambda=\dfrac{\omega}{\omega_0}$ 足够大，即被测物体的频率 ω 比测振仪的固有频率大得多，或弹簧足够软时，则被测物体的振幅 a 就相当准确地和测振仪记录的相对运动振幅 u 值相等，即

$$a=|u| \tag{⑥}$$

这就是惯性测振仪的测试原理.

如果要测量被测物体的加速度，则也可用上述结构的测振仪进行测量，不同点在于仪器本身的固有频率要高，仪器中的弹簧要硬.

若被测物体的运动方程仍是

$$x'=a\sin\omega t$$

则其加速度为

$$\ddot{x}'=-a\omega^2\sin\omega t$$

由式⑤可求得加速度最大值，即

$$a\omega^2=|1-\lambda^2|\ |u|\omega_0^2 \tag{⑦}$$

若仪器有较高的固有频率 ω_0，则频率比 $\lambda=\dfrac{\omega}{\omega_0}$ 就很小，即 $1-\lambda^2\approx1$，式⑦可改写为

$$a\omega^2=|u|\omega_0^2 \tag{⑧}$$

即在仪器中直接测得相对运动振幅 u 之后，再乘以仪器的固有频率 ω_0 的平方，就得到被测物体的最大加速度.

必须指出，这种加速度测量仪要求具有很高的固有频率（弹簧很硬），所以质量 m 的相对运动一般很小，必须用特殊的仪器才能记录下来.

例 12-7　图 12-17 所示的发动机的曲柄连杆机构中，曲柄 OA 长 r，连杆 AB 长 l，两者质量均不计. 活塞 B 的质量为 m，发动机的总质量为 m_1. 设发动机与地面间的联结关系可用刚度系数 k 的弹簧和粘性阻尼系数 c 的阻尼器进行简化. 曲柄以匀角速度 ω 转动. 若 $\lambda=\dfrac{r}{l}<1$，只保留 λ 的一次项，试列出发动机沿铅垂方向的振动微分方程.

解　以发动机底边的静平衡位置 O_0 为原点建立 x 坐标轴. 除活塞 B 以外的发动机部件的质量为 m_1-m，其加速度为 $\ddot{x}$. 计算活塞 B 的加速度 $\ddot{x}_B$ 时，引入辅助坐标 θ、φ、它们之间的关系为

$$\sin\varphi=\lambda\sin\theta,\ \cos\varphi=(1-\lambda^2\sin^2\theta)^{\frac{1}{2}} \tag{①}$$

由于 $\dot{\theta}=\omega$，故由式①第一式对时间求导数得

$$\dot{\varphi}=\frac{\lambda\omega\cos\theta}{\cos\varphi}$$

而

$$x_B=x+r\cos\theta+l\cos\varphi$$

对时间求导数得

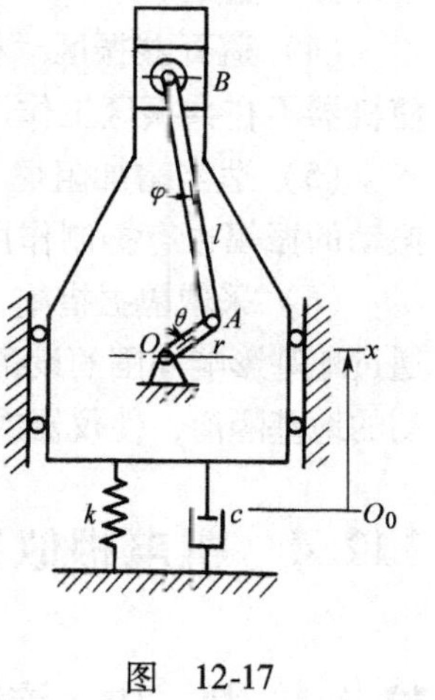

图　12-17

$$\dot{x}_B=\dot{x}-r\omega\left(\sin\theta+\frac{\lambda\sin2\theta}{2\cos\varphi}\right)$$

$$\ddot{x}_B=\ddot{x}-r\omega^2\left(\cos\theta+\frac{\lambda\cos2\theta}{\cos\varphi}+\frac{\lambda^3\sin^22\theta}{4\cos^3\varphi}\right) \tag{②}$$

将式①代入式②，并只保留 λ 的一次项则得

$$\ddot{x}_B = \ddot{x} - r\omega^2(\cos\omega t + \lambda\cos 2\omega t) \qquad ③$$

由于在铅垂方向上发动机的重力已与静弹簧力平衡，因此可不考虑. 在发动机上还受有弹簧恢复力 $\boldsymbol{F}$ 和粘性阻尼力 F_d，其大小为

$$F = kx, \quad F_d = c\dot{x}$$

以发动机为研究对象，根据质心运动定理沿 x 轴方向的投影式，得

$$(m_1 - m)\ddot{x} + m[\ddot{x} - r\omega^2(\cos\omega t + \lambda\cos 2\omega t)] = -kx - c\dot{x}$$

整理后得发动机沿铅垂方向的运动微分方程

$$m_1\ddot{x} + c\dot{x} + kx = mr\omega^2(\cos\omega t + \lambda\cos 2\omega t)$$

上式表明，激励力包括两部分，其频率分别是曲柄转速 ω 的1倍和2倍. 因此，当曲柄转速接近固有频率或其一半时，系统均发生共振. 应注意到式③中忽略了 λ^2 以上项，而仅取了两项，若不略去 λ^2 以上项，则还有许多更高次共振的可能性，即曲柄转速接近系统固有频率的 $\frac{1}{n}(n=3,4,\cdots)$ 时，都可能发生共振，但由于那些激励力的幅值很小，在一般情况下可以略去不计.

12.3.3 减振和隔振的概念

为防止振动带来的危害及影响，现代工程中已采取多种措施减振和隔振，主要有以下几种：

(1) 减弱或消除振动　这是一种积极主动的措施. 如果振动的原因是由于转动部件的偏心所引起的，可以通过提高动平衡精度等相关措施来减少不平衡所引起的法向惯性力. 对往复式机器等也需注意减少惯性力.

(2) 远离振源　这是一种消极被动的保护措施. 如精密仪器或设备要尽可能远离具有大型动力机械及振动大的设备，还要远离运输繁忙的公路及铁路等.

(3) 提高机器本身的抗振能力　衡量机器结构抗振能力的主要指标是**动刚度**. 动刚度在数值上等于机器结构产生单位振幅所需的动态力. 动刚度越大，则机器结构在动态力作用下的振动量越小.

(4) 避开共振区　根据实际情况尽可能改变系统的固有频率，或改变机器的工作转速，使机器不在共振区工作.

(5) 适当增加阻尼　阻尼吸收系统振动的能量，使自由振动的振幅迅速衰减，对受迫振动的振幅也有抑制作用，在共振区域内效果尤为显著.

(6) 采取隔振措施　用具有弹性的隔振器将振动的机器的振源与地基隔离，以减少振源通过地基影响周围的设备，这种隔振方式称为**主动隔振**. 如果是将要保护的精密仪器设备与振动的地基隔离，使仪器或设备不受周围振源通过地基的影响，这种隔振方式称为**被动隔振**.

*12.4 机电相似比拟与机电耦合

12.4.1 机、电、液间的相似比拟

机械技术、流体技术都比电气技术先应用于世，历史上曾借助于机-电相似、液-电相似来解释电气技术中难以理解的某些问题. 当今，电气(电子)技术有了高速发展，无论在理

论上还是应用上都已成为领先的技术，尤其是通用模拟计算机和数字计算机的发展，更巩固和加强了这种优势，并明显地对传统机械、流体技术的发展起着推动作用. 相似比拟原理为机、电、液综合自动化系统的整体研究创造了条件.

众所周知，惯性、粘性、弹性负载同时存在的液压缸驱动系统，是一个典型的二阶液压系统；同时考虑了阻、容、感的液压回路也是一个二阶系统的例子. 如图 12-18 所示的通向某容腔 V 的液压管路，其容腔内压力为 p，入管时液体压力为 p_s，管道长为 l，截面积为 A. 管内液体的密度为 ρ，平均流动速度为 v_m. 假设管道较细而长，其沿程流阻和流体惯性皆不容忽视，则其动态方程为

$$(p_s - \Delta p - p)A = \rho A l \frac{dv_m}{dt}$$

式中，沿程压降

$$\Delta p = 25v\frac{l}{A^2}\rho Q = R\rho Q \quad ①$$

其中，$R = \dfrac{25vl}{A^2}$，称为热阻；Q 为体积流量. 由于

$$Q = \frac{V}{E}\frac{dp}{dt}$$

所以

$$p = \frac{E}{V}\int Q dt \quad ②$$

把①和②式，以及 $C = \dfrac{\rho V}{E}$和 $I = \dfrac{l}{A}$代入上述动态微分方程式，得

$$p_s = R\rho Q + \frac{E}{V}\int Q dt + \frac{\rho l}{A}\frac{dQ}{dt} = R\rho Q + \frac{\rho}{C}\int Q dt + I\rho\frac{dQ}{dt} \quad (12\text{-}28)$$

作拉氏变换(见参考文献[10])，得

$$p_s = \left(R + \frac{1}{CS} + IS\right)\rho Q$$

式中，S 为拉氏算子. 由此可求得其输入阻抗为

$$Z = \frac{p_s}{\rho Q} = R + \frac{1}{CS} + IS \quad (12\text{-}29)$$

电学中的 $R_e C_e L$ 振荡电路，也是二阶系统. 如图 12-19 所示的电路及标注的符号，很容易写出其有关的表达式

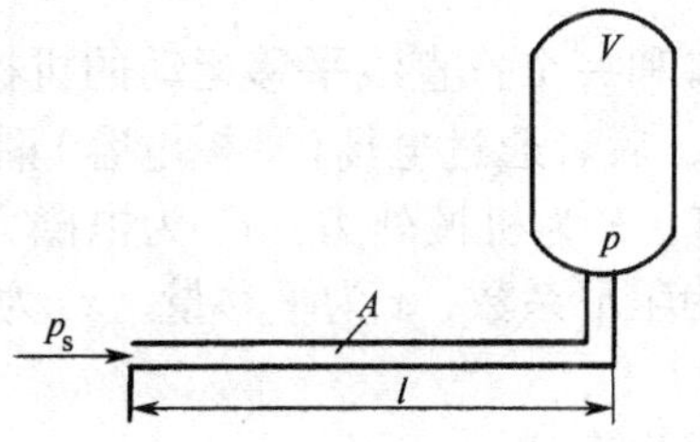

图　12-18

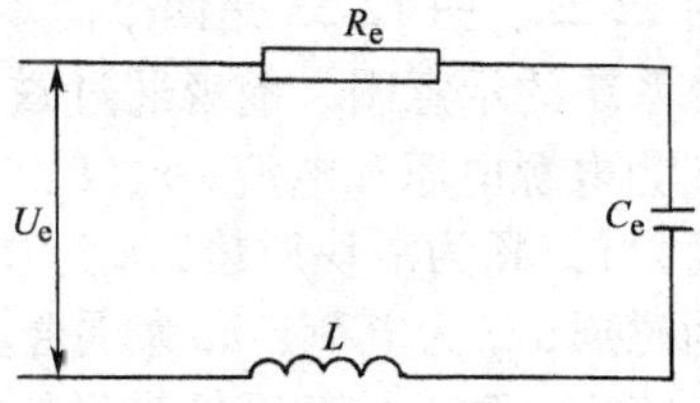

图　12-19

$$U_e = U_R + U_C + U_L = R_e I_e + \frac{1}{C_e}\int I_e \mathrm{d}t + L\frac{\mathrm{d}I_e}{\mathrm{d}t}$$

式中，U_R、U_C、U_L 分别表示消耗在电阻、电容、电感上的压降；I_e 表示电流. 所以

$$U_e = \left(R_e + \frac{1}{C_e S} + LS\right)I_e$$

$$Z_e = \frac{U_e}{I_e} = R_e + \frac{1}{C_e S} + LS \tag{12-30}$$

比较式(12-29)与式(12-30)可知，同时考虑阻、容、感效应的流体动力回路与 $R_e C_e L$ 振荡电路完全相似.

对于一个质量为 M，弹簧柔度为 f，粘性阻尼为 R_V 的二阶振荡机械系统，如图 12-20 所示. 可直接列出其力的微分方程

$$F = R_V v + \frac{1}{f}\int v\mathrm{d}t + M\frac{\mathrm{d}v}{\mathrm{d}t}$$

所以

$$F = \left(R_V + \frac{1}{fS} + MS\right)v$$

$$Z_m = \frac{F}{v} = R_V + \frac{1}{fS} + MS \tag{12-31}$$

上式表明机械动力系统亦具有与液、电动力系统相似的性质，这就证明了机、电、液三种动力系统具有共同的本质. 机、电、液系统中相同性质参量之间的转换关系和规律，就构成了相似比拟理论. 从系统论的观点来看，机电液综合自动化系统的各组成部分，决不是孤立的，应当从整个系统总体的观点出发，借助相似比拟理论来进行整体研究.

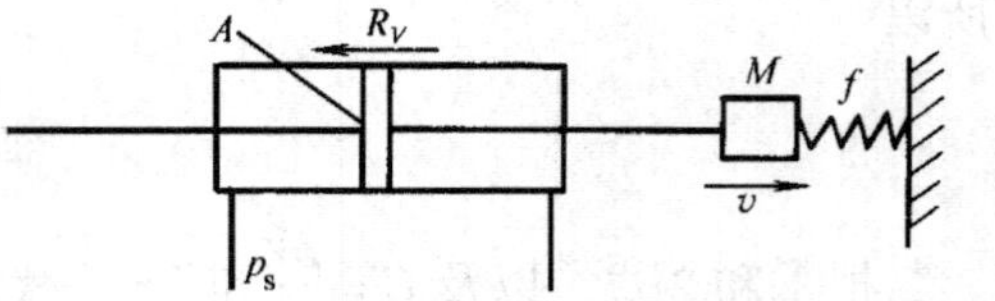

图　12-20

12.4.2　机电耦合系统简介

所谓**机电耦合系统**是指与机械端口相连、以相对运动方式实现机电能量转换的电磁耦合系统，可用框图 12-21 描述.

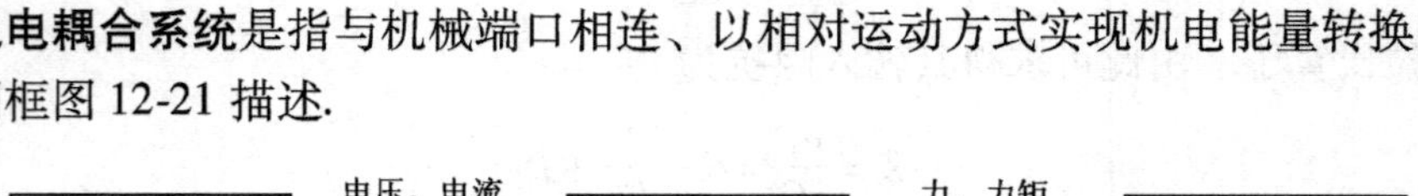

图 12-21　机电耦合系统的基本构成

如图 12-22、图 12-23 是两个简单的(仅一个电端口和一个作直线平移运动的机械端口)机电耦合系统的示意图. 前者通过磁场(电磁铁)耦合，后者通过电场(平板电容)耦合. 图中，u、i 为电源电压和电流，r、L_σ 为回路电阻和电感，F 为机械外力，F_e 为电磁力(磁场力或电场力)，M 为滑块质量，k 为弹簧刚度系数，δ 为阻尼系数，x 为平移量，x_0 为静止位置，Φ 为磁通，q 为电荷，u_f 为耦合场电压降.

由于符号一致，故两系统满足的电压方程可统一写为

$$u = ri + L_\sigma\frac{\mathrm{d}i}{\mathrm{d}t} + u_f \tag{12-32}$$

而平移运动方程是

$$F = M\frac{\mathrm{d}^2x}{\mathrm{d}t^2} + \delta\frac{\mathrm{d}x}{\mathrm{d}t} + k(x - x_0) - F_e \tag{12-33}$$

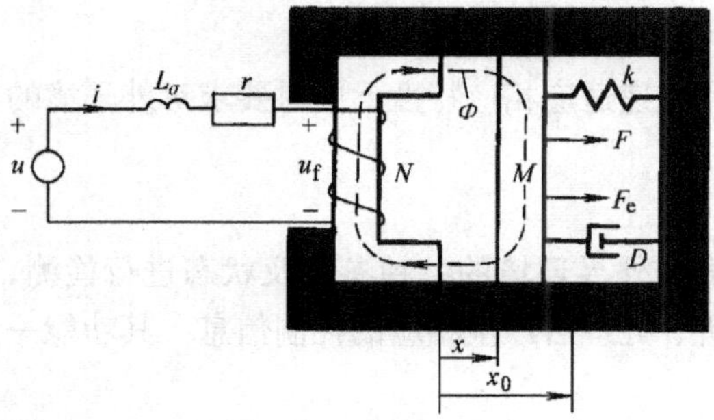

图 12-22　通过磁场耦合的机电动力系统示意图

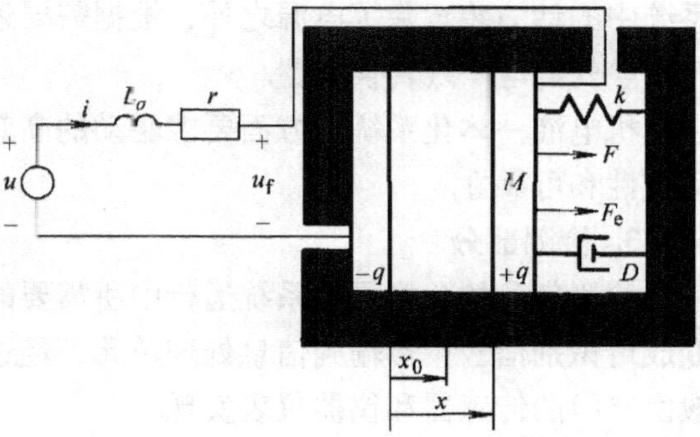

图 12-23　通过电场耦合的机电动力系统示意图

12.4.3　机电系统组成及应用举例

一般机电系统的组成基本要素主要包括机械本体、动力部分、检测部分、执行机构、控制器等. 这些基本要素的关系及功能如图 12-24 所示.

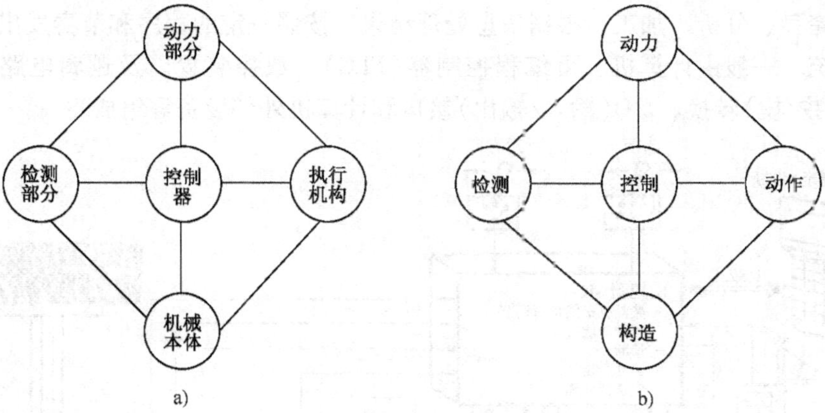

图 12-24　机电液一体化系统的要素及功能

a）机电液一体化系统的要素　b）机电液一体化系统的功能

1. 机械本体

机械本体包括机械传动装置和机械结构装置. 机械本体的主要功能是使构造系统的各子系统、零部件按照一定的空间和时间关系装置在一定的位置上，并保持特定的关系. 机械传动系统要求有高刚度、低惯量、较高的谐振频率和适当的阻尼性能，机械结构是机电液一体化的机体. 机械的各组成要素均以机体为骨架进行合理布局，有机结合成一整体.

2. 动力装置

动力装置是按照系统控制要求，为系统提供能量和动力，使系统正常运行的装置. 用尽可能小的动力输入获得尽可能大的功能输出，是机电液一体化产品的显著特征之一.

机电液一体化系统中各部分所需的动力，都是由动力装置提供的. 动力装置在控制信息作用下，提供动力，驱动各执行机构完成各种动作和功能. 动力装置除了供给系统动力外，还需提供系统所必需的润滑、冷却、保温、除湿及防尘等正常运行的动力. 机电液一体化系统中所使用的动力主要是电力，即使是液压力、气压力等也都是由电能转换而来的. 因此，系统中的动力装置除了电源之外，根据需要还应有提供液压、油压的电—液转换装置及提供压缩空气的电—气转换装置.

机电液一体化系统一方面要求驱动的高效率和快速适应相应特性，同时要求对外环境的适应性和可靠性.

3. 检测部分

检测部分的功能是对系统运行中所需要的本身和外界环境的各种参数及状态进行检测，变成可识别信号，传输到信息处理单元，经过分析、处理后产生相应的控制信息. 其功能一般由专门的传感器和仪器仪表实现.

4. 执行机构

执行机构位于电子装置与机械部件之间. 它接受电子装置所给的控制命令，并根据命令进行能量转换，将输入的各种形式的能量转换成机械能. 常用的执行部件根据输入的能量形式不同，可分为电气式、液压式、气压式等类型.

5. 控制器

控制器是机电液一体化系统的核心部分. 它将来自各传感器的检测信息和外部输入命令进行集中、储存、分析、加工，根据信息处理结果，按照一定的程序和节奏发出相应的指令控制整个系统. 一般由计算机、可编程控制器(PLC)、数控装置以及逻辑电路、A/D(模/数)与D/A(数/模)转换、I/O(输入/输出)接口和计算机外部设备等组成.

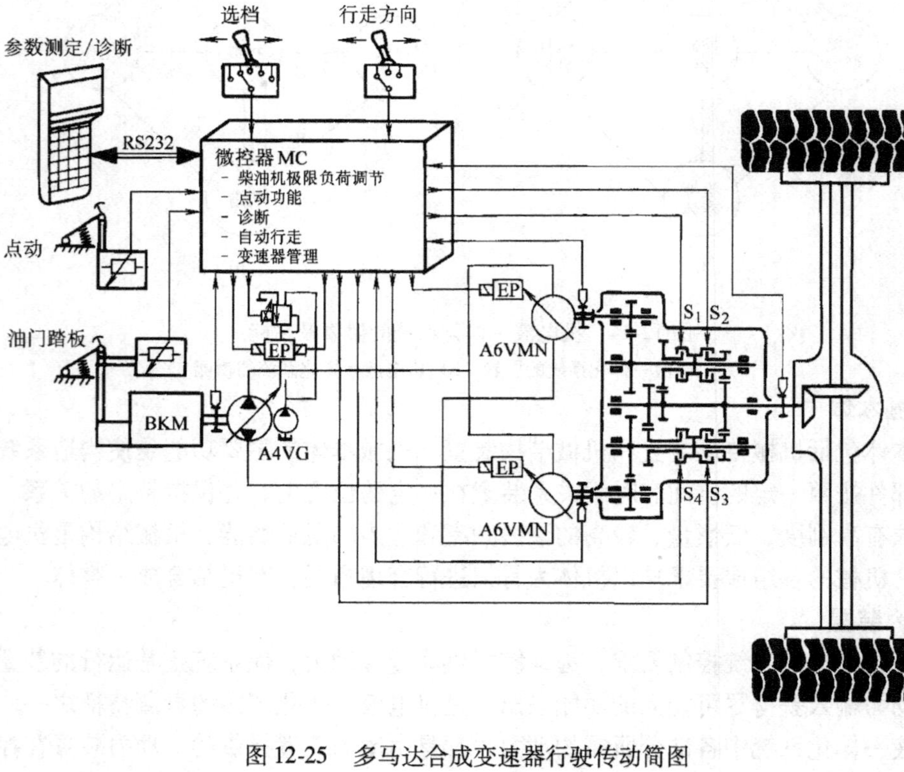

图12-25 多马达合成变速器行驶传动简图

如图 12-25 所示是应用于大功率轮胎式装载机的液压传动系统简图．它用一个可编程的微机控制，完成全部操纵和控制任务，负责变速器的管理，使机器在整个变矩范围内几乎是无级、无牵引力中断地连续运转；极限负载调节功能(GLR)避免柴油机过载和熄火；借助于传感器可连续监视传动路线上各种不同的元件、部件的二作状态；通过一个串行接口可在一定范围内改变预定参数，以便使轮胎式装载机的行驶性能按照设计、制造者的要求而改变或进行调整；通过静压与多马达合成变速器的结合，传动控制范围扩大到简单控制范围的 20 倍以上；换档过程的转速同步通过液压马达排量的电动比例调节来实现，也就是说液压马达的调节是由电子储存的特性曲线完成的；在换档过程中，升档的加速阶段和降档的制动阶段充分利用变速的重叠区域，以使滞退和工作状况通过选择不同的换档点使机器达到一个最佳的行驶状态．实际上微控器可以预给任一条特性曲线，以达到明显改善柴油机功率利用率、降低噪声及废气排放的效果．

12.5　习题

12-1　质量为 m 的均质杆 AB 水平放在两滑轮上，如题 12-1 图所示。两滑轮半径相同，以相同角速度 ω 反向转动，轮中心在同一水平线上，相距为 $2a$，杆与滑轮之间的摩擦因数为 f．试写出杆在其平衡位置附近作微振动的运动微分方程，并求其周期．

12-2　一质量未知的托盘悬挂在弹簧上，如题 12-2 图所示．当盘上放质量为 m_1 的物体时，测得的周期为 T_1，如盘上放一质量为 m_2 的物体时，测得其周期为 T_2，求弹簧刚度系数．

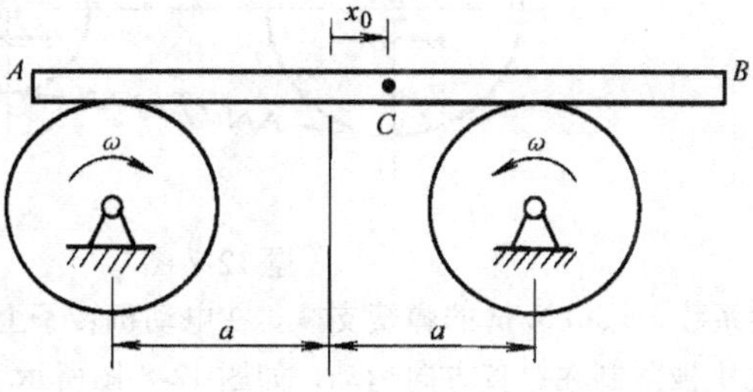

题 12-1 图

题 12-2 图

12-3　两个弹簧的刚性系数分别为 $k_1=5\text{kN/m}$，$k_2=35\text{kN/m}$．物块质量 $m=4\text{kg}$．求在如题 12-3 图所示各情况下，物块自由振动的周期．

12-4　如题 12-4 图所示，质量为 m 的小车在斜面上自高度 h 处滑下，而与缓冲器相碰，缓冲弹簧的刚性系数为 k，斜面倾角为 θ．求小车与缓冲器碰撞后自由振动的周期与振幅．

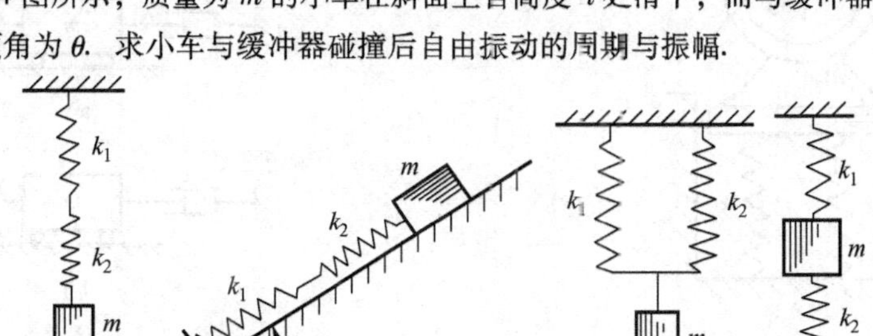

题 12-3 图

12-5 质杆 AB 质量为 m_1，长为 $3l$，B 端刚性连接质量为 m_2 的物体，其大小不计. 杆 AB 在 O 处为铰支，两弹簧刚性系数均为 k，约束如题 12-5 图所示. 求系统的固有频率.

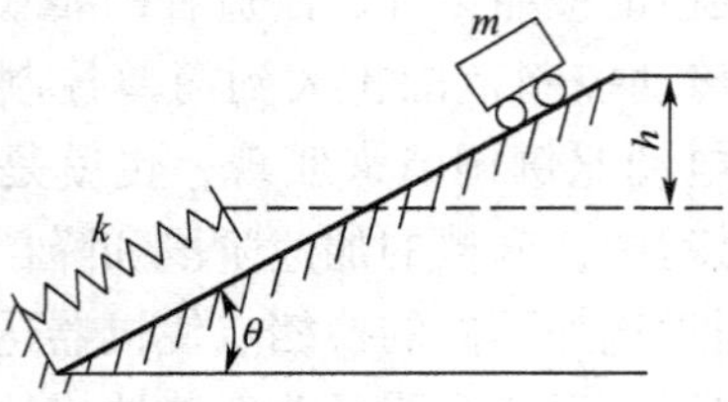

题 12-4 图

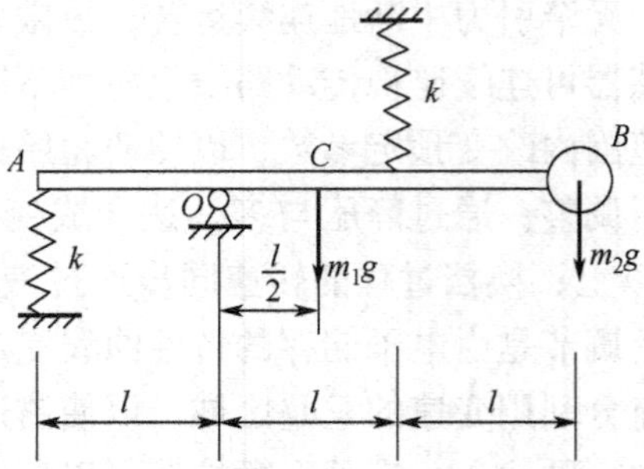

题 12-5 图

12-6 手表摆轮的转动惯量 $J=2.23\times10^{-9}\,\mathrm{kg\cdot m^2}$，游丝的刚性系数 $k=3.16\times10^{-6}\,\mathrm{N\cdot m/rad}$，如题 12-6 图所示. 求摆轮—游丝系统的频率.

12-7 大带轮半径为 R，质量为 m，回转半径为 ρ，由刚性系数为 k 的弹性绳与半径为 r 的下轮连在一起，如题 12-7 图所示. 设小轮受外力作用下作受迫摆动，摆动的规律为 $\theta=\theta_0\sin\omega t$，且无论小轮如何运动都不会使弹性绳松弛或打滑. 求大轮稳态振动的振幅.

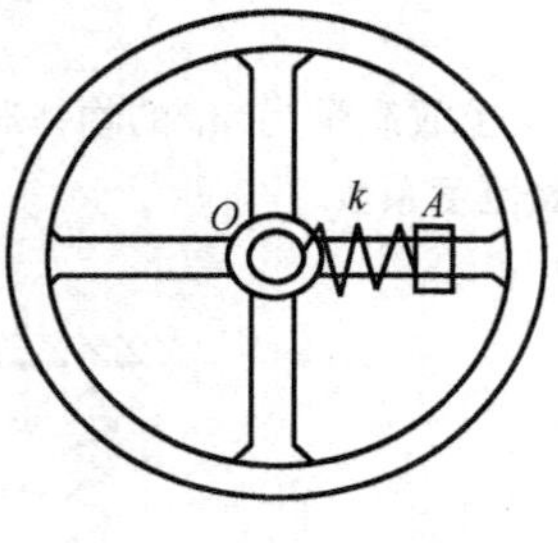

题 12-6 图

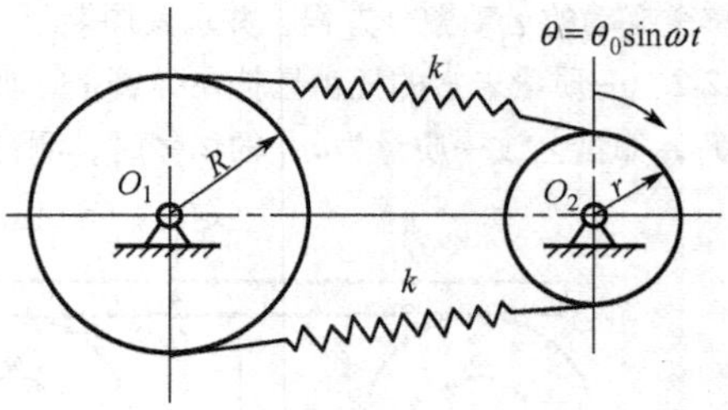

题 12-7 图

12-8 电动机质量 $m_1=250\mathrm{kg}$，由 4 个刚性系数 $k=30\mathrm{kN/m}$ 的弹簧支撑。在电动机转子上装有一质量 $m_2=0.2\mathrm{kg}$ 的物体，距转轴 $e=10\mathrm{mm}$. 已知电动机被限制在铅直方向运动，如题 12-8 图所示. 求：(1) 发生共振时的转速；(2) 当转速为 1000r/m 时，稳定振动的振幅.

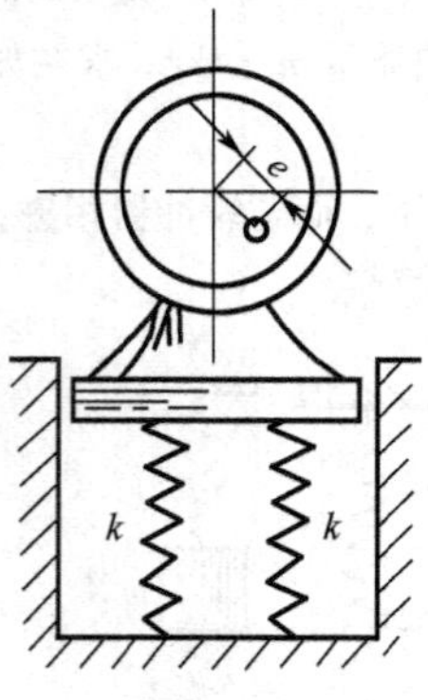

题 12-8 图

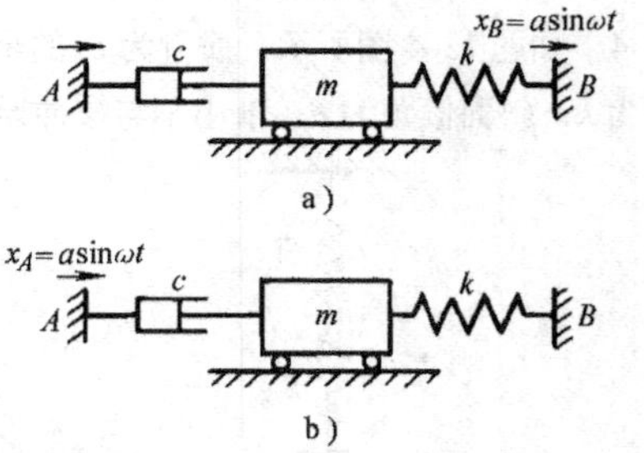

题 12-9 图

12-9 试写出如题 12-9 图所示系统的振动微分方程，并求其稳态振动的解.

12-10 机器上一零件在粘滞油液中振动，施加一个幅值 $H=55\mathrm{N}$、周期 $T=0.2\mathrm{s}$ 的干扰力，可使零件发生共振. 设此事共振振幅为 15mm，该零件的质量 $m=4.08\mathrm{kg}$，求阻尼系数 c.

附　录

附录 A　MATLAB 语言常用函数或命令

1. MATLAB 系统命令

命　令	含　义	命　令	含　义
help	在线帮助	what	显示指定的 MATLAB 文件
helpwin	在线帮助窗口	lookfor	在 Help 里搜索关键字
helpdesk	在线帮助工作台	which	定位函数或文件
demo	运行演示程序	path	获取或设置搜索路径
ver	版本信息	echo	命令回显
readme	显示 Readme 文件	cd	改变当前的工作目录
who	显示当前变量	pwd	显示当前的工作目录
whos	显示当前变量的详细信息	dir	显示目录内容
clear	清空工作间的变量和函数	unix	执行 UNIX 命令
pack	整理工作间的内存	dos	执行 DOS 命令
load	把文件调入变量到工作间	!	执行操作系统命令
save	把变量存入文件中	computer	显示计算机类型
quit/exit	退出 MATLAB		

2. 关系运算

运 算 符	含　义	运 算 符	含　义
<	小于	>=	大于等于
<=	小于等于	==	等于
>	大于	~=	不等于

3. 逻辑运算

运 算 符	含　义	运 算 符	含　义
&	逻辑 and	~	逻辑 not
|	逻辑 or		

4. 逻辑关系函数

指 令	含 义	指 令	含 义
xor	不相同就取 1，否则取 0	ismember	两个矩阵是属于关系取 1，否则取 0
any	只要有非 0 就取 1，否则取 0	isempty	矩阵为空取 1，否则取 0
all	全为 1 取 1，否则为 0	isletter	是字母取 1，否则取 0(可以是字符串)
isnan	为数 NaN(非数学)取 1，否则为 0	isstudent	学生版取 1
isinf	为数 inf(无穷大)取 1，否则为 0	isprime	质数取 1，否则取 0
isfinite	有限大小元素取 1，否则为 0	isreal	实数取 1，否则取 0
ischar	是字符串取 1，否则为 0	isspace	空格位置取 1，否则取 0
isequal	相等取 1，否则取 0		

5. 算术运算符

运 算 名	运 算 符	MATLAB 表达式	运 算 名	运 算 符	MATLAB 表达式
加	+	a + b	除	/或\	a/b 或 a \ b
减	-	a - b	幂	^	a^b
乘	*	a * b			

6. 三角函数和双曲函数

函 数 名	含 义	函 数 名	含 义	函 数 名	含 义
sin	正弦	csc	余割	atanh	反双曲正切
cos	余弦	asec	反正割	acoth	反双曲余切
tan	正切	acsc	反余割	sech	双曲正割
cot	余切	sinh	双曲正弦	csch	双曲余割
asin	反正弦	cosh	双曲余弦	asech	反双曲正割
acos	反余弦	tanh	双曲正切	acsch	反双曲余割
atan	反正切	coth	双曲余切	atan2	四象限反正切
acot	反余切	asinh	反双曲正弦		
sec	正割	acosh	反双曲余弦		

7. 指数函数

函 数 名	含 义	函 数 名	含 义	函 数 名	含 义
exp	e 为底的指数	log10	10 为底的对数	pow2	2 的幂
log	自然对数	log2	2 为底的对数	sqrt	平方根

8. 复数函数

函 数 名	含 义	函 数 名	含 义	函 数 名	含 义
abs	绝对值	conj	复数共轭	real	复数实部
angle	相角	imag	复数虚部		

9. 圆整函数和求余函数

函 数 名	含　义	函 数 名	含　义
ceil	向 + ∞ 圆整	rem	求余数
fix	向 0 圆整	round	向靠近整数圆整
floor	向 - ∞ 圆整	sign	符号函数
mod	模除求余		

10. 矩阵变换函数

函 数 名	含　义	函 数 名	含　义
fiplr	矩阵左右翻转	diag	产生或提取对角阵
fipud	矩阵上下翻转	tril	产生下三角阵
fipdim	矩阵特定维翻转	triu	产生上三角阵
rot90	矩阵反时针翻转 90°		

11. 其他函数

函 数 名	含　义	函 数 名	含　义
min	最小值	max	最大值
mean	平均值	median	中位数
std	标准差	diff	相邻元素的差
sort	排序	length	个数
norm	欧氏(Euclidean)长度	sum	总和
prod	总乘积	dot	内积
cumsum	累计元素总和	cumprod	累计元素总乘积
cross	外积		

12. 矩阵函数

函 数 名	含　义	函 数 名	含　义
inv	矩阵求逆	det	矩阵的行列式函数
norm	矩阵及向量的范数函数	diag	生成对角状函数
rank	矩阵的阶数函数		

13. 绘图函数

函 数 名	含　义	函 数 名	含　义
plot	线性绘图	plot3	三维线性绘图函数
subplot	子图绘制	ezplot	简易绘图函数
fplot	函数绘图		

14. 微积分函数

函 数 名	含 义	函 数 名	含 义
limit	求极限	diff	求微分
int	求积分	jacobian	求多元函数导数

15. 方程求解函数

函 数 名	含 义	函 数 名	含 义
fsolve	解非线性方程函数	linsolve	解线性方程组函数
solve	解一般方程函数	dsolve	解常微分方程函数

16. 符号矩阵的简化

函 数 名	含 义	函 数 名	含 义
factor	因式分解	simple/simplify	矩阵或符号表达式的最简式
expand	矩阵展开	numden	分式通分
collect	同类项合并		

17. 矩阵的基本运算

动 算 符	含 义	动 算 符	含 义
+	矩阵相加	.*	矩阵点乘
-	矩阵相减	/或\	矩阵左除或右除
*	矩阵相乘	./或.\	矩阵点左除或点右除

18. 多项式函数

函 数 名	含 义	函 数 名	含 义
roots	多项式求根	polyfit	多项式拟合
ploy	由根来创建多项式	polyder	求多项式导数
polyval	多项式求值	conv	多项式乘法
polyvalm	矩阵多项式求值	deconv	多项式除法
residue	部分分式展开		

19. 统计函数

函 数 名	含 义	函 数 名	含 义
max	最大分量	std	列的标准差
min	最小分量	var	列的方差
mean	平均值	sort	按升序排列
median	解的中值	sortows	按升序对行排列

（续）

函数名	含义	函数名	含义
sum	列求和	conv	卷积
prod	列求积	conv2	二维卷积
hist	直方图	convn	n 维卷积
histc	直方图	deconv	逆卷积
trapz	梯形数值积分	corrcoef	相关系数矩阵
filter	数值滤波	cov	协方差矩阵
filter	二维数值滤波		

20. 插值函数

函数名	含义	函数名	含义
interp	一维插值	interp3	三维插值
interp1q	快速一维线性插值	interpn	n 维插值
interpft	一维傅里叶插值	polyfit	曲线拟合函数
interp2	二维插值		

21. 数值分析函数

函数名	含义	函数名	含义
fminbnd	求函数极值	quad	低阶数值积分函数
fzero	求根函数	quad8	高精度的数值积分函数

22. 微分方程函数

函数名	含义	函数名	含义
ode45	中等阶数的微分方程的解法（非刚性）	ode15s	可变阶数的微分方程（刚性）
ode23	低阶数的微分方程的解法（非刚性）	ode23tb	低阶数的微分方程的解法（刚性）
ode113	可变阶数的微分方程的解法（非刚性）	ode23s	低阶数的微分方程的解法（刚性）
ode23t	梯形法解中等刚性微分方程		

23. 大规模线性方程组求解函数

函数名	含义	函数名	含义
pcg	（带预处理的）共轭梯度法	gmres	GMFES 法
bicg	双共轭梯度法	qmr	准最小残差法
bicgstab	稳定的双共轭梯度法	minres	最小残差法
cgs	二次共轭梯度法		

24. 傅里叶分析

函数名	含义	函数名	含义
fft	一维快速维傅里叶变换	ifft	一维快速维傅里叶逆变换
fft2	二维快速维傅里叶变换	ifft2	二维快速维傅里叶逆变换
fftn	n 维快速维傅里叶变换	ifftn	n 维快速维傅里叶逆变换

附录 B　MATLAB 工具箱简介

以下工具箱是 MATLAB 工具箱中较为常用的部分，其涉及的数学知识是大家都很熟悉的，因此在本文中，将不再对数学知识进行重复，仅仅列出工具箱的一些函数，这些函数的意义都很明确，使用也很简单．为了进一步简明，这里也仅仅给出了函数的名称，没有列出函数的参数以及使用方法．读者只需简单的在 MATLAB 工作空间中输入“help 函数名”，便可以得到这些函数详细的使用方法．

1. 偏微分方程工具箱函数

1.1　偏微分方程求解算法函数

adaptmesh	生成自适应网格并求解 PDE 问题
assema	组合面积的整体贡献
assemb	组合边界条件的贡献
assempde	组合刚度矩阵和 PDE 问题的右端项
hyperbolic	求解双曲线 PDE 问题
parabolic	求解抛物线型 PDE 问题
pdeeig	求解特征值 PDE 问题
pdenonlin	求解非线性 PDE 问题
poisolv	在矩形网格上对泊松方程进行快速求解

1.2　用户界面算法函数

pdecirc	绘圆
pdeellip	绘椭圆
pdemdlcv	将 PDE 工具箱 1.0 版本模型的 M 文件转换为 PDE 工具箱 1.0.2 版本的格式
pdepoly	绘多边形
pderect	绘矩形
pdetool	PDE 工具箱图形用户集成界面(GUI)

1.3　几何算法函数

csgchk	核对几何描述矩阵的有效性
csgdel	删除最小子域之间的界线
decsg	将建设性实体几何模型分解为最小子域
initmesh	创建初始三角形网格

jigglemesh　微调三角形网格的内部点
pdearcl　在参数表示和圆弧长度之间进行内插
poimesh　在矩形几何图形上生成规则网格
refinemesh　加密一个三角形网格
wbound　写边界条件指定文件
wgeom　写几何指定函数

1.4　绘图函数

pdecont　绘等值线图
pdegplot　绘制 PDE 几何图
pdemesh　绘 PDE 三角形网格
pdeplot　一般 PDE 工具箱绘图函数
pdesurf　绘三维表面图

1.5　实用函数

dst，idst　离散化 sin 转换
pdeadgsc　使用相对容限临界值选择三角形
pdeadworst　选择相对于最坏值的三角形
pdecgrad　PDE 解的变动
pdeent　与给定三角形集合相邻的三角形的指数
pdegrad　PDE 解的梯度
pdeintrp　从节点数据至三角形中点数据进行内插
pdejmps　对于自适应网格进行误差估计
pdeprtni　从三角形中点数据向节点数据进行内插
pdesde　子域集合中点的指数
pdesdp　子域集合边缘的指数
pdesdt　子域集合三角形的指数
pdesmech　计算结构力学张量函数
pdetrg　三角形几何数据
pdetriq　三角型质量度量
poiasma　用于泊松方程快速求解器的边界点矩阵
poicalc　矩形网格上泊松方程的快速求解器
poiindex　经过规范排序的矩形网格的点的指数
sptarn　求解广义稀疏特征值问题
tri2grid　从 PDE 三角形网格到矩形网格进行内插

1.6　自定义算法函数

pdebound　边界条件 M 文件
pdegeom　几何模型 M 文件

1.7　演示函数

pdedemo1　单位圆盘上泊松方程的精确解
pdedemo2　求解 Helmholtz 方程，研究反射波

pdedemo3	求解最小表面问题
pdedemo4	用子域分解求解 PDE 问题
pdedemo5	求抛物线型问题(热传导方程)
pdedemo6	求双曲线型 PDE 问题(波动方程)
pdedemo7	点源的自适应求解
pdedemo8	在矩形网格上求解泊松方程

2. 优化工具箱函数

2.1 最小化函数表

fgoalattain	多目标达到问题
fminbnd	有边界的标量非线性最小化
fmincon	有约束的非线性最小化
fminimax	最大最小化
fminsearch, fminunc	无约束非线性最小化
fseminf	半无限问题
linprog	线性课题
quadprog	二次课题

2.2 方程求解函数表

\	线性方程求解
fsolve	非线性方程求解
fzero	标量非线性方程求解

2.3 最小二乘函数表

\	线性最小二乘
lsqlin	有约束线性最小二乘
lsqcurvefit	非线性曲线拟合
lsqnonlin	非线性最小二乘
lsqnonneg	非负线性最小二乘

2.4 实用函数表

optimset	设置参数
optimget	获取参数

2.5 大型方法的演示函数表

circustent	马戏团帐篷问题—二次课题
molecule	用无约束非线性最小化进行分子组成求解
optdeblur	用有边界线性最小二乘法进行图形处理

2.6 中型方法的演示函数表

bandemo	香蕉函数的最小化
dfildemo	过滤器设计的有限精度
goaldemo	目标达到举例
optdemo	演示过程菜单
tutdemo	教程演示

3. 样条工具箱函数

3.1　三次样条函数

csapi	插值生成三次样条函数
csape	生成给定约束条件下的三次样条函数
csaps	平滑生成三次样条函数
cscvn	生成一条内插参数的三次样条曲线
getcurve	动态生成三次样条曲线

3.2　分段多项式样条函数

pplst	显示关于生成分段多项式样条曲线的 M 文件
ppmak	生成分段多项式样条函数
ppual	计算在给定点处的分段多项式样条函数值

3.3　B 样条函数

splst	显示生成 B 样条函数的 M 文件
spmak	生成 B 样条函数
spcrv	生成均匀划分的 B 样条函数
spapi	插值生成 B 样条函数
spap2	用最小二乘法拟合生成 B 样条函数
spaps	对生成的 B 样条曲线进行光滑处理
spcol	生成 B 样条函数的配置矩阵

3.4　有理样条函数

rpmak	生成有理样条函数
rsmak	生成有理样条函数

3.5　操作样条函数

fnval	计算在给定点处的样条函数值
fmbrk	返回样条函数的某一部分(如断点或系数等)
fncmb	对样条函数进行算术运算
fn2fm	把一种形式的样条函数转化成另一种形式的样条函数
fnder	求样条函数的微分(即求导数)
fndir	求样条函数的方向导数
fnint	求样条函数的积分
fnjmp	在间断点处求函数值
fnplt	画样条曲线图
fnrfn	在样条曲线中插入断点
fntlr	生成 taylor 系数或 taylor 多项式

3.6　样条曲线端点和节点处理函数

augknt	在已知节点数组中添加一个或多个节点
aveknt	求出节点数组元素的平均值
brk2knt	增加断点数组中元素的重次
knt2brk	从节点数组中求得节点及其重次

knt2mlt 从节点数组中求得节点及其重次
sorted 求出节点数组 points 的元素在节点数组 meshpoints 中属于第几个分量
aptknt 求出用于生成样条曲线的节点数组

3.7 样条曲线端点和节点处理函数

newknt 对分段多项式样条函数进行重分布
optknt 求出用于内插的最优节点数组
chbpnt 求出用于生成样条曲线的合适节点数组

3.8 解线性方程组的函数

slvblk 解对角占优的线性方程组
bkbrk 描述分块对角矩阵的详细情况

3.9 样条 GUI 函数

bspligui 在节点处生成 B 样条曲线
splinetool 用一系列方法生成各种样条曲线

4. MATLAB 神经网络工具箱函数

4.1 网络创建函数

newp 创建感知器网络
newlind 设计一线性层
newlin 创建一线性层
newff 创建一前馈 BP 网络
newcf 创建一多层前馈 BP 网络
newfftd 创建一前馈输入延迟 BP 网络
newrb 设计一径向基网络
newrbe 设计一严格的径向基网络
newgrnn 设计一广义回归神经网络
newpnn 设计一概率神经网络
newc 创建一竞争层
newsom 创建一自组织特征映射
newhop 创建一 Hopfield 递归网络
newelm 创建一 Elman 递归网络

4.2 网络应用函数

sim 仿真一个神经网络
init 初始化一个神经网络
adapt 神经网络的自适应化
train 训练一个神经网络

4.3 权函数

dotprod 权函数的点积
ddotprod 权函数点积的导数
dist Euclidean 距离权函数
normprod 规范点积权函数

negdist	Negative 距离权函数
mandist	Manhattan 距离权函数
linkdist	Link 距离权函数

4.4　网络输入函数

netsum	网络输入函数的求和
dnetsum	网络输入函数求和的导数

4.5　传递函数

hardlim	硬限幅传递函数
hardlims	对称硬限幅传递函数
purelin	线性传递函数
tansig	正切 S 型传递函数
logsig	对数 S 型传递函数
dpurelin	线性传递函数的导数
dtansig	正切 S 型传递函数的导数
dlogsig	对数 S 型传递函数的导数
compet	竞争传递函数
radbas	径向基传递函数
satlins	对称饱和线性传递函数

4.6　初始化函数

initlay	层与层之间的网络初始化函数
initwb	阈值与权值的初始化函数
initzero	零权/阈值的初始化函数
initnw	Nguyen _ Widrow 层的初始化函数
initcon	Conscience 阈值的初始化函数
midpoint	中点权值初始化函数

4.7　性能分析函数

mae	均值绝对误差性能分析函数
mse	均方差性能分析函数
msereg	均方差 w/reg 性能分析函数
dmse	均方差性能分析函数的导数
dmsereg	均方差 w/reg 性能分析函数的导数

4.8　学习函数

learnp	感知器学习函数
learnpn	标准感知器学习函数
learnwh	Widrow _ Hoff 学习规则
learngd BP	学习规则
learngdm	带动量项的 BP 学习规则
learnk	Kohonen 权学习函数
learncon	Conscience 阈值学习函数

learnsom	自组织映射权学习函数
4.9　自适应函数	
adaptwb	网络权与阈值的自适应函数
4.10　训练函数	
trainwb	网络权与阈值的训练函数
traingd	梯度下降的 BP 算法训练函数
traingdm	梯度下降 w/动量的 BP 算法训练函数
traingda	梯度下降 w/自适应 lr 的 BP 算法训练函数
traingdx	梯度下降 w/动量和自适应 lr 的 BP 算法训练函数
trainlm	Levenberg_Marquardt 的 BP 算法训练函数
trainwbl	每个训练周期用一个权值矢量或偏差矢量的训练函数
4.11　分析函数	
maxlinlr	线性学习层的最大学习率
errsurf	误差曲面
4.12　绘图函数	
plotes	绘制误差曲面
plotep	绘制权和阈值在误差曲面上的位置
plotsom	绘制自组织映射图
4.13　符号变换函数	
ind2vec	转换下标成为矢量
vec2ind	转换矢量成为下标矢量
4.14　拓扑函数	
gridtop	网络层拓扑函数
hextop	六角层拓扑函数
randtop	随机层拓扑函数

部分习题答案

第1章

1-1　$(x,y,z,w)=\begin{cases}(0,0,2,2)\\ \left(1,\dfrac{1}{2},3,2\right)\end{cases}$　1-2　$3\boldsymbol{A}+2\boldsymbol{B}=\begin{pmatrix}17&12&29\\5&34&5\\24&29&41\end{pmatrix}$，$3\boldsymbol{A}-2\boldsymbol{B}=\begin{pmatrix}1&0&1\\1&2&1\\0&1&1\end{pmatrix}$

1-3　（1）$5\boldsymbol{A}+2\boldsymbol{B}=\begin{pmatrix}28&13&45\\26&23&39\end{pmatrix}$　（2）$\boldsymbol{X}=\dfrac{1}{3}\begin{pmatrix}-8&18&-2\\36&-50&-22\end{pmatrix}$

1-4　（1）$\boldsymbol{A}+5\boldsymbol{B}=\begin{pmatrix}-12&10&8\\2&4&0\end{pmatrix}$　（2）$\boldsymbol{X}=\begin{pmatrix}-2&3&0\\-1&2&-4\end{pmatrix}$

1-5　$\boldsymbol{A}+\boldsymbol{A}^{\mathrm{T}}=\begin{pmatrix}6&8&1\\8&8&9\\1&9&10\end{pmatrix}$，$\boldsymbol{A}-\boldsymbol{A}^{\mathrm{T}}=\begin{pmatrix}0&4&3\\-4&0&5\\-3&-5&0\end{pmatrix}$

1-6　（1）$\begin{pmatrix}3&2\\5&6\end{pmatrix}$（2）$(0)$（3）$\begin{pmatrix}2&4\\2&4\\3&6\end{pmatrix}$（4）$\begin{pmatrix}9x-12y\\-12x+16y\end{pmatrix}$

1-7　$\boldsymbol{AB}=\begin{pmatrix}5&2\\7&0\end{pmatrix}$，$\boldsymbol{BA}=\begin{pmatrix}29&-22\\31&-24\end{pmatrix}$　1-8　$(\boldsymbol{AB})^{\mathrm{T}}=\boldsymbol{B}^{\mathrm{T}}\boldsymbol{A}^{\mathrm{T}}=\begin{pmatrix}23&14\\42&28\end{pmatrix}$

1-9　（1）$\begin{pmatrix}1&3&0&2\\0&4&2&1\\0&0&0&0\end{pmatrix}$　（2）$\begin{pmatrix}1&1&-4&2\\0&-2&3&1\\0&0&1&-1\end{pmatrix}$　1-10　（1）$R=3$　（2）$R=3$

1-11　$k=9$

1-12　（1）$\begin{pmatrix}3&-5\\-1&2\end{pmatrix}$　（2）$\dfrac{1}{7}\begin{pmatrix}9&10&-1\\-2&4&1\\-2&-3&1\end{pmatrix}$　（3）$\dfrac{1}{3}\begin{pmatrix}1&0&1\\-2&3&-2\\-3&3&0\end{pmatrix}$

1-13　（1）$\boldsymbol{X}=\dfrac{1}{10}\begin{pmatrix}34&-8\\-9&3\end{pmatrix}$　（2）$\boldsymbol{X}=\begin{pmatrix}15&-14\\-10&10\end{pmatrix}$

1-14　（1）$x=1$，$y=2$，$z=-2$　（2）$x_1=12$，$x_2=-4$，$x_3=-9$　（3）无解

（4）$\begin{cases}x_1+x_3=1\\x_2-x_3=1\end{cases}$　（5）$\begin{cases}x=z\\y=z\end{cases}$　（6）无解　1-15　有解，$\begin{cases}x_1=-\dfrac{7}{5}x_3+x_4+\dfrac{3}{5}\\x_2=\dfrac{4}{5}x_3-\dfrac{1}{5}\end{cases}$

第2章

2-1 (1)(6,10,−2) (2)(1,8,5) (3)(16,0,−23)

2-2 45°或135°

2-3 $|\boldsymbol{a}|=3$，$\cos\alpha=1/3$，$\cos\beta=2/3$，$\cos\gamma=-2/3$

2-4 $\overrightarrow{P_1P_2}=(-1,2,-2)$，$\cos\alpha=-1/3$，$\cos\beta=2/3$，$\cos\gamma=-2/3$

2-5 $a_x=3/2$，$a_y=3/2$，$a_z=3/\sqrt{2}$，$\left(\frac{7}{2},\frac{3}{2},\pm\frac{3}{\sqrt{2}}-1\right)$

2-6 (1) −6 (2) 9 (3) −43

2-7 $\boldsymbol{a}\cdot\boldsymbol{b}=-20$，$\boldsymbol{a}\times\boldsymbol{b}=(22,5,-41)$

2-8 垂直 2-9 $\sqrt{17}$ 2-10 $C(-2\boldsymbol{i}+3\boldsymbol{k})$($C$为常数)

2-12 $\boldsymbol{a}\cdot(\boldsymbol{b}\times\boldsymbol{c})=-41$，$\boldsymbol{c}\times(\boldsymbol{a}\times\boldsymbol{b})=-5\boldsymbol{i}+22\boldsymbol{j}$

第3章

3-5 a) $F_{AC}=5.77\text{kN}$，$F_{AB}=11.55\text{kN}$ b) $F_{AB}=F_{AC}=5.77\text{kN}$

3-6 $F_A=1.12F$，$F_D=0.5F$ 3-7 $F_A=F_C=0.3536M/a$ 3-8 $F_{AB}=5\text{N}$，$M_1=3\text{N}\cdot\text{m}$

3-9 a) $F_{Ax}=0.69\text{kN}$，$F_{Ay}=0.30\text{kN}$，$F_B=1.10\text{kN}$

b) $F_{Ax}=0.4\text{kN}$，$F_{Ay}=1.24\text{kN}$，$F_B=0.26\text{kN}$

3-10 满载 $Q_{\min}=7.5\text{kN}$，空载 $Q_{\max}=110\text{kN}$，$F_A=45\text{kN}$，$F_B=255\text{kN}$

3-11 $\theta=\arctan\frac{1}{2f}$ 3-12 $F_{Ax}=240\text{kN}$，$F_{Ay}=100\text{kN}$，$F_{Az}=130\text{kN}$，$F_C=291\text{kN}$

3-13 a) $x_c=0$，$y_c=26.176$ b) $x_c=9.5$，$y_c=44$ c) $x_c=\frac{Rr^2}{2(R^2-r^2)}$，$y_c=0$

第4章

4-1 (1) 奇 (2) 非奇非偶 (3) 偶 (4) 非奇非偶

4-2 (1) 非周期 (2) 周期函数 $T=\frac{k\pi}{3}$ (3) 周期函数 $T=\frac{k\pi}{2}$ (4) 周期 $T=\pi$

4-3 (1) $y=u^3$，$u=1-x$ (2) $y=e^u$，$u=\sin x$ (3) $y=\sqrt{u}$，$u=\ln v$，$v=\tan x$

4-4 (1) $[-2,-1)\cup(-1,1)\cup(1,2]$ (2) $(-\infty,3)$

4-5 $f(-1)=1$，$f(0)=0$，$f(2)=0$

4-6 $F=-0.98v$ 4-7 $v=x(b-2x)(a-2x)$ 4-8 (1) 0 (2) 2 (3) 0 (4) 1

4-9 (1) 不存在 (2) 不存在

4-10 (1) 无穷小 (2) 无穷大 (3) 无穷小 (4) 无穷大

4－11 (1) $x\to\infty$ 时 y 为无穷小，$x\to1$ 时 y 为无穷大

(2) $x\to1$ 时 y 为无穷小，$x\to\infty$ 时 y 为无穷大

4-12 (1) 3 (2) 0 (3) 1/3 (4) −2 (5) 0 (6) $2\sqrt{2}$ 4-13 −2，4，∞
4-14 (1) 5 (2) 7/9 (3) 1 (4) 2/3 (5) 1 (6) e^{-1} (7) e^{-6} (8) e
4-15 不连续
4-16 (1) 8 (2) $\frac{1}{2\sqrt{x}}$ (3) 1/4 (4) 0 (5) 1/2 (6) e^5 (7) e^{-1} (8) e^4

第5章

5-1 (1) $\left.\frac{\Delta s}{\Delta t}\right|_{t=2}=4+\Delta t$ (2) $v(2)=4$ 5-2 3

5-3 切线方程：$y-2=\frac{1}{4}(x-4)$，法线方程：$y-2=-4(x-4)$

5-4 不可导 5-5 $f'(x)=\begin{cases}\cos x & x<0\\ 1 & x\geqslant 0\end{cases}$ 5-6 $a=2$，$b=-1$

5-7 (1) $6x+\frac{4}{x^3}$ (2) $9t^2+4t-3$ (3) $\frac{2}{(x+1)^2}$ (4) $1-\frac{5}{2}x^{-\frac{7}{2}}-3x^{-4}$

(5) $10^x\ln 10+10x^9$ (6) $e^x(\sqrt{x}+\frac{1}{2\sqrt{x}}+2^x+2^x\ln 2)$

5-8 (1) $y'|_{x=0}=1$，$y'|_{x=\pi}=6\pi-1$ (2) $f'\left(\frac{\pi}{6}\right)=\frac{1}{2}$，$f'\left(\frac{\pi}{4}\right)=0$ (3) $\frac{\sqrt{2}}{4}\left(1+\frac{\pi}{2}\right)$

5-9 −1 (1,0)，$\left(-\frac{1}{3},-\frac{16}{27}\right)$

5-10 (1) $10x(x^2+4x-7)^4$ (2) $2^x\cos 2^x\ln 2$ (3) $\arccos x$ (4) $\frac{1}{2\sqrt{x+\sqrt{x}}}\left(1+\frac{1}{2\sqrt{x}}\right)$

(5) $-\sin 2(x+1)$ (6) $\sin x^2+2x^2\cos x^2$ (7) $3(x+\cos x)^2(1-\sin x)$

(8) $4e^{4x}+2xe^{-x^2}$ (9) $2^{\sin x}\cos x\ln 2$ (10) $\frac{3x^2}{x^3+3}$ (11) $e^{\sin x}\cos x+\frac{3}{1+x^2}$ (12) 0

5-11 $y+2e^{-2}=-(x-e^{-2})$

5-12 (1) $y'=6x^2(x^3+1)$，$y''=30x^4+12x$ (2) $y'=\frac{1}{x}$，$y''=-\frac{1}{x^2}$

(3) $y'=15x^2$，$y''=30x$ (4) $y'=\sqrt{2}e^{\sqrt{2}t}$，$y''=2e^{\sqrt{2}t}$

5-13 (1) $v(t)=v_0-gt$ (2) $t=\frac{v_0}{g}$

*5-14 (1) $\frac{y}{y-1}$ (2) $\frac{-2y-x^2}{2x+2y}$ (3) $\frac{e^{x+y}-y}{x-e^{x+y}}$ (4) $-\frac{e^y}{1+xe^y}$

*5-15 切线方程：$x+y-\frac{\sqrt{2}}{2}a=0$，法线方程：$x-y=0$

*5-16 (1) $\frac{8t}{2-3t^2}$ (2) $-\frac{b}{a}\cot\theta$

*5-17 切线方程：$2\sqrt{2}x+y-2=0$，法线方程：$\sqrt{2}x-4y-1=0$

*5-18　当 $y=0$ 时，$h-\frac{1}{2}gt^2=0$，即 $t=\sqrt{\frac{2h}{g}}$，此时 $v=\sqrt{(x')^2+(y')^2}=\sqrt{v_0^2+2gh}$

5-19　$\left.\frac{d\theta}{dt}\right|_{t=t_0}$　5-20　$\frac{dT}{dt}$　5-21　(1) 3.15　(2) $3\sqrt{x_0}$

5-22　(1) $Q'(T)=\lim\limits_{\Delta T\to 0}\frac{Q(T+\Delta T)-Q(T)}{\Delta T}$　(2) $a+2bT$

5-23　(1) $d\varphi|_{t=1}=\left(\frac{\pi}{2}+1\right)dt$　(2) $dy|_{x=0}=dx$

5-24　(1) $(3x^2-3)dx$　(2) $2\cos 2x dx$　(3) $-\frac{2x}{1-x^2}dx$　(4) $(-e^{-x}-\sin(3+x))dx$

5-25　(1) 0.8643　(2) 2.7455　5-26　1.16g

5-27　(1) $\frac{a}{b}$　(2) $\cos a$　(3) $\ln\frac{a}{b}$　(4) $\frac{\sqrt{3}}{3}$　(5) $-\frac{1}{8}$　(6) 0

5-28　(1) 递增　(2) 递增

5-29　(1) $(-\infty,+\infty)$为减区间，函数无极值

(2) $\left(-\infty,\frac{1}{2}\right)$为减区间，$\left(\frac{1}{2},+\infty\right)$为增区间，函数有极小值$f\left(\frac{1}{2}\right)=-\frac{27}{16}$

(3) $(-\infty,0)$为增区间，$(0,+\infty)$为减区间，函数有极大值$f(0)=2$

5-30　(1) 在 $x=-\frac{1}{2}$处有极大值 $y|_{x=-\frac{1}{2}}=\frac{15}{4}$，在 $x=1$ 处有极小值 $y|_{x=1}=-3$

(2) 在 $x=0$ 处有极小值 $y|_{x=0}=0$

5-31　(1) 最大值$f(\pm 2)=32$，最小值$f(\pm 1)=-4$

(2) 最大值$f(0)=0$，最小值$f(-2)=-20$

5-32　$\frac{30}{4+\pi}$　5-33　边长为6m，高为3m　5-34　距司令部3km　5-35　$\sqrt{2}:1$

5-36　(1) 凸，无拐点　(2) 凸，无拐点　(3) 凹区间：$(-\infty,1)$，凸区间：$(1,+\infty)$，拐点$(1,3)$

5-37　$a=-\frac{3}{2}$，$b=-\frac{9}{2}$

第6章

6-1　$x_C=\frac{aL}{\sqrt{L^2+v^2t^2}}$，$y_C=\frac{avt}{\sqrt{L^2+v^2t^2}}$，$v_C=\frac{av}{2L}$

6-2　$x=e\cos 5t$，$y=r+e\sin 5t$，$v=200$mm/s，$a=1000$mm/s^2

6-3　$y=e\sin\omega t+\sqrt{R^2-e^2\cos^2\omega t}$，$v=e\omega\cos\omega t+\frac{\omega e^2\sin 2\omega t}{2\sqrt{R^2-e^2\cos^2\omega t}}$

6-4　$\frac{x^2}{100^2}+\frac{y^2}{20^2}=1$，$v=80$cm/s，$a_M=1600$cm/s^2

6-5　当 $t_1=\frac{\pi}{4k}$时，$v=0$，$a_\tau=-8k^2R\varphi_0$，$a_n=0$；当 $t_2=\frac{\pi}{2k}$时，$v=-4R\varphi_0 k$，$a_\tau=0$，

$a_n = 16R\varphi_0^2k^2$

6-6 $a_\tau = 1.2\text{m/s}^2$，$a_n = 90\text{m/s}^2$

6-7 $x = r\cos\omega t + l\sin\frac{\omega t}{2}$，$y = r\sin\omega t - l\cos\frac{\omega t}{2}$，$v = \omega\sqrt{r^2 + \frac{l^2}{4} - rl\sin\frac{\omega t}{2}}$，

$a = \omega^2\sqrt{r^2 + \frac{l^2}{16} - \frac{rl}{2}\sin\frac{\omega t}{2}}$

6-8 $v_M = \frac{Rn\pi}{30}$，$a_M = \frac{Rn^2\pi^2}{900}$　　6-9 $\varepsilon = -4\pi\text{rad/s}^2$，25 圈

6-10 $r = 0.05\text{m}$，$\omega_{t=1} = 80\text{rad/s}$，$\varepsilon_{t=1} = 120\text{rad/s}^2$

6-11 $a_\tau = 4.9\text{m/s}^2$，$a_n = 200\text{m/s}^2$

6-12 $v = 1.67\text{m/s}$　　6-13 $v_B = 3.6\text{m/s}$，$v_C = 5\text{m/s}$

6-14 图 a $\omega_2 = 1.5\text{rad/s}$　图 b $\omega_2 = 2\text{rad/s}$

6-15 $\varphi = 0°$，$v_{BC} = 0.577r\omega$；$\varphi = 30°$，$v_{BC} = 0$；$\varphi = 60°$，$v_{BC} = 0.577r\omega$

6-16 $u = 4b\omega$，$a = 6\sqrt{3}b\omega^2$　　6-17 $v_{CD} = 10\text{cm/s}$，$a_{CD} = 20\sqrt{3}\text{cm/s}^2$

6-18 $a = 27.8\text{cm/s}^2$　　6-19 $v_{AB} = \frac{2\sqrt{3}}{3}e\omega$，$a_{AB} = -\frac{2}{9}e\omega^2$

6-20 $a_M = 2.88\text{m/s}^2$

第 7 章

7-1 $\omega_{AB} = 3\text{rad/s}$，$\omega_{O_1B} = 5.196\text{m/s}$　　7-2 $\omega_B = 3.62\text{rad/s}$，$\varepsilon_B = 2.2\text{m/s}^2$

7-3 $v_A = 50\text{cm/s}$，$v_B = 0$，$v_C = 70.7\text{cm/s}$，$v_D = 100\text{cm/s}$，$v_E = 70.7\text{cm/s}$

7-4 $\omega_{AB} = 5.56\text{rad/s}$，$v_M = 667\text{cm/s}$　　7-5 $\omega = 0.55\text{rad/s}$，$v_D = 22.8\text{cm/s}$

7-6 $\omega_1 = 0.81\text{rad/s}$　　7-9 当 $\beta = 0$ 时，$v_E = 2v_A$；当 $\beta = 90°$时，$v_B = v_A$

7-10 $a_C = 10.75\text{cm/s}^2$　　7-11 $v_C = \frac{3}{2}\omega_0 r$，$a_C = -\frac{\sqrt{3}}{12}\omega_0^2 r$

7-12 $\omega_2 = \omega_3 = 5\text{rad/s}$，$v_D = 2\text{m/s}$　　7-13 $v = 1.414\text{m/s}$，$a = 28.28\text{m/s}^2$

7-14 $v = 21.4\text{m/s}$，$a = 857.8\text{m/s}^2$

第 8 章

8-1 （1）$\frac{1}{7}x^7 + C$　（2）$e^x + x + C$　（3）$2e^x + \cos x - 3x + C$

（4）$-3\sin x + \tan x - 4\arctan x + C$　（5）$3x - 2\ln x - \frac{1}{x} - \frac{x^{-2}}{2} + C$

（6）$e^x + 3\arcsin x - 11x + C$　（7）$3e^x + 2\arcsin x + C$　（8）$\frac{1}{3}x^3 - x + C$

（9）$-2\sin x + C$　（10）$\tan x - \sec x + C$

8-2 （1）$-\frac{1}{4}\sin 4x + C$　（2）$-\frac{1}{3}\ln(2 - 3x) + C$　（3）$-\frac{1}{8}(3 - 2x)^4 + C$

(4) $\frac{1}{3}\sin(2-3x)+C$ (5) $\frac{2}{3}(2+3x)^{\frac{1}{2}}+C$ (6) $\frac{1}{100}(x^2-1)^{50}+C$

(7) $\ln|\sin x|+C$ (8) $-\frac{1}{2}\ln(1-2x)+C$ (9) $\frac{1}{3}(2+x^2)^{\frac{3}{2}}+C$

(10) $-\frac{1}{10}\ln(3-5x^2)+C$ (11) $e^{\sin x}+C$ (12) $-\frac{1}{4}\cos^4 x+C$

8-3 (1) $x\sin x+\cos x+C$ (2) $x^2e^x-2xe^x+2e^x+C$

(3) $x\arctan x-\frac{1}{2}\ln(1+x^2)+C$ (4) $x\ln x-x+C$

8-4 (1) $\int_{-\frac{\pi}{2}}^{\frac{\pi}{2}}\cos x\mathrm{d}x$ (2) $\int_1^2\frac{x^2}{4}\mathrm{d}x$ (3) $\int_e^{e+2}\ln x\mathrm{d}x$

8-5 (1) 25/6 (2) 7/6 (3) 3 (4) −8 (5) 15/8 (6) $1+\pi/2$

8-6 (1) $\frac{1}{3}(e^3-1)$ (2) −2/3 (3) $\frac{1}{3}\ln 4$ (4) 1/2 (5) $\frac{2}{9}(5\sqrt{5}-2\sqrt{2})$

(6) $e-1$ (7) −2 (8) $\sqrt{5}-2$ (9) $\ln\frac{3}{2}$ (10) $\frac{1}{6}(3\sqrt{3}-1)$

8-7 (1) 0 (2) 0 (3) 256/7

8-8 (1) 1 (2) −2 (3) $\frac{1}{4}(e^2+1)$ (4) $\frac{\pi}{4}-\frac{1}{2}$

8-9 3/2 8-10 11/2 8-11 (1) 1 (2) 20 (3) 9/2 (4) 4/3

8-12 (1) $\frac{\pi}{5}$ (2) $\frac{3\pi}{10}$ 8-13 (1) 1/3 (2) 发散 (3) 发散 (4) $\frac{\pi}{2}$

8-14 $z_1=2\left(\cos\frac{\pi}{2}+i\sin\frac{\pi}{2}\right)=2e^{\frac{\pi}{2}i}$，$z_2=3(\cos 0+i\sin 0)=3e^{0i}$

$z_3=\cos\pi+i\sin\pi=e^{\pi i}$，$z_4=2\left(\cos\frac{3\pi}{2}+i\sin\frac{3\pi}{2}\right)=2e^{\frac{3\pi}{2}i}$

8-15 (1) 实部：0，虚部：−i，模：1 (2) 实部：0，虚部：−i，模：1

(3) 实部：5，虚部：i，模：$\sqrt{26}$

8-16 $u(t)=\frac{1}{2}+\frac{2}{\pi}\left(\sin\frac{\pi t}{2}+\frac{1}{3}\sin\frac{3\pi t}{2}+\frac{1}{5}\sin\frac{5\pi t}{2}+\cdots\right)$

8-17 $u(t)=\frac{4}{\pi}\left(\sin\pi t+\frac{1}{3}\sin 3\pi t+\frac{1}{5}\sin 5\pi t+\cdots\right)$

8-18 $F(w)=\frac{2\alpha}{\alpha^2+w^2}$ 8-19 $F(w)=-\frac{2i}{w}$

8-20 (1) $F(s)=\frac{1}{s+2}$ (2) $F(s)=\frac{2}{s^3}$

8-21 (1) $F(s)=\frac{2}{2(s^2+4)}$ (2) $F(s)=\frac{2}{4s^2+1}$ (3) $F(s)=\frac{1}{2}\left(\frac{1}{s}+\frac{s}{s^2+4}\right)$

(4) $F(s)=\frac{1}{2}\left(\frac{1}{s}-\frac{s}{s^2+4}\right)$

8-22 (1) $F(s)=5-\frac{2}{s-7}+\frac{12}{s^2+9}$ (2) $F(s)=\frac{3}{s}+\frac{4}{(s-2)^2}-\frac{5s}{s^2+9}$

(3) $F(s)=\dfrac{s-3}{(s-3)^2+4}$ (4) $F(s)=\dfrac{1}{s+3}$

8-23 (1) $f(t)=e^{4t}$ (2) $f(t)=\sin 4t$ (3) $f(t)=3+4t$ 8-24 $x(t)=2e^{-3t}$

第9章

9-1 (1) $D=\{(x,y)\mid y\geqslant 0\}$ (2) $D=\{(x,y)\mid x>0,y\neq 0\}$
(3) $D=\{(x,y)\mid 1\leqslant x^2+y^2\leqslant 4\}$

9-2 (1) D: $\begin{cases}-1\leqslant x\leqslant 1\\ x^2\leqslant y\leqslant 1-x^2\end{cases}$ (2) D: $\begin{cases}\dfrac{y}{2}\leqslant x\leqslant \dfrac{8}{y}\\ 2\leqslant y\leqslant 4\end{cases}$ (3) D: $\begin{cases}0\leqslant x\leqslant 1\\ x-1\leqslant y\leqslant 1-x\end{cases}$

9-3 $V=\dfrac{1}{3}\pi(l^2-h^2)h$ 9-5 (1) $\dfrac{\pi}{2}$ (2) 0

9-6 (1) $\dfrac{\partial z}{\partial x}=3x^2y-y^3$, $\dfrac{\partial z}{\partial y}=x^3-3xy^2$ (2) $\dfrac{\partial z}{\partial x}=-\dfrac{y}{x^2+y^2}$, $\dfrac{\partial z}{\partial y}=\dfrac{x}{x^2+y^2}$

(3) $\dfrac{\partial z}{\partial x}=-\dfrac{2y}{(x-y)^2}$, $\dfrac{\partial z}{\partial y}=\dfrac{2x}{(x-y)^2}$ (4) $\dfrac{\partial z}{\partial x}=-\dfrac{2x}{y}\sin x^2$, $\dfrac{\partial z}{\partial y}=-\dfrac{1}{y^2}\cos x^2$

(5) $\dfrac{\partial z}{\partial x}=y\cos(xy)-y\sin 2(xy)$, $\dfrac{\partial z}{\partial y}=x\cos(xy)-x\sin 2(xy)$

(6) $\dfrac{\partial z}{\partial x}=y^2(1+xy)^{y-1}$, $\dfrac{\partial z}{\partial y}=(1+xy)^y\left(\ln(1+xy)+\dfrac{xy}{1+xy}\right)$

9-7 (1) $dz=\left(y+\dfrac{1}{y}\right)dx+x\left(1-\dfrac{1}{y^2}\right)dy$ (2) $dz=\dfrac{1}{\sqrt{1-(xy)^2}}(ydx+xdy)$

(3) $dz=-\dfrac{1}{x}e^{\frac{y}{x}}\left(\dfrac{y}{x}dx-dy\right)$ (4) $du=yz^{xy}\ln z dx+xz^{xy}\ln z dy+xyz^{xy-1}dz$

9-8 $\Delta z=-0.119$, $dz=-0.125$ 9-9 极值$f\left(\dfrac{1}{2},-1\right)=-\dfrac{e}{2}$

9-10 $\left(\dfrac{8}{5},\dfrac{16}{5}\right)$ 9-11 $P=\iint\limits_D \rho(x,y)dxdy$

9-12 $Q=\iint\limits_D \mu(x,y)dxdy$

9-13 (1) $V=\iint\limits_D 4\left(1-\dfrac{x}{2}-\dfrac{y}{3}\right)dxdy$ (2) $V=\iint\limits_D(2x^2+y^2)dxdy$

(3) $V=\iint\limits_D(2-4x^2-y^2)dxdy$ (4) $V=\iint\limits_D\sqrt{4-x^2-y^2}dxdy$

9-14 (1) π (2) $\dfrac{1}{2}\pi R^2$

9-15 (1) $\int_1^2 dx\int_0^{\frac{\pi}{2}}f(x,y)dy$ 或 $\int_0^{\frac{\pi}{2}}dy\int_1^2 f(x,y)dx$

(2) $\int_0^4 dx\int_x^{2\sqrt{x}}f(x,y)dy$ 或 $\int_0^4 dy\int_{\frac{y^2}{4}}^{y}f(x,y)dx$

(3) $\int_{-1}^{1}\mathrm{d}x\int_{1-\sqrt{1-x^2}}^{1+\sqrt{1-x^2}}f(x,y)\,\mathrm{d}y$ 或 $\int_{0}^{2}\mathrm{d}y\int_{-\sqrt{1-(y-1)^2}}^{\sqrt{1-(y-1)^2}}f(x,y)\,\mathrm{d}x$

(4) $\int_{0}^{1}\mathrm{d}x\int_{x}^{2x}f(x,y)\,\mathrm{d}y+\int_{1}^{\sqrt{2}}\mathrm{d}x\int_{x}^{\frac{2}{x}}f(x,y)\,\mathrm{d}y$ 或 $\int_{0}^{\sqrt{2}}\mathrm{d}y\int_{\frac{y}{2}}^{y}f(x,y)\,\mathrm{d}x+\int_{\sqrt{2}}^{2}\mathrm{d}y\int_{\frac{y}{2}}^{\frac{2}{y}}f(x,y)\,\mathrm{d}x$

9-16 (1) $\mathrm{e}-\mathrm{e}^{-1}$ (2) $\frac{9}{4}$ (3) $\frac{8}{3}$ (4) $\frac{20}{3}$

9-17 (1) $\int_{-\frac{\pi}{2}}^{\frac{\pi}{2}}\mathrm{d}\theta\int_{0}^{2\cos\theta}f(r\cos\theta,r\sin\theta)r\mathrm{d}r$ (2) $\int_{\frac{\pi}{2}}^{\frac{3\pi}{2}}\mathrm{d}\theta\int_{0}^{R}f(r\cos\theta,r\sin\theta)r\mathrm{d}r$

(3) $\int_{0}^{2\pi}\mathrm{d}\theta\int_{2\cos\theta}^{2}f(r\cos\theta,r\sin\theta)r\mathrm{d}r$

9-18 (1) $\int_{0}^{1}\mathrm{d}x\int_{x}^{1}f(x,y)\,\mathrm{d}y$ (2) $\int_{0}^{4}\mathrm{d}x\int_{\frac{x}{2}}^{\sqrt{x}}f(x,y)\,\mathrm{d}y$

(3) $\int_{0}^{\frac{1}{2}}\mathrm{d}y\int_{0}^{y}f(x,y)\,\mathrm{d}x+\int_{\frac{1}{2}}^{1}\mathrm{d}y\int_{0}^{1-y}f(x,y)\,\mathrm{d}x$ (4) $\int_{0}^{2}\mathrm{d}x\int_{\frac{x}{2}}^{3-x}f(x,y)\,\mathrm{d}y$

9-19 $\frac{17}{6}$　9-20 0　9-21 0

9-22 13　9-23 $mg(z_1-z_0)$　*9-24 $4\sqrt{61}$

*9-25 πR^3　*9-26 $\frac{2}{15}$

第10章

10-1 a) $a_A=1.96\mathrm{m/s^2}$ b) $a_A=4.9\mathrm{m/s^2}$　10-2 $\varepsilon=16.45\mathrm{rad/s^2}$

10-3 $t=\sqrt{\frac{h}{a}}=\sqrt{\frac{h(m_1+m_2)}{g(m_1-m_2)}}$　10-4 $s=(a-b)/4$

10-5 $p=p_1+p_2=\left(\frac{5}{2}m_1+2m_2\right)l\omega$　10-6 $\omega=\sqrt{\frac{gf}{r}}$　10-7 $G=1.77\mathrm{N}$

10-8 $\frac{l^2}{3}(3m_1+m_2)+\frac{m_1r}{2}(3r+4l)$　10-9 $9.45\mathrm{m/s}$

10-10 $W_N=0$，$W_F=-529\mathrm{J}$，$W_P=2165\mathrm{J}$，$W_G=-500\mathrm{J}$，合力所做的功 $W=1136\mathrm{J}$

10-11 $W_{BA}=-20.3\mathrm{N\cdot m}$，$W_{AD}=20.3\mathrm{N\cdot m}$

第11章

11-1 (1) 1阶 (2) 1阶 (3) 2阶 (4) 1阶　11-2 (1) 不是 (2) 是

11-3 $y=-\cos x+C_1x+C_2$　11-4 (1) $y=-\cos x+1$ (2) $y=x^3+2x$

11-5 $y=-\frac{1}{x}+2$　11-6 (1) $-\frac{1}{y}=x^2+C$ (2) $\frac{1}{2}y^2=\mathrm{e}^x+x+C$

(3) $\frac{1}{2}x^2=\ln y+\frac{1}{2}y^2+C$ (4) $\arcsin y=\ln x+C$　11-7 (1) $y=x$ (2) $x=\sqrt{1+y^2}$

11-8 (1) $y=Cx^3$ (2) $y=C\sqrt{x^2+2}$ (3) $y=1+Ce^{\cos x}$ (4) $y=x(\ln x+C)$

11-9 (1) $y=\frac{1}{x}(-\cos x-1)$ (2) $y=e^x(x+1)$ (3) $y=\frac{1}{x^2}-\frac{1}{x}+\frac{1}{2}$

11-10 $y=C_1\sin 3x+C_2\cos 3x$

11-11 (1) $y=C_1e^{-4x}+C_2e^{-x}$ (2) $y=C_1+C_2e^{3x}$ (3) $y=(C_1+C_2x)e^{-5x}$

(4) $y=e^{-2x}(C_1\sin 3x+C_2\cos 3x)$ (5) $y=C_1e^{4x}+C_2e^{-2x}$ (6) $y=(C_1+C_2x)e^x$

(7) $y=e^x(C_1\sin 2x+C_2\cos 2x)$

11-12 (1) $y=C_1e^{-4x}+C_2e^{-x}+x-1$ (2) $y=C_1+C_2e^{3x}-\frac{1}{2}e^{2x}$

11-13 $v=\frac{mg}{K}(1-e^{-\frac{K}{m}t})$

第12章

12-1 $T=2\pi\sqrt{\frac{a}{fg}}$ 12-2 $k=\frac{4\pi^2(m_1-m_2)}{T_1^2-T_2^2}$

12-3 (a)、(b)串联 $T=2\pi\sqrt{\frac{m(k_1+k_2)}{k_1k_2}}=0.29\text{s}$;

(c)、(d)并联 $T=2\pi\sqrt{\frac{m}{k_1k_2}}=0.14\text{s}$

12-4 $T=2\pi\sqrt{\frac{m}{k}}$, $A=\sqrt{\frac{mg}{k}\left(\frac{mg\sin^2\theta}{k}+2h\right)}$ 12-5 $\omega_n=\sqrt{\frac{2k}{m_1+4m_2}}$

12-6 $f=6\text{Hz}$ 12-7 $\varphi_m=\theta_0=\frac{r/R}{1-\left(\frac{\omega}{\omega_n}\right)^2}$, 式中 $\omega_n=\frac{R}{\rho}\sqrt{\frac{2k}{m}}$

12-8 (1) $\omega=21.9\text{rad/s}$ (2) $b=8.4\times10^{-3}\text{mm}$

12-9 (a) $B=\frac{a}{\sqrt{(1-\lambda^2)^2+(2\zeta\lambda)^2}}$ (b) $B=\frac{a(2\zeta\lambda)}{\sqrt{(1-\lambda^2)^2+(2\zeta\lambda)^2}}$

12-10 $c=107.6\text{N}\cdot\text{s/m}$

参考文献

[1] 同济大学数学教研室．高等数学[M]．5 版．北京：高等教育出版社，1996.

[2] 张圣勤，刘中瑞，等．高等数学[M]．上海：复旦大学出版社，2000.

[3] 宣立新．高等数学：下册[M]．北京：高等教育出版社，2000.

[4] 翟向阳，等．应用高等数学[M]．上海：上海交通大学出版社，1999.

[5] 李天然．高等数学[M]．北京：高等教育出版社，2000.

[6] 沈守范．机构学的数学工具[M]．上海：上海交通大学出版社，1999.

[7] 赵斯泓．线性代数[M]．上海：立信会计出版社，1996.

[8] 王铎．理论力学：上册[M]．北京：高等教育出版社，1981.

[9] 梁昆淼．数学物理方法[M]．2 版．北京：人民教育出版社，1978.

[10] 谢传锋．静力学[M]．北京：高等教育出版社，1999.

[11] 程燕平．静力学[M]．哈尔滨：哈尔滨工业大学出版社，1999.

[12] 朱熙然．工程力学[M]．上海：上海交通大学出版社，1999.

[13] 韩向东．工程力学[M]．北京：机械工业出版社，1998.

[14] 阎守礼．机械基础[M]．北京：北京理工大学出版社，1995.

[15] 张德润．工程力学[M]．北京：机械工业出版社，1993.

[16] 胡德淦．机械设计基础：上册[M]．北京：机械工业出版社，1997.

[17] 董玉平．机械设计基础[M]．北京：机械工业出版社，2001.

[18] C E Wilson. Kinematics and Dynamics of Machinery[M]. New York：Harper & Row，Publishers Inc.，1983.

[19] 陈立德．机械设计基础[M]．北京：高等教育出版社，2000.

[20] 张卫国．机械设计基础[M]．2 版．武汉：华中科技大学出版社，2002.

[21] 邓昭铭．机械设计基础[M]．北京：高等教育出版社，2000.

[22] 阎秀华．机械设计与制造基础[M]．北京：机械工业出版社，2002.

[23] 荷马 D 爱克哈德．机器与机构设计：英文版[M]．北京：机械工业出版社，2002.

[24] 王柔怀．常微分方程讲义[M]．北京：人民教育出版社，1963.

[25] 张建民．机电一体化系统设计[M]．北京：高等教育出版社，2001.

[26] S N Rasband. Dynamics[M]. New York：John Wiley & Sons，Inc.，1983.

[27] 王懋瑶．液压传动与控制[M]．北京：机械工业出版社，1986.

[28] L Meirovithch. Elements of Viberation Analysis[M]. New York：McGraw-Hill，Inc.，1975.

[29] 潘文全．流体力学基础[M]．北京：机械工业出版社，1980.

[30] 飞思科技产品研发中心．MATLAB7 基础与提高[M]．北京：电子工业出版社，2005.

[31] 云舟工作室．MATLAB6 数学建模基础教程[M]．北京：人民邮电出版社，2001.